计算机科学丛书

数据结构与算法

Python语言实现

[美] 迈克尔·T. 古德里奇（Michael T. Goodrich）
罗伯托·塔马西亚（Roberto Tamassia）
迈克尔·H. 戈德瓦瑟（Michael H. Goldwasser） 著

张晓 赵晓南 等译

Data Structures and Algorithms in Python

Data Structures
& Algorithms
in Python
Michael T. Goodrich • Roberto Tamassia • Michael H. Goldwasser

机械工业出版社
China Machine Press

图书在版编目（CIP）数据

数据结构与算法：Python 语言实现 /（美）迈克尔·T. 古德里奇（Michael T. Goodrich）等著；张晓等译．—北京：机械工业出版社，2018.9（2025.5 重印）
（计算机科学丛书）
书名原文：Data Structures and Algorithms in Python

ISBN 978-7-111-60660-4

I. 数… II. ①迈… ②张… III. ①数据结构 ②算法分析 ③软件工具－程序设计
IV. ① TP311.12 ② TP311.561

中国版本图书馆 CIP 数据核字（2018）第 183790 号

北京市版权局著作权合同登记　图字：01-2016-6251 号。

本书采用 Python 语言讨论数据结构和算法，详细讲解其设计、分析与实现过程，是一本内容全面且特色鲜明的教材。书中将面向对象视角贯穿始终，充分利用 Python 语言优美而简洁的特点，强调代码的健壮性和可重用性，关注各种抽象数据类型以及不同算法实现策略的权衡。

本书适合作为高等院校初级数据结构或中级算法导论课程的教材，也适合相关工程技术人员阅读参考。

出版发行：机械工业出版社（北京市西城区百万庄大街 22 号　邮政编码：100037）

责任编辑：曲　熠	责任校对：李秋荣
印　　刷：北京建宏印刷有限公司	版　　次：2025 年 5 月第 1 版第 14 次印刷
开　　本：185mm×260mm　1/16	印　　张：30.75
书　　号：ISBN 978-7-111-60660-4	定　　价：109.00 元

客服电话：（010）88361066　68326294

译者序

数据结构是计算机科学与技术专业的核心课程，是程序设计、编译原理、数据库等课程的基础。对于从事计算机应用尤其是软件开发的工程技术人员而言，掌握数据结构的相关知识和常用算法，对提高开发效率和编程质量都有着非常重要的作用。国内外有很多优秀的数据结构教材，而且有基于 C、C++、Java 等多种程序设计语言编写的版本，但是采用 Python 语言描述的并不多见。

Python 是一种面向对象的直译式计算机程序设计语言，语法简洁清晰，类库丰富强大。由于代码的平台无关性以及极简的编程思想，Python 近年来成为国内外各大科研院校和 IT 企业在教学活动、科学研究以及应用软件开发中频繁使用的程序设计语言。例如，卡内基・梅隆大学的编程基础课程、麻省理工学院的计算机科学及编程导论课程就使用 Python 语言讲授。我们西北工业大学也开设了 Python 程序设计的选修课，受到学生的热烈欢迎。在实践领域，NumPy、SciPy 等是利用 Python 语言开发的用于科学计算的工具包，著名的计算机视觉库 OpenCV、三维可视化库 VTK 等也是使用 Python 开发的。在 TIOBE 编程语言排行榜上，Python 排名第五，排在 Java、C、C++ 和 C# 之后。Python 语言也在大数据分析、网络爬虫、量化投资等新兴热点领域广泛使用。

对于计算机专业的学生和计算机应用行业的从业人员而言，从 Python 开始学习程序设计和数据结构入门门槛低，学习曲线平缓。国内已有大量介绍 Python 程序设计的书籍，但多局限在 Python 语法和特定软件包的使用方面。本书是难得的系统讲解如何使用 Python 语言设计并实现数据结构和基本算法的书籍。

本书作者 Goodrich 教授、Tamassia 教授等人先后撰写了《Data Structures and Algorithms in Java》和《Data Structures and Algorithms in C++》等书籍，对数据结构和常用算法的理解非常透彻。但本书并不是简单地将这些书籍中的代码描述部分替换成 Python 语言，而是充分利用 Python 语言的优势，以完整代码的方式实现了各种算法和数据结构。在此基础上，还大量介绍了 Python 语言内建的数据类型和一些常用基本库及接口的相关知识。

书中介绍的数据结构和算法包括完整的设计、分析和实现过程，非常适合作为初级数据结构课程的教材，同时也可以作为中级算法导论课程的教材，或作为计算机基础知识有限的工程技术人员的参考书。通过学习本书，读者能够更加灵活、高效地运用 Python 语言编写满足自己需求的程序。

非常荣幸能有机会翻译这样一本优秀的教材。对于书中的专业术语，我们尽量沿用了现有的习惯翻译。不过由于时间和水平所限，难免出现错误和不当之处，恳切希望广大读者不吝批评指正。

最后，感谢作者为我们呈现了一本优秀的教材；感谢出版社的信任，将这项有趣而又有意义的工作交给我们完成；还要感谢所有参与本书翻译和校对工作的教师和研究生，他们是赵晓南、王蕾、赵楠、陈震、卜海龙、柳春懿、孔兰昕、朱顺意、成阿茹等。

张晓
2018 年 4 月
于启真湖畔

高效数据结构的设计与分析，长期以来一直被认为是计算领域的一个重要主题，同时也是计算机科学与计算机工程本科教学中的核心课程。本书介绍数据结构和算法，包括其设计、分析和实现，可在初级数据结构或中级算法导论课程中使用。我们随后会更详细地讨论如何在这些课程中使用本书。

为了提高软件开发的健壮性和可重用性，我们在本书中采取一致的面向对象的视角。面向对象方法的一个主要思想是数据应该被封装，然后提供访问和修改它们的方法。我们不能简单地将数据看作字节和地址的集合，数据对象是*抽象数据类型*（Abstract Data Type，ADT）的实例，其中包括可在这种类型的数据对象上执行的操作方法的集合。我们强调的是对于一个特定的 ADT 可能有几种不同的实现策略，并探讨这些选择的优点和缺点。我们几乎为书中的所有数据结构和算法都提供了完整的 Python 实现，并介绍了将这些实现组织为可重用的组件所需的重要的面向对象*设计模式*。

通过阅读本书，读者可以：

- 对常见数据集合的抽象有一定了解（如栈、队列、表、树、图）。
- 理解生成常用数据结构的高效实现的算法策略。
- 通过理论方法和实验方法分析算法的性能，并了解竞争策略之间的权衡。
- 明智地利用编程语言库中已有的数据结构和算法。
- 拥有大多数基础数据结构和算法的具体实现经验。
- 应用数据结构和算法来解决复杂的问题。

为了达到最后一个目标，我们在书中提供了数据结构的很多应用实例，包括：文本处理系统，结构化格式（如 HTML）的标签匹配，简单的密码技术，文字频率分析，自动几何布局，霍夫曼编码，DNA 序列比对，以及搜索引擎索引。

本书特色

本书主要基于由 Goodrich 和 Tamassia 所著的《Data Structures and Algorithms in Java》，以及由 Goodrich、Tamassia 和 Mount 所著的《Data Structures and Algorithms in C++》编写而成。然而，我们并不是简单地用 Python 语言实现以上书籍的内容。为了充实内容，我们重新设计了本书：

- 对全部代码进行了重新设计，以充分利用 Python 的优势，如使用生成器迭代集合的元素。
- 在 Java 和 C++ 版本中，我们提供了很多伪代码，而本书则提供了 Python 实现的完整代码。
- 在一般情况下，ADT 被定义为与 Python 内建数据类型和 Python 的 collections 模块具有一致的接口。
- 第 5 章深入探讨了 Python 中基于动态数组的内置数据结构，如 list、tuple 和 str 类。新增的附录 A 提供了关于 str 类功能的进一步讲解。
- 重新绘制或修改了超过 450 幅插图。
- 经过新增和修订，练习的总数达到 750 个。

在线资源[1]

本书提供一系列丰富的在线资源，可访问以下网站获取：

www.wiley.com/college/goodrich

鼓励学生在学习本书时使用这个网址，以更有效地进行练习并提高对所学知识的认识。也欢迎教师使用本网站来帮助规划、组织和展示他们的课程材料。对于教师和学生而言，网站中包含一系列与本书主题相关的教学资源，由于它们是有附加价值的，所以一些网上资源受密码保护。

对于所有的读者，尤其是学生，我们有以下资源：

- 书中所有 Python 程序的源代码。
- 提供给教师的 PDF 讲义版 PPT（每页四张）。
- 保存所有练习提示的数据库，以练习的编号为索引。

对于使用本书的教师，我们有以下额外的教学辅助资源：

- 本书练习的答案。
- 书中所有图形和插图的彩色版本。
- PPT 和 PDF 版本的幻灯片，其中 PDF 版本为每页一张。

PPT 是完全可编辑的，教师可根据自己的课程需求进行修改。在教师使用本书作为教材时，所有的在线资源不收取额外费用。

内容和组织

书中各章节的内容循序渐进，适于教学。从 Python 编程和面向对象设计的基础开始，然后逐渐增加如算法分析和递归之类的基础技术。在本书的主体部分中，我们展示了基本的数据结构和算法，并且包括对内存管理的讨论（也是数据结构的架构基础）。本书的章节安排如下：

第 1 章　Python 入门
第 2 章　面向对象编程
第 3 章　算法分析
第 4 章　递归
第 5 章　基于数组的序列
第 6 章　栈、队列和双端队列
第 7 章　链表
第 8 章　树
第 9 章　优先级队列
第 10 章　映射、哈希表和跳跃表
第 11 章　搜索树
第 12 章　排序与选择
第 13 章　文本处理
第 14 章　图算法
第 15 章　内存管理和 B 树

[1] 关于本书教辅资源，只有使用本书作为教材的教师才可以申请。需要的读者可访问 course.cmpreading.com 下载 PPT、练习答案和源代码。如果需要其他资源，可向约翰·威立出版公司北京代表处申请，电话 010-84187869，电子邮件 sliang@wiley.com。——编辑注

附录 A　Python 中的字符串
附录 B　有用的数学定理

预备知识

我们假设读者至少接触过一种高级语言，如 C、C++、Python 或 Java，可以理解相关高级语言的主要概念，包括：

- 变量和表达式。
- 决策结构（if 语句和 switch 语句）。
- 迭代结构（for 循环和 while 循环）。
- 函数（无论是过程式方法还是面向对象方法）。

对于已经熟悉这些概念但还不清楚如何在 Python 中应用的读者，我们建议将第 1 章作为 Python 语言的入门。这本书主要讨论数据结构，而不是讲解 Python，因此并没有详尽介绍 Python。

直到第 2 章才开始使用 Python 中的面向对象编程，这一章对于那些 Python 新手以及熟悉 Python 但不熟悉面向对象编程的人都是有用的。

就数学背景而言，我们假定读者多少熟悉些高中数学知识。即便如此，在第 3 章中，我们先讨论了算法分析的 7 个最重要的功能。若所涉及的内容超出了这 7 个功能，则作为可选章节，用星号（*）标记。附录 B 对其他有用的数学定理做了总结，包括初等概率等。

计算机科学课程的设计

为了帮助教师在 IEEE/ACM 2013 的框架下设计教学课程，下表描述了本书涵盖的知识要点。

知识要点	相关章节
AL/ 基本分析	第 3 章，4.2 节，12.2.4 节
AL/ 算法策略	12.2.1 节，13.2.1 节，13.3 节，13.4.2 节
AL/ 基本数据结构与算法	4.1.3 节，5.5.2 节，9.4.1 节，9.3 节，10.2 节，11.1 节，13.2 节，第 12 章，第 14 章的大部分内容
AL/ 高级数据结构	5.3 节，10.4 节，11.2 ～ 11.6 节，12.3.1 节，13.5 节，14.5 节，15.3 节
AR/ 内存系统组织和架构	第 15 章
DS/ 集合、关系和功能	10.5.1 节，10.5.2 节，9.4 节
DS/ 证明技巧	3.4 节，4.2 节，5.3.2 节，9.3.6 节，12.4.1 节
DS/ 基础计数	2.4.2 节，6.2.2 节，12.2.4 节，8.2.2 节，附录 B
DS/ 图和树	第 8 章和第 14 章的大部分内容
DS/ 离散概率	1.11 节，10.2 节，10.4.2 节，12.3.1 节
PL/ 面向对象编程	本书的大部分内容，特别是第 2 章以及 7.4 节、9.5.1 节、10.1.3 节和 11.2 节
PL/ 函数式编程	1.10 节
SDF/ 算法和设计	2.1 节，3.3 节，12.2.1 节
SDF/ 基本编程概念	第 1 章，第 4 章
SDF/ 基本数据结构	第 6 章，第 7 章，附录 A，1.2.1 节，5.2 节，5.4 节，9.1 节，10.1 节
SDF/ 开发方法	1.7 节，2.2 节
SE/ 软件设计	2.1 节，2.1.3 节

致 谢

Data Structures and Algorithms in Python

许多人帮助我们完成了本书。首先要感谢的是 Wiley 这个优秀的团队，感谢我们的编辑 Beth Golub 从始至终对这个项目的热情支持。从最初阶段的提议到通过广泛同行评审的过程中，Elizabeth Mills 和 Katherine Willis 的努力是推动项目持续前进的关键动力。我们非常感谢专注于细节的 Julie Kennedy，她也是本书的文字编辑。最后，非常感谢 Joyce Poh 对于最后几个月的生产过程的管理。

真心感谢评审人员和广大读者，他们丰富的评论、邮件和具有建设性的批评对我们写作本书价值很大。我们要感谢以下评审人员：Claude Anderson（Rose Hulman Institute of Technology），Alistair Campbell（Hamilton College），Barry Cohen（New Jersey Institute of Technology），Robert Franks（Central College），Andrew Harrington（Loyola University Chicago），Dave Musicant（Carleton College），Victor Norman（Calvin College）。特别感谢 Claude 非常负责地给我们提供了 400 条详细的建议。

感谢 David Mount（University of Maryland）慷慨地分享了他从 C++ 版本中获得的经验。感谢 Erin Chambers 和 David Letscher（Saint Louis University）在多年数据结构教学中的默默奉献，以及基于本书早期 Python 代码版本的评论。感谢 David Zampino（Loyola University Chicago 的学生），他在使用本书草稿独立学习后反馈了有益的建议，还要感谢 Andrew Harrington 一直督促着 David 完成学习。

很多同行和助教为本书先前的 C++ 和 Java 版本提供了帮助，那些贡献同样对本书有益，再次感谢他们。

最后，我们要由衷地感谢 Susan Goldwasser、Isabel Cruz、Karen Goodrich、Giuseppe Di Battista、Franco Preparata、Ioannis Tollis 以及我们的父母，他们在本书的不同准备阶段给予我们建议、鼓励和支持。我们还要感谢 Calista 和 Maya Goldwasser 关于许多插图的建议，这些建议提升了图片的艺术水准。更重要的是，有些人不断提醒着我们——生活中不止写书这一件有意义的事。没错，谢谢他们。

Michael T. Goodrich
Roberto Tamassia
Michael H. Goldwasser

Michael Goodrich 于 1987 年从普渡大学获得计算机科学博士学位，目前是加州大学欧文分校计算机科学系校长讲席教授。他之前是约翰·霍普金斯大学的教授。他是富布莱特学者，美国科学促进会（AAAS）、计算机协会（ACM）以及电气和电子工程师学会（IEEE）的会士。他还是 IEEE 计算机协会技术成就奖、ACM 卓越服务奖以及 Pond 本科教学优秀奖的获得者。

Roberto Tamassia 于 1988 年从伊利诺伊大学厄巴纳 – 香槟分校获得电子与计算机工程博士学位，目前是布朗大学计算机科学系 Plastech 教授，并担任系主任，同时兼任布朗大学几何计算中心主任。他的研究方向涵盖信息安全、密码学、统计学、算法的设计和实现、图形绘制以及计算几何学。他是 AAAS、ACM 和 IEEE 的会士。他也是 IEEE 计算机协会技术成就奖的获得者。

Michael Goldwasser 于 1997 年从斯坦福大学获得计算机科学博士学位，目前是圣路易斯大学数学和计算机科学系教授，同时兼任计算机科学项目主任。之前，他在芝加哥罗耀拉大学计算机科学系任教。他的研究方向为算法的设计与实现以及计算几何学，同时他还活跃在各种计算机科学的教育社区。

这些作者的其他著作

- M.T. Goodrich and R. Tamassia, *Data Structures and Algorithms in Java*, Wiley.
- M.T. Goodrich, R. Tamassia, and D.M. Mount, *Data Structures and Algorithms in C++*, Wiley.
- M.T. Goodrich and R. Tamassia, *Algorithm Design: Foundations, Analysis, and Internet Examples*, Wiley.
- M.T. Goodrich and R. Tamassia, *Introduction to Computer Security*, Addison-Wesley.
- M.H. Goldwasser and D. Letscher, *Object-Oriented Programming in Python*, Prentice Hall.

Python 入门

1.1 Python 概述

构建数据结构和算法需要我们了解计算机中详细的指令。一种很好的方法是使用高级计算机语言描述这个了解的过程，如 Python。Python 编程语言最初是由 Guido van Rossum 于 20 世纪 90 年代初开发的，并已在工业和教育领域成为一门十分重要的语言。Python 语言的第二个主要版本 Python 2 于 2000 年发布，而第三个主要版本 Python 3 于 2008 年发布。Python 2 和 Python 3 之间不兼容。本书是基于 Python 3 编写的（更具体地说，基于 Python 3.1 或更高版本）。Python 语言的最新版本及其文档和教程可在 www.python.org 免费获取。

在本章中，我们对 Python 编程语言进行了概述，并将在下一章继续讨论面向对象原则。我们假设这本书的读者已有一定的编程经验，但不一定局限于 Python。本书不提供 Python 语言的完整描述（有许多语言可以参考用于实现这一目的），但它的确介绍了使用的代码片段里所用语言的方方面面。

1.1.1 Python 解释器

Python 是一种解释语言。命令通常在被称为 Python 解释器的软件中执行。Python 解释器接收到一条命令，然后评估该命令，最后返回该命令的结果。解释器可以交互使用（尤其是在调试时），程序员通常提前定义一系列命令，然后把这些命令保存为纯文本文件，这些程序被称为源代码或脚本。对于 Python，源代码通常存储在一个扩展名为 .py 的文件中（例如 demo.py）。

在大多数操作系统中，Python 解释器可以通过在命令行中输入“python”启动。在默认情况下，解释器在交互模式下使用新的工作空间启动。执行命令时，从保存在文件中的一个预定义脚本（例如 demo.py）中把文件名作为调用解释器执行的一个参数（例如 python demo.py），或使用一个额外的 -i 标志来执行脚本，然后进入交互模式（例如 python -i demo.py）。

许多集成开发环境（Integrated Development Environments，IDE）为 Python 提供了更加丰富的软件开发平台，包括一个拥有标准 Python 发行版的 IDLE。IDLE 提供了一个嵌入式的文本编辑器（可显示和编辑 Python 代码），以及一个基本调试器（允许逐步执行程序，以便检查关键变量的值）。

1.1.2 Python 程序预览

下面的代码段 1-1 是一个 Python 程序，用户输入字母表示学生的成绩等级，而后程序由输入数据计算学生平均绩点（Grade-Point Average，GPA）。这个例子所采用的许多技术将在本章的其余部分讨论。这时，我们注意到一些高层次的问题，尤其是对于那些初次接触 Python 这门编程语言的读者。

代码段 1-1　计算学生平均绩点（GPA）的 Python 代码

```
print('Welcome to the GPA calculator.')
print('Please enter all your letter grades, one per line.')
print('Enter a blank line to designate the end.')
# map from letter grade to point value
points = {'A+':4.0, 'A':4.0, 'A-':3.67, 'B+':3.33, 'B':3.0, 'B-':2.67,
          'C+':2.33, 'C':2.0, 'C':1.67, 'D+':1.33, 'D':1.0, 'F':0.0}
num_courses = 0
total_points = 0
done = False
while not done:
  grade = input( )                          # read line from user
  if grade == '':                           # empty line was entered
    done = True
  elif grade not in points:                 # unrecognized grade entered
    print("Unknown grade '{0}' being ignored".format(grade))
  else:
    num_courses += 1
    total_points += points[grade]
if num_courses > 0:                         # avoid division by zero
  print('Your GPA is {0:.3}'.format(total_points / num_courses))
```

Python 的语法在很大程度上依赖于缩进。典型的写法是将一条语句写在一行，当然，也可以将一条命令写在多行，如利用反斜杠字符（\），或者使用“开”分隔符，比如定义值映射（value-map）的 { 字符。

在 Python 划定控制结构的主体时，可以用空白字符进行缩进。具体来说，代码块缩进到其指定的控制体结构内，嵌套控制结构使用空白缩进保持代码整洁。在代码段 1-1 中，while 循环主体之后的 8 行，包括嵌套的条件结构都使用空白进行了缩进。

Python 解释器会忽略代码中的注释。在 Python 中，注释是以 # 字符标识的，# 表示该行的剩余部分是注释。

1.2　Python 对象

Python 是一种面向对象的语言，类则是所有数据类型的基础。在本节中，我们将介绍 Python 对象模型的重要方面，并介绍 Python 的内置类，如对于整数的 int 类、浮点数的 float 类以及字符串的 str 类。有关面向对象更加深入的介绍将着重在第 2 章进行。

1.2.1　标识符、对象和赋值语句

在 Python 语言的所有语句中，最重要的就是赋值语句，例如

```
temperature = 98.6
```

这条语句规定 temperature 作为标识符（也称为名称）与等号右边表示的对象相关联，在这一示例中浮点对象的值为 98.6。图 1-1 描述了这种赋值操作的结果。

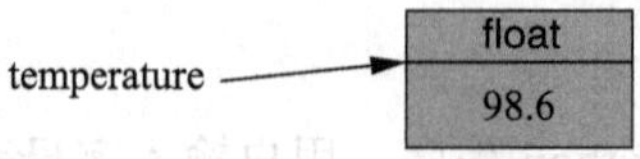
temperature
float
98.6

图 1-1　标识符 temperature 引用了 float 类的一个值为 98.6 的实例

标识符

在 Python 中，标识符是大小写敏感的，所以 temperature 和 Temperature 是不同的标识

符。标识符几乎可以由任意字母、数字和下划线字符（或更一般的 Unicode 字符）组成。主要的限制是标识符不能以数字开头（因此 9lives 是非法的名字），并且有 33 个特别的保留字不能用作标识符，见表 1-1。

表 1-1 Python 中的保留字，这些名字不能用作标识符

保留字								
False	as	continue	else	from	in	not	return	yield
None	assert	def	except	global	is	or	try	
True	break	del	finally	if	lambda	pass	while	
and	class	elif	for	import	nonlocal	raise	with	

对于熟悉其他编程语言的读者来说，Python 标识符的语义非常类似于 Java 中的引用变量或 C++ 中的指针变量。每个标识符与其所引用的对象的*内存地址*隐式相关联。Python 标识符可以分配给一个名为 None 的特殊对象，这与 Java 或 C++ 中空引用的目的是相似的。

与 Java 和 C++ 不同，Python 是一种*动态类型*语言，标识符的数据类型并不需要事先声明。标识符可以与任何类型的对象相关联，并且它可以在以后重新分配给相同（或不同）类型的另一个对象。虽然标识符没有被声明为确切的类型，但它所引用的对象有一个明确的类型。在第一个示例中，字符 98.6 被认为是一个浮点类型，因此标识符 temperature 与具有该值的 float 类的实例相关联。

程序员可以通过向现有对象指定第二个标识符建立一个*别名*。继续前面的例子，图 1-2 描绘了一个赋值操作 original = temperature 的结果。

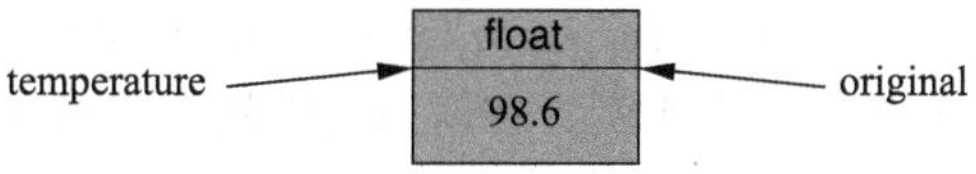
float
98.6
temperature
original

图 1-2 标识符 temperature 和 original 是同一个对象的别名

一旦建立了别名，两个名称都可用来访问底层对象。如果该对象支持影响其状态的行为，当使用一个别名而通过另一个别名更改对象的行为，其结果是显而易见的（因为它们指的是相同的对象）。然而，如果对象的一个别名被赋值语句重新赋予了新的值，那么这并不影响已存在的对象，而是给别名重新分配了存储对象。继续之前的示例，我们考虑下面的语句：

```
temperature = temperature + 5.0
```

这条语句的执行首先从 = 操作符右边的表达式开始。表达式 temperature + 5.0 是基于已存在的对象名 temperature 进行运算，因此，结果的值为 103.6，即 98.6 + 5。该结果被作为新的浮点实例存储，如果赋值语句左边的名称是 temperature，那么（重新）分配存储对象。随后的配置如图 1-3 所示。特别值得注意的是，后面这条语句对标识符 original 继续引用现有的浮点型实例的值没有任何影响。

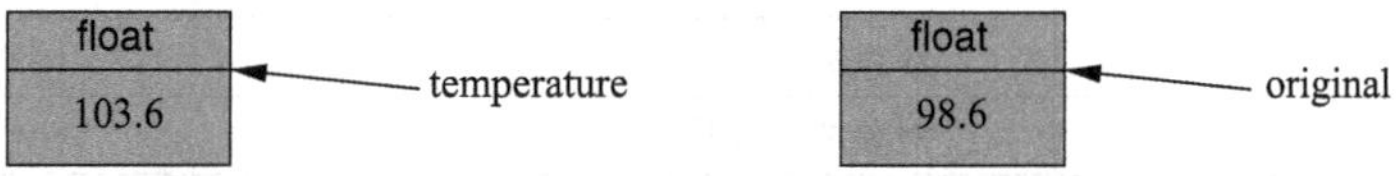
float
103.6
temperature
float
98.6
original

图 1-3 temperature 标识符已分配了新的值，而 original 继续引用以前已有的值

1.2.2 创建和使用对象

实例化

创建一个类的新实例的过程被称为*实例化*。一般来说，通过调用类的*构造函数*来实例化对象。例如，如果有一个名为 Widget 的类，假设这个构造函数不需要任何参数，我们可以使用如 w = Widget() 这样的语句来创建这个类的实例。如果构造函数需要参数，我们可以使用诸如 Widget(a, b, c) 的语句来构造一个新的实例。

许多 Python 的内置类（在 1.2.3 节中讨论）都支持所谓的*字面形式*指定新的实例。例如，语句 temperature = 98.6 的结果是创建 float 类的新实例。在该表达式中，98.6 这个词是字面形式。我们将在接下来的部分进一步讨论 Python 的字面形式。

从程序员的角度来看，另一种间接创建类的实例的方法是调用一个函数来创建和返回这样一个实例。例如，Python 有一个内置的函数名为 Sorted（见 1.5.2 节），它以一系列可比较的元素作为参数，并返回包含这些已排序元素的 list 类的一个新实例。

调用方法

Python 支持传统函数调用（见 1.5 节），调用函数的形式如 sorted(data)。在这种情况下，data 作为一个参数传递给函数。Python 的类也可以定义一个或多个*方法*（也称为*成员函数*），类的特定实例上的方法可以使用点操作符（“.”）来调用。例如，Python 的 list 类有一个名为 sort 的方法，那么可以使用 data.sort() 这样的形式调用。这个特殊的方法对列表中的内容进行重排，从而使其有序。

点左侧的表达式用于确认被方法调用的对象。通常，这将是一个标识符（例如 data），但我们可以根据其他操作的返回结果使用点操作符来调用一个方法。例如，如果 response 标识一个字符串实例，那么可以采用 response.lower().startswith('y') 的形式调用函数，其中 response.lower() 返回一个新的字符串实例，在返回的中间字符串的基础上调用 startswith('y') 方法。

当使用一个类的方法时，了解它的行为是很重要的。一些方法返回一个对象的状态信息，但是并不改变该状态。这些方法被称为*访问器*。其他方法，如 list 类的 sort 方法，会改变一个对象的状态。这些方法被称为*应用程序*或*更新方法*。

1.2.3 Python 的内置类

表 1-2 给出了 Python 中常用的内置类。我们要特别注意可变的类和不可变的类。如果类的每个对象在实例化时有一个固定的值，并且在随后的操作中不会被改变，那么就是不可变的类。例如，float 类是不可改变的。一旦一个实例被创建，它的值不能被改变（虽然一个标识符引用的对象被赋予了一个不同的值）。

表 1-2 Python 中常用的内置类

类	描 述	不可变
bool	布尔值	√
int	整数（任意大小）	√
float	浮点数	√
list	对象的可变序列	
tuple	对象的不可变序列	√

（续）

类	描　述	不可变
str	字符串	√
set	不同对象的无序集合	
frozenset	集合类的不可改变的形式	√
dict	关联映射（字典）	

在这一节中，我们对这些类进行了介绍，讨论了它们的目的，并且对创建类的实例提出了几种方法。大多数内置类都存在字面形式（如 98.6），所有类都支持传统构造函数形式创建基于一个或多个现有值的实例。这些类支持的操作在 1.3 节中描述。更多关于这些类的详细信息可以在如下章节中找到：列表和元组（第 5 章）；字符串（第 5 章、第 13 章和附录 A）；集合和字典（第 10 章）。

布尔类

布尔（bool）类用于处理逻辑（布尔）值，该类表示的实例只有两个值——True 和 False。默认构造函数 bool() 返回 False，但是与其使用这种语法，还不如采用更直接的表现形式。Python 允许采用 bool(foo) 语法用非布尔值类型为值 foo 创造一个布尔类型。结果取决于参数的类型。就数字而言，如果为零就为 False，否则就为 True。对于序列和其他容器类型，如字符串和列表，如果是空为 False，如果非空则为 True。这种方式的一个重要应用是可以使用非布尔类型的值作为控制结构的条件。

整型类

整型（int）和浮点（float）类是 Python 的主要数值类型。int 类被设计成可以表示任意大小的整型值。不像 Java 和 C++ 支持不同精度的不同整数类型（如 int、short、long），Python 会根据其整数的大小自动选择内部表示的方式。对于整数，典型的形式包括 0、137 和 – 23。在某些情况下，可以很方便地使用二进制、八进制或十六进制表示一个整型值。可以使用 0 这个前缀和一个字符来描述这些进制形式。这样的例子分别有 0b1011、0o52 和 0x7F。

整数的构造函数 int() 返回一个默认为 0 的值。该构造函数可用于构造基于另一类型的值的整数值。例如，如果 f 是一个浮点值，表达式 int(f) 得到 f 的整数部分。例如，int(3.14) 和 int(3.99) 得到的结果都是 3，而 int(– 3.9) 得到的结果是 – 3。构造函数也可以用来分析一个字符串（例如用户输入的一个字符串），该字符串被假定为表示整型值。如果 s 是一个字符串，那么 int(s) 得到这个字符串代表的整数值。例如，表达式 int('137') 产生整数值 137。如果一个无效的字符串作了参数，如 int('hello')，那么就会产生一个 ValueError（见 1.7 节讨论的 Python 异常）。默认情况下，该字符串必须使用十进制。如果需要从不同的进制中转换，那么需要把进制表示为第二个可选参数。例如，表达式 int('7f', 16) 计算结果为整数 127。

浮点类

浮点（float）类是 Python 中唯一的浮点类型，使用固定精度表示。其精度更像是 Java 或 C++ 中的 double 型，而不是 Java 或 C++ 中的 float 型。我们已经讨论了一个典型的形式——98.6。我们注意到，整数的等价浮点形式可以直接表达成 2.0。从技术上讲，数字末尾的零是可选的，所以有些程序员可以使用表达式 2. 来表示数字 2.0 的浮点形式。浮点型数据的另一种表达形式是采用科学计数法。例如，表达式 6.022e23 代表数学上的

6.022×10^{23}。

float() 构造函数的返回值是 0.0。当给定一个参数时，float() 构造函数尝试返回等价的浮点值。例如，调用函数 float(2) 返回浮点值 2.0。如果构造函数的参数是一个字符串，如 float('3.14')，它试图将字符串解析为浮点值，那么将会产生 ValueError 的异常。

序列类型：列表、元组和 str 类

list、tuple 和 str 类是 Python 中的序列类型，代表许多值的集合，集合中值的顺序很重要。list 类是最常用的，表示任意对象的序列（类似于其他语言中的"数组"）。tuple 类是 list 类的一个不可改变的版本，可以看作列表类一种简化的内部表示。str 类表示文本字符不可变的序列。我们注意到，Python 没有为字符设计一个单独的类，可以将其看作长度为 1 的字符串。

列表类

列表（list）实例存储对象序列。列表是一个参考结构，因为它在技术上存储其元素的引用序列（见图 1-4）。列表的元素可以是任意的对象（包括 None 对象）。列表是基于数组的序列，采用零索引，因此一个长度为 *n* 的列表包含索引号从 0 到 *n* – 1 的元素。列表也许是 Python 中最常用的容器类型，对数据结构和算法的研究极其重要。它们有很多有用的操作，还具备随着需求动态扩展和收缩存储容量的能力。在本章中，我们将讨论列表最基本的性质。第 5 章将重点审视 Python 中所有序列类型的内部工作。

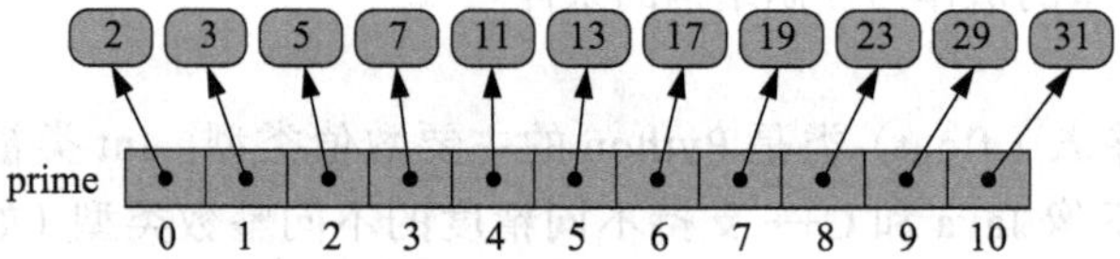
2
3
5
7
11
13
17
19
23
29
31
prime
0 1 2 3 4 5 6 7 8 9 10

图 1-4　Python 中整数列表的内部表示，实例化为 prime = [2, 3, 5, 7, 11, 13, 17, 19, 23, 29, 31]，元素的隐式索引显示在每一个条目的下方

Python 使用字符 [ ] 作为列表的分隔符，[ ] 本身表示一个空列表。作为另一个示例，['red', 'green', 'blue'] 是含有三个字符串实例的列表。列表中的内容并不需要在字面上表达出来。如果标识符 a 和 b 已经声明，则语法 [a, b] 是合法的。

list() 构造函数默认产生一个空的列表。然而，构造函数可以接受任何可迭代类型的参数。我们将在 1.8 节进一步讨论迭代，但迭代器类型的例子包括所有的标准容器类型（如字符串、列表、元组、集合、字典）。例如：list('hello') 产生一个单个字符的列表，['h', 'e', 'l', 'l', 'o']。因为现有列表本身可迭代，语法 backup = list(data) 可用于构造一个新的列表实例，该列表实例与原始列表引用相同的内容。

元组类

元组（tuple）类是序列的一个不可改变的版本，它的实例中有一个比列表更为精简的内部表示。Python 使用 [ ] 符号表示列表，而使用圆括号表示元组，( ) 代表一个空的元组。这里有一个重要的细节——为了表示只有一个元素的元组，该元素之后必须有一个逗号并且在圆括号之内。例如，(17,) 是一元元组。之所以这么做，是因为如果没有添加后面的逗号，那么表达式 (17) 会被看作一个简单的带括号的数值表达式。

str 类

Python 的 str 类专门用来有效地代表一种不变的字符序列，它基于 Unicode 国际字符集。相较于引用列表和元组，字符串有更为紧凑的内部表示，如图 1-5 所示。

S	A	M	P	L	E
0	1	2	3	4	5

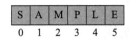

图 1-5　一个 Python 字符串，它是字符的一个索引序列

字符串可以用单引号括起来，如 'hello'，或双引号括起来，如 "hello"。这种选择很方便，特别是在序列中使用另一个引号字符作为一个实际字符时，如 "Don't worry"。另外，引号的分隔作用可以用反斜杠来实现，即所谓的转义字符，如 'Don\'t worry'。因为反斜杠可以实现这个目的，它在字符串中正常使用时也应该遵循这个用法，如 'C:\\Python\\'，它实际所要表达的字符串是 C:\Python\。其他常用的转义字符有 \n（表示换行）和 \t（表示制表符）。Unicode 字符也包括在内，如 '20 \u20AC' 表示字符串 20 €。

Python 也支持在字符串的首尾使用分割符 ''' 或者 """。这样使用三重引号字符的优点是换行符可以在字符串中自然出现（而不是使用转义字符 \n）。这可以大大提高源代码中长字符串的可读性。例如，在代码段 1-1 的开始，相较于使用单独的输出语句逐行输出介绍词，我们可以使用一个输出语句，如下：

```
print("""Welcome to the GPA calculator.
Please enter all your letter grades, one per line.
Enter a blank line to designate the end.""")
```

set 和 frozenset 类

Python 的 set 类代表一个集合的数学概念，即许多元素的集合，集合中没有重复的元素，而且这些元素没有内在的联系。与列表恰恰相反，使用集合的主要优点是它有一个高度优化的方法来检查特定元素是否包含在集合内。这基于一个名为散列表的数据结构（这将是第 10 章的主题）。然而，这里有两个由算法基础产生的重要限制。一是该集合不保存任何有特定顺序的元素集。二是只有不可变类型的实例才可以被添加到一个 Python 集合。因此，如整数、浮点数和字符串类型的对象才有资格成为集合中的元素。有可能出现元组的集合，但不会有列表组成的集合或集合组成的集合，因为列表和集合是可变的。frozenset 类是集合类型的一种不可变的形式，所以由 frozensets 类型组成的集合是合法的。

Python 使用花括号 { 和 } 作为集合的分隔符，例如，{17} 或 {'red', 'green', 'blue'}。这个规则的特例是 { } 并不代表一个空的集合；由于历史的原因，{ } 代表一个空的字典（见下文）。除此之外，构造函数 set() 会产生一个空集合。如果给构造函数提供可迭代的参数，那么就会产生不同元素组成的集合。例如，set('hello') 产生集合 {'h', 'e', 'l', 'o'}。

字典类

Python 的 dict 类代表一个字典或者映射，即从一组不同的键中找到对应的值。例如，字典可以把学生的唯一的学号信息和大量的学生记录（如学生的姓名、地址和课程成绩）进行一一映射。Python 实现 dict 类与实现集合类采用的方法几乎相同，只不过实现字典类时会同时存储键对应的值。

字典的表达形式也使用花括号，因为在 Python 中字典类型是早于集合类型出现的，字面符号 { } 产生一个空的字典。一个非空字典的表示是用逗号分隔一系列的键值对。例如，字典 {'ga': 'Irish', 'de': 'German'} 表示 'ga' 到 'Irish' 和 'de' 到 'German' 的一一映射。

dict 类的构造函数接受一个现有的映射作为参数，在这种情况下，它创造了一个与原有字典具有相同联系的新字典。另外，构造函数接受一系列键值对作为参数，如 dict(pairs) 中的 pairs = [('ga', 'Irish'), ('de', 'German')]。

1.3 表达式、运算符和优先级

在前面的小节中，我们演示了如何使用标识符来标识现有的对象，以及如何使用文字和构造函数创建内置类的实例。在使用*运算符*（即各种特殊符号和关键词）的情况下，现有的值可以组合成较大的语法*表达式*。运算符（或称操作符）的语义取决于其操作数的类型。例如，当 a 和 b 是数字，语句 a + b 表示相加；如果 a 和 b 是字符串，那么运算符就表示字符串的连接。本节中，我们在内置类型的不同上下文语义中描述 Python 的运算符。

我们将在稍后讨论*复合表达式*，例如 a + b * c，表达式的结果取决于两个或更多的运算符运算的结果。复合表达式的运算顺序可以影响表达式的整体结果。为此，Python 定义运算符的优先级顺序，但允许程序员通过使用明确的括号对表达式中运算符的优先级进行调整。

逻辑运算符

Python 支持以下关键字作为运算符，其结果为布尔值：

not	逻辑非
and	逻辑与
or	逻辑或

and 和 or 运算符是*短路保护*的，也就是说，如果其结果可以根据第一个操作数的值来确定，那么它们不会对第二个操作数进行运算。这个功能在构造布尔表达式时很有用。我们首先测试某些条件成立（如一个引用不是 None），然后测试另一个条件，否则可能产生一个之前的测试没有成功的错误条件。

相等运算符

Python 支持以下运算符去测试两个概念的相等性：

is	同一实体
is not	不同的实体
==	等价
!=	不等价

当标识符 a 和 b 是同一个对象的别名时，表达式 a is b 的结果为真。表达式 a == b 测试一个更一般的等价概念。如果标识符 a 和 b 指向同一个对象，那么表达式 a == b 为真。如果标识符指向不同的对象，但这些对象的值被认为是等价的，那么 a == b 的结果也为真。精确的等价概念取决于数据类型。例如，对于两个字符串，如果它们的每个字符都对应相同，那么它们可以看作是等价的。两个集合包含相同的元素，而不考虑其顺序，那么这两个集合可以看作是等价的。在大多数编程情况下，== 和 != 运算符适用于检验表达式是否相等。is 和 is not 在有必要检验真正的混叠时是适用的。

比较运算符

数据类型可以通过以下运算符定义一个自然次序：

<	小于
<=	小于等于
>	大于
>=	大于等于

这些运算符对于数值类型、定义好的字典类型和有大小写之分的字符串有可预期的结果。如果操作数的类型不匹配，例如 5 < 'hello'，那么就会产生异常。

算术运算符

Python 支持以下算术运算符：

+	加
-	减
*	乘
/	真正的除
//	整数除法
%	模运算符

加法、减法和乘法的用法是很简单的，需要注意的是，如果两个操作数都是整型，那么其结果也是整型；如果有一个是浮点型，或两个操作数都是浮点型，那么其结果也是浮点型。

Python 对于除法有更多的考虑。我们首先考虑两个操作数都是整型的情况，例如，27 除以 4。在数学中，$27 \div 4 = 6\frac{3}{4} = 6.75$。在 Python 中，/ 运算符表示真正的除，运算返回一个浮点型的计算结果。因此，27 / 4 得到一个浮点型的值 6.75。Python 支持 // 和 % 运算符进行整数运算，表达式 27 // 4 运算的值是整型的 6（数学概念中的商），表达式 27%4 运算的值是整型的 3，整数除法的余数。我们注意到 C、C++ 和 Java 等语言不支持 // 运算符。另外，当两个操作数都是整型时，/ 运算符返回不大于商的最大整数；当至少有一个操作数是浮点类型时，其结果是真正除法的结果。

在操作数有一个或两个是负数的情况下，Python 谨慎地扩展了 // 和 % 的语义。由于符号的缘故，我们假设变量 n 和 m 分别代表商式$\frac{n}{m}$的被除数和除数，$q = n$ // m 和 $r = n$ % m。Python 保证 $q * m + r$ 等于 n。我们已经看到操作数为正数这一情况的实例，如 6 * 4 + 3 = 27。当除数 m 为正数时，Python 进一步保证 $0 \leqslant r < m$。因此，我们发现 - 27 // 4 运算的值为 - 7 并且 - 27 % 4 运算的值为 1，满足算式（- 7）* 4 + 1 = - 27。当除数为负数时，Python 保证 $m < r \leqslant 0$。作为示例，27 // - 4 运算的值为 - 7 并且 27 % - 4 运算的值为 - 1，满足算式 27 =（- 7）*（- 4）+（- 1）。

// 和 % 运算符的使用甚至扩展到浮点型操作数，表达式 $q = n$ // m 的值是不大于商的最大整数，表达式 $r = n$ % m 表示 r 是余数，确保 $q * m + r$ 等于 n。例如，8.2 // 3.14 运算的结果为 2.0，8.2 % 3.14 运算的结果为 1.92，满足算式 2.0 * 3.14 + 1.92 = 8.2。

位运算符

Python 为整数提供了以下位运算符：

~	取反（前缀一元运算符）
&	按位与
|	按位或
^	按位异或
<<	左移位，用零填充
>>	右移位，按符号位填充

序列运算符

Python 每个内置类型的序列（str、tuple 和 list）都支持以下操作符语法：

s[j]	索引下标为 *j* 的元素
s[start:stop]	切片操作得到索引为 [start, stop) 的序列
s[start:stop:step]	切片操作，新的序列包含索引为 start, start + step, start + 2 * step, …, 直到序列结束
s + t	序列的连接
k * s	序列 s 连接即 s + s + s + …（*k* 次）
val in s	检查元素 val 在序列 s 中
val not in s	检查元素 val 不在序列 s 中

Python 使用序列的*零索引*，因此一个长度为 *n* 的序列的元素的索引是从 0 到 *n* – 1。Python 还支持使用*负索引*，表示离序列尾部的距离；索引 – 1 表示序列的最后一个元素，索引 – 2 表示序列的倒数第二个元素，以此类推。Python 使用*切片*标记法来描述一个序列的子序列。切片被描述为一种半开放的状态，即开始索引的元素包含在内，结束索引的元素排除在外。例如，语句 data[3:8] 产生一个子序列，子序列包含 5 个索引值：3, 4, 5, 6, 7。一个可选的“ step”值，有可能是负数，可以当作切片的第三个参数。如果在切片表达式中省略了一个起始索引或结束索引，则假设起始或结束对应的是原始序列的头或尾。

因为列表是可变的，语法 s[j] = val 可以替换给定索引的元素。列表还支持语法 del s [j]，即从列表中删除指定的元素。切片标记法也可以用来取代或删除子列表。

表达式 val in s 可以用在任何序列中检验其中是否有元素与 val 的值相等。对字符串来说，这个语法可以用来匹配其中的一个字符或一个较大的子串，如 'amp' in 'example'。

所有序列规定的比较操作都是基于*字典顺序*，即一个元素接一个元素地比较，直至找到第一个不同的元素。例如，[5, 6, 9] < [5, 7]，因为第一个序列中索引为 1 的元素小。因此，下面的操作由序列类型支持：

s == t	相等（每一个元素对应相等）
s != t	不相等
s < t	字典序地小于
s <= t	字典序地小于或等于
s > t	字典序地大于
s >= t	字典序地大于或等于

集合和字典的运算符

set 和 frozenset 支持以下操作：

key in s	检查 key 是 s 的成员
key not in s	检查 key 不是 s 的成员
s1 == s2	s1 等价 s2
s1 != s2	s1 不等价 s2
s1 <= s2	s1 是 s2 的子集
s1 < s2	s1 是 s2 的真子集
s1 >= s2	s1 是 s2 的超集
s1 > s2	s1 是 s2 的真超集（s1 不等于 s2）

s1 | s2	s1 与 s2 的并集
s1 & s2	s1 与 s2 的交集
s1 – s2	s1 与 s2 的差集
s1 ^ s2	对称差分（该集合中的元素在 s1 与 s2 的其中之一）

需要注意的是，集合并不保证它们内部元素以特定的顺序排列，所以比较运算符（如 <）不是以字典顺序进行比较的；相反，它们是基于子集的数学概念的。所以，比较运算符定义一个部分的顺序，但不是一个总体的顺序，因为不相交的集合彼此不是“小于”“等于”或“大于”的关系。集合通过指定的方法（例如添加、删除）支持许多基本的行为，我们将在第 10 章更充分地探讨其功能。

字典像集合一样，它们的元素没有一个明确定义的顺序。此外，对于字典，子集的概念并没有太大的意义，所以 dict 类并不支持形如 < 的运算符。字典支持等价的概念，如果两个字典包含相同的键 – 值对集合，那么 d1 == d2。字典最广泛使用的操作是使用索引语法 d[k] 访问与给定键 k 相关联的值。支持的操作如下：

d[key]	给定键 key 所关联的值
d[key] == value	设置（或重置）与给定的键相关联的值
del d[key]	从字典中删除键及其关联的值
key in d	检查 key 是 d 的成员
key not in d	检查 key 不是 d 的成员
d1 == d2	d1 等价于 d2
d1 != d2	d1 不等价于 d2

字典通过指定的方法支持许多有用的行为，我们将在第 10 章更充分地探讨其功能。

扩展赋值运算符

Python 支持对大多数二元运算符进行扩展赋值运算，例如，允许形如 count += 5 的语法表达式。默认情况下，这是更繁琐的表达式 count = count + 5 的一种简约表述。对于不可变类型，如数字或字符串，不应该认为该语法改变现有对象的值，而是它将对新构造的值重新分配标识符（见图 1-3）。然而，对于一种类型，它可通过重新定义语法规则去改变对象的行为，如对列表类进行 += 操作。

```
alpha = [1, 2, 3]
beta = alpha                # an alias for alpha
beta += [4, 5]              # extends the original list with two more elements
beta = beta + [6, 7]        # reassigns beta to a new list [1, 2, 3, 4, 5, 6, 7]
print(alpha)                # will be [1, 2, 3, 4, 5]
```

这个例子展现了语句 beta += foo 与 beta = beta + foo 在列表语义方面的微妙差异。

复合表达式和运算符优先级

编程语言对复合表达式的执行顺序必须有明确的规则，如计算 5 + 2 * 3。Python 中运算符正式的优先级顺序在表 1-3 中给出。在同一个级别中，优先级高的运算符将会比优先级低的运算符先执行，除非表达式中有括号。因此，我们看到 Python 中乘法的优先级高于加法，因此表达式 5 + 2 * 3 是作为 5 +（2 * 3）计算的，值为 11，但是加了括号后的表达式（5 + 2）* 3 计算的值为 21。同一个级别中的运算符是从左到右计算的，因此 5 – 2 + 3 的值为 6。此规则的例外情况是一元运算符和求幂运算是从右至左运算的。

表 1-3　Python 运算符的优先级，同类别中从最高级别到最低级别排序。我们使用 expr 来表示文字、标识符，或表达式的运算结果。所有没有明确提及的 expr 的运算符都是二元运算符，其语法形式如 expr1 operator expr2

运算符优先级		
	类 型	符 号
1	成员访问	expr.member
2	函数 / 方法调用 容器下标 / 切片	expr(…) expr[…]
3	幂运算	**
4	一元运算符	+ expr，− expr，~ expr
5	乘法，除法	*，/，//，%
6	加法，减法	+，−
7	按位移位	<<，>>
8	按位与	&
9	按位异或	^
10	按位或	|
11	比较 包含	is，is not，==，!=，<，<=，>，>=，in，not in
12	逻辑非	not expr
13	逻辑与	and
14	逻辑或	or
15	条件判断	val1 if cond else val2
16	赋值	=，+=，−=，*= 等

Python 支持链接赋值，如 x = y = 0，将最右边的值赋值给指定的多个标识符。Python 还支持链接比较运算符。例如，表达式 1 <= x + y <= 10 等价于复合表达式 (1 <= x + y) and (x + y <= 10)，这样可以不用将中间值 x + y 计算两次。

1.4　控制流程

在本节中，我们将回顾 Python 中最基本的控制结构：条件语句和循环语句。在 Python 中，控制结构中常见的是使用语法来定义代码块。冒号字符用于标识代码块的开始，代码块作为控制结构的结构体。如果结构体可以被表述为一个可执行语句，则它可以与冒号置于同一行上，且在冒号的右边。然而，结构体通常从冒号的下一行起整齐缩进。Python 依赖于缩进级别或嵌套结构来指定代码块。同样的原则适用于指定一个函数体（见 1.5 节）和一个类的主体（见 2.3 节）。

1.4.1　条件语句

条件结构（也称为 if 语句）提供了一种方法，用以执行基于一个或多个布尔表达式的运行结果而选择的代码块。在 Python 中，条件语句一般的形式如下：

```
if first_condition:
  first_body
elif second_condition:
  second_body
elif third_condition:
  third_body
else:
  fourth_body
```

每个条件都是布尔表达式，并且每个主体包含一个或多个在满足条件时才执行的命令。如果满足第一个条件，那么将执行第一个结构体，而其他条件或结构体不会执行。如果不满足第一个条件，那么这个流程以相似的方式判断第二个条件，并将继续下去。整体结构的执行将决定必有一个结构体会被执行。这里可能有任意数量的 elif 语句（包括零个），最后一条 else 语句是可选的。就像前面提到的，非布尔类型可以被评估为具有直观含义的布尔值。例如，如果 response 是由用户输入的一个字符串，我们会以这是一个非空字符串为条件，写为

```
if response:
```

可以看作下列等价表达式的简写：

```
if response != '':
```

作为一个简单的例子，一个机器人控制器可能有以下逻辑：

```
if door_is_closed:
  open_door()
advance()
```

注意：最后的命令 advance() 没有缩进，因此不是条件结构体的一部分。它将会被无条件地执行（尽管它在打开一个关着的门之后）。

我们可以在一个控制结构中嵌套另一个控制结构，基于缩进可以明确不同结构体的范围。重新审视机器人的例子，这里有一个更复杂的控制，是在紧闭的门上增加开锁的条件。

```
if door_is_closed:
  if door_is_locked:
    unlock_door()
  open_door()
advance()
```

这个例子表示的逻辑可以描绘为一种传统的流程图，如图 1-6 所示。

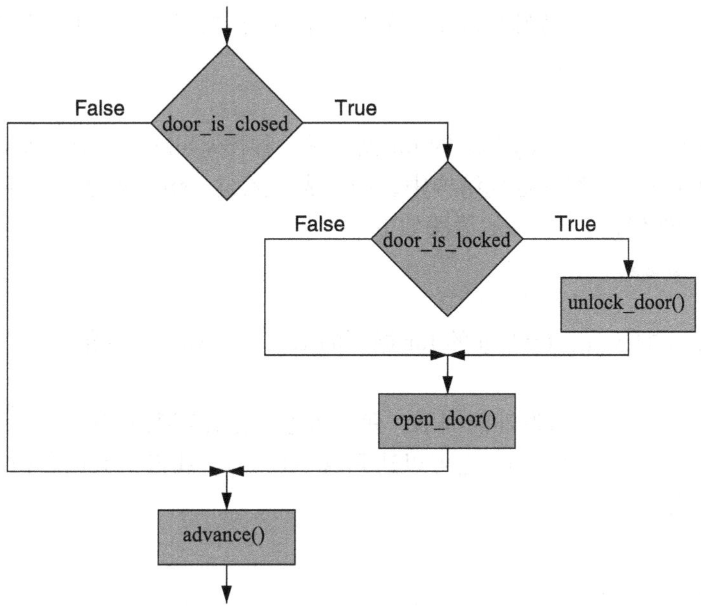
False
door_is_closed
True
False
door_is_locked
True
unlock_door()
open_door()
advance()

图 1-6 描述逻辑嵌套条件语句的流程图

1.4.2 循环语句

Python 提供了两种不同的循环结构。while 循环允许以布尔条件的重复测试为基础的一般重复。for 循环对定义序列（如字符串中的字符、列表中的元素或一定范围内的数字）的值提供了适当的迭代。

while 循环

Python 中的 while 循环的语法如下：

```
while condition:
    body
```

就一个 if 语句来说，condition 可以是任意布尔表达式，结构体可以是任意代码块（包括嵌套控制结构）。执行 while 循环时首先测试布尔条件。如果条件的结果为 True，执行循环的主体。每次执行结构体后，重新测试循环条件，如果测试条件的结果为 True，那么开始执行结构体的另一轮迭代。如果测试条件的结果为 False（假设曾经出现过），那么循环退出，并且控制流在循环的主体之外继续。

作为示例，这里给出一个循环，通过字符序列的索引，找到一个输入值为 'X' 的值或直接到达序列的尾部。

```
j = 0
while j < len(data) and data[j] != 'X':
    j += 1
```

我们将在 1.5.2 节讨论 len 函数，它返回一个序列（如列表或字符串）的长度。这个循环的正确性依赖于 and 运算符的短路效应。在访问元素 data[j] 之前，首先测试 j < len(data) 以确保 j 是一个有效的索引。如果我们以相反的顺序写成复合条件，当 'X' 不存在时，data[j] 的结果将最终会抛出 IndexError 异常（见 1.7 节讨论的异常情况）。

如上所述，当这个循环结束时，如果 'X' 存在，变量 j 的值是最左边出现的 'X' 的索引，否则就是序列的长度（这将会被作为一个预示着搜索失败的无效索引）。值得注意的是这段代码本身的正确性，甚至在特殊情况下，如当列表为空时，条件 j < len(data) 一开始即执行失败，而循环体永远不会被执行。

for 循环

在迭代一系列的元素时，Python 的 for 循环是一种比 while 循环更为便利的选择。for 循环的语法可以用在任何类型的迭代结构中，如列表、元组、str、集合、字典或文件（我们将在 1.8 节正式讨论迭代器）。其一般语法如下：

```
for element in iterable:
    body                # body may refer to 'element' as an identifier
```

对于熟悉 Java 的读者，Python 的 for 循环的语法与 Java 1.5 中介绍的“ for each”循环的风格很相似。

作为 for 循环一个很有启发性的例子，我们考虑的是计算列表中元素数值的总和（当然，Python 中有一个内置的函数 sum，也可以达到这一目的）。我们在 for 循环中执行如下计算，假设 data 代表列表：

```
total = 0
for val in data:
    total += val                # note use of the loop variable, val
```

标识符 val 从 for 循环指定的元素开始遍历，对于 data 序列中的每一个元素，循环体都会执行一次。值得注意的是，val 被视为一个标准标识符。如果原始 data 中的元素是可变的，可以使用 val 标识符调用它的方法。但是给标识符 val 重新赋一个新的值并不影响原始 data，也不影响下一次的迭代循环。

第二个经典的例子，我们考虑在一个列表的元素中寻找最大值（Python 的内置函数 max 已经提供了这种功能）。我们可以假设 data 列表至少有一个元素，那么可以实现这个任务：

```
biggest = data[0]                    # as we assume nonempty list
for val in data:
  if val > biggest:
    biggest = val
```

虽然我们可以用 while 循环来完成上述任务，但 for 循环的优点是简洁，即不需要管理列表的明确索引及构造布尔循环条件。此外，我们可以在 while 循环不适用的情况下使用 for 循环，例如遍历一个集合 set，但它不支持任何直接形式的索引。

基于索引的 for 循环

标准的 for 循环用于遍历一个列表的元素时是很简洁的，但这种形式的一个限制是我们不知道元素在这个序列的哪一个位置。在某些应用程序中，我们需要知道序列中元素的索引。例如，假设我们想知道列表中最大元素所在的位置。

在这种情况下，我们宁愿遍历列表中所有可能的索引，而不是直接在列表的元素上循环。为此，Python 提供了一个名为 range 的内置类，它可以生成整数序列。（我们将在 1.8 节讨论生成器。）在最简单的形式中，语法 range(n) 生成具有 n 个值的序列，下标从 0 到 $n-1$。很明显，这些正是长度为 n 的序列的有效索引。因此，标准的 Python 语言对数据序列的一系列索引应用 for 循环时，使用以下语法：

```
for j in range(len(data)):
```

在这种情况下，标识符 j 并不是 data 中的元素，它是一个整数。而表达式 data[j] 可以用来检索序列中相应的元素。例如，我们可以找到列表中最大元素的索引，如下：

```
big_index = 0
for j in range(len(data)):
  if data[j] > data[big_index]:
    big_index = j
```

break 和 continue 语句

Python 支持 break 语句，当在循环体内执行 break 语句时，while 或 for 循环就会立即终止。更正式地说，如果在嵌套的控制结构中使用 break 语句，它会导致内层循环立刻终止。一个典型的例子如下面的代码所示，它是确定一个目标值是否出现在数据集中：

```
found = False
for item in data:
  if item == target:
    found = True
    break
```

Python 也支持 continue 语句，continue 语句会使得循环体的当前迭代停止，但循环过程的后续迭代会正常进行。

我们建议慎用 break 和 continue 语句。然而，在有些情况下，可以有效地使用这些命令，以免引入过于复杂的逻辑条件。

1.5 函数

在这一节中，我们探讨 Python 中函数的创建和使用。正如我们在 1.2.2 节讨论的，应明确函数和方法之间的区别。我们用一般的术语——*函数*来描述一个传统的、无状态的函数，该函数被调用而不需要了解特定类的内容或该类的实例，例如 sorted(data)。我们使用更具体的术语——*方法*来描述一个成员函数，在调用特定对象时使用面向对象的消息传递语法，如 data.sort()。在这一节中，我们只考虑纯函数；在第 2 章中，我们使用更广泛的面向对象原则来探讨方法。

我们从一个例子开始说明在 Python 中定义函数的语法。在任何形式的可迭代数据集中，下面的函数计算给定目标值出现的次数。

```
def count(data, target):
  n = 0
  for item in data:
    if item == target:                  # found a match
      n += 1
  return n
```

以关键字 def 开始的第一行作为函数的*标志*。这个标志建立了一个新的标识符作为函数的名称（在这个示例中是 count），并且设立了期望的参数个数，以及标识这些参数的名称（在这个示例中是 data 和 target）。与 Java 和 C++ 不同，Python 是一种动态类型语言，因此 Python 不指定这些参数的类型，也不指定返回值的类型（如果有的话）。这些参数的使用在函数的说明文档中描述（见 2.2.3 节），并且在函数体中执行，但是对于函数的错误使用只有在运行时才被检测到。

函数定义的其余部分称为函数的*主体*。和 Python 中控制结构的情况一样，函数体通常以缩进的代码块的形式表示。每次调用函数时，Python 会创建一个专用的*活动记录*用来存储与当前调用相关的信息。这个活动记录包括了*命名空间*（见 1.10 节）。命名空间用以管理当前调用中*局部作用域*内的所有标识符。命名空间包含该函数的参数以及在函数体内定义的其他本地标识符。函数调用者局部作用域内的标识符与调用者作用域内的其他相同名称的标识符没有关系（虽然在不同的作用域的标识符可能是同一对象的别名）。在第一个例子中，标识符 n 的范围是局部函数调用。作为标识符项，它被作为循环变量使用。

return 语句

return 语句一般用在函数体内，用来表示该函数应立即停止执行，并将所得到的值返回给调用者。如果 return 语句在执行之后没有明确的返回值，则会自动返回 None 值给调用者。同样，如果控制流在没有执行 return 语句的情况下到达过函数体的末端，那么 None 值会被返回。通常，return 语句会是函数体的最后一条命令，如前面所示 count 函数例子中。然而，如果命令执行受条件逻辑控制，那么在同一函数中可以有多个 return 语句。作为一个深入的例子，下面考虑这样一个函数——测试序列中是否有一个这样的值。

```
def contains(data, target):
  for item in data:
    if item == target:                  # found a match
      return True
  return False
```

如果满足循环体内的条件，那么 return True 语句就会执行，然后函数就会立即结束。Ture 表示目标值已经被找到。相反，如果 for 循环到达结尾仍然没有找到匹配值，那么最后的 return False 语句将被执行。

1.5.1 信息传递

要成为一个优秀的程序员，你必须对编程语言如何从函数中传递信息的机制有一个清晰的理解。在函数签名的上下文中，用来描述预期参数的标识符被称为*形式参数*，调用者调用函数时发送的对象是*实际参数*。在 Python 中，参数传递遵循标准*赋值语句*的语法。当调用一个函数时，在函数的局部范围内，将用作形参的每个标识符分配给函数调用者提供的相应实参。

例如，考虑以下来自前面 count 函数的调用：

```
prizes = count(grades, 'A')
```

在执行函数体之前，实际参数 grades 和 'A' 已经被隐式分配给了形式参数 data 和 target。代码如下：

```
data = grades
target = 'A'
```

这些赋值语句将标识符 data 作为 grades 的别名，并将 target 作为字符串 'A' 的名称，如图 1-7 所示。

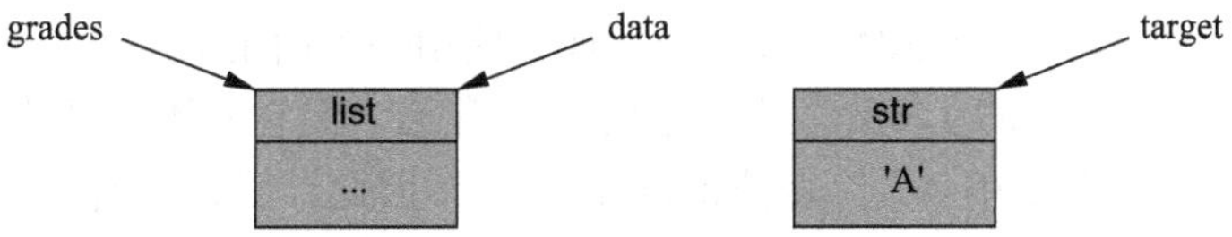
grades
data
target
list
...
str
'A'

图 1-7 Python 中对于函数调用 count(grades, 'A') 参数传递的描述。标识符 data 和 target 是 count 函数定义的局部范围内的形式参数

函数的返回值传递给调用者这一实现类似于赋值。因此，我们的示例调用 prizes = count(grades, 'A')，在调用者作用域内的标识符 prizes 赋值给了对象，此对象就是函数体中返回语句确定的 n。

对于从一个函数中传递信息来说，Python 机制的优点是不用复制对象。即使在一个参数或返回值是一个复杂对象的情况下，这也确保了函数的调用是高效的。

可变参数

当一个参数是可变对象时，Python 的参数传递模式有其他作用。因为形参是实际参数的一个别名，函数体可以以改变其状态的方式与对象交互。再一次考虑对于示例 count 函数的调用，如果函数体执行 data.append('F') 这条命令，新的条目被添加到函数中标识为 data 的列表的末尾，该列表与调用者已知的 grade 列表相同。另外，我们注意到在函数体内给形式参数重新赋予新值，形如设置 data = []，并不改变实际参数——这种重新赋值的方式只是改变了别名。

我们假设的 count 方法的例子是给列表追加新的元素，这是缺乏常识的。没有理由期待这样的行为，对参数有这样一个意想不到的影响将是相当糟糕的设计。然而，在许多合法的情况下，一个函数可以被设计（和清楚地记录）用以修改参数的状态。作为一个具体的例子，我们提出实现一个名为 scale 的方法，主要的目的是给数据集中的所有数都乘上一个给定的因子。

```
def scale(data, factor):
  for j in range(len(data)):
    data[j] *= factor
```

默认参数值

Python 提供了支持多个可能的调用函数签名的方法。这样的函数被视为多态的（在希腊语是“许多形式”的意思）。最值得注意的是，函数可以为参数声明一个或多个默认值，从而允许调用方用不同个数的实际参数调用函数。例如，如果一个函数用下列签名来声明

```
def foo(a, b=15, c=27):
```

这里有三个参数，其中最后两个提供默认值。调用方可以提供三个实际参数，如 foo(4, 12, 8)。在这种情况下，默认值是没有用的。换言之，如果调用方只能提供一个参数 foo(4)，该函数将以参数值 a = 4、b = 15、c = 27 执行。如果调用方提供两个参数，那么这两个参数被假定赋给形式参数的前两位，形式参数的第三位还是取默认值。因此，foo(8, 20) 将以参数值 a = 8、b = 20、c = 27 执行。然而，形如 bar(a, b = 15, c) 的签名，其中 b 具有默认值而后续的 c 没有默认值，使用这样的签名定义函数是不合法的。如果一个参数具有默认值，那么它后面的参数也必须具有默认值。

作为一个使用默认参数的更加深入的例子，我们重新计算一个学生平均绩点（GPA）的任务（见代码段 1-1）。不是假设与控制台进行直接的输入和输出，我们希望设计一个函数，这个函数用于计算并返回一个 GPA。最初的实现是使用一个固定的映射，每个字母等级（如 B –）对应相应的值（如 2.67）。虽然这在系统中很常见，但它并不是所有学校使用的系统（例如，有些学校可能会使用 A+ 代表分值高于 4.0）。因此，我们设计了一个 compute_gpa 函数，如代码段 1-2 所示，它允许调用者指定自定义的等级到值的映射，同时提供标准的系统默认值。

代码段 1-2　一个计算学生平均绩点的函数，这个函数的特点是可以定制可选的参数

```
def compute_gpa(grades, points={'A+':4.0, 'A':4.0, 'A-':3.67, 'B+':3.33,
                                'B':3.0, 'B-':2.67,'C+':2.33, 'C':2.0,
                                'C':1.67, 'D+':1.33, 'D':1.0, 'F':0.0}):
  num_courses = 0
  total_points = 0
  for g in grades:
    if g in points:                          # a recognizable grade
      num_courses += 1
      total_points += points[g]
  return total_points / num_courses
```

作为有趣的多态函数的另外一个示例，我们考虑 Python 对 range 的支持。（从技术上讲，这是一个 range 类的构造函数，但是为了讨论这个问题，我们可以把它当作一个纯函数来对待。）Python 对于 range 支持三种调用语法：单参数的形式，如 range(n)，产生一个从 0 到 n 但不包含 n 的整数序列；两个参数的形式，如 range(start, stop)，生成从 start 开始到 stop 结束但不包含 stop 的整数序列；三个参数的形式，如 range(start, stop, step)，生成一个类似于 range(start, stop) 的序列，但序列增量的大小是 step 而不是 1。

这种形式的组合似乎违反了默认参数的规则。特别是当只有单参数时，如 range(n)，它作为一个 stop 值（这是第二个参数）。在这种情况下，start 的有效值是 0。然而，这种效果可以用一些手法来实现，代码如下：

```
def range(start, stop=None, step=1):
  if stop is None:
    stop = start
    start = 0
  ...
```

从技术角度来看，当 range(n) 被调用时，实际参数 n 将被赋值给形式参数 start。在函数体内，如果只接收到一个参数，start 和 stop 的值将会重新被赋值以提供所需的语义。

关键字参数

把调用者的实际参数匹配给由函数签名声明的形式参数，传统机制是基于位置参数的概念。例如，签名 foo(a = 10, b = 20, c = 30)，调用者按照给定的顺序把实际参数匹配给形式参数。foo(5) 的调用表示 a = 5，而 b 和 c 的值是指定的默认值。

Python 支持另一种将关键字参数传递给函数的机制。关键字参数是通过显式地按照名称将实际参数赋值给形式参数来指定的。例如，使用上述定义的 foo 函数，调用 foo(c = 5) 将以参数 a = 10、b = 20、c = 5 的形式执行。

一个函数的作者可以获取某些只能通过关键字参数语法传递的参数。我们在自己的函数定义中从来没有这样的限制，但在 Python 标准库中会看到唯一关键字参数的几个重要的用法。例如，内置的 max 函数接收一个名为 key 的关键字参数，可以用来改变使用的"最大"的概念。

默认情况下，max 运算符是根据 < 操作符对元素的自然顺序进行操作的。但是最大的数可以通过比较元素的其他方面得出。这可以通过提供一个辅助函数实现——为了比较将自然元素转换为其他值来完成。例如，如果有兴趣寻找数值最大的一个数（即考虑 - 35 要大于 20 ），我们可以调用语法 max(a, b, key = abs)。在这种情况下，内置的 abs 函数本身作为与关键字参数 key 相关联的值传递（在 Python 中函数是第一类对象，参见 1.10 节）。在这种方式下调用 max 函数，它会比较 abs(a) 和 abs(b)，而不是 a 和 b。在 max 函数的情景中，关键字语法作为位置参数的替代的目的是很重要的。这个函数在参数的个数方面是多态的，允许形如 max(a, b, c, d) 的调用，因此，它不可能指定一个关键函数作为传统的位置元素。在 Python 中，排序函数为了表示非标准的序列也支持类似的 key 参数（当讨论排序算法时，我们在 9.4 节和 12.6 节对此做进一步探讨）。

1.5.2 Python 的内置函数

表 1-4 列出了 Python 中自动可用的常见函数，包括前面讨论的 abs、max 和 range。当选择参数的名称时，我们使用标识符 x、y、z 表示任意数值类型，k 代表整数，a、b 和 c 表示任意可比较类型。我们使用标识符 iterable 代表任何可迭代类型的一个实例（如 str、list、tuple、set、dict）。我们将在 1.8 节讨论迭代器和可迭代数据类型。序列代表可索引类的一个更窄的范畴，包含 str、列表和元组，但不包含集合和字典。表 1-4 根据功能将函数分为如下几类：

- 输入 / 输出：print、input 和 open 函数，细节参见 1.6 节的内容。
- 字符编码：ord 和 chr 将字符和其对应的整型编码关联起来。如 ord('A') 的值是 65，chr(65) 的值是 'A'。
- 数学运算：abs、divmod、pow、round 和 sum 提供了通用的数学功能。1.11 节介绍了一个额外的数学模块。
- 排序：max 和 min 适用于支持比较概念的任何数据类型或这些值的任何集合。同样，

sorted 可用于生成从任何现有集合中提取的有序元素列表。

- 集合 / 迭代：range 产生一个新的数字数列；len 得到任何现有集合的长度；函数 reversed、all、any 和 map 操作任意的迭代类型；iter 和 next 通过集合中的元素对迭代提供一个总体框架，参见 1.8 节相关内容。

表 1-4 常见的内置函数

调用语法	描　述
abs(x)	返回数字的绝对值
all(iterable)	对于每一个元素 e，如果 bool(e) 为 True，那么返回 True
any(iterable)	至少存在一个元素 e，使 bool(e) 为 True，那么返回 True
chr(integer)	返回给定 Unicode 编码的字符
divmod(x, y)	如果 x 和 y 都是整数，返回元组（x//y, x%y）
hash(obj)	对于对象 obj 返回一个整数的散列值（见第 10 章）
id(obj)	返回作为对象身份标识的唯一整数
input(prompt)	返回标准输入的字符串，prompt 是可选的
isinstance(obj, cls)	确定对象是类的一个实例（或子类）
iter(iterable)	为参数返回一个新的迭代对象（见 1.8 节）
len(iterable)	返回给定迭代对象的元素个数
map(f, iter1, iter2, …)	返回迭代器产生的函数调用 f(e1, e2, …) 的结果，其中元素 e1 ∈ iter1, e2 ∈ iter2, …
max(iterable)	返回给定迭代对象中最大的元素
max(a, b, c, …)	返回给定参数中最大的元素
min(iterable)	返回给定迭代对象中最小的元素
min(a, b, c, …)	返回给定参数中最小的元素
next(iterator)	通过迭代器返回下一个元素（见 1.8 节）
open(filename, mode)	通过给定的名字和存取模式打开文件
ord(char)	返回给定字符的 Unicode 编码值
pow(x, y)	返回 x^y 的值（当 x 和 y 为整型时值为整型）；等价于 x**y
pow(x, y, z)	返回整型值（x^y mod z）
print(obj1, obj2, …)	打印参数，参数之间以空格分隔，打印完毕后换行
range(stop)	构造关于值 0, 1, …, stop − 1 的迭代
range(start, stop)	构造关于值 start, start + 1, …, stop − 1 的迭代
range(start, stop, step)	构造关于值 start, start + step，start + 2*step, …的迭代
reversed(sequence)	返回逆置序列的迭代
round(x)	返回最接近的 int 型值（如果恰好在两个整数的正中间，则向偶数值靠近）
round(x, k)	返回最接近 10^{-k} 的近似值（返回类型匹配 x）
sorted(iterable)	返回一个列表，它包含的元素是以顺序排序的 iterable 中的元素
sum(iterable)	返回 iterable 中元素的和（必须是数值型的）
type(obj)	返回实例 obj 所属的类

1.6 简单的输入和输出

在本节中，我们会谈到 Python 语言中输入和输出的基本知识，并描述通过用户控制台来实现标准输入和输出，以及对读写文本文件的支持。

1.6.1 控制台输入和输出

print 函数

print 函数（Python 语言中的内置函数）用来生成标准输出到控制台。在其最简单的形式中，它可以打印任意参数序列。多个参数之间以空格作为分隔，末尾有一个换行符。例如，命令 print('maroon', 5) 就是输出字符串 'maroon 5\n'。注意：这些参数也可以不是字符串实例，一个非字符串参数 x 也将会以 str(x) 的形式显示。要是没有任何参数，命令 print() 输出的就是单个的换行符。

print 函数可以使用下列关键字参数进行自定义（参照 1.5 节对关键字参数的讨论）：

- 默认情况下，print 函数在输出时会在每对参数间插入空格作为分隔，其实可以通过关键字参数 sep 自定义想要的分隔符以分隔字符串。例如，用冒号分隔可以使用 print(a, b, c, sep = ':')。分隔字符串不需要一定用单个字符，它可以是一个长的字符串，当然，它也可以是一个空串，如 sep = ''，这样可使得这些参数直接相连。
- 默认情况下，在最后一个参数后会输出换行符。使用关键字参数 end 可以指定一个可选择的结尾字符串。指定空字符串 end = ''，这样结束后不输出任何字符。
- 默认情况下，print 函数会直接将输出发送到标准控制台。然而，通过使用关键字参数 file 指示一个输出文件流（参见 1.6.2 节），也可以直接输出到一个文件。

input 函数

input 是一个内置函数，它的主要功能是接收来自用户控制台的信息。如果给出一个可选参数，那么这个函数会显示提示信息，然后等待用户输入任意字符，直到按下返回键。这个函数的返回值是按下返回键之前用户所输入的字符串（即换行符不存在于返回值中）。

当读到来自用户的数值时，程序员必须使用 input 函数获取字符串，然后使用 int 或 float 语法来构建用字符串表示的这些数值，即如果 response = input()，用户输入字符串 '2013'，那么 int(response) 可以得到整型值 2013。将这些操作和语法结合起来是很常见的，例如，

```
year = int(input('In what year were you born? '))
```

假定用户会输入一个合适的响应（在 1.7 节中，我们会讨论这种情况下的错误处理）。

因为 input 函数会返回一个字符串作为结果，如附录 A 中所述，该函数的使用可以与 string 类的现有功能相结合。例如，如果用户在同一行上输入多个信息，则通常会对结果调用 split 方法，即

```
reply = input('Enter x and y, separated by spaces: ')
pieces = reply.split( )    # returns a list of strings, as separated by spaces
x = float(pieces[0])
y = float(pieces[1])
```

示例程序

下面有一个简单但完整的程序，展示了 input 和 print 函数的使用规范。格式化最终输出结果的工具会在附录 A 中讨论。

```
age = int(input('Enter your age in years: '))
max_heart_rate = 206.9 − (0.67 * age)    # as per Med Sci Sports Exerc.
target = 0.65 * max_heart_rate
print('Your target fat-burning heart rate is', target)
```

1.6.2 文件

在 Python 中访问文件要先调用一个内置函数 open，它返回一个与底层文件交互的对

象。例如，命令 fp = open('sample.txt') 用于打开名为 sample.txt 的文件，返回一个对该文本文件允许只读操作的文件对象。

open 函数的第二个可选参数是确认对文件的访问权限，默认权限 'r' 是只读。其他常见权限如 'w' 是对文件进行写操作（会覆盖当前文件之前的内容），'a' 是对当前文件的尾部追加内容。尽管我们对文本文件的使用比较关注，但使用 'rb' 或者 'wb' 也可以对二进制文件进行访问。

在处理一个文件时，文件对象使用距离文件开始处的偏移量（以字节为单位）维护文件中的当前位置。当以只读权限 'r' 或只写权限 'w' 打开文件时，初始位置是 0；如果是以追加权限 'a' 打开，初始位置是在文件的末尾。fp.close() 会关闭与文件对象 fp 相关的文件，确保写入的内容已被保存。读写文件的常用方法见表 1-5。

表 1-5 文件对象 fp 与文件交互的常用方法

调用方法	描 述
fp.read()	将可读文件剩下的所有内容作为一个字符串返回
fp.read(k)	将可读文件中接下来的 k 个字节作为一个字符串返回
fp.readline()	从文件中读取一行内容，并以此作为一个字符串返回
fp.readlines()	将文件中的每行内容作为一个字符串存入列表中，并返回该列表
for line in fp	遍历文件的每一行
fp.seek(k)	将当前位置定位到文件的第 k 个字节
fp.tell()	返回当前位置偏离开始处的字节数
fp.write(string)	在可写文件的当前位置将 string 的内容写入
fp.writelines(seq)	在可写文件的当前位置写入给定序列的每个字符串。除了那些嵌入到字符串中的换行符，这个命令不插入换行符
print(…, file = fp)	将 print 函数的输出重定向给文件（输出文件内容）

读文件

通过文件对象读取文件最基本的命令是 read 方法。当使用 fp.read(k) 命令时，将返回从文件当前位置开始后继的 k 个字节。如果没有参数，即形如 fp.read()，则返回文件当前位置后的全部内容。为了方便，文件也可以一次读取一行，使用 readline 方法读取行或者 readlines 方法返回所有剩余行的列表。文件也支持 for-loop 操作，即逐行遍历（例如 for line in fp）

写文件

当文件对象是可写的，例如，以写权限 'w' 或追加权限 'a' 创建一个文件时，就可以使用 write 方法或 writelines 方法。例如，如果现在定义 fp = open('results.txt', 'w')，执行 fp.write('Hello World.\n') 就是将给定字符串在文件中单独写一行。注意：在写文件时，它不会自动在尾部追加换行符。如果需要换行符，则必须将其写入字符串中。回忆一下前面提到的 print 方法，可以使用关键字参数将内容重定向到文件中。

1.7 异常处理

异常是程序执行期间发生的突发性事件。逻辑错误或未预料到的情况都有可能造成异常。在 Python 中，异常（也被称为错误）也是执行代码时遇到突发状况所引发（或抛出）的对象。当遇到突发状况如内存溢出时，Python 解释器也可以引发异常。如果在上下文中有处理异常的代码，那么异常可能会被捕获。如果没有捕获，异常可能会导致解释器停止运行程序，并且向控制台发送合适的信息。在这一节，我们会学习 Python 中最常见的错误类型、捕获异常和处理异常的机制以及用户定义的代码块内引发错误的语法。

常见错误类型

Python 含有大量的异常类，它们定义了各种不同类型的异常。表 1-6 给出了一些常见的异常类。Exception 类是所有异常类的基类。各子类的实例都编码成已发生问题的细节。本章所介绍的异常案例就会引发一些异常。例如，在表达式中使用未定义的标识符会造成 NameError 异常，还有‘.’符号的错误使用，如 foo.bar()，如果对象 foo 没有 bar 成员，则会引发 AttributeError 异常。

表 1-6 Python 中的常见异常类

异常类名	描述
Exception	所有异常类的基类
AttributeError	如果对象 obj 没有 foo 成员，会由语法 obj.foo 引发
EOFError	一个“end of file”到达控制台或者文件输入引发错误
IOError	输入 / 输出操作（如打开文件）失败引发错误
IndexError	索引超出序列范围引发错误
KeyError	请求一个不存在的集合或字典关键字引发错误
KeyboardInterrupt	用户按 ctrl – C 中断程序引发错误
NameError	使用不存在的标识符引发错误
StopIteration	下一次遍历的元素不存在时引发错误，参照 1.8 节
TypeError	发送给函数的参数类型不正确引发错误
ValueError	函数参数值非法时引发错误（例如，sqrt(-5)）
ZeroDivisionError	除数为 0 引发错误

向函数发送一个错误的数字、类型或参数值是引发异常的另一个常见起因。例如，调用 abs('hello') 就会引发 TypeError 异常，因为参数不是数字型的；调用 abs(3, 5) 也会引发 TypeError 异常，因为只允许一个参数。如果传递参数的类型和数目都是正确的，但对于函数来说参数值是非法的，那就会引发 ValueError 异常。例如，int 型构造函数可接收字符串，如 int('137')，但如果字符串代表的不是整数，如 int('3.14') 或 int('hello')，就会引发 ValueError 异常。

当 data[k] 中的 k 对于所给序列是一个非法的索引时，Python 的序列类型（如列表、元组和 str 类）会引发 IndexError 异常。当试图访问一个不存在的元素时，集合和字典会引发 KeyError 异常。

1.7.1 抛出异常

执行 raise 语句会抛出异常，并将异常类的相应实例作为指定问题的参数。例如，计算平方根的函数传递了一个负数作为参数，就会引发有如下命令的异常：

```
raise ValueError('x cannot be negative')
```

随着这个错误信息作为构造函数的一个参数，该语法会生成一个新创建的 ValueError 类实例。如果这个异常在函数体内没有被捕获，函数的执行会立刻停止，并且这个异常可能会被传播到调用的上下文（甚至更远）。

检查一个函数参数的有效性，首先要验证参数类型是否正确，然后再验证参数的值的正确性。例如，在 Python 的 math 库中 sqrt 函数有错误检测，代码如下：

```
def sqrt(x):
  if not isinstance(x, (int, float)):
    raise TypeError('x must be numeric')
  elif x < 0:
    raise ValueError('x cannot be negative')
  # do the real work here...
```

检测一个对象的类型可以在运行时使用内置函数 isinstance 来实现。在最简单的形式中，如果对象 obj 是 cls 类或者是该类型的任何子类的一个实例，isinstance(obj, cls) 会返回 True。在上述例子中，更常见的形式是使用以第二个参数表示的所允许类型的元组。在确认该参数是数字后，函数强制要求该数字是非负的，否则会抛出 ValueError 异常。

要对函数执行多少次错误检测是一个有争议的问题。检查参数的类型和数值需要额外的执行时间，如果走向极端，似乎与 Python 的本质不符。例如，内置函数 sum() 用于计算一系列数字的总和，其严格的错误检测的实现如下：

```
def sum(values):
  if not isinstance(values, collections.Iterable):
    raise TypeError('parameter must be an iterable type')
  total = 0
  for v in values:
    if not isinstance(v, (int, float)):
      raise TypeError('elements must be numeric')
    total = total+ v
  return total
```

抽象基类 collections.Iterable 包括所有确保支持 for 循环语法的 Python 迭代容器类型（如，list、tuple、set）。我们在 1.8 节讨论迭代，并且在 1.11 节讨论模块（如 collections）的使用。在 for 循环的主体内部，在将每个元素加到整体之前，要确认它是数字。该函数更直接、更清晰的实现如下：

```
def sum(values):
  total = 0
  for v in values:
    total = total + v
  return total
```

有趣的是，这个简单实现完全像 Python 函数的内置版本。即使没有显式检查，适当的异常也会由代码自然抛出。特别是，如果 values 不是一个迭代类型，尝试使用 for 循环则会引发 TypeError，同时报告该对象是不可迭代的。在用户传递了一个包括非数字化元素的迭代类型的情况下，如 sum([3.14, 'oops'])，计算表达式 total + v 则自然会引发一个 TypeError 异常，然后向调用者发送错误信息

```
unsupported operand type(s) for +:  'float' and 'str'
```

可能稍微不那么明显的错误来自 sum(['alpha', 'beta'])。当 total 初始化为 0 后，由于表达式 total + 'alpha' 的初始计算，则会报告整数与字符串相加是一个错误的尝试。

在本书的其余部分，大多数情况下，执行最少的错误检查和清晰的演示时，我们倾向于更简单的实现。

1.7.2　捕捉异常

有一些关于写代码时如何应对可能出现的异常情况的观点。例如，在计算除法 x/y 时，

有一定的风险，当变量 *y* 为 0 时，引发 ZeroDivisionError 异常。在理想情况下，如果程序的逻辑可以表明 *y* 是非零的，那么就不用担心错误。然而，对于更复杂的代码，或在 *y* 的值取决于程序的一些外部输入的情况下，仍有发生错误的可能性。

处理特殊情况的第一个理念是*三思而后行*。想要完全避免异常发生，则要使用积极的条件测试。重温除法的例子，我们可以通过如下写法来避免异常发生：

```
if y != 0:
  ratio = x / y
else:
  ... do something else ...
```

第二个理念通常被 Python 程序员所接受，就是“*请求原谅比得到许可更容易*”。这句话是计算机科学的先驱 Grace Hopper 提出来的。该观点是指我们不需要花费额外的时间来维护每一个可能发生的异常，只要异常发生时，有一个处理问题的机制就可以了。在 Python 中，这一理念是使用 try-except 控制结构来实现的。回顾除法的例子，确保运算正确的代码如下：

```
try:
  ratio = x / y
except ZeroDivisionError:
  ... do something else ...
```

在这种结构中，try 块中的代码是要执行的，虽然这个例子中只有一条命令，不过更多的是一个较大块的缩进代码。try 块后面会跟着一个或多个 except 子句，如果 try 块中引发了指定的错误，确定的错误类型和缩进代码块都要被执行。

使用 try-except 结构的相对优势是，非特殊情况下高效运行，不需要多余的检查异常条件。然而，在处理异常情况时，使用 try-except 结构比使用一个标准的条件语句会需要更多的时间。为此，当我们有理由相信异常情况是相对不可能的，或主动评估条件来避免异常代价异常高时，最好使用 try-except 语句。

当用户输入时或读写文件时，异常处理是非常有用的，因为有一些情况是不可预测的。在 1.6.2 节中，我们推荐用语法 fp = open('sample.txt') 以读取访问权限打开文件。该命令可能因为多种原因引发 IOError，如一个不存在的文件，或者缺乏足够的权限打开文件等。显然，尝试输入命令然后捕捉错误结果比准确预测命令是否成功会更容易。

我们会继续演示一些其他形式的 try-except 语法结构，当捕获异常时，异常对象是可以检测出来的。为了能检测到，一个标识符需采用以下语法建立：

```
try:
  fp = open('sample.txt')
except IOError as e:
  print('Unable to open the file:', e)
```

在这种情况下，名称 e 表示抛出异常的实例，输出并显示详细的错误消息（如“文件未找到”）。

一个 try 语句可能处理不止一种类型的异常。例如，1.6.1 节中的命令：

```
age = int(input('Enter your age in years: '))
```

这个命令可能因为各种各样的原因而出错。如果控制台输入出错，那么调用 input 命令会抛出 EOFError。如果调用 input 成功完成，但是用户没有输入表示一个有效整数的字符，那么 int 构造函数会抛出 ValueError。如果想要处理两个或两个以上类型的错误，我们可以使用一个 except 语句，像下面的例子：

```
age = −1                    # an initially invalid choice
while age <= 0:
  try:
    age = int(input('Enter your age in years: '))
    if age <= 0:
      print('Your age must be positive')
  except (ValueError, EOFError):
    print('Invalid response')
```

我们希望使用 except 语句来捕获异常，使用元组（ValueError，EOFError）来指定错误类型。在这个实现中，我们捕获一个错误，就会输出一个响应，并继续 while 循环。我们注意到，当一个错误发生在 try 块中时，剩下的语句会直接跳过。在这个例子中，如果在调用 input 中出现异常或在后续调用 int 构造函数时发生异常，那么 age 就不会被赋值，也不会输出你的年龄必须是正数的信息。因为 age 值没有改变，所以 while 循环也将继续。如果希望在不输出 'Invalid response' 的情况下继续 while 循环，我们可以写入 except 语句：

```
except (ValueError, EOFError):
  pass
```

关键词 pass 仅仅是一个声明，但它可以作为一种控制结构的主体。这样，我们就“悄悄”地捕获异常，从而允许 while 循环继续。

为了对不同类型的错误提供不同的响应，我们可以使用两个或两个以上 except 语句作为 try 结构的一部分。在前一个例子中，EOFError 表明不可逾越的错误不仅仅是输入了一个错误值。在这种情况下，我们希望能提供更准确的错误信息，或者是允许异常能中断循环并传达给上下文。我们可以通过以下方法实现：

```
age = −1                    # an initially invalid choice
while age <= 0:
  try:
    age = int(input('Enter your age in years: '))
    if age <= 0:
      print('Your age must be positive')
  except ValueError:
    print('That is an invalid age specification')
  except EOFError:
    print('There was an unexpected error reading input.')
    raise                   # let's re-raise this exception
```

在这个实现中，对于 ValueError 和 EOFError 情况，我们有单独的 except 语句。处理 EOFError 的语句体依赖于 Python 中的另一种技术。它使用 raise 语句且没有其他后续参数来重新抛出相同的目前正在处理的异常。这使我们对异常能提供自己的响应，然后中断 while 循环并向上传播。

最后，我们注意到 Python 中 try-except 结构的另外两个特征。它允许最后一个 except 语句不加特定的错误类型，直接使用“except:”来捕获一些其他异常，不过这种技术比较少用，因为对于如何处理一个未知类型的异常是比较困难的。一个 try 语句允许有 finally 子句，这个子句中的代码总是会被执行，无论是在正常情况下还是在异常情况下，甚至是未捕获异常或重复抛出异常的情况下。通常该代码块是用于清理工作的，如关闭一个文件。

1.8 迭代器和生成器

在 1.4.2 节中，我们使用了以下语句介绍 for 循环语法：

```
for element in iterable:
```

我们注意到，Python 中有许多类型的对象可以被定义为可迭代的。基本的容器类型，如列表、元组和集合，都可以定义为迭代类型。此外，字符串可以产生它的字符的迭代，字典可以生成它的键的迭代，文件可以产生它的行的迭代。用户自定义类型也可支持迭代。在 Python 中，迭代的机制基于以下规定：

- 迭代器是一个对象，通过一系列的值来管理迭代。如果变量 i 定义为一个迭代器对象，接下来每次调用内置函数 next(i)，都会从当前序列中产生一个后续的元素；要是没有后续元素了，则会抛出一个 StopIteration 异常。
- 对象 obj 是可迭代的，那么通过语法 iter(obj) 可以产生一个迭代器。

通过这些定义，list 的实例是可迭代的，但它本身不是一个迭代器。如 data = [1, 2, 4, 8]，调用 next(data) 是非法的。然而，通过语法 i = iter(data) 则可以产生一个迭代器对象，然后调用 next(i) 将返回列表中的元素。Python 中的 for 循环语法使这个过程自动化，为可迭代的对象创造了一个迭代器，然后反复调用下一个元素直至捕获 StopIteration 异常。

一般情况下，基于同一个可迭代对象可以创建多个迭代器，同时每个迭代器维护自身进度的状态。不过，迭代器通常通过间接引用将其状态维护回到初始的元素集合。例如，对列表实例调用 iter(data) 会产生 list_iterator 类的一个实例。迭代器不存储自己列表的元素副本。相反，它保存原始列表的当前索引，该索引指向下一个元素。因此，如果原始列表的内容在迭代器构造之后但在迭代完成之前被修改，迭代器将报告原始列表的更新内容。

Python 还支持产生隐式迭代序列值函数和类，即无须立刻构建数据结构来存储它所有的值。例如，调用 range(1000000) 不是返回一个数字列表，而是返回一个可迭代的 range 对象。这个对象只有在需要的时候一次性产生百万个值。这样的懒惰计算法有很大的优势。在 range 的例子中，它允许执行“ for j in range(1000000):”这样的循环形式，无须留出内存来存储一百万个值。同样，如果这样一个循环以某种方式被打断，也不用花时间来计算 range 中未使用的值。

我们发现懒惰计算在 Python 中的许多库中都用到了，例如，字典类支持方法 keys()、values() 和 items()，它们分别在字典中产生所有 keys、values 或（key, value）的“视图”。这些方法没有一个能产生显式的结果列表，相反，产生的视图是基于字典的实际内容的可迭代对象。从这样的迭代中而来的一个显式值的列表可以通过将迭代作为参数调用 list 构造器来快速构造，例如，语法 list(range(1000)) 会生成一个值为 0 ～ 999 的列表实例，然而语法 list(d.values()) 则会生成一个其元素基于字典 d 的当前值生成的列表，同样，我们可以基于所给的迭代器简单地创建元组或集合实例。

生成器

在 2.3.4 节中，我们将解释如何定义一个类——其实例作为迭代器使用。然而，在 Python 中创建迭代器最方便的技术是使用生成器。生成器的语法实现类似于函数，但不返回值。为了显示序列中的每一个元素，会使用 yield 语句。作为一个例子，考虑确定一个正整数的所有因子。例如，数字 100 有因子 1, 2, 4, 5, 10, 20, 25, 50, 100。传统的函数可能会产生并返回一个包含所有因子的列表，实现如下：

```
def factors(n):              # traditional function that computes factors
  results = [ ]              # store factors in a new list
  for k in range(1,n+1):
    if n % k == 0:           # divides evenly, thus k is a factor
```

```
        results.append(k)        # add k to the list of factors
    return results               # return the entire list
```

而生成器中计算这些因子的实现如下：

```
def factors(n):                  # generator that computes factors
  for k in range(1,n+1):
    if n % k == 0:               # divides evenly, thus k is a factor
      yield k                    # yield this factor as next result
```

注意：我们使用关键字 yield 而不是 return 来表示结果。这表明在 Python 中，我们正在定义一个生成器，而不是传统的函数。在同一实现中，将 yield 和 return 语句结合起来是非法的，除非是使生成器结束执行的零参数 return 语句。如果一个程序员写了一个循环如“ for factor in factors(100):”，那么会创建一个生成器的实例。在每次循环迭代中，Python 执行程序直到一个 yield 语句指出下一个值为止。在这一点上，该程序是暂时中断的，只有当另一个值被请求时才恢复。当控制流自然到达程序的末尾时（或碰到一个零参数的 return 语句），会自动抛出一个 StopIteration 异常。虽然这个特殊的例子在源代码中使用单一的 yield 语句，但生成器可以依赖不同构造中的多个 yield 语句，以及由控制的自然流决定的生成序列。例如，我们可以显著提高生成器的效率，在计算整数 *n* 的因子时，仅仅通过使测试值达到这个数的平方根，同时指出与每个 *k* 相关联的因子 *n*//*k*（除非 *n*//*k* 等于 *k*）。这样的生成器可以实现如下：

```
def factors(n):                  # generator that computes factors
  k = 1
  while k * k < n:               # while k < sqrt(n)
    if n % k == 0:
      yield k
      yield n // k
    k += 1
  if k * k == n:                 # special case if n is perfect square
    yield k
```

我们应该注意到，这个生成器的实现与我们的第一个版本不同，因为这些因子不是以严格递增的顺序产生的。例如，factors(100) 产生序列 1, 100, 2, 50, 4, 25, 5, 20, 10。

总之，我们在使用生成器而不是传统的函数时，总是强调懒惰计算的好处——只计算需要的数，并且整个系列的数不需要一次性全部驻留在内存中。事实上，一个生成器可以有效地产生数值的无限序列。作为一个例子，斐波那契数列是一个经典的数学序列，初始值为 0，接着值为 1，然后每个后续的值是前两个值的总和。因此，斐波那契数列以 0, 1, 1, 2, 3, 5, 8, 13，…开始。下面的生成器可以产生这个无穷级数。

```
def fibonacci():
  a = 0
  b = 1
  while True:                  # keep going...
    yield a                    # report value, a, during this pass
    future = a + b
    a = b                      # this will be next value reported
    b = future                 # and subsequently this
```

1.9 Python 的其他便利特点

在本节中，我们介绍 Python 的若干特性，这些特性尤其便于编写清晰、简洁的代码。这些语法提供了一些功能，这些功能可以用本章前面提到的功能实现。不过，有时候新语法会有更清晰和直接的逻辑表达。

1.9.1 条件表达式

Python 支持条件表达式的语法，可以取代一个简单的控制结构。一般语法表达式的语法形式如下：

```
expr1 if condition else expr2
```

对于这种复合表达式，如果条件为真，则计算 expr1；否则，计算 expr2。这相当于 Java 或 C++ 中的语法 “condition ? expr 1: expr2”。

考虑这样一个例子，将变量 *n* 的绝对值传递给一个函数（不依赖内置函数 abs 的功能）。若使用传统控制结构，可实现如下：

```
if n >= 0:
  param = n
else:
  param = −n
result = foo(param)              # call the function
```

在条件表达式的语法中，我们可以直接给变量 param 赋值，如下所示：

```
param = n if n >= 0 else −n      # pick the appropriate value
result = foo(param)              # call the function
```

事实上，没有必要将复合表达式赋值给变量。条件表达式本身就可以作为一个函数的参数，如下所示：

```
result = foo(n if n >= 0 else −n)
```

有时，只缩短源代码是有好处的，因为它避免了更繁琐的控制结构。不过，我们建议仅当一个条件表达式能提高源代码的可读性，或者当两个选项的第一个是更“自然”的情况下，为了在语法上强调其重要性才使用。（我们希望当异常发生时可以查看变量的值。）

1.9.2 解析语法

一个很常见的编程任务是基于另一个序列的处理来产生一系列的值。通常，这个任务在 Python 中使用所谓的解析语法后实现很简单。我们先演示列表解析语法，因为这是 Python 支持的第一种形式。它的一般形式如下：

```
[ expression for value in iterable if condition ]
```

我们注意到 expression 和 condition 都取决于 value，而 if 子句是可选的。解析计算与下面的传统控制结构计算结果列表在逻辑上是等价的。

```
result = [ ]
for value in iterable:
  if condition:
    result.append(expression)
```

举一个具体的例子，数字 1 ～ *n* 的平方的列表是 [1, 4, 9, 16, 25, …, n^2]，这可以通过传统方式实现如下：

```
squares = [ ]
for k in range(1, n+1):
  squares.append(k*k)
```

使用列表解析，这个逻辑表达式的实现如下：

```
squares = [k*k for k in range(1, n+1)]
```

再举一个例子，1.8 节介绍的求一个整数 n 的因子的列表，其使用列表解析的实现如下：

```
factors = [k for k in range(1,n+1) if n % k == 0]
```

Python 支持类似的分别生成集、生成器或字典的解析语法。我们通过“计算数字的平方”的例子来比较这些语法。

```
[ k*k for k in range(1, n+1) ]          列表解析
{ k*k for k in range(1, n+1) }          集合解析
( k*k for k in range(1, n+1) )          生成器解析
{ k : k*k for k in range(1, n+1) }      字典解析
```

当结果不需要存储在内存中时，生成器语法特别有优势。例如，计算前 n 个数的平方和，生成器语法 total = sum(k * k for k in range(1, n + 1)) 是一种推荐的方法，该方法使用显式实例化的列表解析。

1.9.3 序列类型的打包和解包

Python 提供了另外两个涉及元组和其他序列类型的处理的便利。第一个便利是相当明显的。如果在大的上下文中给出了一系列逗号分隔的表达式，它们将被视为一个单独的元组，即使没有提供封闭的圆括号。例如，命令

```
data = 2, 4, 6, 8
```

会使标识符 data 赋值成元组 (2, 4, 6, 8)，这种行为被称为元组的自动打包。在 Python 中，另一种常用的打包是从一个函数中返回多个值。如果函数体执行命令

```
return x, y
```

就自动返回单个对象，也就是元组 (x, y)。

作为一个对偶的打包行为，Python 也可以自动解包一个序列，允许单个标识符的一系列元素赋值给序列中的各个元素。例如，我们可以这样写

```
a, b, c, d = range(7, 11)
```

这与 a = 7、b = 8、c = 9 和 d = 10 的赋值效果一样，只要调用 range 函数，就会返回序列中的 4 个值。对于这个语法，右边的表达式可以是任何迭代类型，只要左边的变量数等于右边迭代的元素数。

这种技术可以用来解包一个函数返回的元组。例如，内置的函数 divmod(a, b)，返回这个整除相关的一对数值 (a//b, a % b)。尽管调用者可以认为返回值是一个元组，但也可以写成以下形式：

```
quotient, remainder = divmod(a, b)
```

来分别标识返回的元组中的两个值。这个语法也可以使用在 for 循环中，当遍历迭代序列时，就像：

```
for x, y in [ (7, 2), (5, 8), (6, 4) ]:
```

在这个例子中，将循环执行 3 次。第一次为 x = 7, y = 2，然后以此类推。这种循环的风格常用于遍历由字典类的 item() 方法返回的键值对，就像：

```
for k, v in mapping.items():
```

同时分配

自动打包和解包结合起来就是同时分配技术，即我们显式地将一系列的值赋给一系列标识符，所用语法为：

```
x, y, z = 6, 2, 5
```

实际上，该赋值右边将自动打包成一个元组，然后自动解包，将它的元素分配给左边的三个标识符。

当使用同时分配技术时，所有表达式都是在对左边的变量赋值之前先计算右侧。这一点很重要，因为它提供了一种方便的方法，用来交换与两个变量相关联的值：

```
j, k = k, j
```

有了这个命令，原来的 k 值赋给 j，原来的 j 值赋给 k。如果没有同时分配技术，那么一个典型的交换需要使用一个临时变量，如：

```
temp = j
j = k
k = temp
```

有了同时分配技术，在执行交换时，代表右边打包值的未命名元组相当于隐式的临时变量。

使用同时分配技术可以大大简化代码演示。作为一个例子，我们考虑 1.8 节生成的斐波那契数列。原来的代码需要对序列开始的变量 a 和 b 初始化。在每一次循环中，其目标是给 a 和 b 分别赋予 b 和 a + b 的值。当时我们完成这个目标时使用了第三个变量。有了同时分配技术，生成器直接按以下方式实现：

```
def fibonacci():
  a, b = 0, 1
  while True:
    yield a
    a, b = b, a+b
```

1.10 作用域和命名空间

当在 Python 中以 x + y 计算两数的和时，x 和 y 这两个名称一定要与先前作为值的对象相关联；如果没有找到相关定义，会抛出一个 NameEorror 异常。确定与标识符相关联的值的过程称为*名称解析*。

每当标识符分配一个值，这个定义都有特定的*范围*。最高级赋值通常是*全局*范围，对于在函数体内的赋值，其范围通常是该函数调用的*局部*。因此，函数体内的 x = 5 对外部函数标识符 x 没有影响。

Python 中的每一个定义域使用了一个抽象名称，称为*命名空间*。命名空间管理当前在给定作用域内定义的所有标识符。图 1-8 描绘了两个命名空间，一个是 1.5 节调用 count 函数的命名空间，另一个是在函数执行过程中本地的命名空间。

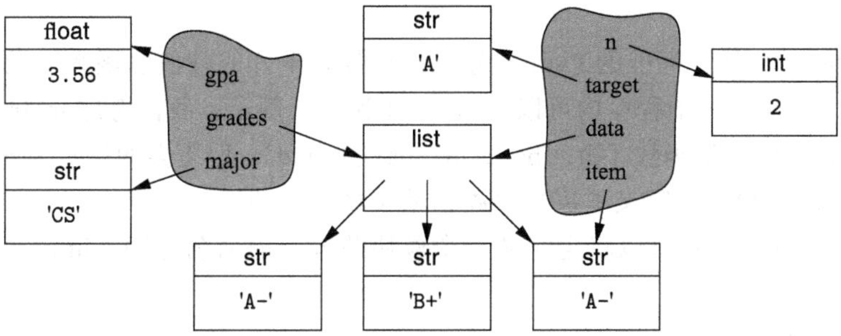
float
3.56
gpa
grades
major
str
'CS'
str
'A'
list
n
target
data
item
int
2
str
'A-'
str
'B+'
str
'A-'

图 1-8 两个命名空间的描述都与 1.5 节定义的用户调用的 count(grade, 'A') 相关。左边的是调用者的命名空间，右边的是函数本地范围的命名空间

Python 实现命名空间是用自己的字典将每个标识符字符串（例如 'n'）映射到其相关的值。Python 还提供了几种方法来检查一个给定的命名空间。函数 dir() 报告给定命名空间中的标识符的名称（即字典的键），而函数 var() 返回完整的字典。默认情况下，调用 dir() 和 var() 报告的是执行过程中本地封闭的命名空间。

在命令中指示标识符时，Python 会在名称解析过程中搜索一系列的命名空间。首先，搜索的是所给名字的本地命名空间，若没找到，则搜索外一层的命名空间，然后以此类推。在 2.5 节讨论面向对象的处理时，我们还会继续讨论命名空间，我们会发现每个对象都有自己的命名空间存储其属性，每个类也都有自己的命名空间。

第一类对象

在编程语言的术语中，第一类对象是一些可以分配给一个标识符作为参数传递或由函数返回的类型的实例。我们在 1.2.3 节介绍的所有数据类型，如 int 和 list，无疑都是 Python 中的第一类类型，函数和类也作为第一类对象处理。例如：

```
scream = print       # assign name 'scream' to the function denoted as 'print'
scream('Hello')      # call that function
```

在这个例子中，我们没有创建新的函数，只是简单地将 scream 定义为现有 print 函数的别名。使用这个例子还有一个目的，它说明了 Python 允许一个函数作为参数传递到另一个函数的机制。在 1.5.2 节，我们注意到，当计算最大值时，内置函数 max() 可接收一个可选的关键字参数去指定一个非默认的序列。例如，调用者可以使用语法 max(a, b, key = abs)，以确定哪个值有更大的绝对值。在该函数的主体中，形式参数 key 是将要赋值给实际参数 abs 的标识符。

就命名空间而言，赋值语句如 scream = print 将标识符 scram 引入当前的命名空间，其值表示的是内置函数对象 print。同样的机制也可以应用在用户定义的函数声明中。例如，1.5 节的 count 函数的声明语法：

```
def count(data, target):
  ...
```

这样一个声明将标识符 count 引入了命名空间，它的值是一个表示其实现的函数实例。类似的，新定义的类的名称与该类的表示形式相关联作为其值（我们将在下一章介绍类的定义）。

1.11　模块和 import 语句

我们已经介绍了 Python 内置命名空间定义的很多函数（例如 max）和类（例如 list）。基于 Python 的版本，我们认为大约有 130 ～ 150 种确实重要的定义包含在内置命名空间中。

除了内置的定义外，标准的 Python 分配包括数以千计的数值、函数以及被组织在附加库中的类（称为模块，一个程序内可以导入）。作为一个例子，我们考虑 math 模块。虽然内置命名空间包含一些数学函数（如，abs、min、max、round），但更多的是归为 math 模块（如，sin、cos、sqrt）。该模块还定义了数学常数 pi 和 e 的近似值。

Python 的 import 声明可以将定义从一个模块载入当前命名空间。import 语句的语法形式如下：

```
from math import pi, sqrt
```

这个命令将在 math 模块定义的 pi 和 sqrt 添加到当前的命名空间，允许直接使用标识符 pi，或调用函数 sqrt(2)。如果有许多定义来自导入的同一模块，则可以使用 *，如 from math import *，但这种形式应谨慎使用。危险在于，模块中定义的一些名称可能与当前命名空间中的名称冲突（或与导入的另一个模块冲突），而导入的模块会产生新定义去替换原有的定义。

另一种可以用于从相同模块访问许多定义的方法是导入模块本身，使用如下语法：

```
import math
```

同时将标识符 math 引入当前的命名空间并将模块作为其值（模块在 Python 中是第一类对象）。一旦引入，模块中的定义可以用一个完全限定的名称来访问，例如 math.pi 或者 math.sqrt(2)。

创建新模块

要创建一个新模块，你只需要简单地把相关的定义放在一个扩展名为 .py 的文件里。这些定义可以从同一工程目录下的其他 .py 文件中导入。例如，如果我们把计数函数的定义（见 1.5 节）放到 utility.py 文件中，那么可以使用语法 from utility import count 来导入该 count 函数。

值得注意的是，当第一次导入模块时，模块源代码的顶层命令会被执行，就好像这个模块是自己的脚本。在模块中，如果该模块被直接调用作为一个脚本，而不是从另一个脚本导入模块时，将执行该模块中嵌入命令的特殊构造。

这样的命令应该放在如下形式的条件语句中：

```
if __name__ == '__main__':
```

以我们假设的 utility.py 模块为例，如果解释器通过 Python utility.py 的命令启动，但 utility.py 模块不是从其他上下文中导入，这些命令将会执行。这种方法通常用于嵌入模块的单元测试。我们将在 2.2.4 节进一步讨论单元测试。

现有模块

表 1-7 给出了一些可用的与数据结构的研究相关的模块小结。之前我们已经简略地讨论过 math 模块了。在本节的其余部分，我们将重点介绍另一个对于我们在本书后面研究的一些数据结构和算法特别重要的模块。

表 1-7 一些与数据结构和算法相关的现有 Python 模块

模块名	描述
array	为原始类型提供了紧凑的数组存储
collections	定义额外的数据结构和包括对象集合的抽象基类
copy	定义通用函数来复制对象
heapq	提供基于堆的优先队列函数（参见 9.3.7 节）
math	定义常见的数学常数和函数
os	提供与操作系统交互
random	提供随机数生成
Re	对处理正则表达式提供支持
sys	提供了与 Python 解释器交互的额外等级
time	对测量时间或延迟程序提供支持

伪随机数生成

Python 的 random 模块能够生成伪随机数，即数字是统计上随机的（但不一定是真正随机的）。伪随机数生成器使用一个确定的公式来根据一个或多个过去数字生成的序列来产生下一个数。事实上，一个简单而流行的伪随机数生成器选择它的下一个数字是基于最近选择的数和一些额外的参数，所使用的公式如下：

```
next = (a*current + b) % n;
```

这里的 a、b 和 n 是适当选择的整数。Python 使用更先进的技术梅森旋转算法（Mersenne twister）。事实证明这些技术所产生的序列是系统统一的，对于大多数需要随机数字的应用程序（比如游戏）通常是足够的。对于应用程序，如计算机安全设置这样一个需要不可预测的随机序列的程序，就不应该使用这种公式。相反，我们需要真正随机的理想样本，如来自外太空的静态无线电。

由于伪随机数生成器中的下一个数是由前一个数决定的，这样的发生器总是需要一个开始的数字，这就是所谓的种子。一个给定的种子产生的序列将永远是相同的。要在每次程序运行时得到不同序列，一个常见的技巧是每次运行时使用不同的种子。例如，我们可以用来自某个用户输入的或当前以毫秒为单位的系统时间作为种子。

Python 的 random 模块通过定义一个 Random 类支持伪随机数生成，这个类的实例作为有独立状态的生成器（见表 1-8）。这允许一个程序的不同方面依靠自己的伪随机数生成器，因此，一个生成器的调用不影响由另一个生成器产生的数字的序列。为了方便，Random 类支持的所有方法在 random 模块中都有支持的独立函数（基本上单个的生成器实例可用于所有的顶级调用）。

表 1-8 Random 类的实例支持的方法和 random 模块的顶级函数

语 法	描 述
seed(hashable)	基于参数的散列值初始化伪随机数生成器
random()	在开区间（0.0, 1.0）返回一个伪随机浮点值
randint(a, b)	在闭区间 [a, b] 返回一个伪随机整数
randrange(start, stop, step)	在参数指定的 Python 标准范围内返回一个伪随机整数
choice(seq)	返回一个伪随机选择的给定序列中的元素
shuffle(seq)	重新排列给定的伪随机序列中的元素

1.12 练习

请访问 www.wiley.com/college/goodrich 以获得练习帮助。

巩固

R-1.1 编写一个 Python 函数 is_multiple(n, m)，用来接收两个整数值 n 和 m，如果 n 是 m 的倍数，即存在整数 i 使得 $n = mi$，那么函数返回 True，否则返回 False。

R-1.2 编写一个 Python 函数 is_even(k)，用来接收一个整数 k，如果 k 是偶数返回 True，否则返回 False。但是，函数中不能使用乘法、除法或取余操作。

R-1.3 编写一个 Python 函数 minmax(data)，用来在数的序列中找出最小数和最大数，并以一个长度为 2 的元组的形式返回。注意：不能通过内置函数 min 和 max 来实现。

R-1.4 编写一个 Python 函数，用来接收正整数 n，返回 1 ~ n 的平方和。

R-1.5 基于 Python 的解析语法和内置函数 sum，写一个单独的命令来计算练习 R-1.4 中的和。

R-1.6 编写一个 Python 函数，用来接收正整数 *n*，并返回 1 ～ *n* 中所有奇数的平方和。

R-1.7 基于 Python 的解析语法和内置函数 sum，写一个单独的命令来计算练习 R-1.6 中的和。

R-1.8 Python 允许负整数作为序列的索引值，如一个长度为 *n* 的字符串 s，当索引值 $-n \leqslant k < 0$ 时，所指的元素为 s[k]，那么求一个正整数索引值 $j \geqslant 0$，使得 s[j] 指向的也是相同的元素。

R-1.9 要生成一个值为 50, 60, 70, 80 的排列，求 range 构造函数的参数。

R-1.10 要生成一个值为 8, 6, 4, 2, 0, – 2, – 4, – 6, – 8 的排列，求 range 构造函数中的参数。

R-1.11 演示怎样使用 Python 列表解析语法来产生列表 [1，2，4，8，16，32，64，128，256]。

R-1.12 Python 的 random 模块包括一个函数 choice(data)，可以从一个非空序列返回一个随机元素。Random 模块还包含一个更基本的 randrange 函数，参数化类似于内置的 range 函数，可以在给定范围内返回一个随机数。只使用 randrange 函数，实现自己的 choice 函数。

创新

C-1.13 编写一个函数的伪代码描述，该函数用来逆置 *n* 个整数的列表，使这些数以相反的顺序输出，并将该方法与可以实现相同功能的 Python 函数进行比较。

C-1.14 编写一个 Python 函数，用来接收一个整数序列，并判断该序列中是否存在一对乘积是奇数的互不相同的数。

C-1.15 编写一个 Python 函数，用来接收一个数字序列，并判断是否所有数字都互相不同（即它们是不同的）。

C-1.16 在 1.5.1 节 scale 函数的实现中，循环体内执行的命令 data[j] *= factor。我们已经说过这个数字类型是不可变的，操作符 *= 在这种背景下使用是创建了一个新的实例（而不是现有实例的变化）。那么 scale 函数是如何实现改变调用者发送的实际参数呢？

C-1.17 1.5.1 节 scale 函数的实现如下。它能正常工作吗？请给出原因。

```
def scale(data, factor):
  for val in data:
    val *= factor
```

C-1.18 演示如何使用 Python 列表解析语法来产生列表 [0, 2, 6, 12, 20, 30, 42, 56, 72, 90]。

C-1.19 演示如何使用 Python 列表解析语法在不输入所有 26 个英文字母的情况下产生列表 ['a', 'b', 'c', …, 'z']。

C-1.20 Python 的 random 模块包括一个函数 shuffle(data)，它可以接收一个元素的列表和一个随机的重新排列元素，以使每个可能的序列发生概率相等。random 模块还包括一个更基本的函数 randint(a，b)，它可以返回一个从 *a* 到 *b*（包括两个端点）的随机整数。只使用 randint 函数，实现自己的 shuffle 函数。

C-1.21 编写一个 Python 程序，反复从标准输入读取一行直到抛出 EOFError 异常，然后以相反的顺序输出这些行（用户可以通过键按 Ctrl+D 结束输入）。

C-1.22 编写一个 Python 程序，用来接收长度为 *n* 的两个整型数组 *a* 和 *b* 并返回数组 *a* 和 *b* 的点积。也就是返回一个长度为 *n* 的数组 *c*，即 $c[i] = a[i] \cdot b[i]$, for $i = 0, \cdots, n-1$。

C-1.23 给出一个 Python 代码片段的例子，编写一个索引可能越界的元素列表。如果索引越界，程序应该捕获异常结果并打印以下错误消息：

"Don't try buffer overflow attacks in Python!"

C-1.24 编写一个 Python 函数，计算所给字符串中元音字母的个数。

C-1.25 编写一个 Python 函数，接收一个表示一个句子的字符串 *s*，然后返回该字符串的删除了所有标点符号的副本。例如，给定字符串 "Let's try, Mike."，这个函数将返回 "Lets try Mike"。

C-1.26　编写一个程序，需要从控制台输入 3 个整数 a、b、c，并确定它们是否可以在一个正确的算术公式（在给定的顺序）下成立，如“$a+b=c$”“$a=b-c$”或“$a*b=c$”。

C-1.27　在 1.8 节中，我们对于计算所给整数的因子时提供了 3 种不同的生成器的实现方法。1.8 节末尾处的第三种方法是最有效的，但我们注意到，它没有按递增顺序来产生因子。修改生成器，使得其按递增顺序来产生因子，同时保持其性能优势。

C-1.28　在 n 维空间定义一个向量 $\boldsymbol{v}=(v_1, v_2, \cdots v_n)$ 的 p 范数，如下所示：

$$\|v\|=\sqrt[p]{v_1^p+v_2^p+\cdots+v_n^p}$$

对于 $p=2$ 的特殊情况，这就成了传统的欧几里得范数，表示向量的长度。例如，一个二维向量坐标为（4, 3）的欧几里得范数为 $\sqrt{4^2+3^2}=\sqrt{16+9}=\sqrt{25}=5$。编写 norm 函数，即 norm(v, p)，返回向量 $\boldsymbol{v}$ 的 p 范数的值，norm(v)，返回向量 $\boldsymbol{v}$ 的欧几里得范数。你可以假定 $\boldsymbol{v}$ 是一个数字列表。

项目

P-1.29　编写一个 Python 程序，输出由字母 'c', 'a', 't', 'd', 'o', 'g' 组成的所有可能的字符串（每个字母只使用 1 次）。

P-1.30　编写一个 Python 程序，输入一个大于 2 的正整数，求将该数反复被 2 整除直到商小于 2 为止的次数。

P-1.31　编写一个可以“找零钱”的 Python 程序。程序应该将两个数字作为输入，一个是需要支付的钱数，另一个是你给的钱数。当你需要支付的和所给的钱数不同时，它应该返回所找的纸币和硬币的数量。纸币和硬币的值可以基于之前或现任政府的货币体系。试设计程序，以便返回尽可能少的纸币和硬币。

P-1.32　编写一个 Python 程序来模拟一个简单的计算器，使用控制台作为输入和输出的专用设备。也就是说，计算器的每一次输入做一个单独的行，它可以输入一个数字（如 1034 或 12.34）或操作符（如 + 或 =）。每一次输入后，应该输出计算器显示的结果并将其输出到 Python 控制台。

P-1.33　编写一个 Python 程序来模拟一个手持计算器，程序应该可以处理来自 Python 控制台（表示 push 按钮）的输入，每个操作执行完毕后将内容输出到屏幕。计算器至少应该能够处理基本的算术运算和复位 / 清除操作。

P-1.34　一种惩罚学生的常见方法是让他们将一个句子写很多次。编写独立的 Python 程序，将以下句子“I will never spam my friends again.”写 100 次。程序应该对每个句子进行计数，另外，应该有 8 次不同的随机输入错误。

P-1.35　生日悖论是说，当房间中人数 n 超过 23 时，那么该房间里有两个人生日相同的可能性是一半以上。这其实不是一个悖论，但许多人觉得不可思议。设计一个 Python 程序，可以通过一系列随机生成的生日的实验来测试这个悖论，例如可以 $n=5, 10, 15, 20, \cdots, 100$ 测试这个悖论。

P-1.36　编写一个 Python 程序，输入一个由空格分隔的单词列表，并输出列表中的每个单词出现的次数。在这一点上，你不需要担心效率，因为这个问题会在这本书后面的部分予以解决。

扩展阅读

Python 的官方网站（http://www.python.org）有大量的资料，包括教程和内置函数、类以及标准模块的完整文档。Python 解释器本身是一个有用的参考，为交互式命令帮助（foo）提供了一切函数、类和 foo 标识的模块的文档。

对 Python 编程提供参考的书包括由 Campbell 等[22]、Cedar[25]、Dawson[32]、Goldwasser 和 Letscher[43]、Lutz[72] 撰写的书，更完整的 Python 参考书有 Beazley[12] 和 Summerfield[91] 撰写的书。

面向对象编程

2.1 目标、原则和模式

顾名思义，面向对象模式中的主体被称为对象（object）。每个对象都是类（class）的实例（instance）。类呈献给外部世界的是该类实例中各对象的一种简洁、一致的概括，没有太多不必要的细节，也没有提供访问类内部工作过程的接口。类的定义通常详细规定了对象包含的实例变量（instance variable），又称数据成员（data member）；还规定了对象可以执行的方法（methods），又称成员函数（member function）。这种计算理念意在实现几个设计目标和设计原则，这就是我们在这章将要讨论的内容。

2.1.1 面向对象的设计目标

软件的实现应该达到健壮性（robustness）、适应性（adaptability）和可重用性（reusability）目标，如图 2-1 所示。

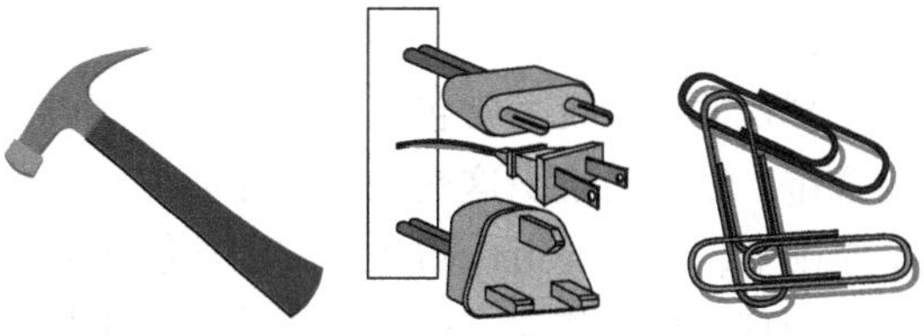
健壮性
适应性
可重用性

图 2-1 面向对象设计的目标

健壮性

每个优秀的程序设计者都想开发正确的软件，这就是说在应用程序中事先考虑到的所有输入都会产生一个正确的输出。除此之外，我们希望软件变得更健壮（robust），更确切地说，希望软件能处理我们在应用程序中没有明确定义的异常输入。例如，如果一个程序需要正整数（也许是代表一件商品的价格），然而却输入一个负整数，那么这个程序需要“优雅”地从这个错误中恢复。更重要的是，不健壮的软件可能是致命的，比如在性命攸关的应用程序（life-critical application）里，软件的一个错误可能会导致健康受损甚至丧命。这一点在 20 世纪 80 年代后期的 Therac-25 意外中被发现。1985 ～ 1987 年间，一个放射医疗机器给 6 名患者使用的放射严重过量，其中有人死于由辐射过量引起的并发症。以上的 6 起事故都是软件错误导致的。

适应性

现代软件应用程序，比如网页浏览器和互联网搜索引擎，通常包含使用了多年的大型程序。软件需要随着时间不断地优化，以应对外部环境中条件的改变。于是，高质量软件的另一个重要目标是实现适应性（adaptability）（又称可进化性（evolvability））。这个概念与可移植性（portability）有关。可移植性是指软件以最少的改变运行在不同的硬件和操作系统平台上。用 Python 编写软件的一个好处是语言本身具有很好的可移植性。

可重用性

与适应性相似，我们希望软件也是可重用的，更确切地说，同样的代码可以用在不同系统的各种应用中。开发高质量软件的开销可能很昂贵，如果能把软件设计成高度可重用的，那么就会减少开发软件的开销。但是，这种可重用性应该谨慎使用，在 Therac-25 意外中，主要的软件错误之一就来源于对 Therac-20 软件的不恰当重用（Therac-20 软件不是面向对象的，也不是为 Therac-25 所使用的硬件平台设计的）。

2.1.2 面向对象的设计原则

为了实现上述目标，面向对象方法的首要原则如下（见图 2-2）：

- 模块化
- 抽象化
- 封装

模块化
抽象化
封装

图 2-2　面向对象的设计原则

模块化

现代软件系统通常包含一些不同的组件，为了使整个系统正常工作，这些组件必须正确地合作。恰当地组织这些组件，才能保证它们合作正常。模块化指的是一种组织原则，在这个原则中，不同的组件归为不同的功能单元。

用现实世界作比，一座房子或公寓可以视为由一些不同的相互作用的单元组成，比如电力系统、加热系统、冷却系统、水暖系统和建筑结构。有些人视这些系统为一大堆杂乱的电线、通风口、管道和板材，组织架构师则不然，他们设计房子和公寓时会将它们视为单独的模块，让这些模块在恰当的方式下相互作用。这样，他就能使用模块化的思想理出清晰的思路。这种思路提供了一个从组织功能到可管理单元的自然方法。

同样，在软件系统中采用模块化还可以为实施搭建清晰而强大的组织框架。我们已经知道，在 Python 中，*模块*（module）是一个源代码中定义的密切相关的函数和类的集合。比如 Python 标准库包括 math 模块，该模块提供了关键的数学常量和函数的定义，还包括提供了与操作系统的交互支持的 os 模块。

模块化的使用还有助于支持 2.1.1 节中列出的目标。在形成大的软件系统之前，不同的组件是易于测试和调试的。此外，一个完整系统中的错误可能会追溯到相对独立的特定组件中。因此，健壮性被大大地提高。模块化结构还可以加强软件的重用性。如果软件模块用通用的方式来写，那么当上下文中出现相关需求时可以重用模块。这在数据结构的研究中是特别常见的，它们通常被定义得足够抽象，并且在很多应用程序中被重用。

抽象化

抽象化（abstraction）是指从一个复杂的系统中提炼出最基础的部分。通常，描述系统的各个部分涉及给这些部分命名和解释它们的功能。将抽象模式应用于数据结构的设计便产生了*抽象数据类型*（Abstract Data Types，ADT）。ADT 是数据结构的数学模型，它规定了数据存储的类型、支持的操作和操作参数的类型。ADT 定义*每个操作要做什么*（what）而*不是怎么做*（how）。我们通常参考 ADT 作为其*公共接口*（public interface）所支持的行为的集合。

Python 作为一种编程语言，提供了大量有关接口的说明。Python 使用一种被称为鸭子类型的机制应对隐式抽象类型。作为一种解释程序和动态类型的语言，在 Python 中没有“编译时”检查数据类型，并且对于抽象基类的声明没有正式的要求。相反，程序员假设对象支持一系列已知的行为，如果这些假设不成立，解释程序将出现一个运行错误。“鸭子类型”这个概念来源于诗人 James Whitcomb Riley 的一句话：“当看到一只鸟走起来像鸭子、游泳起来像鸭子、叫起来也像鸭子，那么这只鸟就可以被称为鸭子。”

更正式地说，Python 用一种称为*抽象基类*（Abstract Base Class，ABC）的机制支持抽象数据类型。一个抽象基类不能被实例化（换言之，你不能直接创建该类的实例），但它规定了一个或多个常用的方法，抽象化的所有实现都必须包括该方法。通过从一个或多个抽象类中继承的*具体类*（concrete classes）来实现 ABC，同时提供由 ABC 声明这些方法的实现。虽然我们为了简单起见而忽略这些声明，但 Python 的 ABC 模块为 ABC 提供正式的支持。我们将用到一些现有的来自 Python 集合模块的抽象基类，其中包括几种常用数据结构 ADT 的定义和其中一些抽象的具体实现。

封装

面向对象设计的另一个重要原则是*封装*（encapsulation）。软件系统的不同组件不应显示其各自实现的内部细节。封装的主要优点之一就是它给程序员实现组件细节的自由，而不用关心其他程序员写的其他依赖于这些内部代码的程序。程序设计者对于组件的唯一约束是为这些组件保持公共接口，其他程序设计者将会编写依赖于该接口的代码。封装提供了健壮性和适应性，因为它允许改变程序一部分的实现细节而不影响其他部分，因此，修复漏洞或者给组件中增加相对本地更改的新功能就变得更容易。

在这本书中，我们将遵循封装的原则，说明数据结构的哪些方面被认定为公共部分，哪些方面被认定为内部细节。也就是说，Python 为封装提供了宽泛的支持。按照惯例，以单下划线开头的类成员（数据成员和成员函数）的名称（如，_secret）被认定为非公开的，而且不应该被依赖。根据这些约定，自动生成文档时会忽略这些内部成员。

2.1.3 设计模式

面向对象的设计有助于实现健壮的、可适应的、可重用的软件。然而，设计好的代码不仅需要简单地理解面向对象的方法，更需要有效地利用面向对象的设计技术。

为了设计高质量的、简洁的、正确的、可重用的面向对象软件，计算研究人员和从业人员已经开发出多种组织的概念和方法。本书特别关注的是*设计模式*（design pattern）的概念，它描述了“典型”软件设计问题的解决方案。一种可以应用于不同情况的解决方案提供了通用模板的模式。它通过一个方式描述解决方法的主要元素，该方式是抽象的而且可以专门用于所面临的具体问题。模式包括一个名称（它标识了该模式）、一个语境（它描述应用该模式的情况）、一个模板（它描述如何应用该模式）以及一个结果（它描述和分析该模式会产生什么结果）。

在本书中，我们介绍一些设计模式，同时展示它们如何被持续地应用于数据结构和算法的实现。这些设计模式被分为两组——解决算法设计问题的模式和解决软件工程问题的模式。所讨论的算法设计模式包括以下内容：

- 递归（第 4 章）
- 摊销（5.3 节和 11.4 节）

- 分治法（12.2.1 节）
- 去除法，又称减治法（12.7.1 节）
- 暴力算法（13.2.1 节）
- 动态规划（13.3 节）
- 贪心法（13.4.2 节、14.6.2 和 14.7 节）

所讨论的软件工程模式包括以下内容：

- 迭代器（1.8 节和 2.3.4 节）
- 适配器（6.1.2 节）
- 位置（7.4 节和 8.1.2 节）
- 合成（7.6.1 节、9.2.1 节和 10.1.4 节）
- 模板方法（2.4.3 节、8.4.6 节、10.1.3 节、10.5.2 节和 11.2 节）
- 定位器（9.5.1 节）
- 工厂模式（11.2.1 节）

然而，与其在这里解释每种设计模式的概念，不如通过不同的章节来介绍它们。对于每种模式，不论是用于设计算法还是软件工程，我们都会解释其一般用法，并且至少给出一个具体的例子来进行说明。

2.2 软件开发

传统的软件开发包括几个阶段。其中 3 个主要阶段如下：

1）设计。

2）实现。

3）测试和调试。

在本节中，我们将简要讨论这些阶段所扮演的角色，介绍在利用 Python 编程时一些好的做法，包括编码风格、命名约定、文档和单元测试。

2.2.1 设计

对于面向对象编程，设计步骤也许是软件开发过程中最重要的阶段。因为在决定如何把程序的工作分成若干个的设计步骤中，我们决定这些类的交互方式、将要存储的数据和将要执行的功能。事实上，程序设计者刚开始面临的主要的挑战之一是决定用什么类去实现程序的功能。虽然一般的计划都很难总结，但这里有一些我们可以应用的经验规则，为确定如何设计类提供方便。

- 责任（responsibility）：把这些工作分为不同的角色（actor），它们有各自不同的责任。试着用行为动词描述责任。这些角色将形成程序的类。
- 独立（independence）：在尽可能独立于其他类的前提下规定每个类的工作。细分各个类的责任，这样每个类在程序的某个方面上就有自主权。把数据作为那些需要控制和访问这些数据的类的实例变量。
- 行为（behavior）：仔细且精确地为每个类定义行为，这样与它进行交互的其他类可以很好地理解这个由类执行的动作结果。这些行为将定义该类执行的方法，并且，类的接口（interface）是一系列类的行为，因为这些类构成了其他代码与类中对象交互的方法。

面向对象程序设计的关键是定义类和它们的实例变量及方法。随着时间的推移，一个好的程序设计者在执行这些任务时自然会探寻更好的技巧，就好像是经验在教他去注意项目需要的模式，该模式与他之前见过的模式相匹配。

CRC 卡（Class-Responsibility-Collaborator）是一个用于开发初始的高层次设计项目的通用工具。CRC 卡是细分程序所需工作的简单的索引卡。该工具的主要思路是每个卡代表一个组件，该组件最终将成为程序的类。我们把每个组件的名字写在索引卡的顶部。把组件的责任写在卡的左边，在卡的右边列出组件的合作者，即该组件将与之交互完成责任的其他组件。

设计过程通过行为 / 角色周期反复迭代，我们首先确定一个行为（即责任），接着决定一个最适合执行该行为的角色（即组件）。在这个过程中，使用索引卡（而不是更大的纸），我们的依据是每个组件应该有一个小的责任和合作者集合。强制遵循这个规则有助于保持单个类易于管理。

作为设计采取的形式，解释和记录设计的标准方法是使用 UML（Unified Modeling Language）图来表达程序的组织。UML 图是一个表达面向对象软件设计的标准视觉记号。一些计算机辅助工具可以构建 UML 图。类图（class diagram）就是一种 UML 图。图 2-3 给出了这样一个代表消费信用卡类的图的例子。图包括三部分内容，第一部分指明类的名字，第二部分指明推荐的实例变量，第三部分指明类的方法。在 2.2.3 节中，我们将讨论命名规则。在第 2.3.1 节中，我们将提供一个完整的以该设计为依据的 Python CreditCard 类的实现方法。

类:	信用卡	
域:	_customer _bank _account	_balance _limit
行为:	get_customer() get_bank() get_account() make_payment(amount)	get_balance() get_limit() charge(price)

图 2-3　推荐的 CreditCard 类的类图

2.2.2 伪代码

作为在设计实现前的中间步骤，通常要求程序设计者通过一种专门为人准备的方法来描述算法。这种描述被称为伪代码（pseudo-code）。伪代码不是计算机程序，但是比平常文章更加结构化。伪代码是自然语言和高级编程结构的混合，用于描述隐藏在数据结构和算法实现之后的主要编程思想。因为伪代码是为读者而设计的，而不是为计算机设计的，因此我们可以交流复杂的思想，而不用担心低层具体细节的实现。同时，我们不应该注释过多的重要步骤。就像人类沟通一样，寻找正确的平衡是一种重要技能，这些技能可以在实践中积累和强化。

在本书中，我们依靠伪代码样式，并使用数学符号和字母注释的组合，使得对于 Python 程序设计者来说该伪代码风格是清晰的。例如，我们也许会用短语“ indicate an error”代替正式的语句。遵循 Python 的惯例，我们依靠缩进来表示控制结构的程度，依靠

从 $A[0]$ 到 $A[n-1]$ 的索引符号给长度为 n 的序列 A 编号。不过，在伪代码中，我们选择把注释放入大括号 { } 中，而不是用 Python 中的 # 字符。

2.2.3 编码风格和文档

程序应该被设计得易于阅读和理解。因此，好的程序设计者应该注意自己的编码风格，并且形成一种无论是对人还是计算机的交流都有好处的风格。编码风格的惯例在不同编程团体中是不同的。在网站 http://www.python.org/dev/peps/pep-0008/ 中可得到官方的 Python 代码风格指南（Style Guide for Python Code）。

我们采取的主要原则如下：

- Python 代码块通常缩进 4 个空格。但是，为了避免代码段超过本书的边界，我们以 2 个空格作为每一级的缩进。因为不同系统中以不同的宽度显示制表符，而且 Python 解释器视制表符和空格是不同的字符，所以强烈建议避免使用制表符。许多能识别 Python 语言的编辑器会自动用适量的空格代替制表符。
- 标识符命名要有意义。试着选择大家易于理解名字，选择能反映行为、责任或其命名的数据的名字。
  - 类（不同于 Python 的内置类）应该以首字母大写的单数名词（例如，Date 而不是 date 或 Dates）作为名字。当多个单词连接起来形成一个类的名字时，它们应该遵循所谓的“骆驼拼写法”规则。即在该规则中，每个单词的首字母要大写（例如，CreditCard）。
  - 函数，包括类的成员函数，应该小写。如果将多个单词组合起来，它们就应该用下划线隔开（例如，make_payment）。函数的名字通常应该是一个描述它的作用的动词。但是，如果这个函数的唯一目的是返回一个值，那么函数名可以是一个描述返回值的名词（例如，sqrt 而不是 calculate_sqrt）。
  - 标识某个对象（例如，参数、实例变量或本地变量）的名字应该是一个小写的名词（例如，price）。有时候，当我们使用一个大写字母来表示一个数据结构的名称时，会不遵守这条规则（如 tree T）。
  - 传统上用大写字母并用下划线隔开每个单词的标识符代表一个常量值（例如，MAX_SIZE）。

回顾我们讨论的封装，在任何情况下，以单下划线开头的标识符（例如，_secret）意在表明它们只为类或模块“内部”使用，而不是公共接口的一部分。

- 用注释给程序添加说明，解释有歧义或令人困惑的结构。内嵌的行注释有助于快速理解代码有好处。在 Python 中，# 字符后的内容表示注释，如：

```
if n % 2 == 1:        # n is odd
```

多行注释块可以很好地解释更复杂的代码段。在 Python 中，有专门的多行字符串，通常用三引号（""")表示，这种注释对程序执行没有任何影响。在下一节中，我们将讨论使用块注释作为文档。

文档

Python 使用一个称作 docstring 的机制为在源码中直接插入文档提供完整的支持。从形式上讲，任何出现在模块、类、函数（包括类的成员函数）主体中的第一个语句的字符串都被认为是 docstring。按照惯例，这些字符串应该限定在三引号（"""）中。例如，1.5.1 节的缩放功能的版本可以有如下记录：

```
def scale(data, factor):
  """Multiply all entries of numeric data list by the given factor."""
  for j in range(len(data)):
    data[j] *= factor
```

对于 docstring，通常用三引号字符串分隔符，即使像上面例子中的字符串仅有 1 行。更详细的 docstring 应该以概述目的一行开头，接下来是一个空白行，然后是进一步的细节描述。例如，我们可以用如下方式更清楚地记录函数 scale 的信息：

```
def scale(data, factor):
  """Multiply all entries of numeric data list by the given factor.

  data      an instance of any mutable sequence type (such as a list)
            containing numeric elements

  factor    a number that serves as the multiplicative factor for scaling
  """
  for j in range(len(data)):
    data[j] *= factor
```

docstring 作为模块、功能或者类的声明的一个域进行存储。它可以作文档用，并且可以用多种方式检索。例如，在 Python 解释器中，用命令 help(x) 会生成与标识对象 x 关联的文档 docstring。还有一个名叫 pydoc 的外部工具，该工具是 Python 发行的，可以用于生成文本或网页格式的正式文档。可在网站 http://www.python.org/dev/peps/pep-0257/ 中得到有用的 docstring 书写指南。

在本书中，我们将在篇幅允许的情况下加上 docstring。省略的 docstring 可以在网络版的源代码中找到。

2.2.4 测试和调试

测试是通过实验检验程序正确性的过程，调试是跟踪程序的执行并在其中发现错误的过程。在程序开发中，测试和调试通常是最耗时的一项活动。

测试

详细的测试计划是编写程序最重要的部分。用所有可能的输入检验程序的正确性通常是不可行的，所以我们应该用有代表性的输入子集来运行程序。最起码我们应该确保类的每个方法都至少被执行一次（方法覆盖）。更好的是，程序中的每个代码语句应该至少被执行一次（语句覆盖）。

在特殊情况（special cases）的输入下，程序往往会失败。需要仔细确认和测试这些情况。例如，当测试一个对整数序列排序的方法（即 sort）时，我们应该考虑以下的输入：

- 序列具有零长度（没有元素）。
- 序列有一个元素。
- 序列中的所有元素是相同的。
- 序列已排序。
- 序列已反向排序。

除了对于程序而言特殊的输入以外，我们也应该考虑使用该程序结构的特殊情况。例如，如果用一个 Python 列表存储数据，我们应该确保诸如添加或删除列表的开头或末尾的边界情况都可以正确处理。

手工测试是必不可少的，用大量随机生成的输入测试也是有优势的。Python 中的随机模块为生成随机数或随机集合的顺序提供了几种方法。

程序类和函数之间的依赖关系形成层次结构。也就是说，在层次结构中，如果组件 A 依赖于组件 B，比如函数 A 调用函数 B，或者函数 A 依赖于一个参数，该参数是类 B 中的实例，就称组件 A 高于组件 B。这里有两种主要的测试策略，*自顶向下*（top-down）和*自底向上*（bottom-up），它们的不同之处在于测试组件的顺序不同。

自上而下的测试从层次结构的顶部向底部进行。它通常用于连接存根（stubbing），一种用桩函数（stub）代替了底层组件的启动技术，桩函数是一种模拟原函数组件的替换技术。例如，如果函数 A 调用函数 B 获取文件的第一行，当测试 A 时，我们可以用返回固定字符串的桩函数代替 B。

自下而上的测试从低级组件向更高级组件进行。例如，首先测试不调用其他函数的底层函数，其次测试只调用底层函数的函数，等等。相似的，一个不依赖于其他类的类可以在依赖前者的其他类之前被测试。常将这种测试的形式称为*单元测试*（unit testing），在大型软件项目的孤立状态下测试特定组件的功能。如果使用得当，这种策略能够更好地把错误的起因与被测试的组件隔离开来，因为该组件依赖的低级组件已经被充分测试过了。

Python 为自动测试提供了几种支持形式。当函数或类定义在一个模块中时，该模块的测试可以被嵌入同一个文件中。1.11 节中描述了这样做的机制。当 Python 直接调用该模块，而不是该模块用作大型软件项目的输入时，在形式的条件结构中被屏蔽的代码

```
if __name__ == '__main__':
    # perform tests...
```

将被执行。在这样一个结构中来测试该模块中函数的功能和特别规定的类是很常见的。

对于单元测试自动化，Python 的 unittest 模块提供了更强大的支持。这个框架允许将单个测试用例分组到更大的测试套件中，并为执行这些套件提供支持，并报告或分析测试结果。为了维护软件，使用*回归测试*（regression testing），即通过对所有先前测试的重新执行来确保对软件的更改不会在先前测试的组件中引入新的错误。

调试

最简单的调试技术包括使用*打印语句*（print statement）来跟踪程序执行过程中变量的值。这种方法的一个问题是，最终需要删除或注释掉打印语句，因为最终发布软件时不能执行这些语句。

一种更好的方法是用*调试器*（debugger）运行程序。调试器是一个专门用于控制和监视程序执行的环境。调试器提供的基本功能是在代码中插入*断点*（breakpoint）。当在调试器中执行时，程序在每个断点处中止。当程序中止时，可以检查变量当前的值。

标准的 Python 程序包括一个 pdb 模块，该模块直接在解释器中提供调试支持。Python 的大多数集成开发环境 IDE，比如 IDLE，用图形用户界面提供调试环境。

2.3 类定义

类是面向对象程序设计中抽象的主要方法。在 Python 中，类的实例代表了每个数据块。类以及实现它的所有实例给*成员函数*（也称*方法*（methods））提供了一系列的行为。类也是

其实例的蓝图，每个实例通过属性（attributes）（也称域（field）、实例变量或数据成员）的确定状态信息。

2.3.1 例子：CreditCard 类

作为第一个例子，我们提供了一个基于图 2-3 和 2.2.1 节中介绍的设计 CreditCard 类的实现方法。CreditCard 类定义的实例为传统的信用卡提供了一个简单的模型。实例已经确定了关于客户、银行、账户、信用额度和余额的信息。该类会根据消费额度限制支付，但不收取利息或滞纳金（我们将在 2.4.1 节中再讨论这个主题）。

我们的代码开始于代码段 2-1，并在代码段 2-2 中继续。结构以关键词 class 开始，接着是类的名字和一个冒号，然后是一块作为类主体的缩进代码。主体包括所有类的方法的定义。用 1.5 节中介绍的技术把这些方法定义为函数，并用到一个名为 self 的特殊参数，该参数用来标识调用成员的特定实例。

self 标识符

在 Python 中，self 标识符扮演了一个重要的角色。在 CreditCard 类的语境下，可以有很多不同的信用卡实例，而且每个都必须维护自己的余额、信用额度等信息。因此，每个实例都存储自己的实例变量，以反映其当前状态。

在语句构成上，self 标识了调用方法的实例。例如，假设类的用户定义了一个变量 my_card，用来标识 CreditCard 类的一个实例。当用户调用 my_card.get_balance() 时，get_balance 方法定义中的 self 标识符将引用调用者的名为 my_card 的卡。self._balance 表达式引用一个名为 _balance 的实例变量，存储为特定信用卡状态的一部分。

代码段 2-1 CreditCard 类定义的开始部分（下接代码段 2-2）

```python
class CreditCard:
  """A consumer credit card."""

  def __init__(self, customer, bank, acnt, limit):
    """Create a new credit card instance.

    The initial balance is zero.

    customer  the name of the customer (e.g., 'John Bowman')
    bank      the name of the bank (e.g., 'California Savings')
    acnt      the acount identifier (e.g., '5391 0375 9387 5309')
    limit     credit limit (measured in dollars)
    """
    self._customer = customer
    self._bank = bank
    self._account = acnt
    self._limit = limit
    self._balance = 0

  def get_customer(self):
    """Return name of the customer."""
    return self._customer

  def get_bank(self):
    """Return the bank's name."""
    return self._bank

  def get_account(self):
    """Return the card identifying number (typically stored as a string)."""
```

```
        return self._account

    def get_limit(self):
        """Return current credit limit."""
        return self._limit

    def get_balance(self):
        """Return current balance."""
        return self._balance
```

代码段 2-2 CreditCard 类定义的结尾（接代码段 2-1）。方法在类定义中都是缩简的

```
    def charge(self, price):
        """Charge given price to the card, assuming sufficient credit limit.

        Return True if charge was processed; False if charge was denied.
        """
        if price + self._balance > self._limit:     # if charge would exceed limit,
            return False                            # cannot accept charge
        else:
            self._balance += price
            return True

    def make_payment(self, amount):
        """Process customer payment that reduces balance."""
        self._balance -= amount
```

我们可以看到调用者使用方法签名与类内部定义声明使用方法签名之间的差异。例如，从用户的角度来看，我们知道 get_balance 方法不带参数，但在类定义中，self 是一个明确的参数。同样，在类中声明 charge 方法有两个参数（self 和 price)，但是这个方法调用时只使用一个参数，例如 my_card.charge(200)。解释器在调用这些函数时自动将调用对应函数的实例绑定为 self 参数。

构造函数

用户可以用类似于下面的语法创建 CreditCard 类的实例

```
cc = CreditCard('John Doe, '1st Bank', '5391 0375 9387 5309', 1000)
```

其中，名为 _init_ 的方法是类的*构造函数*（constructor)。它最主要的责任是用适当的实例变量建立一个新创建的 CreditCard 类对象。就 CreditCard 类来说，每个对象保存 5 个实例变量，我们将其命名为 _customer、_bank、_account、_limit 和 _balance。这 5 个变量中前 4 个的初始值是由明确的参数提供的，这些参数是在实例化信用卡时由用户发送的，并在构造函数的主体中给这些参数赋值。比如，self._customer = customer，把参数 customer 的值赋值给实例变量 self._customer。注意：因为等号右侧的 customer *没有限定*，所以它指的是本地命名空间中的参数。

封装

2.2.3 节中所描述的惯例，在数据成员名称中的前加下划线，比如 _balance，表明它被设计为*非公有的*（nonpublic)。类的用户不应该直接访问这样的成员。

通常，我们将所有数据成员视为非公有的。这使我们能够更好地对所有实例执行一致的状态。我们可以提供类似于 get_balance 的访问函数，以提供拥有只读访问特性的类的用户。如果希望允许用户改变状态，我们可以提供适当的更新方法。在数据机构中，封装内部表达的方式允许我们更加灵活地设计类的工作方式，这或许能提高数据结构的效率。

附加方法

我们的类中最有趣的行为是收款和付款。收款功能通常会在信用卡余额中增加所收费用，以反映顾客提到的购买价格。然而，在收取费用前，我们的实现方法要验证新的消费不会导致余额超过信用额度。付款费用反映了客户给银行支付给定的款项，从而减少信用卡中的余额。我们注意到，在 self._balance -= amount 命令中 self._balance 的语句由 self 标识符做了限定，因为它代表了卡的实例变量，而没有被限定的 amount 表示局部参数。

错误检查

CreditCard 类的实现方法不是特别健壮。首先，我们注意到对于收款和付款，没有明确地检查参数的类型，也没有给构造函数任何参数。如果用户创建了一个类似于 visa.charge('candy') 的调用，当企图在余额中添加参数时，代码可能会崩溃。如果这个类广泛地用于图书馆中，在面对这样的误用（见 1.7 节）时，我们可能会用更多严谨的技术来抛出 TypeError 异常。

除了明显的类型错误，我们的实现方法可能会受到逻辑错误的影响。例如，如果允许用户收取一个类似于 visa.charge(-300) 的负的价格，这将导致用户的余额变少。这是可以不通过支付来减少余额的一个漏洞。当然，如果模拟信用卡收到顾客给商家的退货时，这也会被视为合法的情况。我们将在本章末的练习中用 CreditCard 类讨论一些这样的问题。

测试类

在代码段 2-3 中，我们演示了 CreditCard 类的一些基本用法，在一个 wallet 列表中插入 3 张卡。我们循环地进行收款和付款，并使用各种访问函数将结果打印到控制台。

这些测试封闭在 if__name__=='__main__': 条件中，这样它们可以通过类的定义嵌入源代码中。使用 2.2.4 节中的术语，这些测试提供方法覆盖，每个方法至少被调用一次，但是这些测试不提供语句覆盖，因为有信用额度，所以这里不会有任何一种情况中的收款被拒绝。这种测试比较落后，必须手动地审核给定测试的输出结果，以确定是否该类表现得如我们所预期的一样。Python 有更正式的测试工具（见 2.2.4 节中讨论的 unittest 模块），这样得到的值可以与预测结果自动地比较，只有当检测到错误时才产生输出。

代码段 2-3 测试 CreditCard 类

```
if __name__ == '__main__':
  wallet = [ ]
  wallet.append(CreditCard('John Bowman', 'California Savings',
                           '5391 0375 9387 5309', 2500) )
  wallet.append(CreditCard('John Bowman', 'California Federal',
                           '3485 0399 3395 1954', 3500) )
  wallet.append(CreditCard('John Bowman', 'California Finance',
                           '5391 0375 9387 5309', 5000) )

  for val in range(1, 17):
    wallet[0].charge(val)
    wallet[1].charge(2*val)
    wallet[2].charge(3*val)

  for c in range(3):
    print('Customer =', wallet[c].get_customer())
    print('Bank =', wallet[c].get_bank())
    print('Account =', wallet[c].get_account())
    print('Limit =', wallet[c].get_limit())
    print('Balance =', wallet[c].get_balance())
    while wallet[c].get_balance( ) > 100:
      wallet[c].make_payment(100)
      print('New balance =', wallet[c].get_balance())
    print()
```

2.3.2 运算符重载和 Python 的特殊方法

Python 的内置类为许多操作提供了成熟的语义。比如，a + b 语句可以调用数值类型语句，也可以连接序列类型。当定义一个新类时，我们必须考虑到当 a 或者 b 是类中的实例时是否应该定义类似于 a + b 的语句。

默认情况下，对于新的类来说，"+"操作符是未定义的。然而，类的作者可通过操作符重载（operator overloading）技术来定义它。这个定义可通过一个特殊的命名方法来实现。特别的是，通过实现名为 __add__ 的方法重载 + 操作符，该方法用右边的操作作为参数并返回表达式的结果。也就是说，a + b 语句，被转换为一个调用 a.__add__(b) 对象的方法。类似的特殊命名的方法存在其他操作符中。表 2-1 提供了与这一方法类似的完整列表。

表 2-1 用 Python 特殊方法实现的重载操作

常见的语法	特别方法的形式
a + b	a.__add__(b); 或者 b.__radd__(a)
a − b	a.__sub__(b); 或者 b.__rsub__(a)
a * b	a.__mul__(b); 或者 b.__rmul__(a)
a / b	a.__truediv__(b); 或者 b.__rtruediv__(a)
a // b	a.__floordiv__(b); 或者 b.__rfloordiv__(a)
a % b	a.__mod__(b); 或者 b.__rmod__(a)
a ** b	a.__pow__(b); 或者 b.__rpow__(a)
a << b	a.__lshift__(b); 或者 b.__rlshift__(a)
a >> b	a.__rshift__(b); 或者 b.__rrshift__(a)
a & b	a.__and__(b); 或者 b.__rand__(a)
a ^ b	a.__xor__(b); 或者 b.__rxor__(a)
a | b	a.__or__(b); 或者 b.__ror__(a)
a += b a −= b a *= b …	a.__iadd__(b) a.__isub__(b) a.__imul__(b) …
+ a	a.__pos__(b)
− a	a.__neg__(b)
~ a	a.__invert__(b)
abs(a)	a.__abs__(b)
a < b	a.__lt__(b)
a <= b	a.__le__(b)
a > b	a.__gt__(b)
a >= b	a.__ge__(b)
a == b	a.__eq__(b)
a != b	a.__ne__(b)
vin a	a.__contains__(v)
a [k]	a.__getitem__(k)
a [k] = v	a.__setitem__(k, v)
del a [k]	a.__delitem__(k)
a(arg1，arg2，…)	a.__call__(arg1, arg2, …)
len(a)	a.__len__()

（续）

常见的语法	特别方法的形式
hash(a)	a.__hash__()
iter(a)	a.__iter__()
next(a)	a.__next__()
bool (a)	a.__bool__()
float (a)	a.__float__()
int (a)	a.__int__()
repr (a)	a.__repr__()
reversed (a)	a.__reversed__()
str (a)	a.__str__()

像 3 *'love me' 一样，当一个二元操作符应用于两个不同类型的实例中时，Python 将根据左操作数的类进行判断。在这个例子中，对于使用 __mul__ 方法把字符串与实例相乘，可以通过检查 int 类是否提供了相应的定义。然而，如果这个类没有实现这一行为，Python 就会以一种名为 __rmul__（即“右乘”）的特殊方法来检查右操作数的类的定义。该方法为新用户定义的类提供了一个支持包含已存在类（所给的已存在的类可能没有定义引用该新类的行为）的实例的混合操作的方法。__mul__ 和 __rmul__ 的区别也允许类根据情况定义不同的语义，如操作数在矩阵乘法中就是不可交换的（即 A * x 可能与 x * A 不同）。

非运算符重载

当使用用户自定义的类时，除了传统的操作符重载，Python 依靠特殊的命名方法来控制各种功能的行为。例如，str(foo) 语句，是 string 类的构造函数的一个调用。如果参数是用户定义的类的实例，string 类的原作者当然不知道应该如何根据这个实例构造字符串。所以字符串构造函数调用一个专门的命名方法，foo.__str__()，它必须返回一个恰当的字符串表示形式。

类似的方法也被用于通过一个用户自定义类来构造 int、float 或 bool 类型。将一个用户自定义类转换为一个 Boolean 值尤为重要，因为即使当 foo 不是一个 Boolean 值（见 1.4.1 节）时也可以使用 if foo: 语句。对于用户自定义的类，用专门的方法 foo.__bool__() 返回对应的 Boolean 值。

几个其他的顶层功能依赖于调用特殊的命名方法。例如，调用顶层的 len 函数是确定一个容器类型大小的标准方法。注意：调用 len(foo) 不是传统的用点运算符的方法调用语法。在一个用户已定义的类的情况下，顶层的 len 函数依赖于调用该类特别的命名方法 __len__。也就是说，len(foo) 的返回值是通过调用 foo.__len__() 得到的。当作用于数据结构时，我们经常定义 __len__ 方法来返回一个结构的大小。

隐式的方法

作为一般规则，如果在用户已定义的类中没有实现特定的特殊方法，则依赖于该方法的标准语法将引发异常。例如，用户自定义类未定义 __add__ 或者 __radd__ 方法，则计算自定义类的实例相加的语句 a + b 将会引发异常。

然而，当缺乏特殊方法时，有一些操作符已经由 Python 提供了默认定义，也有一些操作符的定义来源于其他定义。例如，支持 if foo: 语句的 __bool__ 方法有默认语义，以至于除了 None 以外的每个对象的值都为 True。然而，对于容器类型，通常定义 __len__ 方法返回容器的大小。如果这种方式存在，对于长度不为 0 的实例，bool(foo) 的值默认情况下为 True，对于长度为 0 的实例，值默认情况下为 False，允许用类似于 if waitlist: 的语句测试是否在等待队列中由一个或多个条目。

在 2.3.4 节中，我们将讨论 Python 通过特殊方法 __iter__ 为集合提供迭代器的机制。也就是说，如果一个容器类实现了 __len__ 和 __getitem__ 方法，则它可以自动提供一个默认迭代器（用我们在 2.3.4 节中讨论的方法）。此外，一旦定义了迭代器，就提供了 __contains__ 的默认功能。

在 1.3 节中，我们指出了表达式 a is b 和表达式 a == b 之间的区别，前者评估标识符 a 和 b 是否为同一对象的别名，后者测试是否两个标识符引用等价值的概念。“等价”的概念依赖于类的上下文，并用 __eq__ 方法定义语义。然而，如果没有实现 __eq__ 方法，语句 a == b 和 a is b 语义是等价的，即一个实例只和其自身是等价的，和其他实例都不相等。

我们也应该注意到，Python 并没有自动提供一些我们认为自然而然的表达式。例如，__eq__ 方法支持 a == b 语句，但该方法不影响 a != b 语句的结果（该值通过 __ne__ 方法计算，通常返回 not (a == b) 作为结果）。同样，提供 __lt__ 方法支持 a < b 语句，并且间接支持 b > a 语句，但是提供的 __lt__ 和 __eq__ 都没有 a <= b 的语义。

2.3.3 例子：多维向量类

为了演示通过特殊方法使用运算符重载，我们给出一个 Vector 类的实现方法，表示一个多维空间中向量的坐标。例如，在三维空间中，也许我们希望用坐标〈5, – 2, 3〉表示一个向量。虽然直接使用 Python 列表表示那些坐标可能更有吸引力，但是列表不能为几何向量提供适当的抽象。特殊的是，如果使用列表，表达式 [5, – 2, 3] + [1, 4, 2] 的结果是 [5, – 2, 3, 1, 4, 2]。当用向量工作时，如果 u =〈5, – 2, 3〉并且 v =〈1, 4, 2〉，我们希望用表达式 u + v 来返回一个坐标为〈6, 2, 5〉三维向量。

因此，我们在代码段 2-4 中定义一个 Vector 类，它为几何向量的概念提供了一个更好的抽象。在内部，我们的向量依赖列表名为 _coords 的实例，作为它的存储机制。通过保持内部列表的封装，我们可以为类中的实例强制实现所请求的公共接口。示例如下：

```
v = Vector(5)            # construct five-dimensional <0, 0, 0, 0, 0>
v[1] = 23                # <0, 23, 0, 0, 0> (based on use of __setitem__)
v[-1] = 45               # <0, 23, 0, 0, 45> (also via __setitem__)
print(v[4])              # print 45 (via __getitem__)
u = v + v                # <0, 46, 0, 0, 90> (via __add__)
print(u)                 # print <0, 46, 0, 0, 90>
total = 0
for entry in v:          # implicit iteration via __len__ and __getitem__
  total += entry
```

代码段 2-4 一个简单 Vector 类的定义

```
class Vector:
  """Represent a vector in a multidimensional space."""

  def __init__(self, d):
    """Create d-dimensional vector of zeros."""
    self._coords = [0] * d

  def __len__(self):
    """Return the dimension of the vector."""
    return len(self._coords)
```

```
  def __getitem__(self, j):
    """Return jth coordinate of vector."""
    return self._coords[j]

  def __setitem__(self, j, val):
    """Set jth coordinate of vector to given value."""
    self._coords[j] = val

  def __add__(self, other):
    """Return sum of two vectors."""
    if len(self) != len(other):          # relies on __len__ method
      raise ValueError('dimensions must agree')
    result = Vector(len(self))           # start with vector of zeros
    for j in range(len(self)):
      result[j] = self[j] + other[j]
    return result

  def __eq__(self, other):
    """Return True if vector has same coordinates as other."""
    return self._coords == other._coords

  def __ne__(self, other):
    """Return True if vector differs from other."""
    return not self == other             # rely on existing __eq__ definition

  def __str__(self):
    """Produce string representation of vector."""
    return '<' + str(self._coords)[1:-1] + '>'  # adapt list representation
```

很多接口可以通过调用和内部坐标列表类似的方法实现。然而，__add__ 的实现方法却不同。假设两个操作数是长度相同的向量，该方法创建了一个新的向量，并将新向量的坐标置为各自操作数对应分量元素的和。

请注意代码段 2-4 中该方法的定义很有趣，该定义自动支持 u = v + [5, 3, 10, − 2, 1] 语法，并产生一个新的向量，该向量的各个元素是第一个向量和列表实例对应位置元素之和。这是 Python 多态性（polymorphism）的结果。从字面上看，“多态”的意思是“许多形式”。虽然我们很容易将 __add__ 方法的 other 参数看作另一个 Vector 实例，但我们并没这样声明它。在内部，我们依赖于参数 other 的唯一行为是它支持 len(other) 并且可以访问 other[j]。因此，当右边的操作数是一个数字（匹配的长度）列表时，代码依然可以执行。

2.3.4　迭代器

在数据结构的设计中，迭代器是一个重要的概念。在 1.8 节中，我们介绍了 Python 迭代器的机制。简而言之，集合的迭代器（iterator）提供了一个关键行为：它支持一个名为 __next__ 的特殊方法，如果集合有下一个元素，该方法返回该元素，否则抛出一个 StopIteration 异常来表明没有下一个元素。

幸运的是，很少需要直接实现迭代器类。我们的首选方法是使用生成器（generator）语法（已在 1.8 节中描述了），它自动地产生一个已生成值的迭代器。

Python 也为实现 __len__ 和 __getitem__ 的类提供了一个自动的迭代器。为了提供一个低级迭代器的例子，代码段 2-5 演示了这种迭代器类可用于任何支持 __len__ 和 __getitem__ 的集合的处理。该类可被实例化为 SequenceIterator(data)。它通过保存在内部的数据序列引用来操作该序列以及当前的索引。每次调用 __next__ 时，索引递增，直到序列结束。

代码段 2-5 一个支持任何序列类型的迭代器类

```
class SequenceIterator:
  """An iterator for any of Python's sequence types."""

  def __init__(self, sequence):
    """Create an iterator for the given sequence."""
    self._seq = sequence          # keep a reference to the underlying data
    self._k = −1                  # will increment to 0 on first call to next

  def __next__(self):
    """Return the next element, or else raise StopIteration error."""
    self._k += 1                  # advance to next index
    if self._k < len(self._seq):
      return(self._seq[self._k])  # return the data element
    else:
      raise StopIteration( )      # there are no more elements

  def __iter__(self):
    """By convention, an iterator must return itself as an iterator."""
    return self
```

2.3.5 例子：Range 类

作为本节中的最后一个例子，我们实现一个类来模拟 Python 的内置 range 类。在介绍这个类之前，我们先讨论内置版本的历史。在发布 Python 3 之前，range 作为一个函数来实现，并且用特定范围内的元素返回一个列表实例。例如，range(2, 10, 2) 返回列表 [2, 4, 6, 8]。然而，该函数的典型用法是支持类似于 for k in range(10000000) 的循环语法。不幸的是，这会引起一个数字范围列表的实例化和初始化，在时间和内存的使用上都造成了不必要的浪费。

在 Python 3 中，range 的机制是完全不同的（公平地说，这种“新”方法在 Python 2 中也存在，但是名为 xrange）。它使用了一种被称为*惰性求值*（lazy evaluation）的策略。与其创建一个新的列表实例，不如使用 range，它是一个类，可以有效地表示所需的元素范围，而不必在内存中明确地存储它们。为了更好地探讨内置 range 类，我们建议你创建一个类似于 r = range(8, 140, 5) 的实例。其结果是一个相对轻量级的对象，一个只有几个行为的 range 类的实例。len(r) 语法将报告给定范围中元素的数量（在我们的例子中是 27）。range 也支持 __getitem__ 方法，r[15] 表达式返回了 range 中的第 16 个元素（r[0] 是第一个元素）。因为这个类支持 __len__ 和 __getitem__，所以它自动支持迭代（见 2.3.4 节），这就是为什么可以通过 range 执行一个 for 循环。

对此，我们准备展示一个自定义的类的版本。代码段 2-6 提供了一个类，我们将其命名为 Range（以明确区分它与内置的 range）。这一实现的最大挑战是当构建 range 时通过调用者发送给定的参数时正确地计算属于 range 的元素个数。通过计算构造函数中的值，并存储为 self._length，把该值从 __len__ 方法中返回就很容易了。为了正确地实现对 __getitem__(k) 的调用，我们只需把 range 的初始值加上 k 乘以步长（即，当 k = 0，我们返回初始值）。这有几个值得在代码段中检查的细节：

- 当讨论一个可工作的 range 函数版本时，为了正确地支持可选参数，我们使用了 1.5.1 节中描述的技术。
- 我们通过 max(0, (stop − start + step − 1)//step) 计算元素的个数，对于正数和负数的步长该公式都需要测试。

- 在计算结果之前，__getitem__ 方法可通过将 - k 转换为 len(self) - k 以正确地支持负数下标。

代码段 2-6　自定义的 Range 类的实现

```python
class Range:
  """A class that mimic's the built-in range class."""

  def __init__(self, start, stop=None, step=1):
    """Initialize a Range instance.

    Semantics is similar to built-in range class.
    """
    if step == 0:
      raise ValueError('step cannot be 0')

    if stop is None:                    # special case of range(n)
      start, stop = 0, start            # should be treated as if range(0,n)

    # calculate the effective length once
    self._length = max(0, (stop - start + step - 1) // step)

    # need knowledge of start and step (but not stop) to support __getitem__
    self._start = start
    self._step = step

  def __len__(self):
    """Return number of entries in the range."""
    return self._length

  def __getitem__(self, k):
    """Return entry at index k (using standard interpretation if negative)."""
    if k < 0:
      k += len(self)                    # attempt to convert negative index

    if not 0 <= k < self._length:
      raise IndexError('index out of range')

    return self._start + k * self._step
```

2.4 继承

组织各种软件包的结构组件的成熟方法是，在一个*分层*（hierarchical）的方式中，在水平层次上把类似的抽象定义组合在一起，下层的组件更加具体，上层的组件更加通用。图 2-4 展示了这样一个层次的例子。用数学符号表示，一套房子是一个建筑物的子集（subset），但它是一个牧场的*超集*（superset）。层次之间的对应关系通常被称为“is-a”*的关系*，就像房子是建筑，平房是房子。

在软件开发中，层次设计是非常有用的，在最通用的层次上可以把共同的功能分组，从而促进代码的重用，进而将行为间的差别视为通用情况的扩展。在面向对象的编程中，模块化和层次化组织的机制是一种称为*继承*（inheritance）的技术。这个技术允许基于一个现有的类作为起点定义新的类。在面向对象的术语中，通常描述现有的类为*基类*（base class）、*父类*（parent class）或者*超类*（superclass），而称新定义的类为*子类*（subclass 或者 child class）。

有两种方式可以让子类有别于父类。子类可以通过提供一个新的*覆盖*（override）现有方法的实现方法特化（specialize）一个现有的行为。子类也可以通过提供一些全新的方法扩展（extend）其父类。

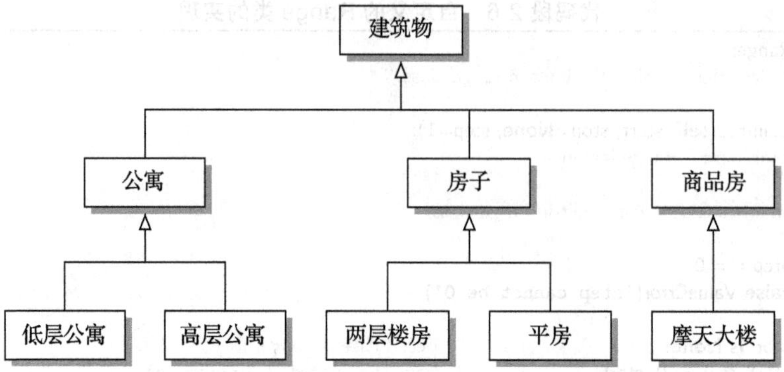
建筑物
公寓
房子
商品房
低层公寓
高层公寓
两层楼房
平房
摩天大楼

图 2-4　一个涉及建筑物的“is-a”层次图的例子

Python 的异常层次结构

富有继承层次的另一个例子是在 Python 中组织各种异常类型。我们在 1.7 节中介绍了许多类，但没有讨论它们之间的相互关系。图 2-5 说明了该层次结构中的一小部分。BaseException 类是整个层次结构的根，而更具体的 Exception 类包括了大部分我们已经讨论过的错误类型。程序设计者可以自由定义特殊的异常类，以表示在应用程序的上下文中可能出现的错误。应该声明这些用户自定义的异常类型为 Exception 的子类。

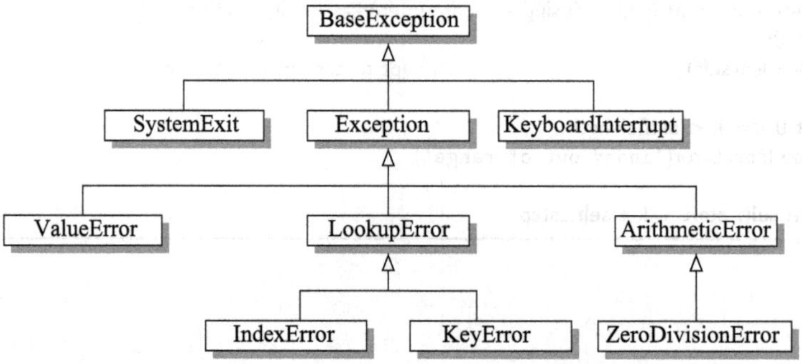
BaseException
SystemExit
Exception
KeyboardInterrupt
ValueError
LookupError
ArithmeticError
IndexError
KeyError
ZeroDivisionError

图 2-5　Python 异常类型层次的一部分

2.4.1　扩展 CreditCard 类

为了表示 Python 中的层次机制，我们再来看 2.3 节中的信用卡类，实现子集 Predatory CreditCard。因为没有更好的名字，所以我们将其命名为 PredatoryCreditCard。新类和原始的类将有两方面的不同：①当尝试收费由于超过信用卡额度被拒绝时，将会收取 5 美元的费用；②将建立一个对未清余额按月收取利息的机制，即基于构造函数的一个参数年利率（Annual Percentage Rate，APR）。

在实现这一目标时，我们展示了特化和扩展技术。在进行无效的收费时，我们覆盖了现有的收费方法，并由此特化它以提供新的功能（虽然新的版本调用了被覆盖版本）。为了给收取利息提供支持，我们用名为 process_month 的新方法扩展该类。

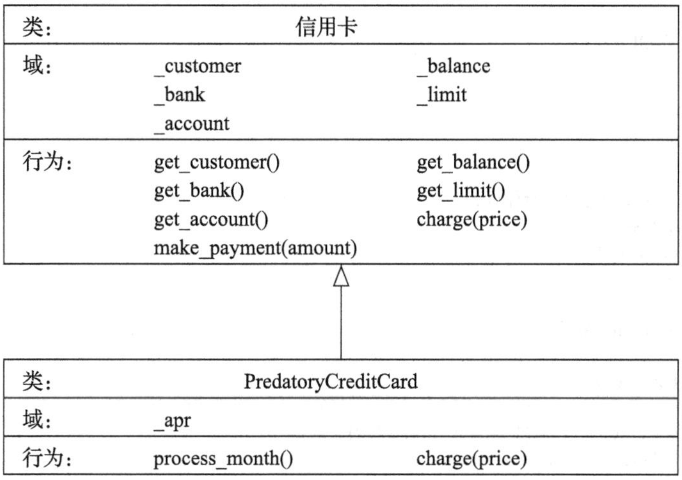
类: 信用卡
域: _customer _balance
_bank _limit
_account
行为: get_customer() get_balance()
get_bank() get_limit()
get_account() charge(price)
make_payment(amount)
类: PredatoryCreditCard
域: _apr
行为: process_month() charge(price)

图 2-6 继承关系图

图 2-6 描述了我们在设计新 PredatoryCreditCard 类中使用的继承关系，代码段 2-7 给出了一个完整的 Python 类的实现。

为了表明新类从现有的 CreditCard 类中继承，我们的定义从 class PredatoryCreditCard (CreditCard) 语法开始。新类的主体提供了三个成员函数：__init__、charge 和 process_month。__init__ 构造函数的作用和 CreditCard 构造函数非常类似，除新的类之外，还有一个额外的参数来指定年利率。新构造函数的主体依赖调用继承的构造函数来执行大部分的初始化操作(事实上，除了记录百分比之外的一切)。调用继承构造函数的机制依赖于 super() 语法。具体来讲，即第 15 行命令

```
super().__init__(customer, bank, acnt, limit)
```

调用从 CreditCard 父类继承的 __init__ 方法。值得注意的是，这个方法只接受 4 个参数。我们在名为 _apr 的新域中记录 APR 的值。

同样，PredatoryCreditCard 类提供了一个新收费策略的实现方法，该方法重写了继承的方法。然而，新方法的实现取决于对继承方法的调用，用第 24 行中的语句 super( ).charge(price)。调用函数的返回值表明是否收费成功。

代码段 2-7 评估利息和费用的 CreditCard 子类

```
1  class PredatoryCreditCard(CreditCard):
2    """An extension to CreditCard that compounds interest and fees."""
3
4    def __init__(self, customer, bank, acnt, limit, apr):
5      """Create a new predatory credit card instance.
6
7      The initial balance is zero.
8
9      customer  the name of the customer (e.g., 'John Bowman')
10     bank      the name of the bank (e.g., 'California Savings')
11     acnt      the acount identifier (e.g., '5391 0375 9387 5309')
12     limit     credit limit (measured in dollars)
13     apr       annual percentage rate (e.g., 0.0825 for 8.25% APR)
14     """
15     super().__init__(customer, bank, acnt, limit)     # call super constructor
16     self._apr = apr
```

```

  def charge(self, price):
    """Charge given price to the card, assuming sufficient credit limit.

    Return True if charge was processed.
    Return False and assess $5 fee if charge is denied.
    """
    success = super().charge(price)          # call inherited method
    if not success:
      self._balance += 5                     # assess penalty
    return success                           # caller expects return value

  def process_month(self):
    """Assess monthly interest on outstanding balance."""
    if self._balance > 0:
      # if positive balance, convert APR to monthly multiplicative factor
      monthly_factor = pow(1 + self._apr, 1/12)
      self._balance *= monthly_factor
```

我们检查返回值，以决定是否评估费用。然后，我们返回该值给方法的调用者，这样可以使得新的收费方法与原来的方法有一个类似的外部接口。

process_month 方法是一种新行为，所以没有依赖继承的版本。在我们的模型中，这种方法应该每月由银行调用一次，来收取新的利息费用。实施这种方法最具挑战性的是确保我们已经有将年利率转换为月利率的知识。我们不能简单地将年利率除以 12 来得到月利率（这样太没道理，因为这将导致 APR 比实际的更高）。正确的计算方法是 1 + self._apr 开十二次方，并用它作为乘法因子。例如，如果一个 APR 是 0.0825（代表 8.25%），我们计算 $\sqrt[12]{1.0825} \approx 1.006\,628$，因此每月收取 0.6628% 的利息。按照这种方式，每年 100 美元的债务一年将累计 8.25 美元的复利。

保护成员

PredatoryCreditCard 子类直接访问数据成员 self._balance，这个数据成员是由 CreditCard 父类建立的。按照约定，名字带下划线表示它是一个*非公有成员*，所以我们可能会问是否可以照这种方式访问它。虽然一般类的用户不会这样做，但是我们这里的子类与父类有些特权关系。一些面向对象的语言（如 Java，C++）指出了非公有成员的区别，即允许声明*受保护*（protected）或*私有*（private）的访问模式。被声明为受保护的成员可以访问子类，但是不能访问普通的公有类；被声明为私有的成员既不能访问子类，也不能访问公有类。在这方面，如果它是受保护的（但不是私有的），我们就用 _balance。

Python 不支持正式的访问控制，但以一个下划线开头的名字都被看作受保护的，而以双下划线开头的名字（除了特殊的方法）是被看作私有的。在选择使用受保护的数据时，我们已经创建了一个依赖，在该依赖中，如果 CreditCard 类的作者改变了内部设计，PredatoryCreditCard 可能也会改变。要注意的是，我们可能在 process_month 方法中依赖公有的 get_balance() 方法来检索当前的余额。但是 CreditCard 类的设计不能为子类提供一个有效的方式来改变余额，除了直接操作数据成员。用 charge 方法来为余额增加费用和利息可能是很有吸引力的。然而，这种方法不允许余额超过客户的信用额度，但是如果有担保的话，银行可能会让利率超出信贷限额。如果重新设计原始的 CreditCard 类，我们可以添加一个非公有的方法 _set_balance，子类可以用该方法来改变余额而不直接访问数据成员 _balance。

2.4.2 数列的层次图

作为使用继承的第二个例子，我们将介绍迭代数列的类的层次。数列是指数字的序列，其中每个数字都依赖于一个或更多的前面的数字。例如，一个等差数列（arithmetic progression）通过给前一个数值增加一个固定常量来确定下一个数字，一个等比数列（geometric progression）通过前一个值乘以固定常量来确定下一个数字。在一般情况下，数列需要一个初始值，以及在一个或多个先前值的基础上确定新值的方法。

为了最大限度地提高代码的可重用性，我们给出了一个由通用基类产生的名为 Progression 类（见图 2-7）的分层。从技术上讲，Progression 类产生全为数字的数列：0, 1, 2, …然而，该类被设计为其他数列类型的基类，提供尽可能多的公共函数，并由此把子类的负担减至最小。

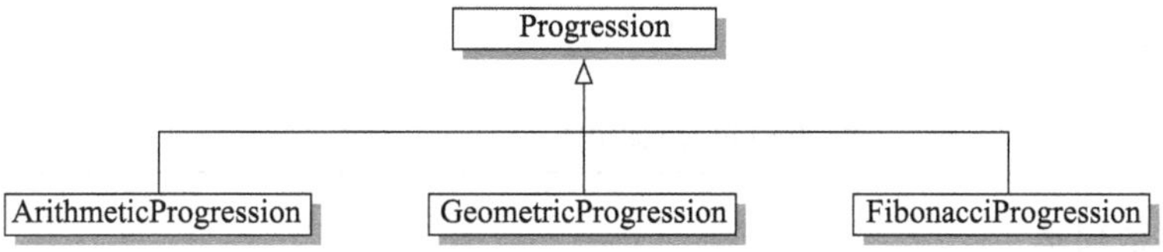
Progression
ArithmeticProgression
GeometricProgression
FibonacciProgression

图 2-7 数列类的层级结构

代码段 2-8 提供了基本 Progression 类的实现方法。这个类的构造函数接受数列的起始值（默认为 0），并用该值初始化 self._current 数据成员。

Progression 类实现 Python 迭代器（见 2.3.4 节）的约定，即特殊的 __next__ 和 __iter__ 方法。如果类的用户创建了一个 seq = Progression() 的数列序列，next(seq) 的每次调用会返回数列中的下一个值。也可以使用 for-loop 的语法 for value in seq:，但是我们注意到，默认的数列被定义为无穷序列。

为了更好地从数列的核心逻辑中将迭代器约定的机制分离出来，我们的框架依靠一个名为 _advance 的非公有方法来更新 self._current 域的值。在默认的实现方法中，_advance 添加了一个当前值，但我们的目的是子类重写 _advance 方法，以提供不同的方法来计算下一个值。

为方便起见，Progression 类还提供了一个名为 print_progression 的实体方法，该方法显示了数列接下来的 n 个值。

代码段 2-8 一个通用数字数列类

```
class Progression:
  """Iterator producing a generic progression.

  Default iterator produces the whole numbers 0, 1, 2, ...
  """

  def __init__(self, start=0):
    """Initialize current to the first value of the progression."""
    self._current = start

  def _advance(self):
    """Update self._current to a new value.

    This should be overridden by a subclass to customize progression.

```

```
        By convention, if current is set to None, this designates the
        end of a finite progression.
        """
        self._current += 1

    def __next__(self):
        """Return the next element, or else raise StopIteration error."""
        if self._current is None:        # our convention to end a progression
            raise StopIteration()
        else:
            answer = self._current       # record current value to return
            self._advance()              # advance to prepare for next time
            return answer                # return the answer

    def __iter__(self):
        """By convention, an iterator must return itself as an iterator."""
        return self

    def print_progression(self, n):
        """Print next n values of the progression."""
        print(' '.join(str(next(self)) for j in range(n)))
```

一个等差数列类

特殊数列的第一个例子是等差数列。数列默认逐步增加自身的值，等差数列通过给数列的每一项增加一个固定的常量来产生下一个值。例如，用一个初值为 0、增量为 4 的等差数列将产生序列 0, 4, 8, 12, ⋯

代码段 2-9 介绍了 ArithmeticProgression 类的实现方法，该类以 Progression 类作为它的基类。新类的构造函数接受增量和初值两个参数，每个参数都有默认值。我们约定，ArithmeticProgression(4) 产生序列 0, 4, 8, 12, ⋯，ArithmeticProgression(4, 1) 产生序列 1, 5, 9, 13, ⋯。

代码段 2-9　一个产生等差数列的类

```
class ArithmeticProgression(Progression):       # inherit from Progression
    """Iterator producing an arithmetic progression."""

    def __init__(self, increment=1, start=0):
        """Create a new arithmetic progression.

        increment  the fixed constant to add to each term (default 1)
        start      the first term of the progression (default 0)
        """
        super().__init__(start)                  # initialize base class
        self._increment = increment

    def _advance(self):                          # override inherited version
        """Update current value by adding the fixed increment."""
        self._current += self._increment
```

ArithmeticProgression 构造函数的主体调用超类的构造函数来初始化 _current 数据成员作为所需的初值，然后直接为等差数列建立新的 _increment 数据成员。实现中唯一遗留的细节是重写 _advance 方法以便给当前的值加上增量。

一个等比数列类

第二个特殊数列的例子是一个等比数列，其中每个值由固定常量乘以先前的值而产生，该固定常量被称为等比数列的基数。等比数列的初值通常为 1，而不是 0，因为任何因子乘以 0 其结果都是 0。举一个例子，一个以 2 为基数的等比数列为 1, 2, 4, 8, 16, ⋯

代码段 2-10 介绍了 GeometricProgression 类的实现方法。构造函数以 2 作为默认基数，并用 1 作为默认的初值，但其中任意一个都可以使用可选参数。

代码段 2-10 一个产生等比数列的类

```
class GeometricProgression(Progression):          # inherit from Progression
  """Iterator producing a geometric progression."""

  def __init__(self, base=2, start=1):
    """Create a new geometric progression.

    base         the fixed constant multiplied to each term (default 2)
    start        the first term of the progression (default 1)
    """
    super().__init__(start)
    self._base = base

  def _advance(self):                              # override inherited version
    """Update current value by multiplying it by the base value."""
    self._current *= self._base
```

一个斐波那契数列类

作为最后一个例子，我们介绍如何使用数列框架来产生一个斐波那契数列（Fibonacci progression）。我们在 1.8 节的“生成器”部分讨论过斐波纳契数列。斐波那契数列的每一个值是最近的两个值之和。为了产生序列，通常以 0 和 1 作为最前面的两个值，从而产生斐波那契数列：0, 1, 1, 2, 3, 5, 8, …一般而言，这样的数列可以从任意两个初值中生成。例如，如果从 4 和 6 开始，则产生的数列为 4, 6, 10, 16, 26, 42, …

在代码段 2-11 中，我们用数列框架来定义一个新的 FibonacciProgression 类。这个类与等差、等比数列有显著不同，因为我们不能独立地从当前值产生斐波那契数列的下一个值。我们必须得到两个最新的值。基础的 Progression 类已经提供了用以存储最新值的 _current 数据成员。FibonacciProgression 类则介绍了一个名为 _prev 的新成员来存储当前生成的值。

代码段 2-11 一个产生斐波那契数列的类

```
class FibonacciProgression(Progression):
  """Iterator producing a generalized Fibonacci progression."""

  def __init__(self, first=0, second=1):
    """Create a new fibonacci progression.

    first        the first term of the progression (default 0)
    second       the second term of the progression (default 1)
    """
    super().__init__(first)              # start progression at first
    self._prev = second - first          # fictitious value preceding the first

  def _advance(self):
    """Update current value by taking sum of previous two."""
    self._prev, self._current = self._current, self._prev + self._current
```

先前存储的值和 _advance 的实现是直接相关的（我们使用了一个类似于 1.9 节中的同时赋值的方法）。然而，问题是如何在构造函数中初始化先前的值。需要提供第一个和第二个值作为构造函数的参数。第一个值被存储为 _current，这样它就变为第一个被访问的值。继续计算，一旦第一个值被访问，我们将通过赋值来设置新的当前值（第二个值将访问该值)，等于第一值加上“先前的值”。通过 (second – first) 来初始化先前的值，初始时将 first + (second – first) = second 设置为所需的当前值。

测试数列

为了完成演示，代码段 2-12 为所有数列类提供了一个单元测试，并在代码段 2-13 中显示了测试的输出。

代码段 2-12　我们数列类的单元测试

```
if __name__ == '__main__':
  print('Default progression:')
  Progression().print_progression(10)

  print('Arithmetic progression with increment 5:')
  ArithmeticProgression(5).print_progression(10)

  print('Arithmetic progression with increment 5 and start 2:')
  ArithmeticProgression(5, 2).print_progression(10)

  print('Geometric progression with default base:')
  GeometricProgression().print_progression(10)

  print('Geometric progression with base 3:')
  GeometricProgression(3).print_progression(10)

  print('Fibonacci progression with default start values:')
  FibonacciProgression().print_progression(10)

  print('Fibonacci progression with start values 4 and 6:')
  FibonacciProgression(4, 6).print_progression(10)
```

代码段 2-13　代码段 2-12 测试的输出

```
Default progression:
0 1 2 3 4 5 6 7 8 9
Arithmetic progression with increment 5:
0 5 10 15 20 25 30 35 40 45
Arithmetic progression with increment 5 and start 2:
2 7 12 17 22 27 32 37 42 47
Geometric progression with default base:
1 2 4 8 16 32 64 128 256 512
Geometric progression with base 3:
1 3 9 27 81 243 729 2187 6561 19683
Fibonacci progression with default start values:
0 1 1 2 3 5 8 13 21 34
Fibonacci progression with start values 4 and 6:
4 6 10 16 26 42 68 110 178 288
```

2.4.3　抽象基类

在定义一组类的继承层次结构时，避免重复代码的技术之一是设计一个基类，该基类可以被需要它的其他类所继承。例如，2.4.2 节的层次结构中包含一个 Progression 类，它是三个不同的子类（ArithmeticProgression 类、GeometricProgression 类和 FibonacciProgression 类）的基类。虽然可以创建 Progression 基类的实例，但这样做没有价值，因为这只是一个增量为 1 的 ArithmeticProgression 类的特例。Progression 类的真正目的是集中实现其他数列需要的行为，以简化这些子类的代码。

在经典的面向对象的术语中，如一个类的唯一目的是作为继承的基类，那么这个类就是一个*抽象基类*。更正式地说，一个抽象类不能直接实例化，而*具体的*类可以被实例化。根据这个定义，Progression 类严格来说是具体的类，尽管我们实质上把它设计为一个抽象基类。

在静态类型的语言中，如 Java 和 C++，抽象基类作为一个正式的类型，可以确保一个或多个*抽象方法*。这就为多态性提供了支持，因为变量可以有一个抽象基类作为其声明的类型，即使它是一个具体子类的实例。因为在 Python 中没有声明类型，这种多态性不需要一个统一的抽象基类就可以实现。出于这个原因，Python 中没有那么强烈地要求定义正式的抽象基类，尽管 Python 的 abc 模块提供了正式的抽象基类的定义。

我们之所以在研究数据结构时专注于抽象基类，是因为 Python 的 collections 模块提供了几个抽象基类，来协助自定义的数据结构与一些 Python 的内置数据结构共享一个共同的接口。这些抽象基类依赖于一个面向对象的软件设计模式，即*模板方法模式*。模板方法模式是一个抽象基类在提供依赖于调用其他抽象行为时的具体行为。在这种方式中，只要一个子类提供定义了缺失的抽象行为，继承的具体行为也就被定义了。

下面给出一个完整的例子，抽象基类 collections.Sequence 定义了 Python 的 list、str 和 tuple 类的共同行为，即通过一个整数索引访问序列中的元素。而且 collections.Sequence 类提供了 count、index 和 __contain__ 方法的具体实现，可以被其他提供了 __len__ 和 __getitem__ 方法的具体实现的类所继承。出于演示的目的，我们提供了代码段 2-14 的实现样例。

代码段 2-14　一个类似于 Collections.Sequence 的抽象基类

```python
from abc import ABCMeta, abstractmethod           # need these definitions

class Sequence(metaclass=ABCMeta):
  """Our own version of collections.Sequence abstract base class."""

  @abstractmethod
  def __len__(self):
    """Return the length of the sequence."""

  @abstractmethod
  def __getitem__(self, j):
    """Return the element at index j of the sequence."""

  def __contains__(self, val):
    """Return True if val found in the sequence; False otherwise."""
    for j in range(len(self)):
      if self[j] == val:                          # found match
        return True
    return False

  def index(self, val):
    """Return leftmost index at which val is found (or raise ValueError)."""
    for j in range(len(self)):
      if self[j] == val:                          # leftmost match
        return j
    raise ValueError('value not in sequence')     # never found a match

  def count(self, val):
    """Return the number of elements equal to given value."""
    k = 0
    for j in range(len(self)):
      if self[j] == val:                          # found a match
        k += 1
    return k
```

这个实现依赖于 Python 的两个高级技术。第一个技术是声明 abc 模块中的 ABCMeta 类声明 Sequence 类的元类。元类不同于超类，它为类定义本身提供了一个模板。具体来说，ABCMeta 声明确保类的构造函数引发异常。

第二个先进技术是在 __len__ 和 __getitem__ 方法声明前立即使用 @abstractmethod 装饰器。这就声明了这两种特定的方法是抽象的，也意味着不需要在 Sequence base 类中提供实现，但我们期望任何具体的子类来实现这两种方法。Python 通过禁止没有重载抽象方法的具体实现的任何子类实例化来强制执行这个期望。

在 __len__ 和 __getitem__ 方法将存在于具体子类的假设下，Sequence 类定义的其余部分提供了其他行为的完整实现。如果你仔细检查源代码，会发现除了语法 len(self) 和 self[j] 分别通过特殊方法 __len__ 和 __getitem__ 支持外，__contains__ 和 index 的具体实现不依赖于实例本身的一切假设，迭代支持也是自动的，正如 2.3.4 节所描述的那样。

在本书的其余部分，我们省略使用 abc 模块的形式。如果需要一个抽象基类，我们只是简单地在文档中记录对子类提供的功能的期望，而不需要正式声明抽象类。但是我们将使用的抽象基类是在 collection 模块（如 Sequence）中定义好的。使用这样的一个类，我们只需要依靠标准的继承技术。

例如，2.3.5 节的代码段 2-6 中的 Range 类就是一个支持 __len__ 和 __getitem__ 方法的类，但该类不支持方法 count 和 index。我们最初将 Sequence 类声明为一个超类，那么它也将继承 count 和 index 方法。声明语法如下：

```
class Range(collections.Sequence):
```

最后，需要强调的是，如果一个子类对从基类继承的行为提供自己的实现，那么新的定义会覆盖之前继承的。当我们有能力自己实现一个比通用方法更有效率的方法时，这种技术就可以被使用。例如，Sequence 类中的 __contains__ 方法的通用实现是基于在循环中搜索想要的值。但对于 Range 类，这里有一个更有效的方法。如，表达式 100000 in Range（0, 2000000, 100）很明显计算为真，甚至不用去检测范围中的元素，因为范围是从 0 开始，以 100 递增，直至数字达到 2 000 000。它一定包括 100 000，因为它是 100 的倍数，也在 0 ～ 2 000 000 之间。练习 C-2.27 提出的目标是实现 Range.__contain__ 方法，并且不使用（超时）循环。

2.5　命名空间和面向对象

*命名空间*是一个抽象名词，它管理着特定范围内定义的所有标识符，将每个名称映射到相应的值。在 Python 中，函数、类和模块都是第一类对象，所以命名空间内与标识符相关的“值”可能实际上是一个函数、类或模块。

我们在 1.10 节探讨了 Python 使用命名空间来管理全局范围内定义的标识符，以及在函数调用时局部范围中定义的标识符。在这一节，我们将讨论面向对象管理中命名空间的重要作用。

2.5.1　实例和类命名空间

首先，我们开始探讨所谓的*实例命名空间*，就是管理单个对象的特定属性。例如，CreditCard 类的每个实例都包含不同的余额、不同的账号、不同的信用额度等（虽然某些情况下巧合地有着相同的余额或信用额度）。每张信用卡将有一个专用的实例命名空间来管理这些值。

每个已定义的类都有一个单独的类命名空间。这个命名空间用于管理一个类的所有实例所共享的成员或没有引用任何特定实例的成员。例如，2.3 节的 CreditCard 类中的 make_payment 方法不是被该类中的每个实例单独存储，该成员函数存储在 CreditCard 类的命名空间中。基于代码段 2-1 和 2-2 中的定义，CreditCard 类的命名空间包含的函数有 __init__、__get customer__、get_bank、get_account、get_balance、get_limit、charge 和 make_payment。PredatoryCreditCard 类有自己的命名空间，其中包含了我们为该子类定义的三种方法：__init__、charge 和 process_month。

图 2-8 提供了三个命名空间：第一个类命名空间包含 CreditCard 类的方法，第二个类命名空间包含 PredatoryCreditCard 类的方法，最后一个是 PredatoryCreditCard 类的实例命名空间。我们注意到名为 charge 的函数有两种不同的定义：一个是在 CreditCard 类，另一个是在 PredatoryCreditCard 类中重写了该方法。类似的，也有两种不同的 __init__ 实现。但 process_month 是仅在 PredatoryCreditCard 类的范围内定义的名字。实例命名空间包含了该实例的所有数据成员（包括 PredatoryCreditCard 类构造方法中定义的 _apr 成员）。

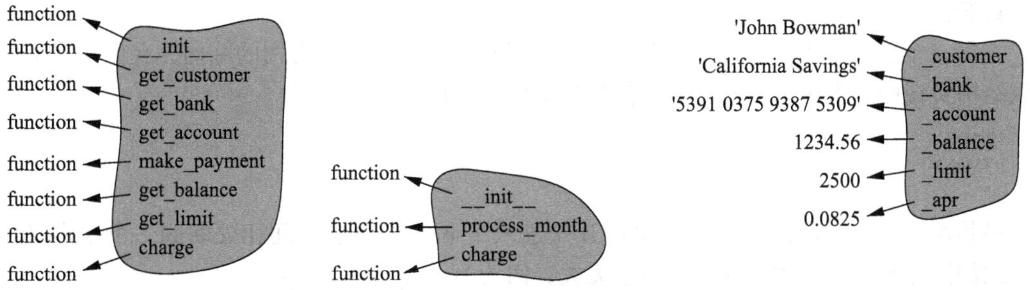
function
function
function
function
function
function
function
function
__init__
get_customer
get_bank
get_account
make_payment
get_balance
get_limit
charge
function
function
function
__init__
process_month
charge
'John Bowman'
'California Savings'
'5391 0375 9387 5309'
1234.56
2500
0.0825
_customer
_bank
_account
_balance
_limit
_apr

a）Credit Card类命名空间　b）Predatory Credit Card类命名空间　c）Predatory Credit Card对象的实例命名空间

图 2-8　三种命名空间的概念视图

条目是怎样在命名空间中建立的

为什么有的成员（如 _balance）驻留在 Credit Card 类的实例命名空间，而有的成员（如 make_payment）驻留在类命名空间？理解这一问题是非常重要的。当新的信用卡实例构造好后，balance 成员就在 __init__ 建立起来了。原始的赋值使用语法 self.balance = 0，其中 self 是新创建实例中的标识符。在这种赋值中，self._balance 中 self 作为限定符使用，这使得 _balance 标识符直接被添加到实例命名空间中。

当使用继承时，每个对象仍有单一的实例命名空间。例如，当构造 PredatoryCreditCard 类的一个实例后，_apr 属性以及如 _balance 和 _limit 等属性都驻留在该实例的命名空间，因为所有赋值都使用一个特定的语法，如 self._apr。

一个类命名空间包含所有直接在类定义体内的声明。例如，CreditCard 类定义有以下结构：

```
class CreditCard:
  def make_payment(self, amount):
    ...
```

因为 make_payment 函数是在 CreditCard 类中声明的，所以它也与 CreditCard 类命名空间中的名字 make_payment 相关联。尽管成员函数是最典型的在类命名空间中声明的条目类型，但我们接下来还会讨论其他数据值的类型，甚至讨论其他类是怎样在类命名空间中声明的。

类数据成员

当有一些值（如常量），被一个类的所有实例共享时，我们就会经常用到类级的数据成员。在这种情况下，在每个实例的命名空间中存储这个值就会造成不必要的浪费。例如，我们回顾一下 2.4.1 节中介绍的 PredatoryCreditCard 类，在该类中会因为信用卡额度限制而使试图支付 5 美元费用的操作失败。我们选择 5 美元的费用是有点随意的，如果使用命名变量，而不是将文字值嵌入代码中，我们的编码风格会更好。通常，这些费用的数额是由银行的政策决定的，对每个客户都一样。这种情况下，我们可像如下样式定义和使用类数据成员：

```
class PredatoryCreditCard(CreditCard):
  OVERLIMIT_FEE = 5                    # this is a class-level member

  def charge(self, price):
    success = super().charge(price)
    if not success:
      self._balance += PredatoryCreditCard.OVERLIMIT_FEE
    return success
```

数据成员 OVERLIMIT_FEE 直接进入 PredatoryCreditCard 类命名空间，因为赋值在类定义的直接范围内发生，并且没有任何限定标识符。

嵌套类

在另一个类的范围内嵌套一个类定义也是可行的。这是一个有用的结构，我们在本书的数据结构实现中多次予以探讨。可以使用如下语法完成：

```
class A:          # the outer class
  class B:        # the nested class
    ...
```

在这种情况下，B 类是嵌套类。标识符 B 是进入了 A 类的命名空间相关联的一个新定义的类。我们注意到这种技术与继承的概念无关，因为 B 类不继承 A 类。

在一个类中嵌套另一个类，这表明嵌套类的存在需要外部类的支持。此外，它有助于减少潜在的命名冲突，因为它允许类似的命名类存在于另一个上下文中。例如，我们稍后将介绍链表的数据结构，它通过定义一个嵌套节点类来存储列表的各个组件。我们还介绍树的数据结构，这取决于其自身的嵌套节点类。这两个结构根据不同的节点定义，我们可以通过在各自的容器类中嵌套各自的节点定义来避免歧义。

将一个类嵌套为另一个类的成员还有一个优点，就是它允许更高级形式的继承，使外部类的子类重载嵌套类的定义。我们将在 11.2 节中实现树结构的节点时使用这种技术。

字典和 __slots__ 声明

默认情况下，Python 中的每个命名空间均代表内置 dict 类的一个实例（参见 1.2.3 节），即将范围内识别的名称与相关联的对象映射起来。虽然字典结构支持相对有效的名称查找，但它需要的额外内存使用量超出了它存储原始数据的内存（我们将在第 10 章探讨实现字典的数据结构）。

Python 提供了一种更直接的机制来表示实例命名空间，以避免使用一个辅助字典。使用流表示一个类的所有实例，类定义必须提供一个名为 _slots_ 的类级别的成员，该成员分配给固定的字符串序列，用作实例变量的名称。例如，在 CreditCard 类中，声明如下：

```
class CreditCard:
  __slots__ = '_customer', '_bank', '_account', '_balance', '_limit'
```

在这个例子中，赋值的右边是一组元组（见 1.9.3 节元组的自动打包）。

如果使用继承时，基类声明了 __slots__，那么为了避免字典实例的创建，子类也必须声明 __slots。子类的声明只需包含新创建的补充方法的名称。例如，PredatoryCreditCard 的声明如下：

```
class PredatoryCreditCard(CreditCard):
  __slots__ = '_apr'                # in addition to the inherited members
```

我们可以选择使用 __slots__ 简化本书中每个类的声明，但并不会这样做，因为这样将使 Python 程序非典型。也就是说，这本书里有几个类，我们希望有大量的实例，每个代表一个轻量级构造。例如，当讨论嵌套类，我们建议链表和树作为数据结构通常来组成大量的个体节点。为了更好地提升内存使用效率，我们将在所有期望有很多实例的嵌套类中使用显式的 __slots__ 声明。

2.5.2 名称解析和动态调度

在上一节中，我们讨论了各种命名空间以及建立访问命名空间的机制。在本节中，我们将研究在 Python 的面向对象框架中检索名称时的过程。当用点运算符语法访问现有的成员（如 obj.foo）时，Python 解释器将开始一个名称解析的过程，描述如下：

1）在实例命名空间中搜索，如果找到所需的名称，关联值就可以使用。

2）否则在该实例所属的类的命名空间中搜索，如果找到名称，关联值可以使用。

3）如果在直接的类的命名空间中没有，搜索仍在继续，通过继承层次结构向上，检查每一个父类的类名称空间（通常通过检查超类，接着是超类的超类，等等）。第一次找到这个名字，它的关联值可以使用。

4）如果还没有找到该名称，就会抛出一个 AttributeError 异常。

举一个实际的例子，假设 mycard 标识的 PredatoryCreditCard 类的一个实例。考虑以下可能的使用模式：

- mycard._balance（等价于内部方法体中的 self._balance）：在 mycard 实例命名空间中找到 _balance 方法。
- mycard.process_month()：开始搜索实例命名空间，但是在这个名称空间没有找到 process_month()。因此，在 PredatoryCreditCard 类命名空间搜索；在本例中，这个名字找到了，方法也调用了。
- mycard.make_payment(200)：没有在实例命名空间和 PredatoryCreditCard 类命名空间中找到 make_payment，该名称是在超类 CreditCard 中解析出来的，继承方法也被调用了。
- mycard.charge(50)：在实例命名空间中搜索 charge 名称失败。接着检查 PredatoryCreditCard 类的命名空间，因为这是实例的真实类型。在该类中有一个 charge 函数的定义，该方法也可以调用。

最后一个案例显示，PredatoryCreditCard 类的 charge 函数重载了 CreditCard 命名空间中 charge 函数的版本。在传统的面向对象术语中，Python 使用*动态调度*（或*动态绑定*）在运行时根据调用它的对象类型来确定要调用的函数的实现，这与一些使用*静态调度*的语言相似，即在编译时基于变量声明的类型来决定调用函数的版本。

2.6 深拷贝和浅拷贝

在第 1 章中，我们曾强调，一个赋值语句 foo = bar 使对象 bar 有一个*别名* foo。在本节中，我们考虑的是拷贝对象的一个副本，而不是一个别名。在应用程序中，当我们想以一种独立的方式修改原始的或拷贝的内容时，这是非常必要的。

考虑这样一个场景：在该场景中，我们各种列表的颜色，每个颜色代表假定颜色类的一个实例。我们让标识符 warmtones 表示现有的颜色（如橙色、棕色）列表。在这个应用程序中，我们希望创建一个名为 palette 的新列表，复制一份 warmtones 列表。不过，我们想随后可以在 palette 中添加额外的颜色，或修改、删除一些现有的颜色，而不影响 warmtones 的内容。如果执行命令

```
palette = warmtones
```

就创建了一个别名，如图 2-9 所示，没有创建新的列表。相反，新的标识符 palette 参考原先的列表。

不幸的是，这不符合我们的期望，因为如果随后在 palette 中添加或删除颜色，我们修改的列表为 warmtones。

我们可以用以下语法创建一个新的列表实例：

```
palette = list(warmtones)
```

在这种情况下，我们显式调用列表构造函数，将第一个列表作为参数，这将导致一个新的列表被创建，如图 2-10 所示，这被称为浅拷贝。新的列表被初始化，以便其内容与原来的序列相同。然而，Python 的列表是用作参考的（见 1.2.3 节），所以新列表与原列表代表了引用相同元素的顺序。

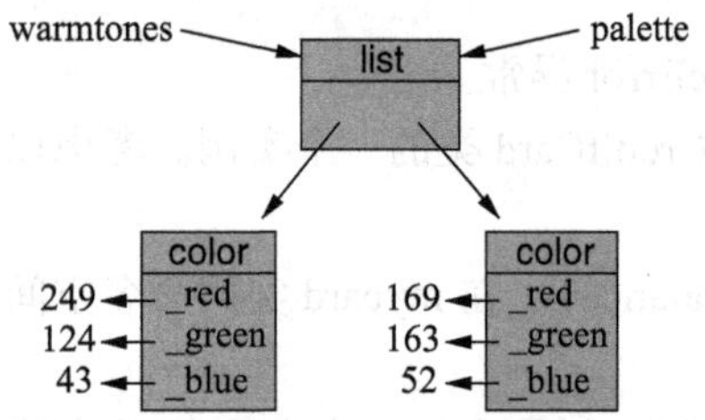
warmtones
palette
list
color
_red
_green
_blue
249
124
43
169
163
52

图 2-9 相同颜色列表的两个别名

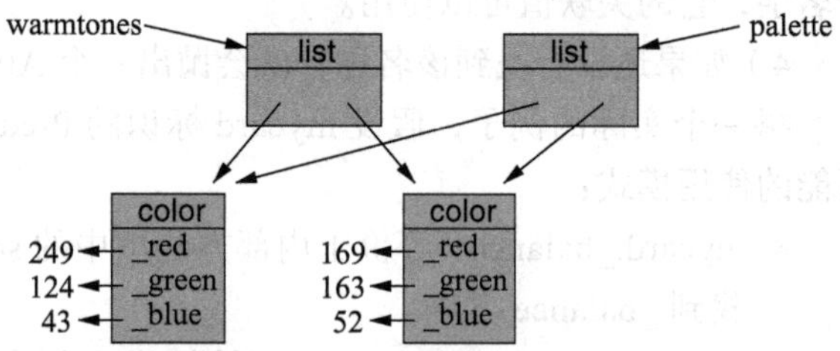
warmtones
palette
list
list
color
_red
_green
_blue
249
124
43
169
163
52

图 2-10 颜色列表的浅拷贝

这比第一次尝试的情况更好，我们可以合理地从 palette 添加或删除元素而不影响 warmtones。然而，如果编辑 palette 中的颜色实例列表，则相对改变了 warmtones 的内容。尽管 palette 和 warmtones 是不同的列表，但仍有间接的混叠，例如，palette [0] 和 warmtones[0] 为相同颜色实例的别名。

我们更希望 palette 是 warmtones 的深拷贝。在深拷贝中，新副本引用的对象也是从原始版本中复制过来的（见图 2-11）。

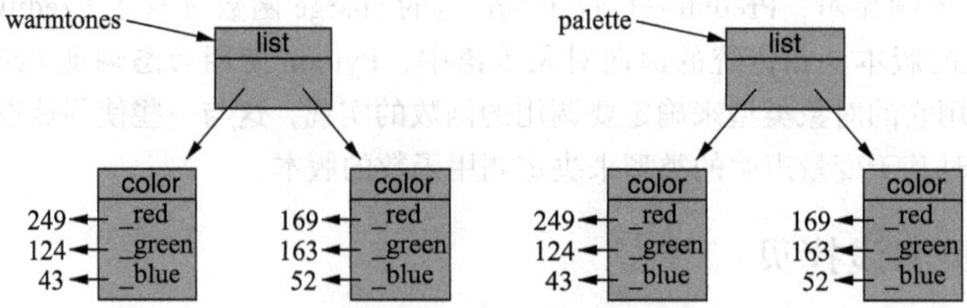
warmtones
list
palette
list
color
_red
_green
_blue
249
124
43
169
163
52

图 2-11 颜色列表的深拷贝

Python 的 copy 模块

要创建一个深拷贝，可以通过显式复制原始颜色实例来填充列表，但这需要知道如何复制颜色（而不是别名）。Python 提供了一个很方便的模块，即 copy，它能产生任意对象的浅拷贝和深拷贝。

该模块提供两个函数：copy 函数和 deepcopy 函数。copy 函数创建对象的浅拷贝，deepcopy 函数创建对象的深拷贝。引入模块后，我们可以为例子创建一个深拷贝，如图 2-11 所示，所使用的命令如下：

```
palette = copy.deepcopy(warmtones)
```

2.7 练习

请访问 www.wiley.com/college/goodrich 以获得练习帮助。

巩固

R-2.1 给出三个生死攸关的软件应用程序的例子。

R-2.2 给出一个软件应用程序的例子，其中适应性意味着产品销售和破产的生命周期间的不同。

R-2.3 描述文本编辑器 GUI 的组件和它封装的方法。

R-2.4 编写一个 Python 类 Flower。该类有 str、int、float 类型的三种实例变量，分别代表花的名字、花瓣的数量和价格。该类必须包含一个构造函数，该构造函数给每个变量初始化一个合适的值。该类应该包含设置和检索每种类型值的方法。

R-2.5 使用 1.7 节的技术修订 CreditCard 类的 charge 和 make_payment 方法确保调用方可以将一个数字作为参数传递。

R-2.6 如果 CreditCard 类的 make_payment 方法接收到的参数是负数，这将影响账户的余额。修改实现，使得传递的参数值如果为负数，即抛出 ValueError 异常。

R-2.7 2.3 节的 CreditCard 类将一个新账户的余额初始化为零。修改这个类，使构造函数具有第五个参数作为可选参数，它可以初始化一个余额不为零的新账户。而原来的四参数构造函数仍然可以用来生成余额为零的新账户。

R-2.8 在代码段 2-3 的 CreditCard 类测试中修改第一个 for 循环的声明，使三张信用卡的其中之一超过其信用额度。哪张信用卡会出现这种情况？

R-2.9 实现 2.3.3 节 Vector 类的 __sub__ 方法，使表达式 u – v 返回一个代表两矢量间差异的新矢量实例。

R-2.10 实现 2.3.3 节 Vector 类的 __neg__ 方法，使表达式 – v 返回一个新的矢量实例。新矢量 v 的坐标值都是负值。

R-2.11 在 2.3.3 节中，我们注意到 Vector 类支持形如 v = u + [5，3，10，– 2，1] 这样的语法形式，向量和列表的总和返回一个新的向量。然而，语法 v = [5，3，10，– 2，1] + u 确是非法的。解释应该如何修改 Vector 类的定义使得上述语法能够生成新的向量。

R-2.12 实现 2.3.3 节中的 Vector 类的 __mul__ 方法，使得表达式 v*3 返回一个新的矢量实例，新矢量 v 的坐标值都是以前的 3 倍。

R-2.13 练习 R-2.12 要求对 2.3.3 节中的 Vector 类实现 __mul__ 方法，以提供对语法 v*3 的支持。试实现 __rmul__ 方法，提供对语法 3*v 的支持。

R-2.14 实现 2.3.3 节 Vector 类的 __mul__ 方法，使表达式 u*v 返回一个标量代表向量点运算的结果，即 $\sum_{i=1}^{d} u_i \cdot v_i$。

R-2.15　2.3.3 节的 Vector 类提供接受一个整数 *d* 的构造函数，并产生一个 *d* 维向量，它的所有坐标等于 0。另一种创建矢量的便捷方式是给构造函数传递一个参数，一些迭代类型可以代表一系列的数字，创建一个向量，它的维度等于序列的长度，坐标值等于序列值。例如，Vector（[7，4，5]）会产生一个三维向量，坐标为 <4，7，5>。修改构造函数，使它可以接受任何形式的参数。也就是说，如果一个整数被传递，它就产生了一个所有坐标值为零的向量。但是如果提供了一个序列，它就产生了一个坐标值等于序列值的向量。

R-2.16　2.3.5 节的 Range 类按照如下公式

```
max(0, (stop - start + step - 1) // step)
```

去计算范围内元素的数量。即使假设一个正的 step 大小，也并不能很明显地看出为什么这个公式提供了正确的计算。可以用你自己的方式证明这个公式。

R-2.17　从下面类的集合中画一个类的继承图：

- Goat 类扩展了 object 类，增加了实例变量 _tail 以及方法 milk() 和 jump()。
- Pig 类扩展了 object 类，增加了实例变量 _nose 以及方法 eat(food) 和 wallow()。
- Horse 类扩展了 object 类，增加了实例变量 _height 和 _color 以及方法 run() 和 jump()。
- Racer 类扩展了 Horse 类，增加了方法 race()。
- Equestrian 类扩展了 Horse 类，增加了实例变量 _weight 以及方法 trot() 与 is_trained()。

R-2.18　给出一个来自 Python 代码的简短片段，使用 2.4.2 节的 Progression 类，找到那个以 2 开始且以 2 作为前两个值的斐波那契数列的第 8 个值。

R-2.19　利用 2.4.2 节的 ArithmeticProgression 类，以 0 开始，增量为 128，在到达整数 2^{63} 或者更大的数时，我们需要执行多少次的调用？

R-2.20　拥有一棵非常深的继承树会有哪些潜在的效率劣势？也就是说，有一个很大的类的集合，A、B、C……，其中 B 继承自 A、C 继承自 B、D 继承自 C……

R-2.21　拥有一棵非常浅的继承树会有哪些潜在的效率劣势？也就是说，有一个很大的类的集合，A、B、C……所有的这些类扩展来自一个单一的类 Z。

R-2.22　collections.Sequence 抽象基类不提供对两个序列的比较支持，从代码段 2-14 中修改 Sequence 类，使其定义包含 __eq__ 方法，使两个序列中的元素相等时，表达式 seq1 == seq2 返回 True。

R-2.23　在之前的问题中有相似的问题，使用方法 __lt__ 参数化 Sequence 类，使其支持字典比较 seq1 < seq2。

创新

C-2.24　假设你在一个新的电子书阅读器的设计团队。你的读者将需要 Python 软件哪些主要的类和方法？你应该为这段代码设计一个继承关系图，但你不需要写任何实际的代码。你的软件体系结构至少应该包括顾客购买新书的方式、查看他们购买书的清单以及阅读他们购买的书籍。

C-2.25　练习 R-2.12 使用 __mul__ 方法支持使用一个数字乘以 Verctor 类，而练习 R-2.14 使用 __mul__ 方法支持运用点运算计算两个向量。给出 Verctor.__mul__ 的一个简单实现，使用运行时类型来检查是否支持这两种语法 u*v 和 u*k, u 和 v 表示向量实例，k 代表一个数字。

C-2.26　2.3.4 节的 SequenceIterator 类提供众所周知的前向迭代器。实现一个名为 ReversedSequence Iterator 的类，以此作为任何 Python 序列的反向迭代器。第一次调用 next 返回序列的最后一个元素，第二次调用 next 返回倒数第二个元素，以此类推。

C-2.27　在 2.3.5 节中对于 Range r，“ k in r”，我们注意到 Range 类的版本隐式地支持迭代，因为它显式支持 __len__ 和 __getitem__。该类也接受对布尔类型的隐式支持。这个测试通过范围基于前向迭代器进行评估，通过试验证明 2 in Range(10000000) 对比 9 999 999 in Range(10000000) 的相对速度。请提供一种 _contains__ 方法更有效的实现，以确定特定的值是否属于给定范围内。所提供方法的运行时间应独立于范围的大小。

C-2.28 2.4.1 节的 PredatoryCreditCard 类提供了 process_month 方法，可使模型完成每月一次的循环。请修改该类，实现这样的功能：在本月内，一旦用户完成十次呼叫，就需要对其收取费用。每增加一个额外的呼叫，收取 1 美元的附加费。

C-2.29 请修改 2.4.1 节的 PredatoryCreditCard 类，实现这样的功能：给用户分配一个每月最低付款额，作为账户的一部分，如果客户在下一个月周期之前没有连续地支付最低金额，则要评估延迟的费用。

C-2.30 在 2.4.1 节的末尾，我们认为一个 CreditCard 类支持非公有制的方法模型 _set_balance(b)，可以被子类使用以影响余额的改变，而不直接访问数据成员 _balance。相应地修改 CreditCard 类和 PredatoryCreditCard 类，实现这样一个模型。

C-2.31 写一个扩展自 Progression 类的 Python 类，使 Progression 中的每个值都是前两个值差的绝对值。其中应包括一个构造函数，以接受一对数字作为第一和第二个值，使用 2 和 200 作为默认值。

C-2.32 写一个扩展自 Progression 类的 Python 类，使 Progression 中的每个值是前一个数值的平方根（注意：你不能用一个整数来表示每个值）。构造函数应该接受一个可选参数用于指定开始值，使用 65536 作为默认值。

项目

P-2.33 写一个 Python 程序，如输入标准的代数多项式，则输出该多项式的一阶导数。

P-2.34 写一个 Python 程序，如输入一个文件，则输出一个柱形图表，以显示文档中每个字母字符出现的频率。

P-2.35 写一组 Python 类，可以模拟网络应用程序的其中一方 Alice，定期创建一组她想发给 Bob 的包。互联网进程不断检查是否 Alice 有想要发送的包，如果有，就发送至 Bob 的计算机，Bob 定期检查自己的计算机，以确定是否收到来自 Alice 的包，如果有，他将阅读并删除包。

P-2.36 写一个 Python 程序来模拟生态系统，其中包含两种类型的动物——熊与鱼。生态系统还包括一条河流，它被建模为一个比较大的列表。列表中的每一个元素应该是一个 Bear 对象、一个 Fish 对象或者 None。在每一个时间步长，基于随机过程，每一个动物都试图进入一个相邻的列表位置或停留在原处。如果两只相同类型的动物竞争同一单元格，那么它们留在原处，但它们创造了这种类型动物的新实例，实例放置在列表中的一个随机（即以前为 None）位置。如果一头熊和一条鱼竞争，那么鱼就会死亡（即它消失了）。

P-2.37 在之前的项目中写一个模拟器，但添加一个布尔值 gender 字段和一个浮点 strength 字段到每一个动物，使用 Animal 类作为基础类。如果两只同一类型的动物竞争，如果它们是不同性别的动物，那么这种类型只创建一个新的实例；否则，如果两只相同类型和性别的动物竞争，那么只有力量更大的动物才会生存。

P-2.38 写一个 Python 程序，模拟一个支持电子书阅读器的功能系统。你应该为用户在系统中提供"买"新书、查看他们所购买书的名单以及阅读所购买的书籍的方法。系统应该使用实际的书籍（其版权已经过期并可在互联网上获得），为系统用户"购买"和阅读提供可用的书籍。

P-2.39 基于拥有抽象方法 area() 和 perimeter() 的 Polygon 类发展继承层次结构。实现扩展自基类的 Triangle、Quadrilateral、Pentagon、Hexagon 和 Octagon 类，伴随着具有明显意义的 area() 和

perimeter() 方法。同时实现 IsoscelesTriangle、EquilateralTriangle、Rectangle 和 Square 类，它们有适当的继承关系。最后，写一个简单的程序，允许用户创建各种类型的多边形，输入它们的几何尺寸，输出面积和周长。附加功能：允许用户通过指定顶点坐标输入多边形，并能够测试两个多边形是否相似。

扩展阅读

对于计算机科学与工程发展的广泛概述，请阅读《The Computer Science and Engineering Handbook》[96]。关于 Therac-25 事件更多的信息，详见 Leveson 和 Turner[69] 的文章。

有兴趣学习面向对象编程的读者，可以参考由 Booch[17]、Budd[20]、Liskov 和 Guttag[71] 编写的书。Liskov 和 Guttag 提供了关于抽象数据类型很精彩的讨论，Cardelli 和 Wegner[23] 撰写了调研论文，Demurjian[33] 参与编写了《The Computer Science and Engineering Handbook》[96] 一书的相关章节。书中描述的设计模式由 Gamma 等人 [41] 完成的。

重点介绍 Python 中面向对象编程的图书包括由 Goldwasser 和 Letscher[43] 编写的入门书籍，以及由 Phillips[83] 编写的进阶书籍。

算法分析

有一个经典的故事，国王委托著名的数学家阿基米德判断黄金王冠是否如声称的那样是纯金的而没有掺白银。当阿基米德进入浴盆洗澡时，他发现了一个解决方法。他注意到，自己身体进入浴盆的体积与水溢出浴盆的数量成比例。这给了阿基米德启示，他立刻跳出浴盆，赤裸着身体奔跑在大街上大喊“找到了！找到了！”。他发现了一个分析工具（排水量）。只要用一个简单的天平，就可以判断国王的新王冠是不是纯金的。具体做法就是：阿基米德把王冠和同等质量的黄金分别沉到一碗水里，观察两者的排水量是否一样。这个发现对金匠来说是不幸的，因为如果阿基米德进行分析后，发现王冠溢出的水比同等质量的纯金块所溢出的水多，那就意味着王冠不是纯金的。

在本书中，我们对设计“优秀”的数据结构和算法感兴趣。简言之，*数据结构*是组织和访问数据的一种系统化方式，*算法*是在有限的时间里一步步执行某些任务的过程。这些概念对计算极为重要，为了分辨哪些数据结构和算法是“优秀”的，我们需要一些精确分析算法的方法。

我们在本书中用到的主要分析方法包括算法和数据结构的运行时间和空间利用表示。运行时间是一个很好的度量，因为时间是宝贵的资源——计算机解决方案应该运行得尽可能快。一般来说，一个算法或数据结构操作的运行时间随着输入大小而增加，尽管它可能对相同大小的不同输入也有所变化。另外，运行时间也受硬件环境（例如，处理器、时钟频率、内存、硬盘）以及算法实施和执行的软件环境（例如，操作系统、程序设计语言）的影响。当其他所有因素不变时，如果计算机有更快的处理器，或者程序编译到本机代码来执行而不是解释执行，有相同输入数据的相同算法的运行时间会更少。我们将在本章的开始部分讨论进行实验研究的工具，并讨论将其作为评估算法效率的一种主要方法的局限性。

要研究运行时间这一度量，要求我们会用一些数学工具。尽管可能存在来自不同环境因素的干扰，但是我们主要关注算法的运行时间和其输入大小的关系。我们希望将算法的运行时间表示为输入大小的函数。但是，度量它的合适途径是什么？在本章中，我们将自己动手开发一种分析算法的数学方法。

3.1 实验研究

如果算法已经实现了，我们可以通过在不同的输入下执行它并记录每一次执行所花费的时间来研究它的运行时间。Python 中一个简单的实现方法是使用 time 模块的 time() 函数。这个函数传递的是自新纪元基准时间后已经过去的秒数或分数（新纪元是指 1970 年）。当我们可以通过记录算法运行前的那一刻以及算法执行完毕后的那一刻，并且计算它们之间的差（如下所示）来判定消逝的时间时，新纪元的选择不影响测试时间的结果。

```
from time import time
start_time = time( )                # record the starting time
run algorithm
end_time = time( )                  # record the ending time
elapsed = end_time − start_time     # compute the elapsed time
```

在第 5 章，我们将演示这种方法的使用，即在 Python list 类的效率上收集实验数据。用这样的方法测量消逝的时间很好地反映了算法效率，但绝不意味着完美。time() 函数的测量是相对于“挂钟”的。因为许多进程共享使用计算机的中央处理器（CPU），所以算法执行过程花费的时间依赖于在作业执行时正运行在计算机上的其他进程。一个更公正的度量是算法使用的 CPU 周期的数量。即使用相同的输入重复相同的算法可能没有保持一致性，也要使用 time 模块的 clock() 函数，并且它的粒度依赖于计算机系统。Python 包含了一个更高级的模块（名叫 timeit），它可以自动地做多次重复实验来评估差异。

通常我们认为运行时间依赖于输入的大小和结构，所以应该在各种大小的不同测试输入上执行独立实验。接下来我们可以通过绘制算法每次运行的性能图来可视化结果，x 坐标表示输入大小 n, y 坐标表示运行时间 t。图 3-1 显示了这样的假设性数据。这种可视化可以提供关于算法的问题大小和执行时间的直观描述。这可用于对实验数据做统计分析，以寻找符合实验数据的最好的输入大小函数。为了使得分析更有意义，要求选择好的样本输入并且对其进行足够多次的测试，使算法运行时间的统计更准确。

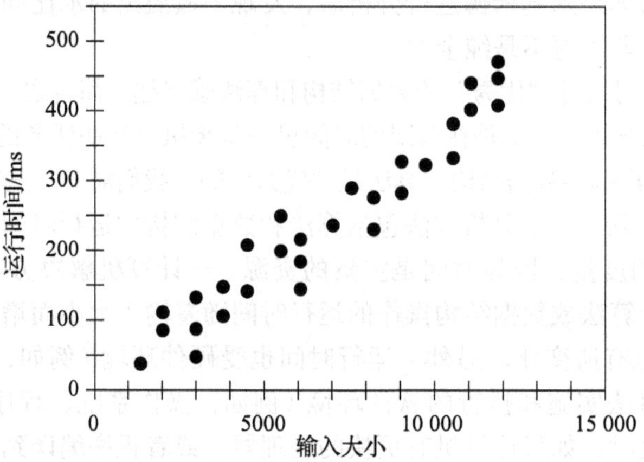
500
400
300
200
100
0
运行时间/ms
0
5000
10 000
15 000
输入大小

图 3-1　一个算法运行时间的实验研究结果。坐标（n, t）中的点表示对于输入大小 n 所测出的算法的运行时间 t (ms)

实验分析的挑战

虽然执行时间的实验研究是有用的，使用算法分析有 3 个主要的局限性（尤其是在优化生产质量代码时）：

- 很难直接比较两个算法的实验运行时间，除非实验在相同的硬件和软件环境中执行。
- 实验只有在有限的一组测试输入下才能完成，因此它们忽略了不包括在实验中的输入的运行时间（这些输入可能是重要的）。
- 为了在实验上执行算法来研究它的执行时间，算法必须完全实现。

最后一个要求是实验研究应用中最严重的缺点。在设计的初期，当考虑数据结构或算法的选择时，花费大量的时间实现一个显然低劣的算法是不明智的。

进一步的实验分析

我们的目标是开发一种分析算法效率的方法：

1）在软硬件环境独立的情况下，在某种程度上允许我们评价任意两个算法的相对效率。

2）通过研究不需要实现的高层次算法描述来执行算法。

3）考虑所有可能的输入。

计算原子操作

为了在没有执行实验时分析一个算法的执行时间，我们用一个高层次的算法描述直接进行分析（可以是真实的代码片段，也可以是独立于语言的伪代码）。我们定义了一系列原子操作，如下所示：

- 给对象指定一个标识符
- 确定与这个标识符相关联的对象
- 执行算术运算（例如，两个数相加）
- 比较两个数的大小
- 通过索引访问 Python 列表的一个元素
- 调用函数（不包括函数内的操作执行）
- 从函数返回

从形式上说，一个原子操作相当于一个低级别指令，其执行时间是常数。理想情况下，这可能是被硬件执行的基本操作类型，尽管许多原子操作可能被转换成少量的指令。我们并不是试着确定每一个原子操作的具体执行时间，而是简单地计算有多少原子操作被执行了，用数字 t 作为算法执行时间的度量。

操作的计数与特定计算机中真实的运行时间相关联，每个原子操作相当于固定数量的指令，并且该操作只有固定数量的原子操作。这个方法中的隐含假设是不同原子操作的运行时间是非常相似的。因此算法执行的原子操作数 t 与算法的真实运行时间成正比。

随着输入函数的变化进行测量操作

为了获取一个算法运行时间的增长情况，我们把每一个算法和函数 $f(n)$ 联系起来，其中把执行的原子操作的数量描述为输入大小 n 的函数 $f(n)$。3.2 节将会介绍 7 个最常见的函数。3.3 节将介绍一个函数之间相互比较的数学框架。

最坏情况输入的研究

对于相同大小的输入，算法针对某些输入的运行速度比其他的更快。因此，我们不妨把算法的运行时间表示为所有可能的相同大小输入的平均值的函数。不幸的是，这样的平均情况分析是相当具有挑战性的。它要求定义一组输入的概率分布，这通常是一个困难的工作。图 3-2 表明，根据输入分布，算法的运行时间可以在最坏和最好情况运行时间之间的任何地方。例如，假设实际上输入只有“A”或“D”类型将会怎么样？

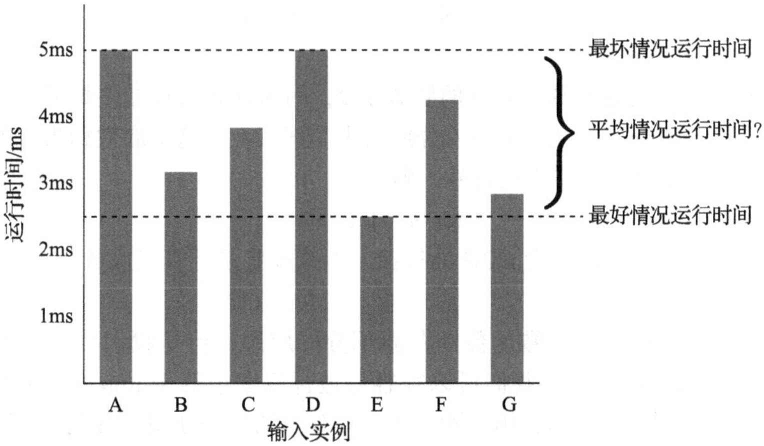
5ms
4ms
3ms
2ms
1ms
运行时间/ms
A
B
C
D
E
F
G
输入实例
最坏情况运行时间
平均情况运行时间?
最好情况运行时间

图 3-2　最好情况和最坏情况运行时间的不同。每个条柱代表一些算法在不同输入时的运行时间

平均情况分析通常要求计算基于给定输入分布的预期运行时间，这通常涉及复杂的概率理论。因此，在本书的其余部分，除非特别指明，一般我们都按照最坏情况把算法的运行时间表示为输入大小 n 的函数。

最坏情况分析比平均情况分析容易很多，它只需要有识别最坏情况输入的能力，这通常是很简单的。另外，这个方法通常会导出更好的算法。算法在最坏情况下很好执行的标准必然是该算法在每一个输入情况都能很好地执行。也就是说，最坏情况的设计会使得算法更加健壮，这很像一个飞毛腿总是在斜坡上练习跑步。

3.2 本书使用的 7 种函数

在这一节，我们将简要讨论用在算法分析中最重要的 7 种函数。我们把这 7 种简单的函数用在本书的几乎所有分析中。事实上，某些章节使用的函数不同于这 7 种的将会被标记为星号（*），以表明这是可选的。除了这 7 种基本的函数，附录 B 包含了其他被应用在数据结构和算法分析中的一系列有用的数学定理。

3.2.1 常数函数

我们能想起的最简单的函数是*常数函数*。这个函数是

$$f(n) = c$$

对一些固定的常数 c，例如 $c = 5$、$c = 7$ 或 $c = 2^{10}$。也就是说，对任意参数 n，常数函数 $f(n)$ 的值都是 c。换言之，n 的值是什么并不重要，$f(n)$ 总是为定值 c。

我们对整数函数最感兴趣，因此最基本的常数函数是 $g(n) = 1$，这是用在本书中最经典的常数函数。注意，任何其他的函数 $f(n) = c$ 都可以被写成常数 c 乘以 $g(n)$，即 $f(n) = cg(n)$。

正因为常数函数简单，所以它在算法分析中是很有用的，它描述了在计算机上需要做的基本操作的步数，例如两个数相加、给一些变量赋值或者比较两个数的大小。

3.2.2 对数函数

数据结构和算法分析中令人感兴趣甚至惊奇的是无处不在的*对数函数*，$f(n) = \log_b n$，常数 $b > 1$。此函数定义如下：

$$x = \log_b n \quad 当且仅当 \quad b^x = n$$

按照定义，$\log_b 1 = 0$。b 是对数的*底数*。

在计算机科学中，对数函数最常见的底数是 2，因为计算机存储整数采用二进制，并且许多算法中的常见操作是反复把一个输入分成两半。事实上，这个底数相当常见，以至于当底数等于 2 时，我们通常会省略它的符号，即

$$\log n = \log_2 n$$

大多数手持计算器上有一个标记为 LOG 的按钮，但这通常是计算以底数为 10 的对数，而不是底数为 2 的对数。

对任意整数 n，准确计算对数函数涉及微积分的应用，但是我们可以利用近似值来足够好地实现这一目的。特别是，我们可以很容易地计算大于等于 $\log_b n$ 的最小整数（即向上取整，$\lceil \log_b n \rceil$）。对正整数 n，用 n 除以 b，只有当结果小于等于 1 时才停止除法操作，$\lceil \log_b n \rceil$ 的值即为 n 除以 b 的次数。例如，$\lceil \log_3 27 \rceil$ 等于 3，因为 $((27/3)/3)/3 = 1$。同样，

$\lceil \log_4 64 \rceil$ 等于 3，因为 $((64/4)/4)/4 = 1$，并且 $\lceil \log_2 12 \rceil$ 是 4，因为 $(((12/2)/2)/2)/2 = 0.75 \leqslant 1$。

对于大于 1 的底数，接下来的命题描述了对数的几个重要特性。

命题 3-1（对数规则）：给定实数 $a > 0, b > 1, c > 0, d > 1$，有：

1）$\log_b(ac) = \log_b a + \log_b c$

2）$\log_b(a/c) = \log_b a - \log_b c$

3）$\log_b(a^c) = c \log_b a$

4）$\log_b a = \log_d a / \log_d b$

5）$b^{\log_d a} = a^{\log_d b}$

按照惯例，没有括号的符号 $\log n^c$ 指 $\log(n^c)$ 的值。我们用简写符号 $\log^c n$ 表示 $(\log n)^c$，在 $(\log n)^c$ 中对数的结果以幂级增大。

上面的特性可以推导出取幂的相反规则，这将在本节后面给出。我们用一些例子描述这些特性。

例题 3-2：我们用示例演示一下命题 3-1 提到的算法规则（按照惯例，对数的底若省略了，底数即为 2）。

- $\log(2n) = \log 2 + \log n = 1 + \log n$，由对数规则 1 得出。
- $\log(n/2) = \log n - \log 2 = \log n - 1$，由对数规则 2 得出。
- $\log n^3 = 3\log n$，由对数规则 3 得出。
- $\log 2^n = n \log 2 = n \cdot 1 = n$，由对数规则 3 得出。
- $\log_4 n = (\log n)/\log 4 = (\log n)/2$，由对数规则 4 得出。
- $2^{\log n} = n^{\log 2} = n^1 = n$，由对数规则 5 得出。

作为一个实际问题，对数规则 4 给出了用计算器上以 10 为底的对数按钮（LOG）来计算以 2 为底的对数的方法，即

$$\log_2 n = \mathrm{LOG}\, n / \mathrm{LOG}\, 2$$

3.2.3 线性函数

另一个简单却很重要的函数是线性函数，

$$f(n) = n$$

即，给定输入值 n，线性函数 f 就是 n 本身。

这个函数出现在我们必须对所有 n 个元素做基本操作的算法分析的任何时间。例如，比较数字 x 与大小为 n 的序列中的每一个元素，需要做 n 次比较。线性函数也实现了用任何算法处理不在计算机内存中的 n 个对象的最快运行时间，因为读 n 个对象已经需要 n 次操作了。

3.2.4 $n \log n$ 函数

接下来要讨论的函数是 $n \log n$ 函数，

$$f(n) = n \log n$$

对于一个输入值 n，这个函数是 n 倍的以 2 为底的 n 的对数。这个函数的增长速度比线性函数快，比二次函数慢。因此，与运行时间是二次的算法相比较，我们更喜欢运行时间与 $n \log n$ 成比例的算法。我们会看到一些运行时间与 $n \log n$ 成比例的重要算法。例如，对 n 个任意数进行排序且运行时间与 $n \log n$ 成比例的最快可能算法。

3.2.5 二次函数

另一个经常出现在算法分析中的函数是二次函数，

$$f(n) = n^2$$

即，给定输入值 n，函数 f 的值为 n 与自身的乘积（即“n 的平方”）。

二次函数用在算法分析中的主要原因是，许多算法中都有嵌套循环，其中内存循环执行一个线性操作数，外层循环则表示执行线性操作数的次数。因此，在这个情况下，算法执行了 $n \cdot n = n^2$ 个操作。

嵌套循环和二次函数

二次函数也可能出现在嵌套循环中，第一次循环迭代使用的操作数为 1，第二次为 2，第三次为 3，等等。即操作数为

$$1 + 2 + 3 + \cdots + (n-2) + (n-1) + n$$

换言之，如果内层循环的操作数随外层循环的每次迭代逐次加 1，这个函数即表示嵌套循环总的操作数。这个数量也有一个有趣的典故。

1787 年，一个德国教师让 9 ～ 10 岁大的小学生计算从 1 ～ 100 所有整数之和。立刻有一个孩子说自己已经有答案了！老师很怀疑，因为这个孩子的答题板上只有一个答案。但是，他的答案 5050 却是正确的。这个孩子长大后成了那个时代最伟大的数学家之一，他就是卡尔·高斯。我们推测年轻的高斯用了下面的恒等式。

命题 3-3：对于任何一个整数 $n \geqslant 1$，我们有：

$$1 + 2 + 3 + \cdots + (n-2) + (n-1) + n = \frac{n(n+1)}{2}$$

图 3-3 中所示即为命题 3-3 的两个“可视化”的证明。

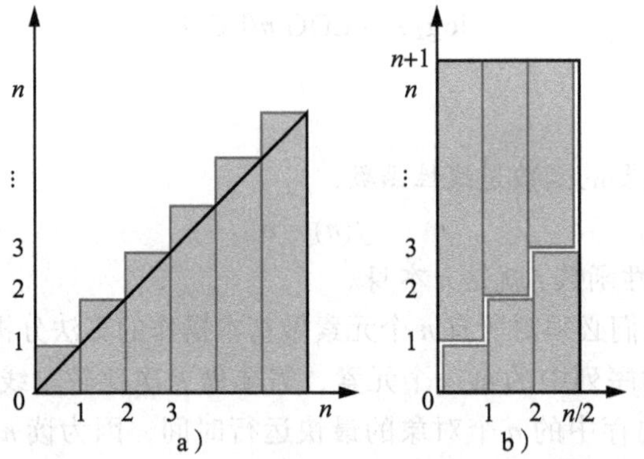
n
⋮
3
2
1
0
1 2 3 n
a)
n+1
n
3
2
1
0
1 2 n/2
b)

图 3-3 命题 3-3 的可视化的证明。通过 n 个单位宽度并且高度分别为 1, 2, ⋯, n 的矩形的总面积，两个分图都可视化了上述的等式。在图 3-3a 中，这些矩形被表示成一个面积为 $n*n/2$ 的大三角形（底为 n、高为 n）加上 n 个面积 1/2 为的小三角形（底为 1、高为 1）。在图 3-3b 中，这仅适用于当 n 为偶数的情形，所述矩形被表示成一个底为 $n/2$、高为 $n+1$ 的大矩形

从命题 3-3 得到的结论是，如果我们执行一个含有嵌套循环的算法，那么在内循环中每次增加一个操作，执行外循环时操作的总数是 n 的平方。更确切地说，操作的总数是 $n*n/2 + n/2$，所以与一个在内循环执行时每次使用 n 个操作的算法相比，这仅仅是这个算法操作总数的一半多一些。但增长的阶数仍然是 n 的平方。

3.2.6 三次函数和其他多项式

继续我们对函数输入能力的讨论，我们考虑三次函数（cubic function）

$$f(n) = n^3$$

这个函数分配一个输入值 n，可以得到 n 的三次方这样一个输出。与前面提到的常数函数、线性函数和平方函数相比，这个函数在算法分析文章中出现的频率较低，但它确实会时不时地出现。

多项式

到目前为止，我们已经列出的大多数函数可以看作一个更大的类函数（多项式）的一部分。一个多项式函数有如下的形式，

$$f(n) = a_0 + a_1 n + a_2 n^2 + a_3 n^3 + \cdots + a_d n^d$$

其中 $a_0, a_1, \cdots, a_d$ 都是常数，称为多项式的系数，并且整数 d 表示多项式中的最高幂次，称为多项式的次数。

例如，下列所有函数都是多项式：

- $f(n) = 2 + 5n + n^2$
- $f(n) = 1 + n^3$
- $f(n) = 1$
- $f(n) = n$
- $f(n) = n^2$

因此，我们可能会质疑，在用于算法分析时本书仅仅提出了 4 个重要的函数，但之所以我们坚持说有 7 个函数，那是因常量函数、线性函数和二次函数太重要而不能与其他多项式放在一起。而且较小次数的多项式的运行时间一般比较大次数的多项式的运行时间要好。

求和

在数据结构和算法的分析中一次又一次出现的表示法就是求和，其定义如下：

$$\sum_{i=a}^{b} f(i) = f(a) + f(a+1) + f(a+2) + \cdots + f(b)$$

其中 a 和 b 都是整数，并且 $a \leqslant b$。之所以出现在数据结构与算法分析中，是因为循环的运行时间自然会引起求和。

使用求和，我们可以把命题 3-3 的公式改写为

$$\sum_{i=1}^{n} i = \frac{n(n+1)}{2}$$

同样，我们可以写一个系数为 $a_0, \cdots, a_d$ 次数为 d 的多项式为

$$f(n) = \sum_{i=0}^{d} a_i n^i$$

如此一来，求和符号就为我们表达越来越多项的和提供一种简便方法，其中这些项都具有规则的结构。

3.2.7 指数函数

用在算法分析中的另一个函数是指数函数，

$$f(n) = b^n$$

其中 b 是一个正的常数，称为底，参数 n 是指数。也就是说，函数 $f(n)$ 分配给输入参数 n 的值是通过底数 b 乘以它自己 n 次获得的。考虑到对数函数的情况，在算法分析中，指数函数最基本的情况是 $b = 2$。例如，含有 n 位的整数字可以表示小于 2^n 的所有非负整数。如果通过执行一个操作开始一个循环，然后每次迭代所执行的操作数目翻倍，则在第 n 次迭代所执行的操作数目为 2^n。

然而，我们有时会有除了 n 的其他指数，因此，对于我们来说知道一些便捷的处理指数的规则是有用的。以下这些指数规则是相当有帮助的。

命题 3-4（指数规则）：对于给定正整数 a、b 和 c，我们有

1）$(b^a)^c = b^{ac}$

2）$b^a b^c = b^{a+c}$

3）$\frac{b^a}{b^c} = b^{a-c}$

例如，我们有以下例子：

- $256 = 16^2 = (2^4)^2 = 2^{4*2} = 2^8 = 256$（指数规则 1）
- $243 = 3^5 = 3^{2+3} = 3^2 3^3 = 9*27 = 243$（指数规则 2）
- $16 = \frac{1024}{64} = \frac{2^{10}}{2^6} = 2^{10-6} = 2^4 = 16$（指数规则 3）

如下所述，我们可以把指数函数扩展到指数是分数和实数的情况或者负指数的情况。给出一个正整数 k，我们定义 $b^{\frac{1}{k}}$ 为 b 的 k 次根，即存在一个数 r，使得 $r^k = b$。例如 $25^{\frac{1}{2}} = 5$，即 $5^2 = 25$。同样，$27^{\frac{1}{3}} = 3$，$16^{\frac{1}{4}} = 2$。通过指数规则 1，这种方法允许我们定义任意次幂的指数 $b^{\frac{a}{c}} = (b^a)^{\frac{1}{c}}$，该指数可以表示为一个分数，例如，$9^{\frac{3}{2}} = (9^3)^{\frac{1}{2}} = 729^{\frac{1}{2}} = 27$。因此，$b^{\frac{a}{c}}$实际上正是整数指数 b^a 的 c 次根。

我们可以进一步把指数函数 b^x 扩展到参数为任意实数 x 的指数，通过计算一系列形为 $b^{\frac{a}{c}}$的值，分数$\frac{a}{c}$逐渐得到越来越接近 x 的值。任意一个实数 x 可以通过分数来实现任意程度的近似，因此，我们可以用分数$\frac{a}{c}$作为 b 的指数来任意程度地接近指数 b^x。例如，数 2^π 是一个很好的定义。最后，给定一个负指数 d，我们定义 $b^d = \frac{1}{b^{-d}}$，这对应于指数规则 3，其中 $a = 0$ 和 $c = -d$。例如，$2^{-3} = \frac{1}{2^3} = \frac{1}{8}$。

几何求和

假设有一个循环，它的每次迭代需要一个比前一个更长时间的乘法因子。那么这个循环可以使用下列命题进行分析。

命题 3-5：对于任意整数 $n \geqslant 0$ 和任意实数 a，比如 $a > 0$ 和 $a \neq 1$，考虑下述的和

$$\sum_{i=0}^{n} a^i = 1 + a + a^2 + \cdots + a^n$$

（记住如果 $a > 0$，那么 $a^0 = 1$。）这个总和等于

$$\frac{a^{n+1} - 1}{a - 1}$$

命题 3-5 所示的求和被称为几何求和，因为如果 $a > 1$，在几何规模上每一项都比它的

前一项大。例如，从事计算工作的每个人都应该知道

$$1+2+4+8+\cdots+2^{n-1}=2^n-1$$

因为这是在二进制表示法中使用 n 位可以表示的最大整数。

3.2.8 比较增长率

综上所述，按顺序给出的算法分析使用的 7 个常用函数如表 3-1 所示。

表 3-1 函数的类型（这里我们假设 $a>1$ 并且是一个常数）

常数函数	对数函数	线性函数	$n \log n$ 函数	二次函数	三次函数	指数函数
1	$\log n$	n	$n \log n$	n^2	n^3	a^n

理想情况下，我们希望数据结构的操作运行时间与常数函数或者对数函数成正比，而且我们希望算法以线性函数或 $n \log n$ 函数来运行。运行时间为二次或者三次的算法不太实用，除最小输入规模的情况外，运行时间为指数的算法是不可行的。7 个函数的增长率如图 3-4 所示。

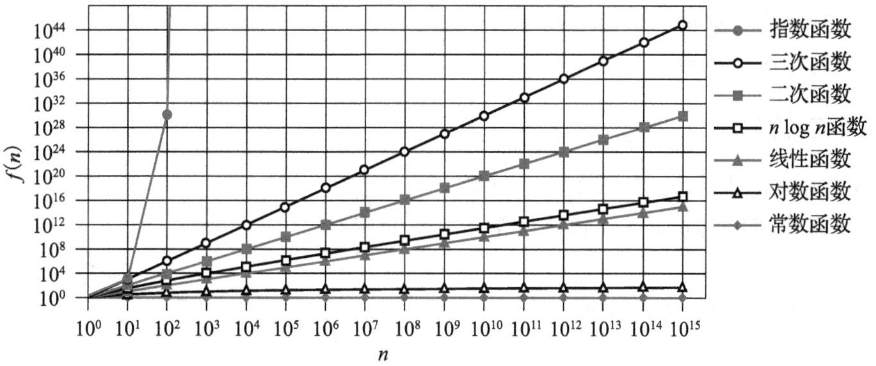
10^{44}
10^{40}
10^{36}
10^{32}
10^{28}
10^{24}
10^{20}
10^{16}
10^{12}
10^{8}
10^{4}
10^{0}
$f(n)$
10^0 10^1 10^2 10^3 10^4 10^5 10^6 10^7 10^8 10^9 10^{10} 10^{11} 10^{12} 10^{13} 10^{14} 10^{15}
n
指数函数
三次函数
二次函数
$n \log n$函数
线性函数
对数函数
常数函数

图 3-4 在算法分析中使用的 7 个基本函数的增长率。对于指数函数我们用底 $a=2$ 的函数表示。这些函数绘制在双对数图上，主要是通过图形的坡度来比较增长率。即使如此，指数函数因增长过快而不能在图表上显示其所有值

向下取整和向上取整函数

以上函数还有一个方面要额外考虑。在讨论到对数时我们指出，对数的值通常不是一个整数，然而一个算法的运行时间通常是通过一个整数来表示的，比如操作的数量。因此，一个算法的分析有时可能涉及向下取整和向上取整函数的使用，它们分别定义如下：

- $\lfloor x \rfloor$ = 小于或者等于 x 的最大整数。
- $\lceil x \rceil$ = 大于或者等于 x 的最小整数。

3.3 渐近分析

在算法分析中，我们重点研究运行时间的增长率，采用宏观方法把运行时间视为输入大小为 n 的函数。例如，通常只要知道算法的运行时间为按比例增长到 n 就足够了。

我们用函数的数学符号（不考虑那些不变因子）来分析算法。换句话说，我们这样用函

数描述算法的运行时间：输入一个 n 值，对应输出一个数据，用这个数据来反映决定关于 n 的增长率的主要因素。这种方法表明：在伪代码描述或高级语言执行的每一个基本步骤中可以用几个微指令来描述。因此，我们能够通过估计执行不变因子的微指令的个数来执行算法分析，而不必再苦恼于在特定语言或者特定硬件下分析执行在计算机上的操作的精准个数。

作为一个实际的例子，我们再来回想一下 1.4.2 节中在 Python 列表中寻找最大数的要求。如代码段 3-1 所示，在介绍循环时，第一次引入了这个例子来表示一个找列表中最大值的函数。

代码段 3-1　返回 Python 列表最大值的函数

```
def find_max(data):
  """Return the maximum element from a nonempty Python list."""
  biggest = data[0]                 # The initial value to beat
  for val in data:                  # For each value:
    if val > biggest                # if it is greater than the best so far,
      biggest = val                 # we have found a new best (so far)
  return biggest                    # When loop ends, biggest is the max
```

这是运行时间按比例增长到 n 这种算法的一个经典例子，当循环中的每一个数据元素执行一次时，一些相应数量的微指令也在这个过程中执行了一次。在本节的末尾，我们提供了一个框架来规范这个声明。

3.3.1 大 O 符号

令 $f(n)$ 和 $g(n)$ 作为正实数映射正整数的函数。如果有实型常量 $c>0$ 和整型常量 $n_0 \geqslant 1$ 满足

$$f(n) \leqslant cg(n),\text{ 当 } n \geqslant n_0$$

我们就说 $f(n)$ 是 $O(g(n))$。

这种定义就是通常说的大 O 符号，因为它有时被说成“$f(n)$ 是 $g(n)$ 的大 O”。图 3-5 展示了一般的定义。

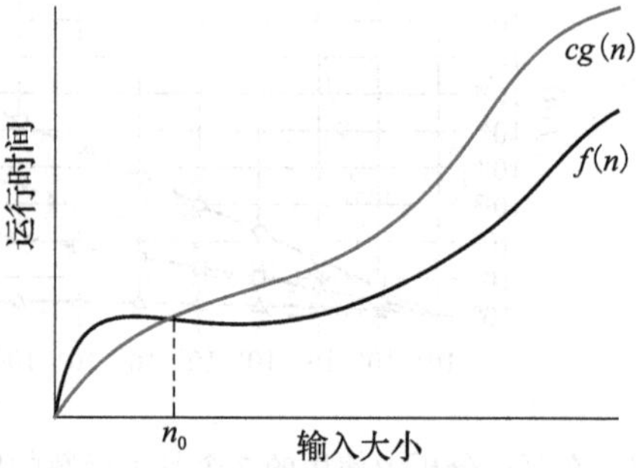
cg(n)
f(n)
运行时间
n0
输入大小

图 3-5　解释大 O 符号。当 $n \geqslant n_0$ 时，因为 $f(n) \leqslant c \cdot g(n)$，所以函数 $f(n)$ 是 $O(g(n))$

例题 3-6：函数 $8n+5$ 是 $O(n)$。

证明：通过大 O 的定义，我们需要找到一个实型常量 $c>0$ 和一个整型常量 $n_0 \geqslant 1$，对于任意一个整数 $n \geqslant n_0$，满足 $8n+5 \leqslant cn$。很容易找到一个可能的选择：$c=9$，$n_0=5$。当然，这是无限种可选择组合中的一个，因为在 c 和 n_0 之间有一个权衡。比如说，我们能够设定常数 $c=13$，$n_0=1$。■

大 O 符号的含义是：当给定一个常数因子且在渐近意义上 n 趋于无穷时，函数 $f(n)$ “小于或等于”函数 $g(n)$。这种思想来源于这样一个事实：从渐近的角度来说，当 $n \geqslant n_0$ 时，规定用“$\leqslant$”来比较 $f(n)$ 和 $g(n)$ 与一个常数的乘积。然而，如果说“$f(n) \leqslant O(g(n))$”未免显得不合适，因为大 O 已经有“小于或等于”的意思。同样，如果用“=”关系的一般理解来说，“$f(n) \leqslant O(g(n))$”也不完全正确，尽管这很常见，因为没办法说明白“$O(g(n))=f(n)$”这种对称语句。最好是说

$$f(n)\text{ 是 }O(g(n))$$

或者，我们可以说“$f(n)$ 是 $g(n)$ 的量级”。如果用更倾向于数学的语言，这样说也是正确的：

“$f(n) \in O(g(n))$”，从技术上说，大 O 符号代表多个函数的集合。在本书中，我们仍将大 O 声明为“$f(n)$ 是 $O(g(n))$”。即使这样解释，我们在如何使用大 O 符号参与算术运算上仍有相当大的自由，以及由这种自由所带来的一定的责任。

使用大 O 符号描述运行时间

通过设定一些参数 n，大 O 符号被广泛用于描述运行时间和空间界限，虽然参数的设定依据问题的不同而有所不同，但（大 O 符号）仍是一种测量问题“尺寸”的可选择的方法。例如，假如我们对在一个序列中找最大数感兴趣，当使用找最大数算法时，我们应该用 n 表示这个集合中元素的个数。运用大 O 符号，我们能够为任意一台计算机写出关于找最大数算法（代码段 3-1）的运行时间的数学化的精准语句。

命题 3-7： 找最大数算法（即计算一系列数中的最大数）的运行时间为 $O(n)$。

证明： 在循环开始之前初始化时，仅仅需要固定数量的基本操作。循环的每一次重复也仅仅需要固定的基本操作，并且循环执行 n 次。因此，我们可以通过选择适当的常数 c' 和 c''（这两个常数在初始化和循环体中能分别反应执行状况），就可计算出基本操作的数量，即 $c' + c''$。因为每一个基本操作的运行时间是固定的，我们可以通过输入一个 n 值来计算找最大数算法的运行时间，运行时间最多也就是一个常数乘以 n。所以，我们得出结论，找最大数算法的运行时间为 $O(n)$。 ■

大 O 符号的一些性质

大 O 符号使得我们忽视常量因子和低阶项，转而关注函数中影响增长的主要成分。

例题 3-8： $5n^4 + 3n^3 + 2n^2 + 4n + 1$ 是 $O(n^4)$。

证明： 注意，$5n^4 + 3n^3 + 2n^2 + 4n + 1 \leqslant (5 + 3 + 2 + 4 + 1)n^4 = cn^4$，令 $c = 15$，当 $n \geqslant n_0 = 1$ 时即满足题意。 ■

事实上，我们可以描述任何多项式函数的增长速率。

命题 3-9： 如果 $f(n)$ 是一个指数为 d 的多项式，即

$$f(n) = a_0 + a_1 n + \cdots + a_d n^d$$

且 $a_d > 0$，则 $f(n)$ 是 $O(n^d)$。

证明： 注意，当 $n \geqslant 1$ 时，我们有 $1 \leqslant n \leqslant n^2 \leqslant \cdots \leqslant n^d$。因此，

$$a_0 + a_1 n + a_2 n^2 \cdots + a_d n^d \leqslant (|a_0| + |a_1| + |a_2| + \cdots + |a_d|)n^d$$

令 $c = |a_0| + |a_1| + |a_2| + \cdots + |a_d|$，$n_0 = 1$，即可得出 $f(n)$ 是 $O(n^d)$。 ■

因此，多项式中的最高阶项决定了该多项式的渐近增长速率。在练习中，我们考虑大 O 符号另外一些性质。接下来让我们来进一步考虑一些例子，这些例子主要集中在用于算法设计中的 7 个基本函数的结合上。我们依据当 $n \geqslant 1$ 时，$\log n \leqslant n$ 这样的一个数学定理。

例题 3-10： $5n^2 + 3n\log n + 2n + 5$ 是 $O(n^2)$。

证明： $5n^2 + 3n\log n + 2n + 5 \leqslant (5 + 3 + 2 + 5)n^2 = cn^2$，令 $c = 15$，当 $n \geqslant n_0 = 1$ 时（满足题意）。 ■

例题 3-11： $20n^3 + 10n\log n + 5$ 是 $O(n^3)$。

证明： 当 $n \geqslant 1$ 时，$20n^3 + 10n\log n + 5 \leqslant 35n^3$。 ■

例题 3-12： $3\log n + 2$ 是 $O(\log n)$。

证明： 当 $n \geqslant 2$ 时，$3\log n + 2 \leqslant 5\log n$。注意，当 $n = 1$ 时，$\log n = 0$。这就是为何在此处用 $n \geqslant n_0 = 2$。 ■

例题 3-13：2^{n+2} 是 $O(2^n)$。

证明：$2^{n+2}=2^n\cdot 2^2=4\cdot 2^n$；因此，这种情况下我们令 $c=4$，$n_0=1$。■

例题 3-14：$2n+100\log n$ 是 $O(n)$。

证明：当 $n\geqslant n_0=1$ 时，$2n+100\log n\leqslant 102n$；因此，此时我们令 $c=102$。■

用最简单的术语描述函数

总的来说，我们应该用大 O 符号尽可能接近地描述函数。虽然函数 $f(n)=4n^3+3n^2$ 是 $O(n^5)$ 或者甚至是 $O(n^4)$，但说 $f(n)$ 是 $O(n^3)$ 更精确。通过类比考虑一个场景：

一位饥饿的旅行者在一条漫长的乡村小路开车，突然遇到一位刚从集市回家的农民。假设旅行者问农民自己还要开多久才能找到食物，虽然农民回答“当然不会再超过 12 个小时”也是对的，但告诉旅行者“沿着这条路再行驶几分钟就会看到一个超市”却更精确（且更有用）。因此，即便是使用大 O 符号，我们仍然需要尽可能地还原整个真相。

如果在大 O 符号里使用常数因子和低阶项，也会被认为不得体。例如，函数 $2n^2$ 是 $O(4n^2+6n\log n)$，尽管说法完全正确，但却不常用。我们应尽力用**最简单的术语**来描述函数。

3.2 节列举的 7 个函数最常和大 O 符号结合起来描述算法的运行时间和空间使用情况。事实上，我们通常用函数的名称来引用其所描述的算法的运行时间。因此，例如，我们可以说以 $O(n^2)$ 运行的二次算法的最坏运行时间为 $4n^2+n\log n$。同样，若一个算法运行时间最大为 $5n+20\log n+4$，则这样的算法被称为**线性算法**。

大 Ω

正如大 O 提供了一种渐近说法：一个函数的增长速率“小于或等于”另一个函数，接下来的符号提供了另一种渐近说法：一个函数的增长速率“大于或等于”另一个函数。

设 $f(n)$ 和 $g(n)$ 为正实数映射正整数的函数，如果 $g(n)$ 是 $O(f(n))$，即存在实常数 $c>0$ 和整型常数 $n_0\geqslant 1$ 满足

$$f(n)\geqslant cg(n),\ \text{当 } n\geqslant n_0 \text{ 时},$$

我们就说 $f(n)$ 是 $\Omega(g(n))$，表述为“$f(n)$ 是 $g(n)$ 的大 Ω”。这个定义允许我们采用渐近的说法：当给定一个常数因子时，一个函数大于或等于另一个函数。

例题 3-15：$3n\log n-2n$ 是 $\Omega(n\log n)$。

证明：当 $n\geqslant 2$ 时，$3n\log n-2n=n\log n+2n(\log n-1)\geqslant n\log n$。因此，此时我们令 $c=1$，$n_0=2$。■

大 Θ

此外，有一个符号允许我们说：当给定一个常数因子时，两个函数的增长速率相同。如果 $f(n)$ 是 $O(g(n))$，且 $f(n)$ 是 $\Omega(g(n))$，即存在实常数 $c'>0$、$c''>0$ 和一个整型常数 $n_0\geqslant 1$ 满足

$$c'g(n)\leqslant f(n)\leqslant c''g(n),\ \text{当 } n\geqslant n_0 \text{ 时},$$

我们就说 $f(n)$ 是 $\Theta(g(n))$，描述为“$f(n)$ 是 $g(n)$ 的大 Θ”。

例题 3-16：$3n\log n+4n+5\log n$ 是 $\Theta(n\log n)$。

证明：当 $n\geqslant 2$ 时，$3n\log n\leqslant 3n\log n+4n+5\log n\leqslant(3+4+5)n\log n$。■

3.3.2　比较分析

假设有两个算法都能解决同一个问题：一个算法 A，其运行时间为 $O(n)$；另一个算法 B，其运行时间 $O(n^2)$。哪一个算法更好呢？我们知道 n 是 $O(n^2)$，这就意味着算法 A 比算法

B 更具有渐近性，虽然当 n 的值较小时，算法 B 的运行时间可能低于 A。

我们使用大 O 符号依据渐近增长率来为函数排序。在下面的序列中，我们将 7 个函数按升序排序，即，假如函数 $f(n)$ 在函数 $g(n)$ 之前，那么 $f(n)$ 就是 $O(g(n))$：1，$\log n$，n，$n \log n$，n^2，n^3，2^n。

我们举例说明一下表 3-2 中 7 个函数的增长速率（也可以参考 3.2.1 节的图 3-4）。

表 3-2 从基本函数的算法分析中选择的值

n	$\log n$	n	$n \log n$	n^2	n^3	2^n
8	3	8	24	64	512	256
16	4	16	64	256	4 096	65 536
32	5	32	160	1 024	32 768	4 294 967 296
64	6	64	384	4 096	262 144	1.84×10^{19}
128	7	128	896	16 384	2 097 152	3.40×10^{38}
256	8	256	2 048	65 536	16 777 216	1.15×10^{77}
512	9	512	4 608	262 144	134 217 728	1.34×10^{154}

在表 3-3 中，我们进一步举例说明渐近观点的重要性。该表探讨了允许一个输入实例的最大值，该实例由某个算法分别运行在 1 秒、1 分钟和 1 小时的时候产生。该表显示了一个好的算法设计的重要性：缓慢渐近算法由于运行时间长从而被快速渐近算法所击败，尽管常数因子对于快速渐近算法而言可能更糟。

表 3-3 对于以微秒为单位的不同运行时间，一个问题分别在 1 秒、1 分钟和 1 小时所能解决的最大问题量

运行时间（μs）	最大问题量（n）		
	1 second	1 minute	1 hour
$400n$	2 500	150 000	9 000 000
$2n^2$	707	5 477	42 426
2^n	19	25	31

然而，好的算法设计的重要性不仅仅是在一台给定的计算机上高效地解决问题。如表 3-4 所示，即使硬件更新速度飞快，我们仍不能克服一个缓慢渐近算法的弊端。假设给定运行时间的算法运行在比以往计算机快 256 倍的计算机上，该表给出了在任意的常量时间所能解决的最大问题量。

表 3-4 在固定的时间，利用一台比以往计算机快 256 倍的计算机，（显示出）新的可供解决的最大问题量。每一个条目都是一个先前 m 倍的函数

运行时间（μs）	新的最大问题量
$400n$	$256m$
$2n^2$	$16m$
2^n	$m + 8$

一些注意事项

这里就渐近符号做一些提醒。首先，注意大 O 符号和其他符号在使用时可能会被误导，因为它们“隐藏”的常数因子可能非常大。例如，虽然函数 $10^{100}n$ 是 $O(n)$ 是，但与运行时

间为 $10n \log n$ 的算法相比，虽然线性算法渐近速度更快，我们可能更倾向于选择运行时间为 $O(n \log n)$ 的算法。之所以这样，是因为常数 10^{100} 被称为“天文数字”，在观测宇宙时，许多天文学家一致认为该数字是原子数目的上限。所以，我们不可能得到一个像输入大小一样大的现实问题，因此，在使用大O符号时，我们应该注意被“隐藏”的常数因子和低阶项。

上述观测引发了这样的问题：什么是“快速”算法。一般来说，任何算法的运行时间为 $O(n \log n)$（在给定一个合理的常数因子的情况下），都应被认为是高效的，甚至运行时间为 $O(n^2)$ 的算法在一些情形下，比如 n 很小时，也被认为是快速的。但如果算法的运行时间为 $O(2^n)$，则大多数情况不会被认为是高效的。

指数运行时间

有一个著名的关于国际象棋发明者的故事。他要求国王在象棋的第一个格只需支付1粒米，第二格2粒，第三格4粒，第四格8粒，以此类推。如果使用编程技巧编写一个程序来精确计算国王应支付的米粒数量，这将会是一个有趣的测试。

如果必须在高效和不高效算法之间划清界限，那么很自然，多项式运行时间和指数运行时间将会是一个明显的区别。也就是说，区分运行时间 $O(n^c)$ 是否为快速算法，只需看常数 c 是否满足 $c > 1$；区分运行时间 $O(b^n)$ 是否为快速算法，只需看常数 b 是否满足 $b > 1$。本节讨论的许多概念也应该看作“盐粒”，因为运行时间为 $O(n^{100})$ 的算法可能不被认为是“高效”的。即便如此，多项式运行时间和指数运行时间的区别仍被认为是健壮易处理的方式。

3.3.3　算法分析示例

既然我们用大O符号能进行算法分析，接下来给出使用该符号来描述一些简单算法的运行时间的若干示例。此外，为了和之前的约定保持一致，我们将介绍本章给出的7个函数是如何被用于描述算法实例的运行时间的。

在本节中，我们不再使用伪代码，而是给出完整的能够实现的Python代码。我们用Python的list类自然地表示数组的值。在第5章，我们将深入研究Python的list类以及该类所提供的各种方法的效率。在本节中，我们仅仅介绍几种方法来讨论它们的效率。

常量时间操作

给出一个Python的list类的实例，将其命名为data，调用函数len(data)，在固定的时间内对其进行评估。这是一个非常简单的算法，因为对于每一个列表，list类包含一个能记录列表当前长度的实例变量。这就使得该算法能立即得出列表的长度，而不用再花时间迭代计算列表中的每个元素。使用渐近符号，我们说函数的运行时间为 $O(1)$，也就是说，函数的运行时间是独立于列表长度 n 的。

Python的list类的另一个重要特征是能使用整数索引j写出data[j]来访问列表中的任意元素。因为Python列表是基于数组序列执行的，列表中的元素存储在连续的内存块内。之所以能搜索到列表中的第 j 个元素，不是靠迭代列表中的元素得到的，而是通过验证索引，并把该索引作为底层数组的偏移量得到的。反过来，对于某一元素，计算机硬件支持基于内存地址的常量时间访问。因此，我们说Python列表的data[j]元素的运行时间被估计为 $O(1)$。

回顾在序列中找最大数的问题

在开始下一个示例之前，我们先来回顾一下代码段3-1中的find_max算法，即在列表中找最大值。在命题 3-7 中，我们得出该算法的运行时间为 $O(n)$。这符合我们之前的分析：语法 data[0] 的初始化运行时间为 $O(1)$。该循环执行 n 次，在每次循环中，都执行一次比较，可能也会执行一次赋值语句（以及维持循环变量）。最后，我们注意到 Python 返回语句机制运行时间也为 $O(1)$。综上所述，我们得出算法 find_max 的运行时间为 $O(n)$。

进一步分析找最大值算法

关于 find_max 算法，有一个更有趣的问题：我们要更新多少次当前“最大”值？在最坏的情况下，即给出的顺序按升序排列，最大值将会被重新赋值 $n-1$ 次。但如果给出的是随机序列，即任何情况都可能出现，在这种情况下，如何预测最大值将会被更新多少次？要回答这个问题，应注意在循环的每一次迭代中，只有当前元素比以往所有元素都更大时才会更新当前最大值。如果给出的是随机序列，则第 j 个元素比前 j 个元素更大的概率是 $1/j$（假定元素唯一）。因此，我们更新最大值（包括初始化）的预期次数是 $H_n=\sum_{j=1}^{n}1/j$，这就是著名的 n 调和数。

这（见附录中的命题 B-16）表明 H_n 的运行时间是 $O(\log n)$。因此，在 find_max 算法中，基于随机序列，该算法的最大值被更新的预期次数是 $O(\log n)$。

前缀平均值

我们要讨论的下一个问题是计算一个序列的前缀平均值。换句话说，给出一个包含 n 个数的序列 S，我们想计算出序列 A，该序列满足的条件为：当 $j=0, \cdots, n-1$ 时，$A[j]$ 是 $S[0], \cdots, S[j]$ 的平均值，即

$$A[j]=\frac{\sum_{i=0}^{j}S[i]}{j+1}$$

在经济学和统计学中，有很多计算前缀平均值的方法。比如，给出一个公共资金的每年收益，并把这些收益从过去到现在依次排列，投资者往往关注最近一年、三年或五年等的年平均收益。同样，给出一连串的日常网络使用日志，网站管理者可能希望能追踪不同时期的平均使用趋势。我们将分析三种能用于解决这些问题的方法，且该三种方法的运行时间截然不同。

二次 - 时间算法

为了计算前缀平均值，我们给出第一个算法（如代码段 3-2 所示），并将其命名为 prefix_average1。该算法使用内部循环计算部分和，因而能独立计算出序列 A 的每一个元素。

代码段 3-2 算法 prefix_average1

```
def prefix_average1(S):
  """Return list such that, for all j, A[j] equals average of S[0], ..., S[j]."""
  n = len(S)
  A = [0] * n                    # create new list of n zeros
  for j in range(n):
    total = 0                    # begin computing S[0] + ... + S[j]
    for i in range(j + 1):
      total += S[i]
    A[j] = total / (j+1)         # record the average
  return A
```

为了分析算法 prefix_average1，我们对每步执行情况进行讨论。

- 在本节开始处已给出 n = len(S)，且执行时间固定。
- 语句 A = [0] * n 用于创建和初始化 Python 列表，列表长度为 n，每个元素值为 0。因每个元素都执行相同次数的原子操作，故该算法的运行时间为 $O(n)$。
- for 循环有两层嵌套，分别由计数器 j 和 i 独自约束。外层循环被计数器 j 约束，j 从 0 增长到 $n-1$，共执行 n 次。因此，语句 total = 0 和 A[j] = total/(j + 1) 各被执行 n 次。这表明这两条语句加上 j 在此范围的执行，使得原子操作的次数按比例增长到 n，即其运行时间为 $O(n)$。
- 内层循环被计数器 i 约束，执行 $j+1$ 次，具体执行次数取决于外层循环 j 的值。因此，内层循环中的语句 total += S[i] 共执行 $1+2+3+\cdots+n$ 次。通过回顾命题 3-3，我们知道 $1+2+3+\cdots+n=n(n+1)/2$，这就表明内层循环的语句使得该算法运行时间变为 $O(n^2)$。对于和计数器 i 相关的原子操作，也可以做类似的论证，其运行时间也为 $O(n^2)$。

将上述三项运行时间相加，即可得出执行算法 prefix_average1 的执行时间。第一项和第二项的运行时间为 $O(n)$，第三项的运行时间为 $O(n^2)$。通过简单运用命题 3-9，得出算法 prefix_average1 的运行时间为 $O(n^2)$。

接下来介绍第二种计算前缀平均值的算法 prefix_average2，如代码段 3-3 所示。

代码段 3-3 算法 prefix_average2

```
def prefix_average2(S):
  """Return list such that, for all j, A[j] equals average of S[0], ..., S[j]."""
  n = len(S)
  A = [0] * n                        # create new list of n zeros
  for j in range(n):
    A[j] = sum(S[0:j+1]) / (j+1)    # record the average
  return A
```

该方法本质上和算法 prefix_average1 一样，都属于高级算法，只是不再使用内层循环，转而使用单一表达式 sum(S[0: j + 1]) 来计算部分和 $S[0]+\cdots+S[j]$。利用 sum 函数极大地简化了算法的规模，但是否对效率有影响值得思考。从渐近的角度来说，没有比该算法更好的了。虽然表达式 sum(S[0: j + 1]) 看起来似乎是一条指令，但它却是一个函数调用，并能评估出该函数在算法中的运行时间为 $O(j+1)$。从技术上讲，这一句计算 S[0: j + 1] 运行时间也为 $O(j+1)$，因为它构造了一个新的实例存储列表。因此算法 prefix_average2 的运行时间仍被一系列步骤所决定，这些步骤按比例运行时间为 $1+2+3+\cdots+n$，因此仍为 $O(n^2)$。

线性时间算法

接下来给出最后一个算法 prefix_average3，如代码段 3-4 所示。

就像前两个算法一样，我们热衷于对每个 j 计算前缀和 $S[0]+S[1]+\cdots+S[j]$，并在代码中以 total 表示，以便能够进一步计算前缀平均值 A[j] = total/(j + 1)。不过，与前两个算法不同的是该算法更高效。

代码段 3-4 算法 prefix_average3

```
def prefix_average3(S):
  """Return list such that, for all j, A[j] equals average of S[0], ..., S[j]."""
  n = len(S)
  A = [0] * n                   # create new list of n zeros
  total = 0                     # compute prefix sum as S[0] + S[1] + ...
```

```
  for j in range(n):
    total += S[j]                  # update prefix sum to include S[j]
    A[j] = total / (j+1)           # compute average based on current sum
  return A
```

在前两个算法中，对每一个 j，都要对前缀和重新进行计算。因每一个 j 都需要 $O(j)$ 的运行时间，从而导致该算法运行时间变为二次。在算法 prefix_average3 中，我们动态保存当前的前缀和，用 total + S[j] 高效计算 $S[0] + S[1] + \cdots + S[j]$，这里 total 的值就等于先前算法循环执行到 j 时的和 $S[0] + S[1] + \cdots + S[j-1]$。对算法 prefix_average3 运行时间的分析如下：

- 初始化变量 n 和 total，用时 $O(1)$。
- 初始化列表 A，用时 $O(n)$。
- 只有一个 for 循环，用计数器 j 来约束。计数器在循环范围内持续迭代，使得 total 用时 $O(n)$。
- j 从 0 到 $n-1$，循环体被执行 n 次。因此，语句 total += S[j] 和 A[j] = total/(j + 1) 各被执行 n 次。因为这两条语句每次迭代用时 $O(1)$，所以共用时 $O(n)$。

通过对上述四项求和便可得出算法 prefix_average3 的运行时间。第一项是 $O(1)$，剩余三项是 $O(n)$。通过对命题 3-9 的简单运用，得出 prefix_average3 的运行时间为 $O(n)$，比二次算法 prefix_average1 和 prefix_average2 运行效率更高。

三集不相交

假设我们给出三个序列 A、B、C。假定任一序列没有重复值，但不同序列间可以重复。三集不相交问题就是确定三个序列的交集是否为空，即不存在元素 x 满足 $x \in A$、$x \in B$ 且 $x \in C$。代码段 3-5 给出了一个简单的 Python 函数来确定这个性质。

代码段 3-5 算法 disjoint1 测试三集不相交

```
def disjoint1(A, B, C):
  """Return True if there is no element common to all three lists."""
  for a in A:
    for b in B:
      for c in C:
        if a == b == c:
          return False           # we found a common value
  return True                    # if we reach this, sets are disjoint
```

这个简单的算法将遍历三个序列任一组可能的三个值并且确定这些值是否相等。假如最初序列每一个长度都为 n，在最坏情况下，该函数的运行时间为 $O(n^3)$。

我们可以用一个简单的观测来提高渐近性。一旦在循环 B 中发现此时的元素 a 和 b 不相等，再去遍历 C 为了找三个相等的数，则就浪费时间了。在代码段 3-6 中，利用观测思想，给出了解决该问题的改进方案。

代码段 3-6 算法 disjoint2 测试三集不相交

```
def disjoint2(A, B, C):
  """Return True if there is no element common to all three lists."""
  for a in A:
    for b in B:
      if a == b:                 # only check C if we found match from A and B
        for c in C:
          if a == c              # (and thus a == b == c)
            return False         # we found a common value
  return True                    # if we reach this, sets are disjoint
```

在改进方案中，如果运气好，则不仅能节省时间。对于 disjoint2，我们声明在*最坏情况*下的运行时间为 $O(n^2)$。这里要考虑许多二次对 (a, b)。假如 A 和 B 均为没有重复值的序列，最多会有 $O(n)$。因此，最内层的循环 C 最多执行 n 次。

为了计算总的运行时间，我们检测每一行代码的执行时间。for 循环在 A 上需要运行 $O(n)$，在 B 上共需要 $O(n^2)$，因为该循环被执行在 n 个不同的时间段。预计语句 $a == b$ 的运行时间为 $O(n^2)$。剩下的运行时间取决于找到多少匹配的 (a, b) 对。因为我们已经注意到，最多有 n 对，因此 for 循环在 C 上以及循环体内的执行最多用时 $O(n^2)$。通过规范运用命题 3-9，得出总的运行时间为 $O(n^2)$。

元素唯一性

与三集不相交紧密相关的便是*元素唯一性问题*。前面我们给出三个集合并假定任一集合内元素不重复。在元素唯一性问题中，我们给出一个有 n 个元素的序列 S，求该集合内的所有元素是否都彼此不同。

代码段 3-7 用于测试元素唯一性的算法 unique1

```
def unique1(S):
  """Return True if there are no duplicate elements in sequence S."""
  for j in range(len(S)):
    for k in range(j+1, len(S)):
      if S[j] == S[k]:
        return False                # found duplicate pair
  return True                       # if we reach this, elements were unique
```

我们对此问题的第一个解决方案便是采用一个简单的迭代算法。在代码段 3-7 中给出函数 unique1，用于解决元素唯一性问题。该函数通过遍历所有下标 $j < k$ 的不同组合，检查是否有任一组合两元素相等。该算法使用两层循环，外层循环的第一次迭代致使内层循环 $n - 1$ 次迭代，外层循环的第二次迭代致使内层循环 $n - 2$ 次，以此类推。因此，在最坏情况下，该函数的运行时间按比例增长到

$$(n-1)+(n-2)+\cdots+2+1$$

通过命题 3-3，我们得出总运行时间仍为 $O(n^2)$。

以排序作为解决问题的工具

解决元素唯一性问题更优的一个算法是以排序作为解决问题的工具。在此情况下，通过对序列的元素进行排序，我们确定任何相同元素将会被排在一起。因此，为了确定是否有重复值，我们所要做的就是遍历该排序的序列，查看是否有连续的重复值。该算法的一个 Python 实现方法如代码段 3-8 所示：

代码段 3-8 用于测试元素唯一性的算法 unique2

```
def unique2(S):
  """Return True if there are no duplicate elements in sequence S."""
  temp = sorted(S)                  # create a sorted copy of S
  for j in range(1, len(temp)):
    if temp[j−1] == temp[j]:
      return False                  # found duplicate pair
  return True                       # if we reach this, elements were unique
```

如 1.5.2 节所述，内置函数 sorted 的基本功能是对原始列表的元素进行一次有序排序后产生的一个新列表。该函数保证在最坏情况下其运行时间为 $O(n \log n)$；详见第 12 章对常见

排序算法的讨论。一旦数据被排序，下面的循环运行时间就变为 $O(n)$，因此算法 unique2 的总运行时间为 $O(n \log n)$。

3.4 简单的证明技术

有时，我们会想做关于一个算法的声明，如显示它是正确的或者它的运行速度很快。为了使声明更加严谨，我们必须使用数学语言。为了证实这样的说法，我们必须对声明加以证明。幸运的是，有几种简单的方法可以做到这一点。

3.4.1 示例

有些声明的一般形式为："在集合 S 中，存在具有性质 P 的元素 x"。为了证明这个说法，我们只需要生成一个特定的元素 x，它在集合 S 中并具有性质 p。同样，一些难以置信的声明的一般形式为："在集合 S 中，任一元素 x 都具有性质 P"。为了证明这种声明是错误的，我们只需生成一个特定的元素 x，它在集合 S 中并不具有性质 P。这样的实例就是一个*反例*。

例题 3-17： *Amongus 教授声称，当 i 是大于 1 的整数时，每个形如 $2^i - 1$ 的数是一个素数。Amongus 教授的说法是错误的。*

证明： 为了证明 Amongus 教授是错误的，我们找出一个反例。幸运的是，我们不需要找太大的数，例如 $2^4 - 1 = 15 = 3 \times 5$。 ■

3.4.2 反证法

另一种证明技术涉及否定的使用。两个主要的这类方法是*逆否命题*和*矛盾*的使用。逆否命题方法的使用就像透过镜子的反面进行观察。为了证明命题"如果 p 为真，那么 q 为真"，我们使用命题"如果 q 非真，那么 p 非真"来代替。从逻辑上讲，这两个命题是相同的，但是后者，也就是第一个命题的逆否命题，可能更容易思考。

例题 3-18： *设 a 和 b 都是整数，如果 ab 是偶数，那么 a 是偶数或者 b 是偶数。*

证明： 为了证明这个结论，我们来考虑它的逆否命题，"如果 a 是奇数并且 b 是奇数，那么 ab 也是奇数"。所以，假设 $a = 2j + 1$ 和 $b = 2k + 1$，那么，$ab = 4jk + 2j + 2k + 1 = 2(2jk + j + k) + 1$，其中，$j$ 和 k 为整数，可证 ab 为奇数。 ■

除了显示逆否命题证明方式的使用，在前面的例子中还含有一个*德摩根定律*（DeMorgan's Law）的应用。这个定律能帮助我们处理否定，因为它说明了"p 或者 q"的否定形式是"非 p 并非 q"。同样，它也说明了"p 并 q"的否定形式是"非 p 或者非 q。"

矛盾

另一个反证方法是通过矛盾来证明，这也常常涉及德摩根定律的使用。通过矛盾的方法进行证明时，我们建立一个声明 q 是真的，首先假设 q 是假的，然后显示出由这个假设导致的矛盾（如 $2 \neq 2$ 或 $1 > 3$）。通过这样的一个矛盾，我们可以得出如果 q 是假的，那么没有一致的情况存在，所以 q 必须是真的。当然，为了得出这个结论，在假设 q 是假的之前，必须确保我们的情况是一致的。

例题 3-19： *设 a 和 b 都是整数，如果 ab 是奇数，那么 a 是奇数并且 b 也是奇数。*

证明： 设 ab 是奇数。我们希望得到 a 是奇数并且 b 也是奇数。所以，希望出现与假设相反的矛盾，即假设 a 是偶数或者 b 是偶数。事实上，为了不失一般性，我们甚至可以假设 a 是偶数的情况（因为 b 的情况是对称的）。然后我们设 $a = 2j$，其中 j 是整数。因此，$ab =$

（2j）$b = 2$（jb），得出 ab 是偶数。但这是一个矛盾：ab 不能既是奇数又是偶数。因此，a 是奇数并且 b 也是奇数。■

3.4.3 归纳和循环不变量

我们所做出的关于运行时间或空间约束的大多数声明都包括一个整数参数 n（通常表示该问题的“大小”的直观概念）。此外，大多数的这些声明相当于“对于所有 $n \geqslant 1$，$q(n)$ 为真”这样的语句。由于这是一个关于无限组数字的声明，我们不能以直接的方式穷尽证明这一点。

归纳

但是，通过使用归纳的方法，我们通常可以证明上述声明是正确的。这种方法表明，对于任何特定的 $n \geqslant 1$，有一个有限序列的证明，从已知为真的东西开始，最终得出 $q(n)$ 为真的结论。具体地说，通过证明当 $n = 1$ 时，$q(n)$ 为真，我们开始用归纳法证明（可能还有其他一些值 $n = 2, 3, \cdots, k$，k 为一个常数）。然后，我们证明当 $n > k$ 时归纳“步骤”为真，即表明“对于所有 $j < n$，如果 $q(j)$ 为真，那么 $q(n)$ 为真。”将这两块部分合起来即可完成归纳的证明。

命题 3-20：考虑斐波那契函数 $F(n)$，它定义 $F(1) = 1, F(2) = 2, F(n) = F(n-2) + F(n-1)$，其中 $n > 2$（参见 1.8 节），由此推断 $F(n) < 2^n$。

证明：通过归纳法，我们将证明上述命题是正确的。

递推的基础：$(n \leqslant 2)$。$F(1) = 1 < 2 = 2^1$ 并且 $F(2) = 2 < 4 = 2^2$。

递推的依据：$(n > 2)$。对于所有 $n' < n$，假设结论是正确的。考虑 $F(n)$。因为 $n > 2$，$F(n) = F(n-2) + F(n-1)$。而且，因为 $n-2$ 和 $n-1$ 都小于 n，我们可以应用归纳假设（有时称为“递归假说”）得到 $F(n) < 2^{n-2} + 2^{n-1}$，因为

$$2^{n-2} + 2^{n-1} < 2^{n-1} + 2^{n-1} = 2 \cdot 2^{n-1} = 2^n$$

■

让我们做另外一个归纳论证，这次是我们之前已经看到的事实。

命题 3-21：它和命题 3-3 的定义相同。

$$\sum_{i=1}^{n} i = \frac{n(n+1)}{2}$$

证明：我们将用归纳法证明这个等式。

递推的基础：$n = 1$ 最简单的，如果 $n = 1$，那么 $1 = n(n+1)/2$。

递推的依据：$n \geqslant 2$ 对于所有 $n' < n$。考虑 n。

$$\sum_{i=1}^{n} i = n + \sum_{i=1}^{n-1} i$$

通过归纳假说，有

$$\sum_{i=1}^{n} i = n + \frac{(n-1)n}{2}$$

我们可以把上式简化为

$$n + \frac{(n-1)n}{2} = \frac{2n + n^2 - n}{2} = \frac{n^2 + n}{2} = \frac{n(n+1)}{2}$$

■

对于所有 $n \geqslant 1$ 的情况，我们有时会感到证明一些事情为真的任务让我们不堪重负。但是，我们应该记住归纳法的具体步骤。这表明，对于任何特定的 n，通过一系列的有限、逐

步的证明，从已知为真的东西开始，最终得出关于 n 的真实性。总之，归纳论证为一系列直接证明提供了模板。

循环不变量

在本节中，我们最后讨论的证明方法是*循环不变量*。为了证明一些关于循环的语句 L 是正确的，我们依据一系列较小的语句 $L_0, L_1, \cdots, L_k$ 来定义 L，其中：

1）在循环开始前，*最初*要求 L_0 是真的。

2）如果在迭代 j 之前 L_{j-1} 为真，那么在迭代 j 之后 L_j 也会为真。

3）最后的语句 L_k 意味着想要证明的语句 L 为真。

让我们以一个简单的用到循环不变量参数的例子来证明算法的正确性。尤其是，用一个循环不变量来证明函数 find（参见代码段 3-9），

找出出现在序列 S 中的元素 val 的最小索引值。

代码段 3-9　寻找一个给定的元素在 Python 列表中出现的第一个索引值的算法

```
def find(S, val):
  """Return index j such that S[j] == val, or -1 if no such element."""
  n = len(S)
  j = 0
  while j < n:
    if S[j] == val:
      return j              # a match was found at index j
    j += 1
  return −1
```

为了说明 find 函数为真，我们归纳定义一系列的语句 L_j 来推断算法的正确性。具体地说，在 while 循环迭代 j 的开始，我们认为以下的叙述为真：

L_j：*val 不等于序列 S 的前 j 个元素中的任何一个*

循环的第一次迭代开始时，这种声明为真，因为 j 是 0，序列 S 中的第一个 0 中没有元素（这样的一个非常真实的声明被称为*空存*）。在第 j 次迭代中，我们比较元素 val 和元素 $S[j]$，如果这两个元素是相等的，那么返回索引值 j，在这种情况下，这显然是正确的并且可以完成这个算法。如果两个元素 val 和 $S[j]$ 是不相等的，那么不等于 val 的元素又增加了一个，把索引值 j 加 1。因此，对于这个新的索引值 j，这个声明 L_j 会变成真，于是在下一次迭代开始时它为真。如果 while 循环终止而没有返回序列 S 中的任何一个索引值，则有 $j = n$。也就是说，L_n 为真——在序列 S 中没有与 val 相等的元素。因此，该算法准确地返回 -1，以指示在序列 S 中没有元素 val。

3.5　练习

请访问 www.wiley.com/college/goodrich 以获得练习帮助。

巩固

R-3.1　画出函数 $8n$、$4n\log n$、$2n^2$、n^3 和 2^n 的图形，其中 x 轴和 y 轴均为对数刻度。也就是说，若函数 $f(n)$ 的值为 y，则 x 坐标为 $\log(n)$，y 坐标为 $\log(y)$，其中，(x, y) 为一个点。

R-3.2　算法 A 和 B 执行的操作个数分别为 $8n\log(n)$ 和 $2n^2$。确定 n_0，满足：当 $n \geqslant n_0$ 时，A 比 B 更优。

R-3.3　算法 A 和 B 执行的操作个数分别为 $40n^2$ 和 $2n^3$。确定 n_0，满足：当 $n \geqslant n_0$ 时，A 比 B 更优。

R-3.4　请给出一个函数示例，该函数在双对数坐标轴和标准坐标轴中的图形相同。

R-3.5　试解释：在双对数坐标轴中，斜率为 c 的函数 n^c，为何其图形为一条直线？

R-3.6 对于任意的正整数 n，0 ～ $2n$ 范围内，所有偶数的和是多少？

R-3.7 证明下面两个语句等价：

1）算法 A 的运行时间总为 $O(f(n))$。

2）在最坏的情况下，算法 A 的运行时间为 $O(f(n))$。

R-3.8 根据渐近增长速率对下面的函数进行排序。

$4n\log n + 2n$	2^{10}	$2^{\log n}$
$3n + 100\log n$	$4n$	$2n$
$n^2 + 10n$	n^3	$n\log n$

R-3.9 证明：若 $d(n)$ 为 $O(f(n))$，对于任意的常数 $a > 0$，$ad(n)$ 为 $O(f(n))$。

R-3.10 证明：若 $d(n)$ 为 $O(f(n))$，$e(n)$ 为 $O(g(n))$，则 $d(n)e(n)$ 为 $O(f(n)g(n))$。

R-3.11 证明：若 $d(n)$ 为 $O(f(n))$，$e(n)$ 为 $O(g(n))$，则 $d(n) + e(n)$ 为 $O(f(n) + g(n))$。

R-3.12 证明：若 $d(n)$ 为 $O(f(n))$，$e(n)$ 为 $O(g(n))$，则 $d(n) - e(n)$ 不一定为 $O(f(n) - g(n))$。

R-3.13 证明：若 $d(n)$ 为 $O(f(n))$，$f(n)$ 为 $O(g(n))$，则 $d(n)$ 为 $O(g(n))$。

R-3.14 证明：$O(\max\{f(n), g(n)\}) = O(f(n) + g(n))$。

R-3.15 证明：当且仅当 $g(n)$ 为 $\Omega(f(n))$ 时，$f(n)$ 为 $O(g(n))$。

R-3.16 证明：若 $p(n)$ 为 n 的多项式，则 $\log p(n)$ 为 $O(\log n)$。

R-3.17 证明：$(n + 1)^5$ 为 $O(n^5)$。

R-3.18 证明：2^{n+1} 为 $O(2^n)$。

R-3.19 证明：n 为 $O(n\log n)$。

R-3.20 证明：n^2 为 $\Omega(n\log n)$。

R-3.21 证明：$n\log n$ 为 $\Omega(n)$。

R-3.22 证明：若 $f(n)$ 为正的、非递减函数，且恒大于 1，则 $\lceil f(n)\rceil$ 为 $O(f(n))$。

R-3.23 对代码段 3-10 中给出的函数 example1，使用 n 对其运行时间做大 O 描述。

R-3.24 对代码段 3-10 中给出的函数 example2，使用 n 对其运行时间做大 O 描述。

R-3.25 对代码段 3-10 中给出的函数 example3，使用 n 对其运行时间做大 O 描述。

R-3.26 对代码段 3-10 中给出的函数 example4，使用 n 对其运行时间做大 O 描述。

R-3.27 对代码段 3-10 中给出的函数 example5，使用 n 对其运行时间做大 O 描述。

R-3.28 在下表中，对于任一函数 $f(n)$ 和时间 t，若针对问题 P 的算法运行 $f(n)$ 微秒，确定在 t 时间内 P 被解决的最大的 n 为多少（其中一项已给出结果）。

	1 Second	1 Hour	1 Month	1 Century
$\log n$	$\approx 10^{300\,000}$			
n				
$n\log n$				
n^2				
2^n				

R-3.29 算法 A 对包含 n 个元素的序列中的每个元素都执行 $O(\log n)$ 的计算时间。算法 A 的最坏运行时间是多少？

R-3.30 给出一个包含 n 个元素的序列 S，算法 B 在 S 中随机选择 $\log n$ 个元素，并对每个元素都执行 $O(n)$ 的计算时间。算法 B 的最坏运行时间是多少？

R-3.31 给出一个包含 n 个整数的序列 S，算法 C 对 S 中的每个偶数执行 $O(n)$ 的计算时间，每个奇数执行 $O(\log n)$ 的运算时间。算法 C 的最好和最坏运行时间分别是多少？

代码段 3-10 用于做分析的一些示例算法

```
def example1(S):
  """Return the sum of the elements in sequence S."""
  n = len(S)
  total = 0
  for j in range(n):                  # loop from 0 to n-1
    total += S[j]
  return total

def example2(S):
  """Return the sum of the elements with even index in sequence S."""
  n = len(S)
  total = 0
  for j in range(0, n, 2):            # note the increment of 2
    total += S[j]
  return total

def example3(S):
  """Return the sum of the prefix sums of sequence S."""
  n = len(S)
  total = 0
  for j in range(n):                  # loop from 0 to n-1
    for k in range(1+j):              # loop from 0 to j
      total += S[k]
  return total

def example4(S):
  """Return the sum of the prefix sums of sequence S."""
  n = len(S)
  prefix = 0
  total = 0
  for j in range(n):
    prefix += S[j]
    total += prefix
  return total

def example5(A, B):                   # assume that A and B have equal length
  """Return the number of elements in B equal to the sum of prefix sums in A."""
  n = len(A)
  count = 0
  for i in range(n):                  # loop from 0 to n-1
    total = 0
    for j in range(n):                # loop from 0 to n-1
      for k in range(1+j):            # loop from 0 to j
        total += A[k]
    if B[i] == total:
      count += 1
  return count
```

R-3.32 给出一个包含 n 个元素的序列 S，算法 D 对每个元素 $S[i]$ 都调用算法 E。算法 E 被调用时，对于每个元素 $S[i]$，运行时间为 $O(i)$。算法 D 的最坏运行时间是多少？

R-3.33 Al 和 Bob 在争论各自的算法。Al 认为自己的运行时间为 $O(n \log n)$ 的算法总是比 Bob 的运行时间为 $O(n^2)$ 的算法要快。为了解决这个问题，他们做了一系列实验。令 Al 沮丧的是，他们发现：若 $n < 100$，则运行时间为 $O(n^2)$ 的算法较快，仅当 $n \geqslant 100$ 时，运行时间为 $O(n \log n)$ 的算法才更快。请解释为何会这样。

R-3.34 有一个著名的城市（这里可能是无名的），城市居民享有这样的声誉：仅当一顿饭的质量是他们有生以来所体验的最好的，他们才会享受这顿饭；否则，就厌恶它。假设饭菜的质量均匀分布于一个人的一生，描述此城市的居民对饭菜满意的预期次数。

创新

C-3.35 假设在 $O(n \log n)$ 时间内可以完成对 n 个数字的排序，证明在 $O(n \log n)$ 的时间内能够解决三集不相交问题。

C-3.36 描述一种有效算法：在大小为 n 的序列中找到前十个最大元素。你的算法的运行时间是多少？

C-3.37 给出一个正函数 $f(n)$ 的例子，满足：$f(n)$ 的运行时间既不是 $O(n)$ 也不是 $\Omega(n)$。

C-3.38 证明：$\sum_{i=1}^{n} i^2$的时间复杂度是 $O(n^3)$。

C-3.39 证明：$\sum_{i=1}^{n} i/2^i < 2$。（提示：根据几何级数逐项求和。）

C-3.40 证明：若 $b > 1$，且为常数，$\log_b f(n)$ 为 $\Theta(\log f(n))$。

C-3.41 描述一种算法：从 n 个数字中找到最小值和最大值，要求比较次数少于 $3n/2$ 次。（提示：首先，选出一组候选的最小值和一组候选的最大值。）

C-3.42 Bob 开发了一个 Web 网站，仅仅把 URL 给了他的 n 个朋友，并把这 n 个朋友从 1 到 n 进行了编号。他告诉编号为 i 的朋友，他或她对该 Web 网站最多访问 i 次。现在，Bob 有一个计数器 C，能够记录此网站的总访问量（但不能辨别访问者是谁）。C 最小为多少时，能够使得 Bob 知道他其中一个朋友的访问次数已达上限？

C-3.43 当 n 为奇数时，对命题 3-3 给出一个类似于图 3-3b 的可视化的理由。

C-3.44 在计算机网络中，通信安全是极其重要的，许多网络协议实现安全的一种策略便是加密信息。确保信息在网络中安全传输的典型加密方案基于这样一个事实：没有已知的有效算法来分解大的整数。因此，若使用一个大的素数 p 表示秘密信息，我们就可以在网络中传输数字 $r = p \cdot q$，这里 q 为另一个大的素数，且 $q > p$，用于作为密钥。假如窃听者在网络中获取到传输数字 r，但若要找出秘密信息 p，则必须分解 r。

使用分解法找信息时，若不知道密钥 q，则非常困难。为了搞清楚原因，先来考虑如下天真的分解算法：

```
for p in range(2,r):
  if r % p == 0:                    # if p divides r
    return 'The secret message is p!'
```

1）假设窃听者采用上述算法，并拥有一台计算机，能够在 1μs（1s 的百万分之一）时间内，对两个整数做一次除法，其中每个整数都超过 100 位。若传输信息 r 有 100 位，估计在最坏情况下解读信息 p 需要多少时间。

2）上述算法的最坏时间复杂度是什么？因为算法输入的仅仅是一个大的数字 r，假设输入大小 n 表示存储 r 所需要的字节位数，即 $n = \lceil(\log_2 r)/8\rceil + 1$，且每次除法运行时间为 $O(n)$。

C-3.45 序列 S 包含 $n-1$ 个唯一的整数，整数范围为 $[0, n-1]$，即此范围内有一个数不属于 S。设计一个 $O(n)$ – 时间算法找出此数。除了 S 本身所占的内存外，仅允许你使用 $O(1)$ 的额外空间。

C-3.46 Al 说他能证明：在一个羊群内所有绵羊都是同一种颜色。

基本情况：一只绵羊。很明显，同种颜色即是它本身。

归纳步骤：一群绵羊，共 n 只。取出绵羊 a，通过归纳，剩余的 $n-1$ 只都是同一种颜色。现在，把绵羊 a 放回去，并取出一只不同的绵羊 b。通过归纳，剩余的 $n-1$ 只绵羊（包括绵羊 a）都是同一种颜色。因此，一个羊群内的所有绵羊都是同一种颜色。Al 的“理由”错在哪里？

C-3.47 设 S 为包含 n 条直线的集合，n 条直线位于同一平面，任意两条直线都不平行，任意三条直线都不相交于一点。归纳证明：S 中的直线能够确定 $\Theta(n^2)$ 个交点。

C-3.48 考虑下述的“理由”：Fibonacci 函数，$F(n)$（见命题 3-20）是 $O(n)$。

基本情况（$n \leqslant 2$）：$F(1) = 1$，$F(2) = 2$。

归纳步骤（$n > 2$）：假设当 $n' < n$ 时，结论正确。考虑 $n, F(n) = F(n-2) + F(n-1)$。通过归纳，$F(n-2)$ 是 $O(n-2)$ 且 $F(n-1)$ 是 $O(n-1)$。之后，根据在 R-3.11 中得出的一致性原理，$F(n)$ 是 $O((n-2)+(n-1))$。因此，$F(n)$ 的运行时间是 $O(n)$。

该“理由”错在哪里？

C-3.49 考虑 Fibonacci 函数，$F(n)$（见命题 3-20）。归纳证明 $F(n)$ 的运行时间是 $\Omega((3/2)^n)$。

C-3.50 设 $p(x)$ 为 n 次多项式，即 $p(x)=\sum_{i=0}^{n} a_i x^i$。

1）给出一个简单 $O(n^2)$ 时间的算法计算 $p(x)$。

2）通过对 x^i 进行更有效的计算，给出一个简单 $O(n \log n)$ 时间的算法计算 $p(x)$。

3）现在考虑对 $p(x)$ 进行改写：

$$p(x) = a_0 + x(a_1 + x(a_2 + x(a_3 + \cdots + x(a_{n-1} + xa_n) \cdots)))$$

这就是著名的霍纳法。使用大 O 符号，描述该方法执行的算术运算次数。

C-3.51 证明求和公式 $\sum_{i=1}^{n} \log i$ 的运行时间是 $O(n \log n)$。

C-3.52 证明求和公式 $\sum_{i=1}^{n} \log i$ 的运行时间是 $\Omega(n \log n)$。

C-3.53 一位坏国王有 n 瓶酒，一个间谍对其中的一瓶下了毒。不幸的是，他们都不知道哪一瓶已被下毒。毒药非常致命，仅仅稀释一滴，配成 10 亿 : 1 的溶液，也能将人杀死。虽然如此，但若要毒药起作用，也需要一整个月的时间。设计一个方案，在一个月的时间内，通过 $O(n \log n)$ 个测试者，准确确定哪个酒瓶已被下毒。

C-3.54 序列 S 包含 n 个整数，整数范围为 $[0, 4n]$，允许有重复值。描述一个有效算法，确定在 S 中值为 k 的整数出现次数最多。该算法的运行时间是多少？

项目

P-3.55 对 3.3.3 节的三个算法 prefix_average1、prefix_average2 和 prefix_average3 执行实验分析。将它们的运行时间形象化为一个输入大小的函数，并以双对数图的形式表示。

P-3.56 执行实验分析：比较代码段 3-10 中给出的函数的相对运行时间。

P-3.57 执行实验分析：验证 Python 的 sorted 方法平均运行时间为 $O(n \log n)$ 这一假设。

P-3.58 对解决元素唯一性问题的三个算法 unique1、unique2 和 unique3 中的任意一个执行实验分析，确定最大值 n，使得给出的算法运行时间小于等于 1min。

扩展阅读

大 O 符号关于其合适的使用已在参考文献 [19, 49, 63] 中给出了一些评论。Knuth[64, 63] 使用 $f(n) = O(g(n))$ 进行定义，但是，说“相等”仅仅是“一种方式”。我们选择了更标准的相等概念，即把大 O 符号看作集合，这一思想来自于 Brassard [19]。有兴趣研究平均案例分析的读者可参考 Vitter 和 Flajolet [101] 的书籍。对于其他一些数学工具，参见附录 B。

第 4 章

Data Structures and Algorithms in Python

递 归

在计算机程序中，描述迭代的一种方法是使用循环，比如在 1.4.2 节中描述的 Python 语言的 while 循环和 for 循环。另一种完全不同的迭代实现方法就是递归。

递归是一种技术，这种技术通过一个函数在执行过程中一次或者多次调用其本身，或者通过一种数据结构在其表示中依赖于相同类型的结构更小的实例。在艺术和自然界中有很多递归的例子。例如分形图是自然方面的递归。一个在艺术中应用递归的例子是俄罗斯套娃。每个娃娃要么是实木的，要么是空心的，并且空心的娃娃里面包含了另一个俄罗斯套娃。

在计算中，递归提供了用于执行迭代任务的优雅并且强大的替代方案。事实上，一些编程语言（例如 Scheme、Smalltalk）不明确支持循环结构，而是直接依靠递归来表示迭代。大多数现代编程语言都通过和传统函数调用相同的机制支持函数的递归调用。当函数的一次调用需要进行递归调用时，该调用被挂起，直到递归调用完成。[⊖]

在数据结构和算法的研究中，递归是一种重要的技术。我们将在本书的后面几个章节中多次使用递归（尤其是第 8 章和第 12 章）。在本章中，我们将从以下四个递归使用例证开始，并给出了每个例证的 Python 实现。

- 阶乘函数（通常表示为 $n!$）是一个经典的数学函数，它有一个固有的递归定义。
- 英式标尺具有的递归模式是分形结构的一个简单例子。
- 二分查找是最重要的计算机算法之一。在一个拥有数十亿以上条目的数据集中，它能让我们有效地定位所需的某个值。
- 计算机的文件系统有一个递归结构，在该结构中，目录能够以任意深度嵌套在其他目录上。递归算法被广泛用于探索和管理这些文件系统。

我们接下来讨论如何进行一个递归算法的运行时间的形式化分析，并且讨论在定义递归时一些潜在的缺陷。在内容的选择上，我们提供了更多的递归算法的例子，强调了一些常见的设计形式。

4.1 说明性的例子

4.1.1 阶乘函数

为了说明递归的机制，我们首先介绍一个计算阶乘函数的值的简单数学示例。一个正整数 n 的阶乘表示为 $n!$，它被定义为整数从 1 到 n 的乘积。如果 $n = 0$，那么按照惯例 $n!$ 被定义为 1。更正式的定义是，对于任何整数 $n \geqslant 0$，

$$n! = \begin{cases} 1 & n = 0 \\ n \times (n-1) \times (n-2) \cdots 3 \times 2 \times 1 & n \geqslant 1 \end{cases}$$

例如，$5! = 5 \times 4 \times 3 \times 2 \times 1 = 120$。阶乘函数很重要，其结果等于 n 个元素全排列的个数。例如，三个字符 a、b 和 c 有 $3! = 3 \times 2 \times 1 = 6$ 种不同的排列方式：abc、acb、bac、bca、cab

⊖ 函数调用时局部变量和执行位置信息压栈，调用结束后恢复。递归调用也是这样的过程。——译者注

和 cba。

阶乘函数有一个固有的递归定义。可以看到 $5! = 5 \times (4 \times 3 \times 2 \times 1) = 5 \times 4!$。通常，对于一个正整数 n，我们可以定义 $n! = n \times (n-1)!$。这个递归定义可以形式化为

$$n! = \begin{cases} 1 & n = 0 \\ n \times (n-1)! & n \geqslant 1 \end{cases}$$

在许多递归定义中，这个定义是很典型的。首先，它包含一个或多个*基本情况*，根据定量，这些基本情况通常被直接定义。在这个定义中，$n = 0$ 是一个基本情况。它还包含一个或多个*递归情况*，这些情况的定义服从被定义函数的定义。

阶乘函数的递归实现

递归不仅是一个数学符号，也可以用于设计一个阶乘函数，如代码段 4-1 所示。

代码段 4-1　阶乘函数的递归实现

```
def factorial(n):
  if n == 0:
    return 1
  else:
    return n * factorial(n-1)
```

这个函数不使用任何显式循环。迭代是通过函数的重复递归调用来实现的。在这个定义中没有循环，因为函数每被调用一次，它的参数就会变小一次，当达到基本情况的时候，递归调用就会停止。

我们用*递归跟踪*的形式来说明一个递归函数的执行过程。跟踪的每个条目代表着一个递归调用。每一个新的递归函数调用用一个向下的箭头指向新的调用来表示。函数返回时，用一个弯曲的箭头表示，并将返回值标在箭头的旁边。图 4-1 所示为一个对阶乘函数进行跟踪的示例。

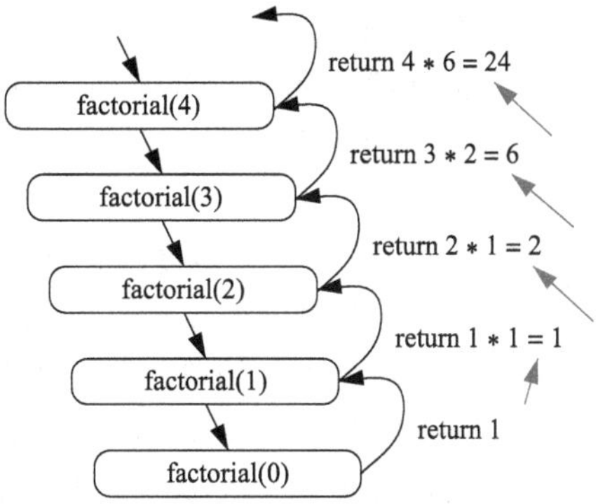
return 4 * 6 = 24
factorial(4)
return 3 * 2 = 6
factorial(3)
return 2 * 1 = 2
factorial(2)
return 1 * 1 = 1
factorial(1)
return 1
factorial(0)

图 4-1　factorial(5) 函数调用的递归跟踪

递归跟踪密切反映了编程语言对于递归的执行。在 Python 中，每当一个函数（递归或其他方式）被调用时，都会创建一个被称为*活动记录*或*框架*的结构来存储信息，这些信息是关于函数调用的过程的。这个活动记录包含一个用来存储函数调用的参数和局部变量的命名空间（参见 1.10 节命名空间的讨论），以及关于在这个函数体中当前正在执行的命令的信息。

如果一个函数的执行导致嵌套函数的调用，那么前者调用的执行将被挂起，其活动记录将存储源代码中的位置，这个位置是被调用函数返回后将继续执行的控制流。该过程可以用在标准情况下一个函数调用另一个不同的函数，或用在一个函数调用自身的递归情况下。关键的一点是对于每个有效的调用都有一个不同的活动记录。

4.1.2　绘制英式标尺

在计算阶乘的情况下，也可以采用循环来实现迭代，不一定必须采用递归的方法。举一个更复杂的使用递归的例子，考虑如何绘制出一个典型的英式标尺的刻度。对于每一英寸（in，1in = 2.54cm），我们用一个数字标签做上刻度标记。我们表示刻度的长度并且指定一个

英寸作为主刻度线的长度。在整个英寸刻度之间，标尺包含一系列较小的刻度线，如 1/2 英寸、1/4 英寸，等等。当间隔的大小减少了一半时，刻度线的长度也减 1。图 4-2 展示了几个这样的具有不同主刻度长度的标尺（虽然不是按比例绘制）。

```
----0
-
--
-
---
-
--
-
----1
-
--
-
---
-
--
-
----2
```

a）一个主刻度线长度为4的2英寸标尺

```
-----0
-
--
-
---
-
--
-
----
-
--
-
---
-
--
-
-----1
```

b）一个主刻度线长度为5的1英寸标尺

```
---0
-
--
-
---1
-
--
-
---2
-
--
-
---3
```

c）一个主刻度线长度为3的3英寸标尺

图 4-2　一个英式标尺绘制的三个示例输出

绘制标尺的递归方法

英式标尺模式是分形的一个简单示例，也就是具有在各级放大的自递归结构的形状。考虑在图 4-2b 中所示的刻度线长度为 5 的标尺，忽略包含 0 和 1 的刻度线，考虑如何绘制这些刻度线之间的刻度序列。中央刻度线（在 1/2 英寸处）的长度为 4。观察中央刻度线上面和下面两个部分的刻度，发现它们是相同的，并且每部分有一个长度为 3 的中央刻度线。

一般情况下，中央刻度线长度 $L \geqslant 1$ 的刻度间隔的组成如下：

- 一个中央刻度线长度为 $L-1$ 的刻度间隔
- 一个长度为 L 的单独的刻度线
- 一个中央刻度线长度 $L-1$ 的刻度间隔

虽然可以使用一个迭代过程绘制这样的标尺（参见练习 P-4.25），但是这个任务用递归完成更加容易。如代码段 4-2 所示，代码实现包括三个函数。主函数 draw_ruler 管理整个标尺的构建。它的参数指定标尺的总长度以及主刻度线的长度。功能函数 draw_line 用指定数量的破折号绘制一个单独的刻度线（并且在刻度线之后打印一个可选的字符串标签）。

最重要的工作是由递归函数 draw_interval 来完成的。这个函数根据刻度间隔中中央刻度线的长度来绘制刻度间隔之间副刻度线的序列。根据本节开始时列出的 $L \geqslant 1$ 的规律，当 $L=0$ 这个基本情况，不再绘制任何东西。对于 $L \geqslant 1$，第一步和最后一步都是通过递归调用 draw_interval(L-1) 进行的，中间的步骤是通过递归调用函数 draw_interval(L) 进行的。

代码段 4-2　绘制一个标尺的函数的递归实现

```
def draw_line(tick_length, tick_label=''):
  """Draw one line with given tick length (followed by optional label)."""
  line = '-' * tick_length
```

```
    if tick_label:
        line += ' ' + tick_label
    print(line)

def draw_interval(center_length):
    """Draw tick interval based upon a central tick length."""
    if center_length > 0:                    # stop when length drops to 0
        draw_interval(center_length - 1)     # recursively draw top ticks
        draw_line(center_length)             # draw center tick
        draw_interval(center_length - 1)     # recursively draw bottom ticks

def draw_ruler(num_inches, major_length):
    """Draw English ruler with given number of inches, major tick length."""
    draw_line(major_length, '0')             # draw inch 0 line
    for j in range(1, 1 + num_inches):
        draw_interval(major_length - 1)      # draw interior ticks for inch
        draw_line(major_length, str(j))      # draw inch j line and label
```

用递归追踪说明标尺的绘制

用一个递归追踪可以使递归函数 draw_interval 的执行变得可视化。然而，draw_interval 的追踪比阶乘函数追踪的例子更复杂，因为每个实例进行了两次递归调用。为了说明这一点，我们将以排列的形式展示递归跟踪，这个形式非常类似一个文档大纲，如图 4-3 所示。

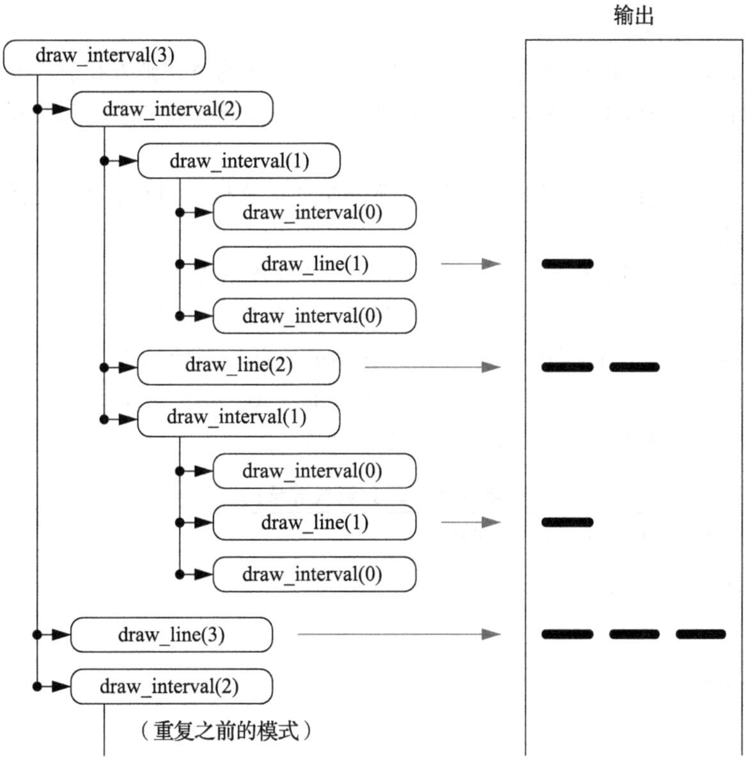
输出
draw_interval(3)
draw_interval(2)
draw_interval(1)
draw_interval(0)
draw_line(1)
draw_interval(0)
draw_line(2)
draw_interval(1)
draw_interval(0)
draw_line(1)
draw_interval(0)
draw_line(3)
draw_interval(2)
（重复之前的模式）

图 4-3 对于调用 draw_interval(3) 的局部递归追踪。对于调用 draw_interval(2) 的第二个追踪模式没有予以展示，但它与第一个是相同的

4.1.3 二分查找

本节将介绍一个典型的递归算法——二分查找。该算法用于在一个含有 n 个元素的有序

序列中有效地定位目标值。这是最重要的计算机算法之一，也是我们经常顺序存储数据（见图 4-4）的原因。

0	1	2	3	4	5	6	7	8	9	10	11	12	13	14	15
2	4	5	7	8	9	12	14	17	19	22	25	27	28	33	37

图 4-4 值以索引序列顺序存储，比如 Python 列表，顶部的数字是索引

当序列*无序*时，寻找一个目标值的标准方法是使用循环来检查每一个元素，直至找到目标值或检查完数据集的每个元素。这就是所谓的*顺序查找*算法。因为最坏的情况下每个元素都需要检查，这个算法的时间复杂度是 $O(n)$（即线性的时间）。

当序列有序并且可通过索引访问时，有一个更有效的算法（直觉上，想想你如何手工完成这个任务！）。对于任意索引 j，我们知道在索引 0，…，$j-1$ 上存储的所有值都小于索引 j 上的值，并且在索引 $j+1$，…，$n-1$ 上存储的所有值都大于或等于索引 j 上的值。在搜索目标时，这种观察使我们能够迅速定位目标值。在查找时，如果不能排除一个元素与目标值相匹配，那么称序列的这个元素为*候选项*。该算法维持两个参数 low 和 high，这样可使所有候选条目的索引位于 low 和 high 之间。首先，low = 0 和 high = $n-1$。然后我们比较目标值和中间值候选项，即索引项 [mid] 的数据。

$$\text{mid} = \lfloor (\text{low} + \text{high})/2 \rfloor$$

考虑以下三种情况：

- 如果目标值等于 [mid] 的数据，然后找到正在寻找的值，则查找成功并且终止。
- 如果目标值 < [mid] 的数据，对前半部分序列重复这一过程，即索引的范围从 low 到 mid − 1。
- 如果目标值 > [mid] 的数据，对后半部分序列重复这一过程，即索引的范围从 mid + 1 到 high。

如果 low > high，说明索引范围 [low, high] 为空，则查找不成功。

该算法被称为*二分查找*。代码段 4-3 给出了一个 Python 实例，其算法执行过程的说明如图 4-5 所示。而顺序查找的时间复杂度是 $O(n)$，更为高效的二分查找的时间复杂度是 $O(\log n)$。这是一个显著的改进，因为假设 n 是十亿，$\log n$ 仅为 30。（对于二分查找运行时间的问题，我们将在 4.2 节命题 4-2 做正式的分析。）

代码段 4-3 二分查找算法的实现

```
def binary_search(data, target, low, high):
  """Return True if target is found in indicated portion of a Python list.

  The search only considers the portion from data[low] to data[high] inclusive.
  """
  if low > high:
    return False                                # interval is empty; no match
  else:
    mid = (low + high) // 2
    if target == data[mid]:                     # found a match
      return True
    elif target < data[mid]:
      # recur on the portion left of the middle
      return binary_search(data, target, low, mid − 1)
    else:
      # recur on the portion right of the middle
      return binary_search(data, target, mid + 1, high)
```

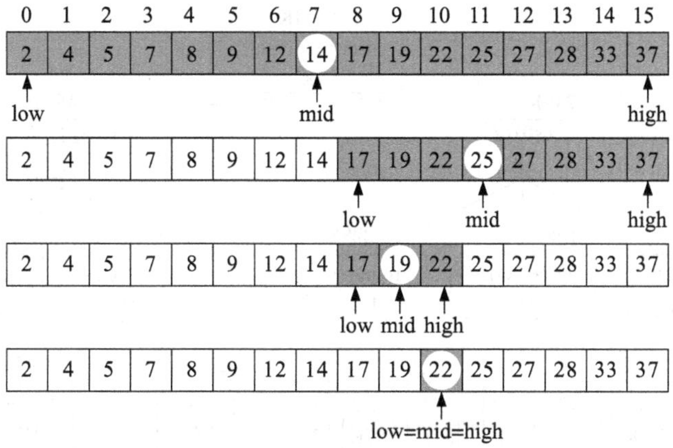
0 1 2 3 4 5 6 7 8 9 10 11 12 13 14 15
2 4 5 7 8 9 12 14 17 19 22 25 27 28 33 37
low
mid
high
2 4 5 7 8 9 12 14 17 19 22 25 27 28 33 37
low
mid
high
2 4 5 7 8 9 12 14 17 19 22 25 27 28 33 37
low mid high
2 4 5 7 8 9 12 14 17 19 22 25 27 28 33 37
low=mid=high

图 4-5 对于目标值 22 的二分查找的例子

4.1.4 文件系统

现代操作系统用递归的方式来定义文件系统目录（有时也称为“文件夹”）。也就是说，一个文件系统包括一个顶级目录，这个目录的内容包括文件和其他目录，其他目录又可以包含文件和其他目录，以此类推。虽然必定会有一些基本的目录只包含文件而没有下一级子目录，但是操作系统允许嵌套任意深度的目录（只要在内存中有足够的空间）。图 4-6 所示即为此类文件系统的一部分。

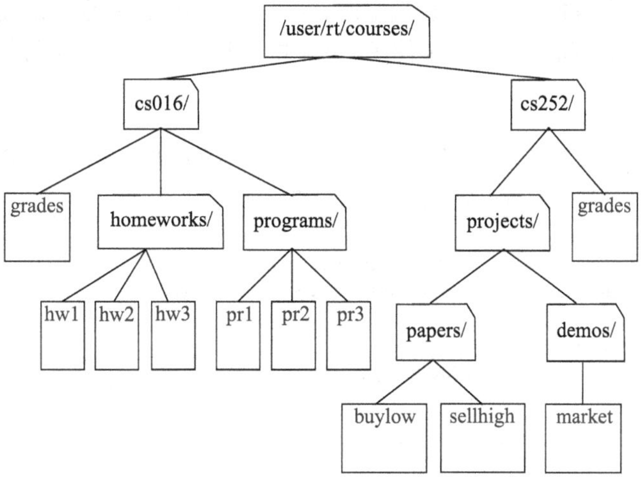
/user/rt/courses/
cs016/
cs252/
grades
homeworks/
programs/
projects/
grades
hw1
hw2
hw3
pr1
pr2
pr3
papers/
demos/
buylow
sellhigh
market

图 4-6 用文件系统的一部分展示嵌套结构

考虑到文件系统表示的递归特性，操作系统中许多常见的行为，比如目录的复制或删除，都可以很方便地用递归算法来实现。在本节中，我们考虑这样一个算法：计算嵌套在一个特定目录中的所有文件和目录的总磁盘使用情况。

为了说明空间的使用情况，图 4-7 显示了样例文件系统中所有条目使用的磁盘空间。我们对每个条目所使用的即时磁盘空间以及由该条目和所有嵌套目录所使用的累计磁盘空间加以区分。例如，目录 cs016 仅仅使用了 2K 的即时空间，但使用了 249K 的累计磁盘空间。

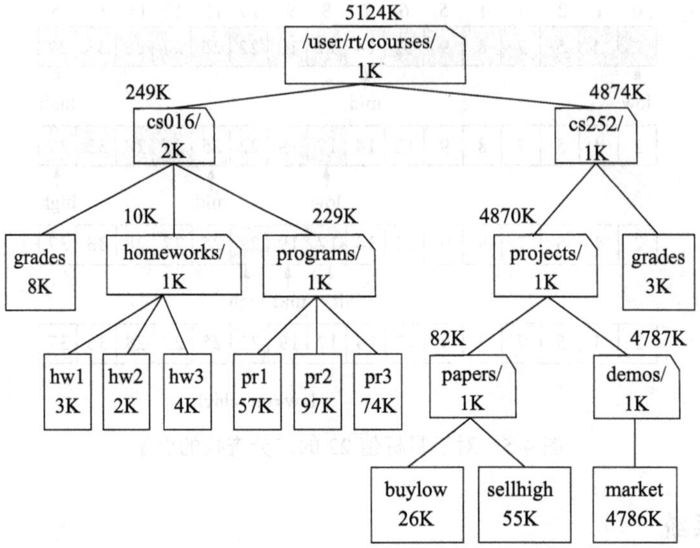
5124K
/user/rt/courses/
1K
249K
cs016/
2K
4874K
cs252/
1K
10K
229K
4870K
grades
8K
homeworks/
1K
programs/
1K
projects/
1K
grades
3K
82K
4787K
hw1
3K
hw2
2K
hw3
4K
pr1
57K
pr2
97K
pr3
74K
papers/
1K
demos/
1K
buylow
26K
sellhigh
55K
market
4786K

图 4-7 和图 4-6 的文件系统局部有相同的部分，但增加了用于描述所使用磁盘空间量的注释。每个文件或目录的图标里面是该模块镜像直接使用空间的总量。每个目录的图标上面是由该目录及其所有（递归）内容使用的累计磁盘空间

一个条目的累计磁盘空间可以用简单的递归算法来计算。它等于条目使用的直接磁盘空间加上直接存储在该条目中所有条目使用的累计磁盘空间之和。例如，cs016 的累计磁盘空间是 249K，因为它本身使用 2K 的磁盘空间，grades 使用 8K 的累计磁盘空间，homeworks 使用 10K 的累计磁盘空间，programs 使用 229K 的累计磁盘空间。代码段 4-4 给出了这个算法的伪代码。

代码段 4-4 计算嵌套在一个文件系统条目中的累积磁盘空间使用的算法。Size 函数返回一个条目的即时磁盘空间

```
Algorithm DiskUsage(path):
  Input: A string designating a path to a file-system entry
  Output: The cumulative disk space used by that entry and any nested entries
  total = size(path)                 {immediate disk space used by the entry}
  if path represents a directory then
    for each child entry stored within directory path do
      total = total + DiskUsage(child)                 {recursive call}
  return total
```

Python 的操作系统模块

为了给出一个计算磁盘使用情况的递归算法 Python 实例，我们需要借助 Python 的操作系统模块，在程序执行的过程中，该模块提供了强大的与操作系统交互的工具。这是一个丰富的函数库，但我们只需要以下四个函数：

- os.path.getsize(path)

  返回由字符串路径（例如：/user/rt/courses）标识的文件或者目录使用的即时磁盘空间大小（单位是字节）。
- os.path.isdir(path)

  如果字符串路径指定的条目是一个目录，则返回 True；否则，返回 false。

- os.listdir(path)

  返回一个字符串列表，它是字符串路径指定的目录中所有条目的名称。在样例文件系统中，如果参数是 /user/rt/courses，那么返回字符串列表 ['cs016', 'cs252']。
- os.path.join(path, filename)

  生成路径字符串和文件名字符串，并使用一个适当的操作系统分隔符在两者之间分隔（例如：Unix/Linux 系统中的 '/' 字符和 Windows 系统中的 '\' 字符）。返回表示文件完整路径的字符串。

Python 实例

通过使用 os 模块，现在我们把代码段 4-4 中的算法转换成代码段 4-5 中的 Python 实例。

代码段 4-5 报告一个文件系统磁盘使用情况的递归函数

```
1  import os
2
3  def disk_usage(path):
4    """Return the number of bytes used by a file/folder and any descendents."""
5    total = os.path.getsize(path)                  # account for direct usage
6    if os.path.isdir(path):                        # if this is a directory,
7      for filename in os.listdir(path):            # then for each child:
8        childpath = os.path.join(path, filename)   # compose full path to child
9        total += disk_usage(childpath)             # add child's usage to total
10
11   print ('{0:<7}'.format(total), path)           # descriptive output (optional)
12   return total                                   # return the grand total
```

递归追踪

为了产生另一种格式的递归跟踪，我们在 Python 实例加入了额外的 print 语句（代码段 4-5 的第 11 行）。该输出的准确格式有意模仿由一个名为 du 的典型的 Unix/Linux 实用程序（对于“disk usage”）生成的输出。如图 4-8 所示，它报告一个目录及其中嵌套的所有内容使用的磁盘空间的总量，并能生成详细的报告。

```
8       /user/rt/courses/cs016/grades
3       /user/rt/courses/cs016/homeworks/hw1
2       /user/rt/courses/cs016/homeworks/hw2
4       /user/rt/courses/cs016/homeworks/hw3
10      /user/rt/courses/cs016/homeworks
57      /user/rt/courses/cs016/programs/pr1
97      /user/rt/courses/cs016/programs/pr2
74      /user/rt/courses/cs016/programs/pr3
229     /user/rt/courses/cs016/programs
249     /user/rt/courses/cs016
26      /user/rt/courses/cs252/projects/papers/buylow
55      /user/rt/courses/cs252/projects/papers/sellhigh
82      /user/rt/courses/cs252/projects/papers
4786    /user/rt/courses/cs252/projects/demos/market
4787    /user/rt/courses/cs252/projects/demos
4870    /user/rt/courses/cs252/projects
3       /user/rt/courses/cs252/grades
4874    /user/rt/courses/cs252
5124    /user/rt/courses/
```

图 4-8 图 4-7 中所示文件系统的磁盘使用情况报告——由 Unix/Linux 实用程序 du（带命令行选项 -ak）或代码段 4-5 中的 disk-usage 函数生成

在图 4-7 所示的样例文件系统上执行时，disk_usage 函数的实例产生一个相同的结果。在算法执行期间，对于文件系统的每一个条目，正好使用一次递归调用。因为 print 语句是在递归调用之前执行的，所以图 4-8 所示的输出反映了递归调用完成的顺序。需要特别强调的是，在可以计算和报告所有包含的条目的累计磁盘空间之前，我们必须完成嵌套在该条目之下的所有条目的递归调用。例如，我们在计算包含 grades、homeworks 和 programs 条目的递归调用完成后，才知道条目 /user/rt/courses/cs016 的累计磁盘空间大小。

4.2 分析递归算法

在第 3 章中，我们介绍了一种分析算法效率的数学方法，该方法基于算法执行的基本操作次数的估计值。我们使用符号（比如 big-Oh）来概括操作次数和问题输入大小之间的关系。本节将演示如何执行这种类型的递归算法的时间复杂度分析。

对于递归算法，我们将解释基于函数的特殊*激活*并且被执行的每个操作，该函数在被执行期间管理控制流。换句话说，对于每次函数调用，我们只解释被调用的主体内执行的操作的数目。然后，通过在每个单独调用过程中执行的操作数的总和，即所有调用次数，我们可以解释被作为递归算法的一部分而执行的操作的总数。（顺便说一句，这也是我们分析非递归函数的方式。这些非递归函数从它们的函数体中调用其他函数）

为了说明这种分析的模式，我们回顾一下 4.1.1 ～ 4.1.4 节介绍的四个递归算法：阶乘函数、绘制一个英式标尺、二分查找以及文件系统累计磁盘空间大小的计算。一般来说，在识别有多少递归调用发生，以及每个调用的参数化可以用来估计其调用的主体内发生的基本操作次数方面，我们可以借助于*递归追踪*提供的客观事实。但是，每一个递归算法都具有独特的结构和形式。

计算阶乘

正如 4.1.1 节所描述的，分析计算阶乘的函数的效率是比较容易的。图 4-1 给出了阶乘函数的一个递归追踪的示例。为了计算 factorial(n)，共执行了 $n+1$ 次函数调用。参数从第一次调用时的 n 下降到第二次调用时的 $n-1$，以此类推，直至达到参数为 0 时的基本情况。

代码段 4-1 给出了函数体的检测，同样清楚的是，阶乘的每个调用执行了一个常数级别的运算。因此，我们得出这样的结论：计算 factorial(n) 的操作总次数是 $O(n)$，因为有 $n+1$ 次函数的调用，所以每次调用占的操作次数为 $O(1)$。

绘制一个英式标尺

在 4.1.2 节分析英式标尺的应用程序中，我们考虑共有多少行输出这一基本问题。该输出是通过初始调用 draw_interval(c) 产生的，其中 c 表示中央刻度线长度。这是该算法的整体效率的合理基准，因为输出的每一行是基于一个对 draw_line 函数的调用，以及对 draw_interval 的每次非零参数递归调用恰好产生一个对 draw_line 的直接调用。

通过检验源代码和递归追踪可以获得直观认识。我们知道对 draw_interval(c)（$c>0$）的一个调用产生两个对 draw_interval(c - 1) 的调用和一个单独的 draw_line 的调用。我们将依赖这些客观事实来证明以下的声明。

命题 4-1：*对于* $c \geqslant 0$，*调用* draw_interval(c) *函数刚好产生* 2^c-1 *行输出*。

证明：通过归纳法（参见 3.4.3 节），我们给出了这种声明的正式证明。事实上，归纳法是用于证明递归过程正确性和有效性的自然数学技术。在标尺的这个例子中，我们注意到，draw_interval(0) 的应用程序没有输出，并以此作为证明的基本情况。■

更一般的是，通过调用 draw_interval(c) 函数打印的行数比通过调用 draw_interval(c - 1) 函数产生的行数的两倍还多 1——因为在两个这样的递归调用之间打印一个中心线。通过归纳法，我们计算出行数 $1+2(2^{c-1}-1)=1+2^c-2=2^c-1$。

这个证明表明，一个更严格的被称为*递归方程*的数学工具可用于分析递归算法的运行时间。在 12.2.4 节对递归排序算法的分析中，我们会讨论这种技术。

执行二分查找

如在 4.1.3 节提到的，考虑到二分查找算法的运行时间，我们观察到二分查找方法的每次递归调用中被执行的基本操作次数是恒定的。因此，运行时间与执行递归调用的数量成正比。我们会证明在对含有 n 个元素的队列进行二分查找过程中至多进行 $\lfloor \log n \rfloor + 1$ 次递归调用，并且得出以下声明。

命题 4-2：对于含有 n 个元素的有序序列，二分查找算法的时间复杂度是 $O(\log n)$。

证明：为了证明这一命题，一个重要的事实是：在每次递归调用中，需要被查找的候选条目的数量是由一个值给出的。这个值为

$$\text{high} - \text{low} + 1$$

此外，每次递归调用之后，剩下的候选条目的数量至少减少一半。具体来讲，从 mid 的定义可知，剩下的候选条目的数量是

$$(\text{mid}-1)-\text{low}+1=\left\lfloor \frac{\text{low}+\text{high}}{2} \right\rfloor-\text{low} \leqslant \frac{\text{high}-\text{low}+1}{2}$$

或者是

$$\text{high}-(\text{mid}+1)+1=\text{high}-\left\lfloor \frac{\text{low}+\text{high}}{2} \right\rfloor \leqslant \frac{\text{high}-\text{low}+1}{2}$$

候选条目最初为 n；在进行一次二分查找调用之后，它至多是 $n/2$；在进行第二次调用后，它至多为 $n/4$；以此类推。一般情况下，在进行第 j 次二分查找调用之后，剩下的候选条目的数量至多是 $n/2^j$。在最坏的情况下（一次不成功的查找），当没有更多的候选条目时递归调用停止。因此，进行递归调用的最大次数，有最小整数 r，使得

$$\frac{n}{2^r} < 1$$

换言之（回想一下，当对数底数是 2 时，省略对数底数），$r > \log n$。因此，有 $r = \lfloor \log n \rfloor + 1$，这意味着二分查找的时间复杂度为 $O(\log n)$。■

计算磁盘空间使用情况

4.1 节最后一个递归算法是计算在文件系统的特定部分整体磁盘空间使用情况。为了描述所分析的“问题大小”，我们用 n 表示所考虑文件系统的特定部分的文件系统条目的数量。（例如，图 4-6 所示的文件系统有 $n(n = 19)$ 个条目）

为了描述 disk_usage 函数初始调用的累计时间开销，我们必须分析所执行的递归调用的总数以及在这些调用中执行的操作次数。

首先显示刚好有 n 次函数调用的递归过程，尤其是文件系统的相关部分的每个条目对应一次递归调用的过程。直观来讲，这是因为对于文件系统的特定条目 e 仅进行一次 disk_usage 调用，在代码段 4-5 的 for 循环中处理包含 e 的父目录时，将只检索一次该条目。

为了形式化地证明上述论证，我们可以定义每个条目的*嵌套级别*，比如定义起始条目的嵌套级别为 0，定义直接存储在该条目中所有条目的嵌套级别为 1，定义存储在这些条目中所有条目的嵌套级别为 2，以此类推。我们可以通过归纳法证明在嵌套等级为 k 的各条目上恰好有一个对 disk_usage 函数的递归调用。作为一种基本情况，当 $k = 0$ 时，唯一进行的递归调用是初始调用。就归纳步骤来说，一旦知道在嵌套级别为 k 的每个条目上恰好只有一次递归调用，我们可以证明对于嵌套级别为 k 的条目下的条目 e，仅从处理包含 e 的 $k+1$ 级条目的 for 循环中调用一次。

在确定了文件系统的每个条目有一个递归调用之后，我们回到对于算法整体计算时间的问题上来。或许我们认为在任何单一的函数调用上花 $O(1)$ 的时间将是非常好的，但事实并

非如此。虽然可以在该条目上用固定数量的步骤调用函数 os.path.getsize 来直接计算的磁盘使用情况，但当这个条目是一个目录时，disk_usage 函数的主体包含一个 for 循环，将遍历这个目录包含的所有条目。在最坏的情况下，一个条目可能包含 $n-1$ 个其他条目。

基于这种推理，我们可以得出这样的结论：有 $O(n)$ 个递归调用，并且每个调用运行的时间为 $O(n)$，从而导致总的运行时间为 $O(n^2)$。虽然这个时间上限在技术上是正确的，但它不是一个严格意义上的上限。值得注意的是，我们可以证明更强的约束：对于 disk_usage 函数的递归算法可以在 $O(n)$ 的时间内完成！较弱的约束是悲观的，因为它假设了每个目录所有条目在最坏情况下的数量。虽然可能一些目录包含的条目数量与 n 成正比，但它们不可能每个都含有那么多的条目。为了证明这个更有力的声明，我们选择考虑在所有递归调用中 for 循环迭代的总数。我们断言刚好有 $n-1$ 个该循环的这种迭代。这一声明基于这样一个事实，即该循环的每次迭代进行一次对 disk_usage 函数的递归调用，并且已经得出结论，即对 disk_usage 函数共进行了 n 次调用（包括最初的调用）。因此，我们得出这样的结论：有 $O(n)$ 次递归调用，每次递归调用在循环外部使用 $O(1)$ 的时间，并且循环操作的总数是 $O(n)$。总结所有这些限制条件，操作的总数是 $O(n)$。

我们已经得出的观点比前面递归的例子更先进。有时可以通过考虑累积效应获得一系列操作更严格的约束，而不是假设每个操作都是最坏的情况，这种思想就是被叫作*分期偿还*的技术（在 5.3 节我们会看到更多的例子）。此外，文件系统是隐式地使用“树”这一数据结构的例子，磁盘使用（disk usage）算法实际是*树遍历*算法的一种表现。树是第八章的重点，并且关于磁盘使用（disk usage）算法时间复杂度是 $O(n)$ 这一论证将在 8.4 节中树的遍历中加以推广。

4.3 递归算法的不足

虽然递归是一种非常强大的工具，但它也很容易被误用。在本节中，我们检查了几个问题，其中一个糟糕的递归实现导致严重的效率低下，并讨论了一些用于识别和避免这种陷阱的策略。

首先回顾 3.3.3 节的定义：*元素唯一性问题*。我们可以用下面的递归公式来确定序列中所有的 n 个元素是否都是唯一的。作为一种基本情况，当 $n=1$ 时，明显元素是唯一的。对于 $n \geqslant 2$，当且仅当第一个 $n-1$ 个元素是唯一的、最后的 $n-1$ 项是唯一的并且第一个元素和最后一个元素不同时，元素是唯一的（因为这是唯一一对子情况中没有被检查的元素）。代码段 4-6 给出了基于这种思想的递归实例，称其为 unique3（与第 3 章的 unique1 和 unique2 区分开来）。

代码段 4-6 测试元素唯一性的递归函数 unique3

```
def unique3(S, start, stop):
  """Return True if there are no duplicate elements in slice S[start:stop]."""
  if stop - start <= 1: return True                   # at most one item
  elif not unique 3(S, start, stop-1): return False   # first part has duplicate
  elif not unique 3(S, start+1, stop): return False   # second part has duplicate
  else: return S[start] != S[stop-1]                  # do first and last differ?
```

不幸的是，这是一个效率非常低的递归使用。非递归部分的每次调用所使用的时间为 $O(1)$，所以总的运行时间将正比于递归调用的总数。为了分析这个问题，我们用 n 表示所考虑的条目总数，即 $n = stop - start$。

如果 $n = 1$，则 unique3 的运行时间为 $O(1)$，因为在这种情况下，不进行递归调用。一般情况下，最重要的发现是，对于一个大小为 n 的问题，对 unique3 函数的单一调用可能导致对两个大小为 $n-1$ 的问题的 unique3 函数调用。反过来，这两个大小为 $n-1$ 的调用可能又产生 4 个大小为 $n-2$ 的调用（各两个），然后是 8 个大小为 $n-3$ 的调用，以此类推。因此，在最坏的情况下，函数调用的总数由如下几何求和公式给出

$$1+2+4+\cdots+2^{n-1}$$

这等于是由命题 3-5 给出的。因此函数 unique3 的时间复杂度为 $O(2^n)$。难以置信，这个函数解决元素唯一性问题的效率如此低下。其低效率不是因为使用递归，而是缘于所使用的递归不佳这样一个事实，这是我们在练习 C-4.11 中要解决的问题。

一个低效的计算斐波那契数的递归算法

在 1.8 节中，我们介绍了生成斐波纳契数的过程，可以递归地定义如下：

$$F_0 = 0$$

$$F_1 = 1$$

$$F_n = F_{n-2} + F_{n-1} \quad \text{for } n > 1$$

恰巧，基于上述定义的直接实现就是代码段 4-7 中所示的函数 bad_fibonacci，该函数通过执行两个非基本情况的递归调用来计算斐波纳契数。

代码段 4-7 使用二分递归计算第 n 个斐波那契数列

```
def bad_fibonacci(n):
  """Return the nth Fibonacci number."""
  if n <= 1:
    return n
  else:
    return bad_fibonacci(n−2) + bad_fibonacci(n−1)
```

不幸的是，这样的斐波那契数公式的直接实现会导致函数的效率非常低。以这种方式计算第 n 个斐波纳契数需要对这个函数进行指数级别的调用。具体来说，用 C_n 表示在 bad_fibonacci(n) 执行中进行的调用次数。然后，我们可以得到以下的一系列值：

$$c_0 = 1$$

$$c_1 = 1$$

$$c_2 = 1 + c_0 + c_1 = 1 + 1 + 1 = 3$$

$$c_3 = 1 + c_1 + c_2 = 1 + 1 + 3 = 5$$

$$c_4 = 1 + c_2 + c_3 = 1 + 3 + 5 = 9$$

$$c_5 = 1 + c_3 + c_4 = 1 + 5 + 9 = 15$$

$$c_6 = 1 + c_4 + c_5 = 1 + 9 + 15 = 25$$

$$c_7 = 1 + c_5 + c_6 = 1 + 15 + 25 = 41$$

$$c_8 = 1 + c_6 + c_7 = 1 + 25 + 41 = 67$$

如果遵循这个模式继续下去，我们可以看到，对于每两个连续的指标，后者调用的数量将是前者的 2 倍以上。也就是说，c_4 是 c_2 的两倍以上，c_5 是 c_3 的两倍以上，c_6 是 c_4 的两倍以上，以此类推。因此 $c_n > 2^{n/2}$ 意味着 bad_fibonacci(n) 使得调用的总数是 n 的指数级。

一个高效的计算斐波那契数列的递归算法

我们之所以尝试使用这个不好的递归公式，是因为第 n 个斐波那契数取决于前两个值，即 F_{n-2} 和 F_{n-1}。但是请注意，计算出 F_{n-2} 之后，计算 F_{n-1} 的调用需要其自身递归调用以

计算 F_{n-2}，因为它不知道先前级别的调用中被计算的 F_{n-2} 的值。这是一个重复的操作。更糟的是，这两个调用都需要（重新）计算 F_{n-3} 的值，F_{n-1} 的计算也一样。正是这种滚雪球效应，导致 bad_fibonacci 函数有指数倍的运行时间。

我们可以更有效地使用递归来计算 F_n，这种递归的每次调用只进行一次递归调用。要做到这一点，我们需要重新定义函数的期望值。我们定义了一个递归函数，该函数返回一对连续的斐波那契数列 (F_n, F_{n-1})，并且使用约定 $F_{n-1} = 0$，而不是让函数返回第 n 个斐波那契数这一单一数值。用返回一对连续的斐波那契数列代替返回一个值，虽然这似乎是一个更大的负担，但从递归这一级来看，通过这个额外的信息之后使得递归更容易继续这一进程（它可以让我们避免再计算第二个值，这个值在递归中是已知的）。代码段 4-8 给出了基于这种策略的一个实例。

代码段 4-8　使用线性递归计算第 *n* 个斐波那契数

```
def good_fibonacci(n):
  """Return pair of Fibonacci numbers, F(n) and F(n-1)."""
  if n <= 1:
    return (n,0)
  else:
    (a, b) = good_fibonacci(n−1)
    return (a+b, a)
```

就效率而言，对于这个问题，效率低的递归和效率高的递归之间的区别就像黑夜和白天。bad_fibonacci 函数使用指数数量级的时间。我们认为函数 good_fibonacci(n) 使用的时间为 $O(n)$。每次对 good_fibonacci(n) 函数的递归调用都使参数 n 减小 1，因此，递归追踪包括一系列的 n 个函数调用。因为每个调用的非递归工作使用固定的时间，所以整体的运算执行在 $O(n)$ 的时间内完成。

Python 中的最大递归深度

在递归的误用中，另一个危险就是所谓的*无限递归*。如果每个递归调用都执行另一个递归调用，而最终没有达到一个基本情况，那我们就有一个无穷级数的此类调用。这是一个致命的错误。无限递归会迅速耗尽计算资源，这不仅是因为 CPU 的快速使用，而且是由于每个连续的调用会创建需要额外内存的活动记录。一个明显不合语法的递归示例如下：

```
def fib(n):
  return fib(n)                    # fib(n) equals fib(n)
```

然而，还有更微小的错误会导致无限递归。回顾我们在代码段 4-3 中二分查找的实现，在最后的情况下（第 17 行），我们在序列的右半部分，特别是索引从 mid + 1 到 high 这部分，进行一个递归调用。那一行反而被写成

```
return binary_search(data, target, mid, high)    # note the use of mid
```

这可能导致一个无限递归。尤其是在搜索范围内的两个元素时，有可能在同一范围内进行递归调用。

程序员应该确保每个递归调用以某种方式逐步向基本情况发展（例如，通过使用随每次调用减少的参数值）。然而，为了避免无限递归，Python 的设计者做了一个有意的决定来限制可以同时有效激活的函数的总数。这个极限的精确值取决于 Python 分配，但典型的默认值是 1000。如果达到这个限制，Python 解释器就生成了一个 RuntimeError 消息：超过最大

递归深度（maximum recursion depth exceeded）。

对于许多合法的递归应用，1000 层嵌套函数的限制调用足够了。例如，binary_search 函数（见 4.1.3 节）的递归深度为 $O(\log n)$，所以要达到默认递归的限制，需要有 2^{1000} 个元素（远远超过宇宙中原子数量的估计值）。然而，在下一节中，我们将讨论一些递归深度与 n 成正比的算法。Python 在递归深度上的人为限制可能会破坏这些其他的合法计算。

幸运的是，Python 解释器可以动态地重置，以更改默认的递归限制。这是用一个名为 sys 的模块来实现的，该模块支持 getrecursionlimit 函数和 setrecursionlimit 函数。这些函数的使用示例如下：

```
import sys
old = sys.getrecursionlimit( )          # perhaps 1000 is typical
sys.setrecursionlimit(1000000)          # change to allow 1 million nested calls
```

4.4 递归的其他例子

本章的剩余部分将给出使用递归的其他例子。我们通过考虑在一个激活的函数体内开始的递归调用的最大数量来组织我们的介绍。

- 如果一个递归调用最多开始一个其他递归调用，我们称之为*线性递归*（linear recursion）。
- 如果一个递归调用可以开始两个其他递归调用，我们称之为*二路递归*（binary recursion）。
- 如果一个递归调用可以开始三个或者更多其他递归调用，我们称之为*多重递归*（multiple recursion）。

4.4.1 线性递归

如果一个递归函数被设计成使得所述主体的每个调用至多执行一个新的递归调用，这被称为*线性递归*。到目前为止，在我们已经看到的递归函数中，阶乘函数的实现（见 4.1.1 节）和 good_fibonacci 函数（见 4.3 节）是线性递归鲜明的例子。更有趣的是，尽管在名称中有“binary”，二分查找算法（见 4.1.3 节）也是线性递归的一个例子。二分查找的代码（见代码段 4-3）包括一个具有两个分支的情况分析，这两个分支产生递归调用，但在函数体的一个具体执行期间只有其中一个调用可以被执行。

正如在 4.1.1 节描绘的阶乘函数（见图 4-1）一样，线性递归定义的一个结果是任何递归追踪将表现为一个单一的调用序列。注意，线性递归术语反映递归追踪的结构，而不是运行时间的渐近分析，例如，我们已经看到二分查找的时间复杂度为 $O(\log n)$。

元素序列的递归求和

线性递归可以作为一个有用的工具来处理数据序列，例如 Python 列表。例如，假设想要计算一个含有 n 个整数的序列 S 的和。我们可以使用线性递归解决这个求和问题。通过观察发现，如果 $n = 0$，S 中所有 n 个整数的总和是 0；否则，序列 S 的和应为 S 中的前 $n-1$ 个整数的总和加上 S 中最后一个元素（见图 4-9）。

0	1	2	3	4	5	6	7	8	9	10	11	12	13	14	15
4	3	6	2	8	9	3	2	8	5	1	7	2	8	3	7

图 4-9　通过前 $n-1$ 个整数的总和加上最后一个数，递归地计算序列的和

基于这个客观事实，代码段 4-9 实现了计算数字序列和的递归算法

代码段 4-9　使用线性递归计算序列元素的和

```
def linear_sum(S, n):
  """Return the sum of the first n numbers of sequence S."""
  if n == 0:
    return 0
  else:
    return linear_sum(S, n−1) + S[n−1]
```

图 4-10 给出了 linear_sum 函数递归追踪的一个小例子。对于大小为 n 的输入，linear_sum 算法执行了 $n+1$ 次函数调用。因此，这将需要 $O(n)$ 的时间，因为它花费恒定的时间执行每次调用的非递归部分。此外，我们还可以看到，这个算法使用的内存空间（除了序列 S）也是 $O(n)$，正如在做出最后一次的递归调用（当 $n=0$）时的递归追踪中，对 $n+1$ 个活动记录的任何一个我们都使用固定数量的内存空间。

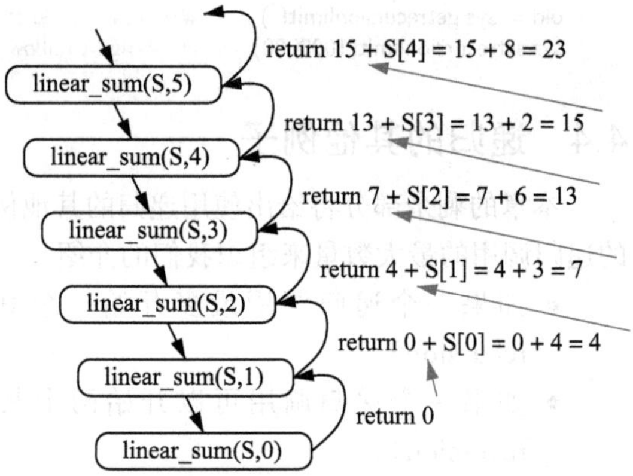
return 15 + S[4] = 15 + 8 = 23
linear_sum(S,5)
return 13 + S[3] = 13 + 2 = 15
linear_sum(S,4)
return 7 + S[2] = 7 + 6 = 13
linear_sum(S,3)
return 4 + S[1] = 4 + 3 = 7
linear_sum(S,2)
return 0 + S[0] = 0 + 4 = 4
linear_sum(S,1)
return 0
linear_sum(S,0)

图 4-10　对 linear_sum(S, 5) 执行的递归追踪，其中输入的参数是 S = [4, 3, 6, 2, 8]

使用递归逆置序列

接下来，让我们考虑逆置含有 n 个元素的序列 S 的问题，即第一个元素成为最后一个元素，第二个元素成为倒数第二个元素，以此类推。我们可以使用线性递归解决这个问题，通过观察，可以通过对调第一个元素和最后一个元素，之后递归地反置剩余元组，这样就可以完成序列的逆置。按照约定，我们把第一次调用的算法记作 reverse(S, 0, len(S))。代码段 4-10 给出了这个算法的一个实现。

代码段 4-10　使用线性递归逆置序列的元素

```
def reverse(S, start, stop):
  """Reverse elements in implicit slice S[start:stop]."""
  if start < stop − 1:                          # if at least 2 elements:
    S[start], S[stop−1] = S[stop−1], S[start]   # swap first and last
    reverse(S, start+1, stop−1)                 # recur on rest
```

需要注意的是，有两个隐含的基本情况场景：当 start == stop 时，这个隐含的范围是空的；当 start == stop − 1 时，这个隐含的范围仅含有一个元素。这两种情况中的任何一个，都不需要再执行任何操作，因为含有零个或者一个元素的序列与它的逆置序列是完全相等的。当其他情况调用递归时，我们都保证使过程朝着一个基本情况发展，不同的是，stop − start 每次调用减小两个值（见图 4-11）。如果 n 是偶数，最终将达到 start == stop 这种情况；如果 n 是奇数，最终会达到 start == stop − 1 这种情况。

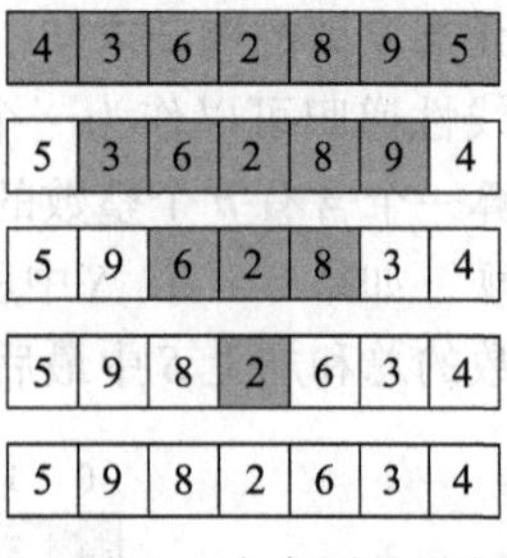
0 1 2 3 4 5 6
4 3 6 2 8 9 5
5 3 6 2 8 9 4
5 9 6 2 8 3 4
5 9 8 2 6 3 4
5 9 8 2 6 3 4

图 4-11　逆置一个序列的递归追踪。阴影部分是尚未被逆置的

上面的观点意味着代码段 4-10 的递归算法确保在进行$1+\left\lfloor \frac{n}{2} \right\rfloor$次递归调用后递归终止。因为每次调用包含固定数量的工作，所以整个过程运行时间为 $O(n)$。

用于计算幂的递归算法

再举一个线性递归应用的例子，即数 x 的 n 次幂问题，其中 n 是任意的非负整数。也就是说，我们希望计算幂函数（power function），其定义为 power(x, n) = x^n。（对于这个讨论，我们使用的名字为“power”，以便与同样能提供这个功能的 built-in 函数区分）对于这个问题，我们将考虑两个不同的递归公式，这两个公式会导致算法有不同的性能。

对于 $n > 0$，遵从 $x^n = x \cdot x^{n-1}$ 这个事实的一个简单的递归定义。

$$\text{power}(x,n)=\begin{cases}1 & n=0\\ x\cdot \text{power}(x,n-1) & \text{其他}\end{cases}$$

代码段 4-11 给出了这个定义产生的一个递归算法。

代码段 4-11 用简单的递归计算幂函数

```
def power(x, n):
  """Compute the value x**n for integer n."""
  if n == 0:
    return 1
  else:
    return x * power(x, n−1)
```

这个版本的 power(x, n) 函数递归调用的时间复杂度为 $O(n)$。它的递归追踪和图 4-1 中阶乘函数的递归追踪的结构非常相似，都是每次调用参数减 1，并且每 n + 1 层执行固定数量的工作。

不过，有一种更快的方法用以计算幂函数，即采用了平方技术的定义。用$k=\left\lfloor \frac{n}{2} \right\rfloor$表示递归的层数（Python 中表示为 n//2）。我们考虑 $(x^k)^2$ 这种表示：当 n 是偶数时，$\left\lfloor \frac{n}{2} \right\rfloor=\frac{n}{2}$，因此$\left(x^k\right)^2=\left(x^{\frac{n}{2}}\right)^2=x^n$；当 n 是奇数时，$\left\lfloor \frac{n}{2} \right\rfloor=\frac{n-1}{2}$且 $(x^k)^2 = x^{n-1}$ 因此 $x^n = x \cdot (x^k)^2$，比如 $2^{13} = 2 \cdot 2^6 \cdot 2^6$。通过这个分析，我们可以得出如下的递归定义：

$$\text{Power}(x,n)=\begin{cases}1 & n=0\\ x\cdot\left(\text{power}\left(x,\left\lfloor \frac{n}{2} \right\rfloor\right)\right)^2 & n>0\text{是奇数}\\ \left(\text{power}\left(x,\left\lfloor \frac{n}{2} \right\rfloor\right)\right)^2 & n>0\text{是偶数}\end{cases}$$

如果要执行两个递归调用来计算$\text{power}\left(x,\left\lfloor \frac{n}{2} \right\rfloor\right)\cdot\text{power}\left(x,\left\lfloor \frac{n}{2} \right\rfloor\right)$，那么实现这个递归的追踪表示要进行 $O(n)$ 次调用。我们可以通过计算$\text{power}\left(x,\left\lfloor \frac{n}{2} \right\rfloor\right)$作为部分结果，然后乘以它本身来显著地减少执行的操作。代码段 4-12 给出了基于这种递归定义的一个示例。

代码段 4-12 使用重复的平方计算幂函数

```
def power(x, n):
  """Compute the value x**n for integer n."""
  if n == 0:
    return 1
  else:
    partial = power(x, n // 2)           # rely on truncated division
    result = partial * partial
    if n % 2 == 1:                       # if n odd, include extra factor of x
      result *= x
    return result
```

为了说明改进算法的执行，图 4-12 给出了计算 power(2, 13) 函数的递归追踪。

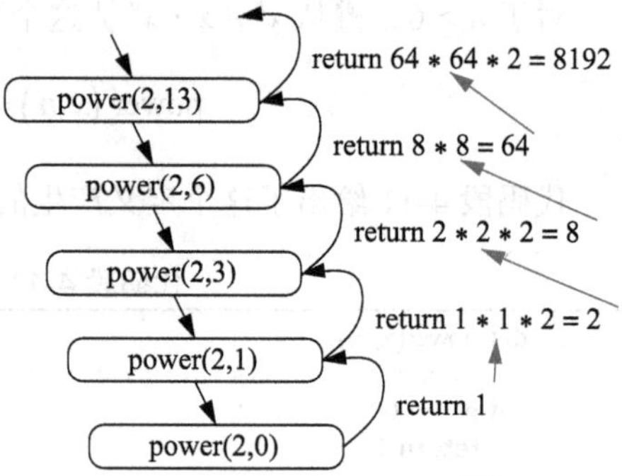

power(2,13)
power(2,6)
power(2,3)
power(2,1)
power(2,0)
return 64 ∗ 64 ∗ 2 = 8192
return 8 ∗ 8 = 64
return 2 ∗ 2 ∗ 2 = 8
return 1 ∗ 1 ∗ 2 = 2
return 1

图 4-12 对 power(2, 13) 函数执行的递归追踪

为了分析修正算法的运行时间，我们观察到函数 power(x, n) 每个递归调用中的指数最多是之前调用的一半。如我们在二分查找的分析中所看到的，在变成 1 或者更少之前，我们可以用 2 除 n 的时间的数量级是 $O(\log n)$。因此，新构想的幂函数产生 $O(\log n)$ 次递归调用。每个单独的函数的激活执行 $O(1)$ 个操作（不包括递归调用），所以计算函数 power(x, n) 操作的总数是 $O(\log n)$。在原始的时间复杂度为 $O(n)$ 的算法上这是一个显著的改进。

在减少内存使用方面，改进版本显著节约了内存。第一个版本的递归深度为 $O(n)$，因此 $O(n)$ 个激活记录同时被存储在内存中。因为改进版本的递归深度是 $O(\log n)$，其所用内存也是 $O(\log n)$。

4.4.2 二路递归

当一个函数执行两个递归调用时，我们就说它使用了*二路递归*。我们已经列举了二路递归的几个例子，最具代表性的是绘制一个英式标尺（见 4.1.2 节），或者是 4.3 节的 bad_fibonacci 函数。作为二路递归的另一个应用，让我们回顾一下计算序列 S 的 n 个元素之和问题。计算一个或零个元素的总和是微不足道的。在有两个或者更多元素的情况下，我们可以递归地计算前一半元素的总和和后一半元素的总和，然后把这两个和加在一起。在代码段 4-13 中，对于这样一个算法，实现最初是以 binary_sum(A, 0, len(A)) 而被调用的。

代码段 4-13 用二路递归计算一个序列的元素之和

```
def binary_sum(S, start, stop):
  """Return the sum of the numbers in implicit slice S[start:stop]."""
  if start >= stop:                      # zero elements in slice
    return 0
  elif start == stop−1:                  # one element in slice
    return S[start]
  else:                                  # two or more elements in slice
    mid = (start + stop) // 2
    return binary_sum(S, start, mid) + binary_sum(S, mid, stop)
```

为了分析算法 binary_sum，且为了方便起见，我们考虑当 n 为 2 的整数次幂的情况。图 4-13 显示了 binary_sum(0, 8) 函数执行的递归追踪。我们在每个圆角矩形中添加一个标签，这个标签是所调用的参数 start:stop 的值。每次递归调用后，范围的大小减小一半，因此递归的深度为 $1 + \log_2 n$。因此，binary_sum 函数使用 $O(\log n)$ 数量级的额外空间，与代码段 4-9 中 linear_sum 函数使用 $O(n)$ 数量级的空间相比，这是一个巨大的进步。然而，binary_sum 函数的时间复杂度是 $O(n)$，因为有 $2n - 1$ 函数次调用，每次都需要恒定的时间。

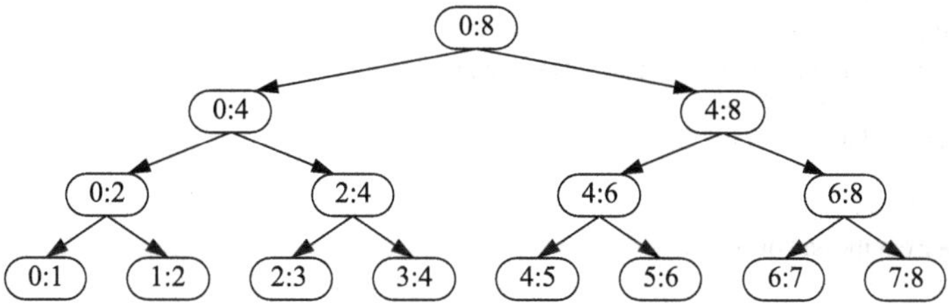
0:8
0:4
4:8
0:2
2:4
4:6
6:8
0:1
1:2
2:3
3:4
4:5
5:6
6:7
7:8

图 4-13 binary sum(0, 8) 执行的递归追踪

4.4.3 多重递归

从二路递归可知，我们将*多重递归*定义为一个过程，在这个过程中，一个函数可能会执行多于两次的递归调用。对于一个文件系统磁盘空间使用状况分析的递归（见 4.1.4 节）是多重递归的一个例子，因为在一个调用期间，递归调用执行的次数等于在文件系统给定目录中条目的数量。

另一个多重递归的常见应用是通过枚举各种配置来解决*组合谜题*的情况。例如，以下是所谓的求和谜题的所有实例：

$$\text{pot} + \text{pan} = \text{bib}$$
$$\text{dog} + \text{cat} = \text{pig}$$
$$\text{boy} + \text{girl} = \text{baby}$$

为了解决这样的谜题，我们需要分配唯一的数字（即 0, 1, …, 9）给方程中的每个字母，以便使方程为真。通常情况下，我们通过人工对特殊问题的观察解决这样一个谜题，这个特殊问题即解决并测试每个配置的正确性以消除配置（也就是数字与字母的可能部分分配），直到可以得出可行的配置。

但是，如果可能配置的数量不是太大，我们可以用计算机简单地列举所有可能性，并测试每一个可能，而不需要任何人工的观察。此外，这种算法可以以一种系统的方式使用多重递归得出正确的配置。代码段 4-14 给出了这样一个算法的伪代码。为了确保描述足以被其他问题使用，这个算法枚举并测试所有长度为 k 的序列，而且不与给定全集 U 的元素重复。我们通过以下步骤创建含有 k 个元素的序列：

1）递归生成含有 $k - 1$ 个元素的序列。

2）附加一个元素到每个这样的未包含该元素的序列中。

在算法执行的整个过程中，我们使用一个集合 U 来跟踪不包含在当前序列中的元素，从而当且仅当元素 e 在 U 中时，它还未被使用。

看待代码段 4-14 中算法的另一种方式是它列举 U 所有可能大小为 k 的子集，并且测试每个子集，这些子集是问题的可能解决方案之一。

对于求和问题，$U = \{0, 1, 2, 3, 4, 5, 6, 7, 8, 9\}$，并且序列中的每个位置对应一个给定的字母。例如，第一个位置可以代表 b，第二个位置代表 o，第三个位置代表 y，以此类推。

代码段 4-14　通过枚举和测试所有可能的配置来解决组合谜题

```
Algorithm PuzzleSolve(k,S,U):
  Input: An integer k, sequence S, and set U
  Output: An enumeration of all k-length extensions to S using elements in U
    without repetitions
  for each e in U do
    Add e to the end of S
    Remove e from U                                {e is now being used}
    if k == 1 then
      Test whether S is a configuration that solves the puzzle
      if S solves the puzzle then
        return "Solution found: " S
    else
      PuzzleSolve(k−1,S,U)                         {a recursive call}
    Remove e from the end of S
    Add e back to U                                {e is now considered as unused}
```

图 4-14 显示了 PuzzleSolve(3, S, U) 函数调用的递归追踪，其中 S 为空并且 $U = \{a, b, c\}$。这个执行生成并测试了 a, b, c 三个字符的所有排列。注意初始调用进行三次递归调用，其中每一个调用又进行两次甚至更多次调用。在一个包含四个元素的集合 U 上，如果已经执行了 PuzzleSolve(3, S, U)，那么初始调用可能已经进行了四项递归调用，其中每一个调用将有一个追踪——类似于图 4-14 描述的一样。

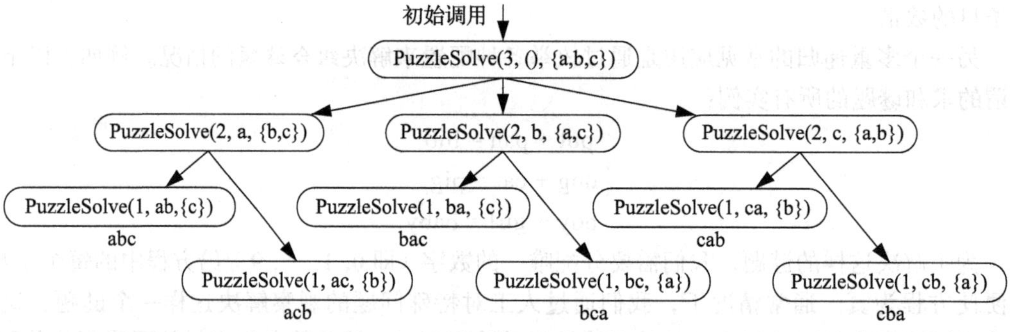
初始调用
PuzzleSolve(3, (), {a,b,c})
PuzzleSolve(2, a, {b,c})
PuzzleSolve(2, b, {a,c})
PuzzleSolve(2, c, {a,b})
PuzzleSolve(1, ab,{c})
abc
PuzzleSolve(1, ac, {b})
acb
PuzzleSolve(1, ba, {c})
bac
PuzzleSolve(1, bc, {a})
bca
PuzzleSolve(1, ca, {b})
cab
PuzzleSolve(1, cb, {a})
cba

图 4-14　PuzzleSolve(3, S, U) 函数执行的递归追踪

4.5　设计递归算法

一般来说，使用递归的算法通常具有以下形式：

- *对于基本情况的测试*。首先测试一组基本情况（至少应该有一个）。这些基本情况应该被定义，以便每个可能的递归调用链最终会达到一种基本情况，并且每个基本情况的处理不应使用递归。
- *递归*。如果不是一种基本情况，则执行一个或多个递归调用。这个递归步骤可能包括一个测试，该测试决定执行哪几种可能的递归调用。我们应该定义每个可能的递归调用，以便使调用向一种基本情况靠近。

参数化递归

要为一个给定的问题设计递归算法，考虑我们可以定义的子问题的不同方式是非常有用的，该子问题与原始问题有相同的总体结构。如果很难找到需要设计递归算法的重复结构，解决一些具体问题有时是有用的，这样可以看出子问题应该如何定义。

一个成功的递归设计有时需要重新定义原来的问题，以便找到看起来相似的子问题。这通常涉及参数化函数的特征码。例如，在一个序列中执行二分查找算法时，对调用者的自然函数特征码将显示为 binary_search(data, target)。不过，在 4.1.3 节中，我们调用特征码 binary search(data, target, low, high) 定义函数，并且使用额外的参数说明子列表作为递归过程。对于二分查找来说，在参数化方面的这个改变是至关重要的。如果坚持简便的特征值 binary search(data, target)，在列表的一半进行搜索的唯一方法可能是建立一个只含有这些元素的新列表并且把它作为第一个参数。然而，复制列表的一半已经需要 $O(n)$ 的时间，这就否定了二分查找算法全部的优点。

如果希望给一个像二分查找这样的算法提供一个简洁的公共接口，而不会干扰用户的其他参数，那么标准的技术是创建一个有简洁接口的公共函数，比如 binary_search(data, target)，然后让它的函数体调用一个非公共的效用函数，这个效用函数含有我们所希望的递归参数。

你会发现我们对本章其他几个例子的递归类似地进行了重新参数化（例如，reverse、linear_sum 及 binary_sum）。在 good_fibonacci 函数的实现中，通过有意加强返回的期望（在这种情况下，返回的是一对数字而不是一个数字），我们看到了一种用以重新定义递归的不同方法。

4.6 消除尾递归

算法设计的递归方法的主要优点是，它使我们能够简洁地利用重复结构呈现诸多问题。通过使算法描述以递归的方式利用重复结构，我们经常可以避开复杂的案例分析和嵌套循环。这种方法会得出可读性更强的算法描述，而且十分有效。

然而，递归的可用性要基于合适的成本。特别是，Python 解释器必须保持跟踪每个嵌套调用的状态的活动记录。当计算机内存价格昂贵时，在某些情况下，能够从那些递归算法得到非递归算法是很有用的。

在一般情况下，我们可以使用堆栈数据结构，堆栈结构将在 6.1 节介绍，通过管理递归结构自身的嵌套，而不是依赖于解释器，从而把递归算法转换成非递归算法。虽然这只是把内存使用从解释器变换到堆栈，但是也许能够通过只存储最小限度的必要信息来减少内存使用。

更好的情况是，递归的某些形式可以在不使用任何辅助存储空间的情况下被消除。其中一种著名的形式被称为*尾递归*（tail recursion）。如果执行的任何递归调用是在这种情况下的最后操作，而且通过封闭递归，递归调用的返回值（如果有的话）立即返回，那么这个递归是一个尾递归。根据需要，一个尾递归必须是线性递归（因为如果必须立即返回第一个递归调用的结果，那么将无法进行第二次递归调用）。

在本章给出的递归函数中，代码段 4-3 的 binary_search 函数和代码段 4-10 的 reverse 函数均是尾递归的例子。虽然其他几个线性递归很像尾递归，但技术上并不是如此。例如，代码段 4-1 中的阶乘函数不是一个尾递归。它最后的命令：

```
return n * factorial(n−1)
```

这不是一个尾递归，因为递归调用完成之后进行了额外的乘法运算。出于类似的原因，代码段 4-9 的 linear_sum 函数和代码段 4-7 的 good_fibonacci 函数也不是尾递归。

在重复循环中，通过封闭函数体，并且通过重新分配现存参数的这些值以及用新的参数来代替一个递归调用，任何尾递归都可以被非递归地重新实现。举一个实例，如代码段 4-15 所示，binary_search 函数可以被重新实现，仅需要在 while 循环之前，初始化变量 low 和 high 来表示序列的完整的程度。然后，经过每次的循环找到目标值或者缩小候选子序列的范围。

代码段 4-15　二分查找算法的非递归实现

```
def binary_search_iterative(data, target):
  """Return True if target is found in the given Python list."""
  low = 0
  high = len(data)−1
  while low <= high:
    mid = (low + high) // 2
    if target == data[mid]:                   # found a match
      return True
    elif target < data[mid]:
      high = mid − 1                          # only consider values left of mid
    else:
      low = mid + 1                           # only consider values right of mid
  return False                                # loop ended without success
```

在最初版本中进行递归调用 binary_search(data, target, low, mid – 1) 函数的地方，仅用 high = mid – 1 进行替换，然后继续下一个循环的迭代。最初的基本情况的条件 low > high 只被相反的循环条件 while low <= high 所取代。在新的实现中，如果 while 循环结束，则用返回 False 来特指查找失败（也就是说，没有从内部返回 True）。

我们同样可以实现代码段 4-10 原始递归逆置（reverse）方法的非递归实现，如代码段 4-16 所示。

代码段 4-16　使用迭代逆置一个序列的元素

```
def reverse_iterative(S):
  """Reverse elements in sequence S."""
  start, stop = 0, len(S)
  while start < stop − 1:
    S[start], S[stop−1] = S[stop−1], S[start]    # swap first and last
    start, stop = start + 1, stop − 1            # narrow the range
```

在新版本中，在每个循环期间，更新 start 和 stop 的值。一旦在这个范围内只有一个或者更少的元素，即退出。

即使许多其他线性递归不是正式的尾递归，它们也可以非常有效地用迭代来表达。例如，对于计算阶乘、求序列元素的和或者有效地计算斐波纳契数，都有简单的非递归实现。事实上，从 1.8 节可以看出，斐波那契数生成器的实现使用 $O(1)$ 的时间产生每个子序列的值，因此需要 $O(n)$ 的时间来产生该系列中的第 n 个条目。

4.7 练习

请访问 www.wiley.com/college/goodrich 以获得练习帮助。

巩固

R-4.1 对于一个含有 n 个元素的序列 S，描述一个递归算法查找其最大值。所给出的递归算法时间复杂度和空间复杂度各是多少？

R-4.2 使用在代码段 4-11 中实现的传统函数，绘制出 power(2, 5) 函数计算的递归跟踪。

R-4.3 如代码段 4-12 实现的函数所示，使用重复平方算法，绘制出 power(2, 18) 函数计算的递归跟踪。

R-4.4 绘制函数 reverse(S, 0, 5)（代码段 4-10）执行的递归追踪，其中 S = [4, 3, 6, 2, 6]。

R-4.5 绘制函数 PuzzleSolve(3, S, U)（代码段 4-14）执行的递归追踪，其中 S 为空并且 $U = \{a, b, c, d\}$。

R-4.6 描述一个递归函数，用于计算第 n 个调和数（harmonic number），其中$H_n = \sum_{i=1}^{n} 1/i$。

R-4.7 描述一个递归函数，它可以把一串数字转换成对应的整数。例如，13 531' 对应的整数为 13 531。

R-4.8 Isabel 用一种有趣的方法来计算一个含有 n 个整数的序列 A 中的所有元素之和，其中 n 是 2 的幂。她创建一个新的序列 B，其大小是序列 A 的一半并且设置 $B[i] = A[2i] + A[2i + 1](i = 0, 1, \cdots, (n/2) - 1)$。如果 B 的大小为 1，那么输出 $B[0]$；否则，用 B 取代 A，并且重复这个过程。那么她的这个算法的时间复杂度是多少？

创新

C-4.9 写一个简短的递归 Python 函数，用于在不使用任何循环的条件下查找一个序列中的最小值和最大值。

C-4.10 在只使用加法和整数除法的情况下，描述一个递归算法，来计算以 2 为底的 n 的对数的整数部分。

C-4.11 描述一个有效的递归函数来求解元素的唯一性问题，在不使用排序的最坏的情况下运行时间最多是 $O(n^2)$。

C-4.12 在只使用加法和减法的情况下，给出一个递归算法，来计算两个正整数 m 和 n 的乘积。

C-4.13 在 4.2 节中，我们用归纳法证明调用 draw_interval(c) 函数打印的行数是 $2^c - 1$。另一个有趣的问题是在此过程中有多少短线被打印出来。通过归纳法证明调用 draw_interval(c) 函数打印的短线的数量为 $2^{c+1} - c - 2$。

C-4.14 在汉诺塔问题中，我们给出了一个平台，有三根柱子 a、b 和 c 从这个平台上伸出。在柱子 a 上放有 n 个盘子，每个都比后放上来的盘子大，因此，最小的盘子在顶部并且最大的盘子在底部。本题是把所有盘子从柱子 a 移动到柱子 b，每次移动一个盘子，并且不会把大一些的盘子放在小一些的盘子的上面。参见图 4-15 中 $n = 4$ 的例子。描述一个递归算法，用来求解任意整数 n 的汉诺塔问题。（提示：首先考虑这个问题的子问题，即使用第三个柱子把除第 n 个盘子之外的所有盘子从柱子 a 移动到另一个柱子作为“临时存储”。）

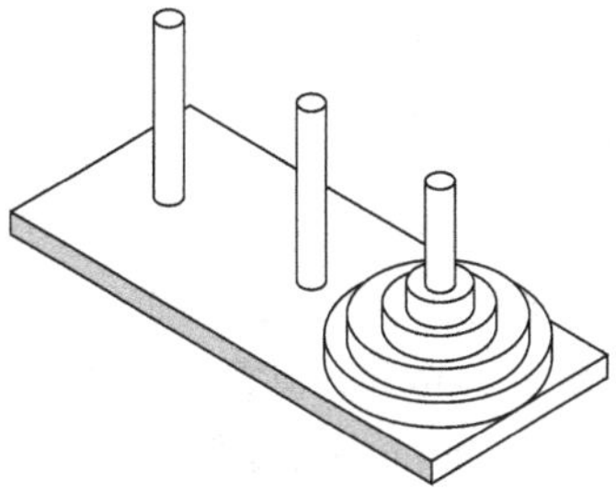

图 4-15 汉诺塔问题的一个示意图

C-4.15 编写一个递归函数，该函数将输出一个含有 n 个元素的集合的所有子集（没有任何重复的子集）。

C-4.16 编写一个简短的递归 Python 函数，它接受一个字符串 s 并且输出其逆置字符串。例如字符串 'pots&pans' 的逆置字符串为 'snap&stop'。

C-4.17 编写一个简短的递归 Python 函数，确定一个字符串 s 是否是它的一个回文字符串，也就是说，该字符串与其逆置字符串相同。例如，字符串 'racecar' 和 'gohangasalamiimalasagnahog' 是回文字符串。

C-4.18 使用递归编写一个 Python 函数，确定字符串 s 中是否元音字母比辅音字母多。

C-4.19 编写一个简短的递归 Python 函数，用于重新排列一个整数值序列，使得所有偶数值出现在所有奇数值的前面。

C-4.20 给定一个未排序的整数序列 S 和整数 k，描述一个递归算法，用于对 S 中的元素重新排序，使得所有小于等于 k 的元素在所有大于 k 的元素之前。在这个含有 n 个值的序列中，算法的时间复杂度是多少？

C-4.21 假设给出一个含有 n 个元素的序列 S，这个序列是包含不同元素的升序序列。给定一个数 k，描述一个递归算法找到 S 中总和为 k 的两个整数（如果这样的一对整数存在）。算法的时间复杂度是多少？

C-4.22 从代码段 4-12 使用重复平方的 power 函数的版本中，实现一个非递归实例。

项目

P-4.23 实现一个具有特征值 find(path, filename) 的递归函数，该特征值报告在具有指定路径的指定文件名为根的文件系统的所有条目。

P-4.24 编写一个程序，通过列举和测试所有可能的配置来解决求和谜题。使用该程序解决 4.4.3 节给出的三个问题。

P-4.25 对于 4.1.2 节的英式标尺工程，用 draw_interval 函数的一个非递归实现。如果 c 代表中心刻度线的长度，那么应该精确地有 2^c-1 行输出。如果从 0 至增加 2^c-2 个计数器，每个刻度线中短线的数量应该恰好比在计数器的二进制表示的结尾连续的 1 的数量多 1。

P-4.26 编写一个程序，以解决汉诺塔问题的实例（参见练习 C-4.14）。

P-4.27 Python 的 os 模块提供了一个有特征值 walk(path) 的函数，该特征值对于由字符串路径标识目录的每个子目录来说是三元组（dirpath, dirnames, filenames）的发生器。比如字符串 dirpath 是子目录的完整路径，dirnames 是在 dirpath 内子目录名称的列表，filenames 是 dirpath 非目录条目名称的列表。例如，当查看图 4-6 所示的文件系统的目录 cs016 的子目录时，walk 会产生（'/user/rt/courses/cs016', ['homeworks', 'programs'], ['grades']）。给出这样一个 walk 函数的实现。

扩展阅读

在程序中，递归的使用属于计算机科学的特色（参见 Dijkstra 算法的文章 [36]）。这也是函数编程语言的核心（参见 H. Abelson、G. J. Sussman 和 J. Sussman 的经典著作 [1]）。有趣的是，二分查找首次出版于 1946 年，但直到 1962 年才发表了一个完全正确的形式。有关本章内容的进一步讨论，请参阅 Bentley [14] 和 Lesuisse[68] 的论文。

基于数组的序列

5.1 Python 序列类型

在本章中，我们探讨 Python 的各种“序列”类，即内嵌的列表类（list）、元组类（tuple）和字符串类（str）。这些类之间有明显的共性，最主要的是：每个类都支持用下标访问序列元素，比如使用语法 seq[k]；每个类都使用数组这种低层次概念表示序列。然而，在 Python 中，这些类所表示的抽象以及实例化的方式有着明显的区别。因为这些类被广泛用于 Python 程序中，又因为它们能够成为构件块，用这些构件块可以开发更复杂的数据结构，所以，我们迫切需要搞清楚这些类的公共行为和内部运作机制。

行为

一个优秀的程序员有必要正确理解类的外部语义。列表、字符串和元组的使用看似简单，然而在理解与这些类相关的行为上，却有一些重要的细节（比如说复制序列意味着什么，或者取序列的一部分又意味着什么）。对类的行为有误解很容易导致程序中出现无意识的错误。因此，我们要在头脑中为这些类建立准确的模型。这些模型将会帮助我们研究更高级的用法，比如使用多维数据集合表示列表的列表。

实现细节

关注这些类的内部实现似乎有悖于面向对象编程的原则。在 2.1.2 节中，我们强调过封装的原则，指出在使用类时不需要知道其内部实现细节。虽然这句话没错，即程序员仅需要理解类的公共接口的语法和语义就能够用类的实例写出合法且准确的代码，但程序的效率很大程度上依赖于其所使用组件的效率。

渐近和实验分析

对于 Python 序列类，我们依据在第 3 章给出的渐近分析符号来描述其各种操作的效率。我们也将对主要操作执行实验分析，给出和更具理论化的渐近分析相一致的实验性结论。

5.2 低层次数组

为了能准确描述 Python 所表示序列类型的方法，我们必须先讨论计算机体系结构的低层次内容。计算机主存由位信息组成，这些位通常被归类成更大的单元，这些单元则取决于精准的系统架构。一个典型的单元就是一个字节，相当于 8 位。

计算机系统拥有庞大数量的存储字节，为了能跟踪信息存储在哪个字节，计算机采用了一个抽象概念，即我们熟悉的存储地址。实际上，每个存储字节都和一个作为其地址的唯一数字相关联（更正式地说，数字的二进制表示作为地址）。例如，使用这种方式，计算机系统能够将“字节 #2150”中的数据和“字节 #2157”中的数据进行对比。存储地址通常和存储系统的物理设计相协调，我们因此通常以顺序的方式描述这些数字。图 5-1 给出了这样一个图表，在该图表中，每个字节均被指定了存储地址。

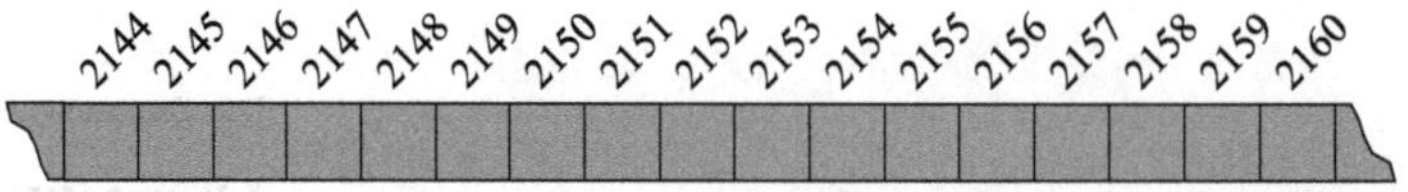
2144
2145
2146
2147
2148
2149
2150
2151
2152
2153
2154
2155
2156
2157
2158
2159
2160

图 5-1　计算机内存的部分示例，其中每个字节都被指定了连续的存储地址

尽管编号系统具有顺序性，但计算机硬件也是这样设计的，因此，从理论上说，基于这种存储地址，主存的任何字节都能被有效地访问。从这个意义上说，我们将计算机主存称为**随机存取存储器**（Random Access Memory，RAM）。也就是说，检索字节 #8675309 就和检索字节 #309 一样容易。（在实践中，有很多复杂的因素，包括对缓存和外部存储器的使用，我们会在 15 章解决一些这样的问题）使用渐近分析的符号，我们认为存储器的任一单个字节被存储或检索的运行时间为 $O(1)$。

一般来说，编程语言记录标识符和其关联值所存储的地址之间的联系。比如，标识符 x 可能和存储器中的某一值关联，而标识符 y 和另一值关联。常见的编程任务就是记录一系列相关对象。例如，我们可能希望某一视频游戏能够记录此游戏的前十名玩家的分数。在此任务中，我们不会用 10 个变量来记录，而更倾向于为一个组赋以组名，并使用索引值指向该组内的高分。

一组相关变量能够一个接一个地存储在计算机存储器的一块连续区域内。我们将这样的表示法称为**数组**（array）。举一个实际的例子，一个文本字符串是以一列有序字符的形式存储的。在 Python 中，每个字符都用 Unicode 字符集表示，对于大多数计算机系统，Python 内部用 16 位表示每个 Unicode 字符（即 2 个字节）。因此，一个 6 个字符的字符串，比如 'SAMPLE'，将会被存储在存储器的连续 12 个字节中，如图 5-2 所示。

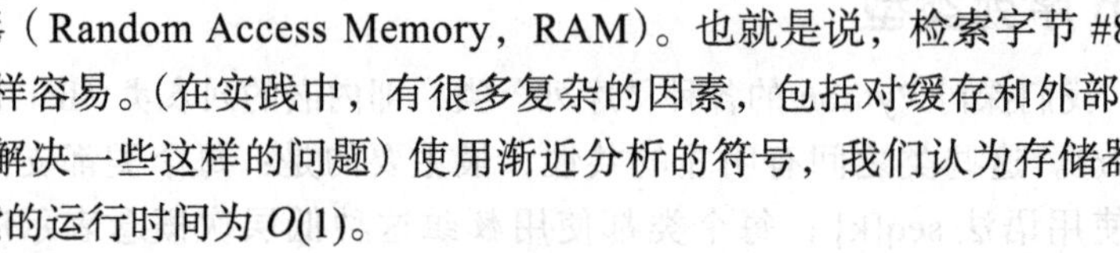
2144
2145
2146
2147
2148
2149
2150
2151
2152
2153
2154
2155
2156
2157
2158
2159
2160
S
A
M
P
L
E
0
1
2
3
4
5

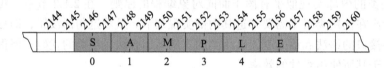

图 5-2　一个 Python 字符串以字符数组的形式存储在计算机存储器中。假定该字符串的每个 Unicode 字符需要两个字节的存储空间。条目下面的数字即是该字符串的索引值

虽然该字符串需要 12 个字节的存储空间，但我们仍把它描述为 6 字符数组。我们会将数组中的每个位置称为**单元**，并用整数索引值描述该数组，其中单元的开始编号为 0、1、2 等。例如，在图 5-2 中，索引为 4 的数组单元的内容为 L，并且存储在存储器的 2154 和 2155 字节中。

数组的每个单元必须占据相同数量的字节。之所以这样要求，是为了允许使用索引值能够在常量时间内访问数组内的任一单元。尤其是，假如知道某一数组的起始地址（例如，在图 5-2 中，起始地址为 2146），每个元素所占的字节数（例如，每个 Unicode 字符占 2 个字节），和所要求的字符的索引值，通过计算 start + cellsize*index 便可得出其正确的内存地址。通过这个公式得出，单元 0 正好起始于数组的起始地址，单元 1 正好起始于数组起始地址后的一个 cellsize 字节，等等。例如，图 5-2 中的单元 4 起始地址为 $2146 + 2 \times 4 = 2146 + 8 = 2154$。

当然，在数组内计算内存地址的算法是自动处理的。因此，程序员可以把字符数组理解得更通俗、更抽象，如图 5-3 所示。

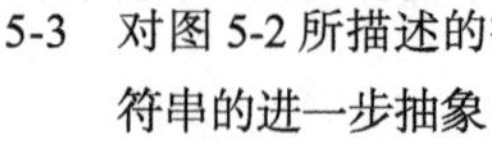
S
A
M
P
L
E
0
1
2
3
4
5

图 5-3　对图 5-2 所描述的字符串的进一步抽象

5.2.1 引用数组

再举一个有用的例子：假设想要为某医院开发一套医疗信息系统，来记录当前分配到病床的病人的名字。假定医院有 200 张床，为方便起见，这些床编号为 0 ～ 199。我们可以考虑使用基于数组的数据结构来记录最近分配到这些病床上的病人的名字。例如，在 Python 中，我们可能会用到一张姓名清单，如下所示：

```
['Rene', 'Joseph', 'Janet', 'Jonas', 'Helen', 'Virginia', ... ]
```

在 Python 中，为了用数组表示这样的列表，必须要满足数组的每个单元字节数都相同这一条件。然而，元素是字符串，它们串的长度显然不同。Python 可以用最长字符串（不仅目前存储的字符串，将来也可能存储任何字符串）来为每个单元预留足够的空间，但那样太浪费了。

相反，Python 使用数组内部存储机制（即对象引用，来表示一列或者元组实例。在最低层，存储的是一块连续的内存地址序列，这些地址指向一组元素序列。图 5-4 所示即为该列表的高层视图。

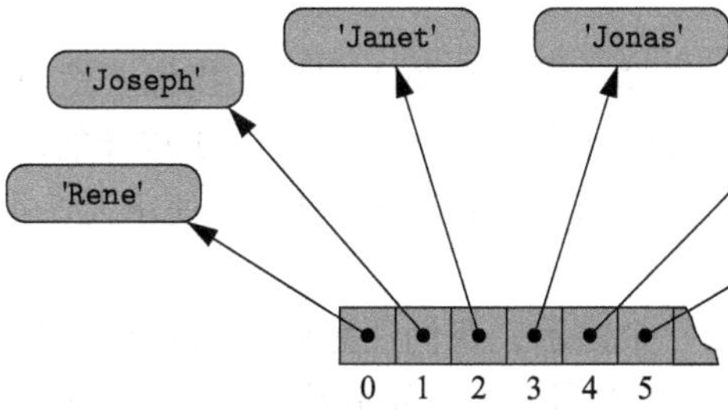
'Janet'
'Jonas'
'Joseph'
'Helen'
'Rene'
'Virginia'
0 1 2 3 4 5

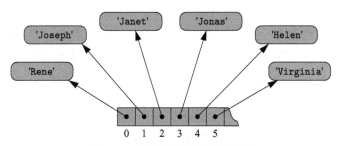

图 5-4　存储字符串引用的数组

虽然单个元素的相对大小可能不同，但每个元素存储地址的位数是固定的（比如，每个地址 64 位）。在这种方式下，Python 可以通过索引值以常量时间访问元素列表或元组。

在图 5-4 中，我们把医院病人的名字描述为字符串列表。当然，更有可能的是，该医疗信息系统可以管理每个病人更全面的信息，也许可以表示成 Patient 类的一个实例。从列表实现的观点看，同样的原则也适用于此，即列表仅保存那些对象引用的序列。同时需要注意，空对象（None）的引用能作为列表的元素来表示医院的空床位。

列表和元组是引用结构这一事实对这些类的语义来说是很重要的。一个列表实例可能会以多个指向同一个对象的引用作为列表元素，一个对象也可能被两个或更多列表中的元素所指向，因为列表仅仅存储返回对象的引用。例如，在计算列表的一小段时，结果产生了一个新的列表实例，该新列表指向了和原列表相同的元素，如图 5-5 所示。

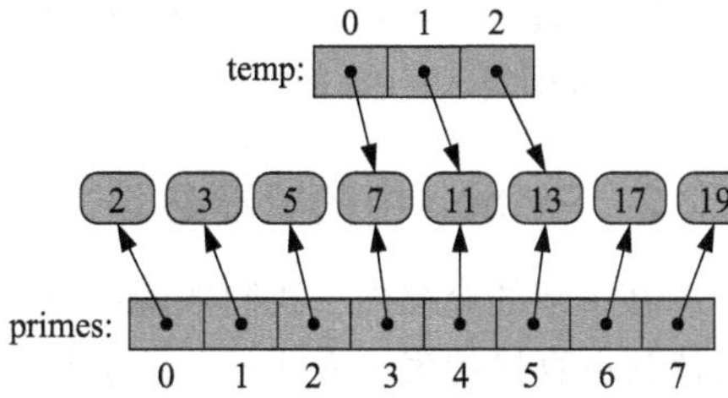
0 1 2
temp:
2 3 5 7 11 13 17 19
primes:
0 1 2 3 4 5 6 7

图 5-5　对 temp 执行的结果等于 primes[3 : 6]

当列表的元素是不变的对象时，正如图 5-5 中的整数实例一样，则两张表共享元素就显得没那么重要了，因为任何一张表都不能改变共享对象。比如，若在此结构图中执行语句 temp[2] = 15，这并未改变已存在的整数对象，而是将 temp 列表单元 2 中的引用指向了不同的对象。图 5-6 所示即为执行后的结构图。

当通过复制创建一个新的列表时也是同样的情况：比如 backup = list(primes)，就会对原列表复制出一张新列表。这张新列表即为浅拷贝（见 2.6 节），该列表和原列表指向同样的元素。当这些元素不可变时，浅拷贝也没关系。假如列表的元素是可变的，利用 copy 模块的 deepcopy 函数可以复制列表的元素，得到一个具有全新元素的新列表，这种方式称为深拷贝。

再给出一个更有用的例子：在 Python 中，使用诸如 counters = [0]*8 这样的语法来初始化整数数组，这是很常见的一种做法。该语法构造出一张长度为 8、各元素为 0 的列表。从技术上讲，列表的 8 个单元都指向同一个对象，如图 5-7 所示。

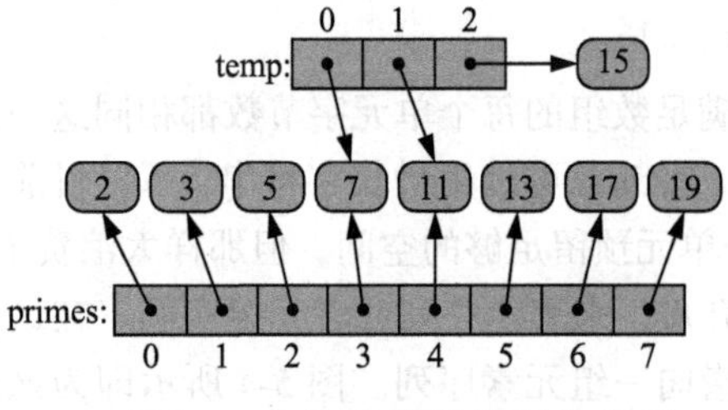
temp:
0 1 2
15
2 3 5 7 11 13 17 19
primes:
0 1 2 3 4 5 6 7

图 5-6　对图 5-5 中给出的结构图执行语句 temp[2] = 15 后的结果

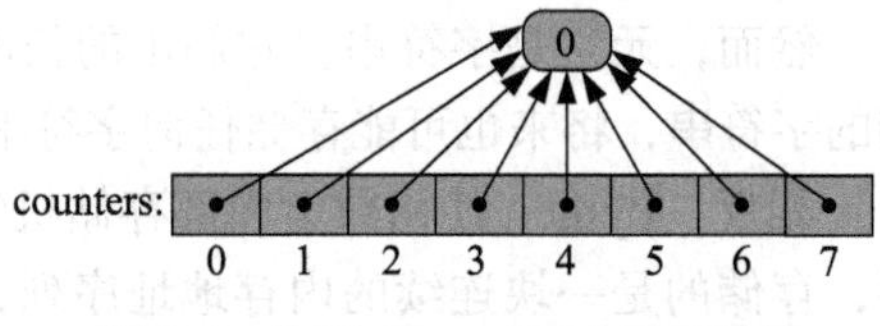
0
counters:
0 1 2 3 4 5 6 7

图 5-7　执行 data = [0]*8 后的结果

乍一看，在此结构图中，这种极端的重叠现象着实令人担忧。然而，我们可以依据指向的整数是不可变的这一事实。即使执行诸如 counters[2] += 1 这样的语法，技术上也不能改变现有的整数。只是计算出一个新的整数，值为 0 + 1，并使单元 2 指向了这个新的值。图 5-8 所示即为执行后的结构图。

下面对列表引用性质给出最后一个演示，我们注意到使用 extend 命令能将一个列表的所有元素添加到另一张列表的末尾。扩展列表的过程不是将那些元素复制过来，而是将元素的引用复制到末尾。图 5-9 所示即为调用 extend 函数的结果。

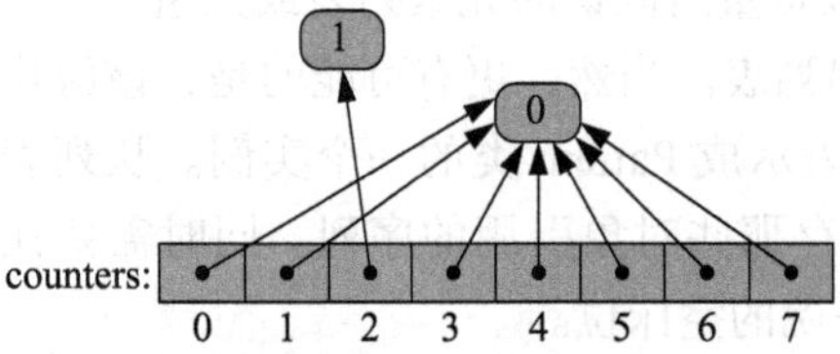
1
0
counters:
0 1 2 3 4 5 6 7

图 5-8　通过对图 5-7 中的列表执行 counters[2] + = 1 后的结果

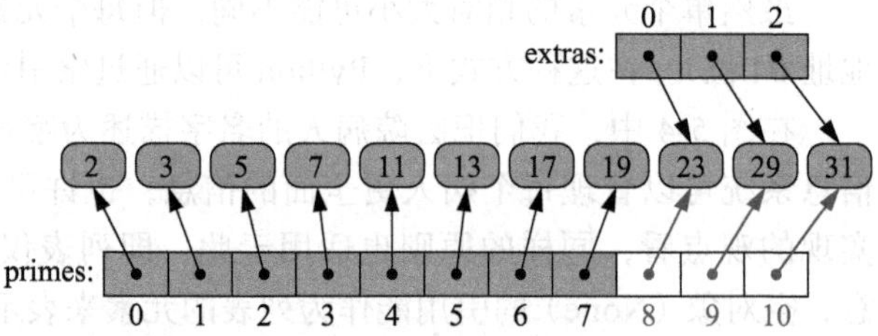
extras:
0 1 2
2 3 5 7 11 13 17 19 23 29 31
primes:
0 1 2 3 4 5 6 7 8 9 10

图 5-9　执行 primes.extend(extras) 后的结果，如浅灰色部分所示

5.2.2　Python 中的紧凑数组

在本节的介绍中，我们强调字符串是用字符数组表示的（而不是用数组的引用）。我们将会谈到更直接的表示方式——*紧凑数组*（compact array），因为数组存储的是位，这些位表示原始数据（在字符串情况下，这些位即是字符）。

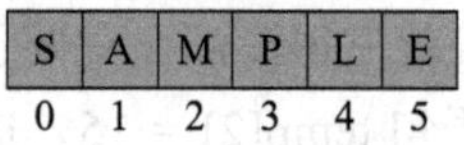
S A M P L E
0 1 2 3 4 5

在计算性能方面，紧凑数组比引用结构多几大优势。最重要的是，使用紧凑结构会占用更少的内存，因为在内存引用序列的显示存储上没有开销（原始数据除外），即引用结构通常会将 64 位地址存入数组，无论存储单个元素的对象有多少位。另外，字符串中的每个

Unicode 字节存储在紧凑数组中仅需要两个字节。如果每个字符都以单字符字符串独立存储，那显然将会占用更多字节。

接下来研究另一个案例，假设想要存储 100 万个 64 位整数。理论上，我们或许希望仅仅占用 64 000 000 位，然而通过估计得出 Python 列表将会占用的容量是该容量的 4 ～ 5 倍。每个列表元素都将产生一个 64 位存储地址，并将此地址存储于原始数组中，整数实例会被存储于内存的其他地方。Python 允许查询每个对象在主存中实际占用多少位字节——使用系统模块中的 getsizeof 函数即可得出。在我们的系统中，一个标准整型对象需要占用 14 字节内存（超出 4 字节的部分用于表示实际 64 位地址）。总之，列表每个条目要占用 18 个字节，而不是像整数紧凑列表那样仅需要 4 个字节。

紧凑结构在高性能计算方面的另一个重要优势是：原始数据在内存中是连续存放的。注意，引用结构没有这种情况。也就是说，即使列表对存储地址做了谨慎的规定，但是这些元素会被存入内存的什么位置并不受该列表所决定。由于缓存的工作性质和计算机的存储层次结构，将数据存到其他可能用于相同计算的数据旁边通常是有利的。

尽管引用结构明显效率低下，但在本书中，我们更看重 Python 列表和元组所提供的便利。我们将会在第 15 章讨论紧凑结构，届时将集中讨论内存使用对数据结构和算法的影响。Python 提供了几种用于创建不同类型的紧凑数组的方法。

紧凑数组主要通过一个名为 array 的模块提供支撑。该模块定义了一个类（也命名为 array），该类提供了紧凑存储原始数据类型的数组的方法。图 5-10 所示即为这样一个整型数组的描述。

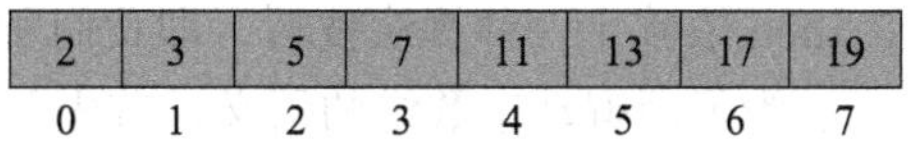
2 3 5 7 11 13 17 19
0 1 2 3 4 5 6 7

图 5-10 整数作为 Python 数组元素进行紧凑存储

array 类的公共接口通常和 Python 的 list（列表）一致。然而，该类的构造函数需要以类型代码（type code）作为第一个参数，也即一个字符，该字符表明要存入数组的数据类型。举一个实际的例子，类型代码 'i' 表明这是一个（有符号的）整型数组，通常表示每个元素至少 16 位。我们可以把图 5-10 所示的数组声明如下：

```
primes = array('i', [2, 3, 5, 7, 11, 13, 17, 19])
```

类型代码允许解释器确定数组的每个元素需要多少位。正如表 5-1 所示，array 模块支持类型代码，这些类型代码主要是基于 C 编程语言（Python 使用最广泛的发布版就是用 C 语言实现）的本地数据类型。C 语言数据的精确位数是跟系统有关的，但可以给出通常的范围。

表 5-1 array 模块支持的类型代码

代码	数据类型	字节的精确位数
'b'	signed char	1
'B'	unsigned char	1
'u'	Unicode char	2 or 4
'h'	signed short int	2
'H'	unsigned short int	2
'i'	signed int	2 or 4
'I'	unsigned int	2 or 4
'l'	signed long int	4
'L'	unsigned long int	4
'f'	Float	4
'd'	float	8

array 模块不支持存储用户自定义数据类型的紧凑数组。这种结构的紧凑数组可以用一个名为 ctypes 的底层模块来创建（5.3.1 节将会对 ctypes 模块做更多讨论）。

5.3 动态数组和摊销

在计算机系统中，创建低层次数组时，必须明确声明数组的大小，以便系统为其存储分配连续的内存。例如，图 5-11 给出了一个 12 字节的数组，该数组被分配在地址 2146 ~ 2157 的位置。

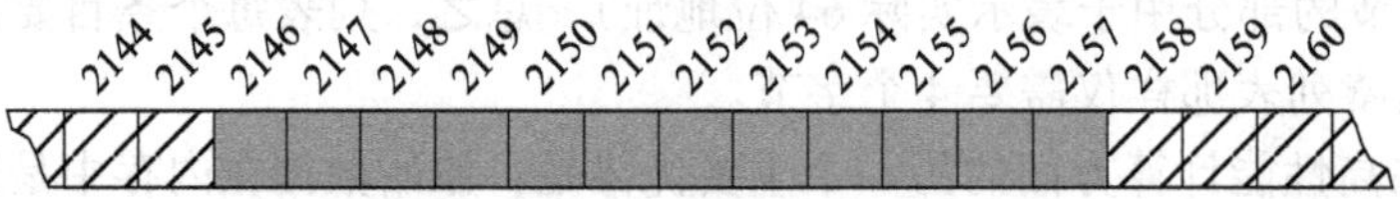
2144
2145
2146
2147
2148
2149
2150
2151
2152
2153
2154
2155
2156
2157
2158
2159
2160

图 5-11　一个 12 字节数组被分配在存储器从地址 2146 ~ 2157 的位置

由于系统可能会占用相邻的内存位置去存储其他数据，因此数组大小不能靠扩展内存单元来无限增加。在表示 Python 元组（tuple）或者字符串（str）实例的情形中，这种限制就没什么问题了。由于这些类的实例变量都是不可变的，因此当对象实例化时，低层数组的大小就已确定了。

Python 列表（list）类提供了更有趣的抽象。虽然列表在被构造时已经有了确定的长度，但该类允许对列表增添元素，对列表的总体大小没有明显的限制。为了提供这种抽象，Python 依赖于一种算法技巧，即我们所熟知的*动态数组*（dynamic array）。

为了理解动态数组的语义，首先关键的一点是：一张列表通常关联着一个底层数组，该数组通常比列表的长度更长。例如，用户创建了一张具有 5 个元素的列表，系统可能会预留一个能存储 8 个对象引用的底层数组（而不止 5 个）。通过利用数组的下一个可用单元，剩余的长度使得增添列表元素变得很容易。

假如用户持续增添列表元素，所有预留单元最终将被耗尽。此时，列表类向系统请求一个新的、更大的数组，并初始化该数组，使其前面部分能与原来的小数组一样。届时，原来的数组不再需要，因此被系统回收。这种策略直观上就像寄居蟹，当旧的贝壳不足以容纳它时，它便会钻到更大的贝壳里。

经验证明，Python 的 list 类确实基于这种策略。我们在代码段 5-1 中给出源代码，在代码段 5-2 中给出程序样例输出，并使用了 sys 模块提供的 getsizeof 函数。该函数用于给出在 Python 中存储对象的字节数。对于列表，该函数仅给出此列表关联的数组和其他实例变量的字节数之和，而不包括任何分配给被该列表引用的元素的内存。

代码段 5-1　在 Python 中，探究列表长度和底层大小关系的实验

```
import sys                                          # provides getsizeof function
data = [ ]
for k in range(n):                                  # NOTE: must fix choice of n
  a = len(data)                                     # number of elements
  b = sys.getsizeof(data)                           # actual size in bytes
  print('Length: {0:3d}; Size in bytes: {1:4d}'.format(a, b))
  data.append(None)                                 # increase length by one
```

代码段 5-2　代码段 5-1 实验的样例输出

```
Length:   0; Size in bytes:   72
Length:   1; Size in bytes:  104
```

```
Length:  2; Size in bytes: 104
Length:  3; Size in bytes: 104
Length:  4; Size in bytes: 104
Length:  5; Size in bytes: 136
Length:  6; Size in bytes: 136
Length:  7; Size in bytes: 136
Length:  8; Size in bytes: 136
Length:  9; Size in bytes: 200
Length: 10; Size in bytes: 200
Length: 11; Size in bytes: 200
Length: 12; Size in bytes: 200
Length: 13; Size in bytes: 200
Length: 14; Size in bytes: 200
Length: 15; Size in bytes: 200
Length: 16; Size in bytes: 200
Length: 17; Size in bytes: 272
Length: 18; Size in bytes: 272
Length: 19; Size in bytes: 272
Length: 20; Size in bytes: 272
Length: 21; Size in bytes: 272
Length: 22; Size in bytes: 272
Length: 23; Size in bytes: 272
Length: 24; Size in bytes: 272
Length: 25; Size in bytes: 272
Length: 26; Size in bytes: 352
```

在评估实验结果时，首先注意代码段 5-2 的第一行输出。可以注意到，空列表已经请求了一定数量字节的内存（在我们的系统中是 72 个）。事实上，Python 中每个对象都保存了一些状态，例如，标志着该对象属于哪个类的引用。尽管不能直接访问列表的私有实例变量，但可以推测该列表以某种形式保存的一些状态信息，类似于：

_n	列表当前存储的实际元素的个数
_capacity	当前所分配数组中允许存储的元素最大个数
_A	当前所分配数组的引用（最初为 None）

当第 1 个元素添入列表时，我们就会检查底层结构的大小是否改变。特别需要注意的是，字节数从 72 跳到 104，增加了 32 个字节。本实验是在 64 位机器上运行的，这表明每个内存地址是 64 位（即 8 个字节）。我们推测增加的 32 个字节即为分配的用于存储 4 个对象引用的底层数组大小。这一推测符合这样的事实：当对列表增添第 2 个、第 3 个或者第 4 个元素时，我们没有发现在内存占用上有任何改变。

当增添第 5 个元素时，我们注意到内存占用的字节数从 104 跳到 136。假定列表最初占 72 个字节，最后变为总共 136 字节，增加 $64 = 8 \times 8$ 个字节，这表明我们提供了 8 个对象引用的扩展空间。另外，当增添第 9 个元素前，内存占用都不再增加，这也跟实验结果相一致。从这个角度来讲，200 个字节可被视为最初的 72 个字节再加上用于存储 16 个对象引用的 128 个字节。当增添第 17 个元素后，整个存储占用将变为 $272 = 72 + 200 = 72 + 25 \times 8$，因此，足够存储 25 个对象引用。

因为列表是引用结构，对列表实例使用函数 getsizeof 得出的结果仅包括该列表主要结构的大小，不算由对象（即列表元素）所占用的内存。在实验中，我们不断给列表增添 None 对象，并不关心单元将会放什么内容，但是我们可以向列表中增添任何类型对象，结果不受元素大小（即 getsizeof(data)）所给出的字节数的影响。

假如想继续该实验并做进一步迭代，我们或许想搞清楚：每次当前一个数组使用完后，

Python 会创建一个多大的数组（见练习 R-5.2 和 C-5.13）。在探究使用 Python 创建的精确字节数之前，我们先继续本节学习，接下来给出用于实现动态数组和执行该数组性能渐近分析的一般方法。

5.3.1 实现动态数组

尽管 Python 的 list 类给出了动态数组的一种高度优化的实现（我们在本书的后续部分要依赖该实现方法），但学习该类是如何被实现的仍对我们有指导性意义。

关键在于提供能够扩展用于存储列表元素的数组 A 的方法。当然，实际上我们不能扩展数组，因为它的大小是固定的。当底层数组已满，而有元素要添入列表时，我们会执行下面的步骤：

1）分配一个更大的数组 B。

2）设 $B[i] = A[i]$（$i = 0, \cdots, n-1$），其中 n 表示条目的当前数量。

3）设 $A = B$，也就是说，我们以后使用 B 作为数组来支持列表。

4）在新的数组里增添元素。

图 5-12 中给出了上述步骤的示意图。

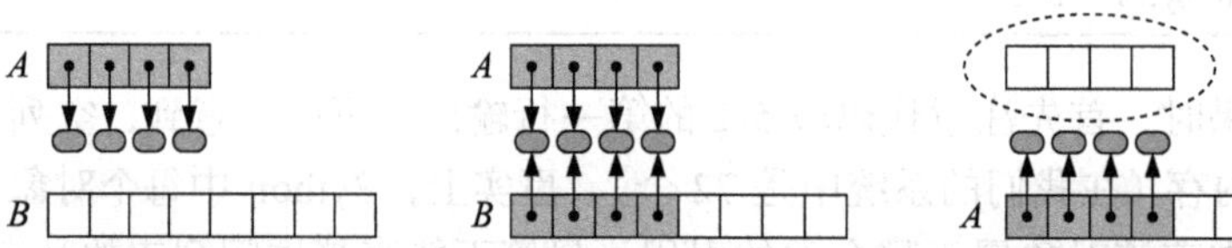
A
B
A
B
A

a）创建新的数组B　　b）把A中的元素存入B　　c）将新的数组组名重新设为A

图 5-12 “扩展”动态数组的三步示意图（没有给出旧数组回收和新数据插入的示意图）

接下来需要思考一个问题：新数组应该多大？通常的做法是：新数组大小是已满的旧数组大小的 2 倍。在 5.3.2 节中，我们会对这种做法进行数学分析。

在代码段 5-3 中，我们使用 Python 给出了动态数组的一种具体实现。DynamicArray 类的设计便是运用了本节所讨论的思想。虽然和 Python 中 list 类的接口一致，但这里仅提供部分功能：append 方法以及访问器 __len__ 和 __getitem__。底层数组的创建由 ctypes 模块提供。因为在本书的剩余部分不会一直使用这种底层结构，所以我们不再对 ctypes 模块进行详细说明。我们在私有实例方法 _make_array 中封装了必要的指令，该指令用于声明原始数组。扩展的主要过程在非公开的 _resize 方法中实现。

代码段 5-3 使用 ctypes 模块提供的原始数组实现 DynamicArray 类

```
import ctypes                                   # provides low-level arrays

class DynamicArray:
  """A dynamic array class akin to a simplified Python list."""

  def __init__(self):
    """Create an empty array."""
    self._n = 0                                 # count actual elements
    self._capacity = 1                          # default array capacity
    self._A = self._make_array(self._capacity)  # low-level array

  def __len__(self):
    """Return number of elements stored in the array."""
```

```
        return self._n

    def __getitem__(self, k):
        """Return element at index k."""
        if not 0 <= k < self._n:
            raise IndexError('invalid index')
        return self._A[k]                           # retrieve from array

    def append(self, obj):
        """Add object to end of the array."""
        if self._n == self._capacity:               # not enough room
            self._resize(2 * self._capacity)        # so double capacity
        self._A[self._n] = obj
        self._n += 1

    def _resize(self, c):                           # nonpublic utitity
        """Resize internal array to capacity c."""
        B = self._make_array(c)                     # new (bigger) array
        for k in range(self._n):                    # for each existing value
            B[k] = self._A[k]
        self._A = B                                 # use the bigger array
        self._capacity = c

    def _make_array(self, c):                       # nonpublic utitity
        """Return new array with capacity c."""
        return (c * ctypes.py_object)( )            # see ctypes documentation
```

5.3.2 动态数组的摊销分析

本节中，我们对动态数组相关操作的运行时间做具体分析。我们用 3.3.1 节介绍的大 Ω 符号，对这些操作的算法或步骤的运行时间给出渐近下界。

使用新的、更大的数组替换旧数组的策略起初似乎很慢，因为单个增添操作可能就需要 $\Omega(n)$ 的运行时间，这里的 n 是指数组元素的当前数量。然而我们注意到，在数组的替换过程中，由于增大了 1 倍的容量，新数组在被替换之前允许增添 n 个新元素。这种方式使得每一次大的代价的替换过程后，对每个元素进行添加操作（见图 5-13）。这一事实让我们意识到：从总的运行时间来看，对初始为空的动态数组执行一系列的操作，其效率也是很高的。

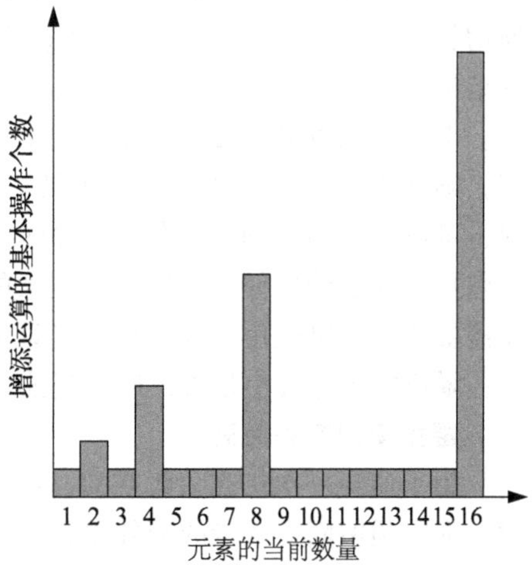
增添运算的基本操作个数
1 2 3 4 5 6 7 8 9 10 11 12 13 14 15 16
元素的当前数量

图 5-13 对动态数组执行一系列 append 操作的运行时间

我们使用一种称为**摊销**（amortization）的算法设计模式进行证明：事实上，在动态数组中执行一系列增添操作效率是非常高的。为了做**摊销分析**（amortized analysis），我们使用一种会计学技巧：把计算机视为一个投币装置，对每个固定的运行时间均支付一枚**网络硬币**（cyber-dollar）。当执行一个操作时，当前“银行账户”中要有足够的网络硬币来支付此次操作的运行时间。因此，在任意计算中所花费的网络硬币总数将会和该计算的运行时间成正比。使用该分析方法的妙处在于我们可以增加某些操作的投入，以减低其他操作所需的网络硬币。

命题 5-1：设 S 是一个由具有初始大小的动态数组实现的数组，实现策略为：当数组已满时，将此数组大小扩大为原来的 2 倍。S 最初为空，对 S 连续执行 n 个增添操作的运行时间为 $O(n)$。

证明：假定不需要扩大数组的情况下，向 S 中增加一个元素所需时间需支付一个网络硬币。另外，假定数组大小从 k 增长到 $2k$ 时，初始化该新数组需要 k 个网络硬币。我们将会对每个增添操作索价 3 个网络硬币。因此，对不需要扩大数组的增添操作我们多付了 2 个网络硬币。在不需要扩大数组的增添操作中，我们多收的 2 个硬币将被视为“存入”该元素所插入的单元中。当数组 S 大小为 2^i 并且 S 中有 2^i 个元素时，对于 $i \geqslant 0$，增加元素将会出现溢出。此时，将数组大小扩大 1 倍需要 2^i 个网络硬币。幸运的是，这些硬币能够在内存单元从 2^{i-1} 到 $2^i - 1$ 中找到（见图 5-14）。注意到前一次溢出出现在当元素个数第一次比 2^{i-1} 大时，所以，在单元 2^{i-1} 到 $2^i - 1$ 中存储的网络硬币还未消费。因此，我们有了一个有效的摊销方案：每个操作索价 3 个网络硬币，所有运行时间都用硬币来支付，即我们可以用 $3n$ 个网络硬币来支付 n 次增添操作。换句话说，每个增添操作的摊销运行时间为 $O(1)$；因此，n 次增添操作的总体运行时间为 $O(n)$。 ■

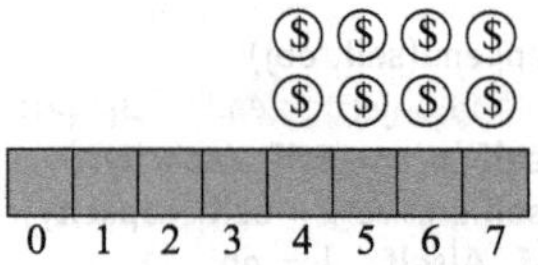
0 1 2 3 4 5 6 7

a）8个单元的数组已满，从单元 4～7 都“存有”两个网络硬币

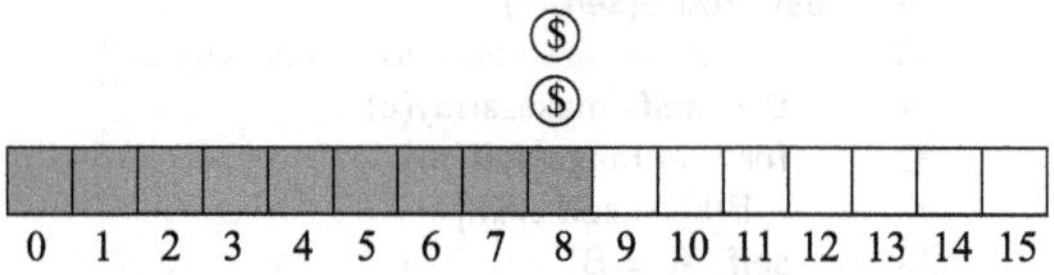
0 1 2 3 4 5 6 7 8 9 10 11 12 13 14 15

b）append操作导致一次溢出且使数组大小扩大1倍。使用已存入表中的网络硬币复制8个旧元素到新的数组。使用一个网络硬币支付插入一个新的元素，这个网络硬币由当前增添操作所收取，另两个多收的网络硬币存入单元8中

图 5-14 在动态数组中执行一系列增添操作的示意图

大小按几何增长

虽然在命题 5-1 的证明中，我们每次都是把数组扩大 1 倍，但是对“数组大小以任意几何增长级数（见 2.4.2 节对几何级数的讨论）扩大，每次操作的摊销运行时间仍为 $O(1)$”这一结论是可以证明的。当选定了几何基数时，在运行效率和内存使用之间便存在一个折中问题。例如，当基数为 2 时（即数组扩大两倍），假如最后一个插入操作使得数组大小发生改变，则数组的大小本质上会变为其需要的 2 倍来结束该事件。如果不希望最后浪费太多内存，可以让数组当前大小仅增大 25%（即几何基数为 1.25），这种做法会在中间出现更多的调整数组大小的事件。使用一个更大的常数，例如在命题 5-1 的证明中使用的常数为每个操作需要 3 个网络硬币，我们仍可能证明摊销运行时间为 $O(1)$（见练习 C-5.15）。证明的关键是：增添的内存大小是否正比于当前数组大小。

避免使用等差数列

为了避免一次扩充太大空间，可能会对动态数组执行这样的策略：每次要调整数组大小时，都要预留固定数量的额外单元。不幸的是，这种策略的整体性能明显糟糕。在极端情况下，如果每次增加一个单元，则会导致每个增添操作都将调整数组大小，继而就是类似地求和 $1 + 2 + 3 + \cdots + n$，所以总体运行时间为 $\Omega(n^2)$。如图 5-15 所示，如果每次增加 2 个或 3 个单元也只是稍微改善，但总体运行时间仍为 n^2。

每次调整大小时都采用固定的增量，因此中间数组大小将会成等差数列，正如命题 5-2 所示，总体运行时间在操作个数上表现为平方。从直观上讲，即使每次增加 1000 个单元，对于大数据集来说，也无济于事。

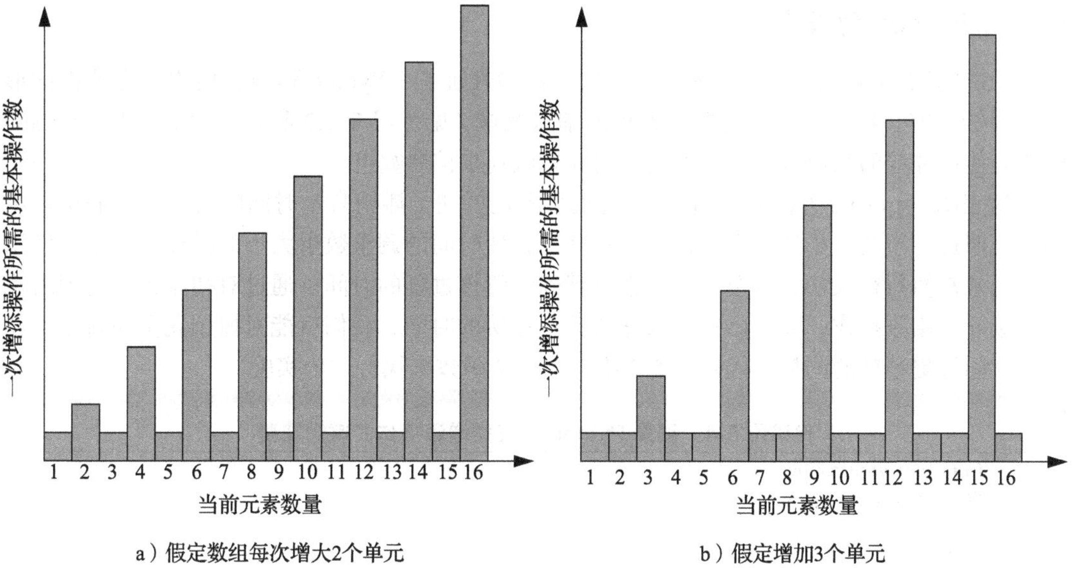
一次增添操作所需的基本操作数
1 2 3 4 5 6 7 8 9 10 11 12 13 14 15 16
当前元素数量
a）假定数组每次增大2个单元
一次增添操作所需的基本操作数
1 2 3 4 5 6 7 8 9 10 11 12 13 14 15 16
当前元素数量
b）假定增加3个单元

图 5-15　对动态数组采用等差数列进行一系列 append 操作所需要的运行时间

命题 5-2：对初始为空的动态数组执行连续 n 个增添操作，若每次调整数组大小时采用固定的增量，则运行时间为$\Omega(n^2)$。

证明：设 $c > 0$，表示每次调整数组大小时的固定增量。在连续的 n 个 append 操作中，时间将会花费在分别初始化大小为 $c, 2c, 3c, \cdots, mc$ 的数组上面，其中 $m = \lceil n/c \rceil$，因此，总体运行时间将会正比于 $c + 2c + 3c + \cdots + mc$。根据命题 3-3，得出和为

$$\sum_{i=1}^{m} ci = c \cdot \sum_{i=1}^{m} i = c\frac{m(m+1)}{2} \geqslant c\frac{\frac{n}{c}\left(\frac{n}{c}+1\right)}{2} \geqslant \frac{n^2}{2c}$$

因此，执行 n 个 append 操作花费的时间为$\Omega(n^2)$。■

从命题 5-1 和 5-2 中得到一个教训：算法设计中，一个细微的差异在渐近性能上能表现出巨大的不同，细致的分析在设计数据结构中能起到重要的作用。

内存使用和紧凑数组

当对动态数组增添数据时，这种按几何增长的模式所带来的另一结果是：最终数组大小确保能正比于元素总个数。也就是说，数据结构占用 $O(n)$ 的内存，这是数据结构一个非常理想的属性。

假如有一个容器，例如一张 Python 列表，能够提供删除一个或多个元素的操作，那就更要注意确保动态数组占用 $O(n)$ 的内存。风险是：重复的插入操作可能会导致底层数组肆意增大，当许多元素被删除后，元素的实际数量与数组大小之间便不存在正比关系。

有时，会对这种数据结构采用一种健壮的实现方式——紧凑底层数组，在此期间，单个操作都保持 $O(1)$ 的摊销绑定。然而，注意确保在扩充和收缩底层数组时，结构不能摊销（改变），因为在这种情况下，摊销绑定将不能实现。在练习 C-5.16 中，我们探索一种策略：只要实际元素个数小于数组大小的 1/4，我们就将数组大小缩小为原来的一半，这样能确保数组大小至少是元素个数的 4 倍。在练习 C-5.17 和 C-5.18 中，我们将探究这种策略的摊销分析。

5.3.3 Python 列表类

5.3 节开篇处的代码段 5-1 和 5-2 给出了实验性证据：Python 列表类使用动态数组的形式来存储内容。然而，对中间数组大小的细致测试（见练习 R-5.2 和 C-5.13）表明，Python 既不是使用纯粹的几何级数，也不是使用等差数列来扩展数组。

这表明，append 方法的 Python 实现很清晰地展现了摊销常量时间的行为。我们可以用实验证明这一事实。虽然我们应该关注一些更花费时间的调整数组大小的操作，但单个增添操作通常都执行得太快，以至于我们很难精确测量该过程的时间。通过对初始为空的列表执行连续 *n* 个增添操作，并算出每个操作所平均花费的时间，我们就能对摊销花费在每个操作上的时间做更精准的测量。代码段 5-4 给出了一个函数来执行这个实验。

代码段 5-4　测量 Python 列表类增添操作的摊销花费

```
from time import time                      # import time function from time module
def compute_average(n):
  """Perform n appends to an empty list and return average time elapsed."""
  data = [ ]
  start = time( )                          # record the start time (in seconds)
  for k in range(n):
    data.append(None)
  end = time( )                            # record the end time (in seconds)
  return (end − start) / n                 # compute average per operation
```

从技术上说，从开始到结束所耗费的时间，除了调用 append 函数的时间，还包括维持循环迭代的时间。如表 5-2 所示，随着 *n* 值的增大，给出了该实验的实证结果。我们看到较小的数据集往往会有更大的平均花费时间，也许部分原因在于循环的开销。在使用这种方式测量摊销花费时，也会产生一些自然偏差，因为最终调整大小都跟 *n* 有关会对其产生影响。从整体来看，每个 append 操作的摊销时间都独立于 *n*，这点似乎很明确。

表 5-2　通过观察开始为空的列表连续执行 *n* 次调用后，得出增添操作以微秒为单位进行测量的平均运行时间

n	100	1000	10 000	100 000	1 000 000	10 000 000	100 000 000
μs	0.219	0.158	0.164	0.151	0.147	0.147	0.149

5.4 Python 序列类型的效率

在上一节中，我们依据执行策略和效率，初步学习了 Python 列表（list）类的基础内容。在本节中，我们继续检测所有 Python 序列类型的性能。

5.4.1 Python 的列表和元组类

列表类的 nonmutating 行为是由元组（tuple）类所支持的。我们注意到元组比列表的内存利用率更高，因为元组是固定不变的，所以没必要创建拥有剩余空间的动态数组。表 5-3 给出了列表和元组类中 nonmutating 行为的渐近效率。下面对其中的内容进行解释。

常量时间操作

实例的长度之所以能在常量时间内得到，是因为该实例明确包含了这一状态信息。通过访问底层数组，保证了 data[j] 的常量时间效率。

表 5-3 列表和元组类中 nonmutating 行为的渐近性能。标识符 data、data1 和 data2 表示列表或元组类的实例，n、n_1、n_2 代表它们各自的长度。对于该容器的检索和 index 方法，k 表示被搜索值在最左边出现时的索引（假如没有该值，那么 $k = n$）。在两个序列间进行比较，当 n_1 不等于 n_2 时，我们用 k 表示最左边的索引；否则，令 $k = \min(n_1, n_2)$

操　作	运行时间
len(data)	$O(1)$
data[j]	$O(1)$
data.count(value)	$O(n)$
data.index(value)	$O(k+1)$
value in data	$O(k+1)$
data1==data2 (similarly!=, < , <=, > , > =)	$O(k+1)$
data[j:k]	$O(k-j+1$
data1 + data2	$O(n_1+n_2)$
C*data	$O(cn)$

搜寻值的出现

每个 count、index 和 __contains__ 方法均从左往右迭代遍历序列。实际上，2.4.3 节的代码段 2-14 演示了这些行为是怎样被实现的。值得注意的是，当执行 count 方法时，必须循环遍历整个序列。当检索该容器中是否存在某个元素或者确定某个元素下标时，假如该元素存在，一旦从左开始第一次找到它，便立即退出循环。因此，count 方法需要检测序列的 n 个元素，而 index 和 __contains__ 方法只有在最坏的情况下才会检测 n 个元素，但往往都会更快。我们可以给出实验证据：设 data = list(range(10 000 000))，在 data 中找 5，在 data 中找 9 999 995，或者甚至失败的测试，如在 data 中找 – 5，比较这些测试之间的相对效率。

字典比较

两个序列之间的对比被定义为字典。在最坏的情况下，评估这一情况需要运行时间正比于两序列中长度较短序列的迭代（因为当一个序列结束时，字典结果已能被确定）。而在一些情况下，能更高效地评估测试结果。例如，若评估 [7, 3 , …] < [7, 5, …]，很明显，不用再测试列表剩余部分便已知结果是 True，因为左运算对象的第二个元素严格小于右运算对象的第二个元素。

创建新的实例

表 5-3 的后三个行为是在一个或多个原有实例的基础上构造的一个新实例。在所有情况下，运行时间都取决于构造和初始化实例所耗费的时间，因此，渐近行为正比于该实例的长度。于是，我们发现数据段 [6 000 000 ： 6 000 008] 能够被立即构建成功，因为它仅有 8 个元素。数据段 [6 000 000 ： 7 000 000] 有一百万个元素，因此要花费更多的时间去创建。

变异行为

表 5-4 描述了 list 类变异行为的效率。最简单的行为是 data[j] = val，且该行为被特殊的 __setitem__ 方法所支持。此行为在最坏情况下的运行时间为 $O(1)$，因为其仅用一个新值替换列表的一个元素。其他元素不受影响且底层数组的大小不变。值得分析的更有趣的行为是向列表中增添元素或从列表中删除元素。

表 5-4 列表类变异行为的渐近性能。data、data1 和 data2 表示列表类实例，n、n_1、n_2 代表它们各自的长度

操作	运行时间
data[j] = val	$O(1)$
data.append(value)	$O(1)^*$
data.insert(k, value)	$O(n-k+1)^*$
data.pop()	$O(1)^*$
data.pop(k) del data[k]	$O(n-k)^*$
data.remove(value)	$O(n)^*$
data1.extend(data2) data1 + =data2	$O(n_2)^*$
data.reverse()	$O(n)$
data.sort()	$O(n \log n)$

* 摊销

向列表中增添元素

在 5.3 节中，我们充分探讨了 append 方法。在最坏的情况下，因为底层数组需要调整，因此运行时间为$\Omega(n)$，但在摊销情况下，运行时间为 $O(1)$。列表同样支持 insert(k，value) 这一方法，此方法将给定的值插入列表索引 $0 \leqslant k \leqslant n$ 的位置，该位置通过将所有后续元素向前移动一个单位得到。为了解释清楚，在代码段 5-3 介绍的 DynamicArray 类的语义下，代码段 5-5 给出了此方法的一种实现方式，使用了代码段 5-3 的 DynamicArray 类。在分析此过程的效率时有两个复杂因素。首先，我们注意到增添一个元素需要调整动态数组大小。这部分工作对于每个 append 操作来说，在最坏情况下运行时间为$\Omega(n)$，但摊销时间仅为 $O(1)$。insert 操作的另一个代价是移动元素来为新元素提供位置。此过程的时间取决于新元素的索引以及由此产生的移动后续元素的个数。

代码段 5-5 DynamicArray 类 insert 方法的实现

```
def insert(self, k, value):
  """Insert value at index k, shifting subsequent values rightward."""
  # (for simplicity, we assume 0 <= k <= n in this verion)
  if self._n == self._capacity:                 # not enough room
    self._resize(2 * self._capacity)            # so double capacity
  for j in range(self._n, k, −1):              # shift rightmost first
    self._A[j] = self._A[j−1]
  self._A[k] = value                            # store newest element
  self._n += 1
```

如图 5-16 所示，循环过程将索引 $n-1$ 的引用复制到索引 n 内，将索引 $n-2$ 的引用复制到索引 $n-1$ 内，如此往复，直到将索引 k 的引用复制到索引 $k+1$ 内。插入索引 k 内需要的总摊销时间为 $O(n-k+1)$。

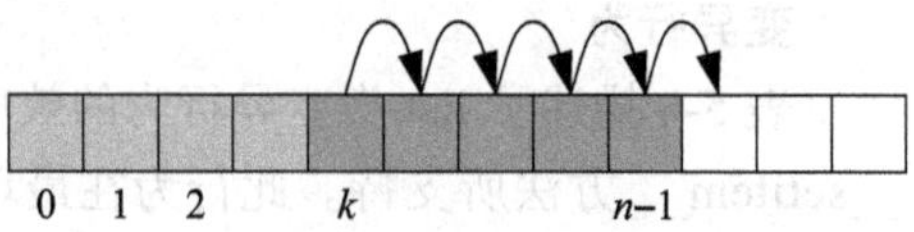
0
1
2
k
n–1

图 5-16 在动态数组中索引为 k 的位置开辟空间并插入新元素

在 5.3.3 节中，当探讨 Python 的 append 方法的效率时，我们做了这样的实验：在不同大小的列表上重复调用，计算耗费时间的平均值（见代码段 5-4 和表 5-2）。我们将用 insert 方法重复该实验，并尝试用三种不同的访问模式。

- 第一种情况，我们在列表的开始位置进行重复插入，

```
for n in range(N):
  data.insert(0, None)
```

- 第二种情况，我们在列表接近中间的位置进行重复插入，

```
for n in range(N):
  data.insert(n // 2, None)
```

- 第三种情况，我们在列表的结束位置进行重复插入，

```
for n in range(N):
  data.insert(n, None)
```

表 5-5 给出了实验的结果，记录了每个操作的平均时间（不是整个循环的总时间）。正如所预料的那样，我们看到在列表的开始位置做插入是最费时的，每个操作插入时间呈线性，因而运行时间仍为 $\Omega(n)$。在结束位置做插入表现为 $O(1)$ 的运行时间，类似于增添操作。

表 5-5　通过观察在初始为空的列表内进行的连续 N 次调用，得出 insert(k, val) 的平均运行时间，单位为微秒。令 n 表示当前列表的大小（与最终列表大小作对照）　（单位：μs）

	N				
	100	1 000	10 000	100 000	1 000 000
***k*=0**	0.482	0.765	4.014	36.643	351.590
***k*=*n* // 2**	0.451	0.577	2.191	17.873	175.383
***k*=0**	0.420	0.422	0.395	0.389	0.397

从列表中删除元素

Python 的 list 类提供了几种从列表中删除元素的方法。调用 pop() 删除列表的最后一个元素。这是最高效的，因为其他所有元素都保持在自己的原有位置。这虽然是一个效率为 $O(1)$ 的操作，但由于 Python 不定时地收缩底层数组以节省内存，因此绑定是摊销的。

带参数的方法 pop(k) 能够删除列表中索引为 $k < n$ 的元素，并把所有后续元素往左移动，以填补由删除操作导致的空缺。该操作的效率为 $O(n < k)$，因为移动的数量取决于索引 k 的选择，如图 5-17 所示。注意，这表明 pop(0) 是最耗时的调用，运行时间为$\Omega(n)$。（见练习 R-5.8 中的实验）

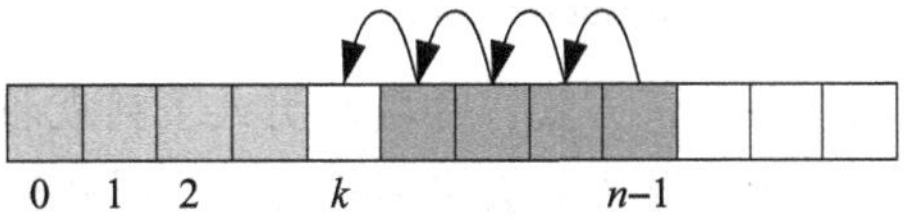
0
1
2
k
n–1

图 5-17　删除动态数组中索引为 k 的元素

list 类提供了另一种名为 remove 的方法，该方法允许调用者指定要删除的值（不是值的*索引*）。正式地说，该方法仅删除列表中第一次出现的指定值，当未找到该值时，生成一个 ValueError 异常。在代码段 5-6 中，再次利用 DynamicArray 类做说明，给出此行为的一种实现方式。

有趣的是，对于 remove 方法来说，没有"高效"的情况：每一次调用都需要$\Omega(n)$的运行时间。该过程部分工作用于从列表开头进行搜索，直至找到索引为 k 的值，而剩余的从 k 到最后的迭代用于往左移动元素。该线性行为能用实验观察到（见练习 C-5.24）。

代码段 5-6　对 DynamicArray 类的 remove 方法的一种实现

```
def remove(self, value):
  """Remove first occurrence of value (or raise ValueError)."""
```

```
  # note: we do not consider shrinking the dynamic array in this version
  for k in range(self._n):
    if self._A[k] == value:                  # found a match!
      for j in range(k, self._n − 1):        # shift others to fill gap
        self._A[j] = self._A[j+1]
      self._A[self._n − 1] = None            # help garbage collection
      self._n −= 1                           # we have one less item
      return                                 # exit immediately
  raise ValueError('value not found')        # only reached if no match
```

扩展列表

Python 提供了一个名为 extend 的方法，该方法能将一张列表的所有元素增添到另一张列表的末尾。在作用上，调用 data.extend(other) 输出的结果和如下代码输出的结果相同：

```
for element in other:
  data.append(element)
```

在任何情况下，运行时间都正比于另一张列表的长度，并且之所以摊销，是因为第一张列表的底层数组需要调整大小以容纳增添的元素。

在实践中，相对于重复调用 append 方法，我们倾向于选择 extend 方法，因为渐近分析中隐含的常数明显更小。Extend 方法效率更高缘于三个方面：首先，使用合适的 Python 方法总会有一些优势，因为这些方法通常使用本地编译语言进行执行（不是用作解释 Python 代码）。其次，与调用很多独立的函数相比，调用一个函数完成所有工作的开销更小。最后，extend 提升的效率来源于更新列表的最终大小能提前计算出。假如第二个数据集是非常大的，当重复调用 append 方法时，底层动态数组会有多次调整大小的风险。若调用一次 extend 方法，最多执行一次调整操作。练习 C-5.22 用实验探究了这两种方法的相对效率。

构造新列表

有几种用于构造新列表的语法。在几乎所有情况下，该行为的渐近效率在创建列表的长度方面是线性的。然而，与前面讨论的 extend 方法的情况类似，在实际效率上有明显的不同。

在 1.9.2 节中，使用一个诸如 squares = [k*k for k in range(1, n + 1)] 的例子作为

```
squares = [ ]
for k in range(1, n+1):
  squares.append(k*k)
```

的一种速记方式，并由此引入了*列表推导式*（list comprehension）的话题。实验将会证明使用列表推导式语法比不断增添数据来建表速度明显更快（见练习 C-5.23）。

类似地，使用乘法操作初始化一张具有固定值的列表，也是一种很常见的 Python 风格。例如，语句 [0]*n 生成一张长度为 n、所有值都等于 0 的列表。这样做不但语法简便，而且比逐步构造这样的表效率更高。

5.4.2 Python 的字符串类

在 Python 中，字符串是非常重要的。我们在 1.3 节中，通过对不同运算符的讨论，介绍了字符串的使用。在附录 A 的表 A-1 ～表 A-4 中，给出了该类已命名方法的综合概要。本节中，我们不再正式分析每个行为的效率，却希望在一些值得注意的问题上做一些批注。一般来说，我们用 n 表示字符串的长度。对于那些需要另一个字符串作为样例的操作，我们用 m 表示样例字符串的长度。

对许多行为的分析常靠直觉。例如，生成新字符串的方法（如 capitalize、center、strip

方法）需要的时间与该方法所生成的字符串长度之间呈线性关系。字符串的许多行为（例如，islower）以布尔条件进行测试，在最坏情况下需要检查 n 个字符，此时运行时间为$\Omega(n)$。但是当结果很明显时，循环就很快结束（例如，若第一个字符是大写字母，islower 能立即返回 False）。比较操作符（例如，==，<）也属于这一种情况。

样例匹配

有一些更有趣的行为，从算法角度来说，这些行为在某种程度上取决于在较大的字符串中找到字符样例。所要寻找的目标是这些方法的核心（例如 __contains__、find、index、count、replace 和 split）。字符串算法将会是第 13 章的课题，13.2 节的重心是特别著名的模式匹配（pattern matching）问题。有一种运行时间为 $O(m\,n)$ 的简单实现方法：我们为此样例考虑了 $n-m+1$ 种可能的起始索引，每个起始索引都需要花费 $O(m)$ 的运行时间用于检查该样例是否匹配。而在 13.2 节中，我们将会编写一个算法，用于在 $O(n)$ 时间内寻找最大长度为 n 的字符串中长度为 m 的字符串。

组成字符串

最后，我们想对几种能组成大字符串的方法进行评论。接下来做一个学术练习，假定有一个较大的字符串 document，我们的目标是生成一个新的字符串 letters，该字符串仅包含原字符串的英文字母字符（即，将空格、数字、标点符号除去）。我们或许会采用如下循环来得到结果，

```
# WARNING: do not do this
letters = ''                          # start with empty string
for c in document:
  if c.isalpha():
    letters += c                      # concatenate alphabetic character
```

虽然上面的代码段实现了该目标，但其效率可能非常低下。因为字符串大小固定，指令 letters + = c 很可能计算串联部分 letters + c，并把结果作为新的字符串实例且重新分配给标识符 letters。构造新字符串所用时间与该字符串的长度成正比。假如最终结果有 n 个字符，连续串联计算所花费的时间与所谓的求和公式 $1+2+3+\cdots+n$ 成正比，因此，运行时间为$\Omega(n^2)$。

这类效率低的代码在 Python 中很普遍，大概跟代码的自然外观有点关系，且容易对 += 操作符如何与字符串连接产生误解。Python 解释器后来的一些实现方法中对开发进行了最优化，能够允许这类代码的运行时间为线性，但不是所有 Python 实现方法都支持。最优化如下：指令 letters += c 之所以会产生新的字符串实例，是因为假如程序中有另一个变量要引用原字符串，则原字符串必须保持不变。另一方面，假如 Python 知道在该问题中对该字符串没有其他引用，但通过直接改变字符串（作为一个动态数组）可以更高效地实现 +=。当发生上述情况时，Python 解释器已经为每个对象包含了所谓的引用计数器。该计数器部分用于确定某个对象是否能被垃圾回收（见 15.1.2 节）。但在此情形中，计数器给出了一种方法，用于检测是否存在对字符串的其他引用，因此，允许最优化。

保证能在线性时间内组成字符串的另一个更标准的 Python 术语是使用临时表存储单个数据，然后使用字符串类的 join 方法组合最终结果。将此技巧用于我们之前例子将会如下编写：

```
temp = []                             # start with empty list
for c in document:
  if c.isalpha():
    temp.append(c)                    # append alphabetic character
letters = ''.join(temp)               # compose overall result
```

该方法能确保运行时间为 $O(n)$。首先，我们注意到连续 n 次 append 调用共需要 $O(n)$ 的运行时间，其运行时间可以根据此操作的摊销花费定义得出。最后对 join 的调用也能保证在组合字符串的最终长度上花费的时间呈线性。

正如在上一节末尾所讨论的那样，我们使用列表推导式语法来创建临时表，而不是重复调用 append 方法，能够进一步提高实际执行速度。方案如下：

```
letters = ''.join([c for c in document if c.isalpha()])
```

还有更好的方法——我们使用生成器理解可以完全避免使用临时表：

```
letters = ''.join(c for c in document if c.isalpha())
```

5.5 使用基于数组的序列

5.5.1 为游戏存储高分

我们学习的第一个应用是为某款视频游戏存储一列高分条目。这是许多必须存储一系列对象的应用程序的代表。我们可能很容易选择为医院的病人存储记录或者登记某足球队队员的姓名。然而，这里我们将关注存储高分条目，这是一个简单且数据丰富的应用程序，足以表示一些重要的数据结构概念。

刚开始，我们考虑在对象中存储什么信息来表示高分条目。显然，信息中一定含有一个表示分数的整数，我们用 _score 来表示。另一个有用的信息是得分者姓名，我们用 _name 表示。我们能继续增加字段表示得分的数据或者得分的游戏统计的字段。但我们忽略一些细节以使示例较为简单。在代码段 5-7 中，我们给出一个 Python 类 GameEntry，用于表示游戏条目：

代码段 5-7　一个简单 GameEntry 类的 Python 代码。其中包括返回游戏条目对象的姓名和分数的方法，还有返回表示该条目的字符串的方法

```
class GameEntry:
  """Represents one entry of a list of high scores."""

  def __init__(self, name, score):
    self._name = name
    self._score = score

  def get_name(self):
    return self._name

  def get_score(self):
    return self._score

  def __str__(self):
    return '({0}, {1})'.format(self._name, self._score) # e.g., '(Bob, 98)'
```

存储高分的类

为了存储一系列高分，我们编写一个类并将其命名为 Scoreboard，一个 scoreboard 对象只能存储一定数量的高分，一旦达到存储界限，新的分数必须严格大于得分板上最低的"最高分"才能记入 scoreboard。理想的 scoreboard 的长度取决于游戏，可能为 10、50 或者 500。因为这个长度非常依赖游戏，我们将它指定为 Scoreboard 结构的参数。

在内部，我们将会使用名为 _board 的 Python 列表（list）来管理表示高分的 GameEntry 实例。因为希望 scordboard 最终能被填满，所以使初始化列表尽可能大以便能存储最多的分数，但起初将所有条目都设为 None。最初给列表分配了最大化的容量，因此执行过程中不再需要调整大小。当添加条目时，我们将会从列表的索引 0 开始，从最高分到最低分依次存储。图 5-18 所示即为这种数据结构的一个典型样例。

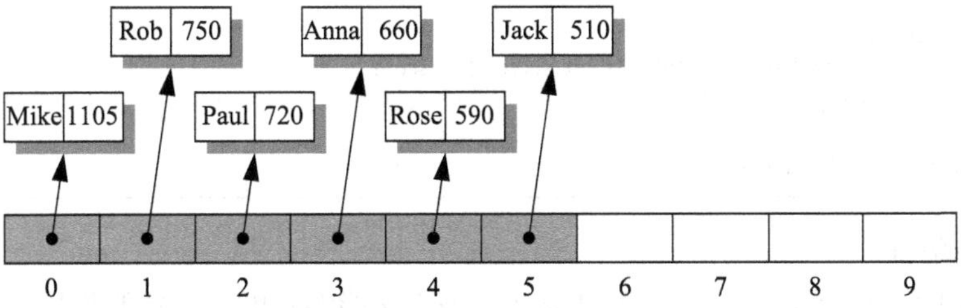
Rob 750
Anna 660
Jack 510
Mike 1105
Paul 720
Rose 590
0
1
2
3
4
5
6
7
8
9

图 5-18　一张长度为 10 有序列表的示意图，从索引 0 ～ 5，共存储 6 个 GameEntry 对象的引用，其余单元仍为 None

代码段 5-8 给出了 Scoreboard 类的一个完整的 Python 实现方法。构造函数非常简单。下面的语句

```
self._board = [None] * capacity
```

创建一张所需长度的列表，而所有条目都是 None。其中还包含一个额外的实例变量 _n，用于表示表内当前的实际条目数。为了方便，我们的类也支持 __getitem__ 方法，此方法通过给定的索引，使用 board[i] 能检索获得一个条目（或者假如没有这样的条目就返回 None），我们也支持简单的 __str__ 方法，该方法返回用每行一个条目表示整个 scoreboard 的字符串。

代码段 5-8　Scoreboard 类的 Python 代码，其中包含一系列有序的分数，这些分数代表 GameEntry 对象

```
class Scoreboard:
  """Fixed-length sequence of high scores in nondecreasing order."""

  def __init__(self, capacity=10):
    """Initialize scoreboard with given maximum capacity.

    All entries are initially None.
    """
    self._board = [None] * capacity        # reserve space for future scores
    self._n = 0                            # number of actual entries

  def __getitem__(self, k):
    """Return entry at index k."""
    return self._board[k]

  def __str__(self):
    """Return string representation of the high score list."""
    return '\n'.join(str(self._board[j]) for j in range(self._n))

  def add(self, entry):
    """Consider adding entry to high scores."""
    score = entry.get_score()

    # Does new entry qualify as a high score?
    # answer is yes if board not full or score is higher than last entry
    good = self._n < len(self._board) or score > self._board[−1].get_score()
```

```
27
28      if good:
29        if self._n < len(self._board):              # no score drops from list
30          self._n += 1                              # so overall number increases
31
32        # shift lower scores rightward to make room for new entry
33        j = self._n − 1
34        while j > 0 and self._board[j−1].get_score( ) < score:
35          self._board[j] = self._board[j−1]         # shift entry from j-1 to j
36          j −= 1                                    # and decrement j
37        self._board[j] = entry                      # when done, add new entry
```

增添一个条目

Scoreboard 类中最有趣的方法是 add 方法，该方法能够考虑到将新的条目添加至 scorebord 中。要记住：每个条目不一定要绑定一个高分。假如 board 还没有满，任何一个新的条目都可以被记录。一旦 board 已满，新的条目只有严格大于一个或多个分数时，才能被记入，特别是，scoreboard 中的最后一个条目是最低的高分。

当考虑新的分数时，我们先要确定该分数是否满足高分的条件。假如满足，若 board 未满，我们便增加有效分数的个数 _n。假如 board 已满，增添新的高分将会导致某个其他高分从 scoreboard 中被删除，因此条目的总数保持不变。

为了正确地将新条目放入列表中，最后的工作是将较低分往后移动一个位置（当 socreboard 已满时，最低分将会被完全删除）。这个过程与在前面 list 类的 insert 方法的实现方式很类似。在 scoreboard 情形中，不需要移动任何保存在数组尾部的 None 引用，因此该过程能按图 5-19 所示的那样进行。

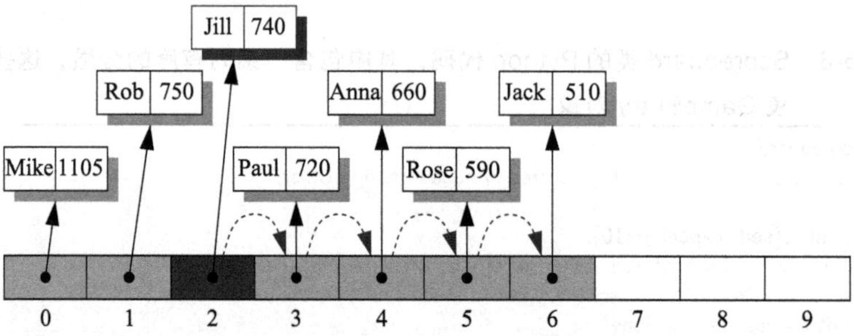
Jill 740
Rob 750
Anna 660
Jack 510
Mike 1105
Paul 720
Rose 590
0
1
2
3
4
5
6
7
8
9

图 5-19　为 Jill 增加一个新的 GameEntry 到 scoreboard。为了给新的引用提供空间，我们必须将分数比新分数低的游戏条目的引用往右移动一个单元，然后我们能将新条目增添到索引 2 的位置

为了完成最后的步骤，我们首先考虑索引 j = self._n – 1，当完成此操作后，该索引指向最后一个 GameEntry 实例。*j* 要么是新条目的正确索引，要么是一个或者多个暂时有更低分数的条目的索引。当循环执行到第 34 行时，只要索引 *j* – 1 条目的分数比新条目分数低，就把索引往右移动，*j* 自减 1。

5.5.2　为序列排序

上一节中，我们学习了一个应用程序：在序列中的给定位置增添对象，通过移动其他元素保持先前顺序不变。本节中，我们使用类似的技巧解决排序问题，即把开始元素无序的序列通过重新排序变成非递减序列。

插入排序算法

本书将介绍几种排序算法，其中大部分将在第 12 章中介绍。作为准备，本节将介绍一种友好简单的排序算法——插入排序。对基于数组的序列，该算法按如下方式执行。我们从数组的第一个元素开始。一个元素本身已排序。接着我们考虑数组的下一个元素。假如它比第一个元素小，我们就把这两个数进行交换。之后我们考虑数组中的第三个元素，把它与左边前两个元素进行比较和交换，直至找到自己的位置。考虑第四个元素，把它与左边前三个元素进行比较和交换，直至找到正确的位置。对第五、第六及其余元素继续执行上述操作，直至整个数组被完全排序。我们可以用伪代码描述插入排序算法，示例如代码段 5-9 所示。

代码段 5-9 插入排序算法的高级语言描述

```
Algorithm InsertionSort(A):
  Input: An array A of n comparable elements
  Output: The array A with elements rearranged in nondecreasing order
  for k from 1 to n − 1 do
    Insert A[k] at its proper location within A[0], A[1], ..., A[k].
```

这是对插入排序的一种简单高级的描述。假如回顾 5.5.1 节中的代码段 5-8，我们会看到在高分列表中插入新条目的操作与在插入排序算法中插入正被考虑的元素的操作几乎相同（唯一不同是游戏高分从高到低已经排序）。在代码段 5-10 中，我们给出插入排序算法的一种 Python 实现方法，使用外层循环轮流考虑每个元素，内层循环移动正被考虑的元素，将其移动到其左边（已排序）子数组的合适位置。图 5-20 所示即为插入排序算法运行过程的示例。

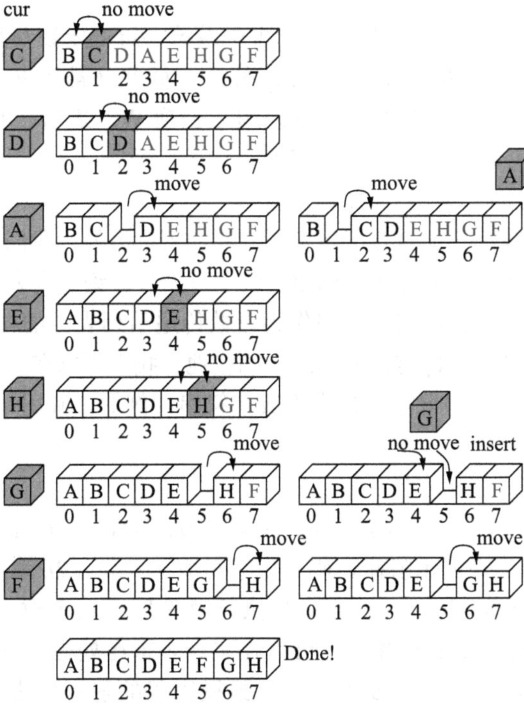
cur
no move
move
insert
Done!

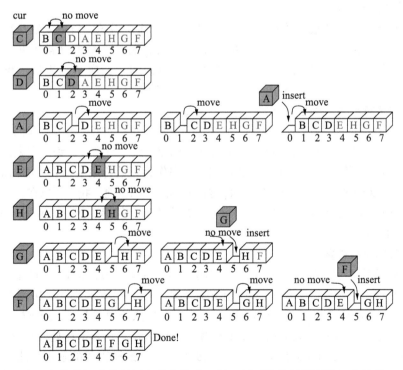

图 5-20 在 8 字符数组中执行插入排序算法。每一行对应外部循环的一次迭代，一行内的每一次复制对应内层循环的一次迭代。正被插入的当前元素在数组中被突出显示，并作为当前值

插入排序的嵌套循环在最坏的情况下会导致 $O(n^2)$ 的运行时间。如果数组最初是反序，则工作量最大。另外，如果初始数组已基本排序或已完全排序，则插入排序运行时间为 $O(n)$，因为内层循环迭代次数很少或完全没有迭代。

代码段 5-10　在列表中执行插入排序的 Python 代码

```
def insertion_sort(A):
  """Sort list of comparable elements into nondecreasing order."""
  for k in range(1, len(A)):            # from 1 to n-1
    cur = A[k]                          # current element to be inserted
    j = k                               # find correct index j for current
    while j > 0 and A[j-1] > cur:       # element A[j-1] must be after current
      A[j] = A[j-1]
      j -= 1
    A[j] = cur                          # cur is now in the right place
```

5.5.3　简单密码技术

字符串和列表的一个有趣应用是*密码学*（cryptography），它是一种秘密信息的科学及其应用。这一领域研究*加密*的方法，即将称为*明文*的信息转换成称为*密文*的加密信息。同样，该领域也研究对应的解密方法，即将*密文*转变回原来的*明文*。

可以说最早的加密技术是*凯撒密码*（Caesar cipher），该技术以尤利乌斯·凯撒的名字命名，凯撒使用此技术保护重要军事情报。（所有凯撒情报都是用拉丁语写的，当然，这使得我们大多数人都不能阅读这些情报！）凯撒密码是一种简单隐藏情报的方法，这些情报用字母表组成单词的语言编写。

凯撒密码涉及替换情报中的每一个字母，用在字母表中继该字母固定数目后的字母进行替换。因此，在英语情报中，我们可以把每个 A 都用 D 替换，每个 B 都用 E 替换，每个 C 都用 F 替换，等等，即移动三个字母。以此类推，直到用 Z 替换 W。之后，我们将此替换模式循环，即将 X 用 A 替换，Y 用 B 替换，Z 用 C 替换。

字符串和字符列表之间进行转换

给定的字符串是固定不变的，我们不能直接编辑实例对其加密。另外，我们的目标是产生一个新字符串。一种执行字符串转换的便捷方法是创建等效字符列表，编辑列表，然后将该列表重新组成（新）字符串。第一步可以通过把字符串作为参数传递给列表类的构造函数完成。例如，表达式 list('bird') 会得到 ['b', 'i', 'r', 'd'] 这样的结果。相应地，我们可以在空字符串上通过用字符列表作为参数调用 join 方法，并将该字符列表组成字符串。例如，调用 ''.join(['b', 'i', 'r', 'd']) 返回字符串 'bird'。

使用字符作为数组索引

如果我们像数组索引那样为每个字母编码，那么 A 就是 0、B 是 1、C 是 2，等等，之后我们可以用 r 轮转写一个简单的公式表示凯撒密码：用字母 $(i + r)\bmod 26$ 来替换每个字母 i，这里的 mod 就是*模数运算子*（modulo operator），当执行整除后返回余数。在 Python 中该运算子用 % 表示，这正是我们所需要的运算子，可以在字母表末尾处很容易地执行轮转，因为 26 mod 26 是 0，27 mod 26 是 1，28 mod 26 是 2。凯撒密码的解密算法与此相反——采用轮转，用每个字母前的第 r 个字母代替自己（即字母 i 被字母 $(i - r)\bmod 26$ 替换）。

我们可以用另一个字符串指明替换规则来描述转换过程。举一个具体的例子，假设正在使用一个三字符轮转的凯撒密码。我们应该提前计算出用于替换 A ～ Z 每个字母的字符串。比如，A 应该被 D 替换，B 被 E 替换，等等。26 个替换字母按顺序就是“DEFGHIJKLMNOPQRSTUVWXYZABC”。之后我们可以使用这个转换的字符串作为向导来加密情报。剩下的任务就是如何为原情报的每个字母快速地找到替换字母。

幸运的是，我们可以依据字符在 Unicode 中用整数代码点表示这一事实，且拉丁字母表中大写字母的代码点是连续的（为简单起见，我们限制只对大写字母加密）。Python 支持在整数代码点和单字符字符串之间进行转换的函数。尤其是将单字符字符串作为参数传递到函数 ord(c) 中，能得到该字节的整数代码点。相应地，将整数传入函数 chr(j) 中能得到其所对应的单字符字符串。

在凯撒密码中，为了确定某个字节的替换字符，我们需要将字符 'A' ～ 'Z' 分别映射为 0 ～ 25 的整数。执行此变换的公式即为 j = ord(c) – ord('A')。做一次检查，假如 c 为 'A'，我们得到 j=0。当 c='B' 时，我们发现其顺序值正好比 'A' 多 1，故它们相差 1。一般来说，由此计算得到的整数 j 能够在我们预先翻译的字符串中充当索引，如图 5-21 所示。

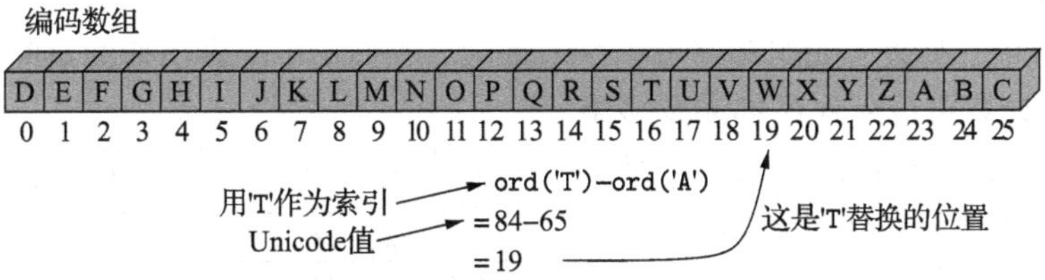
编码数组
D E F G H I J K L M N O P Q R S T U V W X Y Z A B C
0 1 2 3 4 5 6 7 8 9 10 11 12 13 14 15 16 17 18 19 20 21 22 23 24 25
用'T'作为索引
Unicode值
ord('T')-ord('A')
=84-65
=19
这是'T'替换的位置

图 5-21　用大写字母作为索引值，演示凯撒密码加密的替换规则

代码段 5-11 给出了一个 Python 类，可以为凯撒密码赋予任意轮转值，并且证明了此用法。运行此程序时（执行一个简单测试），得到的输出结果如下：

```
Secret:  WKH HDJOH LV LQ SODB; PHHW DW MRH'V.
Message: THE EAGLE IS IN PLAY; MEET AT JOE'S.
```

该类的构造函数为给定值建立了加密前后的字符串。加密和解密算法就像一双手，本质上是相同的，所以我们用不公开的实例方法 _transform 执行这两种算法。

代码段 5-11　凯撒密码的一个完整 Python 类

```
class CaesarCipher:
  """Class for doing encryption and decryption using a Caesar cipher."""

  def __init__(self, shift):
    """Construct Caesar cipher using given integer shift for rotation."""
    encoder = [None] * 26                       # temp array for encryption
    decoder = [None] * 26                       # temp array for decryption
    for k in range(26):
      encoder[k] = chr((k + shift) % 26 + ord('A'))
      decoder[k] = chr((k − shift) % 26 + ord('A'))
    self._forward = ''.join(encoder)            # will store as string
    self._backward = ''.join(decoder)           # since fixed

  def encrypt(self, message):
    """Return string representing encrypted message."""
    return self._transform(message, self._forward)

  def decrypt(self, secret):
    """Return decrypted message given encrypted secret."""
    return self._transform(secret, self._backward)

```

```
    def _transform(self, original, code):
        """Utility to perform transformation based on given code string."""
        msg = list(original)
        for k in range(len(msg)):
            if msg[k].isupper():
                j = ord(msg[k]) - ord('A')          # index from 0 to 25
                msg[k] = code[j]                    # replace this character
        return ''.join(msg)

if __name__ == '__main__':
    cipher = CaesarCipher(3)
    message = "THE EAGLE IS IN PLAY; MEET AT JOE'S."
    coded = cipher.encrypt(message)
    print('Secret: ', coded)
    answer = cipher.decrypt(coded)
    print('Message:', answer)
```

5.6 多维数据集

在 Python 中，列表、元组和字符串是一维的。我们用单个索引便能访问序列中的每个元素。但许多计算机应用程序都涉及多维数据集。例如，计算机图形通常用二维或三维来建模。地理信息通常表示为二维，医学图像可以给出病人的三维扫描，公司估值通常基于大量的独立金融测试，这些均可以用多维数据来建模。二维数组有时也称为**矩阵**（matrix），我们可以用两个索引 i 和 j 指向矩阵中的单元。第一个索引通常表示行号，第二个表示列号，并且在计算机学中，这两个索引习惯上从 0 开始。图 5-22 所示为整数数据的二维数据集。这个数据集可以用来表示美国曼哈顿不同地区的商店数量。

	0	1	2	3	4	5	6	7	8	9
0	22	18	709	5	33	10	4	56	82	440
1	45	32	830	120	750	660	13	77	20	105
2	4	880	45	66	61	28	650	7	510	67
3	940	12	36	3	20	100	306	590	0	500
4	50	65	42	49	88	25	70	126	83	288
5	398	233	5	83	59	232	49	8	365	90
6	33	58	632	87	94	5	59	204	120	829
7	62	394	3	4	102	140	183	390	16	26

图 5-22 二维整数数据集的图示，共 8 行 10 列。行和列都是从 0 开始。假如这个数据集命名为 stores，则 stores[3][5] 的值为 100，stores[6][2] 的值为 632

在 Python 中，二维数据集通常表示为列表的列表。我们用多行列表表示二维数组，每行本身表示一张列表。例如，二维数据

22	18	709	5	33
45	32	830	120	750
4	880	45	66	61

在 Python 中可以按照如下形式存储：

```
data = [ [22, 18, 709, 5, 33], [45, 32, 830, 120, 750], [4, 880, 45, 66, 61] ]
```

这样表示的好处是：我们可以很自然地使用诸如 data[1][3] 这样的语法表示 1 行 3 列的数据，比如，外表中第二个条目 data[1] 本身也是一张表，因此是可索引的。

创建多维列表

为了快速初始化一张一维列表，一般使用诸如 data = [0]*n 这样的语句来创建具有 n 个 0 的列表。在图 5-7 和图 5-8 中，我们从技术角度做了强调，这种方式创建了一张长度为 n 且所有条目都指向同一个整数实例的列表，但是这种混叠方式并没有取得多么有意义的结果，因为在 Python 中，int 类是固定不变的。

在创建列表的列表时，我们要更加小心。假如想要创建一张相当于有 r 行 c 列的二维整

数列表的列表，并把所有值都初始化为 0，我们可能会采用如下的错误语句

```
data = ([0] * c) * r            # Warning: this is a mistake
```

([0]*c) 确实创建了一张有 c 个 0 的列表，但通过将列表乘 r，只会创建一张长度为 $r*c$ 的一维列表，比如 [2，4，6]*2 创建为 [2，4，6，2，4，6] 这样的列表。

还有一种更好一点但仍有问题的做法：创建一张把包含 n 个 0 的列表作为自己唯一元素的列表，然后把这个列表乘以 r，即使用如下的语句创建：

```
data = [ [0] * c ] * r           # Warning: still a mistake
```

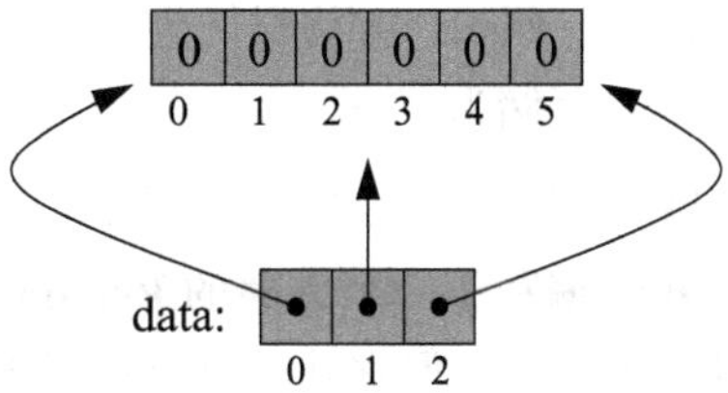
0 0 0 0 0 0
0 1 2 3 4 5
data:
0 1 2

图 5-23　一个用 3×6 的数据集作为列表的列表的错误表示，该数据集用语句 data=[[0]*6]*3 创建（为了简单起见，我们忽略了第二级列表的值为引用类型）

这更加接近了，因为我们实际上确实得到了一个正式的列表的列表的结构。问题却是 data 列表的所有 r 个条目都指向了同一个实例，该实例即为有 c 个 0 的列表。图 5-23 所示即为这种混叠方式的示例。

这确实是一个问题。赋值一个条目，例如 data[2][0] = 100，将可能使得第二级列表的第一个条目指向新的值 100。而第二级列表的那个单元也表示 data[0][0] 的值，因为第 data[0]“行”和 data[2]“行”指向同一个第二级列表。

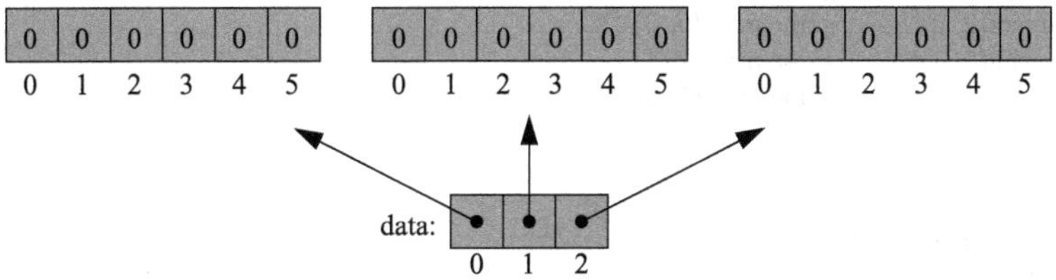
0 0 0 0 0 0
0 1 2 3 4 5
0 0 0 0 0 0
0 1 2 3 4 5
0 0 0 0 0 0
0 1 2 3 4 5
data:
0 1 2

图 5-24　3×6 数据集作为列表的列表的一种有效表示方法（为了简便起见，我们忽略了第二级列表值是引用类型这一事实）

为了能正确实例化二维列表，我们必须确保原始列表的每个单元都能指向一个独立的第二级列表。通过运用 Python 列表推导式语法能够实现实例化。

```
data = [ [0] * c for j in range(r) ]
```

该语句产生了一个有效配置，如图 5-24 所示。使用列表推导式语法，表达式 [0] *c 在循环的每次执行中都会重新评估。因此，我们得到 r 的不同的第二级列表，这正是我们想要的。（我们注意到语句中的变量 j 是不相关的，仅仅需要将循环迭代 r 次。）

二维数组和位置型游戏

许多计算机游戏，例如策略游戏、模拟游戏或第一人称战斗游戏，都是将对象放置于二维空间中。开发这类位置型游戏需要一种能表示二维“边界”的方法，在 Python 中，很自然就会选择列表的列表。

三连棋游戏

大多数学生都知道，三连棋是在 3×3 的方格里玩的游戏。两个玩家——X 和 O——从 X 开始，轮流将他们各自的标志符号放入方格的某单元内。假如其中的任一玩家将己方符号

的任意 3 个连成一行、一列或者成对角线，则该玩家胜出。

这显然不是一个复杂的位置型游戏，甚至都没太大意思，因为一个不错的玩家 O 总能打成平局。三连棋游戏的可取之处在于该游戏能作为一个不错的简单例子来展示二维数组是如何运用于位置型游戏的。开发更复杂的位置型游戏，例如西洋棋、国际象棋或者流行的模拟游戏都是基于相同的方法，即此处论述的为三连棋游戏使用二维数组。

3×3 方格的代表是字符型列表的列表，'X' 或 'O' 表明玩家的走法，' ' 表示空位置。例如，方格样例为

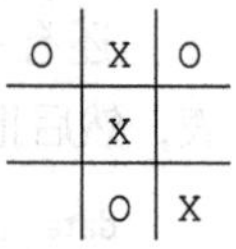
O X O
X
O X

内部存储为

```
[ ['O', 'X', 'O'], [' ', 'X', ' '], [' ', 'O', 'X'] ]
```

我们编写了一个完整的 Python 类，是有两个玩家的三连棋方格。该类追踪了玩家走法并且宣布赢家，但它并不执行任何策略或允许其他人和计算机对弈三连棋。该程序细节虽超出了本章范围，但仍不失为一个好的课题项目（见练习 P-8.68）。

给出该类的实现方法前，在代码段 5-12 中，我们使用一个简单的测试来展示它的公开接口。

代码段 5-12　对三连棋类的一个简单测试

```
game = TicTacToe()
# X moves:              # O moves:
game.mark(1, 1);        game.mark(0, 2)
game.mark(2, 2);        game.mark(0, 0)
game.mark(0, 1);        game.mark(2, 1)
game.mark(1, 2);        game.mark(1, 0)
game.mark(2, 0)

print(game)
winner = game.winner()
if winner is None:
  print('Tie')
else:
  print(winner, 'wins')
```

该类的基本操作为：一个新的游戏实例表示一个空的方格，mark(i, j) 方法为当前玩家在指定的位置写入标号（用软件掌控轮流次序），该游戏方格能被打印并且由胜利者决定。代码段 5-13 给出了三连棋类的完整代码。mark 方法执行错误检测以确保输入索引合法、位置没有被占用，并且当玩家已赢得比赛后，双方都不可再有进一步的动作。

代码段 5-13　管理三连棋游戏的完整 Python 类

```
class TicTacToe:
  """Management of a Tic-Tac-Toe game (does not do strategy)."""

  def __init__(self):
    """Start a new game."""
    self._board = [ [' '] * 3 for j in range(3) ]
    self._player = 'X'

  def mark(self, i, j):
    """Put an X or O mark at position (i,j) for next player's turn."""
    if not (0 <= i <= 2 and 0 <= j <= 2):
      raise ValueError('Invalid board position')
    if self._board[i][j] != ' ':
      raise ValueError('Board position occupied')
    if self.winner( ) is not None:
      raise ValueError('Game is already complete')
```

```
        self._board[i][j] = self._player
        if self._player == 'X':
            self._player = 'O'
        else:
            self._player = 'X'

    def _is_win(self, mark):
        """Check whether the board configuration is a win for the given player."""
        board = self._board                                  # local variable for shorthand
        return (mark == board[0][0] == board[0][1] == board[0][2] or     # row 0
                mark == board[1][0] == board[1][1] == board[1][2] or     # row 1
                mark == board[2][0] == board[2][1] == board[2][2] or     # row 2
                mark == board[0][0] == board[1][0] == board[2][0] or     # column 0
                mark == board[0][1] == board[1][1] == board[2][1] or     # column 1
                mark == board[0][2] == board[1][2] == board[2][2] or     # column 2
                mark == board[0][0] == board[1][1] == board[2][2] or     # diagonal
                mark == board[0][2] == board[1][1] == board[2][0])       # rev diag

    def winner(self):
        """Return mark of winning player, or None to indicate a tie."""
        for mark in 'XO':
            if self._is_win(mark):
                return mark
        return None

    def __str__(self):
        """Return string representation of current game board."""
        rows = ['|'.join(self._board[r]) for r in range(3)]
        return '\n-----\n'.join(rows)
```

5.7 练习

请访问 www.wiley.com/college/goodrich 以获得练习帮助。

巩固

R-5.1 完成代码段 5-1 所示的实验，将运行的结果与在代码段 5-2 得出的结果进行比较。

R-5.2 在代码段 5-1 中，我们通过实验将 Python 列表的长度与其底层内存占用情况做了比较，决定数组大小的顺序需要人工检查程序的输出。重新设计实验，当目前存储被耗尽时，程序仅输出 k 值。例如，在和代码段 5-2 结果保持一致的数组中，你的程序应该输出数组大小的序列为 0，4，8，16，25，…

R-5.3 修改代码段 5-1 所示的实验，证明当元素从 Python 列表中被取出时，列表偶尔会收缩底层数组大小。

R-5.4 在代码段 5-3 给出的 DynamicArray 类中，__getitem__ 方法不支持索引为负。更新该方法，使其更符合 Python 列表语义。

R-5.5 重新证明命题 5-1，假设数组大小从 k 扩大到 $2k$ 需要 $3k$ 个网络硬币，则在摊销工作中，每次增添操作应收费多少？

R-5.6 在代码段 5-5 中实现了 DynamicArray 类的 insert 方法，但效率较低。当改变数组大小时，改变操作需要花费时间把所有元素从旧数组复制到新数组，在随后的插入操作过程中，需要循环移动其中许多元素。对 insert 方法进行改进，使得在改变数组大小时，插入操作能将所有元素直接移动到其最终位置，以免循环移动。

R-5.7 设 A 为数组，其大小 $n \geqslant 2$，包含 $1 \sim n-1$ 的整数，其中恰有一个整数重复。描述一种快速算法，找到 A 中这个重复的整数。

R-5.8 对于 Python 的 list 类的 pop 方法，当使用可变索引作为参数时（与我们在 5.4 节中对 insert 方法所采用的做法类似），利用实验，评估其效率。给出类似于表 5-5 的结果。

R-5.9　解释在代码段 5-11 中本应该得出的改变，以至于能为情报执行凯撒密码，这些情报使用基于字符表的除英语之外的语言编写，比如希腊语、俄语或者希伯来语。

R-5.10　在代码段 5-11 中，CaesarCipher 类的构造函数能够使用两行主要部分实现，这两行部分即通过把 join 方法和适当的理解语法结合使用，构造的加密前和加密后的字符串。请给出这样的一种实现。

R-5.11　使用标准控制结构计算 $n \times n$ 数据集中所有编号的和，该数据集用列表的列表来表示。

R-5.12　描述 python 内置的 sum 函数如何与理解语法相结合来计算 $n \times n$ 数据集中所有编号的和，该数据集用列表的列表来表示。

创新

C-5.13　在代码段 5-1 中，我们是以空列表开始的。假如在开始时，data 以非空长度被初始化，当底层数组扩大时，会影响值的序列吗？自己做实验，对你看到的有关初始长度和扩大序列间的任意关系给出评论。

C-5.14　使用 random 模块提供的 shuffle 方法，对一张 python 列表重新排序，使得每种可能的顺序出现的概率相等。请实现这样的函数，可以使用 random 模块提供的 randrange(n) 函数，该函数返回 $0 \sim n-1$ 的随机数字。

C-5.15　思考动态数组的一种实现方法，当数组大小已满时，不是将元素复制到扩大 1 倍的数组中（即，$N \sim 2N$），而是复制到扩大 $\lceil N/4 \rceil$ 倍的数组中，数组大小从 N 变为 $N + \lceil N/4 \rceil$。证明：在这种情况下，连续执行 n 次 append 操作的运行时间仍为 $O(n)$。

C-5.16　对代码段 5-3 给出的 DynamicArray 类，实现其 pop 方法，删除数组的最后一个元素，每当元素个数小于 $N/4$ 时，将数组大小缩小为原来的一半（N 为数组大小）。

C-5.17　正如前面的练习，当动态数组增大或缩小时，证明下述的连续 $2n$ 次操作的运行时间为 $O(n)$：在初始为空的数组上执行 n 次 append 操作，随后执行 n 次 pop 操作。

C-5.18　给出形式证明：假如使用 C-5.16 描述的方法，对初始为空的动态数组连续执行 n 次 append 或 pop 操作，其运行时间为 $O(n)$。

C-5.19　考虑 C-5.16 的一种变化形式，对于大小为 N 的数组，每次当其元素个数严格小于 $N/4$ 时，调整数组大小精确为元素的个数。给出形式证明：对初始为空的动态数组执行任意的连续 n 次 append 或 pop 操作，其运行时间为 $O(n)$。

C-5.20　考虑 C-5.16 的一种变化形式，对于大小为 N 的数组，每次当其元素个数严格小于 $N/2$ 时，调整数组大小精确为元素的个数。证明存在一个连续 n 次操作，其运行时间为 $\Omega(n^2)$。

C-5.21　在 5.4.2 节中，我们给出 4 种不同的方法组成长字符串：①重复连接；②增加一张临时列表，之后合并到该临时列表中；③使用 join 的列表推导式；④使用 join 的生成器理解法。做实验测试这 4 种方法的效率，给出你的发现。

C-5.22　做实验比较 Python 的 list 类 extend 方法与重复调用 append 方法在完成等量任务时的相对效率。

C-5.23　在 5.4 节“构造新列表”的讨论基础上，做实验比较 Python 的列表推导式与重复调用 append 方法构造列表之间的相对效率。

C-5.24　做实验评估 Python 的 list 类 remove 方法的效率，正如我们在 5.4 节中对 insert 方法所做的那样。使用已知值使得每次删除操作要么出现在列表开头或中间，要么出现在尾部。给出类似于表 5-5 的结果。

C-5.25　语句 data.remove(value) 仅仅删除 Python 的 data 列表中第一次出现的值为 value 的元素。实现 remove_all(data, value) 函数，使其能够在给出的列表中删除所有值为 value 的元素，对拥

有 n 个元素的列表，该函数的最坏运行时间为 $O(n)$。注意，并不是说重复调用 remove 方法不够高效。

C-5.26 设 B 为数组，其大小 $n \geq 6$，包含 $1 \sim n-5$ 的整数，恰有 5 个重复元素。给出一个不错的算法，找出 B 中这 5 个重复的整数。

C-5.27 给出 Python 的 L 列表，该列表包含 n 个正整数，每个正整数用 $k = \lceil \log n \rceil + 1$ 位表示，给出一种运行时间为 $O(n)$ 的方法，该方法发现 k 位的整数不在 L 中。

C-5.28 讨论：对于上一个问题的每种解决方案，为什么运行时间一定为 $\Omega(n)$。

C-5.29 在数据库中，一个实用的操作为自然连接（natural join）。假如把数据库看作一张列表，该列表拥有许多有序的成对对象，比如 (x, y) 属于数据库 A，(y, z) 属于数据库 B，则 A 和 B 的自然连接即为所有有序三元组（x, y, z）所组成的列表。描述和分析一种高效算法，该算法能对包含 n 对对象的列表 A 和包含 m 对对象的列表 B 做自然连接。

C-5.30 当 Bob 想要通过互联网给 Alice 发送一则消息 M 时，他把 M 分解成 n 个数据包（data packet），并按顺序给这些包编号，然后将它们发送到网络中。当数据包到达 Alice 的计算机时，可能已处于无序状态，因此，在确定自己已获得整个消息前，Alice 必须对 n 个包按序重组。假设 Alice 已知道 n 的值，为她描述一种有效方案去做这件事。这种算法的运行时间是多少？

C-5.31 给出一种方法，在 $n \times n$ 数据集中，使用递归增加所有数，该数据集以列表的列表形式来表示。

项目

P-5.32 使用 Python 编写一个函数，该函数给出 2 个三维数值型数据集，并以离散方式将它们相加。

P-5.33 使用 Python 为矩阵类编写一个程序，该程序能够增加和乘以二维数值型数组，假设维数适应于此操作。

P-5.34 为英语情报执行凯撒加密法编写程序，其中包括大小写字符。

P-5.35 实现 SubstitutionCipher 类，该类的构造函数包含一个由 26 个大写字母以任意顺序组成的字符串，该字符串用于映射加密前字符串（类似于在代码段 5-11 中 CaesarCipher 类的 self._forward 字符串）。应能由加密前的字符串得到加密后的字符串。

P-5.36 重新设计 CaesarCipher 类，并把它作为上个问题中 SubstitutionCipher 类的一个子类。

P-5.37 设计 RandomCipher 类，并把它作为 P-5.35 中 SubstitutionCipher 类的一个子类，使得该类的每个实例拥有为其映射的随机排列的字符串。

扩展阅读

数组的基本数据结构属于计算机科学中的民间学说，Knuth 的重要著作《基本算法》[64] 首次将它们写入了计算机科学文献。

栈、队列和双端队列

6.1 栈

栈是由一系列对象组成的一个集合，这些对象的插入和删除操作遵循后进先出（LIFO）的原则。用户可以在任何时刻向栈中插入一个对象，但只能取得或者删除最后一个插入的对象（即所谓的“栈顶”）。“栈”这个名字来源于自动售货机中用弹簧顶住的一堆盘子的隐喻。在这种情况下，其基本的操作只涉及向这个栈中取盘子或者放盘子。当需要从这个自动售货机中取一个新盘子时，我们“取”出这个栈顶的盘子。当需要向其中添加一个盘子的时候，我们将盘子“压”入栈顶，使其成为新的栈顶。或许一个更加有趣的例子是 PEZ 糖果售卖器，当售卖器的顶部打开时，它将存储在容器里面的糖果从顶部逐个弹出，如图 6-1 所示。栈是一个基本的数据结构。很多应用程序都会用到栈，下面是一些使用堆栈的示例。

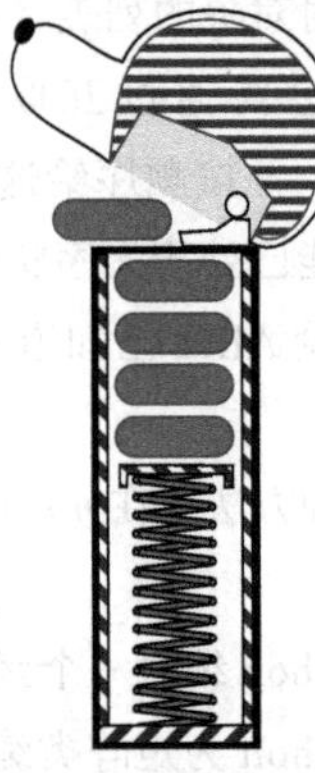

图 6-1　一个 PEZ 糖果售卖器的示意图；一个栈的物理实现过程（PEZ 是派斯糖果的注册商标）

例题 6-1：网络浏览器将最近浏览的网址存放在一个栈中。每次当访问者访问一个新网站时，这个新网站的网址就被压入栈顶。这样，浏览器就可以在用户单击“后退”按钮时，弹出先前访问的网址，以回到其先前访问的网页。

例题 6-2：文本编辑器通常提供一个“撤销”机制以取消最近的编辑操作并返回到先前的文本状态。这个撤销操作就是通过将文本的变化状态保存在一个栈中得以实现的。

6.1.1 栈的抽象数据类型

栈是最简单的数据结构，但它同样也是最重要的数据结构。它们被用在一系列不同的应用中，并且在许多更加复杂的数据结构和算法中充当工具。从形式上而言，栈是一种支持以下两种操作的抽象数据类型（ADT），用 S 表示这一 ADT 实例：

- S.push(e)：将一个元素 e 添加到栈 S 的栈顶。
- S.pop(e)：从栈 S 中移除并且返回栈顶的元素，如果此时栈是空的，这个操作将出错。

此外，为了方便，我们定义了以下访问方法：

- S.top()：在不移除栈顶元素的前提下，返回一个栈 S 的栈顶元素；若栈为空，这个操作会出错。
- S.is_empty()：如果栈中不包含任何元素，则返回一个布尔值“True”。

- len(S)：返回栈 S 中元素的数量；在 Python 中，我们用 __len__ 这个特殊的方法实现它。

按照惯例，我们假定一个新创建的栈是空的，并且其容量也没有预先的限制。添加进栈的元素可以是任何类型的。

例题 6-3：下表展示了在一个初始化为整数类型的空栈 S 中进行一系列操作的结果。

操　作	返回值	栈的内容
S.push(5)	—	[5]
S.push(3)	—	[5, 3]
len(S)	2	[5, 3]
S.pop()	3	[5]
S.is_empty()	False	[5]
S.pop()	5	[]
S.is_empty()	Ture	[]
S.pop()	“error”	[]
S.push(7)	—	[7]
S.push(9)	—	[7, 9]
S.top()	9	[7, 9]
S.push(4)	—	[7, 9, 4]
len(S)	3	[7, 9, 4]
S.pop()	4	[7, 9]
S.push(6)	—	[7, 9, 6]
S.push(8)	—	[7, 9, 6, 8]
S.pop()	8	[7, 9, 6]

6.1.2 简单的基于数组的栈实现

我们可以简单地通过在 Python 列表中存储一些元素来实现一个栈。list 类已支持 append 方法，用于添加一个元素到列表尾部，并且支持 pop 方法，用于移除列表中最后的元素，所以我们可以很自然地将一个列表的尾部与一个栈的顶部相对应起来，如图 6-2 所示。

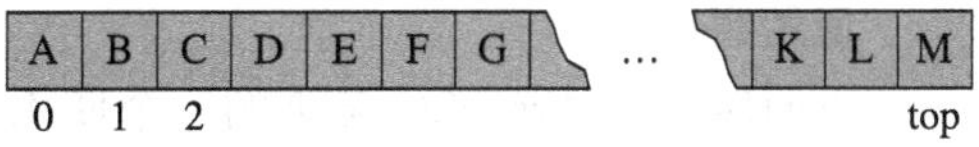
A B C D E F G
…
K L M
0 1 2
top

图 6-2 通过 Python 列表实现一个栈，将其顶部元素存储在最右侧的单元中

虽然程序员可以直接用 list 类代替一个正式的 stack 类，但是列表还包括一些不符合这种抽象数据类型的方法（比如：增加或者移除处于列表任何位置的元素）。同时，list 类所使用的术语也不能与栈这种抽象数据类型的传统命名方法精确对应，特别是 append 方法和 push 方法之间的区别。相反，我们将强调如何使用一个列表实现栈元素的内部存储，并同时提供一个符合堆栈的公共接口。

适配器模式

适配器设计模式适用于任何上下文，从而使我们可以有效地修改一个现有的类，以使它的方法能够与那些与其相关但又不同的类或接口相匹配。一个应用这种适配器模式的通用方法是以这样一种方式定义一个新类，这种方式以包含一个现存类的实例作为隐藏域，然后用这个隐藏实例变量的方法实现这个新类的方法。以这种方式应用适配器模式，我们已经创建了一个新类，它可以执行一些与现有类相同的函数功能，却以一种更加方便的方式重新封装。对于栈这种抽象数据类型结构，我们可以通过改编 Python 的 list 类中相应的内容来实现，见表 6-1。

表 6-1 通过改编一个 Python 列表 L 实现一个栈 S

栈方法	用 Python 列表实现
S.push(e)	L.append(e)
S.pop()	L.pop()
S.top()	L[- 1]
S.is_empty()	len(L)==0
len(S)	len(L)

用 Python 的 list 类实现一个栈

我们用适配器设计模式定义了一个 ArrayStack 类，并且使用一个基本的 Python 列表进行存储（之所以选择这个 ArrayStack 名字，是为了强调底层的存储是基于数组的）。现在还有一个问题，那就是当这个栈是空的时候，如果一个用户调用 pop 或者 top 方法时，代码应该怎样处理。ADT 给出的建议是触发一个错误，但是必须要决定这是一个什么类型的错误。当在一个空的 Python 列表中调用 pop 方法时，正常情况下会触发一个 IndexError（请求的索引超出序列范围），因为列表是基于索引的序列。对于栈而言，这个选择似乎并不恰当，因为这里并没有假定的索引。其实，定义一个新的异常类更为恰当。代码段 6-1 定义了这样一个 Empty 类作为 Python Exception 类的一个小的子类。

代码段 6-1 Empty 异常类的定义

```
class Empty(Exception):
  """Error attempting to access an element from an empty container."""
  pass
```

我们在代码段 6-2 中给出了 ArrayStack 类的正式定义。由于是内部存储，因此构造函数建立 self._data 数据成员作为一个初始化的空 Python 列表。余下的公共栈方法将根据表 6-1 中对应的方法实现。

使用实例

下面展示了 ArrayStack 类的一个使用实例，映射了例题 6-3 一开始列出的操作。

```
S = ArrayStack( )              # contents: [ ]
S.push(5)                      # contents: [5]
S.push(3)                      # contents: [5, 3]
print(len(S))                  # contents: [5, 3];      outputs 2
print(S.pop( ))                # contents: [5];         outputs 3
print(S.is_empty( ))           # contents: [5];         outputs False
print(S.pop( ))                # contents: [ ];         outputs 5
print(S.is_empty( ))           # contents: [ ];         outputs True
S.push(7)                      # contents: [7]
S.push(9)                      # contents: [7, 9]
print(S.top( ))                # contents: [7, 9];      outputs 9
S.push(4)                      # contents: [7, 9, 4]
print(len(S))                  # contents: [7, 9, 4];   outputs 3
print(S.pop( ))                # contents: [7, 9];      outputs 4
S.push(6)                      # contents: [7, 9, 6]
```

代码段 6-2 用 Python 列表作为存储实现一个栈

```
class ArrayStack:
  """LIFO Stack implementation using a Python list as underlying storage."""

  def __init__(self):
    """Create an empty stack."""
```

```
    self._data = [ ]                   # nonpublic list instance

  def __len__(self):
    """Return the number of elements in the stack."""
    return len(self._data)

  def is_empty(self):
    """Return True if the stack is empty."""
    return len(self._data) == 0

  def push(self, e):
    """Add element e to the top of the stack."""
    self._data.append(e)               # new item stored at end of list

  def top(self):
    """Return (but do not remove) the element at the top of the stack.

    Raise Empty exception if the stack is empty.
    """
    if self.is_empty( ):
      raise Empty('Stack is empty')
    return self._data[−1]              # the last item in the list

  def pop(self):
    """Remove and return the element from the top of the stack (i.e., LIFO).

    Raise Empty exception if the stack is empty.
    """
    if self.is_empty( ):
      raise Empty('Stack is empty')
    return self._data.pop( )           # remove last item from list
```

分析基于数组的栈的实现

表 6-2 展示了 ArrayStack 方法的运行时间。这个分析直接与 5.3 节给出的 list 类的分析相对应。在最坏的情况下，top、is_empty 和 len 方法均在常量时间内完成。对于 push 和 pop 操作的时间复杂度为 $O(1)$，指的是均摊计算的边界（参见 5.3.2 节）；对于这些方法中任何一个典型的调用都仅需要常量的时间，但是当一个操作导致了列表重新调整其内部数组的大小时，偶尔在最坏的情况下也会要 $O(n)$ 的时间开销，其中 n 是当前栈中元素的个数。对于栈的空间利用率是 $O(n)$。

表 6-2　基于数组实现的栈的性能。由于 list 类的范围相似，push 和 pop 操作的时间是摊销的。空间利用率是 $O(n)$，其中 n 是当前栈中元素的个数

操作	运行时间
S.push(e)	$O(1)^*$
S.pop()	$O(1)^*$
S.top()	$O(1)$
S.is_empty()	$O(1)$
len(S)	$O(1)$

* 摊销的

避免由于预留空间所导致的摊销

在某些情况下，会有额外的信息表明一个栈将会达到最大的尺寸。从代码段 6-2 看，ArrayStack 的实现开始于一个空的列表并且随着需要对它进行扩展。根据 5.4.1 节对列表的分析，我们相信，在实际中构造一个最初长度为 n 的列表要比一开始就从一个空的列表开始逐步添加 n 项更加有效（即使两种方法均能在 $O(n)$ 时间内运行完毕）。

作为一个栈的替代模型，我们可能希望构造函数接受一个用于指定一个堆栈的最大容量的参数并且初始化数据成员列表的长度。实现这样一个模型需要对代码段 6-2 做出大量改写。栈的长度将不再是列表的长度的同义词，并且对栈的 push 和 pop 操作也不再需要改变列表的长度。相反，我们建议单独维护一个整数作为实例变量以表示当前栈中元素的个数。这个实现过程的细节在课后练习 C-6.17 中展开讨论。

6.1.3 使用栈实现数据的逆置

由于 LIFO 协议，栈可以用作一种通用的工具，用于实现一个数据序列的逆置。例如，如果值 1、2、3 被顺序压入一个栈中，它们将会以 3、2、1 的顺序被逐个弹出。

这一思想可以被应用在各种设置中。例如，我们希望逆序打印一个文件的各行，目的是以降序（而非升序）的方式显示一个数据集。我们可以通过先逐行读出数据，然后压入一个栈中，再按照从栈中弹出的顺序来写入。这个方法的实现过程在代码段 6-3 中给出。

代码段 6-3　一个实现一个文件中各行的逆置函数

```
def reverse_file(filename):
  """Overwrite given file with its contents line-by-line reversed."""
  S = ArrayStack()
  original = open(filename)
  for line in original:
    S.push(line.rstrip('\n'))          # we will re-insert newlines when writing
  original.close()

  # now we overwrite with contents in LIFO order
  output = open(filename, 'w')         # reopening file overwrites original
  while not S.is_empty():
    output.write(S.pop() + '\n')       # re-insert newline characters
  output.close()
```

一个值得注意的技术细节是我们在读取时故意将行中的换行符去掉，然后在写入结果文件时重新在每一行中插入换行符。之所以这样做，是为了处理一种特殊的情况，这种特殊情况是在原始文件的最后一行并没有换行符。如果我们只是完全逆置地输出从文件中读取的每一行，那么这个原始文件的最后一行后面将紧跟着倒数第二行而没有新的换行符。我们的实现方法确保了结果中有分离换行符。

使用一个栈来实现数据集的逆置的思想也可以应用在其他类型的序列。例如，练习 R-6.5 就尝试使用栈来实现 Python 列表内容逆置的另一个解决方案（4.4.1 节中讨论了一个递归的解决方案）。一个更具有挑战性的任务是如何将存储在一个栈中的元素逆置。如果将它们从一个栈移到另一个栈中，那么它们将会被逆置，但是如果再次将它们放回原来的栈，那么它们将会再次被逆置，即又回到了最初的顺序。练习 C-6.18 对这个任务的解决方案进行了探索。

6.1.4 括号和 HTML 标记匹配

在本节中，我们将探索两个栈的相关应用，这两个应用都涉及对一串匹配分隔符的测试。在第一个应用中，我们设想算数表达式可能包含几组不同的成对符号，如：

- 小括号："（" 和 "）"
- 大括号："{" 和 "}"
- 中括号："[" 和 "]"

每个开始符号必须与其相对应的结束符号相匹配，例如，一个左中括号 "[" 必须与一个相对应的右中括号"]" 相匹配，如表达式 [(5 + x) – (y + z)]。下面的例子进一步诠释了这一内容：

- 正确：()(()){([()])}
- 正确：((()(()){([()])}))
- 错误：)(()){([()])}
- 错误：({[])}
- 错误：(

我们在练习 R-6.6 给出了一组括号匹配的精确定义。

分隔符的匹配算法

在处理算术运算表达式时的一个重要任务是确保表达式中的分隔符匹配正确。代码段 6-4 给出了一个用 Python 实现这一功能的算法。

代码段 6-4 在算数表达式中分隔符匹配算法的函数实现

```
def is_matched(expr):
  """Return True if all delimiters are properly match; False otherwise."""
  lefty = '({['                             # opening delimiters
  righty = ')}]'                            # respective closing delims
  S = ArrayStack()
  for c in expr:
    if c in lefty:
      S.push(c)                             # push left delimiter on stack
    elif c in righty:
      if S.is_empty():
        return False                        # nothing to match with
      if righty.index(c) != lefty.index(S.pop()):
        return False                        # mismatched
  return S.is_empty()                       # were all symbols matched?
```

假定输入的是字符序列如 [(5 + x) – (y + z)]，对原始的序列从左到右进行扫描，使用栈匹配这一组分隔符。每次遇到开始符时，我们都将其压入栈中；每次遇到结束符时，我们从栈顶弹出一个分隔符（假定栈不为空），并检查这两个分隔符是否能够组成有效的一对。如果扫描到表达式的最后并且栈为空，则表明原来的算数表达式匹配正确；否则，栈中一定存在一个开始分隔符没有被匹配。

如果原始算数表达式的长度为 n，这个算法将最多 n 次调用 push 和 n 次调用 pop。即使假设这些调用的均摊复杂度边界 $O(1)$，这些调用总运行时间仍为 $O(n)$。对于给定的可能出现的分隔符 ({[，其大小为常量，追加测试如 c in lefty 和 righty.index(c)，其实际运行时间都在 $O(1)$ 之内。结合这些操作，一个序列长度为 n 的匹配算法的运行时间为 $O(n)$。

标记语言的标签匹配

另一个分隔符匹配应用是在标记语言（如 HTML 或 XML）的验证中。HTML 是互联网上超文本文档的标准格式，XML 是用于各种数据集的扩展标记语言。图 6-3 所示即为一个 HTML 文件实例和一个可能的对应的翻译。

```
<body>
<center>
<h1> The Little Boat </h1>
</center>
<p> The storm tossed the little
boat like a cheap sneaker in an
old washing machine.  The three
drunken fishermen were used to
such treatment, of course, but
not the tree salesman, who even as
a stowaway now felt that he
had overpaid for the voyage. </p>
<ol>
<li> Will the salesman die? </li>
<li> What color is the boat? </li>
<li> And what about Naomi? </li>
</ol>
</body>
```

a）一个 HTML 文件

The Little Boat

The storm tossed the little boat like a cheap sneaker in an old washing machine. The three drunken fishermen were used to such treatment, of course, but not the tree salesman, who even as a stowaway now felt that he had overpaid for the voyage.

1. Will the salesman die?
2. What color is the boat?
3. And what about Naomi?

b）它的翻译

图 6-3　HTML 标记的说明

在一个 HTML 文本中，部分文本是由 HTML 标签分隔的。一个简单的 HTML 开始标签的形式为“<name>”，相应的结束标签的则是“</name>”的形式。例如，我们在图 6-3a 的第一行中看到了标签 <body>，并在末尾看到了与其相匹配的标签 </body>。在这个例子中，其他一些经常使用的 HTML 标签如下：

- body：文档内容
- h1：节标题
- center：居中对齐
- p：段落
- ol：编号（命令）列表
- li：表项

理想情况下，一个 HTML 文本应该有相匹配的标记，尽管大多数浏览器能够容忍一定数量的失配标签。代码段 6-5 给出了一个 Python 函数，这个函数实现在一个代表 HTML 文本的字符串中进行标签匹配。我们从左往右扫描原始字符串，用符号 j 来跟踪我们的进度，并且用 str 类的 find 方法来定位定义了这个标签的”<and>”字符。开始标签被压入栈中，当其从栈中弹出时，即与结束标签进行匹配。正如我们在代码段 6-4 中匹配分隔符所做的那样。通过相似的分析，这个算法的运行时间为 $O(n)$，其中 n 是这个原始 HTML 文本中字符的数量。

代码段 6-5　测试一个 HTML 文本是否有匹配标签的函数

```
def is_matched_html(raw):
  """Return True if all HTML tags are properly match; False otherwise."""
  S = ArrayStack()
  j = raw.find('<')                    # find first '<' character (if any)
  while j != −1:
    k = raw.find('>', j+1)             # find next '>' character
    if k == −1:
      return False                     # invalid tag
    tag = raw[j+1:k]                   # strip away < >
    if not tag.startswith('/'):        # this is opening tag
      S.push(tag)
    else:                              # this is closing tag
      if S.is_empty():
```

```
            return False                    # nothing to match with
        if tag[1:] != S.pop():
            return False                    # mismatched delimiter
      j = raw.find('<', k+1)                # find next '<' character (if any)
    return S.is_empty()                     # were all opening tags matched?
```

6.2 队列

队列是另一种基本的数据结构，它与栈互为“表亲”关系，队列是由一系列对象组成的集合，这些对象的插入和删除遵循先进先出（First in First out，FIFO）的原则。也就是说，元素可以在任何时刻进行插入，但是只有处在队列最前面的元素才能被删除。

我们通常将队列中允许插入的一端称为队尾，将允许删除的一端则称为队头。对这个术语的一个形象比喻就是一队人在排队进入游乐场。人们从队尾插入排队等待进入游乐场，而从这个队的队头进入游乐场。还有许多其他关于队列的应用，如图 6-4 所示。商店、影院、预订中心和其他类似的服务场所通常按照“先进先出”的原则处理客户的请求。对于顾客服务中心的电话呼叫或者餐厅的等候顾客而言，队列会成为一个合乎逻辑的选择。FIFO 队列还广泛应用于许多计算设备中，比如一个网络打印机或者一个响应请求的 Web 服务器。

售票处

a）人们排队购票

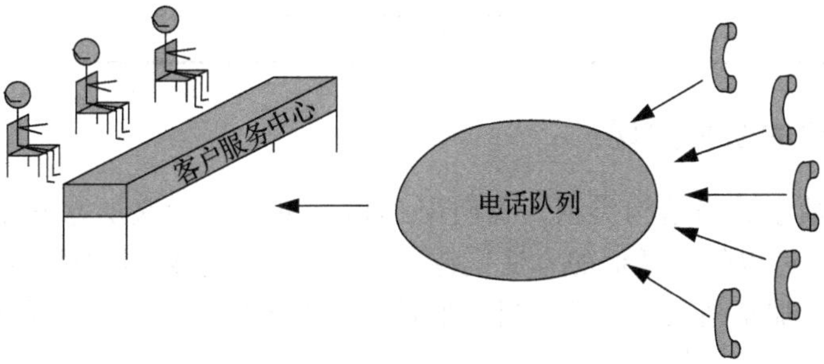
客户服务中心
电话队列

b）电话被路由到一个客户服务中心

图 6-4 现实世界中一个先进先出的队列实例

6.2.1 队列的抽象数据类型

通常来说，队列的抽象数据类型定义了一个包含一系列对象的集合，其中元素的访问和删除被限制在队列的第一个元素，而且元素的插入被限制在序列的尾部。这个限制根据先进先出原则执行元素的插入和删除操作。对于队列 Q 而言，队列的抽象数据类型（ADT）支持如下两个基本方法：

- Q.enqueue(e)：向队列 Q 的队尾添加一个元素。
- Q.dequeue()：从队列 Q 中移除并返回第一个元素，如果队列为空，则触发一个错误。

队列的抽象数据类型（ADT）还包括如下方法（第一个类似于堆栈的 pop 方法）：

- Q.first()：在不移除的前提下返回队列的第一个元素；如果队列为空，则触发一个错误。
- Q.is_empty()：如果队列 Q 没有包含任何元素则返回布尔值“True”。
- len(Q)：返回队列 Q 中元素的数量；在 Python 中，我们通过 __len__ 这个特殊的方法实现。

按照惯例，假设一个新创建的队列为空，并且队列的容量没有预先的上限。添加进去的元素也没有任何类型限制。

例题 6-4：下表列出了一系列队列的操作和在最初为空的整数类型队列中实施这些操作后的效果。

操作	返回值	first—Q—last
Q.enqueue(5)	—	[5]
Q.enqueue(3)	—	[5, 3]
len(Q)	2	[5, 3]
Q.dequeue()	5	[3]
Q.is_empty()	False	[3]
Q.dequeue()	3	[]
Q.is_empty()	True	[]
Q.dequeue()	“error”	[]
Q.enqueue(7)	–	[7]
Q.enqueue(9)	–	[7, 9]
Q.first()	7	[7, 9]
Q.enqueue(4)	–	[7, 9, 4]
len(Q)	3	[7, 9, 4]
Q.dequeue()	7	[9, 4]

6.2.2　基于数组的队列实现

对于栈这种抽象数据结构类型，我们用 Python 列表作为底层存储创造了一个非常简单的适配器类，也可以使用类似的方法支持一个队列的抽象数据类型。我们可以通过调用 append(e) 方法将 e 加至列表的尾部。当一个元素退出队列时，我们可以使用 pop(0) 而不是 pop() 从列表中来有意移除第一个元素。

由于这个实现很容易，因此它也最为低效。正如我们在 5.4.1 节讨论的，当 pop 操作在一个列表中以非索引的方式调用时，可以通过执行一个循环将所有在特定索引另一边的元素转移到它的左边，目的是为了填补由 pop 操作给序列造成的“洞”。因此，一个 pop(0) 操作的调用总是处于最坏的情况，耗时为 $\Theta(n)$。

我们可以改进上面的策略，完全避免调用 pop(0)。可以用一个指代为空的指针代替这个数组中离队的元素，并且保留一个显式的变量 f 来存储当前在最前面的元素的索引。这样一个算法对于离队操作而言耗时为 $O(1)$。几次离队操作后，这个方法可能会导致如图 6-5 所示的情景。

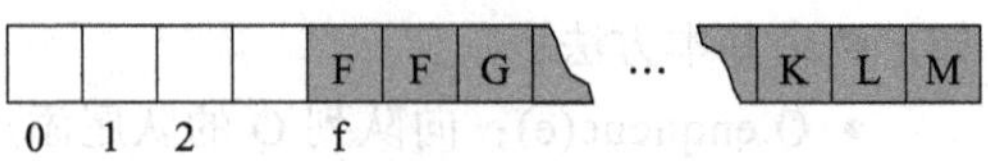
F
F
G
…
K
L
M
0
1
2
f

图 6-5　允许队列的前端远离索引 0

不幸的是，修改后的方法仍然有一个缺点。

在一个栈的设计中，列表的长度就是栈的大小（甚至列表底层的存储数组略大）。对于我们正在考虑的队列的设计，情况更糟。例如，建立一个含有相对较少元素的队列时，系统可能让这些元素存储在一个任意大的列表中。如果不断重复地往一个队列中添加一个新的元素，然后删除另一个（允许最前端向右漂移），就会发生这样的情况，即随着时间的推移，底层列表的大小将逐渐增长到 $O(m)$，其中 m 值等于自队列创建以来对队列进行追加元素操作的数量总和，而不是当前队列中元素的数量。

这种设计会在一些所需队列的大小相对稳定却被长时间使用的应用程序中产生不利的影响。例如，餐厅点餐队列的长度在某一个时刻基本上不可能超过 30 个，但是在一天（或者一周），排队的总长度将非常大。

循环使用数组

为了开发一种更加健壮的队列实现方法，我们让队列的前端趋向右端，并且让队列内的元素在底层数组的尾部"循环"。假定底层数组的长度为固定值 N，它比实际队列中元素的数量大。新的元素在当前队列的尾部利用入队列操作进入队列，逐步将元素从队列的前面插入索引为 $N-1$ 的位置，然后紧接着是索引为 0 的位置，接下来是索引为 1 的位置。图 6-6 所示为一个第一个元素为 E 最后一个元素为 M 的队列，可用于说明这一过程。

I J K L M
0 1 2
E F G H
f
N–1

图 6-6 用一个首尾相连的循环数组模拟一个队列

实现这种循环的方法并不困难。当从队列中删除一个元素并欲更新前面的索引时，我们可以使用算式 f=(f + 1)%N 进行计算。回想一下在 Python 中 % 操作指的是"模"运算操作，它是整数除法之后取余数的值。例如，14 被 3 整除得到的商为 4 余数为 2，即 $\frac{14}{3}=4\frac{2}{3}$。因此，在 Python 中，14 // 3 得到的结果为 4，而 14%3 的结果为 2。取模操作是处理一个循环数组的理想操作。举一个具体的例子，如果有一个长度为 10 的列表，并且一个索引为 7 的首部，我们可以通过计算 (7 + 1)%10 来更新首部，这很简单地就计算出是 8，因为 8 除以 10 商为 0，余数是 8。同样，更新索引为 8 后将会进入索引为 9 的单元。但是当从索引为 9（数组的最后一个单元）处更新时，需要计算 (9 + 1)%10，其结果为得到索引为 0 的位置（因为 10 被 10 整除，余数为 0）。

Python 队列的实现方法

在代码段 6-6 和代码段 6-7 中，我们给出了通过使用 Python 列表以循环的方式来实现一个队列的抽象数据类型的完整方法。其中，这个队列类维护如下 3 个实例变量：

- _data：指一个固定容量的列表实例。
- _size：是一个整数，代表当前存储在队列内的元素的数量（与 _data 列表的长度正好相对）。
- _front：是一个整数，代表 _data 实例队列中第一个元素的索引（假定这个队列不为空）。

尽管这个队列的大小通常为 0，但我们还是初始化一个可以保存中等大小的列表用于存储数据。同时，我们还将这个队列 _front 索引初始化为 0。

当队列为空，front 或者 dequeue 操作被调用时，系统会抛出一个 Empty 异常实例，在代码段 6-1 中，我们为栈定义了这个异常操作。

代码段 6-6 基于数组的队列的实现（下接代码段 6-7）

```
class ArrayQueue:
  """FIFO queue implementation using a Python list as underlying storage."""
  DEFAULT_CAPACITY = 10          # moderate capacity for all new queues

  def __init__(self):
    """Create an empty queue."""
    self._data = [None] * ArrayQueue.DEFAULT_CAPACITY
    self._size = 0
    self._front = 0

  def __len__(self):
    """Return the number of elements in the queue."""
    return self._size

  def is_empty(self):
    """Return True if the queue is empty."""
    return self._size == 0

  def first(self):
    """Return (but do not remove) the element at the front of the queue.

    Raise Empty exception if the queue is empty.
    """
    if self.is_empty():
      raise Empty('Queue is empty')
    return self._data[self._front]

  def dequeue(self):
    """Remove and return the first element of the queue (i.e., FIFO).

    Raise Empty exception if the queue is empty.
    """
    if self.is_empty():
      raise Empty('Queue is empty')
    answer = self._data[self._front]
    self._data[self._front] = None                    # help garbage collection
    self._front = (self._front + 1) % len(self._data)
    self._size -= 1
    return answer
```

代码段 6-7 一个基于数组的队列的实现（上接代码段 6-6）

```
  def enqueue(self, e):
    """Add an element to the back of queue."""
    if self._size == len(self._data):
      self._resize(2 * len(self.data))                # double the array size
    avail = (self._front + self._size) % len(self._data)
    self._data[avail] = e
    self._size += 1

  def _resize(self, cap):                             # we assume cap >= len(self)
    """Resize to a new list of capacity >= len(self)."""
    old = self._data                                  # keep track of existing list
    self._data = [None] * cap                         # allocate list with new capacity
    walk = self._front
    for k in range(self._size):                       # only consider existing elements
      self._data[k] = old[walk]                       # intentionally shift indices
      walk = (1 + walk) % len(old)                    # use old size as modulus
    self._front = 0                                   # front has been realigned
```

限于本书的篇幅，此处省略了 __len__ 和 is_empty 方法的具体实现。front 方法的实现也十分简单，因为当假定列表不为空时，front 索引能够精确地告诉我们目标元素在 _data 列表的什么位置。

添加和删除元素

入队方法的目的是在队列的尾部添加一个新的元素。我们需要确定适当的索引，并将新元素插入对应的位置中。虽然我们没有明确地为队列的尾部信息维护一个实例化变量，但是可以利用下面的公式计算下一个插入的位置：

```
avail = (self._front + self._size) % len(self._data)
```

注意，在插入新元素时，要使用这个队列的大小。例如，考虑一个存储容量为 10 的队列，当前的队列长度为 3，并且第一个元素所在的索引为 5，这个队列中已有的 3 个元素的存储位置即为索引 5、6 和 7，因此，新的元素应该被放置在索引为（front + size）=8 的位置上。在一个首尾相连的循环队列实例中，利用模运算可以实现这种想要的循环语义。例如，如果假设的队列有 3 个元素并且第一个元素在索引 8 的位置上，我们通过计算 (8 + 3)%10 得到结果为 1，这样的结果完全正确，因为 3 个现有的元素占据索引为 8、9 和 0 对应的位置。

当调用 dequeue 操作时，self._front 的当前值指明将要被删除和返回的值的索引。我们为将要返回的元素保存一个本地的引用，在从列表中删除该对象的引用之前，设 answer=self._data[self._front]，并设 self._data[self._front]=None。设为 None 的原因与 Python 回收未使用空间的机制有关。在内部，Python 对已存的对象维护了一个对其的引用计数的计数器。如果计数变为 0，这个对象实际上就无法访问，那么系统会回收这部分的内存以备将来使用（详细内容参见 15.1.2 节）。由于我们不再负责存储一个已经离队元素，因此将从列表中删除该元素的引用以减少这个元素的引用计数。

dequeue 操作的第二个重要任务是更新 _front 的值以反映元素的移除，并将第二个元素变成新的第一个元素。在大多数情况下，我们可以简单地通过让索引值加“1”更新，但是由于存在环式处理的可能，我们通常是依靠模运算处理，这在本节前面已经有详细的描述。

调整队列的大小

当依次调用 enqueue 操作，且队列的大小恰好和底层存储的列表大小相等时，我们可以使用倍增底层列表存储大小的标准技术。通过这种方式，我们可以用与 5.3.1 节实现 DynamicArray 方法类似的方式实现这个操作。

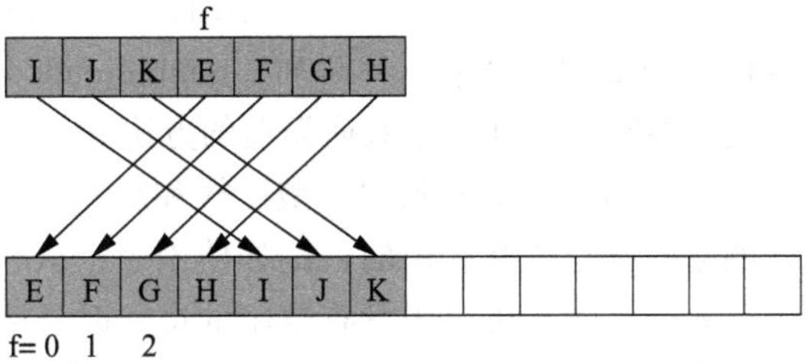
f
I
J
K
E
F
G
H
E
F
G
H
I
J
K
f=0 1 2

图 6-7 调整队列的大小，同时为新的元素分配 0 号索引

然而，在队列中的 _resize 方法上，要比在实现 DynamicArray 类的相关方法上更加谨慎：在对这个旧列表创建一个临时的引用后，我们分配了一个是原来旧列表 2 倍大小的新列表，并且将引用信息从旧列表复制到新列表中。在传输内容的同时，我们故意在新的数组中将队列的首部索引调整为 0，如图 6-7 所示。这种调整并不单纯为了好看。由于这个模算法依赖于数组的大小，因此将每个元素转移到新的数组并维持与原来相同的索引时，状态将会存在问题。

缩减底层数组

队列实现过程中，理想的性能是有 $O(n)$ 的空间复杂度，其中 n 指的是当前队列中元素的个数。正如代码段 6-6 和代码段 6-7 给出的，ArrayQueue 的实现并不具备这种属性。当在队列满的状态下调用 enqueue 操作时，底层的存储数组就要进行扩展，但是调用出队操作的时候却并不会进行缩减数组的大小的处理。这样处理的结果是，底层的存储数组的大小是队列曾存储的最多元素的个数，而不是当前元素的个数。

我们在 5.3.2 节的动态数组部分讨论过这个问题，在随后的练习 C-5.16 ～ C-5.20 中将继续讨论这个问题。无论什么时候，当所存储的元素降低到数组总存储能力的 1/4 时，一个健壮的方法是将这个数组大小缩减到当前容量的一半。这一处理可以通过在 dequeue 方法中插入如下两行代码来实现，只需要追加在代码段 6-6 的第 38 行减少 self._size 处理部分之后即可，用于反映一个元素的丢失。

```
if 0 < self._size < len(self._data) // 4:
  self._resize(len(self._data) // 2)
```

对基于数组的队列实现的分析

在考虑利用上述改进方法来不时缩小数组的大小进行维护队列处理的前提下，表 6-3 列出了基于数组实现队列抽象数据类型的性能。除了 _resize 程序，所有的方法都依赖于一个常数数量的算术操作、比较和赋值等语句。因此，除了 enqueue 和 dequeue 操作是具有均摊复杂度边界为 $O(1)$，其余的每一个方法在最坏的情况下运行时间为 $O(1)$，其原因与 5.3 节给出的相似。

表 6-3 基于数组实现队列的性能。enqueue 和 dequeue 操作的时间复杂度边界会因对数组大小重新调整的处理而被均摊。空间利用率为 $O(n)$，其中 n 是当前队列中的元素数量

操作	运行时间
Q.enqueue(e)	$O(1)^*$
Q.dequeue()	$O(1)^*$
Q.first()	$O(1)$
Q.is-empty()	$O(1)$
len(Q)	$O(1)$

* 摊销的

6.3 双端队列

接下来考虑一个类队列数据结构，它支持在队列的头部和尾部都进行插入和删除操作。这样一种结构被称为*双端队列*（double-ended queue 或者 deque），它的发音通常为“deck”，以免与通常的队列抽象数据类型的方法 dequeue 相混淆，后者的发音类似于“D.Q”的缩写。

双端队列的抽象数据类型比栈和队列的抽象数据类型要更普遍。在一些应用中，这些额外的普遍性是非常有用的，例如使用一个队列来描述餐馆当中的等餐队列。一般情况下，第一个人会在发现餐馆中没有空闲的桌子时从队列的前面离开，而这个时候餐馆会重新在队列的前面插入一个人。同样，处于队列尾部的顾客也可能由于不耐烦而离开队伍。（如果想模拟顾客从其他位置离开，我们需要一个更加通用的数据结构）

6.3.1 双端队列的抽象数据类型

为了提供一个相类似的抽象，可以定义双端队列的抽象数据类型 D，这个 ADT 支持如下方法：

- D.add_first(e)：向双端队列的前面添加一个元素 e。
- D.add_last(e)：在双端队列的后面添加一个元素 e。
- D.delete_first()：从双端队列中移除并返回第一个元素。若双端队列为空，则触发一个错误。
- D.delete_last()：从双端队列中移除并返回最后一个元素。若双端队列为空，则触发一个错误。

此外，双端队列的抽象数据类型还包括如下的方法：

- D.first()：返回（但不移除）双端队列的第一个元素。若双端队列为空，则触发一个错误。
- D.last()：返回（但不移除）双端队列的最后一个元素。若双端队列为空，则触发一个错误。
- D.is_empty()：如果双端队列不包含任何一个元素，则返回布尔值“True”。
- len(D)：返回当前双端队列中的元素个数。在 Python 中，我们用 __len__ 这个特殊的方法实现。

例题 6-5：下表展示了一系列双端队列的操作和它们在一个初始化为整数类型的空双端队列中的效果。

操作	返回值	双端队列
D.add_last(5)	—	[5]
D.add_first(3)	—	[3, 5]
D.add_first(7)	—	[7, 3, 5]
D.first()	7	[7, 3, 5]
D.delete_last()	5	[7, 3]
len(D)	2	[7, 3]
D.delete_last()	3	[7]
D.delete_last()	7	[]
D.add_first(6)	—	[6]
D.last()	6	[6]
D.add_first(8)	—	[8, 6]
D.is_empty()	False	[8, 6]
D.last()	6	[8, 6]

6.3.2 使用环形数组实现双端队列

我们可以使用与代码段 6-6 和代码段 6-7 提供的实现 ArrayQueue 类相同的方法来实现双端队列的抽象数据类型（我们把通过 ArrayQueue 实现双端队列的细节留在了练习 P-6.32 中）。我们建议保持 3 个相同的实例变量：_data、_size 和 _front。无论什么时候，只要想知道双端队列的尾部索引，或者超过队尾的第一个可用的位置，我们就可以通过模运算计算得出。例如，方法 last() 就是使用如下索引公式来实现的

```
back = (self._front + self._size - 1) % len(self._data)
```

对于方法 ArrayDeque.add_last，我们采用了与方法 ArrayQueue.add_last 相同的实现方

法，也利用了一个 _resize 程序。类似地，ArrayDeque.delete_first 方法的实现与 ArrayQueue.dequeue 方法相同。实现 add_first 与 delete_last 采用了相似的技术，其中的一处不同是，在调用 add_first 时需要循环处理数组起始位置，因此我们借助模（取余）运算来循环地计算索引值

```
self._front = (self._front − 1) % len(self._data)            # cyclic shift
```

基于数组的双端队列 ArrayDeque 与基于数组的队列 ArrayQueue 的效率很相似，所有操作都能在 $O(1)$ 内能完成，但是由于有些操作的时间边界将会摊销，这可能会改变底层数组的大小。

6.3.3 Python collections 模块中的双端队列

Python 的标准 collections 模块中包含对一个双端队列类的实现方法。表 6-4 给出了 collections.deque 类最常用的方法。这里使用了比之前的抽象数据类型更加不对称的命名。

表 6-4 双端队列的抽象数据类型与 collections.deque 类的比较

我们的双端队列 ADT	collections.deque	描述
len(D)	len(D)	元素数量
D.add_first()	D.appendleft()	加到开头
D.add_last()	D.append()	加到结尾
D.delete_first()	D.popleft()	从开头移除
D.delete_last()	D.pop()	从结尾移除
D.first()	D[0]	访问第一个元素
D.last()	D[− 1]	访问最后一个元素
	D[j]	通过索引访问任意一项
	D[j]=val	通过索引修改任意一项
	D.clear()	清除所有内容
	D.rotate(k)	循环右移 k 步
	D.remove(e)	移除第一个匹配的元素
	D.count(e)	统计对于 e 匹配的数量

双端队列集合的接口选用与已经建立的 Python 列表类命名约定一致，因为 pop 方法与 append 方法都被认为是在列表的尾部操作。因此，appendleft 和 popleft 都指的是在列表的首部操作。库双端队列同样也模仿了一个列表，因为它是一个带索引的序列，允许使用 D[j] 的语法任意访问和修改。

库双端队列的构造函数同样支持一个可选的 maxlen 参数以建立一个固定长度的双端队列。然而，当双端队列满时，如果在队列的任意一端调用 append 方法，它并不会触发一个错误；相反，这会导致在相反一端移除一个元素。也就是说，当队列满时，调用 appendleft 方法会导致右端一个隐藏的 pop 调用发生，以便为新加入的元素腾出空间。

当前 Python 版本使用了一个混合的方法实现 collection.deque，这种方法使用了循环数组，这些循环数组被组合到块中，而这些块本身又被组织进一个双向链表中（我们将在下一章介绍这种数据结构）。双端队列类保证在任何一端操作的耗时为 $O(1)$，但在最坏的操作情况下，当使用靠近双端队列中部附近的索引时，耗时将为 $O(n)$。

6.4 练习

请访问 www.wiley.com/college/goodrich. 以获得练习帮助。

巩固

R-6.1 如果在一个初始化为空的栈上执行如下一系列操作，将返回什么值 ?push(5), pu-sh(3), pop(), push(2), push(8), pop(), pop(), push(9), push(1), pop(), push(7), push(6), pop(), pop(), push(4), pop(), pop()。

R-6.2 假设一初始化为空的栈 S 已经执行了 25 个 push 操作、12 个 top 操作和 10 个 pop 操作，其中 3 个触发了栈空错误。请问 S 目前的大小是多少？

R-6.3 实现一个函数 transfer(S, T) 将栈 S 中的所有元素转移到栈 T 中，使位于 S 栈顶的元素被第一个插入栈 T 中，使位于 S 栈底的元素最后被插入栈 T 的顶部。

R-6.4 给出一个用于从栈中移除所有元素的递归实现方法。

R-6.5 实现一个函数，通过将一个列表内的元素按顺序压入堆栈中，然后逆序把它们写回到列表中，实现列表的逆置。

R-6.6 给出一个算术表达式中分组符号匹配的精确而完整的定义。应保证定义可以是递归的。

R-6.7 如果在一个初始化为空的队列上执行如下一系列操作后，返回值是什么？ enqueue(5), enqueue(3), dequeue(), enqueue(2), enqueue(8), dequeue(), dequeue(), enqueue(9),enqueue(1), dequeue(), enqueue(7), enqueue(6), dequeue(), dequeue(), enqueue(4), dequeue(), dequeue().

R-6.8 假设一个初始化为空的队列 Q 已经执行了共 32 次入队操作、10 次取首部元素操作和 15 次出队操作，其中 5 次触发了队列为空的错误。队列 Q 目前的大小是什么？

R-6.9 假定先前所述问题的队列是 ArrayQueue 的实例且初始化为 30，并且假定它的大小不会超过 30，那么 front 实例变量的最终值是多少？

R-6.10 试想，如果代码段 6-7 ArrayQueue. Resize 方法中的第 53 ～ 55 行执行如下 loop 循环将会发生什么？给出错误的详细解释。

```
for k in range(self._size):
  self._data[k] = old[k]              # rather than old[walk]
```

R-6.11 给出一个简单的适配器实现队列 ADT，其中采用一个 collections.deque 实例做存储。

R-6.12 在一个初始化为空的双端队列中执行以下一系列操作，将会返回什么结果？ add_first(4), add_last(8), add_last(9), add_first(5), back(), delete_first(), delete_last(), add_last(7), first(), last(), add_last(6), delete_first(), delete_first()。

R-6.13 假设有一个含有数字（1, 2, 3, 4, 5, 6, 7, 8）并按这一顺序排列的双端队列 D，并进一步假设有一个初始化为空的队列 Q。给出一个只用 D 和 Q（不包含其他变量）实现的代码片段，将元素 (1, 2, 3, 5, 4, 6, 7, 8) 按这一顺序存储在 D 中。

R-6.14 使用双端队列 D 和一个初始化为空的栈 S 重复做上一问题。

创新

C-6.15 假设爱丽丝选择了 3 个不同的整数，并将它们以随机顺序放置在栈 S 中。写一个简短的顺序型的伪代码（不包含循环或递归），其中只包含一次比较和一个变量 x，使得爱丽丝的 3 个整数中最大的以 2/3 概率存储在变量 x 中，试说明你的方法为什么是正确的。

C-6.16 修改基于数组的栈的实现方法，使栈的容量限制在最大元素数量 maxlen 之内。该最大数量对于构造函数（默认值为 none）是一个可选参数。如果 push 操作在栈满时被调用，则抛出一个“栈满”异常（与栈空异常定义类似）。

C-6.17　在之前实现栈的练习中，假设底层列表是空的。重做该练习，此时预分配一个长度等于堆栈最大容量的底层列表。

C-6.18　如何用练习 R-6.3 中描述的转换函数和两个临时栈来取代一个给定相同元素但顺序逆置的栈。

C-6.19　在代码段 6-5 中，假设 HTML 的开始标签具有 <name> 与 <Li> 的形式。更普遍的是，HTML 允许可选的属性作为开始标签的一部分。所用的一般格式是 <name attribute1="value1" attribute2="value2">；例如，表可以通过使用开始标签 <table border="3" cellpadding="5"> 被赋予一个边界和附加数据。修改代码段 6-5，使得即使在一个开始标签包含一个或多个这样的属性时，也可以正确匹配标记。

C-6.20　通过一个栈实现一个非递归算法来枚举 $\{1, 2, \cdots, n\}$ 所有排列数结果。

C-6.21　演示如何使用栈 S 和队列 Q 非递归地生成一个含 n 个元素的集合所有可能的子集集合 T。

C-6.22　*后缀表示法*是一种书写不带括号的算术表达式的简明方法。它是这样定义的：如果“(exp_1) OP(exp_2)”是一个普通、完整的括号表达式，它的操作符是 OP，那么它的后缀版本为“$pexp_1$ 是 $pexp_2$ OP”，其中 $pexp_1$ 是 exp_1 的后缀表示形式，$pexp_2$ 是 exp_2 的后缀表示形式。一个单一的数字或变量的后缀表示形式就是这个数字或变量。例如，“((5 + 2)*(8 − 3))/4”的后缀版本为“52 + 83 − *4/”。写出一种非递归方式实现的后缀表达式转换算法。

C-6.23　假设有 3 个非空栈 R、S、T。请通过一系列操作，将 S 中的元素以其原始的顺序存储到 T 中原有元素的后面，最终 R 中元素的顺序不变。例如，R=[1, 2, 3]，S=[4, 5]，T=[6, 7, 8, 9]，则最终的结果应为 R=[1, 2, 3]，S=[6, 7, 8, 9, 4, 5]。

C-6.24　描述如何用一个简单的队列作为实例变量实现堆栈 ADT，在方法体中，只有常量占用本地内存。在你所设计的方法中，push()、pop()、top() 的运行时间分别是多少？

C-6.25　描述如何用两个栈作为实例变量实现队列 ADT，这样使得所有队列操作的平均时间开销为 $O(1)$。给出一个正式的证明。

C-6.26　描述如何使用一个双端队列作为实例变量实现队列 ADT。该方法的运行时间是多少？

C-6.27　假设有一个包含 n 个元素的栈 S 和一个初始为空的队列 Q，描述如何用 Q 扫描 S 来查看其中是否包含某一特定元素 x，算法必须返回到元素在 S 中原来的位置。算法中只能使用 S、Q 和固定数量的变量。

C-6.28　修改 ArrayQueue 实现方法，使队列的容量由 maxlen 限制，其中该最大长度对于构造函数（默认为 none）来说是一个可选参数。如果在栈满的时候调用 enqueue 操作，则触发一个队列满异常（与队列空异常定义类似）。

C-6.29　在队列 ADT 的某些特定应用中，以某种方式对一个元素反复执行入队出队操作是很常见的。改造基于数组的队列实现方法，加入一个 rotate() 操作，这个操作与 Q.enqueue 和 Q.dequeue 的结合具有相同的语义特征。然而，它的执行效率应当比分别调用两个方法更有效（例如，该方法中不需要修改队列的长度 _size）。

C-6.30　爱丽丝有两个用于存储整数的队列 Q 和 R。鲍勃给了爱丽丝 50 个奇数和 50 个偶数，并坚持让她在队列 Q 和 R 存储所有 100 个整数。然后他们玩了一个游戏，鲍勃从队列 Q 和 R 中随机选择元素（采用在本章所描述的循环调度，其对于选择队列的次数是随机的）。如果在游戏结束时被处理的最后一个数是奇数，则鲍勃胜。爱丽丝能如何分配整数到队列中来优化她获胜的机会？她获胜的机会是什么？

C-6.31　假设鲍勃有 4 头牛，他要过一座桥，但只有一个轭，如果牛绑轭肩并肩过桥，一次只能两头牛通过。轭太重了，他无法扛着过桥，但可以立刻将其绑在牛上或从牛身上拆下来。4 头牛中，

Mazie 可以在 2 分钟内过桥，Daisy 可以在 4 分钟内过桥，Crazy 要花 10 分钟，Lazy 则要花 20 分钟。当然，当两只牛拴在一起时，它们必须以走的慢的牛的速度前进。描述鲍勃应该如何带着他的所有牛在 34 分钟内过桥。

项目

P-6.32 如 6.3.2 节描述的那样，给出一个完整的基于数组的双端队列 ADT 的队列实现方法。

P-6.33 给定一个基于数组实现双端队列的实现方法，使其支持表 6-4 列出的 collection.deque 类的所有公共操作，包括使用 maxlen 这个可选参数。当一个限制长度的队列已满时，提供与 collections.deque 类相似的语义，使一个调用将一个元素插入双端队列的尾部时造成相反方向一个元素的丢失。

P-6.34 实现一个程序，可以输入以后缀形式表示的算数表达式（见练习 C-6.22）并且输出它的运算结果。

P-6.35 6.1 节的介绍表明，栈通常用于在应用程序中提供"撤销"支持，如网络浏览器或文本编辑器。虽然支持撤销可以用无界堆栈来实现，但许多应用程序只使用容量固定的堆栈提供有限步的撤销操作。当压栈操作在满栈时被调用，并不是抛出栈满异常，见练习 C-6.16），一个更典型的语义是接受在顶部压栈的元素，同时在栈底部"漏出"最老的元素来腾出空间。

P-6.36 当出售一支由若干家公司共享的公共股票时，共享售出价和原始买入价的*资本收益*（或者，有时候亏损）是不同的。对于单一共享的股票这个规则很容易理解，但如果出售的是一支已经购买了很久的共享股票时，我们必须鉴别这支共享股票是真的在出售。在这个例子中，对于识别哪个共享股票被卖掉的问题，一个标准的判断原则就是采用 FIFO 协议——这支被共享出售的股票，往往是那些持有时间最长的（实际上，这种默认的方法已被封装到了几款个人投资软件包中）。例如，假设买 100 股共享股票，第一天的价格为每股 20 美元，第二天有 20 股的价格是 24 美元，第三天有 200 股的价格为 36 美元，而在第四天以每股 30 美元的价格卖出 150 股。根据 FIFO 的原则，意味着 150 股被卖掉，第一天买了 100 股，第二天买了 20 股，第三天买了 30 股，因此在这个例子中的资本收益就应该是：$100 \times 10 + 20 \times 6 + 30 \times (-6)$ 或者 940 美元。写一个程序，用于表示形如"以每股 y 美元的价格购买了 x 股 share (s) 股票"或者"以每股 y 美元的价格卖出 x 股 share(s) 股票"的一组事务的序列，假定这些事务发生在连续的几天之内，同时 x 和 y 的值都是整数。当给定了一个输入序列，运用 FIFO 协议来识别共享股票，对应的输出序列应该是整个序列总的资本收益的值（或者资本亏损的值）。

P-6.37 设计一个两色双向栈 ADT，其中包含两个栈，即一个"红"栈和一个"蓝"栈，并包含和常规栈操作一致的有颜色编码的栈操作。例如，在这个 ADT 中，支持一个"红"压栈操作和一个"蓝"压栈操作。给出一种有效的实现方法，即采用一个限定容量为 N 的单个数组来实现这个 ADT，假定 N 值始终大于单个的"红"栈与"蓝"栈大小之和。

扩展阅读

本章先介绍以数据结构的 ADT 来定义数据结构的方法，然后以 Aho、Hopcroft 和 Ullman 等人的经典书籍 [5, 6] 中的所给出模式具体实现这些方法。练习 C-6.30 和 C-6.31 与一些著名软件公司经常选用的面试问题非常相似。如果需要进一步学习和了解抽象数据类型，可以参考 Liskov 和 Cardelli 的著作 [71] 以及 Wegner[23] 或者 Demurjian[33] 的相关书籍。

链　　表

在第 5 章，我们仔细探讨了 Python 的基于数组的 list 类。在第 6 章，我们着重讨论使用这个类来实现经典的栈、队列、双向队列的抽象数据类型（Abstract Data Type，ADT）。Python 的 list 类是高度优化的，并且通常是考虑存储问题时很好的选择。除此之外，list 类也有一些明显的缺点：

1）一个动态数组的长度可能超过实际存储数组元素所需的长度。

2）在实时系统中对操作的摊销边界是不可接受的。

3）在一个数组内部执行插入和删除操作的代价太高。

在本章，我们介绍一个名为**链表**的数据结构，它为基于数组的序列提供了另一种选择（例如 Python 列表）。基于数组的序列和链表都能够对其中的元素保持一定的顺序，但采用的方式截然不同。数组提供更加集中的表示法，一个大的内存块能够为许多元素提供存储和引用。相对地，一个链表依赖于更多的分布式表示方法，采用称作**节点**的轻量级对象，分配给每一个元素。每个节点维护一个指向它的元素的引用，并含一个或多个指向相邻节点的引用，这样做的目的是为了集中地表示序列的线性顺序。

我们将对比基于数组序列和链表的优缺点。通过数字索引 k 无法有效地访问链表中的元素，而仅仅通过检查一个节点，我们也无法判断出这个节点到底是表中的第 2 个、第 5 个还是第 20 个元素。然而，链表避免了上面提到的基于数组序列的 3 个缺点。

7.1　单向链表

单向链表最简单的实现形式就是由多个**节点**的集合共同构成一个线性序列。每个节点存储一个对象的引用，这个引用指向序列中的一个元素，即存储指向列表中的下一个节点，如图 7-1 和图 7-2 所示。

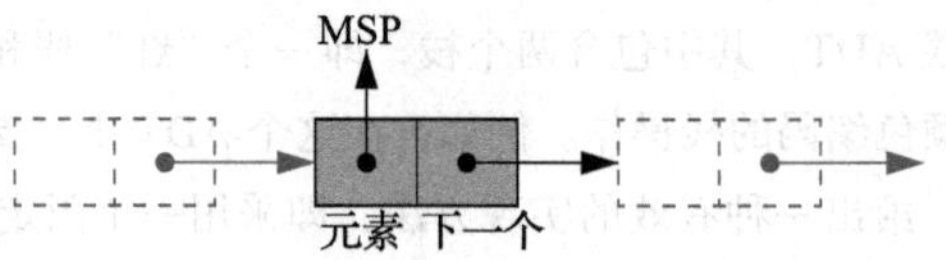
MSP
元素
下一个

图 7-1　节点实例的示例，用于构成单向链表的一部分。这个节点含有两个成员：元素成员引用一个任意的对象，该对象是序列中的一个元素（在这个例子中，序列指的是机场代码 MSP）；指针域成员指向单向链表的后继节点（如果没有后继节点，则为空）

链表的第一个和最后一个节点分别为列表的**头节点**和**尾节点**。从头节点开始，通过每个节点的“next”引用，可以从一个节点移动到另一个节点，从而最终到达列表的尾节点。若当前节点的“next”引用指向空时，我们可以确定该节点为尾节点。这个过程通常叫作**遍历链表**。由于一个节点的“next”引用可以被视为指向下一个节点的链接或者指针，遍历列表的过程也称为**链接跳跃**或**指针跳跃**。

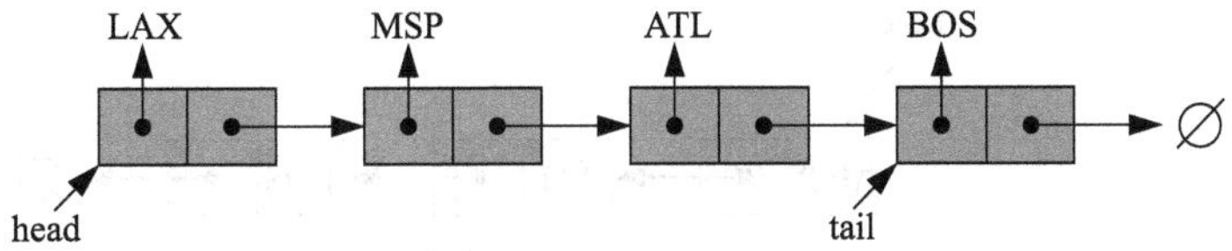
LAX
MSP
ATL
BOS
head
tail
∅

图 7-2　元素是用字符串表示机场代码的单向链表示例。列表实例中维护了一个叫作头节点（head）的成员，它标识列表的第一个节点。在某些应用程序中，另有一个叫作尾节点（tail）的成员，它标识列表的最后一个节点。空对象被表示为∅

链表在内存中的表示依赖于许多对象的协作。每个节点被表示为唯一的对象，该对象实例存储着指向其元素成员的引用和指向下一个节点的引用（或者为空）。另一个对象用于代表整个链表。链表实例至少必须包括一个指向链表头节点的引用。没有一个明确的头的引用，就没有办法定位节点（或间接地定位其他任何节点）。没有必要直接存储一个指向列表尾节点的引用，因为尾节点可以通过从头节点开始遍历链表中的其余节点来定位。不管怎样，显式地保存一个指向尾节点的引用，是避免为访问尾节点而进行链表遍历的常用方法。类似地，链表实例保存一定数量的节点总数（通常称为列表的大小）也是比较常见的，这样就可以避免为计算链表中的节点数量而需要遍历整个链表。

在本章的其余部分，我们将继续把节点称为“对象”，而把每个节点指向“next”节点的引用称为“指针”。但是，为简单起见，我们将一个节点的元素直接嵌入该节点的结构中，尽管元素实际上是一个独立的对象。对此，图 7-3 以更简洁的方式展示了图 7-2 的链表。

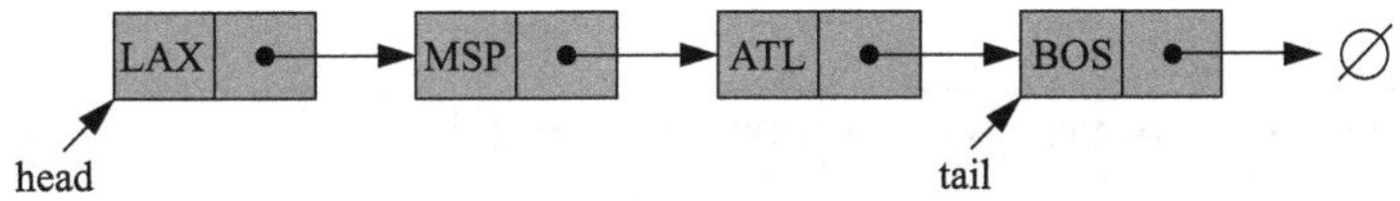
LAX
MSP
ATL
BOS
head
tail
∅

图 7-3　单向链表的一个简洁示例，元素嵌入在节点中（而不是更精确地画为外部对象的引用）

在单向链表的头部插入一个元素

单向链表的一个重要属性是没有预先确定的大小，它的占用空间取决于当前元素的个数。当使用一个单向链表时，我们可以很容易地在链表的头部插入一个元素，如图 7-4 所示，伪代码描述如代码段 7-1 所示。其基本思想是创建一个新的节点，将新节点的元素域设置为新元素，将该节点的“next”指针指向当前的头节点，然后设置列表的头指针指向新节点。

代码段 7-1　在单向链表 L 头部插入一个元素。注意，要在为新节点分配 L.head 变量之前设置新节点的“next”指针。如果初始列表为空（即 L.head 为空），那么就将新节点的“next”指针指向空（None）

```
Algorithm add_first(L,e):
    newest = Node(e)  {create new node instance storing reference to element e}
    newest.next = L.head    {set new node's next to reference the old head node}
    L.head = newest              {set variable head to reference the new node}
    L.size = L.size+1                                  {increment the node count}
```

在单向链表的尾部插入一个元素

只要保存了尾节点的引用（指向尾节点的指针），就可以很容易地在链表的尾部插入一个元素，如图 7-5 所示。在这种情况下，创建一个新的节点，将其“next”指针设置为空，并设置尾节点的“next”指针指向新节点，然后更新尾指针指向新节点，伪代码描述如代码段 7-2 所示。

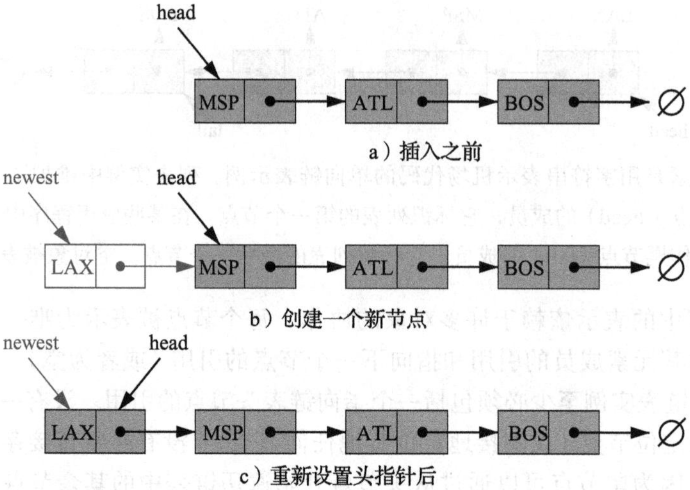
head
MSP
ATL
BOS
a）插入之前
newest
head
LAX
MSP
ATL
BOS
b）创建一个新节点
newest
head
LAX
MSP
ATL
BOS
c）重新设置头指针后

图 7-4 在单向链表的头部插入一个元素

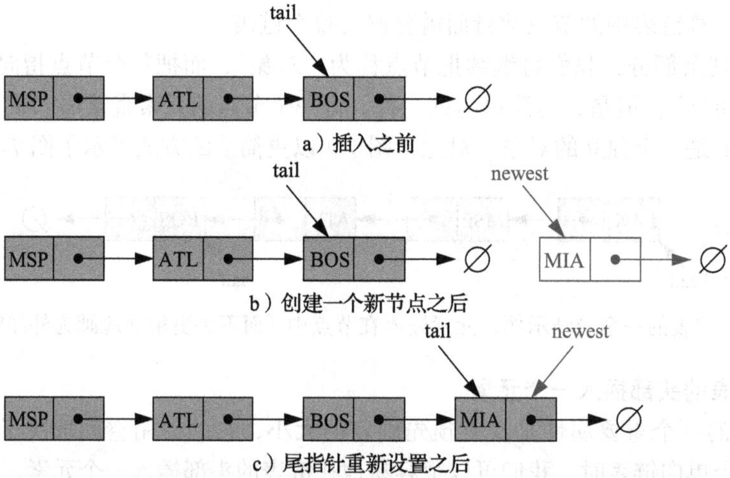
tail
MSP
ATL
BOS
a）插入之前
tail
newest
MSP
ATL
BOS
MIA
b）创建一个新节点之后
tail
newest
MSP
ATL
BOS
MIA
c）尾指针重新设置之后

图 7-5 在单向链表的尾部插入一个元素

注意，必须在 c）中设置尾指针变量指向新的节点之前设置 b）中尾部的“next”指针。

代码段 7-2 在单向链表的尾部插入一个新的节点。注意，在设置尾指针指向新节点之前，设置尾节点的“next”指针指向原来的尾节点。当向一个空链表中插入新节点时，需要对这段代码进行一定的调整，因为空链表不存在尾节点

```
Algorithm add_last(L,e):
    newest = Node(e)  {create new node instance storing reference to element e}
    newest.next = None          {set new node's next to reference the None object}
    L.tail.next = newest                   {make old tail node point to new node}
    L.tail = newest                   {set variable tail to reference the new node}
    L.size = L.size+1                                    {increment the node count}
```

从单向链表中删除一个元素

从单向链表的头部删除一个元素，基本上是在头部插入一个元素的反向操作。这个操作的详细过程如图 7-6 和代码段 7-3 所示。

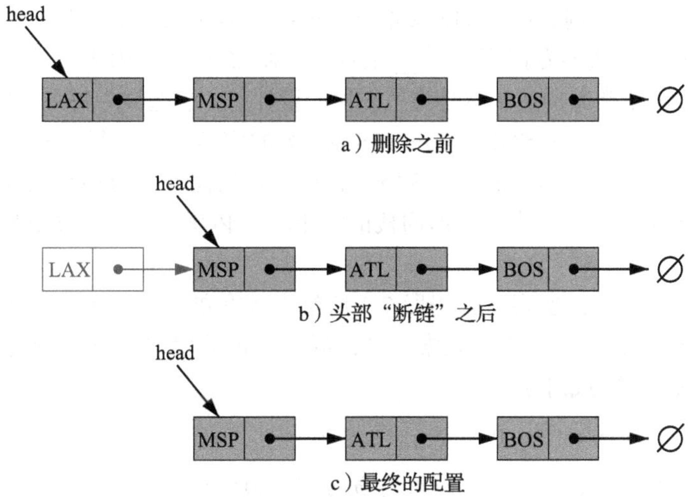
head
LAX
MSP
ATL
BOS
∅
a）删除之前
head
LAX
MSP
ATL
BOS
∅
b）头部"断链"之后
head
MSP
ATL
BOS
∅
c）最终的配置

图 7-6　在单向链表的头部删除一个节点

代码段 7-3　在单向链表的头部删除一个节点

```
Algorithm remove_first(L):
  if L.head is None then
    Indicate an error: the list is empty.
  L.head = L.head.next              {make head point to next node (or None)}
  L.size = L.size − 1                            {decrement the node count}
```

不幸的是，即使保存了一个直接指向列表尾节点的尾指针，我们也不能轻易地删除单向链表的尾节点。为了删除链表的最后一个节点，我们必须能够访问尾节点之前的节点。但是我们无法通过尾节点的"next"指针找到尾节点的前一个节点，访问此节点的唯一方法是从链表的头部开始遍历整个链表。但是这样序列遍历的操作需要花费很长的时间，如果想要有效地实现此操作，需要实现双向列表（见 7.3 节）。

7.1.1　用单向链表实现栈

在这一部分，我们将通过给出一个完整栈 ADT 的 Python 实现来说明单向链表的使用（见 6.1 节）。设计这样的实现，我们需要决定用链表的头部或尾部来实现栈顶。最好的选择显而易见：因为只有在头部，我们才能在一个常数时间内有效地插入和删除元素。由于所有栈操作都会影响栈顶，因此规定栈顶在链表的头部。

为了表示列表中的单个节点，我们创建了一个轻量级 _Node 类。这个类将永远不会直接暴露给栈类的用户，所以被正式定义为非公有的、最终的 LinkedStack 类的嵌套类（见 2.5.1 节）。代码段 7-4 展示了 _Node 类的定义。

代码段 7-4　一个单向链表的轻量级 _Node 类

```python
class _Node:
  """Lightweight, nonpublic class for storing a singly linked node."""
  __slots__ = '_element', '_next'           # streamline memory usage

  def __init__(self, element, next):        # initialize node's fields
    self._element = element                 # reference to user's element
    self._next = next                       # reference to next node
```

一个节点只有两个实例变量：_element 和 _next（元素引用和指向下一个节点的引用），为了提高内存的利用率，我们专门定义了 __slots__（见 2.5.1 节），因为一个单向链表中可能有多个节点实例。_Node 类的构造函数是为了方便而设计的，它允许为每个新创建的节点赋值。

代码段 7-5 和代码段 7-6 给出了 LinkedStack 类的完整实现。每个栈实例都维护两个变量。头指针指向链表的头节点（如果栈为空，这个指针指向空）。我们需要用变量 _size 持续追踪当前元素的数量，否则，当需要返回栈的大小时，必须通过遍历整个列表来计算元素的数量。

将元素压栈（push）的实现与代码段 7-1 所给出的在单向链表头部插入一个元素的伪代码基本一致。向栈顶放入一个新的元素 e 时，可以通过调用 _Node 类的构造函数来完成链接结构的必要改变。代码如下：

```
self._head = self._Node(e, self._head)     # create and link a new node
```

注意，新节点的 _next 指针域被设置为当前的栈顶节点，然后将头指针（self._head）指向新节点。

代码段 7-5　单向链表实现栈 ADT（后续内容见代码段 7-6）

```
class LinkedStack:
  """LIFO Stack implementation using a singly linked list for storage."""

  #-------------------------- nested _Node class --------------------------
  class _Node:
    """Lightweight, nonpublic class for storing a singly linked node."""
    __slots__ = '_element', '_next'         # streamline memory usage

    def __init__(self, element, next):      # initialize node's fields
      self._element = element               # reference to user's element
      self._next = next                     # reference to next node

  #------------------------------- stack methods -------------------------------
  def __init__(self):
    """Create an empty stack."""
    self._head = None                       # reference to the head node
    self._size = 0                          # number of stack elements

  def __len__(self):
    """Return the number of elements in the stack."""
    return self._size

  def is_empty(self):
    """Return True if the stack is empty."""
    return self._size == 0

  def push(self, e):
    """Add element e to the top of the stack."""
    self._head = self._Node(e, self._head)  # create and link a new node
    self._size += 1

  def top(self):
    """Return (but do not remove) the element at the top of the stack.

    Raise Empty exception if the stack is empty.
    """
    if self.is_empty():
      raise Empty('Stack is empty')
    return self._head._element              # top of stack is at head of list
```

代码段 7-6 单向链表实现栈 ADT（接代码段 7-5）

```
    def pop(self):
        """Remove and return the element from the top of the stack (i.e., LIFO).

        Raise Empty exception if the stack is empty.
        """
        if self.is_empty():
            raise Empty('Stack is empty')
        answer = self._head._element
        self._head = self._head._next            # bypass the former top node
        self._size -= 1
        return answer
```

实现 top 方法时，目标是返回栈顶部的元素。当栈为空时，我们会抛出 Empty 异常，这个异常在第 6 章代码段 6-1 中已经定义过了。当栈不为空时，头指针（self._head）指向链表的第一个节点，栈顶元素可以表示为 self._head._element。

元素出栈操作（pop）的实现与代码段 7-3 中的伪代码基本一致。我们利用一个本地的指针指向要删除的节点中所保存的成员元素（element），并将该元素返回给调用者 pop。

表 7-1 给出了 LinkedStack 操作的分析。可以看到，所有方法在最坏情况下都是在常数时间内完成的。这与表 6-2 给出的数组栈的摊销边界形成了对比。

表 7-1 链式栈实现的性能，所有边界都是在最坏情况下确定的，空间利用率为 $O(n)$。其中 n 为当前栈中元素的个数

操作	运行时间
S.push(e)	$O(1)$
S.pop()	$O(1)$
S.top()	$O(1)$
len(S)	$O(1)$
S.is_empty()	$O(1)$

7.1.2 用单向链表实现队列

正如用单向链表实现栈 ADT 一样，我们可以用单向链表实现队列 ADT，且所有操作支持最坏情况的时间为 $O(1)$。由于需要对队列的两端执行操作，我们显式地为每个队列维护一个 _head 和一个 _tail 指针作为实例变量。一种很自然的做法是，将队列的前端和链表的头部对应，队列的后端与链表的尾部对应，因为必须使元素从队列的尾部进入队列，从队列的头部出队列（前面曾提到，我们很难高效地从单向链表的尾部删除元素）。链表队列（LinkedQueue）类的实现如代码段 7-7 和代码段 7-8 所示。

代码段 7-7 用单向链表实现队列 ADT（后续内容见代码段 7-8）

```
class LinkedQueue:
    """FIFO queue implementation using a singly linked list for storage."""

    class _Node:
        """Lightweight, nonpublic class for storing a singly linked node."""
        (omitted here; identical to that of LinkedStack._Node)

    def __init__(self):
        """Create an empty queue."""
```

```
        self._head = None
        self._tail = None
        self._size = 0                          # number of queue elements

    def __len__(self):
        """Return the number of elements in the queue."""
        return self._size

    def is_empty(self):
        """Return True if the queue is empty."""
        return self._size == 0

    def first(self):
        """Return (but do not remove) the element at the front of the queue."""
        if self.is_empty():
            raise Empty('Queue is empty')
        return self._head._element              # front aligned with head of list
```

代码段 7-8　用单向链表实现队列 ADT（接代码段 7-7）

```
    def dequeue(self):
        """Remove and return the first element of the queue (i.e., FIFO).

        Raise Empty exception if the queue is empty.
        """
        if self.is_empty():
            raise Empty('Queue is empty')
        answer = self._head._element
        self._head = self._head._next
        self._size -= 1
        if self.is_empty():                     # special case as queue is empty
            self._tail = None                   # removed head had been the tail
        return answer

    def enqueue(self, e):
        """Add an element to the back of queue."""
        newest = self._Node(e, None)            # node will be new tail node
        if self.is_empty():
            self._head = newest                 # special case: previously empty
        else:
            self._tail._next = newest
        self._tail = newest                     # update reference to tail node
        self._size += 1
```

用单向链表实现队列的很多方面和用 LinkedStack 类实现非常相似，如嵌套 _Node 类的定义。链表队列的 LinkedQueue 的实现类似于 LinkedStack 的出栈，即删除队列的头部节点，但也有一些细微的差别。因为队列必须准确地维护尾部的引用（栈的实现中没有维持这样的变量）。通常，在头部的操作对尾部不产生影响。但在只有一个元素的队列中调用元素出队列操作时，我们要同时删除列表的尾部。同时，为了确保一致性，还要设置 self._tail 为 None。

在入队操作的实现过程中，有个似曾相识的难题。最新的节点往往会成为新的链表尾部，然而当这个新节点是列表中的唯一节点时，就会有所不同。在这种情况下，该节点也将变成新的链表头部；否则，新的节点必须被立即链接到现有的尾部节点之后。

在性能方面，LinkedQueue 与 LinkedStack 类似，所有操作在最坏情况下运行的时间为常数，而空间使用率与当前元素数量呈线性关系。

7.2 循环链表

在 6.2.2 节中，我们引入了“循环”数组的概念，并且说明了如何用其实现队列 ADT。在实现中，循环数组的概念是人为定义的，因此，在数组内部自身的表示中没有任何循环结构。这是我们在使用模运算中，将一个索引从最后一个位置“推进”到第一个位置时所提供的一个抽象概念。

在链表中，我们可以使链表的尾部节点的“next”指针指向链表的头部，由此来获得一个更切实际的循环链表的概念。我们称这种结构为*循环链表*，如图 7-7 所示。

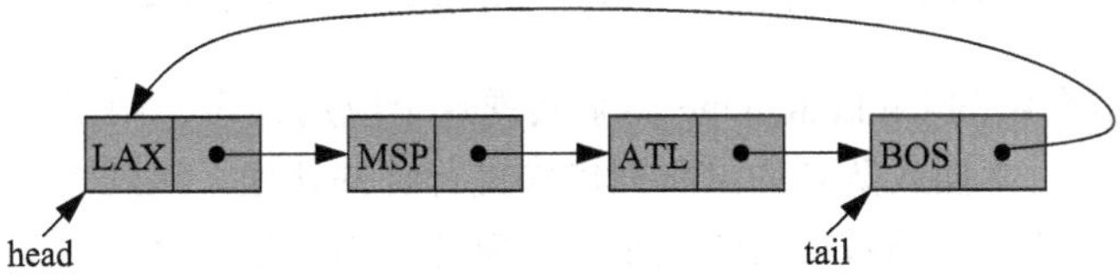
LAX
MSP
ATL
BOS
head
tail

图 7-7 一个具有循环结构的单向链表示例

与标准的链表相比，循环链表为循环数据集提供了一个更通用的模型，即标准链表的开始和结束没有任何特定的概念。图 7-8 给出了一个相对图 7-7 中循环列表的结构更对称的示意图。

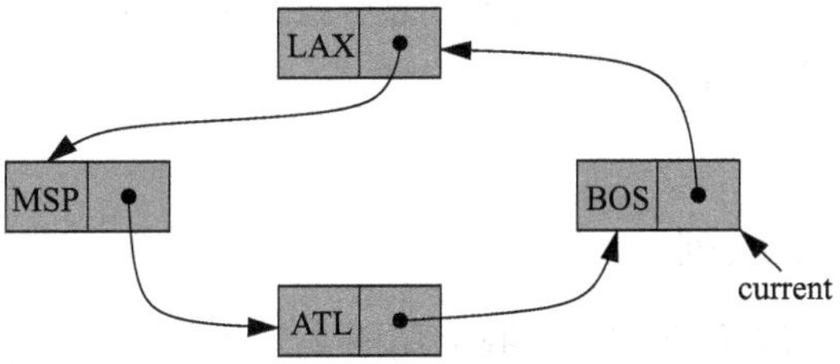
LAX
MSP
BOS
ATL
current

图 7-8 一个用“current”指针标明引用一个选定的节点的循环链表的例子

我们也可以使用其他类似于图 7-8 所示的环形视图，例如，描述美国芝加哥环线上的火车站点顺序或选手在比赛中的轮流顺序。虽然一个循环链表可能并没有开始或者结束节点，但是必须为一个特定的节点维护一个引用，这样才能使用该链表。我们采用“current”标识符来表示一个指定的节点。通过设置 current=current.next，我们可以有效地遍历链表中的各个节点。

7.2.1 轮转调度

为了说明循环链表的使用，我们来讨论一个*循环调度程序*，在这个调度程序中，以循环的方式迭代地遍历一个元素的集合，并通过执行一个给定的动作为集合中的每个元素进行“服务”。例如，使用这种调度程序，可以公平地分配那些必须为一个用户群所共享的资源。比如，循环调度经常用于为同一计算机上多个并发运行的应用程序分配 CPU 时间片。

使用普通队列 ADT，在队列 Q 上反复执行以下步骤（见图 7-9），这样就可以实现循环调度程序：

1. $e = Q$.dequeue()
2. Service element e
3. Q.enqueue(e)

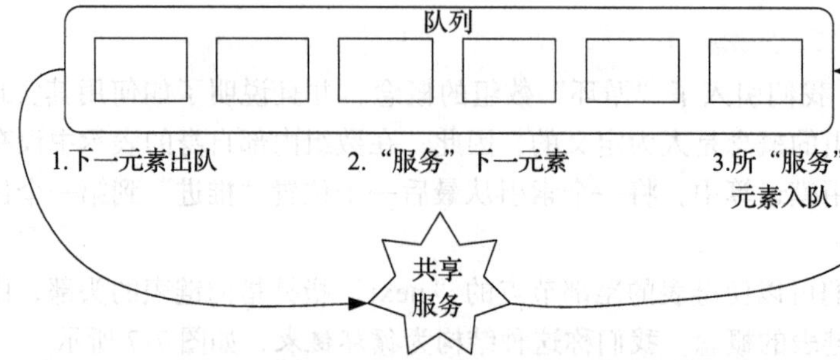
队列
1.下一元素出队
2.“服务”下一元素
3.所“服务”的元素入队
共享服务

图 7-9　使用队列实现循环调度的三个迭代步骤

如果用 7.1.2 节介绍的 LinkedQueue 类来实现这个应用程序，则没有必要急于对那种在结束不久后就将同一元素插入队列的出队列操作进行合并处理。从列表中删除一个节点，相应地要适当调整列表的头并缩减列表的大小；对应地，当创建一个新的节点时，应将其插入列表的尾部并且增加列表的大小。

如果使用一个循环列表，有效地将一个项目从队列头部转换成队列尾部，可以通过访问标记队列边界的引用来实现。接下来，我们会给出一个用于支持整个队列 ADT 的循环队列类的实现，并介绍一个附加的方法 rotate()，该方法用于将队列中的第一个元素移动到队列尾部（在 python 模块集合的双端队列类中，支持一个类似的方法，参见表 6-4）。使用这个操作循环调度程序，可以通过重复执行以下步骤有效地实现循环调度算法：

1）Service element *Q*.front()。

2）*Q*.rotate()。

7.2.2　用循环链表实现队列

为了采用循环链表实现队列 ADT，我们用图 7-7 给出直观示意：队列有一个头部和一个尾部，但是尾部的“next”指针指向头部的。对于这样一个模型，我们显然不需要同时保存指向头部和尾部的引用（指针）。只要保存一个指向尾部的引用（指针），我们就总能通过尾部的“next”引用找到头部。

代码段 7-9 和代码段 7-10 给出了基于这个模型实现的循环队列类。该类只有两个实例变量：一个是 _tail，用于指向尾部节点的引用（当队列为空时指向 None）；另一个是 _size，用于记录当前队列中元素的数量。当一个操作涉及队列的头部时，我们用 self._tail._next 标识队列的头部。当调用 enqueue 操作时，一个新的节点将被插入队列的尾部与当前头部之间，然后这个新节点变成了新的尾部。

除了传统的队列操作，CircularQueue 类还支持一个循环的方法，该方法可以更有效地实现删除队首的元素以及将该元素插入队列尾部这两个操作的合并处理。用循环来表示，简单地设 self._tail=self._tail._next，以使原来的头部变成新的尾部。（原来头部的后继节点成为新的头部）

代码段 7-9　用循环链表存储实现循环队列类（后续代码段 7-10）

```
class CircularQueue:
  """Queue implementation using circularly linked list for storage."""

  class _Node:
    """Lightweight, nonpublic class for storing a singly linked node."""
```

```
    (omitted here; identical to that of LinkedStack._Node)

  def __init__(self):
    """Create an empty queue."""
    self._tail = None                     # will represent tail of queue
    self._size = 0                        # number of queue elements

  def __len__(self):
    """Return the number of elements in the queue."""
    return self._size

  def is_empty(self):
    """Return True if the queue is empty."""
    return self._size == 0
```

代码段 7-10 用循环链表存储实现循环队列类（接代码段 7-9）

```
  def first(self):
    """Return (but do not remove) the element at the front of the queue.

    Raise Empty exception if the queue is empty.
    """
    if self.is_empty():
      raise Empty('Queue is empty')
    head = self._tail._next
    return head._element

  def dequeue(self):
    """Remove and return the first element of the queue (i.e., FIFO).

    Raise Empty exception if the queue is empty.
    """
    if self.is_empty():
      raise Empty('Queue is empty')
    oldhead = self._tail._next
    if self._size == 1:                   # removing only element
      self._tail = None                   # queue becomes empty
    else:
      self._tail._next = oldhead._next    # bypass the old head
    self._size -= 1
    return oldhead._element

  def enqueue(self, e):
    """Add an element to the back of queue."""
    newest = self._Node(e, None)          # node will be new tail node
    if self.is_empty():
      newest._next = newest               # initialize circularly
    else:
      newest._next = self._tail._next     # new node points to head
      self._tail._next = newest           # old tail points to new node
    self._tail = newest                   # new node becomes the tail
    self._size += 1

  def rotate(self):
    """Rotate front element to the back of the queue."""
    if self._size > 0:
      self._tail = self._tail._next       # old head becomes new tail
```

7.3 双向链表

在单向链表中，每个节点为其后继节点维护一个引用。我们已经说明了在管理一个序列的元素时如何使用这样的表示方法。然而，单向链表的不对称性产生了一些限制。在 7.1 节的开头，我们强调过可以有效地向一个单向链表内部的任意位置插入一个节点，也可以在头部轻松地删除一个节点，但是不能有效地删除链表尾部的节点。更一般化的说法是，如果仅给定链表内部指向任意一个节点的引用，我们很难有效地删除该节点，因为我们无法立即确定待删除节点的前驱节点（而删除操作中该前驱节点需要更新它的"next"引用）。

为了提供更好的对称性，我们定义了一个链表，每个节点都维护了指向其先驱节点以及后继节点的引用。这样的结构被称为*双向链表*。这些列表支持更多各种时间复杂度为 $O(1)$ 的更新操作，这些更新操作包括在列表的任意位置插入和删除节点。我们会继续用"next"表示指向当前节点的后继节点的引用，并引入"prev"引用表示其前驱节点。

头哨兵和尾哨兵

在操作接近一个双向链表的边界时，为了避免一些特殊情况，在链表的两端都追加节点是很有用处的：在列表的起始位置添加*头节点*（header），在列表的结尾位置添加*尾节点*（tailer）。这些"特定"的节点被称为*哨兵*（或保安）。这些节点中并不存储主序列的元素。图 7-10 中给出了一个带哨兵的双向链表。

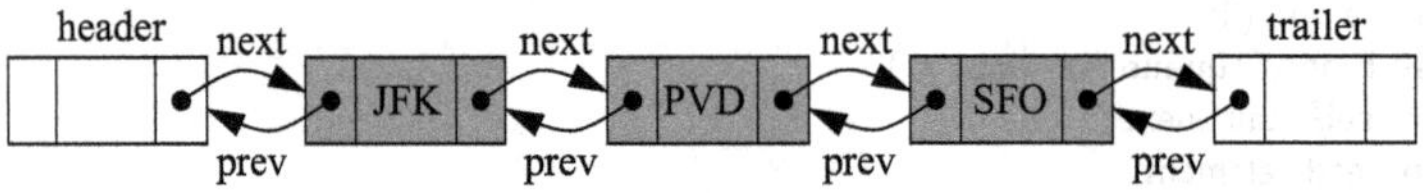
header
next
JFK
next
PVD
next
SFO
next
trailer
prev
prev
prev
prev

图 7-10 用一个使用 header 和 tailer 哨兵来区分列表的端部的双向链表表示序列｛JFK, PVD, SFO｝

当使用哨兵节点时，一个空链表需要初始化，使头节点的"next"域指向尾节点，并令尾节点的"prev"域指向头节点。哨兵节点的剩余域是无关紧要的。对于一个非空的列表，头节点的"next"域将指向一个序列中第一个真正包含元素的节点，对应的尾节点的"prev"域指向这个序列中最后一个包含元素的节点。

使用哨兵的优点

虽然不使用哨兵节点就可以实现双向链表（正如 7.1 节中的单向链表那样），但哨兵只占用很小的额外空间就能极大地简化操作的逻辑。最明显的是，头和尾节点从来不改变——只改变头节点和尾节点之间的节点。此外，可以用统一的方式处理所有插入节点操作，因为一个新节点总是被放在一对已知节点之间。类似地，每个待删除的元素都是确保被存储在前后都有邻居的节点中的。

相比之下，回顾 7.1.2 节中 LinkedQueue 的实现（其入 enqueue 方法在代码段 7-8 中给出），一个新节点是在列表的尾部进行添加的。然而，它需要设置一个条件去管理向空列表插入节点的特例情况。在一般情况下，新节点被连接在列表现在的尾部之后。但当插入空列表中时，不存在列表的尾部，因此必须重新给 self._head 赋值为新节点的引用。在实现中，使用哨兵节点可以消除这种特例的处理，就好像在新节点之前总是有一个已存在的节点。

双端链表的插入和删除

向双向链表插入节点的每个操作都将发生在两个已有节点之间，如图 7-11 所示。例如，当一个新元素被插在序列的前面时，我们可以简单地将这个新节点插入头节点和当前位于头节点之后的节点之间，如图 7-12 所示。

图 7-13 所示的是和插入相反的过程——删除节点。被删除节点的两个邻居直接相互连接起来，从而绕过被删节点。这样一来，该节点将不再被视作列表的一部分，它也可以被系

统收回。由于用了哨兵，可以使用相同的方法实现删除序列中的第一个或最后一个元素，因为一个元素必然存储在位于某两个已知节点之间的节点上。

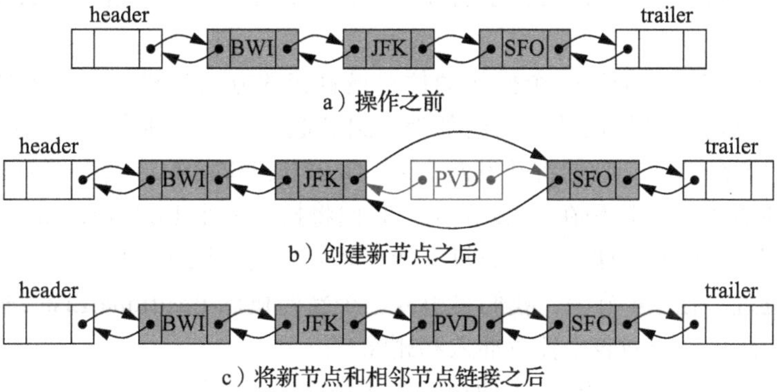
header
trailer
BWI
JFK
SFO
a）操作之前
PVD
b）创建新节点之后
c）将新节点和相邻节点链接之后

图 7-11　在带有头、尾哨兵的双向链表中添加一个节点

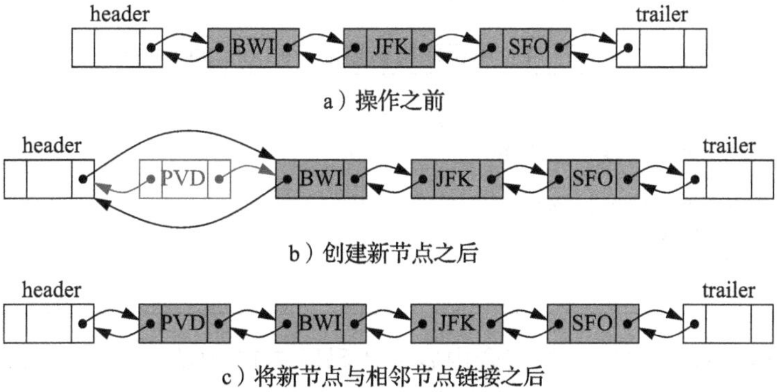
header
trailer
BWI
JFK
SFO
a）操作之前
PVD
b）创建新节点之后
c）将新节点与相邻节点链接之后

图 7-12　在带有头和尾哨兵的双向链表序列的前端添加一个元素 .

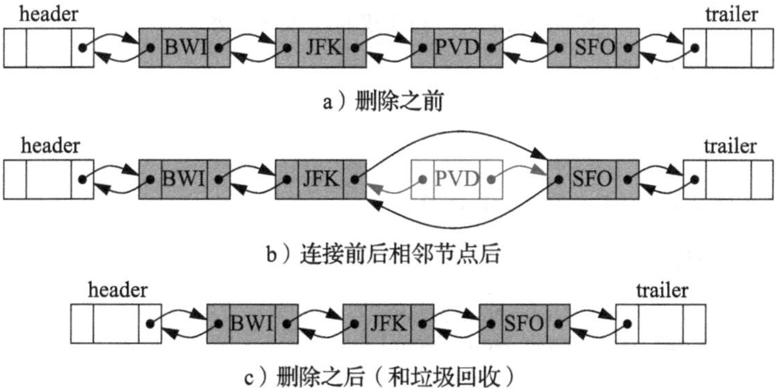
header
trailer
BWI
JFK
PVD
SFO
a）删除之前
b）连接前后相邻节点后
c）删除之后（和垃圾回收）

图 7-13　从双向链表中删除 PVD 元素

7.3.1　双向链表的基本实现

我们首先给出一个双向链的初步实现，这个实现是在一个名为 _DoublyLinkedBase 的类中定义的。由于我们不打算为一般应用提供一个常规的公共接口，因此有意将这个类名定义为以下划线开头。我们会看到链表可以支持一般在最坏情况下时间复杂度为 $O(1)$ 的插入和

删除，但这仅限于当一个操作的位置可以被简单地识别出来的情况。对于基于数组的序列，用整数作为索引是描述序列中某个位置的一种便利之法。然而，当没有给出一种有效的方法来查找一个链表中的第 j 个元素时，索引并不是合适的方法，因为这种方法将需要遍历链表的一部分。

当处理一个链表时，描述一个操作的位置最直接的方法是找到与这个列表相关联的节点。但是，我们倾向于将数据结构的内部处理封装起来，从而避免用户直接访问到列表的节点。在本章的剩余部分，我们将开发两个从 _DoublyLinkedBase 类继承而来的公有类，从而提供更一致的概念。尤其是在 7.3.2 节中，我们将提供一个 LinkedDeque 类，用于实现在 6.3 节中介绍的双头队列 ADT。这个类只支持在队列末端的操作，所以用户不需要查找其在内部列表中的位置。在 7.4 节中，我们将引入一个新的概念 PositionalList，这个类提供一个公共接口，以允许从一个列表中任意插入和删除节点。

最基础的 _DoublyLinkedBase 类使用一个非公有的节点类 _Node，这个非公有类类似于一个单向链表，如代码段 7-4 所示。这个双向链表的版本除了包括 _prev 属性，还包含 _next 和 _element 属性，如代码段 7-11 所示。

代码段 7-11　用于双向链表的 Python_Node 类

```
class _Node:
  """Lightweight, nonpublic class for storing a doubly linked node."""
  __slots__ = '_element', '_prev', '_next'   # streamline memory

  def __init__(self, element, prev, next):   # initialize node's fields
    self._element = element                  # user's element
    self._prev = prev                        # previous node reference
    self._next = next                        # next node reference
```

_DoublyLinkBase 类中定义的其余内容在代码段 7-12 中给出。构造函数实例化两个哨兵节点并将这两个节点直接链接。我们维护了一个 _size 成员以及公有成员 __len__ 和 is_empty，以使这些行为可以直接被子类继承。

代码段 7-12　管理双向链表的基本类

```
class _DoublyLinkedBase:
  """A base class providing a doubly linked list representation."""

  class _Node:
    """Lightweight, nonpublic class for storing a doubly linked node."""
    (omitted here; see previous code fragment)

  def __init__(self):
    """Create an empty list."""
    self._header = self._Node(None, None, None)
    self._trailer = self._Node(None, None, None)
    self._header._next = self._trailer          # trailer is after header
    self._trailer._prev = self._header          # header is before trailer
    self._size = 0                              # number of elements

  def __len__(self):
    """Return the number of elements in the list."""
    return self._size

  def is_empty(self):
    """Return True if list is empty."""
    return self._size == 0
```

```
  def _insert_between(self, e, predecessor, successor):
    """Add element e between two existing nodes and return new node."""
    newest = self._Node(e, predecessor, successor)  # linked to neighbors
    predecessor._next = newest
    successor._prev = newest
    self._size += 1
    return newest

  def _delete_node(self, node):
    """Delete nonsentinel node from the list and return its element."""
    predecessor = node._prev
    successor = node._next
    predecessor._next = successor
    successor._prev = predecessor
    self._size −= 1
    element = node._element                           # record deleted element
    node._prev = node._next = node._element = None    # deprecate node
    return element                                    # return deleted element
```

这个类的其他两个方法是私有的应用程序，即 _insert_between 和 _delete_node。这些方法分别为插入和删除提供通用的支持，但需要以一个或多个节点的引用作为参数。_insert_between 方法是根据图 7-11 所示的算法模型化实现的。该方法创建一个新节点，节点字段初始化链接到指定的邻近节点，然后邻近节点的字段要进行更新，以获得最新节点的相关信息。为后继处理方便，这个方法返回新创建的节点的引用。

_delete_node 方法是根据图 7-13 所示的算法模块化进行实现的。与被删除节点相邻的两个点，直接相链接，从而使列表绕过这个被删除节点，作为一种形式，我们故意重新设置被删除节点的 _prev、_next 和 _element 域为空（在记录要返回的元素之后）。虽然被删除的节点会被列表的其余部分忽略，但设置该节点的域为 none 是有利的，这样一来，该节点与其他节点不必要的链接和存储元素将会被消除，从而帮助 Python 进行垃圾回收。我们还将依赖这个配置识别因不再是列表的一部分而“被弃用”的节点。

7.3.2 用双向链表实现双端队列

6.3 节中介绍了双端队列 ADT。由于偶尔需要调整数组的大小，我们基于数组实现的所有操作都在平均 $O(1)$ 的时间复杂度下得以完成。在一个基于双向链表的实现中，我们能够在最坏情况下以时间复杂度为 $O(1)$ 完成双端队列的所有操作。

代码段 7-13 给出了 LinkedDeque 类的实现，它继承自前一节中介绍的双端队列 _DoublyLinkedBase 类。由于 LinkedDeque 类中的一系列继承方法就可以初始化一个新的实例，所以我们不再提供一个明确的方法来初始化链式队列类。我们还借助于 __len__ 和 is_empty 等继承而得的方法来满足双端队列 ADT 的要求。

代码段 7-13　从继承双向链基类而实现的链式双端队列类

```
class LinkedDeque(_DoublyLinkedBase):          # note the use of inheritance
  """Double-ended queue implementation based on a doubly linked list."""

  def first(self):
    """Return (but do not remove) the element at the front of the deque."""
    if self.is_empty():
      raise Empty("Deque is empty")
    return self._header._next._element          # real item just after header

```

```
def last(self):
  """Return (but do not remove) the element at the back of the deque."""
  if self.is_empty():
    raise Empty("Deque is empty")
  return self._trailer._prev._element            # real item just before trailer

def insert_first(self, e):
  """Add an element to the front of the deque."""
  self._insert_between(e, self._header, self._header._next)   # after header

def insert_last(self, e):
  """Add an element to the back of the deque."""
  self._insert_between(e, self._trailer._prev, self._trailer)   # before trailer

def delete_first(self):
  """Remove and return the element from the front of the deque.

  Raise Empty exception if the deque is empty.
  """
  if self.is_empty():
    raise Empty("Deque is empty")
  return self._delete_node(self._header._next)      # use inherited method

def delete_last(self):
  """Remove and return the element from the back of the deque.

  Raise Empty exception if the deque is empty.
  """
  if self.is_empty():
    raise Empty("Deque is empty")
  return self._delete_node(self._trailer._prev)     # use inherited method
```

在使用哨兵时，实现方法的关键是要记住双端队列的第一个元素并不存储在头节点，而是存储在头节点后的第一个节点（假定双端队列是非空的）。同样，尾节点之前的一个节点中存储的是双端队列的最后一个元素。

我们使用通过继承得到的方法 _insert between 向双端队列的两端进行插入操作。为了向双端队列前端插入一个元素，我们需要将这个元素立即插入头节点和其后的一个节点之间。如果是在双端队列末尾插入节点，则可直接将节点置于尾节点之前。值得注意的是，这些操作即使在双端队列为空时也能成功：在这种情况下，新节点将被放置在两个哨兵之间。当从一个非空队列删除一个元素，且明确知道目标节点肯定有前驱和后继节点时，我们可以利用继承得到的 _delete_node 方法来实现。

7.4 位置列表的抽象数据类型

到目前为止，我们所讨论的抽象数据类型包括栈、队列和双向队列等，并且仅允许在序列的一端进行更新操作。有时，我们希望有一个更一般的概念。例如，虽然我们采用队列的 FIFO 语义作为一种模型，来描述正在等待与客户服务代表对话的顾客或者正在排队买演出门票的粉丝，但是队列 ADT 有很大的局限。如果等待的顾客在到达顾客服务队列列首之前决定离开，或者排队买票的人允许他的朋友“插队”到他所站的位置呢？我们希望能够设计一个抽象数据类型来为用户提供一种可以定位到序列中任何元素的方法，并且能够执行任意的插入和删除操作。

在处理基于数组的序列（如 Python 列表）时，整数索引提供了一种很好的方式来描述一个元素的位置，或者描述一个即将发生插入和删除操作的位置。然而，数字索引并不适用于描述一个链表内部的位置，因为我们不能有效地访问一个只知道其索引的条目。找到链表中一个给定索引的元素，需要从链表的开始或者结束的位置起逐个遍历从而计算出目标元素的位置。

此外，在描述某些应用程序中的本地位置时，索引并非好的抽象，因为序列中不停地发生插入或删除操作，条目的索引值会随着时间的推移发生变化。例如，一个排队者的具体位置并不能通过精确地知道队列中在他之前到底有多少人而很容易地描述出来。我们提出一个抽象，如图 7-14 所示，用一些其他方法描述位置。然后我们希望给一些情况建模，例如，当一个指定的排队者在到达队首之前离开队列，或立即在队列中一个指定的排队者之后增加一个新人。

售票处
我

图 7-14 我们希望能够识别序列中一个元素的位置，而无须使用整数索引

再如，一个文本文档可以被视为一个长的字符序列。文字处理器使用游标的抽象描述文档中的一个位置，而没有明确地使用整数索引，支持如“删除此游标处的字符”或者“在当前游标之后插入新的字符”这样的操作。此外，我们可以引用文档中一个固有的位置，比如一个特定章节的开始，但不能依赖于一个字符索引（甚至一个章节编号），因为这个索引可能会随着文档的演化而改变。

节点的引用表示位置

链表结构的好处之一是：只要给出列表相关节点的引用，它可以实现在列表的任意位置执行插入和删除操作的时间复杂度都是 $O(1)$。因此，很容易开发一个 ADT，它以一个节点引用实现描述位置的机制。事实上，7.3.1 节 _DoublyLinkedBase 基础类中的 _insert between 和 _delete node 方法都接受节点引用作为参数。

然而，这样直接使用节点的方式违反了在第 2 章中介绍的抽象和封装这两个面向对象的设计原则。为了我们自己和抽象的用户的利益，有几个原因致使我们倾向于封装一个链表中的节点：

- 对于用户来说，如果不被数据结构的实现中那些例如节点的低级操作，或依赖哨兵节点的使用等不必要的细节所干扰，那么使用这些数据结构会更加简单。注意，在 _DoubleyLinkedBased 类中使用 _insert between 方法来向一个序列的起始位置添加节点时，头部哨兵必须作为参数传递进去。
- 如果不允许用户直接访问或操作节点，我们可以提供一个更健壮的数据结构。这样就可以确保用户不会因无效管理节点的连接而致使列表的一致性变成无效。如果允许用户调用我们定义的 _DoubleyLinkedBased 类中的 _insert between 或 delete node 方法，并将一个不属于给定列表的节点作为参数传递进去，则会发生更微妙的问题（回头看看这段代码，看看为什么它会引起这个问题）。
- 通过更好地封装实施的内部细节，我们可以获得更大的灵活性来重新设计数据结构以及改善性能。事实上，通过一个设计良好的抽象，我们可以提供一个非数字的位置的概念，即使使用一个基于数组的序列。

由于这些原因，我们引入一个独立的位置抽象表示列表中一个元素的位置，而不是直接依赖于节点，进而引入一个可以封装双向链表的（甚至是基于数组序列的，参见练习 P-7.46）完整的含位置信息的列表 ADT。

7.4.1　含位置信息的列表抽象数据类型

为了给具有标识元素位置能力的元素序列提供一般化抽象，我们定义了一个含位置信息的列表 ADT 以及一个更简单的位置抽象数据类型，来描述列表中的某个位置。将一个位置作为更广泛的位置列表中的一个标志或标记。改变列表的其他位置不会影响位置 *p*。使一个位置变得无效的唯一方法就是直接显式地发出一个命令来删除它。

位置实例是一个简单的对象，只支持以下方法：

- p.element()：返回存储在位置 *p* 的元素。

在位置列表 ADT 中，位置可以充当一些方法的参数或是作为其他方法的返回值。在描述位置列表的行为时，我们介绍如下列表 L 所支持的访问器方法：

- L.first()：返回 L 中第一个元素的位置。如果 L 为空，则返回 None。
- L.last()：返回 L 中最后一个元素的位置。如果 L 为空，则返回 None.
- L.before(p)：返回 L 中 p 紧邻的前面元素的位置。如果 p 为第一个位置，则返回 None。
- L.after(p)：返回 L 中 p 紧邻的后面元素的位置。如果 p 为最后一个位置，则返回 None。
- L.is_empty()：如果 L 列表不包含任何元素，返回 True。
- len(L)：返回列表元素的个数。
- iter(L)：返回列表元素的前向迭代器。见 1.8 节中有关 Python 迭代器的讨论。

位置列表 ADT 也包括以下更新方法：

- L.add_first(e)：在 L 的前面插入新元素 e，返回新元素的位置。
- L.add_last(e)：在 L 的后面插入新元素 e，返回新元素的位置。
- L.add_before(p, e)：在 L 中位置 p 之前插入一个新元素 e，返回新元素的位置。
- L.add_after(p, e)：在 L 中位置 p 之后插入一个新元素 e，返回新元素的位置。
- L.replace(p, e)：用元素 e 取代位置 p 处的元素，返回之前 p 位置处的元素。
- L.delete(p)：删除并且返回 L 中位置 p 处的元素，取消该位置。

ADT 的这些方法以参数形式接收 p 的位置，如果列表 L 中 p 不是有效的位置信息，则发生错误。

注意，含位置信息列表 ADT 中 frist() 和 last() 方法的返回值是相关的位置，不是元素（这一点与双向队列中相应的 frist() 和 last() 的方法相反）。含位置信息列表的第一个元素可以通过随后调用这个位置上的元素的方法来确定，即 L.first().element()。将位置作为返回值来接收的优势是我们可以使用这个位置为列表导航。例如，下面代码片段将打印一个名为 data 的含位置信息列表的所有元素。

```
cursor = data.first()
while cursor is not None:
  print(cursor.element())        # print the element stored at the position
  cursor = data.after(cursor)    # advance to the next position (if any)
```

上述代码依赖于这样的规定，在对列表最后面的位置调用 “after” 时，就会返回 None 对象。这个返回值可以明确地从所有合法位置区分出来。类似地，这个含位置信息的列表 ADT 在对列表最前面的位置调用 “before” 方法时返回值为 None，或者在空列表调用 frist 和 last 方法时，也会返回 None。因此，即使列表为空，上面的代码片段也可正常运行。

因为这个 ADT 包括支持 python 的 iter 函数。用户可以采用传统的 for 循环语法向前遍历这样一个命名数据列表。

```
for e in data:
  print(e)
```

位置列表 ADT 更为一般化的引导和更新方法如下面示例所示。

例题 7-1：下表显示了一个初始化为空的位置列表 L 上的一些列操作。为了区分位置实例，我们使用了变量 p 和 q。为了便于展示，当展示列表内容时，我们使用下标符号来表示它的位置。

操作	返回值	L
L.add_last(8)	p	8p
L.first()	p	8p
L.add_after(p, 5)	q	8p, 5q
L.before(q)	p	8p, 5q
L.add_before(q, 3)	r	8p, 3r, 5q
r.element()	3	8p, 3r, 5q
L.after(p)	r	8p, 3r, 5q
L.before(p)	None	8p, 3r, 5q
L.add_first(9)	s	9s, 8p, 3r, 5q
L.delete(L.last())	5	9s, 8p, 3r
L.replace(p, 7)	8	9s, 7p, 3r

7.4.2　双向链表实现

在本节中，我们描述一个使用双向链表来实现位置列表类 PositionalList 的方法，并满足以下重要的命题。

命题 7-2：当使用双向链表实现时，位置列表 ADT 每个方法的运行时间为最坏情况 $O(1)$。

我们采用 7.3.1 节中的 _DoublyLinkedBase 类作为底层的表示，新类主要用于按照位置列表 ADT 提供一个公共的接口。我们在代码段 7-14 中从定义公共类 Position 开始在 PositionalList 类中嵌套定义类。Position 实例将用来表示列表中元素的位置。各种 PositionalList 方法可能会创建冗余的 Position 实例引用相同的底层节点（例如，开始和最后是相同的）。出于这个原因，Position 类定义了 __eq__ 和 __ne__ 这两个特殊方法，从而使一个如 p==q 判断的测试在两个位置引用同一个节点的情况下能够得出 True 的结论。

确认位置

每当 PositionalList 类的一个方法以参数形式接收一个位置信息时，我们想确认这个位置是有效的，以确定与这个位置关联的底层的节点。这个功能是由一个名叫 _validate 的非公有的方法实现的。在内部，一个位置为链表的相关节点维护着引用信息，并且引用着包含指定节点的列表实例。利用这种容器的引用，当调用者发送不属于指定列表的位置实例时，我们可以轻易地检测到。

我们也能够检测到一个属于列表，但其指向节点不再是列表一部分的位置实例。回想，基类的 _delete_node 将被删除节点的前驱和后继的引用设置为 None，我们可以通过识别这一条件来检测被弃用的节点。

访问和更新方法

Positiona 类的访问方法在代码段 7-15 中给出，更新方法在代码段 7-16 中给出。所有这些方法都非常容易调整底层双向链表实现，以支持位置列表 ADT 的公共接口。这些方法依赖于 _validate 工具"解包"发送的任何位置。它们还依赖于一个 _make_position 工具来"包装"节点作为 Position 实例返回给用户，确保不要返回一个引用哨兵的位置。为了方便起见，我们已经重载了继承的实用程序方法中的 _insert_between 方法，这样可以返回一个相对应的新创建节点的位置（继承版本则返回节点本身）。

代码段 7-14　基于双向链表的 PositionalList 类（后接代码段 7-15 和代码段 7-16）

```
class PositionalList(_DoublyLinkedBase):
  """A sequential container of elements allowing positional access."""

  #-------------------------- nested Position class --------------------------
  class Position:
    """An abstraction representing the location of a single element."""

    def __init__(self, container, node):
      """Constructor should not be invoked by user."""
      self._container = container
      self._node = node

    def element(self):
      """Return the element stored at this Position."""
      return self._node._element

    def __eq__(self, other):
      """Return True if other is a Position representing the same location."""
      return type(other) is type(self) and other._node is self._node

    def __ne__(self, other):
      """Return True if other does not represent the same location."""
      return not (self == other)               # opposite of __eq__

  #------------------------------- utility method -------------------------------
  def _validate(self, p):
    """Return position's node, or raise appropriate error if invalid."""
    if not isinstance(p, self.Position):
      raise TypeError('p must be proper Position type')
    if p._container is not self:
      raise ValueError('p does not belong to this container')
    if p._node._next is None:                  # convention for deprecated nodes
      raise ValueError('p is no longer valid')
    return p._node
```

代码段 7-15　基于双向链表的 PositionalList 类（前继代码段 7-14，后续代码段 7-16）

```
  #------------------------------- utility method -------------------------------
  def _make_position(self, node):
    """Return Position instance for given node (or None if sentinel)."""
    if node is self._header or node is self._trailer:
      return None                              # boundary violation
```

```
        else:
            return self.Position(self, node)              # legitimate position

    #------------------------------- accessors -------------------------------
    def first(self):
        """Return the first Position in the list (or None if list is empty)."""
        return self._make_position(self._header._next)

    def last(self):
        """Return the last Position in the list (or None if list is empty)."""
        return self._make_position(self._trailer._prev)

    def before(self, p):
        """Return the Position just before Position p (or None if p is first)."""
        node = self._validate(p)
        return self._make_position(node._prev)

    def after(self, p):
        """Return the Position just after Position p (or None if p is last)."""
        node = self._validate(p)
        return self._make_position(node._next)

    def __iter__(self):
        """Generate a forward iteration of the elements of the list."""
        cursor = self.first()
        while cursor is not None:
            yield cursor.element()
            cursor = self.after(cursor)
```

代码段 7-16　基于双向链表的 PositionalList 类（接代码段 7-14 和代码段 7-15）

```
    #------------------------------- mutators -------------------------------
    # override inherited version to return Position, rather than Node
    def _insert_between(self, e, predecessor, successor):
        """Add element between existing nodes and return new Position."""
        node = super()._insert_between(e, predecessor, successor)
        return self._make_position(node)

    def add_first(self, e):
        """Insert element e at the front of the list and return new Position."""
        return self._insert_between(e, self._header, self._header._next)

    def add_last(self, e):
        """Insert element e at the back of the list and return new Position."""
        return self._insert_between(e, self._trailer._prev, self._trailer)

    def add_before(self, p, e):
        """Insert element e into list before Position p and return new Position."""
        original = self._validate(p)
        return self._insert_between(e, original._prev, original)

    def add_after(self, p, e):
        """Insert element e into list after Position p and return new Position."""
        original = self._validate(p)
        return self._insert_between(e, original, original._next)

    def delete(self, p):
        """Remove and return the element at Position p."""
        original = self._validate(p)
        return self._delete_node(original)     # inherited method returns element

    def replace(self, p, e):
```

```
        """Replace the element at Position p with e.

        Return the element formerly at Position p.
        """
        original = self._validate(p)
        old_value = original._element           # temporarily store old element
        original._element = e                   # replace with new element
        return old_value                        # return the old element value
```

7.5 位置列表的排序

在 5.5.2 节中，我们介绍了在一个基于数组的序列中的插入排序算法。在本节中，我们开发一个在 PositionalList 上进行操作的实现，这个实现同样是依赖于在对元素进行排序并不断增长的集合中实现的高级算法。

我们维护一个名为 marker 的变量，这个变量表示一个列表当前排序部分最右边的位置。我们每次考虑用 pivot 标记刚好超过 marker 的位置并考虑 pivot 元素相对于排序部分的位置。我们使用另一个被命名为 walk 的变量，从 marker 向左移动，只要还有一个前驱元素的值大于 pivot 元素的值，就一直移动。这些变量的典型配置如图 7-15 所示。采用 Python 对这个策略的实现如代码段 7-17 所示。

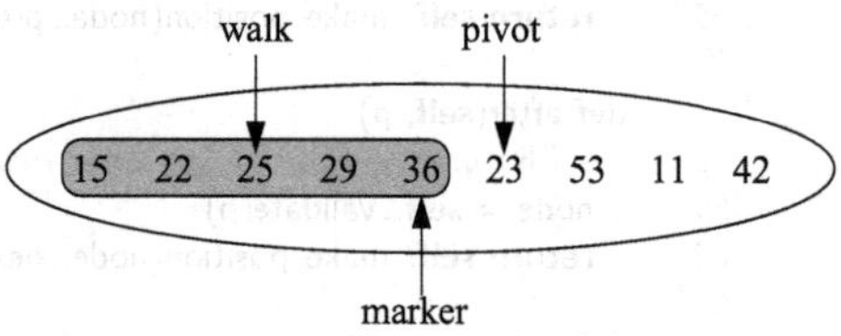
walk
pivot
15 22 25 29 36 23 53 11 42
marker

图 7-15 插入排序中一个步骤的示意图。阴影部分的元素（一直到 marker）已经排好序。在这一步中，pivot 的元素应该在 walk 位置之前被立即重新定位

代码段 7-17 在位置列表中执行插入排序的 python 代码

```
def insertion_sort(L):
  """Sort PositionalList of comparable elements into nondecreasing order."""
  if len(L) > 1:                    # otherwise, no need to sort it
    marker = L.first()
    while marker != L.last():
      pivot = L.after(marker)       # next item to place
      value = pivot.element()
      if value > marker.element():  # pivot is already sorted
        marker = pivot              # pivot becomes new marker
      else:                         # must relocate pivot
        walk = marker               # find leftmost item greater than value
        while walk != L.first() and L.before(walk).element() > value:
          walk = L.before(walk)
        L.delete(pivot)
        L.add_before(walk, value)   # reinsert value before walk
```

7.6 案例研究：维护访问频率

在很多设置中，位置列表 ADT 都是有用的。例如，在一个模拟纸牌游戏的程序中，可以对每个人的手用位置列表进行建模（练习 P-7.47）。因为大多数人会把相同花色的纸牌放在一起，所以从一个人手中插入和拿出纸牌可以使用位置列表 ADT 的方法实现，其位置是由各个花色的自然顺序决定的。同样，一个简单的文本编辑器嵌入了位置插入和删除的概念，因为这类编辑器的所有更新都是相对于一个游标执行的，该游标表示列表文本中正在被编辑的当前位置的字符。

在本节中，当跟踪每个元素被访问的次数时，我们考虑维护一个元素的集合。保存元素的访问数量，使我们知道集合中的哪些元素是最频繁被访问的。这种场景的例子包括能够跟踪用户访问最多的 URL 信息的 Web 浏览器，或者是那种能够保存用户最常播放歌曲列表的音乐收藏夹。我们用新的 favorites list ADT 来建模，它支持 len 和 is_empty 方法，还支持以下的方法：

- access(e)：访问元素 e，增加其访问数量。如果它尚未存在于收藏夹列表中，会将它添加至列表中。
- remove(e)：从收藏夹列表中移除元素 e，前提是存在这样的 e。
- top(k)：返回前 k 个访问最多的元素的迭代器。

7.6.1 使用有序表

管理收藏夹的第一种方法是在链表中存储元素，按访问次数的降序顺序来存储这些元素。在访问或者移除一个元素时，我们搜索最常访问列表和最少访问列表。返回前 k 个访问最频繁的元素很容易，因为只要返回列表中的前 k 个元素记录即可。

为了使列表以元素访问次数降序排列的方式保持不变，我们必须考虑一个单次访问操作对元素的排列顺序会产生怎样的影响。被访问的元素的访问次数加一，它的访问次数就可能比原来在它之前的一个或者几个元素的都多了，这样就会破坏了列表的不变性。

所幸，我们可以采用前一节中介绍的一个类似于单向插入排序算法对列表重新排序。我们可以从访问数量增加的元素的位置开始，执行一个列表的向后遍历，直至找到有效位置，之后可以重新定位元素。

使用组合模式

我们希望利用 PositionalList 类作为存储实现一个收藏夹列表。如果位置列表的元素是收藏夹的元素，我们将面临的挑战是当列表的内容被重新排序时，维护访问次数以及保持列表中相关联元素的适当数量。我们使用一个通用的面向对象的设计模式——组合模式。在这个模式中，我们定义了一个由两个或两个以上其他对象组成的单一对象。具体地说，我们定义了一个名为 _Item 的非公有嵌套类，它将元素及其访问计数存储为单个实例。然后，将收藏夹作为 item 实例以 PositionalList 来维护，这样用户元素的访问次数就都可以被嵌入我们的表示方法中（_Item 从来不会暴露给 FavoritesList 的用户，见代码段 7-18 和 7-19）。

代码段 7-18　FavoritesList 类（后续代码段 7-19）

```
class FavoritesList:
  """List of elements ordered from most frequently accessed to least."""

  #------------------------------ nested _Item class ------------------------------
  class _Item:
    __slots__ = '_value', '_count'            # streamline memory usage
    def __init__(self, e):
      self._value = e                         # the user's element
      self._count = 0                         # access count initially zero

  #------------------------------- nonpublic utilities -------------------------------
  def _find_position(self, e):
    """Search for element e and return its Position (or None if not found)."""
    walk = self._data.first()
    while walk is not None and walk.element()._value != e:
```

```
        walk = self._data.after(walk)
    return walk

  def _move_up(self, p):
    """Move item at Position p earlier in the list based on access count."""
    if p != self._data.first():                      # consider moving...
      cnt = p.element()._count
      walk = self._data.before(p)
      if cnt > walk.element()._count:                # must shift forward
        while (walk != self._data.first( ) and
               cnt > self._data.before(walk).element()._count):
          walk = self._data.before(walk)
        self._data.add_before(walk, self._data.delete(p))   # delete/reinsert
```

代码段 7-19　FavoritesList 类（前继代码段 7-18）

```
  #------------------------------ public methods ------------------------------
  def __init__(self):
    """Create an empty list of favorites."""
    self._data = PositionalList( )             # will be list of _Item instances

  def __len__(self):
    """Return number of entries on favorites list."""
    return len(self._data)

  def is_empty(self):
    """Return True if list is empty."""
    return len(self._data) == 0

  def access(self, e):
    """Access element e, thereby increasing its access count."""
    p = self._find_position(e)                 # try to locate existing element
    if p is None:
      p = self._data.add_last(self._Item(e))   # if new, place at end
    p.element()._count += 1                    # always increment count
    self._move_up(p)                           # consider moving forward

  def remove(self, e):
    """Remove element e from the list of favorites."""
    p = self._find_position(e)                 # try to locate existing element
    if p is not None:
      self._data.delete(p)                     # delete, if found

  def top(self, k):
    """Generate sequence of top k elements in terms of access count."""
    if not 1 <= k <= len(self):
      raise ValueError('Illegal value for k')
    walk = self._data.first()
    for j in range(k):
      item = walk.element( )                   # element of list is _Item
      yield item._value                        # report user's element
      walk = self._data.after(walk)
```

7.6.2 启发式动态调整列表

先前收藏夹列表的实现所执行的 access(e) 方法与收藏夹列表中 e 的索引存在时间上的比例关系。也就是说，如果 e 是收藏夹列表中第 k 个最常访问的元素，那么访问元素 e 的时间复杂度就是 $O(k)$。在许多实际的访问序列中（如，用户访问网页），如果一个元素被访问，那么它很有可能在不久的将来再次被访问。这种情况被称为具有*访问的局部性*。

启发式算法（或称为经验法则），尝试利用访问的局部性，就是在访问序列中采用 Move-to-Front 启发式。为了应用启发式算法，我们每访问一个元素，都会把该元素移动到列表的最前面。当然，我们这么做是希望这个元素在近期可以被再次访问。例如，考虑一个场景，在这个场景中，我们有 n 个元素和以下 n^2 次访问：

- 元素 1 被访问 n 次。
- 元素 2 被访问 n 次。
- ……
- 元素 n 被访问 n 次。

如果将元素按它们被访问的次数进行存储，当元素第一次被访问时将元素插入队列，则：

- 对元素 1 的每次访问所花费的时间为 $O(1)$。
- 对元素 2 的每次访问所花费的时间为 $O(2)$。
- ……
- 对元素 n 的每次访问所花费的时间为 $O(n)$。

因此，执行一系列访问的总时间就可以按比例地计算为：

$n + 2n + 3n + \cdots + n \cdot n = n(1 + 2 + 3 + \cdots + n)=n \cdot n(n + 1)/2$，即 $\mathrm{O}(n^3)$。

但是，如果使用 Move-to-Front 启发式算法，在每个元素第一次被访问时将它插入，则

- 元素 1 的每个后续访问所花费的时间为 $O(1)$。
- 元素 2 的每个后续访问所花费的时间为 $O(1)$。
- ……
- 元素 n 的每个后续访问所花费的时间为 $O(1)$。

所以，在这个案例中，执行所有访问的运行时间为 $O(n^2)$。因此，这个场景的 Move-to-Front 实现具有更短的访问时间。然而，Move-to-Front 只是一个启发式算法，因为这种使用 Move-to-Front 方法访问序列比简单地保存根据访问数量排序的收藏夹列表更慢。

Move-to-Front 启发式的权衡

当要求寻找收藏夹列表中前 k 个访问最多的元素时，如果不再保存列表中通过访问次数排序的元素，就需要搜索所有元素。实现 top(k) 方法的步骤如下：

1）将所有收藏夹列表中的元素复制到另一个列表，并将该列表命名为 temp。

2）扫描 temp 列表 k 次，每次扫描时，找出访问量最大的元素记录，

从 temp 中移除这条记录，并且在结果中给出报告。

实现 top 方法的时间复杂度是 $O(kn)$，因此，当 k 是一个常数时，top 方法的运行时间复杂度为 $O(n)$。例如，想得到“top ten”列表，就是这种情况。但是，如果 k 和 n 是成比例的，那么 top 运行时间复制度为 $O(n^2)$，例如，我们需要一个“top 25%”列表时。

在第 9 章中，我们将介绍一种以 $O(n + k\log n)$ 的时间复杂度实现 top 方法的数据结构（见练习 P-9.54），并且可以使用更多先进的技术在 $O(n + k\log n)$ 时间复杂度内来实现 top 方法。

如果在返回前 k 个元素之前，使用一个标准的排序算法来对临时列表重新排序（见 12 章），很容易地实现 $O(n\log n)$ 的时间复杂度。这种方法在 k 是 $\Omega(\log n)$ 的情况下优于原始方法（回想 3.3.1 节中介绍的大 Ω 概念，它给出了一个更接近运行时间下限的排序算法）。还有更多专门的排序算法（见 12.4.2 节），这些算法可以借助访问次数是整数实现对任何一个 k 值，top 方法的时间复杂度为 $O(n)$。

用 Python 实现 Move-to-Front 启发式

在代码段 7-20 中，我们给出了一个采用 Move-to-Front 启发式实现的收藏夹列表。其中的新 FavoritesListMTF 类继承了原始 FavoritesList 基类的绝大部分功能。

在最初的设计中，原始类的 access 方法依赖于一个非公共的实体 _move_up，在列表中，一个元素的访问次数增加之后，该元素可能向前调整位置。因此，我们通过简单地重载 _move_up 方法的方式实现 Move-to-Front 启发式，从而使每个被访问的元素都被直接移动到列表的前端（如果之前不在前端的话）。这个动作很容易通过位置列表的方法来实现。

FavoritesListMTF 类中更复杂的部分是 top 方法的新定义。我们借助上文所概述的第一种方法，将条目的副本插入临时列表中，然后重复地查找、返回，移除在剩余元素中访问量最大的元素。

代码段 7-20　FavoritesListMTF 类实现 Move-to-Front 启发式。这个类继承 FavoritesList（代码段 7-18 和代码段 7-19）和重载 _move_ up 和 top 两个方法

```python
class FavoritesListMTF(FavoritesList):
  """List of elements ordered with move-to-front heuristic."""

  # we override _move_up to provide move-to-front semantics
  def _move_up(self, p):
    """Move accessed item at Position p to front of list."""
    if p != self._data.first():
      self._data.add_first(self._data.delete(p))      # delete/reinsert

  # we override top because list is no longer sorted
  def top(self, k):
    """Generate sequence of top k elements in terms of access count."""
    if not 1 <= k <= len(self):
      raise ValueError('Illegal value for k')

    # we begin by making a copy of the original list
    temp = PositionalList()
    for item in self._data:                 # positional lists support iteration
      temp.add_last(item)

    # we repeatedly find, report, and remove element with largest count
    for j in range(k):
      # find and report next highest from temp
      highPos = temp.first()
      walk = temp.after(highPos)
      while walk is not None:
        if walk.element()._count > highPos.element()._count:
          highPos = walk
        walk = temp.after(walk)
      # we have found the element with highest count
      yield highPos.element()._value              # report element to user
      temp.delete(highPos)                        # remove from temp list
```

7.7　基于链表的序列与基于数组的序列

我们以思考之前介绍过的基于数组和基于链表的数据结构的 pros 和 cons 之间的联系来作为本章的结尾。当选择一个合适的数据结构的实现方法时，这些方法中呈现了一个共同的设计结果，即两面性。就像每个人都有优点和缺点一样，没办法找到一个万全的解决方案。

基于数组的序列的优点

- 数组提供时间复杂度为 $O(1)$ 的基于整数索引的访问一个元素的方法。对于任何 k 值以时间复杂度 $O(1)$ 访问第 k 个元素的能力是一个数组的优点（见 5.2 节）。相应地，在一个链表中定位第 k 个元素要从起始位置遍历列表，其时间复杂度为 $O(k)$。如果是反向遍历双向链表，则时间复杂度为 $O(n-k)$。
- 通常，具有等效边界的操作使用基于数组的结构运行一个常数因子比基于链表的结构运行更有效率。例如，考虑一个针对队列的典型的 enqueue 操作。忽略调整数组大小的问题，ArrayQueue 类上的这个操作（见代码段 6-7）包括一个新索引的计算算法、一个整数的增量，并在数组中为元素存储一个引用。相反，LinkedQueue 的程序（见代码段 7-8）要求节点的实例化、节点的合适链接和整数的增量。当这个操作用另一个模型在 $O(1)$ 内完成时，链表版本中 CPU 操作的实际数量会更多，特别是考虑到新节点的实例化。
- 相较于链式结构，基于数组的表示使用存储的比例更少。这个优点似乎是有悖于直觉的，特别是考虑到一个动态数组的长度可能超过它存储的元素的数量。基于数组的列表和链接列表都是可引用的结构，所以主存储器用于存储两种结构的元素的实际对象是相同的。而两者的不同点在于这两种结构使用的备用内存的数量。对于基于数组的 n 个元素的容器，一种典型的最坏情况是最近调整动态数组已经为 $2n$ 个对象引用分配内存。而对于链表，内存不仅要存储每个所包含的对象的引用，还要明确地存储链接这各个节点的引用。一个长度为 n 的单向链表至少需要 $2n$ 个引用（每个节点的元素引用和指向下一个节点引用）。

基于链表的序列的优点

- 基于链表的结构为它们的操作提供最坏情况的时间界限。这与动态数组的扩张和收缩相关联的摊销边界相对应（见 5.3 节）。

  当许多单个操作是一个大型计算的一部分时，我们仅关心计算的总时间，摊销边界和最坏情况的边界一样精确，因为它可以确定花费所有单个操作的时间总和。

  然而，如果数据结构操作用于一个实时系统，旨在提供更迅速的反应（如，操作系统、Web 服务器、空中交通控制系统），则单（摊销）操作导致的长时间延迟可能有不利影响。
- 基于链表的结构支持在任意位置进行时间复杂度为 $O(1)$ 的插入和删除操作。能够用 PositionalList 类实现常数时间复杂度的插入和删除操作，并通过使用 Position 有效地描述操作的位置，这可能是链表最显著的优势。

  这与基于数组的序列形成了鲜明的对比。忽略调整数组大小的问题，任何从基于数组列表的末尾插入或删除一个元素的操作都可以在常数时间内完成。然而，更普遍的插入和删除代价是很大的。例如，用 Python 的基于数组列表类，调用索引为 k 的插入和删除使用的时间复杂度为 $O(n-k+1)$，因为要循环替换所有后续元素（见 5.4 节）。

  作为应用程序实例，考虑维护一个文件作为字符序列的文本编辑器。虽然用户经常在文件的末尾追加字符，还可能用光标在文件的任意位置插入和删除一个或多个字符。如果字符序列存储在一个基于数组的序列中（如，一个 Python 列表），每个编辑操作可能需要线性地调换许多字符的位置，导致每个编辑操作的 $O(n)$ 性能。若用链表表示，假设所给定的位置是表示光标的位置，任意一个编辑操作（在光标处的插入和删除）可以以最坏情况的时间复杂度 $O(1)$ 执行。

7.8 练习

请访问 www.wiley.com/college/goodrich. 以获得练习帮助。

巩固

R-7.1 给出在单向链表中找到第二个节点到最后一个节点的算法，其中最后一个节点的 next 指针指向空。

R-7.2 给出将两个单向链表 L 和 M 合并成一个新的单向链表 L' 的算法，只给出每个列表的一个头节点的指针，链表 L' 包括 L 和 M 的所有节点，且所有来自 M 的节点都在 L 的节点之后。

R-7.3 给出计算一个单向链表所有节点数量的递归算法。

R-7.4 在仅给出两个节点 x 和 y 的指针的情况下，详细描述怎样在一个单向链表中交换这两个节点（注意：不仅仅是交换两个节点的内容）。在 L 是双链表的情况下重复这个练习，哪个算法更耗时？

R-7.5 实现统计一个循环链表节点个数的函数。

R-7.6 假定 x 和 y 是循环链表的节点，但不必属于同一个链表。请给出一个快速有效的算法，判断 x 和 y 是否来自同一个链表。

R-7.7 对于一个非空队列，我们在 7.2.2 节的 CircularQueue 类中给出了一个与 Q.enqueue(Q.dequeue()) 语义相似的 rotate() 方法。在不创建任何新节点的情况下为 7.1.2 节的 LinkedQueue 类实现一个相似的方法。

R-7.8 通过连接跳跃，给出寻找一个双向链表的中间节点的非递归算法。在节点数是偶数的情况下，链表的中间节点指的是中间偏左的节点（注意：这个方法必须使用链接跳跃，不能使用一个计数器），并指出这个方法的运行时间。

R-7.9 给出含有头、尾哨兵，将两个双向链表 L 和 M 合并为 L' 的高效算法。

R-7.10 在含位置信息链表的抽象数据结构中存在一些冗余的方法，比如操作 L.add_first(e) 可以由可选的 L.add_before(L.first(), e) 实现，也可以由 L.add_after(L.last(), e) 实现。试解释为什么方法 add_first 和 add_last 是必需的。

R-7.11 实现一个称为 max(L) 的函数，返回包含一系列可比较元素的 PositionalList 实例 L 中的最大元素。

R-7.12 重做上述练习，将 max 作为方法放入带有信息链表的类中，以支持方法 L.max() 的调用。

R-7.13 更新 PositionalList 类，使其能够支持方法 find(e)，该方法将返回元素 e（第一次出现）在链表中的位置（如果没有发现，则返回 None）。

R-7.14 运用递归方法重复刚才的练习。实现方法不要包含任何循环。并说明该方法除了链表 L 所占的空间外还需要占用多少额外的空间。

R-7.15 为 PositionalList 类提供一个类似于 __iter__ 方法的 __reversed__ 方法的支持，但以逆置的顺序迭代元素。

R-7.16 通过只使用方法集 {is_empty，first，last，prev，next，add_after，add_first} 中的方法给出实现 PositionalList 的方法 add_last 和 add_before 的描述。

R-7.17 在 FavoritesListMTF 类中，我们借助 PositionallistADT 的公共方法将一个元素从链表中的位置 p 移动到链表第一个元素的位置，同时保持其他元素的相对位置不变。在内部，这些操作造成了一个节点被移除而另一个新的节点被插入。给 positionalList 类增加一个新的方法

move_to_front(P)，通过重新链接已存的节点更加直接地实现这个目标。

R-7.18 给出一个存储在链表中的元素集 $\{a, b, c, d, e, f\}$，假设根据 $\{a, b, c, d, e, f, a, c, f, b, d, e\}$ 的顺序通过使用 Move-to-Front 启发式操作元素，请给出最终链表中元素的状态。

R-7.19 假设已对含有 n 个元素的链表 L 做了 kn 次的访问操作，其中整数 k 大于等于 1。如果被访问的次数少于 k 次，那么最小和最大的元素个数是多少？

R-7.20 假设 L 是含有根据递归操作 Move-to-Front 启发式得到的一系列 n 个元素的列表。试描述一些时间复杂度为 $O(n)$ 的逆置链表的访问方法。

R-7.21 假设根据递归操作 Move-to-Front 得到一个含有 n 个元素的链表 L。试着给出一个 n^2 次的访问序列，确保其能够在 $\Omega(n^3)$ 的时间内完成。

R-7.22 为 FavoritesList 类实现 clear() 方法，用于清空列表。

R-7.23 为 FavoritesList 类实现 reset_counts() 方法，使其将列表中所有元素的访问计数重置为 0（并保持链表中各元素的顺序不变）。

创新

C-7.24 使用一个包含头哨兵的单向链表实现栈的抽象数据结构。

C-7.25 使用一个包含头哨兵的单向链表实现队列的抽象数据结构。

C-7.26 为 LinkedQueue 类实现一个 concatenate(Q2) 方法，该方法将获取 LinkedQueueQ2 的所有元素，并将其附加在原来队列的尾部。该方法必须在 $O(1)$ 的时间内完成，并且最终的结果是 Q2 将会成为一个空队列。

C-7.27 给出实现单向链表类的递归算法，使得非空列表的一个实例存储它的第一个元素和余下元素的指针。

C-7.28 给出一个快速高效的逆置单向链表的递归算法。

C-7.29 仅使用固定数量的额外空间，并且不使用任何递归，详细阐述一个逆置单向链表 L 的算法。

C-7.30 练习 P-6.35 描述了一个 LeakyStack 的抽象结构。使用单向链表作为存储实现它的抽象数据结构。

C-7.31 在一个单向链表上抽象操作，以设计一个 forward list 抽象数据结构，就如同在带有位置信息的链表的抽象数据结构上使用抽象双向链表一样。实现一个能够支持这种抽象数据结构的 ForwardList 类。

C-7.32 设计一个循环的含位置信息的链表的抽象数据结构，它能够像抽象双向链表一样抽象单向链表。在列表中给出一个指定的光标的位置。

C-7.33 改造 _DoublyLinkedBase 类，使其包括一个能够逆置链表元素的 reverse 方法，而不生成或者破坏任何一个节点。

C-7.34 修改 PositionalList 类，使其支持方法 swap(p, q)，该方法能够从根本上将节点处于 p 和 q 位置的节点进行交换。重新链接所有现存的节点而不生成任何新的节点。

C-7.35 为了实现 PositionalList 类的 iter 方法，我们用 Python 的 generator 语法和 yield 语句，通过设计一个嵌套的 iterator 类，给出 iter 方法的可选择的实现方式（参考 2.3.4 节迭代器的讨论）。

C-7.36 使用双向链表给出一种 PositionalList 抽象数据结构的实现方法，该双向链表不包括任何哨兵节点。

C-7.37 现有一个包含 n 个非降序整数的 PositionalList L，给出一个整数 V，试实现一个函数，使其在 $O(n)$ 时间内能够判断出在 L 中是否存在两个元素的和等于 V。如果找到了，该函数需要返回该两个元素的位置信息；反之，返回 None。

C-7.38 现在有一个简单但并不高效的算法 bubble-sort，用于对列表 L 中所包含的 n 个可比较元素进行排序。该算法对列表进行 $n-1$ 次扫描，在每次扫描过程中，算法对当前值与下一个值进行比较，并且当它们乱序时交换它们。将一个含位置信息的列表 L 作为参数实现 bubble_sort 函数。假设这个含位置信息的列表是通过一个双向链表实现的，那么该算法的执行时间是多少？

C-7.39 为了对 FIFO 队列的元素可能在到达队首之前就被删除的情况更好地建模，设计一个 PositionalQueue 类，使其能够支持完全队列抽象数据类型。入队会返回一个位置实例并且支持一个新的 delete(p) 方法，该方法能够移除与位置 p 相关的元素。你需要使用 PositionalList 作为存储，然后使用 6.1.2 节所阐述的适配器进行模式设计。

C-7.40 给出一个高效的维护链表 L 的方法，在 Move-to-Front 启发式递归下，将自动从列表中删除那些最近 n 次访问中没有被访问的元素。

C-7.41 练习 C-5.29 介绍了两个数据的*自然连接*的概念。给出并分析一个将包含 n 个元素的链表 A 和包含 m 个元素的链表 B 进行自然连接的高效算法。

C-7.42 不采用 5.5.1 中使用的数组，而是使用单向链表来写一个 Scoreboard 类，使其能够保存游戏应用程序中的前十名的分数。

C-7.43 通过将一个链表分成两个的方式给出一个对含有 $2n$ 个元素的链表的洗牌的算法。一次洗牌，就是把链表 L 分成 L_1 和 L_2 两部分的一个排列，其中 L_1 是 L 的前面一半，L_2 是 L 的后面一半。然后，将两个队列合并，第一个元素放入 L_1 的第一个，第二个元素是 L_2 的第一个元素。接着第三个是 L_1 的第二个，第四个是 L_2 的第二个……以此类推。

项目

P-7.44 编写一个简单的文字编辑器，使用位置列表的 ADT 和一个能够突出字符串位置的光标对象。该编辑器能够存储并显示字符串，一个简单的接口是打印出字符串，然后使第二行显示一个移动的光标。该编辑器应该支持如下操作：

- left：将光标向左移动一个字符（如果光标在开始处，则不进行任何操作）。
- right：将光标向右移动一个字符（如果光标在末尾处，则不进行任何操作）。
- insert c：在光标后面插入一个字符 c。
- delete：删除光标后面的字符（如果光标在末尾处，则不进行任何操作）。

P-7.45 当一个数组 A 中的大部分记录为空时，我们称它为*稀疏*数组。我们可以使用一个列表 L 来有效地实现这样的数组。特别是，对于每个非空元素 $A[i]$，我们可以在列表 L 中存储一条 (i, e) 记录，其中 e 是存储在 $A[i]$ 中的元素。这个方法使我们能够使用 $O(m)$ 的空间代替数组 A 的存储，其中 m 是数组中非空元素的个数。提供一个 SparseArray 类，使其最少支持方法 __getitem__(j) 和 __setitem__(j, e)，以提供一个标准的索引操作。请分析这个方法的效率。

P-7.46 尽管我们已经使用了一个双向链表实现了含位置信息的链表抽象数据结构，但是也可以基于一个数组进行实现。其关键在于使用组合模式以及存储位置条目的序列，其中每一项不仅存储一个元素，还存储这个元素当前在数组中的位置信息。无论何时，当数组中元素的位置发生改变时，都需要更新位置的索引记录以保持一致。试给出一个提供这样一种基于数组实现带有位置信息链表的抽象数据类型的类，并分析各种操作的效率。

P-7.47 实现一个 CardHand 类，该类能够支持洗牌操作。模拟器使用一个含信息的单向链表的 ADT 来表示一副牌，这样相同花色的牌可以放在一起。借助 4 根手指实现这一策略，每两根手指夹住红桃、草花、黑桃和方块中的一种花色。这样可以在常数时间内添加一张牌或者取出一张牌。这个类应该支持如下的方法：

- add_card(r, s)：在花色 *s* 的牌位置 *r* 处添加一张新牌。
- play(s)：从花色 *s* 的牌中移除或者取出一张牌，如果 *s* 中没有牌，则从手中任意移除或者取出一张牌。
- __iter__()：遍历当前手中的所有牌。
- all_of_suit(s)：遍历手中花色是 *s* 的所有牌。

扩展阅读

类似于集合的数据结构的综述（和其他面向对象设计的规则）可以在由 Booch[17]、Budd[20]、Goldberg 和 Robson[42]、Liskov 和 Guttag[71] 编写的面向对象设计的书中找到。位置信息表 ADT 源于 Aho、Hopcroft 和 Ullman[6] 介绍的“位置”的抽象以及 Wood[104] 的 ADT 列表。链表的实现由 Knuth[64] 进行了讨论。

第 8 章

Data Structures and Algorithms in Python

树

8.1 树的基本概念

生产力专家说，突破来源于“非线性”地思考问题。在本章中，我们来讨论一种最重要的非线性数据结构——树（tree）。在数据的组织中，树结构的确是一个突破，因为我们用它实现的一系列算法比使用线性数据结构（诸如基于数组的列表或者链表）要快得多。树也为数据提供了一个更加真实、自然的组织形式，并由此在文件系统、图形用户界面、数据库、网站和其他计算机系统中得以广泛使用。

生产力专家口中的“非线性”思维并不总是那么清晰明了，但是说树形结构是“非线性”时，我们指的是一种组织关系，这种组织关系要比一个序列中两个元素之间简单的“前”和“后”关系更加丰富和复杂。这种关系在树中是*分层的*（hierarchical），因为一些元素是处于“上面的”，而另一些是处于“下面的”。事实上，树形数据结构的主要术语来源于家谱，因为术语“双亲”“孩子”“祖先”和“子孙”在描述这些关系时最为常见。图 8-1 所示即为一个家谱图示例。

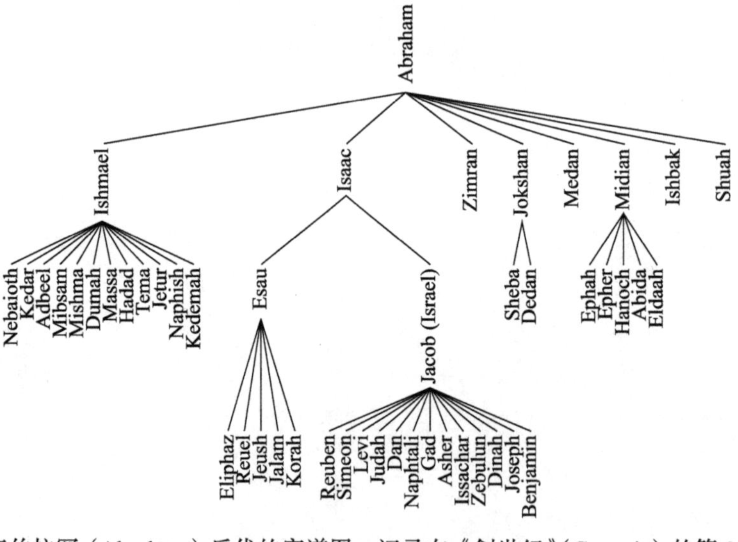

Abraham
Ishmael
Isaac
Zimran
Jokshan
Medan
Midian
Ishbak
Shuah
Nebaioth
Kedar
Adbeel
Mibsam
Mishma
Dumah
Massa
Hadad
Tema
Jetur
Naphish
Kedemah
Esau
Jacob (Israel)
Sheba
Dedan
Ephah
Epher
Hanoch
Abida
Eldaah
Eliphaz
Reuel
Jeush
Jalam
Korah
Reuben
Simeon
Levi
Judah
Dan
Naphtali
Gad
Asher
Issachar
Zebulun
Dinah
Joseph
Benjamin

图 8-1　亚伯拉罕（Abraham）后代的家谱图，记录在《创世纪》(Genesis) 的第 25 ～ 36 章

8.1.1 树的定义和属性

树是一种将元素分层次存储的抽象数据类型。除了最顶部的元素，每个元素在树中都有一个*父节点*和零个或者多个*孩子节点*。通常，我们通过将元素放置在一个椭圆形或者圆形中并且通过直线将双亲节点与孩子节点相连来图示化一棵树，如图 8-2 所示。我们通常称最顶部元素为*树根*（root），在图示中它被作为最顶部的元素，因为其他元素都被连接在它的下面（这与一棵真实世界中的树恰恰相反）。

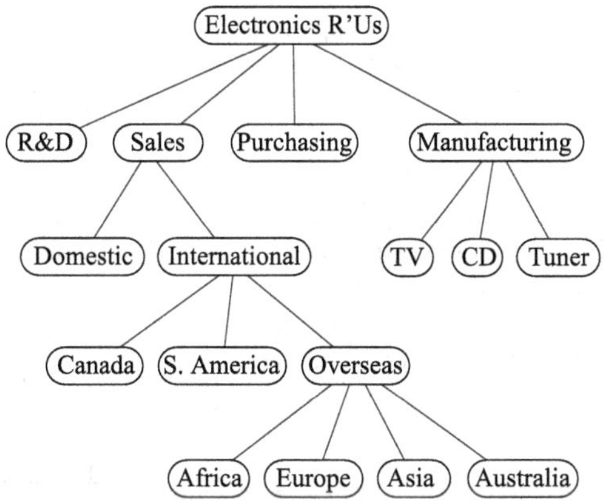
Electronics R'Us
R&D
Sales
Purchasing
Manufacturing
Domestic
International
TV
CD
Tuner
Canada
S. America
Overseas
Africa
Europe
Asia
Australia

图 8-2 一棵代表一个虚拟公司组织的树，拥有 17 个节点。根存储的是 Electronics R'Us。根的孩子节点分别存储的是 R&D、Sales、Purchasing 和 Manufacturing。内部节点存储 Sales、International、Overseas、Electronics R'Us 和 Manufacturing

正式的树定义

通常我们将树 T 定义为存储一系列元素的有限节点集合，这些节点具有 parent-children 关系并且满足如下属性：

- 如果树 T 不为空，则它一定具有一个称为根节点的特殊节点，并且该节点没有父节点。
- 每个非根节点 v 都具有唯一的父节点 w，每个具有父节点 w 的节点都是节点 w 的一个孩子。

注意，根据上述定义，一棵树可能为空，这意味着它不含有任何节点。这个约定也允许我们递归地定义一棵树，以使这棵树 T 要么为空，要么包含一个节点 r（其称为树 T 的根节点），其他一系列子树的根节点是 r 的孩子节点。

其他节点关系

同一个父节点的孩子节点之间是兄弟关系。一个没有孩子的节点 v 称为外部节点。一个有一个或多个孩子的节点 v 称为内部节点。外部节点也称为叶子节点。

例题 8-1：在 4.1.1 节中，我们讨论了计算机文件系统中文件与目录之间的分层关系，尽管那个时候没有强调文件系统是树关系。我们重温一下先前的例子，如图 8-3 所示。我们可以看到树的内部节点对应着文件的目录，而叶子节点对应着文件。在 UNIX 和 Linux 操作系统中，树的根节点称为"根目录"，用符号"/"表示。

如果 $u=v$，那么节点 u 是节点 v 的祖先或者是节点 v 父节点的祖先。相反，如果节点 u 是节点 v 的一个祖先，那么节点 v 就是节点 u 的一个子孙。例如，在图 8-3 中，cs252/ 是 papers/ 的一个祖先而 pr3 是 cs016/ 的一个子孙。以节点 v 为根节点的子树包含树 T 中节点 v 的所有子孙（包括节点 v 本身）。在图 8-3 中，以 cs016/ 为根节点的子树包含的节点为 cs016/、grades、homeworks/、programs/、hw1、hw2、hw3、pr1、pr2 和 pr3。

树的边和路径

树 T 的一条边指的是一对节点（u，v），u 是 v 的父节点或 v 是 u 的父节点。树 T 当中的路径指的是一系列的节点，这些节点中任意两个连续的节点之间都是一条边。例如，图 8-3 包含了路径（cs252/，projects/，demos/，market）。

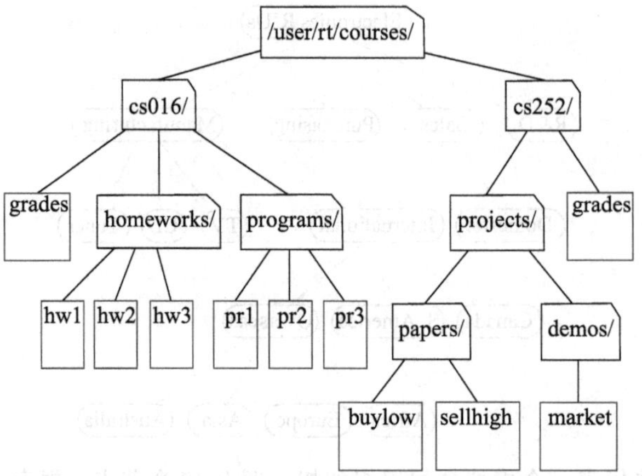
/user/rt/courses/
cs016/
cs252/
grades
homeworks/
programs/
projects/
grades
hw1
hw2
hw3
pr1
pr2
pr3
papers/
demos/
buylow
sellhigh
market

图 8-3 一棵表示一个部分文件系统的树

例题 8-2：在一个 Python 程序中，当使用单继承时，类与类之间的继承关系形成了一棵树。例如，2.4 节给出了 Python 异常类结构层次的总结，正如图 8-4 所示的一样（见图 2-5）。这个 BaseException 类是该层次结构的根，而所有用户自定义的异常类按照惯例都应该声明为更加具体的异常类的后代。(例如，第 6 章代码段 6-1 中的 Empty 类。)

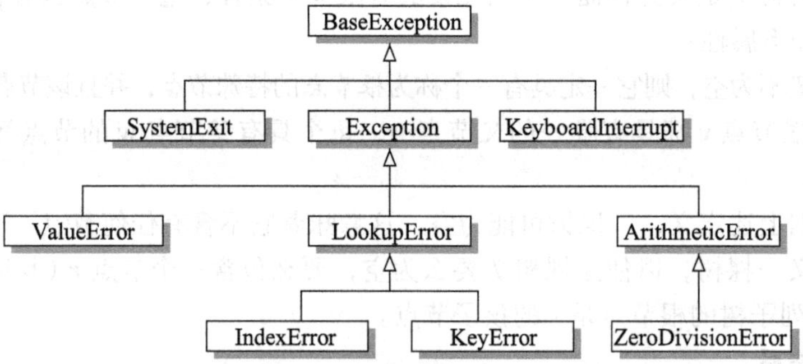
BaseException
SystemExit
Exception
KeyboardInterrupt
ValueError
LookupError
ArithmeticError
IndexError
KeyError
ZeroDivisionError

图 8-4 Python 异常类层次结构的一个部分

在 Python 中，所有类被组织成单一的层次结构，因为存在一个名为 object 的内置类作为最终的基类。在 Python 中，它是所有其他类型的直接或者间接的基类（即使在定义的时候并没有这样声明）。因此，图 8-4 所示的部分只是 Python 类层次结构的一部分。

作为对本章剩余部分的一个预览，图 8-5 所示即为类的层次结构，这些类用于表示各种形式的树。

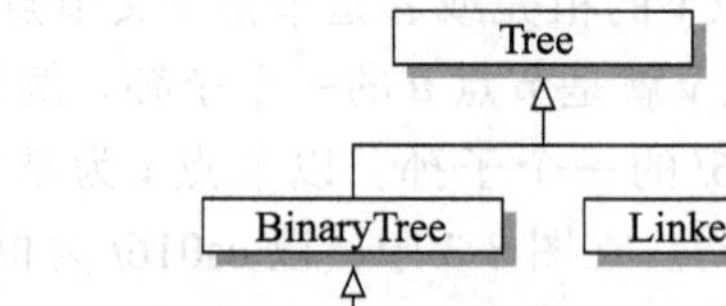
Tree
BinaryTree
LinkedTree
ArrayBinaryTree
LinkedBinaryTree

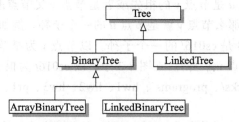

图 8-5 一个模拟各种树数据结构和各种抽象结构的层次结构。在本章的剩余部分，我们详细阐述了树的实现，二叉树、链式二叉树类，以及如何设计树的链式结构和基于数组的二叉树的高标准示意图

有序树

如果树中每个节点的孩子节点都有特定的顺序，则称该树为有序树，我们将一个节点的孩子节点依次编号为第一个、第二个、第三个等。通常我们按照从左到右的顺序对兄弟节点进行排序。

例题 8-3：考虑结构化文档的内容，诸如一本书按树的样式分层组织，它的内部节点由章节构成，它的叶子节点由段落、表格、图片等构成（见图 8-6），树的根节点是书本身。事实上，我们可以进一步考虑对此进行扩展，如段落又是由句子组成的，而句子又是由单词构成的，单词又是由一个个字母组成的。这就是一棵有序树的典型例子。因为它们的每个孩子节点都具有很好的顺序。

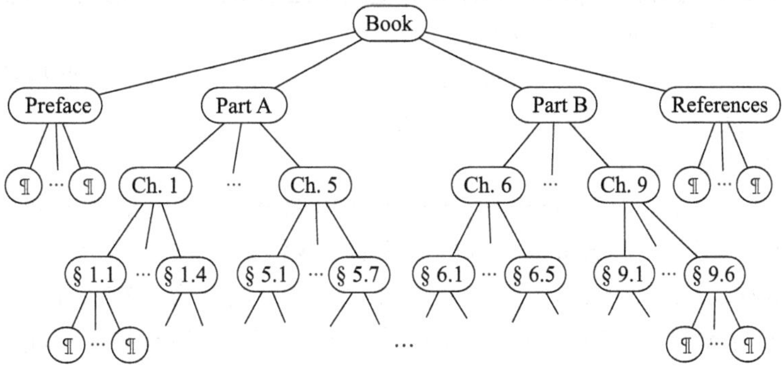
Book
Preface
Part A
Part B
References
¶ ··· ¶
Ch. 1
Ch. 5
Ch. 6
Ch. 9
¶ ··· ¶
§ 1.1
§ 1.4
§ 5.1
§ 5.7
§ 6.1
§ 6.5
§ 9.1
§ 9.6
¶ ··· ¶
¶ ··· ¶

图 8-6 一棵与书相关的有序树

让我们回顾一下已经描述的树的例子，然后进一步深入思考孩子的顺序是否有意义。正如图 8-1 描述的家庭关系树，它总是根据成员的出生时间被模拟成一棵有序树。

相比之下，一个公司的组织结构图（见图 8-2）却通常被认为是一棵无序树。同样，当使用一棵树来描述继承关系的分层结构时，正如图 8-4 所述，对一个父类的子类而言顺序并没有特别的意义。最后，我们考虑用树来描述计算机的文件系统，如图 8-3 所示，尽管操作系统经常按照特定的顺序显示目录（例如，按字母或者时间顺序），但是这样的顺序对于文件系统的显示而言通常不是固定的。

8.1.2 树的抽象数据类型

正如我们在 7.4 节做的位置列表，我们用位置作为节点的抽象结构来定义树的抽象数据结构。一个元素存储在一个位置，并且位置信息满足树中的父节点与孩子节点的关系。一棵树的位置对象支持如下方法：

- p.element()：返回存储在位置 p 中的元素。

树的抽象数据类型支持如下*访问方法*。允许使用者访问一棵树的不同位置：

- T.root()：返回树 T 的根节点的位置。如果树为空，则返回 None。
- T.is_root(p)：如果位置 p 是树 T 的根，则返回 True。
- T.parent(p)：返回位置为 p 的父节点的位置。如果 p 的位置为树的根节点，则返回 None。
- T.num_children(p)：返回位置为 p 的孩子节点的编号。
- T.children(p)：产生位置为 p 的孩子节点的一个迭代。

- T.is_leaf(p)：如果位置 p 没有任何孩子，则返回 True。
- len(T)：返回树 T 所包含的元素的数量。
- T.is_empty()：如果树 T 不包含任何节点，则返回 True。
- T.positions()：生成树 T 的所有位置的迭代。
- iter(T)：生成树 T 中存储的所有元素的迭代。

以上所有方法都接受一个位置作为参数，但是如果树 *T* 中的这个位置是无效的，则调用它就会触发一个 ValueError。

如果一棵树 *T* 是有序树，那么执行方法 T.children(*p*) 就会返回孩子节点 *p* 本身的顺序。如果 *p* 是一个叶子节点，那么执行方法 T.children(*p*) 就会生成一个空的迭代。与此类似，如果树 *T* 为空，那么执行方法 T.positions() 和 iter(*T*) 也会生成一个空迭代。我们将在 8.4 节通过一棵树的所有位置来讨论迭代生成方法。

我们暂时还没有定义任何生成或者修改树的方法，而更乐于结合一些树接口的特定实现和一些树的特定应用来描述不同树的更新方法。

Python 中树的抽象基类

2.1.2 节讨论的抽象的面向对象的设计原则中，我们注意到 Python 中一个抽象数据类型的公共接口经常是通过 duck typing 管理的。例如，我们在 6.2 节定义了一个队列 ADT 的公共接口概念（例如，6.2.2 节的基于数组的队列，7.1.2 节的链表，7.2.2 节的循环链表）。但我们在 Python 中从来没有给出队列 ADT 的任何正式的定义；所有具体实现方法都是独立的类，这些独立的类遵循相同的公共接口。一种更正式的用于指定具有相同抽象但不同的实现方法之间的关系的机制，是通过类的定义，这个类是抽象的基类，它将通过继承产生一个或更多的具体类（见 2.4.3 节）。

在代码段 8-1 中，我们选择定义一个 Tree 类充当一个与树的抽象数据结构相关的抽象基类。之所以这样做，是因为我们可以提供相当多的可用代码，即使是在这个抽象级别，在随后树的具体方法实现中也允许更多代码的重用。树的类提供了嵌套类（这些类也是抽象的）的定义和树 ADT 中许多访问方法的声明。

然而，我们定义的 Tree 类并没有定义存储树的任何内部表示，并且在代码段中给出的 5 个方法（root、parent、num_children.children 和 __len__）仍然是抽象的。每个方法都会触发一个 NotImplementedError()（一个更加正式的定义抽象方法和基类的方法是使用 2.4.3 节描述的 Python 的 abc 模块）。比如孩子节点，为了给每个行为提供一个实现，子类基于它们自选的内部表示来重写抽象方法。

尽管 Tree 类是一个抽象的基类，但它包括几个具体的实现方法，这些方法依赖于对类的抽象方法的调用。在先前章节树的抽象数据结构的定义中，我们声明了 10 种访问方法。其中的 5 个是抽象的，在代码段 8-1 中给出。剩下的 5 个是基于前面 5 个实现的。代码段 8-2 列出了方法 is_root、is_leaf 和 is_empty 的具体实现。在 8.4 节中，我们将会探索树的遍历方法，其能够为位置的确定和 __iter__ 方法提供一个具体的实现。这种设计的好处是，在树的抽象基类中定义的所有具体方法都能被它的子类所继承。这有助于代码重用，因为对子类而言没有重新实现这些方法的必要。

可以注意到，由于树类是抽象的，因此我们没有理由为其创建一个实例，或者即使创建了一个实例，这个实例也是没有用的。这个类的存在只是作为其他子类用于继承的基础，用户将会创建具体子类的实例。

代码段 8-1 树的抽象基类的一部分（后接代码段 8-2）

```
class Tree:
  """Abstract base class representing a tree structure."""

  #------------------------------- nested Position class -------------------------------
  class Position:
    """An abstraction representing the location of a single element."""

    def element(self):
      """Return the element stored at this Position."""
      raise NotImplementedError('must be implemented by subclass')

    def __eq__(self, other):
      """Return True if other Position represents the same location."""
      raise NotImplementedError('must be implemented by subclass')

    def __ne__(self, other):
      """Return True if other does not represent the same location."""
      return not (self == other)              # opposite of __eq__

  # ---------- abstract methods that concrete subclass must support ----------
  def root(self):
    """Return Position representing the tree's root (or None if empty)."""
    raise NotImplementedError('must be implemented by subclass')

  def parent(self, p):
    """Return Position representing p's parent (or None if p is root)."""
    raise NotImplementedError('must be implemented by subclass')

  def num_children(self, p):
    """Return the number of children that Position p has."""
    raise NotImplementedError('must be implemented by subclass')

  def children(self, p):
    """Generate an iteration of Positions representing p's children."""
    raise NotImplementedError('must be implemented by subclass')

  def __len__(self):
    """Return the total number of elements in the tree."""
    raise NotImplementedError('must be implemented by subclass')
```

代码段 8-2 抽象基类的一些具体方法

```
  # ---------- concrete methods implemented in this class ----------
  def is_root(self, p):
    """Return True if Position p represents the root of the tree."""
    return self.root( ) == p

  def is_leaf(self, p):
    """Return True if Position p does not have any children."""
    return self.num_children(p) == 0

  def is_empty(self):
    """Return True if the tree is empty."""
    return len(self) == 0
```

8.1.3 计算深度和高度

假定 p 是树 T 中的一个节点，那么 p 的深度就是节点 p 的祖先的个数，不包括 p 本身。

例如，在图 8-2 的树中，节点 International 的深度为 2。需要注意的是，这种定义表明树的根节点的深度为 0。p 的深度同样也可以按如下递归定义：

- 如果 p 是根节点，那么 p 的深度为 0。
- 否则，p 的深度就是其父节点的深度加 1。

基于这个定义，我们在代码段 8-3 中给出了计算树 T 中一个节点 p 的深度的简单递归算法。该算法递归地调用自身。

代码段 8-3 树类中计算深度的算法

```
def depth(self, p):
  """Return the number of levels separating Position p from the root."""
  if self.is_root(p):
    return 0
  else:
    return 1 + self.depth(self.parent(p))
```

对于位置 p，方法 T.depth(p) 的运行时间是 $O(d_p + 1)$，其中 d_p 指的是树 T 中 p 节点的深度，因为该算法对于 p 的每个祖先节点执行的时间是常数。因此算法 T.depth(p) 在最坏的情况下运行时间为 $O(n)$。其中 n 是树中节点的总个数。因为如果所有节点组成一个分支，那么其中存在一个节点的深度将为 $n - 1$。尽管这个运行时间是输入大小的函数，但是运行时间参数 d_p 更加具有决定性，因为这个参数通常情况下远小于 n。

高度

树 T 中节点 p 的高度的定义如下：

- 如果 p 是一个叶子节点，那么它的高度为 0。
- 否则，p 的高度是它孩子节点中的最大高度加 1。

一棵非空树 T 的高度是树根节点的高度。例如，图 8-2 所示的树的高度为 4。除此之外，高度还可以定义如下：

命题 8-4： *一棵非空树 T 的高度等于其所有叶子节点深度的最大值。*

我们在练习 R-8.3 中给出了这个命题的证明。我们在代码段 8-4 中给出了一个算法 height1，其作为 Tree 类的一个私有方法。该算法基于命题 8-4 和代码段 8-3 的计算深度的算法来计算一棵非空树的高度。

代码段 8-4 Tree 类中的方法 _height1。需要注意的是，该方法调用了计算深度的算法

```
def _height1(self):                 # works, but O(n^2) worst-case time
  """Return the height of the tree."""
  return max(self.depth(p) for p in self.positions( ) if self.is_leaf(p))
```

不幸的是，算法 height1 并不高效。我们目前还没有定义 position() 方法，可以看到该算法的执行时间是 $O(n)$，其中 n 是树 T 中的节点个数。因为 height1 算法针对每个叶子节点都调用了算法 depth(p)，其执行时间为 $O(n + \sum_{p \in L}(d_p + 1))$，其中 L 是树 T 叶子节点的集合。在最坏情况下，$\sum_{p \in L}(d_p+1)$ 与 n^2 成正比（详见练习 C-8.33）。因此，算法 height1 在最坏情况下的执行时间为 $O(n^2)$。

在最坏情况下，不依赖先前的递归定义，我们可以更加高效地计算树的高度，使其执行时间为 $O(n)$。为了这样做，我们将基于一棵树中的某个位置参数化一个函数，并计算以这个节点作为根节点的子树的高度。代码段 8-5 给出的算法 height2 就是通过这种方式来计算树的高度。

代码段 8-5 计算一个以 p 节点为根节点的子树的高度

```
def _height2(self, p):                    # time is linear in size of subtree
  """Return the height of the subtree rooted at Position p."""
  if self.is_leaf(p):
    return 0
  else:
    return 1 + max(self._height2(c) for c in self.children(p))
```

理解算法 height2 为什么比算法 height1 更高效很重要。该算法是递归的并且是从上到下执行的。如果该算法最初在根节点调用，那么树 T 的每个节点最终都将会被调用一次。这是因为树的根节点最终将在其每个孩子节点上递归调用，这反过来又将在每个孩子节点的孩子节点中继续递归调用下去。

我们可以通过加上所有花在每个节点上的递归调用的时间来计算算法 height2 的运行时间（复习 4.2 节递归调用的分析过程）。在实现方法中，对于每个节点，有一个不变的常量表示每个位置的负载加上在孩子节点中迭代地计算最大值的开销。尽管我们还没有构造 children(p) 的实现方法，但可以假设生成时间是 $O(c_p + 1)$，其中 c_p 是 p 节点孩子节点的个数。算法 height2 在每个节点上最多需要花 $O(c_p + 1)$ 的时间，所以整个时间为 $O(\sum_p(c_p + 1)) = O(n + \sum_p c_p)$。为了完成分析，我们使用如下定义。

命题 8-5：*假设 T 是一棵有 n 个节点的树，并假设 c_p 代表树 T 中位置 p 的孩子节点的个数，那么 T 中所有节点的位置之和为 $\sum_p c_p = n - 1$。*

证明：树 T 中除了根节点外的每个位置，都是另一个节点的孩子节点，并且都会成为上面公式的一项。■

由命题 8-5 可知，在根节点调用算法 height2 时，其执行时间为 $O(n)$，其中 n 为树中节点的个数。

重新访问 Tree 类的公共接口，计算子树的高度是有益的，但是用户可能希望能够计算整个树的高度而不需要显式地指定树的根节点。我们可以通过一个公有的 height 方法将非公有的方法 _height2 封装在实现方法中。在树 T 中调用 T.height() 方法时，height 方法提供了一个默认的解释。其实现的过程如代码段 8-6 所示。

代码段 8-6 计算整个树或者一个给定位置作为根节点的子树的高度的 Tree.height 方法

```
def height(self, p=None):
  """Return the height of the subtree rooted at Position p.

  If p is None, return the height of the entire tree.
  """
  if p is None:
    p = self.root()
  return self._height2(p)            # start _height2 recursion
```

8.2 二叉树

二叉树是具有以下属性的有序树：

1）每个节点最多有两个孩子节点。

2）每个孩子节点被命名为*左孩子*或*右孩子*。

3）对于每个节点的孩子节点，在顺序上，左孩子先于右孩子。

若子树的根为内部节点 v 的左孩子或右孩子，则该子树相应地被称为节点 v 的*左子树*或右子树。除了最后一个叶节点的父节点外，若每个节点都有零个或两个子节点，则这样的二叉树为完全二叉树。一些人也把这种树称为满二叉树。因此，在完全二叉树中，每个内部节点都恰好有两个孩子。若二叉树不完全，则称为不完全二叉树。

例题 8-6：二叉树的一个重要的类适用于这样的情形：我们希望能（使用此类）表示许多种不同的输出结果，这些结果可以作为一系列 yes-or-no 问题的答案。每个内部节点对应一个问题。从根节点开始，我们根据该问题的答案是“Yes”还是“No”来决定当前节点是左孩子还是右孩子。对于每次决定，相当于选择了从父节点到子节点的一条边，最终能形成一条从根节点到叶节点的路径。这样的二叉树被称为决策树，因为若与树中叶节点 p 的祖先节点相关的问题都被回答，以得到 p 的结果，那么 p 即表示为一种需要做什么的决策。决策树是完全二叉树。图 8-7 给出了能给未来投资者提供建议的一棵决策树。

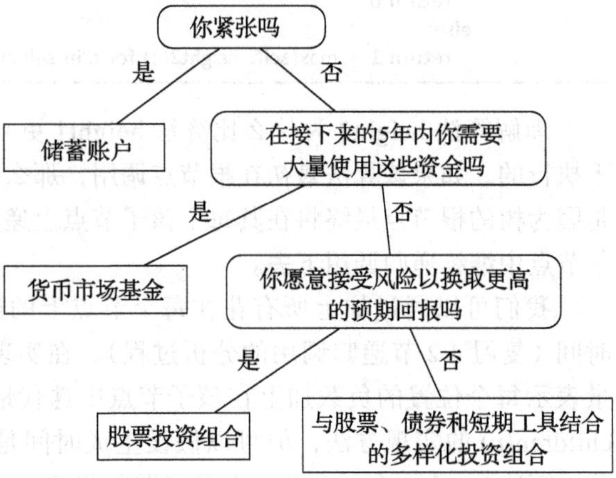
你紧张吗
是
否
储蓄账户
在接下来的5年内你需要大量使用这些资金吗
是
否
货币市场基金
你愿意接受风险以换取更高的预期回报吗
是
否
股票投资组合
与股票、债券和短期工具结合的多样化投资组合

图 8-7　提供投资建议的决策树

例题 8-7：二叉树能用于表示算术表达式，叶子对应变量或常数，内部节点对应 +、−、× 和 / 操作（见图 8-8）。树中的每个节点都对应一个值。

- 若节点为叶节点，则其值为变量或常数。
- 若节点为内部节点，则其值为对其孩子节点值的操作所得。

算术表达式树是完全二叉树，因为每个 +、−、×、/ 都需要两个操作数。当然，如果允许一元操作符，例如负号 (−)，表示为“−×”，也可以得到不完全二叉树。

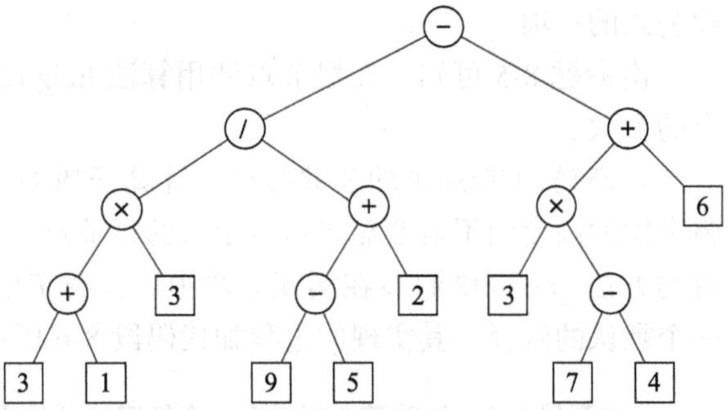

图 8-8　使用二叉树表示算术表达式。该树所表示的表达式为 $((((3+1)\times 3)/((9-5)+2))-((3\times(7-4))+6))$。内部节点“/”对应的值是 2

递归二叉树的定义

我们也能够使用递归方式定义二叉树，此时二叉树或者为空树，或者由以下条件组成：

- 二叉树 T 的根为节点 r，其存储一个元素。
- 二叉树（可能为空）称为 T 的左子树。
- 二叉树（可能为空）称为 T 的右子树。

8.2.1　二叉树的抽象数据类型

作为抽象数据类型，二叉树是树的一种特殊化，其支持 3 种额外的访问方法：

- T.left(p)：返回 p 左孩子的位置，若 p 没有左孩子，则返回 None。
- T.right(p)：返回 p 右孩子的位置，若 p 没有右孩子，则返回 None。
- T.sibling(p)：返回 p 兄弟节点的位置，若 p 没有兄弟节点，则返回 None。

类似于 8.1.2 节对树 ADT 的处理，此处不专门对二叉树定义更新方法。而是在描述二叉树具体的实现和应用时，才去考虑一些可能的更新方法。

Python 中的抽象基类 BinaryTree

在 8.1.2 节中，我们将 Tree 定义为抽象基类。类似地，我们在已存在的 Tree 类基础上，依据继承性，对二叉树 ADT 定义一个新的 BinaryTree 类。然而，BinaryTree 类保持抽象性，因为对于这样的一个结构，我们并没有提供完整的内部细节描述，也没有实现一些必要的行为。

在代码段 8-7 中，我们给出了 BinaryTree 类的 Python 实现。根据继承性，二叉树支持在一般的树中定义的所有功能（例如，parent、is_leaf 和 root）。新类也继承嵌套的 Position 类，该类一开始就定义在 Tree 类的定义中。另外，新类声明了新的抽象方法 left 和 right，这些方法应能在 BinaryTree 类的具体子类中实现。

新类也给出了两种方法的具体实现。新的 sibling 方法由 left、right 和 parent 结合产生。具有代表性的是，我们把位置 p 的兄弟节点定义为 p 双亲节点的“另一个”孩子节点。若 p 是根节点，因为没有双亲节点，所以也没有兄弟节点。另外，p 可能是其双亲节点唯一的孩子，因而此时也无兄弟节点。

最后，代码段 8-7 给出了 children 方法的具体实现，该方法在 Tree 类中是抽象的。尽管我们仍未具体说明节点的孩子是如何存储的，但能通过抽象的 left 和 right 方法的隐含行为产生有序的孩子。

代码段 8-7　从代码段 8-1 和 8-2 已存在的 Tree 抽象基类中扩展的 BinaryTree 抽象基类

```
class BinaryTree(Tree):
  """Abstract base class representing a binary tree structure."""

  # -------------------- additional abstract methods --------------------
  def left(self, p):
    """Return a Position representing p's left child.

    Return None if p does not have a left child.
    """
    raise NotImplementedError('must be implemented by subclass')

  def right(self, p):
    """Return a Position representing p's right child.

    Return None if p does not have a right child.
    """
    raise NotImplementedError('must be implemented by subclass')

  # ---------- concrete methods implemented in this class ----------
  def sibling(self, p):
    """Return a Position representing p's sibling (or None if no sibling)."""
    parent = self.parent(p)
    if parent is None:                    # p must be the root
      return None                         # root has no sibling
    else:
      if p == self.left(parent):
        return self.right(parent)         # possibly None
```

```
        else:
            return self.left(parent)              # possibly None

    def children(self, p):
        """Generate an iteration of Positions representing p's children."""
        if self.left(p) is not None:
            yield self.left(p)
        if self.right(p) is not None:
            yield self.right(p)
```

8.2.2　二叉树的属性

二叉树在处理其高度和节点数的关系时有几个有趣的性质。我们将位于树 T 同一深度 d 的所有节点都视为位于 T 的 d 层。在二叉树中，0 层至多有一个节点（根节点），1 层至多有两个节点（根节点的孩子），2 层至多有 4 个节点，以此类推（见图 8-9）。总之，d 层至多有 2^d 个节点。

我们注意到，当沿着二叉树往下遍历时，每层的最大节点数呈指数增长。通过这个简单的观察，我们可以得出二叉树 T 的高度与节点数之间的性质。这些性质的详细证明留作练习 R-8.8。

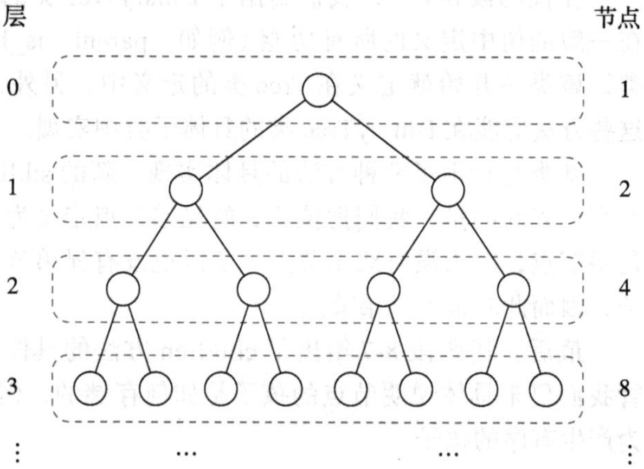
层
节点
0
1
1
2
2
4
3
8

图 8-9　二叉树每层之间的最大节点数

命题 8-8： *设 T 为非空二叉树，n、n_E、n_I 和 h 分别表示 T 的节点数、外部节点数、内部节点数和高度，则 T 具有如下性质：*

1）$h + 1 \leqslant n \leqslant 2^{h+1} - 1$

2）$1 \leqslant n_E \leqslant 2^h$

3）$h \leqslant n_I \leqslant 2^h - 1$

4）$\log(n + 1) - 1 \leqslant h \leqslant n - 1$

另外，若 T 是完全二叉树，则 T 具有如下性质：

1）$2h + 1 \leqslant n \leqslant 2^{h+1} - 1$

2）$h + 1 \leqslant n_E \leqslant 2^h$

3）$h \leqslant n_I \leqslant 2^h - 1$

4）$\log(n + 1) - 1 \leqslant h \leqslant (n - 1)/2$

完全二叉树中内部节点与外部节点的关系

除了前面二叉树的性质，下述关系存在于完全二叉树中内部节点数与外部节点数之间。

命题 8-9： *在非空完全二叉树 T 中，有 n_E 个外部节点和 n_I 个内部节点，则有 $n_E = n_I + 1$。*

证明： 从 T 中取下节点，并把它们分别放入两个“桩”，即内部节点桩和外部节点桩，直到 T 为空。两个桩初始都为空。执行到最后，我们会发现外部节点桩比内部节点桩多一个节点。考虑以下两种情况。

情况 1： 若 T 仅有一个节点 v，我们将 v 取下，并把它放入外部节点桩。因此，外部节点桩有一个节点，而内部节点桩为空。

情况 2： 另外（T 多于一个节点），我们从 T 中取下一个（任意的）外部节点 w 和其父母节点 v，v 为内部节点。我们将 w 放入外部节点桩，将 v 放入内部节点桩。若 v 有父母节点 u，则将 u 与 w 之前的兄弟节点 z 连接起来，如图 8-10 所示。此次操作取下了一个内部节点和一个外部节点，并使树变成新的完全二叉树。重复上述操作，我们最后将会得到仅有一个节点的最终树。注意，在经过这样一系列操作并得到最终树的过程中，相同数目的外部节点和内部节点被分别放入各自的桩中。现在，我们将最终树的节点取下并放入外部节点桩中。因此，外部节点桩比内部节点桩多一个节点。■

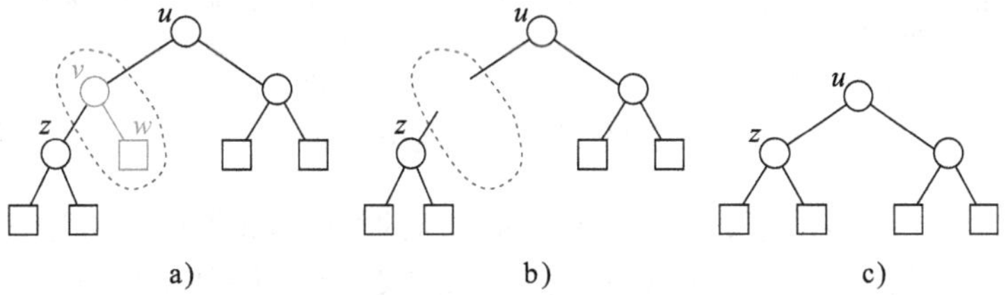
u
v
z
w
a)
u
z
b)
u
z
c)

图 8-10　取下外部节点和其父母节点的操作，该操作运用于命题 8-9 的证明过程

注意：上述关系一般不适用于不完全二叉树和非二叉树，而其他有趣的关系则能适用（见练习 C-8.32 ～ C-8.34）。

8.3　树的实现

到目前为止，本章所定义的 Tree 和 BinaryTree 类都只是形式上的*抽象基类*。尽管给出了许多支持操作，但它们都不能直接被实例化。对于树内部如何表示，以及如何高效地在父母节点和孩子节点之间进行切换，我们还没有定义关键的实现细节。特别地，具体实现树要能提供 Root、parent、num_children、children 和 __len__ 这些方法，对于 BinaryTree 类，还要提供额外的访问器 left 和 right。

对于树的内部表示有几种选择。本节介绍最普遍的表示方法。我们先以*二叉树*为例进行介绍，因为它的形状更有局限性。

8.3.1　二叉树的链式存储结构

实现二叉树 T 的一个自然方法便是使用*链式存储结构*，一个节点（见图 8-11a）包含多个引用：指向存储在位置 p 的元素的引用，指向 p 的孩子节点和双亲节点的引用。若 p 是 T 的根节点，则 p 的 parent 字段为 None。同样，若 p 没有左孩子（或右孩子），则相关字段即为 None。树本身包含一个实例变量，存储指向根节点（假如存在根节点）的引用，还包含一个 size 变量，表示 T 的所有节点数。在图 8-11b 中，我们给出了表示二叉树的链式存储结构。

链式二叉树结构的 Python 实现

在本节中，我们定义 BinaryTree 类的一个具体子类 LinkedBinaryTree，该类能够实现二叉树 ADT。通用方法非常类似于 7.4 节中开发 PositionalList 时所采用的方法：定义一个简单、非公开的 _Node 类表示一个节点，再定义一个公开的 Position 类用于封装节点。我们提供 _validate 方法，在所给的 position 实例未封装前，能够强有力地验证该实例的有效性。另外，我们也提供 _make_position 方法，把节点封装进 position 实例，并返回给调用者。

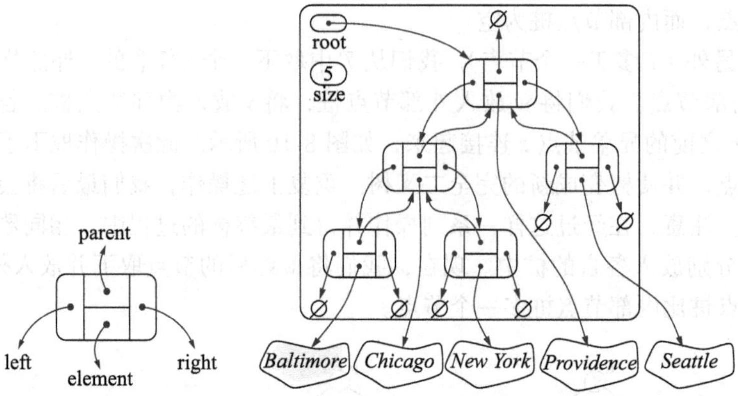
parent
left
element
right
root
5
size
Baltimore
Chicago
New York
Providence
Seattle

a）单独一个节点　　b）二叉树

图 8-11　链式存储结构表示

代码段 8-8 给出了这些定义。从形式上说，新的 Position 类被声明为直接继承 BinaryTree.Position 类。而从技术上说，BinaryTree 类的定义（见代码段 8-7）并未正式声明这样的一个内嵌类，它仅仅平凡地继承于 Tree.Position。这样设计的一个细微优势在于：Position 类能够继承 __ne__ 这一特殊方法，以至于相对于 __eq__ 方法，语句 p!=q 能够自然地执行。

代码段 8-8　LinkedBinaryTree 类的开始（后接代码段 8-9 ～ 8-11）

```
class LinkedBinaryTree(BinaryTree):
  """Linked representation of a binary tree structure."""

  class _Node:          # Lightweight, nonpublic class for storing a node.
    __slots__ = '_element', '_parent', '_left', '_right'
    def __init__(self, element, parent=None, left=None, right=None):
      self._element = element
      self._parent = parent
      self._left = left
      self._right = right

  class Position(BinaryTree.Position):
    """An abstraction representing the location of a single element."""

    def __init__(self, container, node):
      """Constructor should not be invoked by user."""
      self._container = container
      self._node = node

    def element(self):
      """Return the element stored at this Position."""
      return self._node._element

    def __eq__(self, other):
      """Return True if other is a Position representing the same location."""
      return type(other) is type(self) and other._node is self._node

  def _validate(self, p):
    """Return associated node, if position is valid."""
    if not isinstance(p, self.Position):
      raise TypeError('p must be proper Position type')
    if p._container is not self:
      raise ValueError('p does not belong to this container')
```

```
    if p._node._parent is p._node:          # convention for deprecated nodes
      raise ValueError('p is no longer valid')
    return p._node

  def _make_position(self, node):
    """Return Position instance for given node (or None if no node)."""
    return self.Position(self, node) if node is not None else None
```

在代码段 8-9 中，对类继续定义了构造函数，并且对 Tree 和 BinaryTree 类的抽象方法做了具体实现。构造函数通过将 _root 初始化为 None、将 _size 初始化为 0，能够创建一棵空树。实现访问方法时，谨慎使用了 _validate 和 _make_position，防止出现边界问题。

代码段 8-9　LinkedBinaryTree 类的公开访问方法。该类从代码段 8-8 开始，且在代码段 8-10 和 8-11 中继续

```
  #-------------------------- binary tree constructor --------------------------
  def __init__(self):
    """Create an initially empty binary tree."""
    self._root = None
    self._size = 0

  #-------------------------- public accessors --------------------------
  def __len__(self):
    """Return the total number of elements in the tree."""
    return self._size

  def root(self):
    """Return the root Position of the tree (or None if tree is empty)."""
    return self._make_position(self._root)

  def parent(self, p):
    """Return the Position of p's parent (or None if p is root)."""
    node = self._validate(p)
    return self._make_position(node._parent)

  def left(self, p):
    """Return the Position of p's left child (or None if no left child)."""
    node = self._validate(p)
    return self._make_position(node._left)

  def right(self, p):
    """Return the Position of p's right child (or None if no right child)."""
    node = self._validate(p)
    return self._make_position(node._right)

  def num_children(self, p):
    """Return the number of children of Position p."""
    node = self._validate(p)
    count = 0
    if node._left is not None:        # left child exists
      count += 1
    if node._right is not None:       # right child exists
      count += 1
    return count
```

更新链式二叉树的操作

至此，我们已经给出了用于操作已存在二叉树的函数。而 LinkedBinaryTree 类的构造函数创建了一棵空树，我们没有提供任何改变这种结构的方法，也没有提供任何填充这棵树的方法。

在 Tree 和 BinaryTree 抽象基类中，我们没有声明更新方法的原因如下。

首先，虽然封装原则表明类的外部行为不需要依赖于类的内部实现，而操作的效率却极大地取决于实现方式。我们更倾向于 Tree 类的每个具体实现都能提供更合适的选择方式来更新一棵树。

其次，我们可能不希望更新方法成为公开接口。树有许多应用，适用于其中一个应用的更新操作可能不被另一个应用所接受。而假如我们在基类中声明更新方法，继承于该基类的任何子类都将继承这一方法。例如，考虑方法 T.replace(*p*, *e*) 的可能性，该方法用元素 *e* 替换存储于位置 *p* 的元素。这种一般性的方法可能不适用于*算术表达式树*（见例题 8-7，在 8.5 节中，我们将会学习另一个例子）的情形，因为我们可能会强制内部节点仅存储一个运算符。

对于链式二叉树，通常使用的合理更新方法如下：

- T.add_root(e)：为空树创建根节点，存储元素 e，并返回根节点的位置。若树非空，则抛出错误。
- T.add_left(p, e)：创建新的节点，存储元素 e，将该节点链接为位置 p 的左孩子，返回结果位置。若 p 已经有左孩子，则抛出错误。
- T.add_right(p, e)：创建新的节点，存储元素 e，将该节点链接为位置 p 的右孩子，返回结果位置；若 p 已经有右孩子，则抛出错误。
- T.replace(p, e)：用元素 e 替换存储在位置 p 的元素，返回之前存储的元素。
- T.delete(p)：移除位置为 p 的节点，用它的孩子代替自己，若有，则返回存储在位置 p 的元素；若 p 有两个孩子，则抛出错误。
- T.attach(p, T1，T2)：将树 T1，T2 分别链接为 T 的叶子节点 p 的左右子树，并将 T1 和 T2 重置为空树；若 p 不是叶子节点，则抛出错误。

之所以专门选择这组操作，是因为使用链接表示时，每个操作的最坏运行时间为 $O(1)$。其中最复杂的操作是 delete 和 attach 操作，因为要分析有关的各种双亲 - 孩子关系的问题和边界条件问题，还要保证执行固定的操作数。（类似于对位置列表的处理，若使用树的前哨节点表示法，则这两种方法的实现过程将大大简化，见练习 C-8.40。）

为了避免不必要的更新方法被 LinkedBinaryTree 的子类所继承，我们选择所有方法均不采用公开支持的实现方式。换言之，我们对每种方法都提供非公开的形式，例如，使用带下划线的 _delete 方法来替换公开的 delete 方法。代码段 8-10 和代码段 8-11 给出了 6 种更新方法的实现方式。

代码段 8-10　LinkedBinaryTree 类的非公开更新方法（后接代码段 8-11）

```
def _add_root(self, e):
  """Place element e at the root of an empty tree and return new Position.

  Raise ValueError if tree nonempty.
  """
  if self._root is not None: raise ValueError('Root exists')
  self._size = 1
  self._root = self._Node(e)
  return self._make_position(self._root)

def _add_left(self, p, e):
  """Create a new left child for Position p, storing element e.

```

```
    Return the Position of new node.
    Raise ValueError if Position p is invalid or p already has a left child.
    """
    node = self._validate(p)
    if node._left is not None: raise ValueError('Left child exists')
    self._size += 1
    node._left = self._Node(e, node)                  # node is its parent
    return self._make_position(node._left)

  def _add_right(self, p, e):
    """Create a new right child for Position p, storing element e.

    Return the Position of new node.
    Raise ValueError if Position p is invalid or p already has a right child.
    """
    node = self._validate(p)
    if node._right is not None: raise ValueError('Right child exists')
    self._size += 1
    node._right = self._Node(e, node)                 # node is its parent
    return self._make_position(node._right)

  def _replace(self, p, e):
    """Replace the element at position p with e, and return old element."""
    node = self._validate(p)
    old = node._element
    node._element = e
    return old
```

代码段 8-11 LinkedBinaryTree 类的非公开更新方法（接代码段 8-10）

```
  def _delete(self, p):
    """Delete the node at Position p, and replace it with its child, if any.

    Return the element that had been stored at Position p.
    Raise ValueError if Position p is invalid or p has two children.
    """
    node = self._validate(p)
    if self.num_children(p) == 2: raise ValueError('p has two children')
    child = node._left if node._left else node._right     # might be None
    if child is not None:
      child._parent = node._parent    # child's grandparent becomes parent
    if node is self._root:
      self._root = child              # child becomes root
    else:
      parent = node._parent
      if node is parent._left:
        parent._left = child
      else:
        parent._right = child
    self._size -= 1
    node._parent = node               # convention for deprecated node
    return node._element

  def _attach(self, p, t1, t2):
    """Attach trees t1 and t2 as left and right subtrees of external p."""
    node = self._validate(p)
    if not self.is_leaf(p): raise ValueError('position must be leaf')
    if not type(self) is type(t1) is type(t2):   # all 3 trees must be same type
      raise TypeError('Tree types must match')
    self._size += len(t1) + len(t2)
    if not t1.is_empty():             # attached t1 as left subtree of node
      t1._root._parent = node
```

```
        node._left = t1._root
        t1._root = None              # set t1 instance to empty
        t1._size = 0
      if not t2.is_empty():          # attached t2 as right subtree of node
        t2._root._parent = node
        node._right = t2._root
        t2._root = None              # set t2 instance to empty
        t2._size = 0
```

在特定的应用程序中，LinkedBinaryTree 的子类能调用内部非公开的方法，并提供适用于应用程序的公开接口。子类也可以使用公开方法封装一个或多个非公开更新方法供用户调用。我们将会在练习 R-8.15 中要求定义 MutableLinkedBinaryTree 这一子类，该子类能够提供封装 6 种公开更新方法的任意一种。

链式二叉树实现方式的性能

为了总结链式结构表示法的效率，我们分析 LinkedBinaryTree 方法的运行时间，其中包括从 Tree 和 BinaryTree 类派生的方法：

- len 方法，在 LinkedBinaryTree 内部实现，使用一个实例变量存储 T 的节点数，花费 $O(1)$ 的时间。is_empty 方法继承自 Tree 类，对 len 方法进行一次调用，因此需要花费 $O(1)$ 的时间。
- 访问方法 root、left、right、parent 和 num_children 直接在 LinkedBinaryTree 中执行，花费 $O(1)$ 的时间。sibling 和 children 方法从 BinaryTree 类派生，对其他访问方法做固定次的调用，因此，它们的运行时间也是 $O(1)$。
- Tree 类的 is_root 和 is_leaf 方法都运行 $O(1)$ 的时间，因为 is_root 调用 root 方法，之后判定两者的位置是否相等；而 is_leaf 调用 left 和 right 方法，并验证二者是否返回 None。
- depth 和 height 方法在 8.1.3 节中已做过分析。depth 方法在位置 p 处运行 $O(d_p+1)$ 的时间，其中 d_p 是它的深度；height 方法在树的根节点处运行 $O(n)$ 的时间。
- 各种更新方法 add_root、add_left、add_right、replace、delete 和 attach（即它们的非公开实现方式）都运行 $O(1)$ 的时间，因为它们每次操作都仅仅重新链接固定数量的节点。

表 8-1 总结了二叉树链式存储结构实现方式的性能。

表 8-1　使用链接结构表示的 n 节点二叉树的各种方法的运行时间。空间占用为 $O(n)$

操作	运行时间
len, is_empty	$O(1)$
root, parent, left, right, sibling, children, num_children	$O(1)$
is_root, is_leaf	$O(1)$
depth(p)	$O(d_p+1)$
height	$O(n)$
add_root, add_left, add_right, replace, delete, attach	$O(1)$

8.3.2　基于数组表示的二叉树

二叉树 T 的一种可供选择的表示法是对 T 的位置进行编号。对于 T 的每个位置 p，设 $f(p)$ 为整数且定义如下：

- 若 p 是 T 的根节点，则 $f(p)=0$。
- 若 p 是位置 q 的左孩子，则 $f(p)=2f(q)+1$。
- 若 p 是位置 q 的右孩子，则 $f(p)=2f(q)+2$。

编号函数 f 被称为二叉树 T 的位置的*层编号*，因为它将 T 每一层的位置从左往右按递增顺序编号（见图 8-12）。注意，层编号是基于树内的潜在位置，而不是所给树的实际位置，因此编号不一定是连续的。例如，在图 8-12b 中，没有层编号为 13 或 14 的节点，因为层编号为 6 的节点没有孩子。

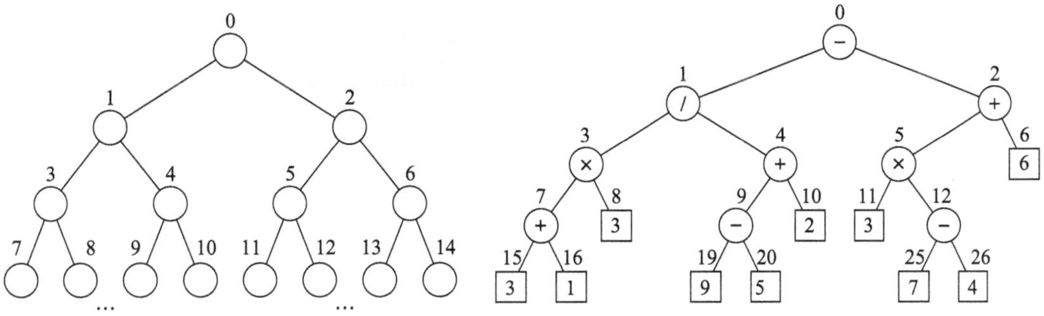

a）一般方案　　b）一个例子

图 8-12　二叉树的层编号

层编号函数 f 是一种二叉树 T 依据基于数组结构 A（例如，Python 列表）的表示方法，T 的 p 位置元素存储在数组下标为 $f(p)$ 的内存中。在图 8-13 中，我们给出了一个二叉树基于数组表示的例子。

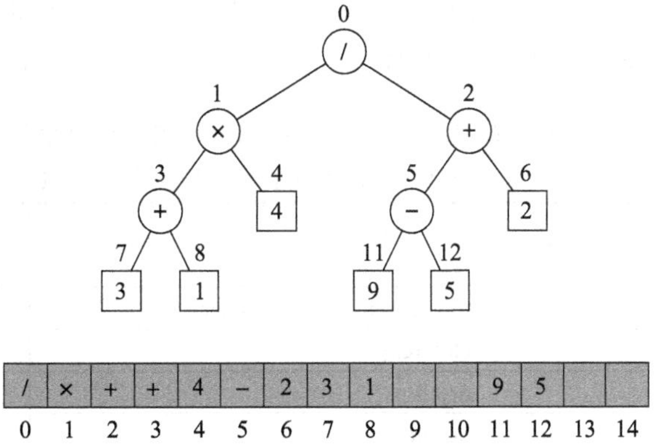

图 8-13　二叉树基于数组的表示方式

二叉树基于数组的表示方式的一个优势在于位置 p 能用简单的整数 $f(p)$ 来表示，且基于位置的方法（如 root、parent、left 和 right 方法）能采用对编号 $f(p)$ 进行简单算术操作的方法来执行。根据层编号的公式，p 左孩子的下标为 $2f(p)+1$，右孩子的下标为 $2f(p)+2$，而 p 父母的下标为 $\lfloor f(p)-1/2 \rfloor$。我们将完整实现方式的细节留作练习 R-8.18。

基于数组表示的空间使用情况极大地依赖于树的形状。设 n 为树 T 的节点数，f_M 为 $f(p)$ 对于 T 所有节点的最大值。数组 A 所需长度为 $N=1+f_M$，因为元素范围为从 $A[0]$ 到 $A[f_M]$。注意，A 可以有多个空单元，未指向 T 的已有节点。事实上，在最坏情况下，$N=2^n-1$，证明过程留作练习 R-8.16。在 9.3 节中，我们将学习二叉树的 heaps 类，其中 $N=n$。因此，即使是最坏情况下的空间使用，仍有应用程序指明二叉树的数组表示是空间高效的。而对于一般的二叉树而言，这种表示方式的指数级最坏空间需求是不允许的。

数组表示的另一个缺点是不能有效地支持树的一些更新方法，例如删除节点且提升自己的孩子节点的编号需要花费 $O(n)$ 的时间，因为在数组中，不仅有孩子节点需要移动位置，该孩子节点的所有子孙也都要移动。

8.3.3 一般树的链式存储结构

当使用链式存储结构表示二叉树时，每个节点都明确包含了 left 和 right 字段，用于指向各自的孩子节点。对于一般树，一个节点所拥有的孩子节点之间没有优先级限制。使用链式存储结构实现一般树 T 的一个很自然的方法是：使每个节点都配置一个容器，该容器存储指向每个孩子的引用。例如，节点的 children 字段可以是一张 Python 列表，用于存储指向该节点孩子（若有）的引用。图 8-14 阐明了这种链式表示。

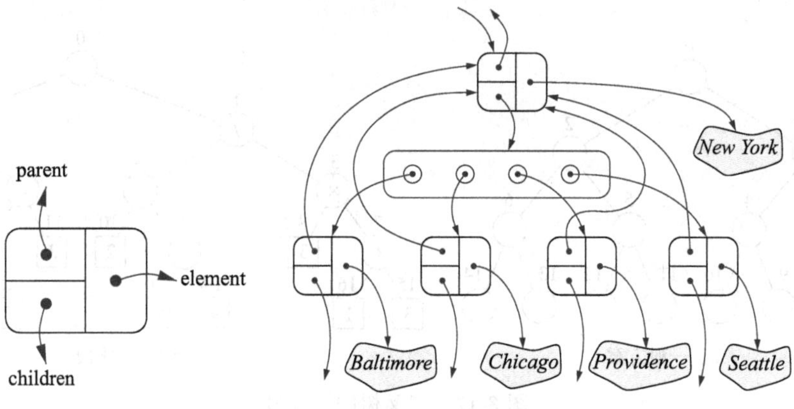
parent
element
children
New York
Baltimore
Chicago
Providence
Seattle

a）节点的结构　　b）与节点及其孩子有关的数据结构的绝大部分

图 8-14　一般树的链式结构

表 8-2 总结了使用链式存储结构实现一般树的性能。分析过程留作练习 R-8.14，但需要注意，使用集合存储每个位置 p 的孩子时，我们可以使用简单的迭代来实现 children(p)。

表 8-2　使用链式存储结构实现的具有 n 个节点的一般树的各种访问方法的运行时间。我们设 c_p 表示位置 p 的孩子节点数。空间占用为 $O(n)$

操　作	运行时间
len, is_empty	$O(1)$
root, parent, is_root, is_leaf	$O(1)$
children(p)	$O(c_p + 1)$
depth(p)	$O(d_p + 1)$
height	$O(n)$

8.4 树的遍历算法

树 T 的*遍历*是访问或者“拜访”T 的所有位置的一种系统化方法。“访问”p 位置的相关具体行动取决于遍历的应用程序，并且可能包括递增计数器和为 p 执行一些复杂的运算。在本节中，我们描述了几种常见的树的遍历方案，并在各种树类的环境中实现它们，还讨论了几种树遍历的常见应用。

8.4.1 树的先序和后序遍历

在树 T 的*先序遍历*中，首先访问 T 的根，然后递归地访问子树的根。如果这棵树是有序的，则根据孩子的顺序遍历子树。对于 p 位置处子树的根的先序遍历，其伪代码如代码段

8-12 所示。

代码段 8-12 T 树 p 位置的子树根的先序遍历的 preorder 算法

```
Algorithm preorder(T, p):
  perform the "visit" action for position p
  for each child c in T.children(p) do
    preorder(T, c)            {recursively traverse the subtree rooted at c}
```

图 8-15 描述了在一个先序遍历算法的应用中样本树的位置被顺序访问。

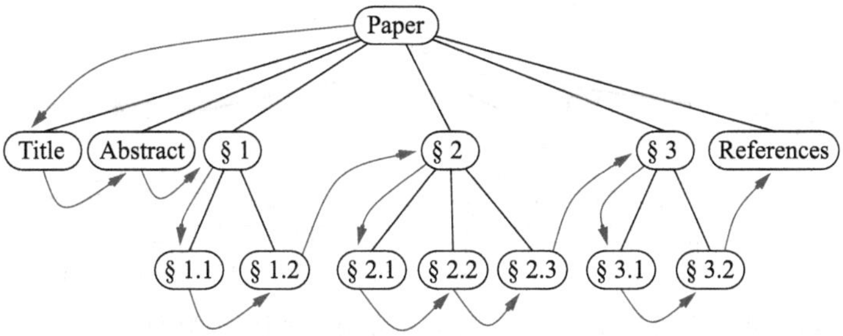
Paper
Title
Abstract
§ 1
§ 2
§ 3
References
§ 1.1
§ 1.2
§ 2.1
§ 2.2
§ 2.3
§ 3.1
§ 3.2

图 8-15 顺序树的先序遍历，每个位置处的孩子节点从左到右被排序

后序遍历

另一个重要的树的遍历算法是*后序遍历*。在某种程度上，这种算法可以看作相反的先序遍历，因为它优先遍历子树的根，即首先从孩子的根开始，然后访问根（因此叫作后序）。后序遍历的伪代码如代码段 8-13 所示，图 8-16 描绘了一个后序遍历的例子。

代码段 8-13 执行树 T 根在 p 位置处的后序遍历的 postorder 算法

```
Algorithm postorder(T, p):
  for each child c in T.children(p) do
    postorder(T, c)           {recursively traverse the subtree rooted at c}
  perform the "visit" action for position p
```

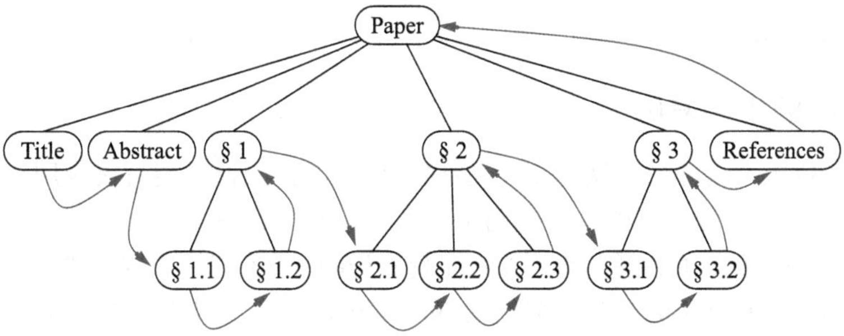
Paper
Title
Abstract
§ 1
§ 2
§ 3
References
§ 1.1
§ 1.2
§ 2.1
§ 2.2
§ 2.3
§ 3.1
§ 3.2

图 8-16 图 8-15 所示的顺序树的后序遍历

运行时间分析

先序遍历和后序遍历的算法对于访问树的所有位置都是有效的，对这两种算法的分析和 hight2 算法是相似的，如 8.1.3 节的代码段 8-5 所示。在每个 p 位置，遍历算法中的非递归部分所需的时间为 $O(c_p+1)$，c_p 是指 p 位置处孩子的个数，假设访问本身需要 $O(1)$ 的时间。由命题 8-5 可知，树 T 的整体运行时间为 $O(n)$，其中 n 是树中位置的数量。这个运行时间是

最佳的，因为遍历必须经过树的 n 个位置。

8.4.2 树的广度优先遍历

在访问树的位置时先序遍历和后序遍历是常见的方法，另一种常见的是遍历树的方法是在访问深度 $d+1$ 的位置之前先访问深度 d 的位置。这种算法称为*广度优先遍历*。

广度优先遍历广泛应用于游戏软件上，在游戏（或计算机）中，博弈树代表了可选择的一些动作，树的根是游戏的初始配置。例如，图 8-17 所示即为井字棋的部分博弈树。

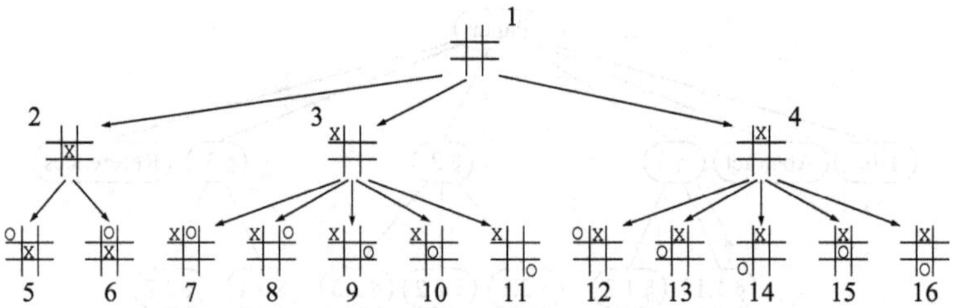
1
2
3
4
5
6
7
8
9
10
11
12
13
14
15
16

图 8-17　井字棋的部分博弈树，注释位置显示的访问顺序是广度优先遍历

之所以常执行这样一个博弈树的广度优先遍历，是因为计算机无法在有限的时间内去挖掘完整的博弈树。所以计算机要考虑所有动作，然后在允许的计算时间内对这些动作进行回馈。

广度遍历的伪代码如代码段 8-14 所示。这个过程不是递归的，因为我们不是首先遍历整个子树。我们使用一个队列来产生 FIFO（即先进先出）访问节点的顺序语义。整体的运行时间为 $O(n)$，因为对 enqueue 和 dequeue 操作各调用了 n 次。

代码段 8-14　执行树的广度优先遍历算法

```
Algorithm breadthfirst(T):
  Initialize queue Q to contain T.root( )
  while Q not empty do
    p = Q.dequeue( )                    {p is the oldest entry in the queue}
    perform the "visit" action for position p
    for each child c in T.children(p) do
      Q.enqueue(c)      {add p's children to the end of the queue for later visits}
```

8.4.3 二叉树的中序遍历

前面介绍的对于一般树的标准先序、后序和广度的优先遍历能直接应用在二叉树中。在这节中，我们介绍另一种常见的专门应用于二叉树的遍历算法。

在中序遍历中，我们通过递归遍历左右子树去访问一个位置。二叉树的中序遍历可以看作“从左到右”非正式地访问 T 的节点。事实上，对于每个位置 p，p 将在其左子树之后及其右子树之前被中序遍历访问。中序遍历算法的伪码如代码段 8-15 所示。图 8-18 描述了中序遍历的一个例子。

代码段 8-15　根在二叉树 p 位置处的子树的 inorder 算法的执行

```
Algorithm inorder(p):
  if p has a left child lc then
    inorder(lc)          {recursively traverse the left subtree of p}
  perform the "visit" action for position p
  if p has a right child rc then
    inorder(rc)         {recursively traverse the right subtree of p}
```

中序遍历的算法有几个重要的应用。使用二叉树表示一个算术表达式，如图 8-18 所示，中序遍历访问的位置与标准的顺序表达式的顺序一致，例如 3 + 1 × 3/9 − 5 + 2…（尽管没有括号）。

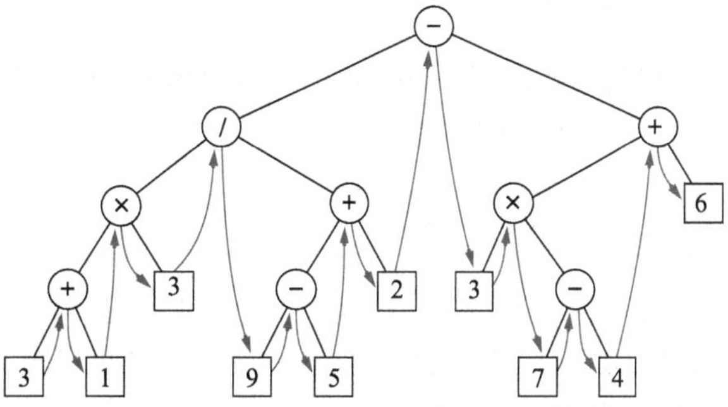
−
/
+
×
+
×
6
+
3
−
2
3
−
3
1
9
5
7
4

图 8-18 二叉树的中序遍历

二叉搜索树

中序遍历算法的一个重要应用是把有序序列的元素存储在二叉树中，所定义的这种结构称为**二叉搜索树**。设 S 为一个集合，其独特的元素存在次序关系。例如，S 可能是一组整数。S 的二叉搜索树是 T，对于 T 的每一个位置 p，有：

- 位置 p 存储 S 的一个元素，记作 $e(p)$。
- 存储在 p 的左子树的元素（如果有的话）小于 $e(p)$。
- 存储在 p 的右子树的元素（如果有的话）大于 $e(p)$。

图 8-19 所示为二叉搜索树的例子。上述性能保证二叉搜索树 T 的中序遍历可以按照非递减次序访问元素。

我们可以为 S 使用二叉搜索树 T，来寻找 S 中的元素 v，从根开始遍历树 T 下的路径。在 p 遇到的每个内部位置，我们比较搜索值 v 和存储在 p 位置的 $e(p)$。如果 $v < e(p)$，则继续搜索 p 的左子树。如果 $v = e(p)$，则搜索成功。如果 $v > e(p)$，则搜索 p 的右子树。最后，如果我们到达一个空的子树，则搜索失败。换句话说，二叉搜索树可以看作一棵二叉决策树（回忆例题 8-6），在内部节点处，要考虑元素是小于、等于还是大于被搜索的元素。在图 8-19 中说明了几个搜索操作的例子。

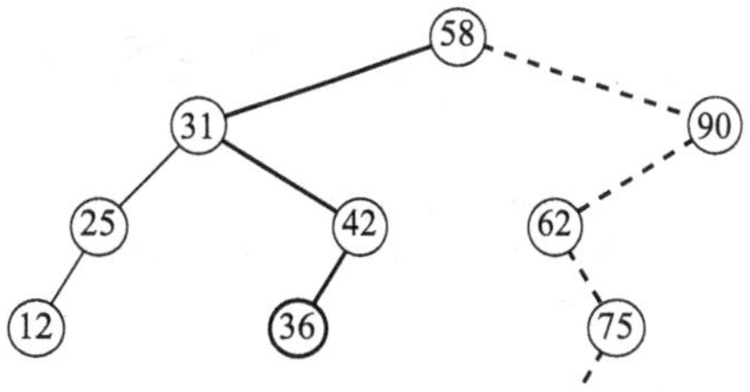
58
31
90
25
42
62
12
36
75

图 8-19 存储整数的二叉搜索树。当搜索（成功地）36 时，实线路径被遍历；当搜索（不成功）70 时，虚线路径被遍历

注意，二叉搜索树 T 的运行时间是和 T 的高度成正比的。回忆命题 8-8，n 个节点二叉树的高度可以小到 $\log(n + 1) - 1$ 或者大到 $n - 1$。因此，当二叉树高度最小时是最有效的。第 11 章将主要介绍搜索树。

8.4.4 用 Python 实现树遍历

在 8.1.2 节中，我们第一次定义树 ADT。树 T 应该支持下列方法：

- T.positions()：为树 T 的所有位置生成一个迭代器。
- iter(T)：用树 T 存储的所有元素生成一个迭代器。

之前，我们不对这些迭代器报告的结果的顺序做任何假设。在本节中，我们将演示如何让任意一种之前介绍的树遍历算法都能用于产生这些迭代。

一开始，我们注意到树的所有元素很容易产生一个迭代器，前提是依赖一个所有位置的假定迭代器。因此，iter(T) 语法可以通过抽象基本树类的特殊方法的 iter 的具体实现给出。

我们以 Python 的生成器语法作为迭代产生的机制（见 1.8 节）。代码段 8-16 给出了 Tree.__iter__ 的实现。

代码段 8-16　基于迭代树的位置的所有元素树的实例。这段代码应该包含在 Tree 类的结构体内

```
def __iter__(self):
  """Generate an iteration of the tree's elements."""
  for p in self.positions():          # use same order as positions()
    yield p.element()                 # but yield each element
```

为了实现 positions 方法，我们可以选择树遍历算法。考虑到这些遍历顺序的优点，我们将提供每个策略的独立实现，这些实现可以被类的使用者直接调用。我们可以选择其中一个作为树 ADT 的 positions 方法的默认顺序。

先序遍历

首先考虑先序遍历的算法。我们通过调用树 T 的 T.preorder() 来给出一个公共的方法，该方法生成一个关于树的所有位置的先序迭代器。然而，像代码段 8-12 中描述的生成先序遍历的递归算法，必须由树的特定位置参数化作为子树的根来遍历。对于这种情况，一种标准的解决方案是用所需的递归参数化来定义非公开的应用程序方法，然后由公共方法 preoder 在树根上调用非公开方法。这样设计的实现在代码段 8-17 中给出。

代码段 8-17　支持执行树的先序遍历。这段代码应该包含在 Tree 类的结构体中

```
def preorder(self):
  """Generate a preorder iteration of positions in the tree."""
  if not self.is_empty():
    for p in self._subtree_preorder(self.root()):        # start recursion
      yield p

def _subtree_preorder(self, p):
  """Generate a preorder iteration of positions in subtree rooted at p."""
  yield p                                        # visit p before its subtrees
  for c in self.children(p):                     # for each child c
    for other in self._subtree_preorder(c):      # do preorder of c's subtree
      yield other                                # yielding each to our caller
```

从形式上讲，preorder 和应用 _subtree_preorder 是生成器。我们把位置给调用者，然后让调用者决定在该位置执行什么操作，而不是在这段代码中执行“访问”行为。

_subtree_preorder 方法是递归的。然而，递归形式略有不同，因为我们依赖于生成器而不是传统的函数。为了生成孩子 c 的子树的所有位置，我们在通过递归调用 self._subtree_preorder(c) 产生的位置上执行循环，并在外环境中重新生成每个位置。注意，如果 p 是叶子，self.children(p) 上的 for 循环是不重要的（这是递归的基本情况）。

我们用相似的技巧从树的根部应用公共的 preorder 方法重新生成所有位置。如果树是空的，什么都不产生。在这点上，我们为 preorder 迭代器提供全面支持，所以类的用户可以编写代码如下：

```
for p in T.preorder():
  # "visit" position p
```

官方树 ADT 要求所有树支持 positions 方法。为了用先序遍历作为默认的迭代顺序，我们在代码段 8-18 中给出了 Tree 类的定义。我们将整个迭代作为对象返回，而不是先序遍历调用的返回值的循环。

代码段 8-18 位置方法依赖于先序遍历产生的结果

```
def positions(self):
  """Generate an iteration of the tree's positions."""
  return self.preorder( )             # return entire preorder iteration
```

后序遍历

我们可以应用与先序遍历相似的技巧来实现后序遍历。唯一不同的是后序递归应用，直到递归地产生子树的位置之后，才生成位置 p。代码段 8-19 给出了一个实例。

代码段 8-19 支持执行树的后序遍历。这段代码应包含在 Tree 类的结构体内

```
def postorder(self):
  """Generate a postorder iteration of positions in the tree."""
  if not self.is_empty( ):
    for p in self._subtree_postorder(self.root( )):       # start recursion
      yield p

def _subtree_postorder(self, p):
  """Generate a postorder iteration of positions in subtree rooted at p."""
  for c in self.children(p):                     # for each child c
    for other in self._subtree_postorder(c):     # do postorder of c's subtree
      yield other                                # yielding each to our caller
  yield p                                        # visit p after its subtrees
```

广度优先遍历

在代码段 8-20 中，我们给出了一个在 Tree 类的上下文中执行广度优先遍历的实现。广度优先遍历算法不是递归的，它借助位置队列来管理递归程序。尽管任何队列 ADT 的实现都可以使用，但从 7.1.2 节开始，我们用 LinkedQueue 类来实现。

代码段 8-20 树的广度优先遍历的实现。这段代码应包含在 Tree 类的结构体内

```
def breadthfirst(self):
  """Generate a breadth-first iteration of the positions of the tree."""
  if not self.is_empty( ):
    fringe = LinkedQueue( )             # known positions not yet yielded
    fringe.enqueue(self.root( ))        # starting with the root
    while not fringe.is_empty( ):
      p = fringe.dequeue( )             # remove from front of the queue
      yield p                           # report this position
      for c in self.children(p):
        fringe.enqueue(c)               # add children to back of queue
```

中序遍历二叉树

先序、后序和广度优先遍历算法可应用于所有树，所以我们在 Tree 的抽象基类中包含了它们的所有实现。这些方法可以被抽象二叉树类、具体的链二叉树类和其他派生的类继承。

由于中序遍历算法显式地依赖于左和右孩子节点的概念，只适用于二叉树，因此我们在 BinaryTree 类的结构体中包含了该算法的定义。我们使用一个与先序和后序遍历相似的技巧实现中序遍历（见代码段 8-21）。

代码段 8-21 支持执行二叉树的中序遍历，这段代码应包含在 BinaryTree 类中（代码段 8-7 中给出）

```
def inorder(self):
  """Generate an inorder iteration of positions in the tree."""
  if not self.is_empty( ):
    for p in self._subtree_inorder(self.root( )):
```

```
            yield p

    def _subtree_inorder(self, p):
        """Generate an inorder iteration of positions in subtree rooted at p."""
        if self.left(p) is not None:          # if left child exists, traverse its subtree
            for other in self._subtree_inorder(self.left(p)):
                yield other
        yield p                               # visit p between its subtrees
        if self.right(p) is not None:         # if right child exists, traverse its subtree
            for other in self._subtree_inorder(self.right(p)):
                yield other
```

对于二叉树的许多应用，中序遍历提供了自然的迭代。我们可以通过重写继承自 Tree 类的 positions 方法来将其作为 BinaryTree 类的默认值（见代码段 8-22）。

代码段 8-22　定义二叉树的位置方法以实现中序遍历节点位置

```
    # override inherited version to make inorder the default
    def positions(self):
        """Generate an iteration of the tree's positions."""
        return self.inorder( )                # make inorder the default
```

8.4.5　树遍历的应用

在本节中，我们将演示几个树遍历的代表应用程序，其中包括一些标准遍历算法的自定义。

目录表

我们使用树来表示文档的层次结构，树的先序遍历可以自然地被用于产生一个文档的目录表。例如，图 8-15 中与树相关联的目录表如图 8-20 所示。图 8-20a 按每行一个元素的样式进行了简单表示。图 8-20b 则基于树的深度，通过缩进元素给出了一种更醒目的表示形式。类似的表示可用于展示计算机文件系统目录（见图 8-3）。

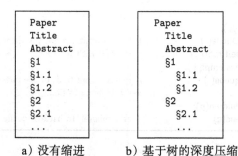

```
Paper
Title
Abstract
§1
§1.1
§1.2
§2
§2.1
...
```

a）没有缩进

```
Paper
  Title
  Abstract
  §1
    §1.1
    §1.2
  §2
    §2.1
    ...
```

b）基于树的深度压缩

图 8-20　图 8-15 中用树表示的文档的目录表

给定树 T 没有缩进版本的目录表，可以用下面的代码：

```
for p in T.preorder():
  print(p.element())
```

为了生成图 8-20b 的表示样式，我们将每个元素按照树中元素深度的 2 倍缩进（因此根元素是不被缩进的）。尽管我们可以替换语句打印的循环体（2 *T.depth(p)*' ' + str(p.element())），但这种方法会造成不必要的效率低下。基于 8.4.1 节的分析，虽然产生的先序遍历运行时间为 $O(n)$，调用深度会产生一个隐含的成本，从树的每一个位置调用都会产生最坏运行时间 $O(n^2)$，如 8.1.3 节中 hight1 算法的分析。

生成一个缩进目录表的首选方法是重新设置一个自顶向下的递归，其中将当前的深度作为额外的参数。代码段 8-23 给出了这个实现。这个实现最坏的运行时间为 $O(n)$（除去技术上将花费打印增加长度的字符串的时间）。

代码段 8-23 用于打印先序遍历的缩进版本的高效递归。在一个完整的树 T 上，遍历应该从 preorder_indent(T, T.root(), 0) 开始

```
def preorder_indent(T, p, d):
  """Print preorder representation of subtree of T rooted at p at depth d."""
  print(2*d*' ' + str(p.element()))          # use depth for indentation
  for c in T.children(p):
    preorder_indent(T, c, d+1)               # child depth is d+1
```

考虑图 8-20 所示的例子，幸运的是编号是嵌入树中的元素。一般来讲，我们可能有兴趣用先序遍历展示树的结构，并用缩进和树上没有显式呈现的编号。例如，我们可以按照以下样式开始展示图 8-2 所示的树。

```
Electronics R'Us
  1 R&D
  2 Sales
    2.1 Domestic
    2.2 International
      2.2.1 Canada
      2.2.2 S. America
```

这更具有挑战性，因为数字被用作标签隐含在树的结构中。标签取决于位置的索引，相对于其兄弟姐妹，沿着路径从根到当前位置。为了实现这个任务，我们将路径作为一个额外的参数添加到递归签名。尤其是，我们使用一个 0 索引数字列表，其每个位置沿着向下的路径，而不是根（我们将这些数据转换成索引形式打印）。

在实现层级，我们希望在将一个新参数从递归的一个层级传递到下一个层级时，避免这样低效率的列表。一个标准的解决方案是通过递归共享相同的列表实例。在递归的层级上，一个新的条目在做进一步递归调用之前被暂时添加到列表的末尾。为了“不留下痕迹”，相同的代码块在完成任务之前必须移除多余的条目。代码段 8-24 给出了基于这种方法的实现。

代码段 8-24 用于打印先序遍历的缩进和标记表示

```
def preorder_label(T, p, d, path):
  """Print labeled representation of subtree of T rooted at p at depth d."""
  label = '.'.join(str(j+1) for j in path)  # displayed labels are one-indexed
  print(2*d*' ' + label, p.element())
  path.append(0)                            # path entries are zero-indexed
  for c in T.children(p):
    preorder_label(T, c, d+1, path)         # child depth is d+1
    path[-1] += 1
  path.pop()
```

树的括号表示

如图 8-20a 所示，如果只给定元素的先序序列，那么不可能重建一般的树。要更好地定义树的结构，一些附加的上下文是必需的。用缩进或者编了号的标签提供这样的环境是非常人性化的表现。不管怎样，有些更简明的树的字符串是对计算机友好的。

在本节中，我们探讨这样一个表示。树 T 的括号字符串表示 $P(T)$ 以如下方式递归定义。如果 T 由单一的位置 p 组成，则

$P(T) = \text{str}(p.\text{element}())$

否则，它将递归定义为

$P(T) = \text{str}(p.\text{element}()) + \text{'('} + P(T_1) + \text{', '} + \cdots + \text{', '} + P(T_k) + \text{')'}$

其中 p 是 T 的根，$T_1, T_2, \cdots, T_k$ 是 p 的孩子的子树根。如果 T 是有序树，则按序给出。我们用“+”来表示字符串连接。例如，图 8-2 所示的树的括号表示如下（换行符是修饰）：

```
Electronics R'Us (R&D, Sales (Domestic, International (Canada,
S. America, Overseas (Africa, Europe, Asia, Australia))),
Purchasing, Manufacturing (TV, CD, Tuner))
```

虽然括号本质上是一个先序遍历，但是我们不能用之前代码段 8-17 给出的 preorder 实现轻易生成额外的标点符号。左括号必须在循环该位置的孩子之前产生，右括号必须在循环该位置的孩子之后产生。进一步来讲，逗号必须产生。Python 函数 parenthesize 是一个自定义的遍历，用于输出树 T 的括号字符串表示，如代码段 8-25 所示。

代码段 8-25 输出树的附加说明字符串表示函数

```
def parenthesize(T, p):
  """Print parenthesized representation of subtree of T rooted at p."""
  print(p.element(), end='')              # use of end avoids trailing newline
  if not T.is_leaf(p):
    first_time = True
    for c in T.children(p):
      sep = ' (' if first_time else ', '      # determine proper separator
      print(sep, end='')
      first_time = False                  # any future passes will not be the first
      parenthesize(T, c)                  # recur on child
    print(')', end='')                    # include closing parenthesis
```

计算磁盘空间

在例 8-1 中，我们用树作为文件系统结构的模型，用内部节点代表目录，用叶子代表文件。事实上，在第 4 章中介绍递归的使用时，我们专门研究过文件系统（见 4.1.4 节）。虽然当时没有明确地将文件系统模型化为一棵树，但我们给出了计算磁盘使用率的一个算法的实现（见代码段 4-5）。

磁盘空间的递归计算是*后序遍历*的一个应用，正如我们不能有效地计算总的使用空间直到了解子目录的使用空间之后。不幸的是，代码段 8-19 给出的 postorder 的实现并不满足这一目的。访问一个目录的位置时，没有简单的方法来辨别之前的哪个位置代表孩子的目录，也无法辨别有多少递归磁盘空间被分配。

我们想要将孩子向父亲返回信息的机制作为遍历过程的一部分。每层递归为调用者提供一个返回值，来自定义解决磁盘空间问题，如代码段 8-26 所示。

代码段 8-26 树的磁盘空间的递归计算，假设每个树元素的 space() 方法给出在这个位置的本地空间使用情况

```
def disk_space(T, p):
  """Return total disk space for subtree of T rooted at p."""
  subtotal = p.element().space()          # space used at position p
  for c in T.children(p):
    subtotal += disk_space(T, c)          # add child's space to subtotal
  return subtotal
```

8.4.6 欧拉图和模板方法模式 *

8.4.5 节描述的各种应用程序展示了树递归遍历的强大功能。不幸的是，它们也表明 Tree 类的 preorder 和 postorder 方法的具体实现，或者 BinaryTree 类的 inorder 方法的实现，不够通用。在有些情况下，我们需要更多的混合方法，在子树上重复执行之前执行初始工作，额外的工作执行在递归执行之后，对于二叉树，工作执行两种可能的递归。进一步来讲，在某些情况下，知道位置的深度，或者从根到该位置的完整的路径，或者返回从递归的一个层级到另一个层级的信息，这些是很重要的。对于前面的每个应用程序，我们可以开发一个正确适用递归思想的实现，但是面向对象编程（见 2.1.1 节）原则包括适应性和可重用性。

在本节中，我们开发了一个更通用的框架，即基于概念实现树的遍历——*欧拉遍历*。一般树 T 的欧拉遍历可以非正式地定义为沿着 T“走”，从根开始“走”向最后一个孩子，我们保持在左边，像“墙”一样查看 T 的边缘，如图 8-21 所示。

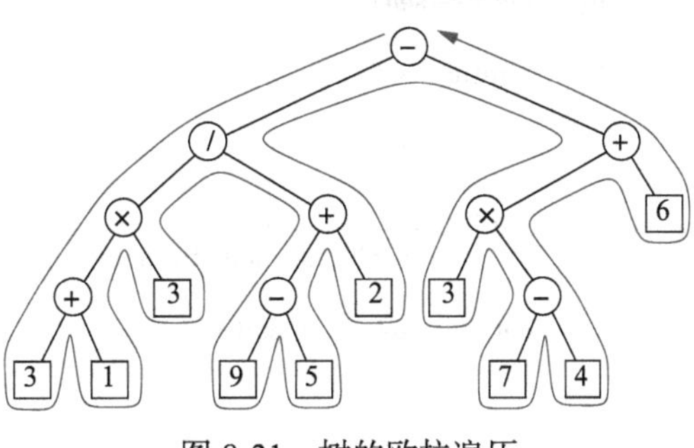
−
/
+
×
+
6
+
3
−
2
3
−
3
1
9
5
7
4
图 8-21 树的欧拉遍历

遍历的复杂度为 $O(n)$，因为恰好两次沿着树的 $n-1$ 条边进行——一次沿着边缘向下走，一次沿着边缘向上走。为了统一先序和后序遍历的概念，对于每个位置 p，我们可以考虑两个值得注意的“访问”：

- 当到达第一个位置，即当遍历立刻通过可视化节点的左边时，“先访问”发生。
- 当从该位置向上遍历，即当遍历通过可视化节点的右边时，“后访问”发生。

欧拉遍历的过程很容易被看成递归，在给定位置的“先访问”和“后访问”之间将是每个子树的递归遍历。以图 8-21 为例，整个遍历的连续部分本身就是节点带元素“/”的子树的欧拉遍历。遍历包含两个连续的子遍历，一个遍历左子树，一个遍历右子树。对于根在 p 位置处的子树的欧拉遍历，其伪代码如代码段 8-27 所示。

代码段 8-27 根在 p 位置处的子树的欧拉遍历的算法实现 .

```
Algorithm eulertour(T, p):
  perform the "pre visit" action for position p
  for each child c in T.children(p) do
    eulertour(T, c)              {recursively tour the subtree rooted at c}
  perform the "post visit" action for position p
```

模板方法模式

为了提供一个可重用的和适应性强的框架，我们借用了一种有趣的面向对象软件设计模式——*模板方法模式*。模板方法模式通过精简某些步骤描述了一个通用的计算机制。在指定步骤的过程中，为了允许自定义，基本算法调用称为钩子（hook）的辅助函数。

在欧拉遍历的上下文中，我们定义了两个单独的钩子。在子树被访问之前，“先序访问”钩子被调用；在子树完成遍历之后，“后续访问”钩子被调用。我们的实现将采用 EulerTour 类管理进程，并简单定义什么也不做的钩子。遍历可以通过定义 EulerTour 的子类和重载一个或两个用以提供特殊性能的钩子来进行个性化设置。

Python 实现

代码段 8-28 提供了 EulerTour 类的实现，主要的递归过程被定义为非公开的 _tour 方法。

通过发送特定的树的引用给构造函数创建遍历实例，然后通过调用公共执行方法去遍历返回一个计算的最终结果。

代码段 8-28 EulerTour 基类提供了一个框架，用于执行树的欧拉遍历

```
class EulerTour:
  """Abstract base class for performing Euler tour of a tree.

  _hook_previsit and _hook_postvisit may be overridden by subclasses.
  """
  def __init__(self, tree):
    """Prepare an Euler tour template for given tree."""
    self._tree = tree

  def tree(self):
    """Return reference to the tree being traversed."""
    return self._tree

  def execute(self):
    """Perform the tour and return any result from post visit of root."""
    if len(self._tree) > 0:
      return self._tour(self._tree.root(), 0, [ ])        # start the recursion

  def _tour(self, p, d, path):
    """Perform tour of subtree rooted at Position p.

    p        Position of current node being visited
    d        depth of p in the tree
    path     list of indices of children on path from root to p
    """
    self._hook_previsit(p, d, path)                        # "pre visit" p
    results = [ ]
    path.append(0)          # add new index to end of path before recursion
    for c in self._tree.children(p):
      results.append(self._tour(c, d+1, path))    # recur on child's subtree
      path[−1] += 1         # increment index
    path.pop( )             # remove extraneous index from end of path
    answer = self._hook_postvisit(p, d, path, results)     # "post visit" p
    return answer

  def _hook_previsit(self, p, d, path):                    # can be overridden
    pass

  def _hook_postvisit(self, p, d, path, results):          # can be overridden
    pass
```

8.4.5 节的简单应用基于自定义遍历的经验，我们在代码段 8-24 中介绍了在 EulerTour 中维护递归遍历的深度和路径。我们还为递归层级提供了一个机制，用于在进行后续处理时返回值。在形式上，框架依赖于专业化的两个钩子：

- method_hook_previsit(p, d, path)

  每个位置调用这个函数一次——在子树遍历之前立即调用（如果有的话）。参数位置 p 是树上的位置，d 是位置的深度，path 是索引的列表，使用代码段 8-24 中所描述的约定。这个函数没有返回值。

- method_hook_postvisit(p, d, path, results)

  这个函数在每个位置被调用一次——在其子树被遍历后立即调用，前三个参数使用与 _hook_previsit 相同的含义。最后一个参数是以 p 的子树后序遍历的返回值作为列表对象。任何通过此调用的返回值可以被其父母节点 p 所利用。

对于更复杂的任务，EulerTour 的子类能够以实例变量的形式初始化和维护附加状态，这些变量可以在钩子的主体内访问。

使用欧拉遍历框架

为了展示欧拉遍历的灵活性，我们重新审视 8.4.5 节中的示例应用程序。举一个简单的例子，一个缩进的先序遍历（类似于代码段 8-23），可以由代码段 8-29 中给出的简单子类生成。

代码段 8-29　EulerTour 的子类生成树元素的缩进先序列表

```
class PreorderPrintIndentedTour(EulerTour):
  def _hook_previsit(self, p, d, path):
    print(2*d*' ' + str(p.element()))
```

对于给定的树 T，通过创建子类的实例来开始遍历并调用 execute 方法。代码如下：

```
tour = PreorderPrintIndentedTour(T)
tour.execute()
```

缩进标记版本类似于代码段 8-24，可能通过 EulerTour 的新子类生成，如代码段 8-30 所示。

代码段 8-30　EulerTour 的子类生成树元素的标记和缩进先序列表

```
class PreorderPrintIndentedLabeledTour(EulerTour):
  def _hook_previsit(self, p, d, path):
    label = '.'.join(str(j+1) for j in path)    # labels are one-indexed
    print(2*d*' ' + label, p.element())
```

为了生成括号的字符串表示，最初实现如代码段 8-25 所示，我们通过重写先序遍历和后序遍历的钩子定义了一个子类。新的实现如代码段 8-31 所示。

代码段 8-31　EulerTour 的子类，用于打印树的附加说明字符串的表示

```
class ParenthesizeTour(EulerTour):
  def _hook_previsit(self, p, d, path):
    if path and path[−1] > 0:                # p follows a sibling
      print(', ', end='')                    # so preface with comma
    print(p.element(), end='')               # then print element
    if not self.tree().is_leaf(p):           # if p has children
      print(' (', end='')                    # print opening parenthesis

  def _hook_postvisit(self, p, d, path, results):
    if not self.tree().is_leaf(p):           # if p has children
      print(')', end='')                     # print closing parenthesis
```

注意，在这个实现中，我们在树的实例中调用一个从内部钩子遍历的方法。欧拉遍历类的公共 tree() 方法作为树的访问器。

最后，计算磁盘空间的任务（如代码段 8-26 所示）可以用代码段 8-32 所示的 EulerTour 子类很容易地实现。根的后序遍历通过调用 execute() 返回结果。

代码段 8-32　欧拉遍历子类计算树的磁盘空间

```
class DiskSpaceTour(EulerTour):
  def _hook_postvisit(self, p, d, path, results):
    # we simply add space associated with p to that of its subtrees
    return p.element().space( ) + sum(results)
```

二叉树的欧拉遍历

在 8.4.6 节中，我们介绍了一般图的欧拉遍历的概念，使用模板方法模式设计 EulerTour 类。类提供的 _hook_previsit 和 _hook_postvisit 方法可以被重载来自定义遍历。代码段 8-33 给出了一个 BinaryEulerTour 特性，包括额外的 _hook_invisit 方法——被每个位置调用一次，在遍历左子树之后、右子树之前调用。

BinaryEulerTour 的实现代替了原来的 _tour，仅限于一个节点至多有两个孩子的情况。如果一个节点只有一个孩子，遍历将区分是左孩子还是右孩子。访问发生在一个左孩子访问之后，且在一个右孩子访问之前。在一片叶子的情况下，会连续调用三个钩子。

代码段 8-33 BinaryEulerTour 基类为二叉树提供专门的遍历。最初的 EulerTour 基类在代码段 8-28 中给出

```
class BinaryEulerTour(EulerTour):
  """Abstract base class for performing Euler tour of a binary tree.

  This version includes an additional _hook_invisit that is called after the tour
  of the left subtree (if any), yet before the tour of the right subtree (if any).

  Note: Right child is always assigned index 1 in path, even if no left sibling.
  """
  def _tour(self, p, d, path):
    results = [None, None]          # will update with results of recursions
    self._hook_previsit(p, d, path)                 # "pre visit" for p
    if self._tree.left(p) is not None:              # consider left child
      path.append(0)
      results[0] = self._tour(self._tree.left(p), d+1, path)
      path.pop()
    self._hook_invisit(p, d, path)                  # "in visit" for p
    if self._tree.right(p) is not None:             # consider right child
      path.append(1)
      results[1] = self._tour(self._tree.right(p), d+1, path)
      path.pop()
    answer = self._hook_postvisit(p, d, path, results)    # "post visit" p
    return answer

  def _hook_invisit(self, p, d, path): pass        # can be overridden
```

为了演示 BinaryEulerTour 的框架，我们开发了一个用于计算二叉树的图形布局的子类，如图 8-22 所示。几何图形由一个算法确定，该算法用以下两条规则为二叉树 T 的每个位置 p 指定 x 坐标和 y 坐标。

- $x(p)$ 是在 p 之前 T 的中序遍历中访问的位置数量。
- $y(p)$ 是 T 中 p 的深度。

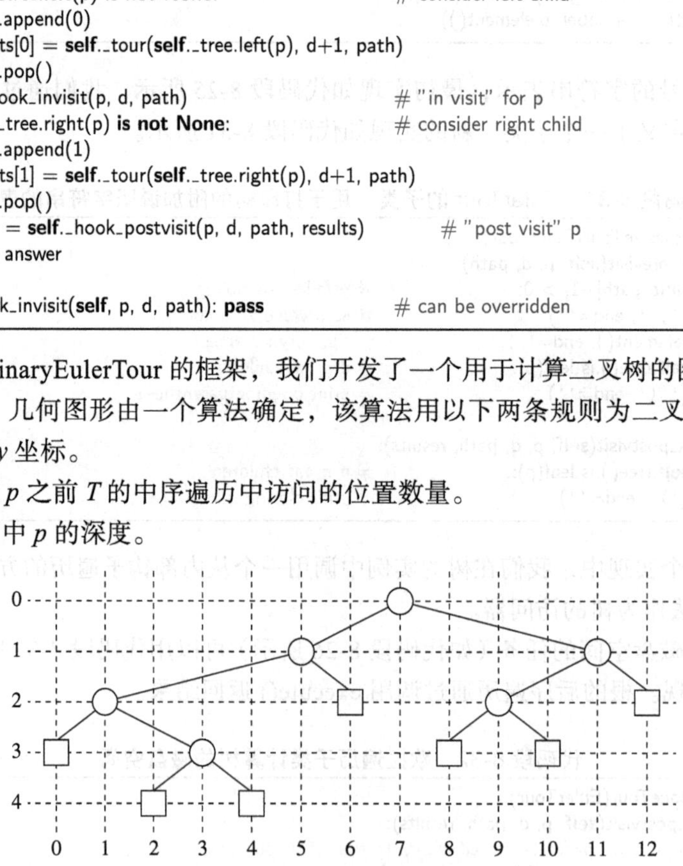
0
1
2
3
4
0
1
2
3
4
5
6
7
8
9
10
11
12

图 8-22 二叉树的有序图

在这个应用中，我们采用计算机图形学中的一个公认约定，即 x 坐标从左到右增加，y 坐标从上到下增加，所以原点在计算机屏幕的左上角。

代码段 8-34 给出了一个 BinaryLayout 子类的实现，用于前面的算法，即为存储在二叉树每个位置的元素分配 (x, y) 坐标。我们以 _count 实例变量（表示我们已执行 “ in visits” 的数量）的形式引入额外的状态，从而调整 BinaryEulerTour 框架。每个位置的 x 坐标根据计数器设置。

代码段 8-34　用于计算坐标绘出二叉树图形布局的 BinaryLayout 类，假设原来树的元素类型支持 setX 和 setY 方法

```
class BinaryLayout(BinaryEulerTour):
  """Class for computing (x,y) coordinates for each node of a binary tree."""
  def __init__(self, tree):
    super().__init__(tree)             # must call the parent constructor
    self._count = 0                    # initialize count of processed nodes

  def _hook_invisit(self, p, d, path):
    p.element().setX(self._count)      # x-coordinate serialized by count
    p.element().setY(d)                # y-coordinate is depth
    self._count += 1                   # advance count of processed nodes
```

8.5　案例研究：表达式树

在例 8-7 中，我们介绍了使用二叉树来表示算数表达式的结构。在本节中，我们定义一个新类 ExpressionTree 为构建这种树提供支持，并显示和评估树代表的算术表达式。ExpressionTree 类被定义为 LinkedBinaryTree 类的子类。我们用非公开调整器来构建这样的树。每个内部节点必须存储一个用于定义二进制操作（如 +）的字符串，每片叶子必须存储一个数值（或者一个字符串代表一个数值）。

最终目的是将任意复杂度的表达式树建立为复合运算表达式，如 $(((3 + 1) \times 4)/((9 - 5) + 2))$。然而，它仅支持两种基本形式来初始化表达式树类。

- ExpressionTree(value)：创建一棵在根处存储给定值的树。
- ExpressionTree(op, E_1, E_2)：创建一棵在根处存储字符串 op（如 +）的树，ExpressionTree 的实例 E_1 和 E_2 分别作为根的左子树和右子树。

ExpressionTree 的构造函数在代码段 8-35 中给出，该类正式继承自 LinkedBinaryTree，所以它访问 8.3.1 节中定义的非公开更新方法。我们使用 _add_root 方法来创建树的初始根，用以将令牌作为第一个参数存储，然后执行运行时参数来检查调用者是调用构造函数的单个参数版本（在这种情况下，我们已经做完了）还是 3 个参数形式。在这种情况下，我们结合树的结构使用继承的 _attach 方法作为根的子树。

组成一个括号字符串表示

现有表达式树实例的字符串表示，例如 $(((3 + 1) \times 4)/((9 - 5) + 2))$，可以通过中序遍历树的方法来产生，但左括号和右括号分别用先序和后序步骤插入。ExpressionTree 类的上下文中，我们支持一个特殊的 __str__ 方法（见 2.3.2 节）返回一个合适的字符串。因为它是更高效地先将一系列独立的字符串连接在一起（见 5.4.2 节中 “组合字符串” 的讨论)，str 的实现依赖于一个非公开、递归的方法 _parenthesize_recur，该方法用于在一个列表中添加一系列字符串。这些方法被包含在代码段 8-35 中。

代码段 8-35 ExpressionTree 类的开始部分

```
class ExpressionTree(LinkedBinaryTree):
  """An arithmetic expression tree."""

  def __init__(self, token, left=None, right=None):
    """Create an expression tree.

    In a single parameter form, token should be a leaf value (e.g., '42'),
    and the expression tree will have that value at an isolated node.

    In a three-parameter version, token should be an operator,
    and left and right should be existing ExpressionTree instances
    that become the operands for the binary operator.
    """
    super().__init__()                        # LinkedBinaryTree initialization
    if not isinstance(token, str):
      raise TypeError('Token must be a string')
    self._add_root(token)                     # use inherited, nonpublic method
    if left is not None:                      # presumably three-parameter form
      if token not in '+-*x/':
        raise ValueError('token must be valid operator')
      self._attach(self.root(), left, right)  # use inherited, nonpublic method

  def __str__(self):
    """Return string representation of the expression."""
    pieces = [ ]                   # sequence of piecewise strings to compose
    self._parenthesize_recur(self.root(), pieces)
    return ''.join(pieces)

  def _parenthesize_recur(self, p, result):
    """Append piecewise representation of p's subtree to resulting list."""
    if self.is_leaf(p):
      result.append(str(p.element()))                    # leaf value as a string
    else:
      result.append('(')                                 # opening parenthesis
      self._parenthesize_recur(self.left(p), result)     # left subtree
      result.append(p.element())                         # operator
      self._parenthesize_recur(self.right(p), result)    # right subtree
      result.append(')')                                 # closing parenthesis
```

表达式树的评估

表达式树的数值评估可以用先序遍历的简单应用完成。如果知道两个子树内部节点的位置，我们可以计算指定位置的结果。代码段 8-36 给出了根在 p 位置处子树的评估值的递归伪代码。

代码段 8-36 根在 p 位置处的子树的评估算法 evaluate_recur

```
Algorithm evaluate_recur(p):
  if p is a leaf then
    return the value stored at p
  else
    let ∘ be the operator stored at p
    x = evaluate_recur(left(p))
    y = evaluate_recur(right(p))
    return x ∘ y
```

为了用 Python 的 ExpressionTree 类实现这个算法，我们提供了一个公共的 evaluate 方法，它用 T.evaluate() 调用实例 T。代码段 8-37 给出了这样一个实现——用一个非公开评估方法 _evaluate_recur 计算指定子树的值。

代码段 8-37 评估 ExpressTree 的实例

```
  def evaluate(self):
    """Return the numeric result of the expression."""
    return self._evaluate_recur(self.root())

  def _evaluate_recur(self, p):
    """Return the numeric result of subtree rooted at p."""
    if self.is_leaf(p):
      return float(p.element())         # we assume element is numeric
    else:
      op = p.element()
      left_val = self._evaluate_recur(self.left(p))
      right_val = self._evaluate_recur(self.right(p))
      if op == '+': return left_val + right_val
      elif op == '-': return left_val - right_val
      elif op == '/': return left_val / right_val
      else: return left_val * right_val        # treat 'x' or '*' as multiplication
```

创建一棵表达式树

代码段 8-35 中 ExpressionTree 的构造函数，提供了结合现有树构建更大表达式树的基本功能。然而，对于给定的字符串，如 $(((3 + 1) \times 4)/((9 - 5) + 2))$，如何构建一棵表示该表达式的树，这一问题尚未解决。

为了将这个过程自动化，我们使用一个自上而下的构造算法，假设一个字符串可以先被标记化，这样多位数字就可以自动处理（见练习 R-8.30），从而这个表达式就完全被括起来了。算法使用栈 S 扫描输入表达式 E 来查找值、操作符和右括号（左括号被忽略）。

- 当看到一个操作 $\circ$ 时，我们将字符串推入栈。
- 当看到一个文本值 v 时，我们创建一个单个节点表达式树 T 存储 v，并将 T 推入栈中。
- 当看到一个右括号“)”时，我们从栈 S 的最顶端抛出三个元素，它代表子表达式 $(E_1 \circ E_2)$。我们构造树 T，使用根的子树存储 E_1 和 E_2，并把结果树 T 放回栈中。

我们重复这个过程直到表达式 E 被处理完，每一次栈顶元素都是表达式树 E。总共的运行时间为 $O(n)$。

算法的实现在代码段 8-38 中以独立函数 build_expression_tree 的形式给出，该函数返回一个适当的 ExpressionTree 实例，假设输入已经被标记化。

代码段 8-38 build_expression_tree 的实现，该函数用表示一个算术表达式的一系列标记生成 ExpressionTree

```
def build_expression_tree(tokens):
  """Returns an ExpressionTree based upon by a tokenized expression."""
  S = [ ]                                   # we use Python list as stack
  for t in tokens:
    if t in '+-x*/':                        # t is an operator symbol
      S.append(t)                           # push the operator symbol
    elif t not in '()':                     # consider t to be a literal
      S.append(ExpressionTree(t))           # push trivial tree storing value
    elif t == ')':           # compose a new tree from three constituent parts
      right = S.pop( )                      # right subtree as per LIFO
      op = S.pop( )                         # operator symbol
      left = S.pop( )                       # left subtree
      S.append(ExpressionTree(op, left, right)) # repush tree
    # we ignore a left parenthesis
  return S.pop()
```

8.6 练习

请访问 www.wiley.com/college/goodrich 以获得练习帮助。

巩固

R-8.1 下列问题基于图 8-3 中的树。

a）哪个节点是根节点？

b）哪些是内部节点？

c）节点 cs016 有多少子孙节点？

d）cs016 有多少祖先节点？

e）homeworks 有哪些兄弟节点？

f）哪些节点在以 projects 为根节点的子树中？

g）papers 节点的深度是多少？

h）树的高度是多少？

R-8.2 对于树的 depth 算法，给出一棵树，实现最坏情况运行时。

R-8.3 给出命题 8-4 的证明。

R-8.4 当在一棵树的位置 p 处而不是根节点处调用 T.height2(p) 方法时的运行时间是多少？（详见代码段 8-5）

R-8.5 给出一个仅依靠二叉树操作的算法，该算法能够统计二叉树中作为左孩子的叶子节点的个数。

R-8.6 假设 T 是一棵有 n 个节点的二叉树，该二叉树可能不规则。请说明如何通过一棵有 $O(n)$ 节点数的完全二叉树 T' 来表示 T。

R-8.7 在一个拥有 n 个节点的不完全二叉树中，内部节点和外部节点的最多和最少的个数分别是多少？

R-8.8 回答如下的问题以给出命题 8-8 的证明：

a）对于一棵高度为 h 的完全二叉树，外部节点的最少个数是多少。证明你的答案。

b）对于一棵高度为 h 的完全二叉树，外部节点的最多个数是多少。证明你的答案。

c）假设 T 是一棵有 n 个节点并且高度为 h 的完全二叉树，请证明：

$$\log(n+1)-1 \leqslant h \leqslant (n-1)/2$$

d）当 n 和 h 取什么值时，上边的不等式两边取等号？

R-8.9 请给出命题 8-9 的证明。

R-8.10 在 BinaryTree 类中给出 num_children 方法的实现过程。

R-8.11 找出与图 8-8 所示二叉树中每个子树相关的值的算术表达式。

R-8.12 画出一棵算术表达式的树，其含有 4 个外部节点，分别存储数字 1、5、6 和 7（每个外部节点存储一个数字，但不一定按照这样的顺序）并且有 4 个内部节点，分别存储来自操作集 {+, −, *, /} 中的字符，使得通过计算得到根节点的值为 21。这些操作符可能在局部被使用，并且一个操作符可能被使用不止一次。

R-8.13 画出如下算术表达式的二叉树：

$$(((5+2)*(2-1))/((2+9)+((7-2)-1))*8)$$

R-8.14 根据表 8-2，通过给出每一个方法实现的描述和执行时间的分析，总结用链式结构来表达树的运行时间。

R-8.15 8.3.1 节中的类 LinkedBinaryTree 仅提供了一个非公共的更新操作方法。请实现一个能够为每个继承非公共的更新操作方法提供公共函数的 MutableLinkedBinaryTree 子类。

R-8.16 假设 T 是一棵有 n 个节点的二叉树，并且 $f()$ 是树某个位置同一水平中节点个数计数的函数（参见 8.3.2 节）。

a）试证明对于树 T 中任何一个位置 p，$f(p) \leqslant 2^n - 2$。

b）在一棵拥有 7 个节点的树中，试着给出在哪些位置下上面的不等式两边能够取等号。

R-8.17 试说明如何通过使用欧拉遍历来计算处于树 T 中每个位置 p 的 $f(p)$。

R-8.18 假设 T 是一棵通过数组 A 表示的拥有 n 个节点的二叉树，$f()$ 是计算树 T 中某个位置同一级节点的个数的函数。试给出 root、parent、left、right、is_leaf 和 is_root 方法的伪代码。

R-8.19 我们在 8.3.2 节给出的计算同一级节点个数的函数 $f(p)$ 在根节点的位置时的结果是 0。一些作者更喜欢使用函数 $g(p)$，当 p 是根节点时，其结果为 1，因为其简化了寻找相邻位置的方法。请使用函数 $g(p)$ 重做练习 R-8.18。

R-8.20 画一棵二叉树 T，使其同时满足如下条件：

- 树 T 的每个内部节点存储一个字符。
- 对树 T 先序遍历产生 EXAMFUN。
- 对树 T 中序遍历产生 MAFXUEN。

R-8.21 对图 8-8 中的树进行先序遍历时，访问树中节点的顺序是怎样的？

R-8.22 对图 8-8 中的树进行后序遍历时，访问树中节点的顺序是怎样的？

R-8.23 假设 T 是一棵有不止一个节点的有序树，试问是否可能对其中序遍历和后续遍历都以相同的顺序访问其中的节点？如果你认为可能，请给出一个例子；反之，请解释为什么不可能。类似地，是否存在可能使得对树进行中序遍历和后序遍历时以相反的顺序访问树中的节点？如果你认为可能，给出具体的例子；反之，请解释为什么不会发生。

R-8.24 当 T 是一棵有不止一个节点的完全二叉树时，试回答 R-8.23 中的问题。

R-8.25 考虑图 8-17 中给出的对树进行广度优先遍历的例子，用图中标注的数字，描述在每一次执行代码段 8-14 中的循环之前队列当中的内容。一开始，在第一次执行循环之前队列当中的内容为 {1}，第二次执行前的内容是 {2, 3, 4}。

R-8.26 类 collection.deque 支持一次性将一个集合的元素添加到队列尾部的 extend 方法。重新实现 Tree 类的广度优先遍历的方法，使其充分利用这个特性。

R-8.27 如图 8-8 给出的树，试写出代码段 8-25 中函数 parenthesize(T, T.root()) 的输出。

R-8.28 对于一棵有 n 个节点的树，代码段 8-25 中的函数 parenthesize(T, T.root()) 的执行时间是多少？

R-8.29 请用伪代码描述一个算法，该算法用于计算在先序遍历中给出一个计算二叉树中每个节点的子孙节点个数的算法。该算法需要基于欧拉遍历。

R-8.30 ExpressionTree 类 build_espression_tree 方法中的输入需要一个字符串标记。举个简单的例子，'(((3 + 1)*4)/((9 – 5) + 2))'，其中每个字符是它本身的标记，因此这个字符串本身足以作为 build_espression_tree 的输入。例如，字符串 '(35+14)' 需要放入链表 ['(', '35', '+', '14', ')']，使得可以忽略空格，并能识别多维字符作为令牌。写一个可用的方法 tokenize()，以返回这样一个令牌。

创新

C-8.31 将一棵树 T 所有内部节点的深度之和定义为*内部路径长度* $I(T)$。类似地，将一棵树 T 所有外部节点的深度之和定义为*外部路径长度* $E(T)$。试证明一棵有 n 个节点的完全二叉树满足公式 $E(T) = I(T) + n - 1$。

C-8.32 假设 T 是一棵有 n 个节点的二叉树，并假设 D 是树 T 所有外部节点深度的总和。是否存在树 T 有最少的外部节点使得 D 的运行时间为 $O(n)$，并且是否存在树 T 有最多的外部节点使得 D 为 $O(n \log n)$？

C-8.33 假设 T 是一棵有 n 个节点的二叉树，并假设 D 是树 T 所有外部节点的深度之和。试给出一棵树，使得代码段 8-4 中的 _height1 方法运行在最坏情况下。

C-8.34　对于一棵树 T，假设 n_I 表示内部节点的个数，并假设 n_E 表示外部节点的个数。试证明如果每个内部节点有 3 个孩子节点，那么 $n_E=2n_I+1$。

C-8.35　如果两个有序树 T' 和 T'' 中满足如下两点的任何一个，则称它们是同构的：
- T' 和 T'' 是空树。
- T' 和 T'' 的根节点有相同数量的 k 个子树（$k \geqslant 0$）并且 T' 和 T'' 的第 i 个子树也是同构的，其中 $i=1, 2, \cdots, k$。

试设计一个测试两棵给定的有序树是否是同构的算法，并说明该算法的运行时间。

C-8.36　试证明有 n 个内部节点的 2^n 个不完全二叉树中没有一对是同构的（参见 C-8.35）。

C-8.37　如果排除同构树，那么有多少棵完全二叉树存在 4 个叶子节点？

C-8.38　给 LinkedBinaryTree 增加一个 _delete_subtree(p) 方法。该方法能够移除以 p 节点为根节点的整个子树，并维持整棵树所有节点的个数的不变性。这个方法的运行时间是多少？

C-8.39　在 LinkedBinaryTree 中增加一个 _swap(p, q) 方法，该方法能够交换节点 p 和节点 q，反之亦然。需要考虑节点是邻边节点的情况。

C-8.40　如果充分利用哨兵节点（该哨兵节点指的是树实例的 _sentinel 数量），我们可以简化 LinkedBinaryTree 的实现过程。哨兵是树的根节点的父节点，而根节点是哨兵的左孩子节点。此外，哨兵将取代 None 来表示节点中 _left 或 _right 的数量，而不需要这样的孩子节点。请给出更新方法 _delete 和 _attach 的新的实现。

C-8.41　请描述如何通过使用 _attach 方法来复制一个 LinkedBinaryTree 的完全二叉树实例。

C-8.42　请描述如何通过使用 _add_left 和 add_right 方法来复制一个 LinkedBinaryTree 的完全二叉树实例。

C-8.43　对于一棵有序树，我们可以定义一种*二叉树表示* T'（见图 8-23）：
- 对于树 T 中的每个位置 p，树 T' 中都有一个与其相关的位置 p'。
- 如果 p 是树 T 的叶子节点，那么 T' 中的 p' 没有任何孩子节点；否则，p' 的左孩子节点是 q'。其中 q 是树 T 中 p 的第一个孩子节点。
- 如果树 T 中 p 有一个相邻节点 q，那么 q' 是树 T 中 p' 的右孩子节点；否则，p' 没有右孩子节点。

假设树 T' 是常见有序树 T 的一种表示，请回答如下的问题：

a）T' 的先序遍历和 T 的先序遍历是否相同？

b）T' 的先序遍历和 T 的中序遍历是否相同？

c）T' 的中序遍历是否是树 T 标准遍历中的一种？如果是，是下面的哪一种（见图 8-23）？

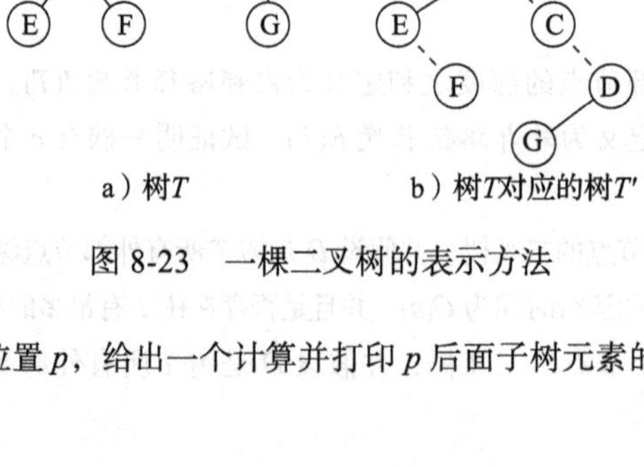
A
B
C
D
E
F
G
A
B
E
C
F
D
G

a）树 T　　b）树 T 对应的树 T'

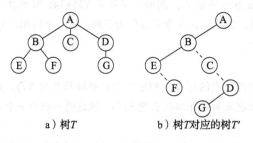

图 8-23　一棵二叉树的表示方法

C-8.44　对于树 T 中的每个位置 p，给出一个计算并打印 p 后面子树元素的高效算法。

C-8.45 给出一个计算树 T 中所有节点深度的运行时间为 $O(n)$ 的算法，其中 n 是树中节点的个数。

C-8.46 树 T 的路径长度是其中所有节点的深度之和。请给出一个计算树路径长度的线性时间算法。

C-8.47 一棵完全二叉树的内部节点 p 的左子树与右子树的高度（深度）差即为该节点的平衡因子。试描述如何利用 8.4.6 节的欧拉遍历来打印一棵平衡二叉树的所有内部节点的平衡因子。

C-8.48 给定一棵完全二叉树 T，定义 T' 是树 T 的镜像，其中 T 的每个节点 v 同样也是 T' 的节点，但是树 T 中节点 v 的左孩子是树 T' 中 v' 节点的右孩子。树 T 中节点 v 的右孩子是树 T' 的节点 v' 的左孩子。试说明对一棵完全二叉树 T 的先序遍历和树 T' 镜像的后序遍历完全一样，只是顺序相反。

C-8.49 假设在遍历时给位置为 p 的元素定义一个排名，第一个被遍历到的元素排名第一，第二个被遍历到的元素排名第二，以此类推。对于每一个处于位置 p 的元素，我们假设 pre(p) 是对树 T 中处于位置 p 的元素在先序遍历时的排名，post(p) 是对树 T 中处于位置 p 的元素在后续遍历时的排名。假设 depth(p) 是处于位置 p 的深度，desc(p) 是处于位置 p 的后代的数量（包括 p 本身）。对于树 T 中的每一个节点，请给出 post(p)、desc(p)、depth(p) 和 pre(p) 的公式。

C-8.50 对一棵给定的二叉树设计支持如下操作的算法：

- preorder_next(p)：对树 T 进行先序遍历时，返回访问 p 后下一个将要访问的节点的位置（如果 p 是最后一个节点，则返回空）。
- inorder_next(p)：对树 T 进行中序遍历时，返回访问 p 后下一个将要访问的节点的位置（如果 p 是最后一个节点，则返回空）。
- postorder_next(p)：对树 T 进行后序遍历时，返回访问 p 后下一个将要访问的节点的位置（如果 p 是最后一个节点，则返回空）。

在最坏情况下，这些算法的执行时间是多少？

C-8.51 为了实现 LinkedBinaryTree 类的 preorder 方法，我们需要利用 Python 的生成器句法和 yield 状态。请给出 preorder 的另一种实现，返回嵌套迭代器类的显式实例。(参见 2.3.4 节关于迭代器的讨论。)

C-8.52 算法 preorder_draw 通过指定每个位置 p 的横纵坐标来生成一棵二叉树，其中 $x(p)$ 是先序遍历中 p 前的节点的数量。$y(p)$ 是树中 p 的深度。

a）试说明通过算法 preorder_draw 产生的二叉树没有两条相交的边。

b）通过算法 preorder_draw 重新生成图 8-22 中的树。

C-8.53 通过与算法 preorder_draw 相似的 postorder_draw 算法重做先前的问题，其中 $x(p)$ 是后续遍历中 p 前的节点的数量。

C-8.54 使用与中序遍历生成一棵二叉树相同的方法设计一个生成普通树的算法。

C-8.55 练习 P-4.27 描述了 os 模块中的 walk 函数。该函数对文件系统的树形结构执行遍历。查看该函数的文档，特别是其中一个可选的称为 topdown 的布尔参数的使用。试描述其与本章讨论的树遍历算法有何关系。

C-8.56 树 T 的缩进表示是树 T 附带说明（详见代码段 8-25）表示的另一种形式，其使用如图 8-24 所示的缩进表示。请给出一个能打印出这种树的算法。

C-8.57 假设树 T 是一棵有 n 个节点的二叉树，定义罗马位置 p 为这样一个位置：该位置的左子树的数量与其右子树的数量最多不少于 5。给出一个寻找树 T 中每个位置的线性时间算法，在树 T 中，p 不是罗马位置，但所有 p 的后代节点是罗马位置。

C-8.58 假设 T 是一棵有 n 个节点的树，定义这个最低的共同祖先（LCA）是在树 T 中两个最低位置

之间都有 p 和 q 作为祖先的节点（其中我们允许一个位置自己作为祖先）。给定两个位置 p 和 q，给出一个寻找 p 和 q 的 LCA 的高效算法。该算法的运行时间是多少？

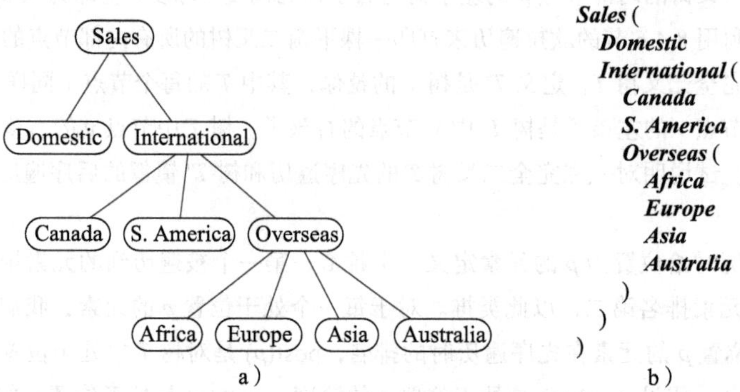
Sales
Domestic
International
Canada
S. America
Overseas
Africa
Europe
Asia
Australia
a)
Sales (
Domestic
International (
Canada
S. America
Overseas (
Africa
Europe
Asia
Australia
)
)
)
b)

图 8-24　a）树 T；b）树 T 的缩进表示

C-8.59　假设 T 是一个有 n 个节点的二叉树，并且对于 T 中的任何一个位置 p，假设 d_p 代表树 T 中 p 的深度，那么两个节点 p 和 q 之间的长度用 $d_p + d_q - 2d_a$ 表示。其中 a 是 p 和 q 的 LCA。树 T 的直径是树中两个节点的最远距离。给出一个寻找树 T 直径的高效算法。其运行时间是多少？

C-8.60　假设一棵二叉树 T 中的每个节点附有一个值 $f(p)$，试设计一个快速决定 LCA 的 $f(a)$ 的算法，其中 $f(q)$ 和 $f(p)$ 给定，你不需要寻找到位置 a，只要得出 $f(a)$。

C-8.61　请给出一个 ExpressionTree 类中 _expression_tree 方法的可选方法。该方法依赖构建树欧拉环路的递归。

C-8.62　在 ExpressionTree 类 build_expression_tree 方法中的叶子节点的令牌可以是任何字符串，例如，其解析表达式 '(*a**(*b* + *c*))'，然而在评估方法中，当尝试将一个叶子令牌转换为一个数字时会产生一个错误。修改这个评估方法，使其能够接受一个可选的 Python 中的字典，可以使用这样的字符串映射到数值。比如这样一个表达，T.evaluate({'*a*', :3, '*b*':1', '*c*':5})。通过这种方式，这个相同的代数表达式可以使用不用的值评估。

C-8.63　正如 C-6.22 中提到的，*后缀表达法*是一种明确的算式表达式的方法。如果对于表达式“(exp_1) op(exp_2)”，这是一个正常的算术表达式的表示方法，其后缀表达式是“ $pexp_1$ $pexp_2$ op”，其中 $pexp_1$ 和 $pexp_2$ 分别是 exp_1 和 exp_2 的后缀表示法。一个数字和一个常量的后缀表示法就是其本身。例如，表达式“ ((5 + 2)∗(8 − 3))/4”的后缀表达式是“5 2 + 8 3 − ∗4/”。请实现 8.5 节给出的 ExpressionTree 类中实现了这种后缀表达式的方法 postfix。

项目

P-8.64　使用 8.3.2 节描述的基于数组的表示实现二叉树的抽象数据类型。

P-8.65　使用 8.33 节描述的链表结构实现树的抽象数据类型，并给出一个合理的更新方法集。

P-8.66　LinkedBinaryTree 类的内存使用能够通过移除每个节点的双亲节点的指针来改进。不用保存每个位置实例的位置，而是用一系列节点代表从根节点到每个节点的整个路径（这通常可以节省内存是因为这样可以存储更少的指针）。使用这种策略重新实现 LinkedBinaryTree 类。

P-8.67　*切片平面图*将一个矩形分割成垂直和平行*切片*两种形式（见图 8-25a）。一种切片平面图能够通过一个恰当的二叉树表示——称为切片二叉树。其内部节点代表切片，并且整个外部节点表示整个切片中的基本矩形（见图 8-25b）。这个压缩问题的描述为：假定一个切片平面图中每个基本的平面图像被指定了一个最小的宽度 w 和一个最小的高度 h。这个压缩问题就是找到其中宽度最小和高度最小的矩形。这个问题需要对每个位置 p 指定 $h(p)$ 和 $w(p)$，如下所示：

$$w(p)=\begin{cases} w & \text{如果}p\text{是叶子节点，其基本矩形有最小宽度}w \\ \max(w(l),w(r)) & \text{如果}p\text{是内部节点，则是一个水平切片，左孩子为}l\text{，右孩子为}r \\ w(l)+w(r) & \text{如果}p\text{是内部节点，则是一个垂直切片，左孩子为}l\text{，右孩子为}r \end{cases}$$

$$h(p)=\begin{cases} h & \text{如果}p\text{是叶子节点，其基本矩形有最小宽度}w \\ h(l)+h(r) & \text{如果}p\text{是内部节点，则是一个水平切片，左孩子为}l\text{，右孩子为}r \\ \max(h(l),h(r)) & \text{如果}p\text{是内部节点，则是一个垂直切片，左孩子为}l\text{，右孩子为}r \end{cases}$$

设计一个支持如下操作的数据结构：

- 创建一个切片平面图以包含一个基本矩形。
- 通过水平方式分解一个基本图形。
- 通过垂直方式分解一个基本图形。
- 给一个基本图形分配最小的长宽。
- 画出一个切片平面图的树。
- 画出一个切片平面图。

P-8.68 写一个能够有效地玩三连棋（或称井字棋）(见 5.6 节) 的程序，为了实现这个程序，你需要创建一棵博弈树 T，其中每个节点都需要进行参数配置。在 8.4.2 节描述的情况中，根节点是最初的配置。对于每个内部节点 p，p 的孩子节点反映了我们能够从 p 节点获取的游戏状态，即 A（第一个玩家）或者 B（第二个玩家）的一步符合规则的移动。偶数深度的位置与 A 的移动有关，奇数深度的位置与 B 的移动有关。叶子节点要么是最终游戏的状态，要么就是我们不想继续探索的状态。我们计算每一个叶子节点的值，以表示玩家 A 状态的好坏。在大型游戏中（如象棋），我们需要使用一个启发式的函数，但是对于小游戏（如井字棋），我们能够构造整个博弈树并且为叶子节点赋值 +1、-1 和 0，以此来表明玩家 A 获胜、平局还是失败。在选择移动方式时，一个好的算法是极大极小算法。在这个算法中，我们分配一个分数给每一个内部节点 p，这样 p 就代表 A 的方向。我们计算 p 的最高分数作为 p 的孩子节点。如果内部节点代表 B 的方向，则计算 p 的最小分数作为 p 的孩子节点。

P-8.69 使用练习 C-8.43 描述的二叉树实现树的抽象数据结构。你需要使用 LinkedBinaryTree 实现。

P-8.70 试编写一个程序，用于将一棵树和树中的一个节点 p 作为输入，将其转换成另外一棵有相同节点的树，但这次 p 是根节点。

扩展阅读

经典先序、中序和后序树遍历方法的讨论可以在 Knuth 的《Fundamental Algorithms》一书[64]中找到。欧拉遍历技术源于并行算法社区，它由 Tarjan 和 Vishkin[93] 引入，由 JáJá[54] 和 Karp 和 Ramachandran[58] 进行了讨论。建树的算法通常被认为是建图算法的一部分。对建图感兴趣的读者可以参考由 Di Battista、Eades、Tamassia 和 Tollis 编写的书[34] 以及 Tamassia 和 Liotta[92] 的调查。

优先级队列

9.1 优先级队列的抽象数据类型

9.1.1 优先级

在第 6 章，我们介绍了队列 ADT 是一个根据先进先出（FIFO）策略在队列中添加和移除数据的对象集合。公司的客户呼叫中心实现了这样一个模型：在该模型中，客户被告知“呼叫将按照呼叫中心接受的顺序来应答”。在其设置中，一个新的呼叫被追加到队列的末尾，每当一个客户服务代表可以提供服务时，他将应答等待队列最前端的客户。

在现实生活中，有许多应用使用类似队列的结构来管理需要顺序处理的对象，但仅有先进先出的策略是不够的。比如，假设一个空中交通管制中心必须决定在众多即将降落的航班中先为哪次航班清理跑道。这个选择可能受到各种因素的影响，比如每个飞机跑道之间的距离、着陆过程中所用的时间或燃料的余量。着陆决定纯粹基于一个 FIFO 策略是不太可能的。

“先来先服务”策略在某些情况下是合理的，但在另一些情况下，优先级才是起决定作用的。现在，我们用另一个航空公司的例子加以说明，假设一个航班在起飞前一个小时被订满，由于有旅客取消的可能，航空公司维护了一个希望获得座位的候补等待（standby）旅客的队列。虽然等待旅客的优先级受到其登记时间的影响，但包括支付机票和是否频繁飞行（常飞乘客）在内的其他因素也都需要考虑。因此，如果某位乘客被航空公司代理赋予了更高的优先级，那么当飞机上出现空闲座位时，即使他比其他乘客到得晚，他也有可能买到这张机票。

在本章中，我们介绍一个新的抽象数据类型，那就是*优先级队列*。这是一个包含优先级元素的集合，这个集合允许插入任意的元素，并允许删除拥有最高优先级的元素。当一个元素被插入优先级队列中时，用户可以通过提供一个关联键来为该元素赋予一定的优先级。键值最小的元素将是下一个从队列中移除的元素（因此，一个键值为 1 的元素将获得比键值为 2 的元素更高的优先级）。虽然用数字表示优先级是相当普遍的，但是任何 Python 对象，只要对象类型中的任何实例 a 和 b，对于 a < b 都支持一个一致的释义，那么该对象就可以用于定义键的自然顺序。有了这样的普遍性，应用程序可以为每个元素定义它们自己的优先级概念。比如，不同的金融分析师可以给特定的资产指定不同的评级（即优先级），如股票的份额。

9.1.2 优先级队列的抽象数据类型的实现

我们形式化地将一个元素和它的优先级用一个 key-value 对进行建模。我们在优先级队列 P 上定义优先级队列 ADT，以支持如下的方法：

- P.add(k, v)：向优先级队列 P 中插入一个拥有键 k 和值 v 的元组。
- P.min()：返回一个优先级队列 P 中拥有最小键值的元组 (k, v)(但是没有移除该元组)；如果队列为空，将发生错误。
- P.remove_min()：从优先级队列 P 中移除一个拥有最小键值的元组，并且返回这个被移除的元组，(k, v) 代表这个被移除的元组的键和值；如果优先级队列为空，将发生错误。
- P.is_empty()：如果优先级队列不包含任何元组，将返回 True。
- len(P)：返回优先级队列中元组的数量。

一个优先级队列中可能包含多个键值相等的条目，在这种情况下 min 和 remove_min 方法可能从具有最小键值的元组中任选一个返回。值可以是任何对象类型。

在优先级队列的模型中，一个元素一旦被加入优先级队列，它的键值将保持不变。在 9.5 节中，我们对优先级模型进行扩展，扩展后允许用户更新优先级队列中的元素的键。

例题 9-1：下表展示了一个初始为空的优先级队列 P 中的一系列操作及其产生的效果。由于它将条目以键排序的元组形式列出，因此“优先级队列”一列是有误的。这样的一个内部表示不需要优先级队列。

操　　作	返　回　值	优先级队列
P.add(5, A)		{(5, A)}
P.add(9, C)		{(5, A), (9, C)}
P.add(3, B)		{(3, B), (5, A) (9, C)}
P.add(7, D)		{(3, B), (5, A), (7, D), (9, C)}
P.min()	(3, B)	{(3, B), (5, A), (7, D), (9, C)}
P.remove_min()	(3, B)	{(5, A), (7, D), (9, C)}
P.remove_min()	(5, A)	{(7, D), (9, C)}
len(P)	2	{(7, D), (9, C)}
P.remove_min()	(7, D)	{(9, C)}
P.remove_min()	(9, C)	{}
P.is_empty()	True	{}
P.remove_min()	“error”	{}

9.2 优先级队列的实现

在本节中，我们将展示如何通过给一个位置列表 *L* 中的条目排序来实现一个优先级队列（见 7.4 节）。根据在列表 *L* 中保存条目时是否按键排序，我们提供了两种实现。

9.2.1 组合设计模式

即使在数据结构中已经重新定义了元组，我们仍需要同时追踪元素和它的键值，这是实现优先级队列的挑战之一。这一点让我们想起 7.6 节的案例研究，我们维护每个元素的访问计数。在那种设定下，我们介绍了组合设计模式，定义了一个 _Item 类，这个类保证每个元素与关联计数保持配对。

对于优先级队列，我们将使用组合设计模式来存储内部元组，该元组包含键 *k* 和值 *v* 构成的数值对。为了在所有优先级队列中实现这种概念，我们给出了一个 PriorityQueueBase 类（见代码段 9-1），其中包含一个嵌套类 _Item 的定义。对于元组实例 a 和 b，我们基于键定义了语法 a < b。

代码段 9-1　PriorityQueueBase 类包含一个嵌套类 _Item，它将键和值组成单独的对象。为了方便，我们给出了 is_empty 的具体实现，它是在一个假定的 __len__ 的实现的基础上实现的

```
class PriorityQueueBase:
  """Abstract base class for a priority queue."""

  class _Item:
    """Lightweight composite to store priority queue items."""
    __slots__ = '_key', '_value'

    def __init__(self, k, v):
      self._key = k
      self._value = v

    def __lt__(self, other):
      return self._key < other._key    # compare items based on their keys

  def is_empty(self):                  # concrete method assuming abstract len
    """Return True if the priority queue is empty."""
    return len(self) == 0
```

9.2.2 使用未排序列表实现优先级队列

在第一个具体的优先级队列实现中，我们使用一个未排序列表存储各个条目。代码段 9-2 中给出了 UnsortedPriorityQueue 类，它继承自代码段 9-1 中的 PriorityQueueBase 类。对于内部存储，键 - 值对是使用继承类 _Item 的实例进行组合表示的。这些元组是用 PositionalList 存储的，它们被视为类中的 _data 成员。在 7.4 节中，我们假设位置列表用一个双向链表实现，因此，该 ADT 的所有操作都在 $O(1)$ 时间内执行。

在构建一个新的优先级队列时，我们从一个空的列表开始。无论何时，列表的大小都等于存储在优先级队列中键 - 值对的数量。由于这个原因，优先级队列 __len__ 方法能够简单地返回内部 _data 列表的长度。通过 PriorityQueueBase 类的设计，我们可以继承 is_empty 方法的具体实现，它依赖于 __len__ 方法的调用。

通过 add 方法，每次将一个键 - 值对追加到优先级队列中，对于给定的键和值，我们创建了一个新的 _Item 的元组（组成），并且将这个元组追加到列表的末端。这一实现的时间复杂度为 $O(1)$。

当 min 或者 remove_min 方法被调用时，我们必须定位键值最小的元组，这是另一个挑战。由于元组没有被排序，我们必须检查所有元组才能找到键值最小的元组。为了方便，我们定义了一个非公有的方法 _find_min，它用于返回键值最小的元组的位置。获得了位置信息，就允许 remove_min 方法可以在位置列表上调用 delete 方法。当准备返回一个键 - 值对元组时，min 方法可以简单地使用位置来检索列表元组。由于是用循环查找最小键值的，因此 min 和 remove_min 方法的时间复杂度均为 $O(n)$，其中 n 为优先级队列中元组的数量。

对于 UnsortedPriorityQueue 类的时间复杂度的总结见表 9-1。

表 9-1 长度为 n 的优先级队列中各方法最坏情况下的运行时间。以未排序的双向链表实现，空间需求为 $O(n)$

操　作	运行时间
len	$O(1)$
is_ empty	$O(1)$
add	$O(1)$
min	$O(n)$
remove_min	$O(n)$

代码段 9-2 使用未排序列表实现的优先级队列。父类 PriorityQueueBase 由代码段 9-1 给出，PositionalList 类来源于 7.4 节

```
class UnsortedPriorityQueue(PriorityQueueBase): # base class defines _Item
  """A min-oriented priority queue implemented with an unsorted list."""

  def _find_min(self):                    # nonpublic utility
    """Return Position of item with minimum key."""
    if self.is_empty():                   # is_empty inherited from base class
      raise Empty('Priority queue is empty')
    small = self._data.first()
    walk = self._data.after(small)
    while walk is not None:
      if walk.element( ) < small.element():
        small = walk
      walk = self._data.after(walk)
    return small

  def __init__(self):
    """Create a new empty Priority Queue."""
    self._data = PositionalList()

  def __len__(self):
    """Return the number of items in the priority queue."""
    return len(self._data)

  def add(self, key, value):
    """Add a key-value pair."""
    self._data.add_last(self._Item(key, value))

  def min(self):
    """Return but do not remove (k,v) tuple with minimum key."""
    p = self._find_min()
    item = p.element()
    return (item._key, item._value)

  def remove_min(self):
    """Remove and return (k,v) tuple with minimum key."""
    p = self._find_min()
    item = self._data.delete(p)
    return (item._key, item._value)
```

9.2.3 使用排序列表实现优先级队列

优先级队列的另一种实现仍然采用位置列表，但列表中的元组以键值非递减的顺序进行排序。这样可以保证列表的第一个元组是拥有最小键值的元组。

代码段 9-3 给出了 SortedPriorityQueue 类。方法 min 和 remove_min 的实现相当直接地

给出了列表的第一个元素拥有最小键值的信息。我们根据位置列表的 first 方法来找到第一个元组的位置，并使用 delete 方法来删除列表中的元组。假设列表是使用一个双向链表实现的，那么 min 和 remove_min 操作的时间复杂度为 $O(1)$。

然而，这个好处是以 add 方法花费更多的时间为代价的，我们需要扫描列表来找到合适的位置，以插入新的元组。我们从列表的尾部开始反方向查找，直到要插入的键值比当前元组的键值小为止；在最坏情况下，这个操作会一直扫描到列表的最前端。因此，add 方法在最坏情况下的时间复杂度是 $O(n)$，n 是执行该方法时优先级队列元组的数量。而排序列表允许快速查询和删除，但是插入速度较慢。

比较两种基于列表的实现

表 9-2 详细地比较了已排序列表和未排序列表实现的优先级队列的各方法的运行时间。当使用列表来实现优先级队列 ADT 时，我们看到一个有趣的权衡。一个未排序的列表会支持快速插入操作，但是查询和删除操作就会比较慢；相反，一个已排序列表实现的优先级队列支持快速查询和删除操作，但是插入操作就比较慢。

表 9-2 大小为 n 的优先级队列的各方法在最坏情况下的运行时间。假设列表是由双向链表实现的，其空间使用量为 $O(n)$

操　作	未排序列表	排序列表
Len	$O(1)$	$O(1)$
is_empty	$O(1)$	$O(1)$
add	$O(1)$	$O(n)$
min	$O(n)$	$O(1)$
remove_min	$O(n)$	$O(1)$

代码段 9-3 使用排序列表实现的优先级队列。父类 PriorityQueueBase 在代码段 9-1 中给出，PositionalList 类在 7.4 节给出

```
class SortedPriorityQueue(PriorityQueueBase): # base class defines _Item
  """A min-oriented priority queue implemented with a sorted list."""

  def __init__(self):
    """Create a new empty Priority Queue."""
    self._data = PositionalList()

  def __len__(self):
    """Return the number of items in the priority queue."""
    return len(self._data)

  def add(self, key, value):
    """Add a key-value pair."""
    newest = self._Item(key, value)              # make new item instance
    walk = self._data.last()          # walk backward looking for smaller key
    while walk is not None and newest < walk.element():
      walk = self._data.before(walk)
    if walk is None:
      self._data.add_first(newest)               # new key is smallest
    else:
      self._data.add_after(walk, newest)         # newest goes after walk

  def min(self):
    """Return but do not remove (k,v) tuple with minimum key."""
```

```
        if self.is_empty():
            raise Empty('Priority queue is empty.')
        p = self._data.first()
        item = p.element()
        return (item._key, item._value)

    def remove_min(self):
        """Remove and return (k,v) tuple with minimum key."""
        if self.is_empty():
            raise Empty('Priority queue is empty.')
        item = self._data.delete(self._data.first())
        return (item._key, item._value)
```

9.3 堆

在前面的两节中，实现优先级队列 ADT 的两种策略展示了一个有趣的权衡。当使用一个未排序列表来存储元组时，我们能够以 $O(1)$ 的时间复杂度实现插入，但是查找或者移除一个具有最小键值的元组则需要时间复杂度为 $O(n)$ 的循环操作来遍历整个元组集合。相对应地，如果使用一个已排序列表实现的优先级队列，则可以以 $O(1)$ 的时间复杂度查找或者移除具有最小键值的元组，但是向队列追加一个新的元素就需要 $O(n)$ 的时间来恢复排列顺序。

在本节中，我们使用一个称为*二进制堆*的数据结构来给出一个更加有效的优先级队列的实现。这个数据结构允许我们以对数时间复杂度来实现插入和删除操作，这相对于 9.2 节讨论的基于列表的实现有很大的改善。利用堆实现这种改善的基本方式是使用二叉树的数据结构来在元素是完全无序和完全排好序之间取得折中。

9.3.1 堆的数据结构

堆（见图 9-1）是一棵二叉树 T，该树在它的位置（节点）上存储了集合中的元组并且满足两个附加的属性：关系属性以存储键的形式在 T 中定义；结构属性以树 T 自身形状的方式定义。关系属性如下：

Heap-Order 属性： *在堆 T 中，对于除了根的每个位置 p，存储在 p 中的键值大于或等于存储在 p 的父节点的键值。*

作为 Heap-Order 属性的结果，T 中从根到叶子的路径上的键值是以非递减顺序排列的。也就是说，一个最小的键总是存储在 T 的根节点中。这使得调用 min 或 remove_min 时，能够比较容易地定位这样的元组，一般情况下它被认为“在堆的顶部”（因此，给这种数据结构命名为“堆”）。顺便说一下，这里定义的数据结构堆与被用作支持一种程序语言（如 Python）的运行环境的内存堆（见 15.1.1 节）没并无任何关系。

由于效率的缘故，我们想让堆 T 的高度尽可能小，原因后面就会清楚。我们通过坚持让堆 T 满足结构属性中的附加属性——它必须是完全二叉树——来强制满足让堆的高度尽可能小这一需求。

完全二叉树属性： *一个高度为 h 的堆 T 是一棵**完全**二叉树，那么 T 的 0, 1, 2, …, $h-1$ 层上有可能达到节点数的最大值（即，i 层上有 2^i 个节点，且 $0 \leqslant i \leqslant h-1$），并且剩余的节点在 h 级尽可能保存在最左的位置。*

图 9-1 中的树是完全二叉树，因为树的 0、1、2 层都是满的，并且 3 层的 6 个节点都处在

该层的最左边位置上。对于最左边位置的正式说法，我们可以参考 8.3.2 节中有关层级编号的讨论，即基于数组的二叉树表示的相关内容（事实上，在 9.3.3 节中，我们将会讨论使用数组来表示堆）。一棵含有 n 个节点的完全二叉树，是一棵含有从 0 到 $n-1$ 层级编号的位置的树。比如，在一个基于数组的完全二叉树的表示中，它的 13 个元组将被连续地存储在 $A[0]$ 到 $A[12]$ 中。

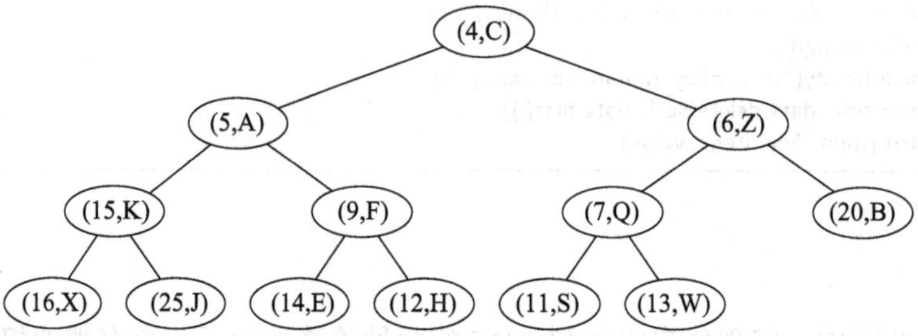

(4,C)
(5,A)
(6,Z)
(15,K)
(9,F)
(7,Q)
(20,B)
(16,X)
(25,J)
(14,E)
(12,H)
(11,S)
(13,W)

图 9-1　存储 13 个条目（每个条目的键都是整数）的堆的示例。最后一个节点保存的元组为（13，W）

堆的高度

使用 h 表示 T 的高度。T 为完全二叉树一定会有一个重要的结论，如命题 9-2 所示。

命题 9-2： 堆 T 有 n 个元组，则它的高度 $h=\lfloor\log n\rfloor$。

证明： 由 T 是完全二叉树可知，完全二叉树 T 的第 $0\sim h-1$ 层的节点总数是 $1+2+4+\cdots+2^{h-1}=2^h-1$，第 h 层至少有 1 个节点，所以高为 h 的堆 T 的节点总数至少为 2^h。因此可得：

$$n\geqslant 2^h-1+1=2^h \text{ 和 } n\leqslant 2^h-1+2^h=2^{h+1}-1$$

给不等式 $2^h\leqslant n$ 两边取对数，得到高度 $h\leqslant\log n$。给不等式 $n\leqslant 2^{h+1}-1$ 两边取对数，得到 $\log(n+1)-1\leqslant h$。由于 h 为整数，因此这两个不等式可简化为 $h=\lfloor\text{long } n\rfloor$。■

9.3.2　使用堆实现优先级队列

命题 9-2 有一个重要的结论，那就是如果能以与堆的高度成比例的时间执行更新操作，那么这些操作将在对数级的时间内完成。现在，我们来讨论如何有效地使用堆来实现优先级队列中的各个方法。

我们将使用 9.2.1 节的组合模式来在堆中存储键 - 值对的元组。len 和 is_empty 方法是基于对树的检测来实现的。min 操作相当简单，因为堆的属性保证了树的根部元组有最小的键值。add 和 remove_min 的实现方法都很有趣。

在堆中增加一个元组

让我们考虑如何在一个用堆 T 实现的优先级队列上实现 add(k, v) 方法。我们把键值对 (k, v) 作为元组存储在树的新节点中。为了维持完全二叉树属性，这个新节点应该被放在位置 p 上，即树底层最右节点相邻的位置。如果树的底层节点已满（或堆为空），则应存放在新一层的最左位置上。

插入元组后堆向上冒泡

在这个操作之后，树 T 为完全二叉树，但是它可能破坏了 heap-order 属性。因此，除非位置 p 是树 T 的根节点（也就是说，优先级队列在插入操作前是空的），否则我们将对 p 位置上的键值与 p 的父节点 q（定义 p 的父节点为 q）上的键值进行比较。如果 $k_p\geqslant k_q$，则满足 heap-order 属性且算法终止。如果 $k_p<k_q$，则需要重新调整树以满足 heap-order 属性，我们通过调换存储在位置 p 和 q 的元组来实现（见图 9-2c 和图 9-2d）。这个交换导致新元组的

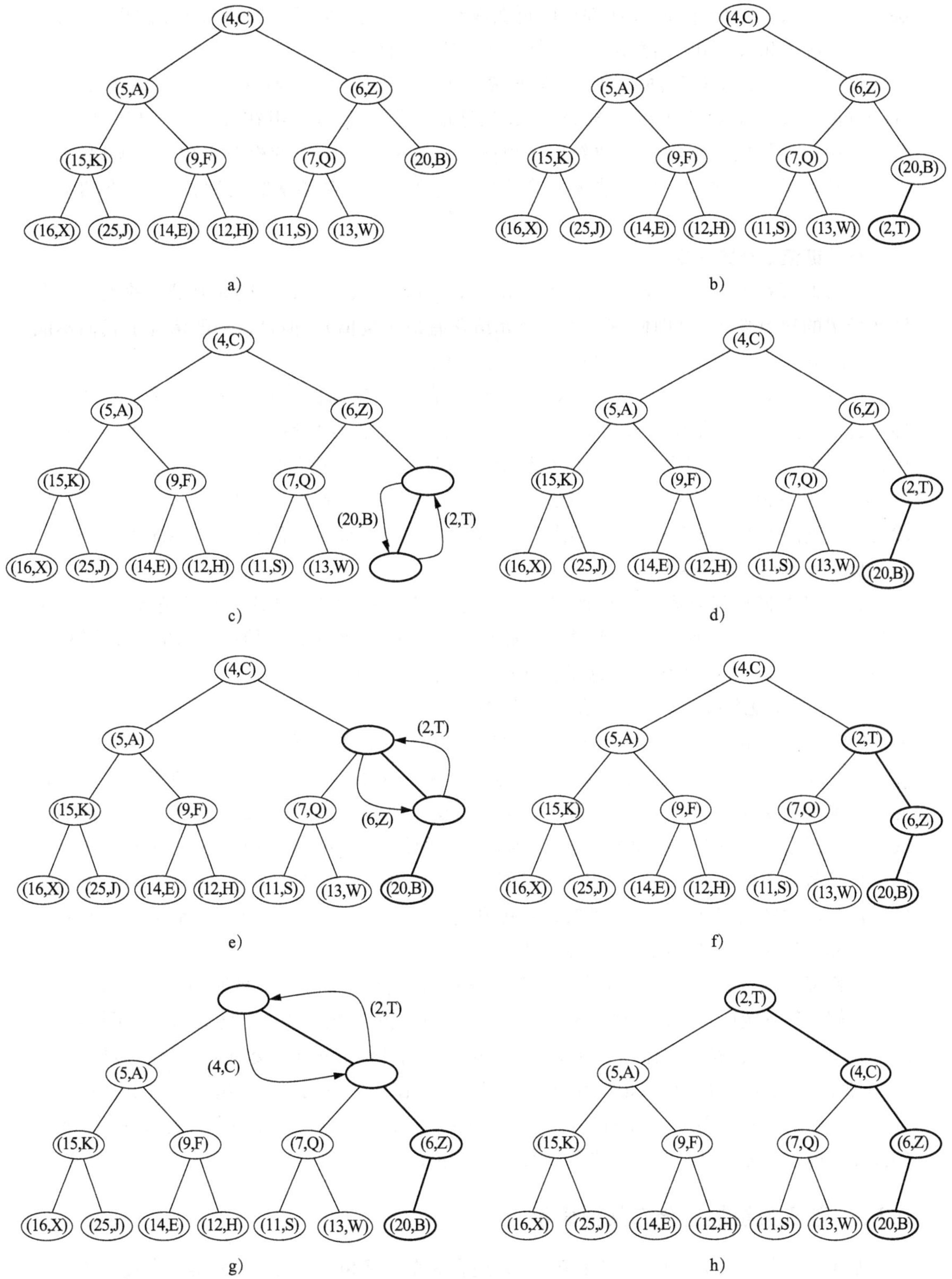
(4,C)
(5,A)
(6,Z)
(15,K)
(9,F)
(7,Q)
(20,B)
(16,X)
(25,J)
(14,E)
(12,H)
(11,S)
(13,W)
a)
(4,C)
(5,A)
(6,Z)
(15,K)
(9,F)
(7,Q)
(20,B)
(16,X)
(25,J)
(14,E)
(12,H)
(11,S)
(13,W)
(2,T)
b)
(4,C)
(5,A)
(6,Z)
(15,K)
(9,F)
(7,Q)
(20,B)
(2,T)
(16,X)
(25,J)
(14,E)
(12,H)
(11,S)
(13,W)
c)
(4,C)
(5,A)
(6,Z)
(15,K)
(9,F)
(7,Q)
(2,T)
(16,X)
(25,J)
(14,E)
(12,H)
(11,S)
(13,W)
(20,B)
d)
(4,C)
(5,A)
(2,T)
(15,K)
(9,F)
(7,Q)
(6,Z)
(16,X)
(25,J)
(14,E)
(12,H)
(11,S)
(13,W)
(20,B)
e)
(4,C)
(5,A)
(2,T)
(15,K)
(9,F)
(7,Q)
(6,Z)
(16,X)
(25,J)
(14,E)
(12,H)
(11,S)
(13,W)
(20,B)
f)
(2,T)
(5,A)
(4,C)
(15,K)
(9,F)
(7,Q)
(6,Z)
(16,X)
(25,J)
(14,E)
(12,H)
(11,S)
(13,W)
(20,B)
g)
(2,T)
(5,A)
(4,C)
(15,K)
(9,F)
(7,Q)
(6,Z)
(16,X)
(25,J)
(14,E)
(12,H)
(11,S)
(13,W)
(20,B)
h)

图 9-2 向图 9-1 的堆中插入一个键值为 2 的元组：a）初始堆；b）执行 add 操作之后；c）和 d）通过交换恢复局部的有序属性；e）和 f）另一次交换；g）和 h）最后一次交换

层次上移一层。而 heap-order 属性可能再次被破坏，因此，我们需要在树 T 重复以上操作，直到不再违背 heap-order 属性位置（见图 9-2 中的 e 和图 9-2h）。

通过交换方式上移新插入的元组是非常方便的，这种操作被称作*堆向上冒泡*（up-heap bubbling）。交换既解决了破坏 heap-order 属性的问题，又将元组在堆中向上移一层。在最坏情况下，堆向上冒泡会导致新增元组向上一直移动到堆 T 的根节点位置。所以，add 方法所执行的交换次数在最坏情况下等于 T 的高度。根据命题 9-2，我们得知高度的上界是$\lfloor \mathrm{lon}\ n \rfloor$。

移除键值最小的元组

让我们现在考虑优先级队列 ADT 的 remove_min 方法。我们知道键值最小的元组被存储在堆 T 的根节点 r 上（即使有多于一个元组含有最小键值）。但是，一般情况下我们不能简单删除节点 r，因为这将产生两棵不相连通的子树。

相反，我们可以通过删除堆 T 最后位置 p 上的节点来确保堆的形状满足完全二叉树属性，这个最后位置 p 是树最底层的最靠右的位置。为了保存最后位置 p 上的元组，我们将该位置上的元组复制到根节点 r（就是那个即将要执行删除操作的含有最小键值的元组）。图 9-3a 和图 9-3b 展示了有关这些步骤的一个例子，含最小键值的元组（4，C）被从根部删除之后，该位置由来自最后位置的元组（13, W）所填充。最后位置的节点被从树中删除。

删除操作后堆向下冒泡

在还没有做任何处理时，即使 T 现在是完全二叉树，它也很有可能已经破坏了 heap-order 属性。如果 T 只有一个节点（根），那么 heap-order 属性可以很简单地满足且算法终止。否则，我们需要区分两种情况，这里将 p 初始化为 T 的根：

1）如果 p 没有右孩子，令 c 表示 p 的左孩子。

2）否则（p 有两个孩子），令 c 作为 p 的具有较小键值的孩子。

如果 $k_p \leqslant k_c$，则 heap-order 属性已经满足，算法终止；如果 $k_p > k_c$，则需要重新调整元组位置来满足 heap-order 属性。我们可以通过交换存储在 p 和 c 上的元组来使得局部满足 heap-order 属性（见图 9-3c 和图 9-3d）。值得注意的是，当 p 有两个孩子时，我们着重考虑两个孩子节点中较小的那个。不仅 c 的键值要比 p 的键值小，还要至少和 c 的兄弟节点的键值一样小。这样能够确保当较小的键值被提升到 p 或 c 的兄弟位置之上的位置时，我们能够通过局部调整的方式来满足 heap-order 属性。

在恢复了节点 p 相对于其孩子节点的 heap-order 属性后，节点 c 可能违反了该属性。因此，我们必须继续向下交换直到没有违反 heap-order 属性的情况发生（见图 9-3e ～图 9-3h）。这个向下交换的过程被称作*堆向下冒泡*（dowm-heap bubbling）。交换可以解决违反 heap-order 属性的问题或者导致该键值在堆中下移一层。在最坏情况下，元组会一直下移到堆的最底层（见图 9-3）。这样，在最坏情况下，在执行方法 remove_min 中交换的次数等于堆 T 的高度，即根据命题 9-2 可知，这个最大值是$\lfloor \log n \rfloor$。

9.3.3 基于数组的完全二叉树表示

基于数组的二叉树表示（8.3.2 节）非常适合完全二叉树 T。在这部分实现中我们还使用它，T 的元组被存储在基于数组的列表 A 中，因此，存储在 T 中位置 p 的元素的索引等于层数 $f(p)$，$f(p)$ 是 p 的函数，其定义如下：

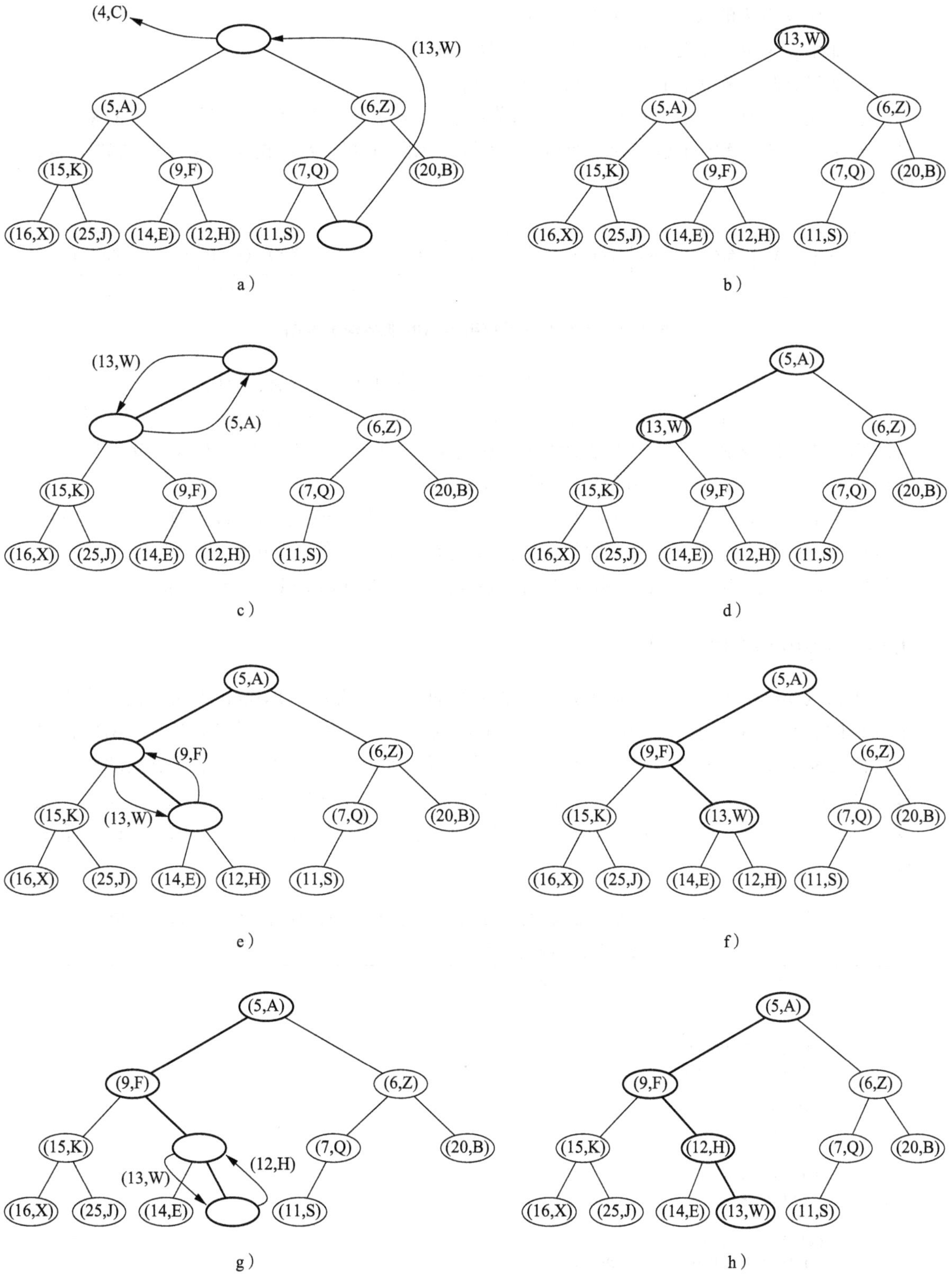
(4,C)
(13,W)
(5,A)
(6,Z)
(15,K)
(9,F)
(7,Q)
(20,B)
(16,X)
(25,J)
(14,E)
(12,H)
(11,S)
a)
b)
c)
d)
e)
f)
g)
h)

图 9-3　移除堆中键值最小的元组：a）和 b）删除最后的节点，即存储在跟中的元组；c）和 d）通过交换恢复局部的 heap-order 属性；e）和 f）另一次交换；g）和 h）最后一次交换

- 如果 p 是 T 的根节点，则 $f(p) = 0$。
- 如果 p 是位置 q 的左孩子，则 $f(p) = 2f(q) + 1$。
- 如果 p 是位置 q 的右孩子，则 $f(p) = 2f(q) + 2$。

通过这种实现，T 的元组的索引范围落在 $[0, n-1]$ 内，而且 T 最后节点的索引总是在 $n-1$ 位置，其中 n 是 T 的元组数量。例如，图 9-1 基于数组的堆结构示意图如图 9-4 所示。

(4,C)	(5,A)	(6,Z)	(15,K)	(9,F)	(7,Q)	(20,B)	(16,X)	(25,J)	(14,E)	(12,H)	(11,S)	(8,W)
0	1	2	3	4	5	6	7	8	9	10	11	12

图 9-4 图 9-1 基于数组表示的堆结构示意图

用基于数组表示的堆来实现优先级队列使我们避免了基于节点树结构的一些复杂性。尤其是优先级队列的 add 和 remove_min 操作都依靠定位大小为 n 的堆的最后一个索引位置。使用基于数组的表示，最后位置是数组中下标为 $n-1$ 的位置。通过链结构实现定位完全二叉树的最后位置需要付出更多的代价（见练习 C-9.34）。

如果事先不知道优先级队列的大小，基于数组的堆偶尔会动态重新设置数组大小，就像 Python 列表一样。这样一个基于数组表示的节点数为 n 的完全二叉树的空间复杂度为 $O(n)$，而且增加和删除元组的方法的时间边界也需要考虑摊销（amortized）（见 5.3.1 节）。

9.3.4 Python 的堆实现

代码段 9-4 和代码段 9-5 提供了一个基于堆的优先级队列的 Python 实现。我们使用基于数组的表示，保存了元组组合表示的 Python 列表。虽然没有正式使用二叉树 ADT，但是代码段 9-4 包含了非公有效用函数，该函数能够计算父节点或另一个孩子节点的层次编号。这样就可以使用父节点、左孩子和右孩子等树相关术语来描述其余的算法。但是，相关变量是整数索引（不是“位置”对象）。我们采用递归来实现 _upheap 和 _downheap 的重复调用。

代码段 9-4 用基于数组的堆实现优先级队列（后接代码段 9-5），是代码段 9-1 中 PriorityQueueBase 类的扩展

```
class HeapPriorityQueue(PriorityQueueBase): # base class defines _Item
  """A min-oriented priority queue implemented with a binary heap."""
  #------------------------------ nonpublic behaviors ------------------------------
  def _parent(self, j):
    return (j−1) // 2

  def _left(self, j):
    return 2*j + 1

  def _right(self, j):
    return 2*j + 2

  def _has_left(self, j):
    return self._left(j) < len(self._data)     # index beyond end of list?

  def _has_right(self, j):
```

```
    return self._right(j) < len(self._data)    # index beyond end of list?

  def _swap(self, i, j):
    """Swap the elements at indices i and j of array."""
    self._data[i], self._data[j] = self._data[j], self._data[i]

  def _upheap(self, j):
    parent = self._parent(j)
    if j > 0 and self._data[j] < self._data[parent]:
      self._swap(j, parent)
      self._upheap(parent)                     # recur at position of parent

  def _downheap(self, j):
    if self._has_left(j):
      left = self._left(j)
      small_child = left                       # although right may be smaller
      if self._has_right(j):
        right = self._right(j)
        if self._data[right] < self._data[left]:
          small_child = right
      if self._data[small_child] < self._data[j]:
        self._swap(j, small_child)
        self._downheap(small_child)            # recur at position of small child
```

代码段 9-5 用基于数组的堆实现优先级队列（接代码段 9-4）

```
  #------------------------------ public behaviors ------------------------------
  def __init__(self):
    """Create a new empty Priority Queue."""
    self._data = [ ]

  def __len__(self):
    """Return the number of items in the priority queue."""
    return len(self._data)

  def add(self, key, value):
    """Add a key-value pair to the priority queue."""
    self._data.append(self._Item(key, value))
    self._upheap(len(self._data) - 1)          # upheap newly added position

  def min(self):
    """Return but do not remove (k,v) tuple with minimum key.

    Raise Empty exception if empty.
    """
    if self.is_empty( ):
      raise Empty('Priority queue is empty.')
    item = self._data[0]
    return (item._key, item._value)

  def remove_min(self):
    """Remove and return (k,v) tuple with minimum key.

    Raise Empty exception if empty.
    """
    if self.is_empty( ):
      raise Empty('Priority queue is empty.')
    self._swap(0, len(self._data) - 1)         # put minimum item at the end
    item = self._data.pop( )                   # and remove it from the list;
    self._downheap(0)                          # then fix new root
    return (item._key, item._value)
```

9.3.5 基于堆的优先级队列的分析

表 9-3 显示了基于堆实现的优先级队列 ADT 各方法的运行时间，其中，假设两个键的比较能够在时间复杂度 $O(1)$ 内完成，而且堆 T 是基于数组表示的树或基于链表表示的树实现的。

简言之，每个优先级队列 ADT 方法能够在时间复杂度 $O(1)$ 或 $O(\log n)$ 内完成，其中 n 是执行方法时堆中元组的数量。这些方法的运行时间的分析是基于以下结论得出的：

- 堆 T 有 n 个节点，每个节点存储一个键 - 值对的引用。
- 由于堆 T 是完全二叉树，所以堆 T 的高度是 $O(\log n)$（命题 9-1）。
- 由于树的根部包含最小元组，因此 min 操作运行的时间复杂度是 $O(1)$。
- add 和 remove_min 方法中需要定位堆的最后一个位置，在基于数组表示的堆上需要的时间复杂度为 $O(1)$，在基于链表树表示的堆上需要以 $O(\log n)$ 的时间复杂度完成（见练习 C-9.34）。
- 堆向上冒泡和堆向下冒泡执行交换的次数在最坏情况下等于 T 的高度。

表 9-3　利用堆实现的优先级队列 P 的性能。n 表示执行一个操作时优先级队列中元组的数量，空间需求量为 $O(n)$。操作 min 和 remove_min 的运行时间在基于数组表示的实现中是摊销的结果，因为动态数组有时候会调整大小；对于链表树结构，运行时间的边界是最坏情况下的结果

操　作	运行时间
len(P), P.is_empty()	$O(1)$
P.min()	$O(1)$
P.add()	$O(\log n)^*$
P.remove_min()	$O(\log n)^*$

* 如果是基于数组的，则为摊销结果

我们可以得出这样的结论：无论堆使用链表结构还是数组结构实现，堆数据结构都是优先级队列 ADT 非常有效的实现方式。与基于未排序或已排序列表的实现不同，基于堆的实现在插入和移除操作中均能快速地获得运行结果。

9.3.6 自底向上构建堆 *

如果以一个初始为空的堆开始，在最坏情况下，连续 n 次调用 add 操作的时间复杂度为 $O(n \log n)$。但是，如果所有存储在堆中的键 - 值对都事先给定，比如在堆排序算法的第一阶段，可以选择运行的时间复杂度为 $O(n)$ 的自下而上的方法构建堆（但是，堆排序仍然需要 $\Theta(n \log n)$ 的时间复杂度，因为在第二阶段我们仍然是重复地移除剩余元组中具有最小键值的一个）。

在这一节，我们描述了自底向上地构建堆，并给出了一个实现方法，基于堆的优先队列的构造函数可以使用这个实现方法来构建堆。

为了使叙述简单，我们在描述这种自底向上的堆构建时，假设键的数量为 n，并且 n 为整数，$n = 2^{h+1} - 1$。也就是说，堆是一个每层都满的完全二叉树，所以堆的高度满足 $h = \log(n+1) - 1$。以非递归的方法描述，自底向上构建堆包含以下 $h + 1 = \log(n+1)$ 个步骤。

1）第一步（见图 9-5b），我们构建 $(n+1)/2$ 个基本堆，每个堆中仅存储一个元组。

2）第二步（见图 9-5c ～图 9-5d），我们通过将基本堆成对连接起来并增加一个新元组来构建 $(n+1)/4$ 个堆，这种堆的每个堆中存储了 3 个元组。新增的元组放在根部，并且它很有可能不得不与堆中某一个孩子节点存储的元组进行交换以保持 heap-order 属性。

3）第三步（见图 9-5e ～图 9-5f），我们通过成对连接含 3 个元组的堆（该堆在上一步中构建），并且增加个新的元组，从而构建 $(n+1)/8$ 个堆，每个堆存储 7 个元组。新增的元组存储在根节点，但是它可能通过堆向下冒泡算法下移以保持堆的 heap-order 属性。

……

i）第 i 步，$2 \leqslant i \leqslant h$，我们通过成对连接存有 $(2^{i-1}-1)$ 个元组的堆（该堆是在前一步中构建的），并且在每个合并的堆上增加一个新的元组来构建 $(n+1)/2^i$ 个堆，每个堆存储 2^i-1 个元组。新增元组被存储在根节点上，但是它很可能需要通过堆向下冒泡算法进行下移以保持堆的 heap-order 属性。

……

$h+1$）最后一步（见图 9-5g ～图 9-5h），我们通过连接两个存储了 $(n-1)/2$ 个元组的堆（该堆是在上一步中构建的），并且增加新一个的元组来构建最终的堆，该堆存储了所有 n 个元组。新增的元组开始存储在根节点，但是它可能需要通过堆向下冒泡的算法下移以保持堆的 heap-order 属性。

$h=3$ 时，自底向上的建堆过程如图 9-5 所示。

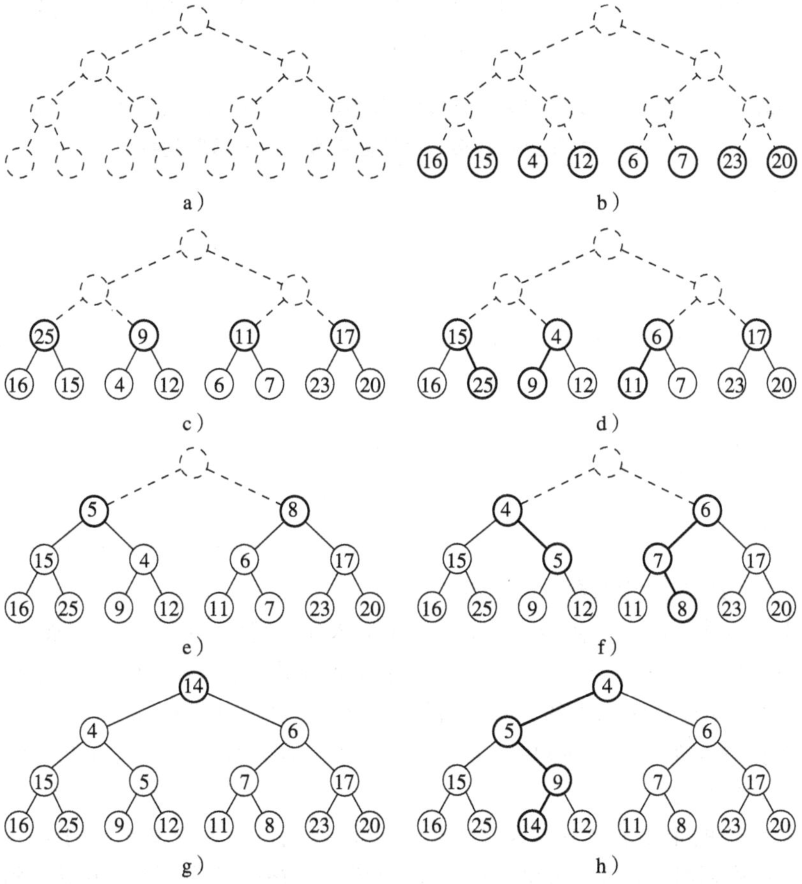

图 9-5　含 15 个元组的自底向上构建堆：a）和 b）从最底层构建只含一个元组的堆开始构建；c）和 d）将这些堆合并成含 3 个元组的堆，然后 e）和 f）构建含 7 个元组的堆，直到 g）和 f）构建最终状态堆的构建。在 d）、f）和 h）中，已经将堆向下冒泡的路径着重显示出来。为简单起见，我们仅显示了每个节点的键值，而不是显示整个元组的内容

自底向上构建堆的 Python 实现

当给定了“下堆”（down-heap）效用函数（utility function）时，实现自底向上构建堆是非常容易的。正如本章开头所描述的那样，相等大小的两个堆的“合并”就是公共位置 p 的两棵子树的合并，可以简单地通过 p 元组的下堆来完成，正如键值 14 在图 9-5f ～图 9-5g 中所发生的变化。

在使用数组来表示堆时，如果我们初始化时将 n 个元组以任意顺序存储在数组中，就能够通过一个单层循环来实现自底向上的堆构造，该循环在树的每个位置上调用 _downheap，并且这些调用是有序进行的，从最底层开始并在树的根节点处结束。事实上，由于下堆被调用对叶节点无影响，因此这些循环可以从最底层的非叶节点开始。

在代码段 9-6 中，我们扩展了 9.3.4 节的原始类 HeapPriorityQueue，以便为自下而上构建初始集合提供支持。我们介绍了一个非公有的方法 _heapify，它在每个非叶位置上调用 _downheap，从最底层开始，直到树的根节点结束。我们已经重新设计了该类的构造函数，以使其能接收一个可选的参数，该参数可以是任何 (k, v) 元组的序列。我们使用列表推导语法（见 1.9.2 节），根据给定内容创建元组组合的初始化列表，而不是将 self._data 初始化为一个空列表。我们声明了一个空序列作为参数的默认值，作为 HeapPriorityQueue() 默认的语法，使其能够处理空的优先级队列并输出结果。

代码段 9-6　重写代码段 9-4 和代码段 9-5 中的类 HeapPriorityQueue，使其支持对给定的元组序列实现线性复杂度的优先级队列构建

```
def __init__(self, contents=()):
  """Create a new priority queue.

  By default, queue will be empty. If contents is given, it should be as an
  iterable sequence of (k,v) tuples specifying the initial contents.
"""
  self._data = [ self._Item(k,v) for k,v in contents ]      # empty by default
  if len(self._data) > 1:
    self._heapify()

def _heapify(self):
  start = self._parent(len(self) − 1)        # start at PARENT of last leaf
  for j in range(start, −1, −1):             # going to and including the root
    self._downheap(j)
```

自底向上堆构建的渐近分析

自底向上堆构建比向一个初始的空堆中逐个插入 n 个键值元组要更快，而且是渐近式的。直观地说，我们是在树的每个位置上进行单个的下堆操作，而不是单个的上堆操作。由于与树底部更近的节点多于离顶部近的，向下路径的总和是线性变化的，正如下面的命题所示。

命题 9-3：*假设两个键值可以在 $O(1)$ 的时间内完成比较，则使用 n 个元组自底向上构建堆需要的时间复杂度为 $O(n)$。*

证明：构建堆的主要成本是在每个非叶节点位置执行的下堆操作。用 π_v 表示堆从非叶节点 v 到其“中序后继”叶节点的路径，也就是说，该路径是从 v 节点开始，沿着 v 的右孩子，然后继续沿着最左方向下直至到达叶节点。虽然 π_v 不需要一定是从 v 节点向下冒泡步骤产生的路径，但是它的长度 $\|\pi_v\|$（即 π_v 的边的个数）与以 v 为根的子树的高度成比例，因此，这也是节点 v 下堆操作的复杂度的边界。我们用路径大小的总和 $\sum_v \|\pi_v\|$ 来限制自底向

上堆构造算法总的运行时间。直观地，图 9-6 展示了“可视化”的证明，用标签标记非叶节点 v 的路径 π_v 中所包含的每条边。

我们声明对于所有非叶节点 v 的路径 π_v 是不相交的，因此路径长度的和受到树的总边数的限制，即为 $O(n)$。为了展示这一结论，我们考虑定义的“向右学习”（right-leaning）边和“向左学习”（left-leaning）边（这些边从父节点到右孩子和左孩子）。一个特别的向右学习边 e 只能是节点 v 的路径 π_v 的一部分，在由 e 表示的关系中，该节点 v 是父节点。如果持续地向左向下直至到达叶节点，那么所到达的叶节点可以用来对向左学习的边进行划分。每个非叶节点只使用在同组中的向左学习边将生成非叶节点的中序后继。由于每个非叶节点必须有不同的中序后继，因此没有两个路径包含相同的向左学习边。因此，我们断定自底向上构造堆的时间复杂度为 $O(n)$。■

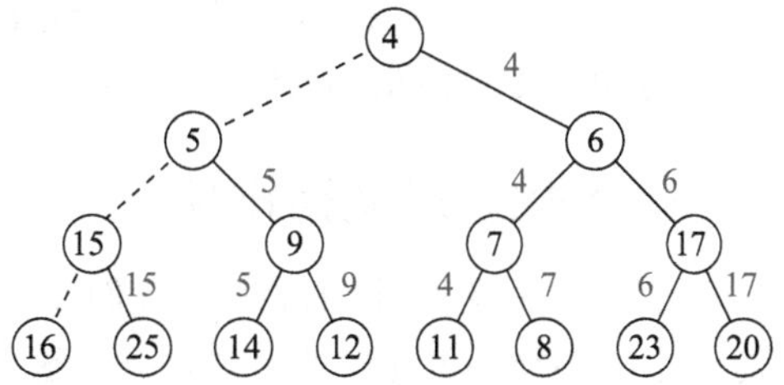
4
4
5
6
5
4
6
15
9
7
17
15
5
9
4
7
6
17
16
25
14
12
11
8
23
20

图 9-6 自底向上堆构建运行时间为线性的“可视化”证明。路径 π_v 所包含的每条边 e（如果有的话）都加上含有节点 v 的标签

9.3.7 Python 的 heapq 模块

Python 的标准发行版中包含一个 heapq 模块，该模块提供对基于堆的优先级队列的支持。该模块不提供任何优先级队列类，而是提供一些函数，这些函数把标准 Python 列表作为堆进行管理。它的模型与我们自己的基本相同：基于层次编号的索引，将 n 个元素存储在 $L[0] \sim L[n-1]$ 的单元中，并且最小元素存储在根 $L[0]$ 中。我们注意到 heapq 并不是单独地管理相关的值，即元素作为它们自己的键值。

Heapq 模块支持如下函数，假设所有这些函数在调用之前，现有的列表 L 已经满足 heap-order 属性：

- heappush(L, e)：将元素 e 存入列表 L，并重新调整列表以满足 heap-order 属性。该函数执行的时间复杂度为 $O(\log n)$。
- heappop(L)：取出并返回列表 L 中拥有最小值的元素，并且重新调整存储以满足 heap-order 属性。该函数执行的时间复杂度为 $O(\log n)$。
- heappushpop(L, e)：将元素 e 存入列表 L 中，同时取出和返回最小的元组。该函数执行的时间复杂度为 $O(\log n)$，但是它较分别调用 push 和 pop 方法的效率稍微高一些，因为列表的大小在处理过程中不发生变化。如果最新被插入列表的元素值是最小的，那么该函数立刻返回；否则，新增的元素将会替换在根节点处取出的元素，随后，函数会执行下堆操作。
- heapreplace(L, e)：与 heappushpop 方法相类似，但相当于在插入操作前执行 pop 操作（换言之，即使新插入的元素是最小值也不能被返回）。该函数执行的时间复杂度为 $O(\log n)$，但是它比分别调用 push 和 pop 方法效率更高。

该模块还支持在不满足 heap-order 属性的序列上进行操作的其他函数。

- heapify(L)：改变未排序的列表，使其满足 heap-order 属性。这个函数使用自底向上的堆构造算法，时间复杂度为 $O(n)$。

- nlargest(k, iterable)：从一个给定的迭代中生成含有 k 个最大值的列表。执行该函数的时间复杂度为 $O(n + k \log n)$，这里使用 n 来表示迭代的长度（见练习 C-9.42）。
- nsmallest(k, iterable)：从一个给定的迭代中生成含有 k 个最小值的列表。该函数使用与 nlargest 相同的技术，其时间复杂度为 $O(n + k \log n)$。

9.4 使用优先级队列排序

在定义优先级队列 ADT 时，我们注意到任何类型的对象都能够被定义为键，但是任何一对键之间必须是可比较的，这样这个键集自然是可排序的。在 Python 中，我们常用“<”操作符来定义这样的序列，在定义过程中，必须满足属性：

- 非自反性：$k \not< k$。
- 传递属性：如果 $k_1 < k_2$，并且 $k_2 < k_3$，则 $k_1 < k_3$。

这种关系被正式地定义为*严格弱序*（strict weak order），因为它允许各个键值是相等的，但更广泛的等价类是*完全有序*的，因为它们可以根据传递属性排列成唯一的从最小值到最大值的序列。

作为优先级队列的第一个应用，我们展示了它们如何被用在对一个可比较元素集合 C 的排序上。也就是说，我们能够生成集合 C 中元素的一个递增排序的序列（或者如果存在重复数据，则至少是非递减的顺序）。这个算法非常简单——我们将所有元素插入一个最初为空的优先级队列中，然后重复调用 remove_min，从而以非递减的顺序获取所有元素。

我们在代码段 9-7 中给定了这种算法的一个实现，其中假定 C 是一个位置列表（见 7.4 节）。调用方法 P.add 时，我们把集合的原始元素 element 同时作为键和值，即 P.add(element, element)。

代码段 9-7　函数 pq_sort 的实现，这里假设已经有了一个合适的 PriorityQueue 类的实现。注意输入列表 *C* 的每个元素都充当了其在优先级队列 *P* 的键

```
def pq_sort(C):
  """Sort a collection of elements stored in a positional list."""
  n = len(C)
  P = PriorityQueue()
  for j in range(n):
    element = C.delete(C.first())
    P.add(element, element)          # use element as key and value
  for j in range(n):
    (k,v) = P.remove_min()
    C.add_last(v)                    # store smallest remaining element in C
```

如果对以上代码做个小小的改动：将元素按照一定的规则排序而不是保留其默认的顺序，这样便可以使该函数更为通用。例如，当处理字符串时，“<”操作符定义一个*字典序列*，这是将一个字母序扩展到 Unicode 上。比如，我们定义 '2' < '4'，因为是根据每个字符串的第一个字母的顺序定义的，就像 'apple' < 'banana' 一样。假设有一个应用，在应用中我们有一个众所周知的代表整数值（如 '12'）的字符串列表，那么我们的目标就是根据这些对应的整数值给这些字符串排序。

Python 中提供了为一个排序算法自定义顺序的标准方法，作为排序函数的一个可选参数，该对象本身是一个计算给定元素的键的函数的参数（见 1.5 和 1.10 节，在内置 max 函数的上下文中有关于该方法的讨论）。比如，在使用一个（数字）字符串列表时，我们很可能希望将 int（s）的数值作为列表中字符串 s 的键。在这种情况下，int 类的构造函数可以作为计算键的单参数函数。在这种方式下，字符串 '4' 将排在字符串 '12' 的前面，因为它们的键的关系是 int('4') < int('12')。我们把用这种的方法为 pq_sort 函数提供可选键参数的问题留作一个练习（见练习 C-9.46）。

9.4.1 选择排序和插入排序

对于任意给定的优先级队列类的有效实现，pq_sort 函数都能正确地处理。但是，排序算法的运行时间复杂度取决于给定的优先级队列类的 add 方法和 remove_min 方法的时间复杂度。接下来我们讨论一种优先级队列的实现，该实现实际上使得 pq_sort 计算成为经典的排序算法之一。

选择排序

如果用一个未排序的列表实现 P，那么由于每增加一个元素都能在 $O(1)$ 的时间复杂度内完成，所以在 pq_sort 的第一阶段所花费的时间复杂度为 $O(n)$。在第二阶段，每次 remove_min 操作的时间复杂度与 P 的大小成正比。因此，计算的瓶颈是在第二阶段重复地选择最小元素。由于这个原因，这个算法被命名为选择排序（见图 9-7）。

		集合C	优先级队列P
输入		(7,4,8,2,5,3)	()
阶段1	(a)	(4,8,2,5,3)	(7)
	(b)	(8,2,5,3)	(7,4)
	⋮	⋮	⋮
	(f)	()	(7,4,8,2,5,3)
阶段2	(a)	(2)	(7,4,8,5,3)
	(b)	(2,3)	(7,4,8,5)
	(c)	(2,3,4)	(7,8,5)
	(d)	(2,3,4,5)	(7,8)
	(e)	(2,3,4,5,7)	(8)
	(f)	(2,3,4,5,7,8)	()

图 9-7 在集合 $C = (7, 4, 8, 2, 5, 3)$ 上执行选择排序

如上面提到的，算法的瓶颈就是我们在第二阶段重复地从优先级队列 P 中移除拥有最小键值的元组。P 的大小开始为 n，随着每次调用 remove_min，持续递减，直到变为 0。所以，第一次操作的时间复杂度为 $O(n)$，第二次操作的时间复杂度为 $O(n-1)$，以此类推。因此，第二阶段所需要的总时间为：

$$O(n+(n-1)+\cdots+2+1) = O(\sum_{i=1}^{n} i)$$

由命题 3-3 可知，$\sum_{i=1}^{n} i = n(n+1)/2$ 这一结论。因此，第二阶段的时间复杂度为 $O(n^2)$，故整个选择排序算法的时间复杂度为 $O(n^2)$。

插入排序

如果用一个排序列表实现优先级队列，由于此时每次在 P 上执行 remove_min 操作所花费的时间复杂度为 $O(1)$，因此我们可以将第二阶段的时间复杂度降低到 $O(n)$。不幸的是，第一阶段将会变成整个算法的瓶颈，因为在最坏情况下，每次 add 操作的时间复杂度与当前 P 的大小成正比。这种排序算法被称作插入排序（见图 9-8）。实际上，在优先级队列中增加一

		集合C	优先级队列P
输入		(7,4,8,2,5,3)	()
阶段1	(a)	(4,8,2,5,3)	(7)
	(b)	(8,2,5,3)	(4,7)
	(c)	(2,5,3)	(4,7,8)
	(d)	(5,3)	(2,4,7,8)
	(e)	(3)	(2,4,5,7,8)
	(f)	()	(2,3,4,5,7,8)
阶段2	(a)	(2)	(3,4,5,7,8)
	(b)	(2,3)	(4,5,7,8)
	⋮	⋮	⋮
	(f)	(2,3,4,5,7,8)	()

图 9-8 在集合 $C = (7, 4, 8, 2, 5, 3)$ 上执行插入排序

个元素的实现与之前 7.5 节给出的插入算法的步骤几乎完全相同。

插入排序算法的第一阶段在最坏情况下的运行时间为：

$$O(1+2+\cdots+(n-1)+n)=O(\sum_{i=1}^{n} i)$$

同样，根据命题 3-2，这意味着最坏情况下第一阶段的时间复杂度为 $O(n^2)$，并且整个插入排序算法的时间复杂度也为 $O(n^2)$。但是，不同于选择排序，插入排序在最好情况下的时间复杂度为 $O(n)$。

9.4.2　堆排序

正如我们之前所看到的，堆实现的优先级队列的优点是：优先级队列 ADT 中的所有方法都以对数时间或更短时间运行。因此，这种实现非常适合那些所有优先级队列方法都追求快速的运行时间的应用。现在，让我们再次考虑 pq_sort 的设计，这次使用基于堆的优先级队列的实现方式。

在第一阶段，由于第 i 次 add 操作完成后堆有 i 个元组，所以第 i 次 add 操作的时间复杂度为 $O(\log i)$。因此，这一阶段整体的时间复杂度为 $O(n \log n)$（采用 9.3.6 节所描述的自底向上堆构造的方法，第一阶段的时间复杂度能够被提升到 $O(n)$）。

在 pq_sort 的第二阶段，由于在第 j 次 remove_min 操作执行时堆中有（$n-j+1$）个元组，因此第 j 次 remove_min 操作的时间复杂度为 $O(\log(n-j+1))$。将所有这些 remove_min 操作累加起来，这一阶段的时间复杂度为 $O(n \log n)$。所以，当使用堆来实现优先级队列时，整个优先级队列排序算法的时间复杂度为 $O(n \log n)$。这个排序算法就称为*堆排序*，以下命题总结了它的性能。

命题 9-4：*假设集合 C 的任意两个元素能在 $O(1)$ 时间内完成比较，则堆排序算法能在 $O(n\log n)$ 时间内完成含有 n 个元素的集合 C 的排序。*

显然，堆排序的 $O(n\log n)$ 时间复杂度比起选择排序和插入排序（见 9.4.1 节）的 $O(n^2)$ 时间复杂度性能是相当好的。

实现原地堆排序

如果要排列的集合 C 是通过基于数组的序列（如 Python 列表）实现的，我们可以通过引入一个常量因子以列表自身的一部分存储堆的方法来加速堆排序并减小空间需求，以避免使用辅助堆数据结构。这可以通过如下所示的算法修改进行实现：

1）通过使每个位置的键值不小于其孩子节点的键值，我们重新定义堆的操作，使其成为*面向最大值的堆*（maximum-oriented heap）。这可以通过重新编码算法或者调整键的概念为相反方向的来实现。在算法执行过程中的任意时间点，我们始终使用 C 的左半部分（即 0 到一个确定的索引 $i-1$）来存储堆中的元组，并且使用 C 的右半部分（即索引 $i \sim n-1$）来存储序列的元素。也就是说，C 的前 i 个元素（在索引 $0, \cdots, i-1$ 处）提供了堆的数组列表表示。

2）在算法的第一阶段，我们从一个空堆开始，并从左向右移动堆与序列之间的边界，一次一步。在第 i 步，这里 $i=1, \cdots, n$，我们通过在索引 $i-1$ 处追加元素来对堆进行扩展。

3）在算法的第二阶段，我们从一个空的序列开始，并从右到左移动堆与序列之间的边界，一次一步。在第 i 步，这里 $i=1, \cdots, n$，我们将最大值元素从堆中移除并将其存储到索引为 $n-i$ 的位置上。

一般来说，除了存储要排序的对象的序列之外，如果只使用少量的内存，我们就说该算法为原地（in-place）算法。上述调整过的堆排序算法就是原地算法。相对于将元素移出序列再重新移入，我们简单地对序列进行了重新组织。我们在图 9-9 中对原地堆排序第二阶段的处理过程进行了说明。

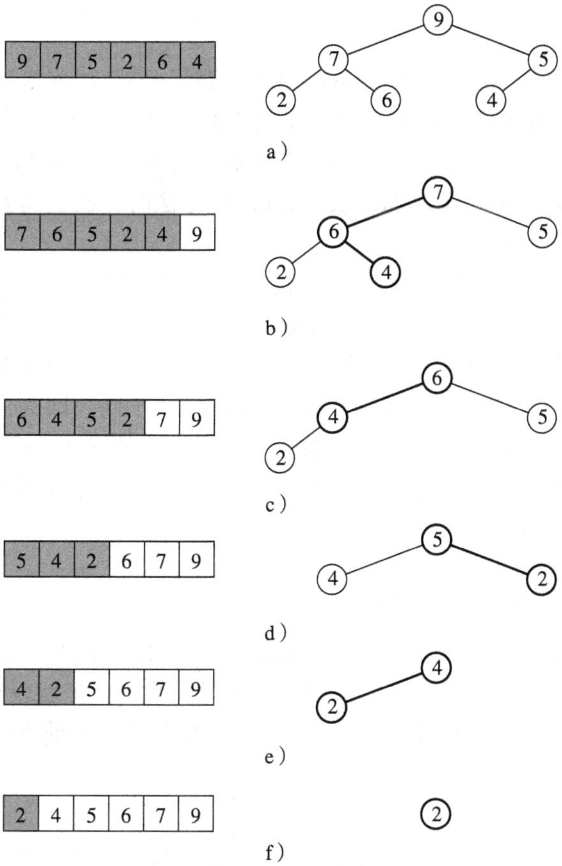
9 7 5 2 6 4
a）
7 6 5 2 4 9
b）
6 4 5 2 7 9
c）
5 4 2 6 7 9
d）
4 2 5 6 7 9
e）
2 4 5 6 7 9
f）

图 9-9 原地堆排序的第二阶段。序列中堆的部分做了突出表示。在每个表示序列的二叉树图表示中，最新的向下堆冒泡形成的路径做了突出表示

9.5 适应性优先级队列

9.1.2 节给出的优先级队列 ADT 的方法对于大多数优先级队列的基本应用（比如排序）来说已经很完善了。但是，有些场景还需要一些附加方法，比如下面所示的涉及航班候补等待（standby）乘客的应用场景。

- 持有消极态度的待机乘客可能会因为对等待感到疲倦而决定在登机时间到来之前离开，并请求从等待列表中移除。因此，我们将与该乘客相关的元组从优先级队列中移除。由于要离开的乘客不需要最高优先级，因此 remove_min 操作不能完成此任务。所以，我们需要一个新的操作 remove，用来删除优先级队列中的任意一个元组。
- 另一个待机乘客拿出她的常飞乘客金卡并出示给售票代理，因此她的优先级将被相应地更改。为了完成这个优先级的变更，我们需要一个新的操作 update，使我们能用一个新的键去替换元组现有的键。

在实现 14.6.2 节和 14.7.1 节的特定图算法时，我们将看到可适应性优先级队列的另一种应用。

在本节中，我们构建了一个可适应性优先级队列 ADT，并展示了如何将这个抽象概念作为基于堆的优先级队列的扩展来实现。

9.5.1 定位器

为了有效地实现方法 update 和 remove，我们需要一种在优先级队列中找到用户元组的机制，该机制可以避免在整个元组集合进行线性搜索。为了实现这一目标，当一个新的元素追加到优先级队列中时，我们返回一个特殊的对象给调用者，该对象称为定位器（locator）。对于一个优先级队列 *P*，当执行 update 或者 remove 方法时，我们需要用户提供一个合适的定位器作为参数，详情如下：

- P.update(loc, k, v)：用定位器 loc 代替键和值作为元组的标识。
- P.remove(loc)：从优先级队列中删除以 loc 标识的特定元组，并返回它的 (key, value) 对。

定位抽象类似于我们从 7.4 节开始使用的位置列表 ADT 中使用的位置抽象和第 8 章介绍的树的 ADT 中使用的位置抽象。但是，定位器和位置不同，因为优先级队列的定位器并不代表结构中一个元素的具体位置。在优先级队列中，一些看似与元素没有直接关系的操作，一旦执行，该元素可能在数据结构中被重新定位。只要一个元组项一直在队列中的某个地方，这个元组的定位器将一直有效。

9.5.2 适应性优先级队列的实现

在本节中，我们提供一个可适应性优先级队列的 Python 实现，将它作为 9.3.4 节所讨论的 HeapPriorityQueue 类的扩展。为了实现 Locator 类，我们将扩展现有 _Item 的组成来增加一个额外的字段，该字段指定在基于数组表示的堆中的元素的当前索引，如图 9-10 所示。

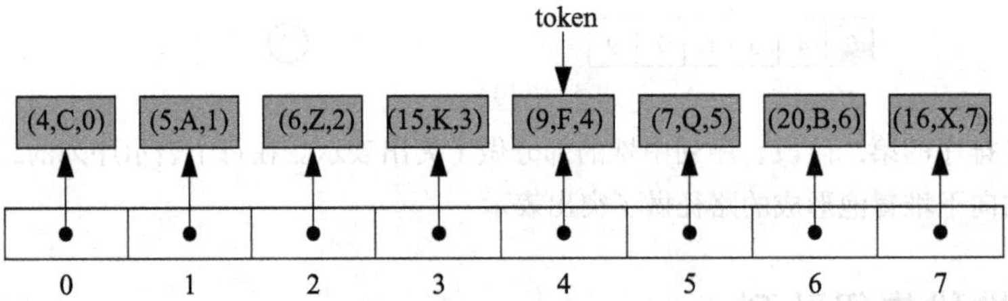
token
(4,C,0)
(5,A,1)
(6,Z,2)
(15,K,3)
(9,F,4)
(7,Q,5)
(20,B,6)
(16,X,7)
0
1
2
3
4
5
6
7

图 9-10 用一个定位器序列表示堆。数组中每个元组的索引对应每个定位器实例中的第三个元素。假定标识符 token 是用户域中的一个定位器的引用（reference）

该列表是一个指向定位器实例的序列，每个定位器都存储一个 key，value 和列表内元组的当前索引。用户会获得每个插入的元素的定位器实例的引用，如图 9-10 中的 token 标识所示。

在堆上执行优先级队列操作时，元组在结构中被重新定位，我们重新设置列表中各定位器实例的位置，并更新每个定位器的第三个字段以反映该定位器在列表中的新索引。图 9-11 展示了上述的堆在调用 remove_min() 方法后状态的一个例子。堆操作使得最小元组（4，C）被删除，并使元组（16，X）暂时从最后一个位置移到根位置，这之后是向下冒泡的处理阶段。在下堆阶段，元素（16，X）与它在列表索引为 1 的位置的左孩子（5，A）做了交换，然后又与它在列表的索引值为 4 的右孩子元组（9，F）交换。在最后的配置中，所有受影响的元组的定位器实例都已经被修改了，以反映它们的新位置。

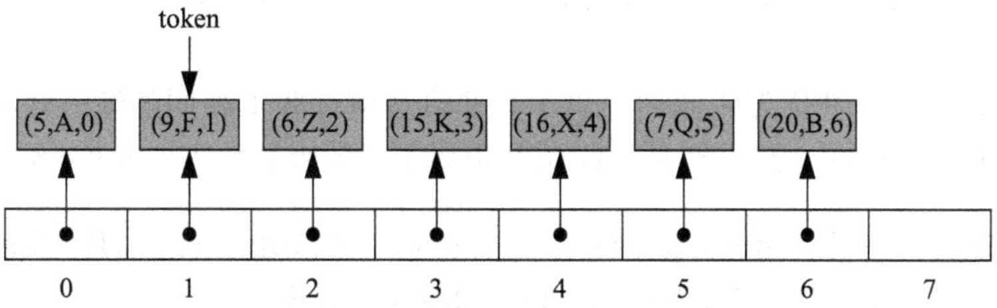

token
(5,A,0)
(9,F,1)
(6,Z,2)
(15,K,3)
(16,X,4)
(7,Q,5)
(20,B,6)
0
1
2
3
4
5
6
7

图 9-11 在图 9-10 中所描述的堆上调用 remove_min() 的结果。在初始配置中，标识 tocken 继续指向同一个定位器实例，但是当定位器增加了第三个域时，它在列表中的位置会发生变化

强调定位器实例没有改变元组标识非常重要。如图 9-10 和图 9-11 所示，用户 token 的指针将继续指向相同的实例。我们只是简单地改变了实例的第三个域，并改变了列表序列中引用该实例的索引的位置。

通过这种新的表示，对可适应性优先级队列 ADT 提供额外的支持更加直接。当一个定位器实例被当作参数传给方法 update 或 remove 时，我们可以借助该结构的第三个域来指明该元素在堆中的位置。根据前面的讨论我们知道，一个键的 update 操作仅需要简单的一次堆向上冒泡或堆向下冒泡来重新满足 heap-order 属性（完全二叉树属性保持不变）。为了实现移除任意一个元素的操作，我们把在最后位置的元素移到腾空的位置，并再次执行适当的冒泡操作来满足 heap-order 属性。

Python 实现

代码段 9-8 和代码段 9-9 展示了可适应性优先级队列的 Python 实现，它是 9.3.4 节 HeapPriorityQueue 类的子类。我们在原始类上做的修改非常小。我们定义了一个公有的 Locator 类，该类继承非公有的 _Item 类并通过额外的 _index 域增强它。之所以将它定义为公有类，是因为我们要同时用 locators 作为返回值和参数，但是，用户定位器类的公有接口不包括任何其他功能。

为了在堆操作的过程中更新定位器，我们借助一个特定的设计决策，即在原始类在所有数据移动中都使用一个非公有的方法 _swap。在两个互换的定位器实例中，我们重写该实用程序来执行更新定位器中所存储的索引的附加步骤。

我们提供一个新的 _bubble 程序，该程序负责一个在堆中任意位置的键改变时恢复 heap-oder 属性，不管这个改变是由于键的更新，还是因为从树的最后一个位置移除元素及其对应的元组。_bubble 程序根据给定的位置是否有一个更小的父节点来决定是否进行堆向上冒泡或者堆向下冒泡（如果一个更新的键恰巧保存了有效的当前位置，我们在技术上调用 _downheap 但没有交换结果）。

代码段 9-9 给出了公有的方法。现有的 add 方法被覆盖，两者都是使用一个 Locator 实例（而不是存储新元素的 _Item 实例），并将定位器返回给调用者。该方法的其余部分与原有的方法相类似，即通过 _swap 新版本的使用来制定管理定位器的索引。由于对于可适应性优先级队列在行为上唯一需要的改变已经在重载 _swap 方法中提供，因此没有必要再重写 remove_min 方法。

update 和 remove 方法为可适应性优先级队列提供了核心的新功能。我们对一个被调用方发送的定位器的有效性进行鲁棒性检查（为了节省篇幅，我们给出的代码不做确保参数确实是一个 Locator 实例的初步类型检查）。为了确保定位器与给定优先级队列中的当前元素相关联，我们检查被封装在定位器对象中的索引，然后验证在该索引处的列表的元组正是这个定位器。

综上所述，可适应性优先级队列提供了与非可适应性版本相同的渐近效率和空间使用，并且为新的基于定位器的 update 和 remove 方法提供了对数级的性能。表 9-4 给出了性能总结。

代码段 9-8　一个可适应性优先级队列的实现（后接代码段 9-9）。这是代码段 9-4 和代码段 9-5 中 HeapPriorityQueue 的扩展

```
class AdaptableHeapPriorityQueue(HeapPriorityQueue):
  """A locator-based priority queue implemented with a binary heap."""

  #------------------------------ nested Locator class ------------------------------
  class Locator(HeapPriorityQueue._Item):
    """Token for locating an entry of the priority queue."""
    __slots__ = '_index'                 # add index as additional field

    def __init__(self, k, v, j):
      super().__init__(k,v)
      self._index = j

  #------------------------------ nonpublic behaviors ------------------------------
  # override swap to record new indices
  def _swap(self, i, j):
    super()._swap(i,j)                   # perform the swap
    self._data[i]._index = i             # reset locator index (post-swap)
    self._data[j]._index = j             # reset locator index (post-swap)

  def _bubble(self, j):
    if j > 0 and self._data[j] < self._data[self._parent(j)]:
      self._upheap(j)
    else:
      self._downheap(j)
```

代码段 9-9　一个可适应性优先级队列的实现（接代码段 9-8）

```
  def add(self, key, value):
    """Add a key-value pair."""
    token = self.Locator(key, value, len(self._data)) # initiaize locator index
    self._data.append(token)
    self._upheap(len(self._data) − 1)
    return token

  def update(self, loc, newkey, newval):
    """Update the key and value for the entry identified by Locator loc."""
    j = loc._index
    if not (0 <= j < len(self) and self._data[j] is loc):
      raise ValueError('Invalid locator')
    loc._key = newkey
    loc._value = newval
    self._bubble(j)

  def remove(self, loc):
    """Remove and return the (k,v) pair identified by Locator loc."""
    j = loc._index
    if not (0 <= j < len(self) and self._data[j] is loc):
      raise ValueError('Invalid locator')
```

```
        if j == len(self) − 1:                # item at last position
          self._data.pop( )                   # just remove it
        else:
          self._swap(j, len(self)−1)          # swap item to the last position
          self._data.pop( )                   # remove it from the list
          self._bubble(j)                     # fix item displaced by the swap
        return (loc._key, loc._value)
```

表 9-4 一个用基于数组堆表示实现的大小为 n 的可适应性优先级队列 P 的各方法运行时间表。空间需求量是 $O(n)$

操 作	运行时间
len(P), P.is_empty(), P.min()	$O(1)$
P.add(k, v)	$O(\log n)$*
P.update(loc, k, v)	$O(\log n)$
P.remove(loc)	$O(\log n)$*
P.remove_min()	$O(\log n)$*

* 动态数组摊销

9.6 练习

请访问 www.wiley.com/college/goodrich 以获得练习帮助。

巩固

R-9.1 使用 remove_min 操作从含有 n 个元组的堆中删除第 $\lceil \log n \rceil$ 最小元组需要花费多长时间?

R-9.2 假设使用等于先序排序的键值来标识二叉树 T 的每个位置 p，在什么情况下 T 是堆?

R-9.3 在下列优先级队列 AD, T 方法中，每次调用 remove_min 将返回什么？这些函数是：add(5, A)、add(4, B)、add(7, F)、add(1, D)、remove_min()、add(3, J)、add(6, L)、remove_min()、remove_min()、add(8, G)、remove_min()、add(2, H)、remove_min() 和 remove_min()。

R-9.4 某机场正在开发一个空中交通管制模拟系统，该系统用于处理诸如飞机着陆和起飞等事件，每个事件有一个标记事件什么时候发生的时间戳。模拟程序需要能够有效地处理如下两个基本操作：

- 插入一个带有给定时间戳的事件（即增加一个未来的事件）。
- 取出拥有最小时间戳的事件（即确定下一个处理的事件）。

哪种数据结构适合处理上述操作？为什么？

R-9.5 如表 9-2 所示，UnsoredPriorityQueue 类的方法 min 的时间复杂度为 $O(n)$。试简单修改该类，使 min 的时间复杂度变为 $O(1)$。请解释对于类的其他方法需要做哪些必要的改动。

R-9.6 能否通过调整上一问题的解决方案，使 UnsoredPriorityQueue 类中的 remove_min 方法时间复杂度也为 $O(1)$？简单描述如何调整。

R-9.7 试描述在输入序列（22，15，36，44，10，3，9，13，29，25）上执行选择排序算法的过程。

R-9.8 试说明在上一问题中的输入序列上执行插入排序算法的过程。

R-9.9 请给出一个会出现插入排序最坏情况的含 n 个元组的序列的例子，并证明在这样的序列上执行插入排序的时间复杂度为 $\Omega(n^2)$。

R-9.10 堆中哪个位置可能存储着第三小的键?

R-9.11 堆中哪个位置可能存储最大键?

R-9.12 考虑这样的情况，用户有数值型的键并希望有一个面向最大值导向的优先级队列。如何用一个标准（面向最小值）的优先级队列实现这一目的？

R-9.13 试说明在输入序列（2，5，16，4，10，23，39，18，26，15）上执行原地堆排序算法的过程。

R-9.14 假设 T 为完全二叉树，位置 p 存储以 $f(p)$ 为关键字的元组，$f(p)$ 是 p 的层次编号（见 8.3.2 节）。请问该树 T 是堆吗？为什么？

R-9.15 试解释为什么堆向下冒泡算法的描述中不考虑位置 p 有右孩子但是没有左孩子的情况。

R-9.16 是否存在一个含有 7 个元组且键值唯一的堆 H，这个堆 H 可以根据先序遍历生成按键值递增或递减排序的序列？中序遍历呢？后序遍历呢？如果存在，请给出一个例子；如果不存在，请说明原因。

R-9.17 假设 H 是一个基于数组表示的完全二叉树的堆，堆中存储了 15 个元组。以先序遍历 H 的数组标识序列是什么？中序遍历 H 呢？后续遍历 H 呢？

R-9.18 证明在一个堆排序中的和 $\sum_{i=1}^{n} \log i$ 的复杂度是 $\Omega(n \log n)$。

R-9.19 Bill 认为一个堆的先序遍历将以非降序的顺序列出它所有元组的键。画图给出一个例子，证明他是错误的。

R-9.20 Hillary 认为一个堆的后序遍历将以非升序的顺序列出它的键。请给出一个例子，证明她是错误的。

R-9.21 试给出从图 9-1 的堆中删除元组（16，X）算法的所有步骤，假设该元组已经由一个定位器标识。

R-9.22 试给出在图 9-1 的堆中，用 18 替换元组（5，A）的键的算法的所有步骤，假设该元组已经由定位器标识。

R-9.23 假设一个堆的所有元组均是 1 ～ 59（不重复）的奇数，画出插入键值为 32 的元组时所引起的自底向上到根节点的孩子节点（用 32 替换这个孩子节点的键值）的堆向上冒泡的过程。

R-9.24 描述向堆中插入 n 个节点的序列需要在 $O(n \log n)$ 时间内处理。

R-9.25 写出对图 9-9 中的堆原地堆排序算法的所有步骤。给出在每一步结束时数组和相关的堆的状态。

创新

R-9.26 如何能仅使用一个优先级队列和一个额外的整型实例变量来实现堆栈 ADT？请给出方法。

R-9.27 如何仅使用一个优先级队列和一个额外的整型实例变量来实现 FIFO 队列 ADT？请给出方法。

R-9.28 对于以上问题，Idle 教授建议使用如下解决方案：在一个元组被插入队列的时候，给它分配一个等于当前队列长度的键值。这样的策略能产生 FIFO 语义吗？证明这个方法是可行的，或者提供一个反例来否定这个方法。

R-9.29 使用一个 Python 列表重新实现 SortedPriorityQueue。确保维持 remove_min 的时间复杂度为 $O(1)$。

R-9.30 给出类 HeapPriorityQueue 中 _upheap 方法的一个非递归的实现。

R-9.31 给出类 HeapPriorityQueue 中 _downheap 方法的一个非递归的实现。

R-9.32 假设使用完全二叉树 T 的链表示，并使用一个额外的指针指向树的最后一个节点。假定 n 是当前树的节点数，则在 add 和 remove_min 操作之后如何在 $O(\log n)$ 时间复杂度内更新指向最后节点的指针？就像在图 9-12 所描述的那样。请确保能够处理所有可能的情况。

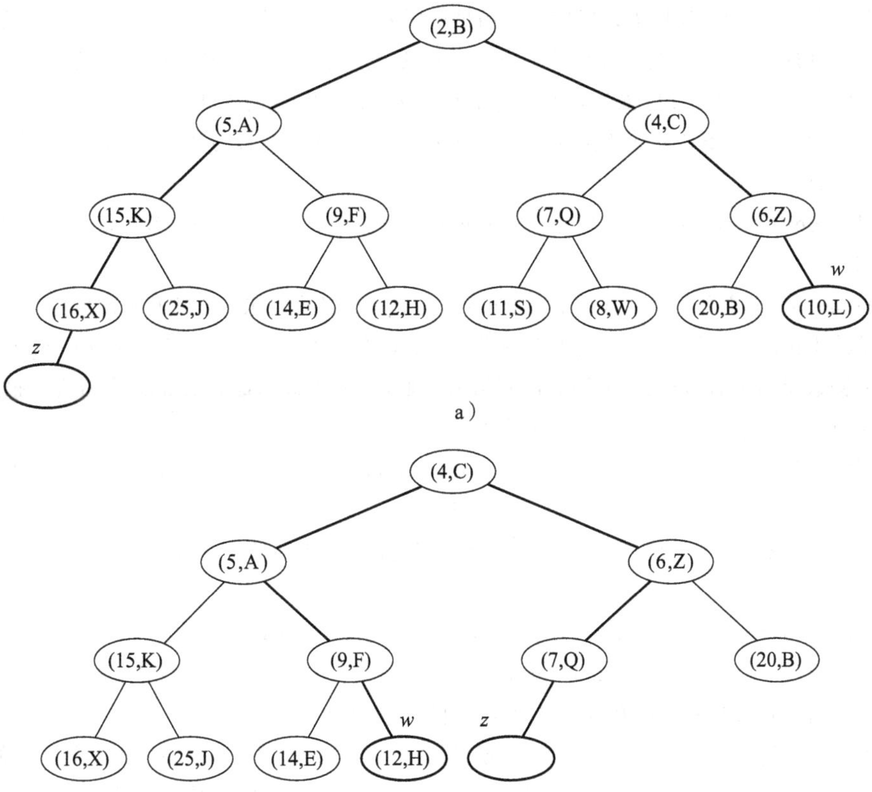
(2,B)
(5,A)
(4,C)
(15,K)
(9,F)
(7,Q)
(6,Z)
w
(16,X)
(25,J)
(14,E)
(12,H)
(11,S)
(8,W)
(20,B)
(10,L)
z
a）
(4,C)
(5,A)
(6,Z)
(15,K)
(9,F)
(7,Q)
(20,B)
w
z
(16,X)
(25,J)
(14,E)
(12,H)

b）

图 9-12　在 add 或 remove 操作之后，更新完全二叉树的最后一个节点。节点 w 是执行 add 操作前或 remove 操作后树中的最后一个节点。节点 z 是执行 add 操作后或 remove 操作前树中的最后一个节点

R-9.33　当使用基于链表的树表示堆时，在一个堆 T 的插入过程中找到最后一个节点的另一种方法是存储，在最后一个节点和 T 中的每个叶节点，指向叶节点的引用立即指向它的右边节点（包装下一层的第一个节点为最右叶节点）。假设用链表结构实现 T，展示如何在每个优先级队列 ADT 操作中以 $O(1)$ 的时间复杂度维护这样的引用。

R-9.34　我们能够通过二进制字符串的方法表示二叉树从根节点到给定节点的路径，在这个路径中 0 表示“沿左孩子走”，1 表示“沿右孩子走”。比如，在图 9-12a 的堆中从根节点到存储（8, W）的节点的路径表示为“101”。基于以上表示，设计一个 $O(\log n)$ 时间复杂度的算法来寻找拥有 n 个节点的完全二叉树的最后一个节点。展示这种算法怎样能被用在通过链表结构实现且没有指向最后节点指针的完全二叉树中。

R-9.35　给定一个堆 T 和一个键 k，给出一个算法来计算在 T 中所有元组中有一个键值小于等于 k。比如，给定图 9-12a 中的堆和请求键值 $k = 7$，该算法应该给出拥有键值 2、4、5、6 和 7 的元组（但不需要以这种顺序）。该算法应该运行在与返回元组数量成正比的时间内，并且不应该改变堆。

R-9.36　请给出表 9-4 中的时间范围的一个理由。

R-9.37　通过显示以下的总和是 $O(1)$，给出自下而上的堆结构的另一种分析，对于任何正整数 h：

$$\sum_{i=1}^{h}(i/2^i)$$

R-9.38 假设两棵二叉树 T_1 和 T_2，保持元组满足堆序列属性（但是不需要满足完全二叉树属性）。描述一种连接 T_1 和 T_2 为二叉树 T 的方法，它的节点为 T_1 和 T_2 中的节点并且满足堆顺序属性。你的算法时间复杂度应该为 $O(h_1 + h_2)$，h_1 和 h_2 为 T_1 和 T_2 的高度。

R-9.39 对于 HeapPriorityQueue 类实现一个 heappushpop 方法，并且与 9.3.7 节 heapq 模块的描述语义相似。

R-9.40 对于 HeapPriorityQueue 类实现一个 heapreplace 方法，并且与 9.3.7 节 heapq 模块的描述语义相似。

R-9.41 Tamarindo 航空公司想给他们最高 $\log n$ 飞行频率的常客一张一流的升级优惠券，根据里程数量的累积，n 为航空公司常客的总数量。他们现在用的算法时间复杂度为 $O(n \log n)$，按飞行里程数量给常客排序，并且扫描被排序的列表，从中选出最高的 $\log n$ 个常客。描述一种在 $O(n)$ 时间复杂度内识别最高 $\log n$ 常客的算法。

R-9.42 解释使用面向最大值的堆（maximum-oriented heap）在 $O(n + k\log n)$ 时间复杂度内从拥有 n 个元组的无序列表中找出最大的 k 个元组。

R-9.43 解释使用 $O(k)$ 的辅助空间在 $O(n \log k)$ 时间复杂度内从拥有 n 个元组的无序列表中找出最大的 k 个元组。

R-9.44 给定 PriorityQueue 类，用于实现面向最小值优先级队列 ADT，并提供一个 MaxPriorityQueue 类的实现，它适合用方法 add、max 和 remove_max 来提供面向最大值抽象。你的实现不应该对原始类 PriorityQueue 和可能用到的键值类型做任何假设。

R-9.45 写一个非负整数的一个关键函数，该函数根据每个整数的二进制扩展中的 1 个数来确定顺序。

R-9.46 给出在代码段 9-7 部分 pq_sort 函数的可替代实现，该函数接受一个关键字函数作为可选参数。

R-9.47 对于一个数组，描述一个选择排序算法的原地版本，并且该数组除了本身只是用 $O(1)$ 的实例变量空间。

R-9.48 在数组 A 中，假设排序问题的输入已给定，试描述如何只用数组 A 和至多一个常数数量的附加变量来实现插入排序算法。

R-9.49 使用标准的面向最小值优先级队列（代替面向最大值优先级队列）来给出原地堆排序算法一个可替代的描述。

R-9.50 交易股票的网上计算机系统需要处理从“以 \$$x$ 每份价格买 100 份”到“以 \$$y$ 每份价格卖 100 份”的订单。买 \$$x$ 的订单只有在存在价格 \$$y$ 的卖订单并且 $y \leqslant x$ 时才会被处理。同样，卖 \$$y$ 的订单只有在存在价格 \$$x$ 的买订单并且 $y \leqslant x$ 时才会被处理。如果一个购买或出售订单到来但不能被处理，它必须等待一个未来的允许它进行处理的订单。请描述一种方案，允许买或卖订单以 $O(\log n)$ 的时间进入系统，与它们是否被立即处理无关。

R-9.51 针对之前的问题扩展一个解决方案，以便让用户可以更新他们的购买或出售的还没有被处理的订单价格。

R-9.52 一群孩子想要玩一个被称作*反垄断*的游戏，在该游戏中，每回拥有最多钱的玩家必须把他 / 她一半的钱给拥有最少钱的玩家。什么数据结构能被用来高效地玩这种游戏？为什么？

项目

P-9.53 实现原地堆排序算法，并通过实验与非原地的标准堆排序算法的运行时间做比较。

P-9.54 使用练习 C-9.42 或 C-9.43 的方法重新实现 7.6.2 节的 FavoritesListMTF 类的 top 方法。确保结果从最小到最大生成。

P-9.55 编写一个程序，就像在练习 C-9.50 中描述的可以处理一系列股票买卖订单。

P-9.56 *S* 表示在平面上拥有不同整数 *x* 和 *y* 坐标的 *n* 个点的集合。用 *T* 表示存储 *S* 外部节点中的点的完全二叉树。以便于这些点能够以 *X* 坐标增加的方式从左到右排序。对于每一个在 *T* 中的节点 *v*，用 *S*(*v*) 表示包含存储以 *v* 为根的子树的点。对于 *T* 的根 *r*，定义 top(*r*) 是在拥有最大 y 坐标的 *S* = *S*(*r*) 上的点。对于每一个其他节点 *v*，定义 top(*r*) 为在 *S*(*v*) 中拥有最高 *y* 坐标以及不在 *S*(*u*) 中拥有最高的 *y* 坐标的点，在 *T* 中 *u* 是 *v* 的父节点（如果这样的节点存在）。如此标记使 *T* 成为一个优先级搜索树。请针对把 *T* 变成一个优先级搜索树描述一个线性算法，并实现这个方法。

P-9.57 优先级队列的一个主要应用是操作系统——在 CPU 上的调度工作。在这个项目中，你将创建一个类似于 CPU 调度工作的程序。你的程序应该运行在一个循环中，它的每一次遍历相当于 CPU 的一个时间片。每个工作被设定一个优先级，它是 - 20（最高优先级）～ 19（最低优先级）的整数，从在一个时间片等待被执行的所有工作中，CPU 必须调用拥有最高优先级的工作。在这个模拟中，每个工作也将包含一个长度值，它是 1 ～ 100 的一个整数值，表示处理这个工作需要的时间片数。为了简单，你可以假设工作不能被打断——一旦它被 CPU 调用，一个工作运行需要等于它长度的时间片。模拟必须在每个被调用的时间片输出运行在 CPU 上的工作的名字，并且必须处理一个命令序列，每个时间片一个，每一个命令由“增加长度 *n* 的工作的名字和优先级 *p*”或“在这个时间片没有新的工作”组成。

P-9.58 开发一个可适应优先级队列的 Python 实现，该队列基于一个未排序的列表，并且支持位置感知元组。

扩展阅读

Knuth 关于排序和搜索的书 [65] 描述了选择排序、插入排序和堆排序算法的动机和历史。堆排序算法由 Willoams[103] 完成，线性时间堆构造算法由 Floyd[39] 完成。堆和堆排序变化更多的算法和分析参见 Bentley[15]、Carlsson[24]、Gonnet 和 Munro[45]、McDiarmid 和 Reed[74] 以及 Schaffer 和 Sedgewick[88] 所撰写的论文。

第 10 章

Data Structures and Algorithms in Python

映射、哈希表和跳跃表

10.1 映射和字典

dict 类可以说是 Python 语言中最重要的数据结构。它表示一种称作字典的抽象，在其中每个唯一的关键字都被映射到对应的值上。由于字典所表示的键和值之间的关系，我们通常将其称为关联数组（associative array）或映射（map）。在本书中，我们使用术语字典（dictionary）来讨论 Python 的 dict 类，并且使用术语映射（map）来讨论抽象数据类型的更一般的概念。

图 10-1 给出了一个简单的例子，展示了一个从国家名字到其货币单位的对应关系的映射。

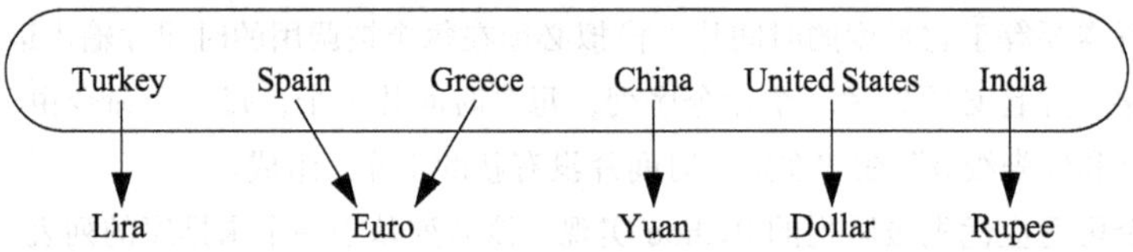

Turkey
Spain
Greece
China
United States
India
Lira
Euro
Yuan
Dollar
Rupee

图 10-1 一个从国家（键）到它们对应的货币单位（值）的映射

我们指定键（国家名字）是唯一的，但是值（货币单位）不需要唯一。比如，我们对西班牙和希腊均指定欧元为货币。映射使用类似数组的语法来进行索引，比如用 currency['Greece'] 来访问与给定键相关的值，或者用 currency['Greece'] = 'Drachma' 将其重新映射到一个新的值。与标准的数组不同，映射的索引不需要连续性和数字化。以下是几种常见的映射的应用。

- 一所大学的信息系统依赖于某种形式的的映射，这种映射以学生 ID 作为键，并且将其映射到学生相关的记录（例如学生的姓名、地址和课程成绩）作为值。
- 域名系统（DNS）将主机名映射到一个网络协议（IP）地址，例如将 www.wiley.com 映射到 208.215.179.146。
- 社交媒体网站通常依赖于一个用户名（非数字）作为键，这样的键可以高效地映射到特定用户的相关信息上。
- 计算机图形系统可以将一个颜色名称映射到用于描述颜色 RGB（红 – 绿 – 蓝）的三元组上，如“天蓝色”可以映射为（64，224，208）。
- Python 使用字典来表示每个命名空间，将一个标识字符串映射到相关的对象上，如将 PI 映射到 3.14159。

在这一章和下一章中我们将介绍如何实现这样的映射，以实现高效地搜索键和它相应的值，从而支持在应用中的快速查找。

10.1.1 映射的抽象数据类型

在这一部分，我们引入映射 ADT，并且定义其行为以使其与 Python 内建类 dict 一致。

首先，我们列出了映射 M 最为重要的五类行为：

- M[k]：如果存在，返回在映射 M 中与键 k 相对应的值，否则返回 KeyError 错误。在 Python 中，这个功能是由特定的方法 __getitem__ 实现的。
- M[k] = v：将映射 M 中的键 k 与值 v 建立关联，如果映射中的键 k 已经有对应的值存在，则替换该值。在 Python 中，这个功能由特定的方法 __setitem__ 实现。
- del M[k]：从映射 M 中删除键为 k 的元组，如果 M 中不存在这样的元组，则返回 KeyError 错误。在 Python 中，这个功能由特定的方法 __delitem__ 实现。
- len(M)：返回在映射 M 中元组的数量。在 Python 中，这个功能由特定的方法 __len__ 实现。
- iter(m)：默认的对一个映射迭代生成其中所包含的所有键的序列。在 Python 中，这个功能由特定的的方法 __iter__ 实现，并且它支持以 for k in M 形式控制的循环。

我们强调了上述五类行为，因为它们展示了映射的核心功能，即请求、增加、修改或者删除 key-value 键值对，以及输出所有这些键值对的功能。为了实现其他的方便功能，映射 M 应该也支持如下行为：

- K in M：如果映射中包含键为 k 的元组则返回 True。在 Python 中这个功能由特定的方法 __contains__ 实现。
- M.get(k.d = None)：如果在映射中存在键 k 则返回 M[k]，否则返回缺省值 d。这种方法提供了一种避免返回 KeyError 风险的 M[k] 查询方法。
- M.setdefault(k, d)：如果在映射 M 中存在键 k，则简单返回 M[k]，如果键 k 不存在，则设置 M[k] = d，并返回这个值。
- M.pop(k, d = None)：从映射 M 中删除键为 k 的元组，并且返回与其对应的值 v。如果键 k 不在映射中，则返回缺省值 d（或者如果参数 d 为 None，则抛出 KeyError）。
- M.popitem()：从映射 M 中随机删除一个 key-value 键 – 值对，并返回一个用于表示被删除的键 – 值对的（k，v）数据元组。如果映射 M 为空，则抛出 KeyError。
- M.clear()：从映射中删除所有的 key-value 键值对。
- M.keys()：返回一个含有映射 M 中所有键的集合的视图。
- M.values()：返回一个含有映射 M 中所有值的集合的视图。
- M.items()：返回一个含有 M 中所有键值对元组的集合。
- M.update(M2)：对于 M2 中每一个（k，v）对进行赋值，设置 M[k] = v。
- M == M2：如果映射 M 和 M2 中所有的 key-value 键值对完全相同，则返回 True。
- M! = M2：如果映射 M 和 M2 包含有不同的 key-value 键值对，则返回 True。

例题 10-1：下表中展示了用单个字符作为键、用整数数字作为值来对一个初始化为空的映射进行一系列操作所产生的效果。我们使用 Python 中 dict 类的语法来描述映射的内容。

操　作	返 回 值	映　射
len(M)	0	{ }
M['K'] = 2	–	{'K': 2}
M['B'] = 4	–	{'K': 2, 'B': 4}
M['U'] = 2	–	{'K': 2, 'B': 4, 'U': 2}
M['V'] = 8	–	{'K': 2, 'B': 4, 'U': 2, 'V': 8}
M['K'] = 9	–	{'K': 9, 'B': 4, 'U': 2, 'V': 8}

（续）

操　　作	返　回　值	映　　射
M['B']	4	{'K': 9, 'B': 4, 'U': 2, 'V': 8}
M['X']	KeyError	{'K': 9, 'B': 4, 'U': 2, 'V': 8}
M.get('F')	None	{'K': 9, 'B': 4, 'U': 2, 'V': 8}
M.get('F', 5)	5	{'K': 9, 'B': 4, 'U': 2, 'V': 8}
M.get('K', 5)	9	{'K': 9, 'B': 4, 'U': 2, 'V': 8}
len(M)	4	{'K': 9, 'B': 4, 'U': 2, 'V': 8}
del M['V']	–	{'K': 9, 'B': 4, 'U': 2}
M.pop('K')	9	{'B': 4, 'U': 2}
M.keys()	'B', 'U'	{'B': 4, 'U': 2}
M.values()	4, 2	{'B': 4, 'U': 2}
M.items()	('B', 4), ('U', 2)	{'B': 4, 'U': 2}
M.setdefault('B', 1)	4	{'B': 4, 'U': 2}
M.setdefault('A', 1)	1	{'A': 1, 'B': 4, 'U': 2}
M.popitem()	('B', 4)	{'A': 1, 'U': 2}

10.1.2 应用：单词频率统计

现在，考虑统计一个文档中单词出现频率的问题，以此作为使用映射的实例研究。例如，当对邮件和新闻文章进行分类时，这种单词频率统计是统计分析文档过程中的标准任务。映射在这里是一个理想的数据结构，因为我们能够使用单词作为键，单词的数量作为值。在代码段 10-1 中，我们展示了这样一个应用。

代码段 10-1　一个统计单词出现频率并报告出现最频繁单词的程序。我们使用 Python 的 dict 类实现这个映射，将输入转化为小写字母并忽略所有的非字母字符

```
freq = { }
for piece in open(filename).read( ).lower( ).split( ):
  # only consider alphabetic characters within this piece
  word = ''.join(c for c in piece if c.isalpha( ))
  if word:   # require at least one alphabetic character
    freq[word] = 1 + freq.get(word, 0)

max_word = ''
max_count = 0
for (w,c) in freq.items( ):          # (key, value) tuples represent (word, count)
  if c > max_count:
    max_word = w
    max_count = c
print('The most frequent word is', max_word)
print('Its number of occurrences is', max_count)
```

我们结合使用 file 和 string 方法来分割原文档，从而得到文档的所有空白分割文件的小写版本。我们忽略所有的非字母字符，这样，括号、引号和其他标点符号都不视为单词的组成部分。

对于映射的操作，我们以 Python 中一个名为 freq 的空字典开始。在算法的第一段，我们对于每一个单词的出现执行如下命令：

```
freq[word] = 1 + freq.get(word, 0)
```

由于当前这个单词可能不存在于字典中，因此我们使用 get 方法。在该实例中采用 0 作为缺省值比较合适。

在算法的第二段，即在整个文档已经处理结束后，我们检查频率映射的内容，循环遍历 freq.items() 从而决定哪个单词具有最高的频率。

10.1.3 Python 的 MutableMapping 抽象基类

2.4.3 节已经给出了对一个抽象基类概念的介绍，以及这些类在 Python 集合模块中的作用。在这样的抽象基类中，被定义为抽象的方法必须由具体的子类实现。然而，一个抽象的基类可以提供其他方法的具体实现，这取决于所使用的假定的抽象方法。(这是模板设计模式的一个例子。)

collections 模块提供了两个与我们现在所讨论的内容相关的抽象基类：Mapping 和 MutableMapping。Mapping 类包含由 Python 的 dict 类支持的所有不变方法，而 MutableMapping 类扩展包含所有可变方法。我们在 10.1.1 节所定义 map 的 ADT 与在 Python 集合组件中的 MutableMapping 抽象基类是相似的。

这些抽象基类的意义在于它们提供了一个框架以帮助创建用户定义的 map 类。特别是，MutableMapping 类为所有行为提供具体的实现，这些行为不包含 10.1.1 节所描述的五个行为：__getitem__、__setitem__、__delitem__、__len__ 和 __iter__。只要提供这五大核心的行为，当使用各种数据结构实现 map 抽象类的时候，就可以通过简单地将 MutableMapping 声明为父类来继承所有的其他派生行为。

为了更好地理解 MutableMapping 类，提供几个可以由五个核心抽象方法派生的具体行为的例子。例如，支持语法 k in M 的 __contains__ 方法，可以通过生成一个有保护的检索 self[k] 来实现，从而判断键是否存在。

```
def __contains__(self, k):
  try:
    self[k]                         # access via __getitem__ (ignore result)
    return True
  except KeyError:
    return False                    # attempt failed
```

可以用相似的方式来实现 setdefault 方法。

```
def setdefault(self, k, d):
  try:
    return self[k]                  # if __getitem__ succeeds, return value
  except KeyError:                  # otherwise:
    self[k] = d                     # set default value with __setitem__
    return d                        # and return that newly assigned value
```

我们把 MutableMappling 类剩余的具体方法的实现留作练习。

10.1.4 我们的 MapBase 类

我们将提供许多 map ADT 的不同实现，在本章剩余部分以及下一章中，我们使用各种数据结构展示了对这些实现的优点和缺点的权衡。图 10-2 提供了这些类的预览。

MutableMapping 这个来自于 Python 的 collections 模块的抽象基类，是实现 map 的一个有价值的工具。然而，为了更好地实现代码的重用，我们定义了自己的 MapBase 类，它本身是 MutableMapping 类的子类。我们定义的 MapBase 类对组成设计模式提供额外的支持。

这种技术供我们在内部使用，通过将一个键 - 值对作为一个实例进行分组的方式实现优先级队列（见 9.2.1 节）时曾介绍过这一方法。

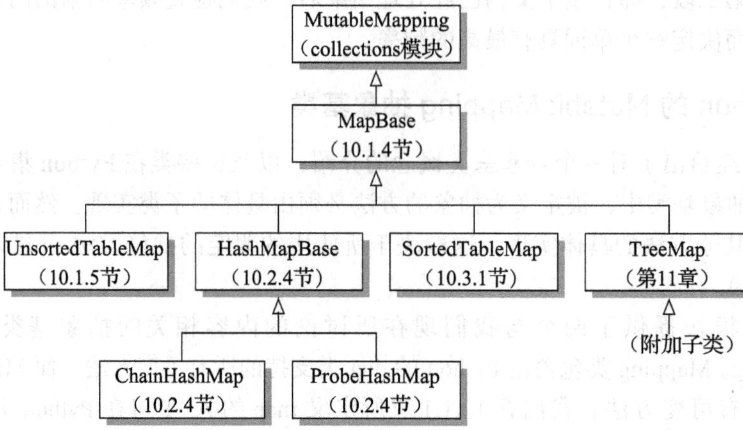
MutableMapping
（collections模块）
MapBase
（10.1.4节）
UnsortedTableMap
（10.1.5节）
HashMapBase
（10.2.4节）
SortedTableMap
（10.3.1节）
TreeMap
（第11章）
（附加子类）
ChainHashMap
（10.2.4节）
ProbeHashMap
（10.2.4节）

图 10-2　map 的层次结构（参考定义这些类的章节）

更正式地说，在代码段 10-2 中我们定义的 MapBase 类扩展了现有的 MutableMapping 抽象基类，这样我们便可以继承该类提供的许多具体的方法。然后，我们定义了一个非公有的嵌套 _Item 类，它的实例可以同时存储 key 和 value。这个嵌套类与我们在 9.2.1 节定义在 PriorityQueueBase 类中的 Item 类很相似，除了对于 map 我们提供了对相等测试和比较的支持，且这两种操作都依赖于元组的键。相等的概念对于我们所有的 map 实现都是必要的，因为，我们可以利用这种方式来判断一个给定的键是否与已经存储在 map 中的某一个键相等。稍后，我们将介绍有序的 map ADT（10.3 节），使用操作符 < 来比较两个键之间的关系是比较合适的。

代码段 10-2　通过扩展 MutableMapping 抽象基类实现非公有类 _Item，以满足各种映射应用

```
class MapBase(MutableMapping):
  """Our own abstract base class that includes a nonpublic _Item class."""

  #------------------------------- nested _Item class -------------------------------
  class _Item:
    """Lightweight composite to store key-value pairs as map items."""
    __slots__ = '_key', '_value'

    def __init__(self, k, v):
      self._key = k
      self._value = v

    def __eq__(self, other):
      return self._key == other._key     # compare items based on their keys

    def __ne__(self, other):
      return not (self == other)         # opposite of __eq__

    def __lt__(self, other):
      return self._key < other._key      # compare items based on their keys
```

10.1.5　简单的非有序映射实现

我们通过一个简单的 map ADT 的具体实现来说明 MapBase 类的使用。代码段 10-3 给出了一个 UnsortedTableMap 类，它依赖于在 Python 列表中以任意顺序存储键值对。

代码段 10-3 一个用 Python 列表作为非排序表的 map 实现方法，代码段 10-2 给出了父类 MapBase 的实现

```
1  class UnsortedTableMap(MapBase):
2    """Map implementation using an unordered list."""
3
4    def __init__(self):
5      """Create an empty map."""
6      self._table = [ ]                              # list of _Item's
7
8    def __getitem__(self, k):
9      """Return value associated with key k (raise KeyError if not found)."""
10     for item in self._table:
11       if k == item._key:
12         return item._value
13     raise KeyError('Key Error: ' + repr(k))
14
15   def __setitem__(self, k, v):
16     """Assign value v to key k, overwriting existing value if present."""
17     for item in self._table:
18       if k == item._key:                           # Found a match:
19         item._value = v                            # reassign value
20         return                                     # and quit
21     # did not find match for key
22     self._table.append(self._Item(k,v))
23
24   def __delitem__(self, k):
25     """Remove item associated with key k (raise KeyError if not found)."""
26     for j in range(len(self._table)):
27       if k == self._table[j]._key:                 # Found a match:
28         self._table.pop(j)                         # remove item
29         return                                     # and quit
30     raise KeyError('Key Error: ' + repr(k))
31
32   def __len__(self):
33     """Return number of items in the map."""
34     return len(self._table)
35
36   def __iter__(self):
37     """Generate iteration of the map's keys."""
38     for item in self._table:
39       yield item._key                              # yield the KEY
```

在我们的 map 构造器中，将一个空的表格初始化为 self._table。当一个新的键被放入 map 中，通过 22 行的 __setitem__ 方法，我们创建了一个嵌套类 _Item 的实例，该嵌套类继承自 MapBase 类。

这个基于列表的 map 实现很简单，但不是很有效率。每一个基本方法，__getitem__、__setitem__ 和 __delitem__，都依赖于一个 for 循环扫描列表中的元组，以搜索匹配的键。在最好的情况下，这样的匹配可以在列表的开头附近找到，并且循环终止；在最坏的情况下，则需要搜索整个列表。因此，在包含 n 个元组的 map 中，这些方法都可以在 $O(n)$ 时间复杂度内完成。

10.2 哈希表

在这一部分，我们介绍一个最实用的实现 map 的数据结构，而且 Python 还用它来实现

dict 类，这种结构被称为哈希表。

直观地说，映射 M 支持使用键作为索引的抽象，它的语法如 $M[k]$。先考虑一种有限制的设置，在这个设置的映射中含有 n 个元组，对于一些 $N \geqslant n$ 情况，使用范围在 0 到 $N-1$ 的整数值作为键。在这种情况下，我们可以使用长度为 N 的查找表来表示这个映射，如图 10-3 所示。

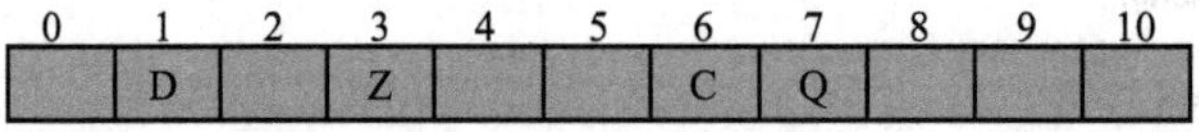

0
1
2
3
4
5
6
7
8
9
10
D
Z
C
Q

图 10-3　一个包含（1，D）、（3，Z）、（6，C）和（7，Q）且长度为 11 的哈希表

在这种表示下，我们将键值 k 对应的值存储在表中索引值为 k 的位置上（假定我们有一个明确的方式表示空槽）。__getitem__、__setitem__ 和 __delitem__ 等基本映射操作能够在最坏情况下以 $O(1)$ 的时间复杂度完成。

将这个框架扩展到更一般的映射设置有两个挑战。首先，如果在 $N >> n$ 的情况下，我们并不希望将一个长度为 N 的数组分配给这个映射。第二，我们一般不会要求一个映射的键必须是整数。哈希表的一个新概念是使用*哈希函数*将每个一般的键映射到一个表中的相应索引上。在理想情况下，键将由哈希函数分布到从 0 到 $N-1$ 的范围内，但是在实践中可能有两个或者更多的不同键被映射到同一个索引上。因此，我们将表概念化为*桶数组*，具体如图 10-4 所示，其中每个桶都管理一个元组集合，而这些元组则通过哈希函数发送到具体的索引。（为了节约空间，空桶可以用 None 代替。）

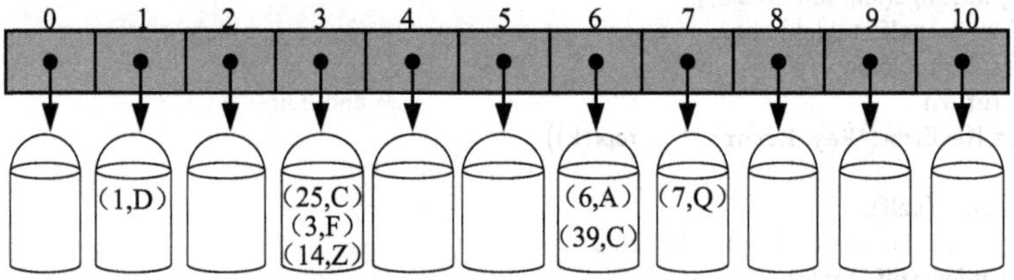

0
1
2
3
4
5
6
7
8
9
10
(1,D)
(25,C)
(3,F)
(14,Z)
(6,A)
(39,C)
(7,Q)

图 10-4　一个使用哈希函数的桶，桶中包含（1, D）、（25, C）、（3, F）、（14, Z）、（6, A）、（39, C）和（7, Q），容量为 11

10.2.1　哈希函数

哈希函数 h 的目标就是把每个键 k 映射到 $[0, N-1]$ 区间内的整数，其中 N 是哈希表的桶数组的容量。使用这种哈希函数 h 的主要思想是使用哈希函数值 $h(k)$ 作为哈希桶数组 A 内部的索引，而不用键 k 做索引（直接用键 k 作索引可能不合适）。也就是说，我们在桶 $A[h(k)]$ 中存储元组（k, v）。

如果有两个或者更多的键具有相同的哈希值，那么两个不同的元组将被映射到相同的桶 A 中。在这种情况下，我们说发生了一次*冲突*。虽然不可否认，有很多方法可解决冲突，且我们将在稍后讨论，但是最好的策略是在最初尽量避免其发生。如果一个哈希函数能在映射 map 中的键时最小化冲突的发生，我们就说该哈希函数是“好的”。出于实际的需要，我们也同时希望哈希函数是快速且易于计算的。

评价哈希函数 $h(k)$ 常见的方法由两部分组成：一个*哈希码*，将一个键映射到一个整数；一个*压缩函数*，将哈希码映射到一个桶数组的索引，这个索引是范围在区间 $[0, N-1]$ 的一个整数（见图 10-5）。

将哈希函数分成这样的两个组件的优势是：哈希码计算部分独立于具体的哈希表的大小。这样就可以为每个对象开发一个通用的哈希码，并且可以用于任何大小的哈希表，只有压缩函数与表的大小有关。这样就特别方便，因为哈希表底层的桶数组可以根据当前存储在映射（map）中的元组数动态调整大小（见 10.2.3 节）。

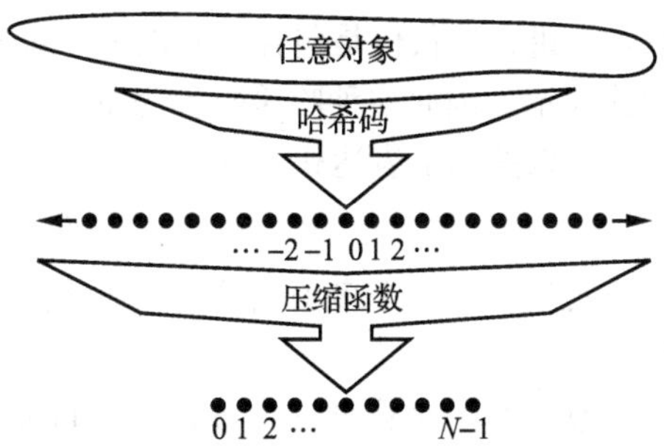
任意对象
哈希码
···-2-1 0 1 2···
压缩函数
0 1 2 ···
N-1

图 10-5　哈希函数的两个部分：哈希码和压缩函数

10.2.2　哈希码

哈希函数执行的第一步是取出映射中的任意一个键 k，并且计算得到一个整数作为键 k 的哈希码；这个整数不需要在 [0，$N-1$] 范围内，甚至可以是负数。我们希望分配给键的哈希码集合尽可能避免冲突。因为，如果键的哈希码产生了冲突，那么我们的压缩函数也无法回避这种冲突。在本节中，我们首先讨论哈希码的理论。接下来，我们讨论 Python 中哈希码的具体实现。

将位作为整数处理

首先，我们注意到，对于任何数据类型 X 使用尽可能多的位作为我们的整数哈希码，可以简单地把用于表示整数 X 的各个位作为它的哈希码。例如，键 314 可以简单地用 314 作为哈希码。浮点数的哈希码（如 3.14）可以由该浮点数各个位上的数所构成的整数来表示（314）。

以上方案不能直接适用于一个按位表示长于所需的哈希代码长度的类型。例如，Python 中的哈希码的长度是 32 位。如果一个浮点数是采用 64 位表示的，则它的按位表示的形式就不能直接作为哈希码使用。一种可能的解决方法是只使用高阶 32 位（或低阶 32 位）。当然这种哈希码将忽略在原来键中的一半信息，如果我们的映射中许多键只在这些忽略的位上不同，那么采用这种简化的哈希码将会发生冲突。

更好的解决办法是将 64 位键的高阶 32 位和低阶 32 位采用一定的方式进行合并，生成一个 32 位的哈希码，这样就将所有的原始位信息都考虑在内了。一个简单的实现是把两个部分作为 32 位数字相加（忽略溢出），或者将两部分做异或操作。这些合并两部分的方法能够扩展到任意对象 x，且对象 x 的二进制表示可以视为 32 位整数的 n 元组 $(x_0, x_1, \cdots, x_{n-1})$，则可以用 $\sum_{i=0}^{n-1} x_i$ 或者 $x_0 \oplus x_1 \oplus \cdots \oplus x_{n-1}$ 来生成 x 的哈希码，这里符号 $\oplus$ 代表按位异或操作（在 Python 中用 ^ 表示）。

多项式哈希码

上面所描述的用求和或异或计算哈希码的方法对于字符串或其他用 $(x_0, x_1, \cdots, x_{n-1})$ 元组形式表示的可变长度对象并不是好选择，这里元组中 x_i 的顺序很重要。比如考虑一个字符串 s，用 s 中各字符的 Unicode 值的和生成 16 位哈希码。不幸的是，这种哈希代码对于常见的字符串组而言会产生大量的不必要的冲突。使用此方法，形如 "temp01" 和 "temp10" 的字符串的哈希码会产生冲突，"stop" "tops" "pots" 和 "spot" 的哈希码也会产生冲突。更好的哈希码应该通过某种方式考虑 x_i 的位置。一种可选的哈希码计算方法可以满足这样的要求：选择一个非零常数 a 且 $a \neq 1$，并这样计算哈希码：

$$x_0 a^{n-1} + x_1 a^{n-2} + \cdots\cdots + x_{n-2} a + x_{n-1}$$

从数学上讲，这仅仅是包含 a 并以表示对象 x 的元组 $(x_0, x_1, \cdots, x_{n-1})$ 中的元素为系数的一个多项式表示。因此这种哈希码称为*多项式哈希码*。利用 Horner 规则（见练习 C-3.50），这个多项式可以按如下表达式计算：

$$x_{n-1} + a(x_{n-2} + a(x_{n-3} + \cdots + a(x_2 + a(x_1 + ax_0))\cdots))$$

直观地说，一个多项式的哈希码通过乘以不同权值的方式来分散每一部分对哈希码结果的影响。

当然，在一个典型的计算机上，将通过使用有限位数表示哈希代码来评估一个多项式，因此，这些用于表示整数的位的值会周期性溢出。由于我们更感兴趣的是一个相对于其他键具有很好的传播性的对象 x，因此我们直接忽略了这样的溢出。不过，我们仍然会关注这种溢出的发生，并且选择一个常量 a，以便于它包含一些非零的低阶位，使其能够在即使发生了溢出的状态下，仍然能保留一些信息内容。

我们已做过的一些实验研究表明：在处理英文字符串时，33、37、39 和 41 是特别适合选作 a 值的。事实上，在超过 50 000 个英语单词形成的联合单词列表中提供两种 Unix 变种，我们发现当 a 取 33、37、39 或者 41 时在每个用例中产生的冲突将少于 7 个。

循环移位哈希码

一个多项式哈希码的变种，是用一定数量的位循环位移得到的部分和来替代乘以 a。例如，一个 32 位数 <u>00111</u>101100101101010100010101000 的五位循环移位值，是取其最左边五位，并且将它们放置到数据的最右边，得到结果 101100101101010100010101000<u>00111</u>。虽然这种操作在算术方面具有很小的实际意义，但是它完成了改变二进制位的计算目标。在 Python 中，二进制位循环移位可以通过使用按位运算符 << 和 >> 完成，从而截取结果为 32 位整数。

在 Python 中字符串循环移位的哈希码计算的实现如下：

```
def hash_code(s):
  mask = (1 << 32) - 1                    # limit to 32-bit integers
  h = 0
  for character in s:
    h = (h << 5 & mask) | (h >> 27)       # 5-bit cyclic shift of running sum
    h += ord(character)                   # add in value of next character
  return h
```

就像传统的多项式哈希码，在使用循环移位哈希码时需要微调，因为我们必须仔细地对于每一个新字符选择移位的位数。通过在超过 230 000 个英文单词的列表上，对不同移位位数所产生的冲突数的实验结果的比较，我们决定选择 5 位移位（见表 10-1）。

表 10-1 循环移位哈希码应用于 230 000 个英语单词列表的冲突行为的比较。Total 列记录至少与一个其他单词发生冲突的单词的总数量，而 Max 列记录与任何一个哈希码产生冲突的单词的最大数量。注意，当循环移位位数为 0 时，循环移位哈希码就退化成对所有字符求和的方法

移位	冲突	
	Total	Max
0	234 735	623
1	165 076	43
2	38 471	13
3	7 174	5

（续）

移位	冲突	
	Total	Max
4	1 379	3
5	190	3
6	502	2
7	560	2
8	5 546	4
9	393	3
10	5 194	5
11	11 559	5
12	822	2
13	900	4
14	2 001	4
15	1 9251	8
16	211 781	37

Python 中的哈希码

在 Python 中计算哈希码的标准机制是一个内置签名 hash(*x*) 函数，该函数将返回一个整型值作为对象 x 的哈希码。然而在 Python 中，只有不可变的数据类型是可哈希的。这个限制是为了确保在一个对象的生命周期期间，其哈希码保持不变。这是对于对象在哈希表中作为键的一个重要属性。如果哈希表中插入新的键则可能会产生问题，即在这个键插入之后，针对这个键的查找会根据不同的哈希码进行，而不是该键被插入时的哈希码，而且会在错误的桶上进行搜索。

在 Python 的内置数据类型中，不可变的数据类型如 int、float、str、tuple、和 frozenset 等会通过哈希函数和之前讨论过的类似技术生成健壮的哈希码。基于类似于多项式哈希码的技术，精心设计了的字符串的哈希码，没有使用异或也不是相加计算。如果我们使用 Python 内置的哈希码重复在表 10-1 中所表述的实验，将会发现只有 8 个字符串超过 230000 的集合与其他字符串发生冲突。使用相似的基于元组的单个元素的哈希码的组合技术来计算元组的哈希码。元组的哈希码是通过基于元组每个元素的哈希码的组合相似的技术计算而来的。当对一个 frozenset 集对象进行哈希时，元素的顺序应该是无关的，因此一个自然的选择是用异或值计算单个哈希码而不用任何移位。如果 hash(*x*) 被一个可变类型的实例 *x* 调用，比如 list，则将会发生 TypeError。

在默认情况下，用户定义的类的实例被视为是不可哈希的，并且哈希函数会产生 TypeError。然而，计算哈希码的函数能够由在类中的一个名为 __hash__ 的特殊方法实现。返回的哈希码应该反映一个实例的不可变属性。通过计算组合属性的哈希码来返回哈希值是很常见的。比如，一个 Color 类维护着红、黄、蓝三种颜色的数字组件，可以用如下方法实现：

```
def __hash__(self):
  return hash( (self._red, self._green, self._blue) )  # hash combined tuple
```

一个需要遵守的重要规则是，如果通过 __eq__ 定义一个类的等价类，则 __hash__ 的任何实现必须是一致的，即如果 $x == y$，则 hash(*x*) == hash(*y*)。这一点是非常重要的，因为如果两个实例被判定为是等价的，并且其中一个在哈希表中被作为键使用，则搜寻第二个实例的操作返回的结果应该是找到了第一个键。因此，第二个哈希码与第一个哈希码匹配是非常重要，只有这样才能在恰当的桶中查找。这一规则可以扩展到任何不同类别的对象之间的比较。比如，由于 Python 中视表达式 5 == 5.0 为 true，因此要确保 hash(5) 和 hash(5.0) 是相等的。

10.2.3 压缩函数

通常，键 k 的哈希码不适合立即用于桶数组，因为整数哈希码可能是负的或可能超过桶数组的容量。因此，当我们决定对于一个对象 k 的键使用整数哈希码时，还有一个问题就是需要把整数映射到 $[0, N-1]$ 区间上。这是整个哈希函数处理中实施的第二个动作，称为*压缩函数*。一个很好的压缩函数会使给定的一组哈希码的冲突数达到最小。

划分方法

一个简单的压缩函数是这样划分的，它将一个整数 i 映射到 N：

$$i \bmod N$$

在这里 N 是桶数组的大小，是一个固定的正整数。此外，如果我们把 n 设置为一个素数，那么这个压缩函数有助于“传播”哈希值的分布。事实上，如果 n 不是素数，那么有更大的风险，即哈希码分布的模式将在哈希值的分布中重复出现，因而造成冲突。比如，如果我们将哈希码为 {200, 205, 210, 215, 220, ⋯, 600} 的一组键插入大小为 100 的哈希数组桶中，则每一个哈希码都将与其他的某三个哈希码相冲突。但是如果我们使用一个大小为 101 的桶数组，则不会发生冲突。如果选择了一个好的哈希函数，应该确保两个不同的键获取相同哈希桶的可能性为 $1/N$。选择 N 为素数并不总能充分地解决问题，对于不同的 p，$pN + q$ 形式的哈希码是重复的，那么仍然将发生冲突。

MAD 方法

有一个更复杂的压缩函数可以帮助一组整数键消除重复模式，即 Multiply-Add-and-Divide（或“MAD”）方法。这个方法通过

$$[(ai + b) \bmod p] \bmod N$$

对 i 进行映射，这里 N 是桶数组的大小，p 是比 N 大的素数，a 和 b 是从区间 $[0, p-1]$ 任意选择的整数，并且 $a > 0$。选择这个压缩函数是为了消除在哈希码集合中的重复模式，并且得到更好的哈希函数，因为该函数使得任意两个不同键冲突的概率为 $1/N$。如果这些键被随机均匀地抛到 A 中，那么这就是我们期望的好的动作行为。

10.2.4 冲突处理方案

哈希表的主要思想是使用一个哈希桶数组 A 和一个哈希函数 h，并用它们通过对桶 $A[h(k)]$ 中存储的每个元组 (k, v) 进行排序实现映射。但是，当有两个不同的关键字 k_1 和 k_2 且 $h(k_1) = h(k_2)$ 时，这个简单的思想就会遇到问题。由于存在这样的冲突，使得我们不能简单地将一个新的元组 (k, v) 直接插入桶 $A[h(k)]$ 中。这个问题使我们的程序执行插入、搜索和删除等操作都变得复杂了。

分离链表

处理冲突的一个简单并且有效的方式是使每个桶 $A[j]$ 存储其自身的二级容器，容器存储元组 (k, v)，如 $h(k) = j$。正如 10.1.5 节所描述的那样，用一个很小的 list 来实现 map 实例是实现二级容器很自然的选择。这种解决冲突的方法称为*分离链表*（separate chaining），如图 10-6 所示。

最坏的情况下，单独的一个桶的操作时间与桶的大小成正比。假设我们使用一个比较合适的哈希函数来在容量为 N 的哈希桶中索引 map 中的 n 个元组，则桶的理想大小为 n/N。因此，如果给定一个很适合的哈希函数，核心 map 操作的时间复杂度为 $O(\lceil n/N \rceil)$。比值 $\lambda = n/N$ 被称为哈希表的负载因子（load factor），这个系数应该选择一个较小常数，最好不大于 1。只要 λ 是 $O(1)$，则哈希表的核心操作的时间复杂度也将为 $O(1)$。

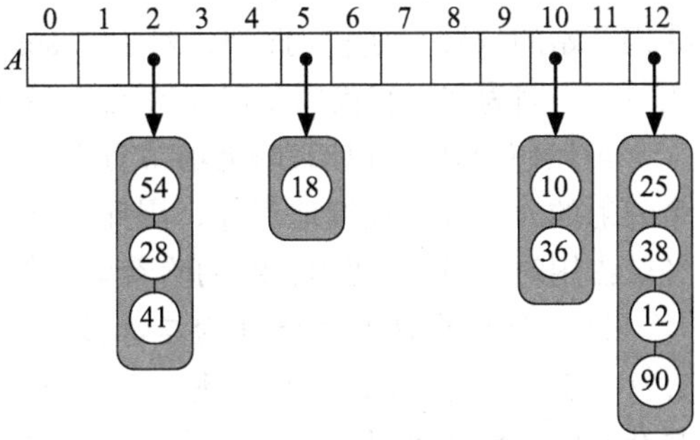
0 1 2 3 4 5 6 7 8 9 10 11 12
A
54
28
41
18
10
36
25
38
12
90
图 10-6 一个用单独列表处理冲突的大小为 13 且存储 10 个以整数为键的元组的哈希表。压缩函数是 $h(k) = k \bmod 13$，为简单起见，我们没有展示相关键的值

开放寻址

分离链表规则有很多很好的属性，如为映射操作提供简单的实现，但它仍然有一个小不足：需要使用一个链表作为辅助的数据结构来保存键值存在冲突的元组。如果空间非常宝贵（比如，我们正在写一个用于手持设备的小程序），那么我们采用将每个元组直接存储到一个小的列表插槽中作为替代的方法。由于这种方法没有采用辅助结构，因此节省了空间，但它需要一个更为复杂的机制来处理冲突。这个方法有几个变种，统称为*开放寻址*模式的解决方案。开放寻址需要负载因子总是最大不超过 1，并且元组直接存储在桶数组自身的单元中。

线性探测及其变种

使用开放寻址处理冲突的一个简单方法是线性探测。使用这种方法时，如果我们想要将一个元组 (k, v) 插入桶 $A[j]$ 处，在这里 $j = h(k)$，但 $A[j]$ 已经被占用，那么，我们将尝试插入 $A[(j+1) \bmod N]$；若 $A[(j+1) \bmod N]$ 也已经被占用，则我们尝试使用 $A[(j+2) \bmod N]$，如此重复操作，直到找到一个可以接受新元组的空桶。一旦定位这个空桶，我们即可简单地将元组插入这个位置。当然这种冲突解决策略需要我们修改 __getitem__、__setitem__ 或者 __delitem__ 等所有操作的第一步的实现方式，来查找已存在的键。特别是在我们试图查找键等于 k 的元组时，必须从 $A[h(k)]$ 开始检测连续的空间，直到找到一个键为 k 的元组或者发现一个空桶为止（见图 10-7）。“线性探测”之所以得名，是因为访问桶数组的单元的操作可以被视为“探测”。

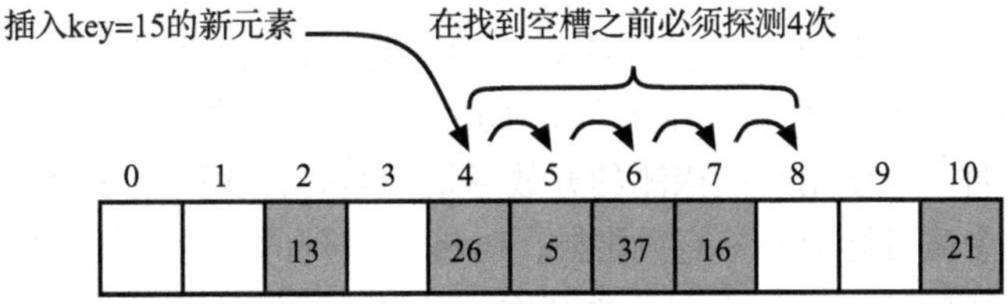
插入key=15的新元素
在找到空槽之前必须探测4次
0 1 2 3 4 5 6 7 8 9 10
13
26
5
37
16
21
图 10-7 用线性探测的方法向哈希表中插入整数键，哈希函数是 $h(k) = k \bmod 11$，图中未给出键对应的值

为了实现删除操作，我们不能把找到的元组简单地从插槽中移除。比如，如图 10-7 所描述的，在插入键 15 之后，如果简单地删除键为 37 的元组，则随后的一个搜寻键为 15 的操作将会失败，因为搜寻将会从索引 4 开始，然后是索引 5，接着是索引 6，而在此处会找到一个空的单元。解决这一问题的典型方法是用一个带标记的特殊对象来替换被删除的对象。这种

解决方法会占用哈希表中的空间，同时，相应地我们也会修改查找键为 k 的元组的实现方法：搜索将跳过所有包含可用标记的单元，并继续探测直到找到目标元组或一个空桶（或返回到我们开始的位置）为止。此外，对于 __setitem__ 的算法应该在搜索 k 的过程中记住找到的可用单元，因为在没有找到要查找的元组 (k, v) 时，这是一个可以插入该新元组的有效位置。

虽然使用开放寻址策略能够节省空间，但是线性探测仍然存在其他问题。它倾向于将一个映射的元组集中连续地存储，因此可能造成重叠（尤其是在哈希表中的一半以上的单元已经被占用时）。这种使用连续的哈希单元的运行方式会导致搜索速度大大降低。

另一个开放寻址策略称为*二次探测*，它将反复探测桶 $A[(h(k)+f(i)) \bmod N]$，$i = 0, 1, 2, \cdots$，其中 $f(i) = i^2$，直到发现一个空桶。与线性探测相同，二次探测策略会使删除操作更复杂，但它确实可以避免在线性探测中发生的聚集模式。而且，这种策略还创建了自己的聚集方法，称为*二次聚集*，即使我们假设原来的哈希码是统一的分布，其中填充的阵列单元组仍然是非统一的模式。当 N 是素数并且桶数组填充了不到一半时，二次探测策略保证可以找到一个空闲位置。然而，一旦哈希表元组填充了超过一半或者 N 不是素数时，这种策略就无法保证能找到空闲位置。我们将在练习 C-10.36 中探讨这类聚集产生的原因。

一种将不会引起如线性探测或二次探测所产生的聚集问题的开放寻址策略称为*双哈希策略*。在这种方法中，我们选择了一个二次哈希函数 h'，如果函数 h 将一些键 k 映射到已经被占据的桶 $A[h(k)]$ 中，则我们将迭代探测桶 $A[(h(k)+f(i)) \bmod N]$，$i = 0, 1, 2, \cdots$，其中 $f(i) = i \cdot h'(k)$。在这种情况下，不允许将二次哈希函数设为 0。$h'(k) = q - (k \bmod q)$ 是一个常被选用的函数，其中对于素数 q 满足 $q < N$，且 N 也应该是素数。

另一种避免聚集的开放寻址方法是迭代地探测桶 $A[(h(k)+f(i)) \bmod N]$，这里 $f(i)$ 是一个基于伪随机数产生器的函数，它提供一个基于原始哈希码位的可重复的但是随机的、连续的地址探测序列。Python 的字典类现在就是使用的这种方法。

10.2.5 负载因子、重新哈希和效率

到目前为止讨论的哈希表策略中，保证负载因子 $\lambda = n/N$ 总是小于 1 是非常重要的。使用分离链表，在 λ 的值非常接近 1 时，冲突发生的概率将急剧增加，这会给我们的操作带来额外开销，因为在桶中发生冲突时，我们必须重新回到具有线性时间的基于列表的方法。实验和平均实例分析表明，使用分离链表时我们应该保持 $\lambda < 0.9$。

另一方面，使用开放寻址方式，随着负载因子 λ 增长到大于 0.5 并且向 1 逼近时，在桶数组中的元组集群也开始随之增长。这些集群的探测策略引起桶数组“反弹”，需要花费很多时间去遍历找到一个空的位置。在练习 C-10.36 中，我们将探讨当 $\lambda \geqslant 0.5$ 时二次探测的降级问题。实验表明，当使用线性探测的开放寻址策略时，我们应该维持 $\lambda < 0.5$，而对于其他开放地址策略这个值可能会高一点（比如，Python 实现的开放寻址策略规定 $\lambda < 2/3$）。

如果一个哈希表的插入操作引起的负载因子超过了指定的阈值，那么调整表的大小（重新获取指定的负载因子）并且将所有的对象重新插入新表中是很常见的现象。虽然我们不需要为每个对象定义一个新的哈希码，但是我们需要基于新的哈希表大小重新设计一个压缩函数。每次重新哈希都会将元组分布到整个新桶数组中。当在一个新表上重新哈希时，新数组大小至少是之前的一倍，这是一个合理的需求。事实上，如果我们每次重新哈希时总是把表格的大小设置为原来的 2 倍，那么我们将分期承担重新哈希表格中所有元组的开销，而不是在最初插入这些元组时一次性承担（就像动态数组，见 5.3 节）。

哈希表的效率

虽然哈希的平均实例分析的细节超出了本书的范围，但是它的概率的基础很容易理解。如果我们的哈希函数足够好，那么所有的元组应该均匀分布在桶数组的 N 个单元中。那么，为了存储 n 个元组，在一个桶中期望的键的数量应该是 $\lceil n/N \rceil$，如果 n 是 $O(N)$，那么这个键的数量就是 $O(1)$。

由于偶尔的插入或者删除操作后要重新调整表格大小，进行周期性重新哈希所产生的相关开销可以单独计算，而这导致 __setitem__ 和 __getitem__ 摊销所增加的时间复杂度为 $O(1)$ 的额外开销。

最坏的情况下，一个比较差的哈希函数会将所有的元组映射到同一个桶中。这将导致无论是使用分离链表还是使用任何开放式寻址策略的核心映射操作的性能是线性增长的，因为这些操作的二次序列探测仅仅与哈希码有关。在表 10-2 中汇总了这些方法的开销情况。

表 10-2 采用未排序列表（如 10.1.5 节）或哈希表实现 map 的各个方法的运行时间对比。n 用于表示 map 的元组数，并且假设桶数组所支持的哈希表的容量与 map 中的元组数成正比

操 作	列 表	哈希表	
		期望值	最坏情况
__getitem__	$O(n)$	$O(1)$	$O(n)$
__setitem__	$O(n)$	$O(1)$	$O(n)$
__delitem__	$O(n)$	$O(1)$	$O(n)$
__len__	$O(1)$	$O(1)$	$O(1)$
__iter__	$O(n)$	$O(n)$	$O(n)$

在实践中，哈希表是实现 map 的最有效的方式之一，程序员相信这样使得映射的核心操作的运行时间是常量。Python 的 dict 类使用哈希方式实现，并且 Python 解释器依赖字典来检索获取给定的命名空间内由标识符引用的对象（见 1.10 节和 2.5 节）。基本的命令 $c = a + b$ 在本地字典的命名空间中两次调用 __getitem__ 来检索标识符 a 和 b 的值，并且调用一次 __setitem__ 来在该命名空间中存储与 c 相关联的结果。在我们自己的算法分析中，简单地假设这样的字典操作的运行时间是常量，独立于命名空间中条目的数量。（诚然，在一个典型的命名空间中的条目数量基本上是一个有界的常数。）

在 2003 年的一篇学术论文中 [31]，研究者讨论利用最坏情况下的哈希表而导致遭受互联网技术的服务拒绝（DoS）攻击的可能性。文中提到，对于许多已发表的哈希码的计算方法，攻击者可以预先计算大量的中等长度的字符串，并且将所有的字符串哈希到相同的 32 位哈希码上。（回想一下我们所描述的所有哈希方案，除了双哈希，如果两个关键字被映射到相同的哈希码，它们在冲突解决方案中是不可分离的。）

在 2011 年下半年，另一个研究团队给出了这类攻击的一个实现 [61]。Web 服务中允许使用形如 ?key1 = val1&key2 = val2&key3 = val3 的语法将一串 key-value 参数嵌入 URL 中。一般，这些 key-value 对会立即由服务器存储在一个 map 中，并假设在 map 中存储时间与条目的数量呈线性关系，并对这些参数的长度和数量加以限制。如果所有的键都发生冲突，则存储需要平方级的时间（因为服务器需要进行大量的处理工作）。在 2012 年春天，Python 开发者发布了一个安全补丁，该补丁将随机机制引入到字符串哈希码的计算中，这使得翻转工程师的一组冲突字符串更难处理。

10.2.6 Python 哈希表的实现

在这部分，我们介绍两种哈希表的实现，一种使用分离链表，而另一种使用包含线性探测的开放寻址。虽然这些解决冲突的方法差异很大，但是也有很多共性。由于这个原因我们通过扩展 MapBase 类（基于代码段 10-2）来定义一个新的 HashMapBase 类（见代码段 10-4），它为我们的两种哈希实现提供了大量的通用功能。HashMapBase 类主要的设计元素是：

- 桶数组由一个 Python 列表表示，名为 self._table，并且所有的条目初始为 None。
- 我们维护一个 self._n 的实例变量用来表示当前存储在哈希表中不同元组的个数。
- 如果表格的负载因子增加到超过 0.5，我们会将哈希表的大小扩大 2 倍并且将所有元组重新哈希到新的表中。
- 我们定义一个 _hash_function 的实用方法，该方法依靠 Python 内置哈希函数来生成键的哈希码，并用随机乘 - 加 - 切分（MAD）公式生成压缩函数。

代码段 10-4　一个哈希表实现的基类，基于代码段 10-2 中的 MapBase 类扩展实现的

```
class HashMapBase(MapBase):
  """Abstract base class for map using hash-table with MAD compression."""

  def __init__(self, cap=11, p=109345121):
    """Create an empty hash-table map."""
    self._table = cap * [ None ]
    self._n = 0                                   # number of entries in the map
    self._prime = p                               # prime for MAD compression
    self._scale = 1 + randrange(p−1)              # scale from 1 to p-1 for MAD
    self._shift = randrange(p)                    # shift from 0 to p-1 for MAD

  def _hash_function(self, k):
    return (hash(k)*self._scale + self._shift) % self._prime % len(self._table)

  def __len__(self):
    return self._n

  def __getitem__(self, k):
    j = self._hash_function(k)
    return self._bucket_getitem(j, k)             # may raise KeyError

  def __setitem__(self, k, v):
    j = self._hash_function(k)
    self._bucket_setitem(j, k, v)                 # subroutine maintains self._n
    if self._n > len(self._table) // 2:           # keep load factor <= 0.5
      self._resize(2 * len(self._table) − 1)      # number 2^x - 1 is often prime

  def __delitem__(self, k):
    j = self._hash_function(k)
    self._bucket_delitem(j, k)                    # may raise KeyError
    self._n −= 1

  def _resize(self, c):                   # resize bucket array to capacity c
    old = list(self.items())              # use iteration to record existing items
    self._table = c * [None]              # then reset table to desired capacity
    self._n = 0                           # n recomputed during subsequent adds
    for (k,v) in old:
      self[k] = v                         # reinsert old key-value pair
```

在基类中，如何表示一个“桶”的任何概念都没有实现。通过使用单链表，每个桶将是一个独立的结构。然而，使用开放寻址策略时，每个桶都没有一个有形的容器，且探测序列使桶得到有效的交叉存取。

在我们的设计中，HashMapBase 类假定有以下抽象方法，且每一个方法必须在具体子类中实现。

- _bucket_getitem(j, k)。这个方法在桶 j 中搜索查找键为 k 的元组，如果找到了则返回对应的值，如果找不到则抛出 KeyError。
- _bucket_setitem(j, k, v)。这个方法将桶 j 中键 k 的值修改为 v。如键 k 的值已经存在，则新的值覆盖已经存在的值。否则，将这个新元组插入桶中，并且这个方法负责增加 self._n 的值。
- _bucket_delitem(j, k)。这个方法删除桶 j 中键为 k 的元组，如果这样的元组不存在则抛出 KeyError 异常（在这个方法之后 self._n 的值会减小）。
- __iter__。这是遍历 map 所有键的标准 map 方法。在每个桶的基础上我们的基类不代表这个方法，因为在开放寻址中桶并不是固有不相交的。

分离链表

代码段 10-5 给出了以 ChainHashMap 类的形式实现含有分离链表的哈希表。它采用代码段 10-3 中 UnsortedTableMap 类的一个实例来表示单个的桶。

类中的前三个方法使用索引 *j* 来访问在桶数组中的潜在桶，并检测表中的元组为空的特殊情况。只有当 _bucket_setitem 被其他的空位置调用时，我们才需要一个新的桶。剩余的依赖于 map 行为的功能已经由单个的 UnsortedTableMap 实例所支持。我们需要提前一点决定是否在链上的 __setitem__ 的应用会引起 map 大小的净增加（即是否给定的键是新的）。

代码段 10-5　用分离链表实现的具体哈希 map 类

```
class ChainHashMap(HashMapBase):
  """Hash map implemented with separate chaining for collision resolution."""

  def _bucket_getitem(self, j, k):
    bucket = self._table[j]
    if bucket is None:
      raise KeyError('Key Error: ' + repr(k))        # no match found
    return bucket[k]                                 # may raise KeyError

  def _bucket_setitem(self, j, k, v):
    if self._table[j] is None:
      self._table[j] = UnsortedTableMap( )        # bucket is new to the table
    oldsize = len(self._table[j])
    self._table[j][k] = v
    if len(self._table[j]) > oldsize:             # key was new to the table
      self._n += 1                                # increase overall map size

  def _bucket_delitem(self, j, k):
    bucket = self._table[j]
    if bucket is None:
      raise KeyError('Key Error: ' + repr(k))        # no match found
    del bucket[k]                                    # may raise KeyError

  def __iter__(self):
    for bucket in self._table:
      if bucket is not None:                         # a nonempty slot
        for key in bucket:
          yield key
```

线性探测

我们使用含线性探测的开放寻址实现 ProbeHashMap 类，并且在代码段 10-6 和 10-7 中给出详细描述。为了支持删除操作，我们使用了 10.2.2 节介绍的技术，该技术是在已被删除的表的位置上做一个特殊的标记，以此来将它和一个总为空的位置区分开来。在实现中，我们声明了一个类级的属性 _AVAIL 作为哨兵。（因为我们不关心任何哨兵类的行为，仅仅是用来与其他对象相区分，所以我们使用一个内置的对象类的实例。）

代码段 10-6　用线性探测处理冲突的 ProbeHashMap 类的具体实现（在代码段 10-7 中继续）

```
class ProbeHashMap(HashMapBase):
  """Hash map implemented with linear probing for collision resolution."""
  _AVAIL = object( )       # sentinal marks locations of previous deletions

  def _is_available(self, j):
    """Return True if index j is available in table."""
    return self._table[j] is None or self._table[j] is ProbeHashMap._AVAIL

  def _find_slot(self, j, k):
    """Search for key k in bucket at index j.

    Return (success, index) tuple, described as follows:
    If match was found, success is True and index denotes its location.
    If no match found, success is False and index denotes first available slot.
    """
    firstAvail = None
    while True:
      if self._is_available(j):
        if firstAvail is None:
          firstAvail = j                      # mark this as first avail
        if self._table[j] is None:
          return (False, firstAvail)          # search has failed
      elif k == self._table[j]._key:
        return (True, j)                      # found a match
      j = (j + 1) % len(self._table)          # keep looking (cyclically)
```

开放寻址最具挑战性的一面是在插入或搜寻一个元组的过程中发生冲突时，合理地跟踪探测序列。为此，我们定义一个非公共的实用工具 _find_slot，用于在桶 j 中搜寻含有键 k 的元组（即这里的 j 是哈希函数对键 k 返回的索引）。

代码段 10-7　线性探测处理冲突的 ProbeHashMap 类的具体实现（前接代码段 10-6 中的代码）

```
  def _bucket_getitem(self, j, k):
    found, s = self._find_slot(j, k)
    if not found:
      raise KeyError('Key Error: ' + repr(k))        # no match found
    return self._table[s]._value

  def _bucket_setitem(self, j, k, v):
    found, s = self._find_slot(j, k)
    if not found:
      self._table[s] = self._Item(k,v)               # insert new item
      self._n += 1                                   # size has increased
    else:
      self._table[s]._value = v                      # overwrite existing

  def _bucket_delitem(self, j, k):
    found, s = self._find_slot(j, k)
    if not found:
```

```
            raise KeyError('Key Error: ' + repr(k))          # no match found
        self._table[s] = ProbeHashMap._AVAIL                 # mark as vacated

    def __iter__(self):
        for j in range(len(self._table)):                    # scan entire table
            if not self._is_available(j):
                yield self._table[j]._key
```

有三个主要的 map 操作都依赖于 _find_slot 程序实现。当试图检索给定对应的元组时，我们必须继续探测直到找到该键，或者找到表中的一个值为插槽。我们要一直搜索直到找到一个 _AVAIL 哨兵为止，因为它代表插入目标元组时被填充的位置。

当要将一个 key-value 对插入 map 时，我们必须先尝试找到一个键为给定值的元组，这样我们就可以用新的元组覆盖这个查找到的元组，而不是向 map 中插入一个新的元组。因此，必须在插入前搜索所有的 _AVAIL 哨兵出现的情况。但是，如果没有找到匹配的项，我们更倾向于将第一个插槽位置标记为 _AVAIL，如果找到了，我们便把新的元组存入表里。_find_slot 方法制定了这个逻辑：持续搜索直到找到一个真正的空插槽，返回第一个可用的插槽的索引用于插入操作。

当使用 _bucket_delitem 删除一个元组时，为了与我们的策略保持一致，专门将表的条目设为 _AVAIL 哨兵标识。

10.3 有序映射

传统的映射 ADT 允许用户查找与给定键关联的值，这种键的查找被称为精确查找。

例如，计算机系统经常维护已发生事件的信息（如金融交易），我们依据时间戳来组织这些的事件。如果我们可以假定时间戳对于一个特定的系统是唯一的，那么我们就可以以时间戳为键组织一个映射，并将发生在那个时间的事件作为值。一个特定的时间戳可以作为事件的引用标识，这样就可以快速地从映射中检索出该事件的信息。然而，映射 ADT 不提供任何方式来获得一个按时间排序的所有已发生事件的列表，或去查找最接近一个特定的时间所发生的事件。事实上，映射 ADT 基于哈希算法实现高性能，依赖于键的故意分散，这使得键在原有的域中彼此似乎离得很“近”，从而使它们在哈希表中的分布更均匀。

在这一部分，我们介绍一个称为有序映射的映射 ADT 的扩展，它包括标准映射的所有行为，还增加了以下行为：

- M.find_min()：用最小键返回（键，值）对（或 None，如果映射为空）。
- M.find_max()：用最大键返回（键，值）对（或 None，如果映射为空）。
- M.find_lt(k)：用严格小于 k 的最大键返回（键，值）对（或 None，如果没有这样的项存在）。
- M.find_le(k)：用严格小于等于 k 的最大键返回（键，值）对（或 None，如果没有这样的项存在）。
- M.find_gt(k)：用严格大于 k 的最小的键返回（键，值）对（或 None，如果没有这样的项存在）。
- M.find_ge (k)：用严格大于或等于 k 的最小的键返回（键，值）对（或 None，如果没有这样的项存在）。

- M.find-range(start, stop)：用 start < = 键 < stop 迭代遍历所有（键，值）。如果 start 指定为 None，从最小的键开始迭代；如果 stop 指定为 None，到最大键迭代结束。
- iter(M)：根据自然顺序从最小到最大迭代遍历映射中的所有键。
- reversed(M)：根据逆序迭代映射中的所有键 r，这在 Python 中是用 __reversed__ 来实现的。

10.3.1 排序检索表

一些数据结构能有效地支持排序映射 ADT，我们将在 10.4 节和第 11 章中讨论一些先进的技术。在本节中，首先，我们从探索一个简单有序映射的实现开始。我们将映射的元组存储在一个基于数组的序列 *A* 中，以键的升序排列，假定键是天然定义的顺序（见图 10-8）。我们将这个映射实现为*排序检索表*（sorted search table）。

0	1	2	3	4	5	6	7	8	9	10	11	12	13	14	15
2	4	5	7	8	9	12	14	17	19	22	25	27	28	33	37

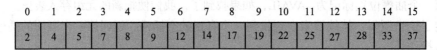

图 10-8　一个通过排序检索表实现的映射。图中我们仅展示了映射的键，以凸显它们的顺序

对于 10.1.5 节中以未排序表实现映射的例子，若根据映射中的元组数量按比例增减数组的大小，其空间的需求量是 $O(n)$。我们坚持 *A* 基于数组存储元组以及这种表示的最主要优势是，它支持用二分查找算法来做各种有效的操作。

二分查找和不精确查找

我们在 4.1.3 节中介绍了二分查找算法，能检测一个给定的目标是否存储在已排序的序列中。在原来的介绍中（代码段 4-3），binary search 函数返回 True 或 False 来检测指定目标是否被发现。由于这样的方法可以用来实现映射 ADT 的 __contains__ 方法，我们可以在实现以各种形式的不精确查找支持有序映射 ADT 时，应用二分查找算法以提供更多有用信息。

当实施二分查找时，一个重要的实现是我们可以决定要查找的目标或是临近目标的项目的索引。在查找成功时，一个标准实现会决定所找到目标的精确索引。在一次失败的查找中，即使目标没有被发现，算法也会有确定一组索引有效地指定集合中的元素是小于还是大于未找到的目标。

作为引入的例子，我们原来在图 4-5 中的模拟，展示了一个成功查找目标 22 的二分查找，在图 10-8 中又用相同的数据进行描述。如果我们要查找 21，算法的前四个步骤和原来是相同的，后继的差异是我们将调用倒置参数，即 high = 9，low = 10，这将有效得出未找到的目标值位于值 19 和 22 之间。

实现

在代码段 10-8 ～ 10-10 中，我们提出一个支持排序表映射 ADT 的 SortedTableMap 类的完整实现方法。该设计中最值得注意的特性是含有 _find_index 这个功能函数。这个方法使用二分查找算法，但是按照惯例，返回搜索区间中键大于等于 *k* 的最左侧元组的索引。然而，如果是当前的键，它将返回键为该值的元组的索引。（想一下，键在一个映射中是唯一的。）如果键找不到，函数返回搜索区间各元组的索引，这个区间位于未能找到的键所在位置附近。技术上，该方法返回索引 +1 表示区间中没有元组的键大于 *k*。

代码段 10-8　SortedTableMap 类的实现（代码段 10-9 和 10-10 为后续代码）

```
class SortedTableMap(MapBase):
  """Map implementation using a sorted table."""

  #----------------------------- nonpublic behaviors -----------------------------
  def _find_index(self, k, low, high):
    """Return index of the leftmost item with key greater than or equal to k.

    Return high + 1 if no such item qualifies.

    That is, j will be returned such that:
       all items of slice table[low:j] have key < k
       all items of slice table[j:high+1] have key >= k
    """
    if high < low:
      return high + 1                               # no element qualifies
    else:
      mid = (low + high) // 2
      if k == self._table[mid]._key:
        return mid                                  # found exact match
      elif k < self._table[mid]._key:
        return self._find_index(k, low, mid − 1)    # Note: may return mid
      else:
        return self._find_index(k, mid + 1, high)   # answer is right of mid

  #----------------------------- public behaviors -----------------------------
  def __init__(self):
    """Create an empty map."""
    self._table = [ ]

  def __len__(self):
    """Return number of items in the map."""
    return len(self._table)

  def __getitem__(self, k):
    """Return value associated with key k (raise KeyError if not found)."""
    j = self._find_index(k, 0, len(self._table) − 1)
    if j == len(self._table) or self._table[j]._key != k:
      raise KeyError('Key Error: ' + repr(k))
    return self._table[j]._value
```

在实现传统的映射操作和新的有序映射操作时，我们依赖这个实用方法。方法 __getitem__、__setitem__ 和 __delitem__ 中的每一个函数体都从调用 _find_index 函数开始，以决定候选索引来匹配要找的键。对于 __getitem__ 方法，我们简单地检查是否包含确认目标存在的索引。而对 __setitem__ 方法，我们的目标是如果找到一个键为 k 的元组，就替换这个已有元组的值，否则需要在映射中插入一个新的条目。如果 _find_index 返回的索引存在匹配的索引，就返回该索引，否则返回将插入的这个新元组的位置的索引。对于 __delitem__，如果找到目标索引，则我们将利用 _find_index 的方法，决定要返回的元组的位置。

_find_index 方法的作用与代码段 10-10 中给出的非精确查找的实现方法是同样有价值的。对于 find_ lt、find_ le、find_ gt 和 find _ge 方法的实现，都是从调用 _find_index 开始，如果存在大于等于 k 的键，则将索引定位在第一个大于等于 k 的键的索引位置。如果这样的操作有效，正是我们想要 find_ge 实现的，且刚好是超过 find_lt 的索引。对于 find_gt 和 find_le，需要一些额外的案例分析来辨别指定的索引是否有等于 k 的键。例如，如果指定的元组有一个匹配的键，find_gt 的实现中，要在继续该过程前对索引做增量操作。（为了简洁起见，我们省略了 find_le 的实现。）在所有案例中，我们必须妥善处理边界情况，如果无法找到一个与所需的属性相匹配的键，则报告 None。

我们实现 find_range 的策略是使用 _find_index 函数来定位第一个键≥ start 的元组（假设 start 是非 None 的值）。据此，我们使用 while 循环按顺序逐个报告表中的元组直到达到一个键大于或等于 stop 值的元组（或者直到到达表的末尾元组）。值得注意的是，如果第一个键大于等于 start 值，或者它正好也大于等于 stop 值，则 while 循环将迭代零次，这表示映射中的一个空范围（即没有元组包含在指定的范围）。

代码段 10-9 SortedTableMap 类的实现（与代码段 10-8 和 10.10 共同组成该实现）

```
  def __setitem__(self, k, v):
    """Assign value v to key k, overwriting existing value if present."""
    j = self._find_index(k, 0, len(self._table) - 1)
    if j < len(self._table) and self._table[j]._key == k:
      self._table[j]._value = v                        # reassign value
    else:
      self._table.insert(j, self._Item(k,v))           # adds new item

  def __delitem__(self, k):
    """Remove item associated with key k (raise KeyError if not found)."""
    j = self._find_index(k, 0, len(self._table) - 1)
    if j == len(self._table) or self._table[j]._key != k:
      raise KeyError('Key Error: ' + repr(k))
    self._table.pop(j)                                 # delete item

  def __iter__(self):
    """Generate keys of the map ordered from minimum to maximum."""
    for item in self._table:
      yield item._key

  def __reversed__(self):
    """Generate keys of the map ordered from maximum to minimum."""
    for item in reversed(self._table):
      yield item._key

  def find_min(self):
    """Return (key,value) pair with minimum key (or None if empty)."""
    if len(self._table) > 0:
      return (self._table[0]._key, self._table[0]._value)
    else:
      return None

  def find_max(self):
    """Return (key,value) pair with maximum key (or None if empty)."""
    if len(self._table) > 0:
      return (self._table[-1]._key, self._table[-1]._value)
    else:
      return None
```

代码段 10-10 SortedTableMap 类的实现（接续代码段 10-8 和 10-9）。由于篇幅限制，我们省略了 find-le 方法

```
  def find_ge(self, k):
    """Return (key,value) pair with least key greater than or equal to k."""
    j = self._find_index(k, 0, len(self._table) - 1)     # j's key >= k
    if j < len(self._table):
      return (self._table[j]._key, self._table[j]._value)
    else:
```

```
        return None

    def find_lt(self, k):
        """Return (key,value) pair with greatest key strictly less than k."""
        j = self._find_index(k, 0, len(self._table) - 1)          # j's key >= k
        if j > 0:
            return (self._table[j-1]._key, self._table[j-1]._value) # Note use of j-1
        else:
            return None

    def find_gt(self, k):
        """Return (key,value) pair with least key strictly greater than k."""
        j = self._find_index(k, 0, len(self._table) - 1)          # j's key >= k
        if j < len(self._table) and self._table[j]._key == k:
            j += 1                                                # advanced past match
        if j < len(self._table):
            return (self._table[j]._key, self._table[j]._value)
        else:
            return None

    def find_range(self, start, stop):
        """Iterate all (key,value) pairs such that start <= key < stop.

        If start is None, iteration begins with minimum key of map.
        If stop is None, iteration continues through the maximum key of map.
        """
        if start is None:
            j = 0
        else:
            j = self._find_index(start, 0, len(self._table)-1)     # find first result
        while j < len(self._table) and (stop is None or self._table[j]._key < stop):
            yield (self._table[j]._key, self._table[j]._value)
            j += 1
```

分析

我们通过分析 SortedTableMap 实现的性能得出结果。有序映射 ADT（包括传统映射操作）所有方法的运行时间如表 10-3 所示。可以清楚地看到 __len__，find_min 和 find_max 方法的运行时间为 $O(1)$，而且对代表中的键执行任何方向的迭都可以在 $O(n)$ 时间内完成。

表 10-3 SortedTableMap 实现的有序映射的性能。我们用 n 来表示映射中在操作执行时元组的数量。空间需求为 $O(n)$

操　作	运行时间
len(M)	$O(1)$
k in M	$O(\log n)$
M[k] = v	最坏情况下为 $O(n)$，如果存在 k 则为 $O(\log n)$
del M[k]	最坏情况下为 $O(n)$
M.find_min(), M.find_max()	$O(1)$
M.find_lt(k), M.find_gt(k) M.find_le(k), M.find_ge(k)	$O(\log n)$
M.find_range(start, stop)	$O(s + \log n)$，报告 s 项
iter(M), reversed(M)	$O(n)$

分析可知，各种形式的查找都取决于 n 个条目的表上运行时间为 $O(\log n)$ 时间的二分查找。这种说法首次出现在 4.2 节中的命题 4-2 中，且这一分析结果显然也适用于我们的

_find_index 方法。因此，我们断言对于 __getitem__、find_lt、find_gt、find_le 和 find_ge，最坏情况下的运行时间是 $O(\log n)$。因为这几个方法在基于索引执行一些常数数量的步骤后，都会调用一次方法 _find_index 来获取合适的结果。find-range 的分析结果更加有趣，它先在指定范围（如果有的话）内用二分查找找到第一个符合条件的元组，之后，执行循环依次报告后续元组的值，每次循环的时间花销为 $O(1)$，直至执行到指定范围的末尾。如果在循环范围内报告了 s 项元组，则该方法总的运行时间为 $O(s + \log n)$。

与高效的查找操作形成对比，排序表的更新操作要花费相当多的时间。尽管用二分查找可以辨别出插入和删除等更新操作发生在哪一个索引中，在最坏的情况下，为了维持表中元组的顺序，表中许多元素都要调整位置。特别地，潜在地调用 __setitem__ 中的 _table.insert 和 __delitem__ 中的 _table.pop 在最坏情况下的时间复杂度是 $O(n)$。（参考 5.4.1 节有关链表类中的相应操作的讨论。）

由此可见，排序映射主要是用于预计含有查找较多但更新相对较少的情况。

10.3.2　有序映射的两种应用

在这一部分，我们将探讨使用排序映射而不是传统的映射时特别有优势的应用。要运用一个有序映射，键必须来自一个完全有序的域。此外，为了合理利用不精确查找和排序映射提供的范围查找的优势，则查找中相互邻近的键之间有关联也是有原因的（或者说有迹可循的）。

航班数据库

互联网上有些网站允许用户特别是有意向买票的用户查询航班数据库来查找不同城市之间的航班。此时，用户会指定出发地和目的地城市，以及一个确切的出发日期和时间。为了支持这样的查询，我们可以将航班数据模拟为一个映射，其中键为 Flight 对象，它所包含的域（field）对应四个参数。也就是说，键是一个元组。

$$k = (\text{origin, destination, date, time})$$

关于航班的附加信息，航班号和座位的数量分别在 first（F）类和 coach（Y）类中提供，飞行时间和费用可以存储在值对象中。

找到一个目标航班与给定的查询条件匹配并不简单。尽管用户通常匹配出发和目的城市，然而出发日期可以有一定的灵活性，而且在具体的某一天里出发的时间也可以有灵活性。我们可以按字典顺序排序的键来查询。那么，实现一个有效的有序映射，将是满足用户的查询需求的好方式。例如，给定一个查询的键 k，我们将调用 find-ge(k) 来返回符合查询的城市区间要求，并且匹配出发日期和时间或是晚于指定时间的第一个航班。更好的方法是，利用组织合理的键，我们使用函数 find-range(k1, k2) 来找到所有符合给定时间范围的航班。例如，如果 k1 = (ORD, PVD, 05May, 09:30)，k2 = (ORD, PVD, 05May, 20:00)，相应的调用 find-range(k1, k2) 将获得以下的键值对序列：

```
(ORD, PVD, 05May, 09:53)  :  (AA 1840, F5, Y15, 02:05, $251),
(ORD, PVD, 05May, 13:29)  :  (AA 600, F2, Y0, 02:16, $713),
(ORD, PVD, 05May, 17:39)  :  (AA 416, F3, Y9, 02:09, $365),
(ORD, PVD, 05May, 19:50)  :  (AA 1828, F9, Y25, 02:13, $186)
```

最大值集

生活中充满了权衡。我们经常需要权衡所需的性能与价格。举个例子，假设我们对于维护一个对汽车的最大速度和价格排序的数据库感兴趣。我们会允许拥有一定资金量的用户在数据中查询，以便找到他可以买得起的最快的汽车。

我们可以建立这样一个模型，通过使用一个键值对来模拟权衡时所使用的两个参数，由此，在这个例子中，价格 - 速度对即是这样的两个参数。需要注意的是，在使用这种度量方法时，有些汽车是严格好于其他汽车的，如一个价格 - 速度对为（20 000，100）的汽车严格好于价格 - 速度对为（30 000，90）的汽车。与此同时，价格 - 速度对为（20 000，100）的汽车可能会好于或差于价格 - 速度对（30 000，120）为的汽车，这将取决于于我们需要花多少钱（如图 10-9 所示）。

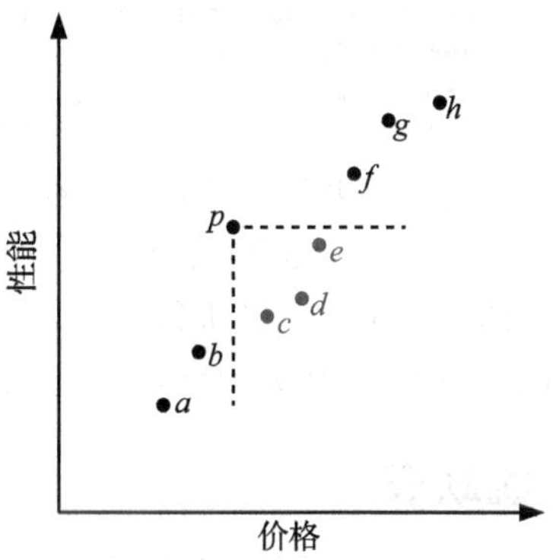
性能
价格
p
a
b
c
d
e
f
g
h

图 10-9　用平面上的点代表价格 - 性能对的权衡。值得注意的是点 p 严格好于点 c、d 和 e，但是可能好于或差于点 a、b、f、g 和 h，这决取决于我们想要花多少钱。因此，如果我们想要在点集中加入 p，可以移除点 c、d 和 e，但是不要移除其他的点

形式上，如果 $a \leqslant c$ 且 $b \geqslant d$，我们说价格 - 性能对 (a, b) 管辖着 (c, d)，其中 $(c,d) \neq (a,b)$，即第一个价格 - 性能对较第二个价格 - 性能对具有较少的花费和至少一样好的性能。如果 (a,b) 不被其他价格 - 性能对所管辖的话，则称其为一个最大值对。我们更热衷于在价格 - 性能对的集合中维护的严格最大值对的集合。也就是说，我们将往集合中加入新的对（例如有新车生产发布时），并且会根据一个给出的美元价格 d 来在这个集合上进行查询，找出那些价格不超过 d 美元的最快的车。

在有序映射中维护最大值集

我们可以在有序映射中存储最大值集 M，这样，价格即为键（key）域，性能（速度）就是值（value）域。然后，我们可以实现 add（c, p）操作，这个操作用于加入一个新的价格 - 性能对（c, p），并且实现 best(c) 操作，用于返回价格至多为 c 的最好的价格 - 性能对，如代码段 10-11 所示。

代码段 10-11　一个使用有序映射维持最大值集的类的实现

```
class CostPerformanceDatabase:
  """Maintain a database of maximal (cost,performance) pairs."""

  def __init__(self):
    """Create an empty database."""
    self._M = SortedTableMap( )                # or a more efficient sorted map

  def best(self, c):
    """Return (cost,performance) pair with largest cost not exceeding c.

    Return None if there is no such pair.
    """
    return self._M.find_le(c)

  def add(self, c, p):
    """Add new entry with cost c and performance p."""
    # determine if (c,p) is dominated by an existing pair
    other = self._M.find_le(c)                 # other is at least as cheap as c
    if other is not None and other[1] >= p:    # if its performance is as good,
        return                                 # (c,p) is dominated, so ignore
    self._M[c] = p                             # else, add (c,p) to database
```

```
# and now remove any pairs that are dominated by (c,p)
other = self._M.find_gt(c)                    # other more expensive than c
while other is not None and other[1] <= p:
  del self._M[other[0]]
  other = self._M.find_gt(c)
```

不幸的是，如果我们使用 SortedTableMap 来执行 M，add 操作运行时间为最坏情况下的 $O(n)$。另一方面，如果我们使用一个跳跃表（接下来介绍这个表）来实现 M，则可以在一个确定的 $O(\log n)$ 时间里执行 best(c) 查询并在确定的 $O((1+r)\log n)$ 时间里执行 add(c, p) 更新操作，其中 r 是从表中移除的点的数量。

10.4 跳跃表

一种实现排序映射 ADT 的有趣的数据结构是*跳跃表*。在 10.3.1 节中，一个排序数组允许通过二分查找以 $O(\log n)$ 时间做查询。不幸的是，由于需要调整元素位置，排序数组更新操作的最坏情况下的运行时间需要 $O(n)$。在第 7 章，我们讲过只要列表中的位置是明确的，用链表可以非常有效地支持更新操作。不幸的是，我们不能在一个标准链表中执行快速查找。举例来说，二分查找算法需要一个有效的手段来通过索引直接访问一个元素的序列。

跳跃表提供一个聪明的折衷方式以有效地支持查找和更新操作。一个映射 M 的跳跃表 S 包含一列表序列 $\{S_0, S_1, \cdots, S_h\}$。每一个列表 S_i 依照键的升序存储着 M 的一个元组子集，用两个标注为 $-\infty$ 和 $+\infty$ 的哨兵键追加元组，其中 $-\infty$ 比每一个可能的插入 M 的键都小，$+\infty$ 比每一个可能插入 M 的键都大。此外，列表 S 还要满足下面的条件：

- 列表 S_0 包含映射 M 中的每一项（包含 $-\infty$ 和 $+\infty$）。
- 对于 $i=1,\cdots,h-1$，列表 S_i 包含一个列表 S_i-1 随机生成的元组的子集（还有 $-\infty$ 和 $+\infty$）。
- 列表 S_h 仅包含 $-\infty$ 和 $+\infty$。

一个跳跃表如图 10-10 所示。这是一个常用的可视化表示，在列表 S 中，列表 S_0 在最底部，在 S_0 之上有列表 $S_1, \cdots, S_h$。并且，我们称 h 为列表 S 的高度。

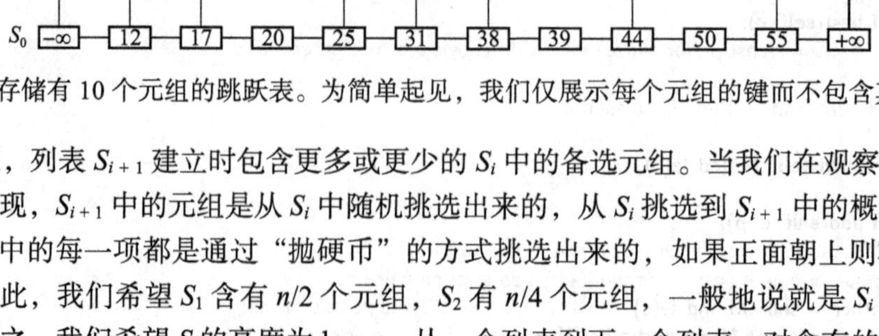

S5 -∞ +∞
S4 -∞ 17 +∞
S3 -∞ 17 25 55 +∞
S2 -∞ 17 25 31 55 +∞
S1 -∞ 12 17 25 31 38 44 55 +∞
S0 -∞ 12 17 20 25 31 38 39 44 50 55 +∞

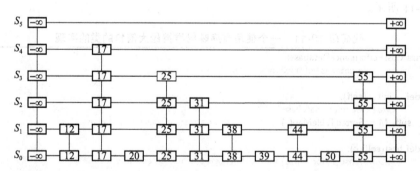

图 10-10　存储有 10 个元组的跳跃表。为简单起见，我们仅展示每个元组的键而不包含其相关的值

直观地，列表 S_{i+1} 建立时包含更多或更少的 S_i 中的备选元组。当我们在观察插入方法的细节时会发现，S_{i+1} 中的元组是从 S_i 中随机挑选出来的，从 S_i 挑选到 S_{i+1} 中的概率也为 1/2，大体上，S_i 中的每一项都是通过"抛硬币"的方式挑选出来的，如果正面朝上则将该项置于 S_{i+1} 中。因此，我们希望 S_1 含有 $n/2$ 个元组，S_2 有 $n/4$ 个元组，一般地说就是 S_i 含有 $n/2^i$ 个元组。换言之，我们希望 S 的高度为 $\log n$。从一个列表到下一个列表，对含有的元组数做折半处理并不是强制地作为跳跃表的一个明确的特性。取而代之的是采用随机化的方法。

生成数字的功能可以视为大多数现代计算机内置的随机数字，因为它们被广泛使用在电脑游戏、密码学和计算机仿真中。一些叫作伪随机数生成器的功能，从一颗初始种子开始生成类似随机的数（参考 1.11 节中有关随机模块的讨论）。其他方法使用硬件设备来从自然中提取“真”随机数。无论如何，我们假设从电脑中访问的数对我们的分析而言都是完全随机的数。

在数据结构和算法设计中使用随机选择主要的优势在于它的结构和函数的结果会变得简单和高效。跳跃表的查找时间和二分查找一样是限定在对数级的范围，在插入和删除元组时，它也扩展了更新算法的性能。然而，当二分查找的性能在对于一个排序表有最坏情况下的范围时，跳跃表也有一个预期的范围。

跳跃表在组织它的结构时，通过平均时间为 $O(\log n)$ 的查找和更新方法做随机选择，其中 n 是映射中的元组项目数。有趣的是，这里使用的平均时间复杂度的概念不是由输入的键的分布概率决定的。取而代之的是，它取决于在实现用于帮助决定在哪安插新条目的插入函数中所使用的随机数生成器。运行时间是用于插入条目的所有可能的随机数输出的平均值。

利用列表和树使用的位置抽象，我们视跳跃表为一个水平组织成层（level）、垂直组织成塔（tower）的二维位置集合。每个水平层是一个列表 S_i，每个垂直塔包含了存储着相同元组的位置，这些元组跨越连续的列表。可以使用以下操作遍历跳跃表中的每个位置：

- next(p)：返回在同一水平层位置上紧接着 p 的位置。
- prev(p)：返回在同一水平层位置上在 p 之前的位置。
- below(p)：返回在同一垂直塔位置上在 p 下面的位置。
- above(p)：返回在同一垂直塔位置上在 p 上面的位置。

我们通常假设对于上述操作，如果要求的位置是不存在的，则返回 None。不必考虑细节，我们注意到可以通过链结构简单地实现一个跳跃表，给定一个跳跃表 p 的位置，每一个单独的遍历方法需要 $O(1)$ 时间。这样的链结构本质上是在垂直塔方向上对齐的双链表集合 h，这样的链表本身也是双链表。

10.4.1 跳跃表中的查找和更新操作

跳跃表结构提供简单的映射查找和更新算法。事实上，所有的跳跃表查找和更新算法都依赖于一个简洁的 SkipSearch 方法，其需要一个键 k 并发现 S 列表中具有小于等于键 k（可能为 $-\infty$）的最大键的元组 p 的位置。

在跳跃表中查找

假设给出一个搜索键 k。我们开始 SkipSearch 方法，在跳跃表 S 中最顶层靠左的位置设立一个位置变量 p，并称为 S 的开始位置。这就是说，开始位置是在 S_h 中存储键为 $-\infty$ 的特殊条目。然后我们执行以下步骤（如图 10-11 所示），key(p) 表示在位置 p 处的元组的键：

1）如果 S.below(p) 为空，那么查找结束——我们在底部并且已经定位到了小于等于键 k 的最大值对应的元组在 S 中的位置。否则，我们通过设置 p = S.below(p) 从当前垂直塔位置下降到下一个水平层。

2）从位置 p 开始，我们将 p 向前移动直到它在当前水平层的最右边的位置，这样 key（p）$\leq k$。我们把这称为正向扫描步骤。注意，由于每个水平层都包含键 $+\infty$ 和 $-\infty$，因此这一位置总是存在的。我们在这一水平层上执行扫描操作后 p 可能仍然在它开始的位置。

3）返回到第 1 步。

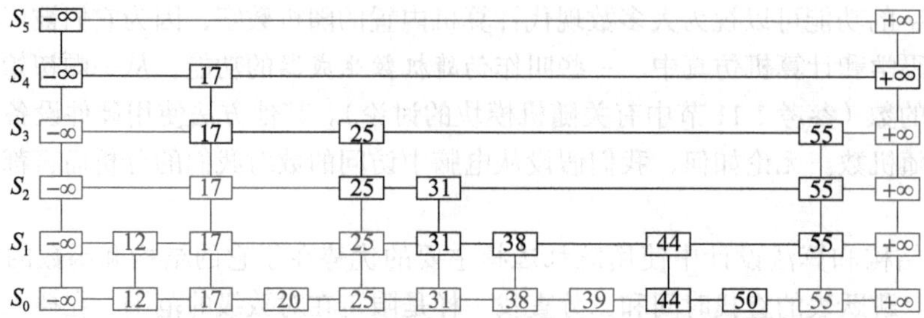
S_5
$-\infty$
$+\infty$
S_4
17
S_3
25
55
S_2
31
S_1
12
38
44
S_0
20
39
50

图 10-11　一个在跳跃表中搜索的例子。重点标记了查找键 50 时所检测的位置

我们在代码段 10-12 中给出了一个跳跃表查询算法 SkipSearch 的伪代码描述。鉴于这种方法，映射操作 $M[k]$ 的执行是通过处理 p = SkipSearch(k) 和判断是否有 key(p) = k 来进行的。如果这两个键是相同的，我们将返回 k 对应的值，否则返回 KeyError。

代码段 10-12　在跳跃表 S 中查找键 k 的算法

```
Algorithm SkipSearch(k):
  Input: A search key k
  Output: Position p in the bottom list S0 with the largest key such that key(p) ≤ k
  p = start                                          {begin at start position}
  while below(p) ≠ None do
    p = below(p)                                     {drop down}
    while k ≥ key(next(p)) do
      p = next(p)                                    {scan forward}
  return p.
```

事实证明，在含有 n 个条目的跳跃表中执行算法 SkipSearch 时期望的运行时间是 $O(\log n)$。我们把这个结论的验证推迟到讨论跳跃表更新的实现方法之后。可以简单地从 SkipSearch(k) 确认的位置开始导航，以便在有序映射 ADT 中提供其他的搜索形式（如 find_gt、find_range）。

跳跃表中的插入操作

映射操作 $M[k] = v$ 的执行是从 SkipSearch(k) 的调用开始的。这给了我们小于等于 k 的最大键的底层元组项的位置 p（注意 p 可能是键为 $-\infty$ 的特殊元组项）。如果 key(p) = k，其对应的值将被 v 覆盖。否则，我们需要为元组项 (k, v) 创造一个新的垂直塔。我们快速地 S_0 中将 (k, v) 插入 p 后面的位置。在最底层插入新元组项后，我们使用随机方式来决定每个新元组的垂直塔高度。我们抛一枚硬币，如果出现反面，那么就停在这里。否则（出现正面），我们回溯到其前面（更高）的水平层并且在这一层的合适位置上插入 (k, v)。我们再次抛硬币，如果出现的是正面，就去下一个更高的水平层并重复相同操作。同时，我们向列表中重复插入元组 (k, v) 直到硬币抛出一个反面。我们将在这个过程中生成的新元组项 (k, v) 链接在一起并创建一个垂直塔。抛硬币可以由 Python 内置的随机数产生器模拟，通过调用 randrange（2）来产生随机数，返回 0 或 1，生成这两个数的概率均为 1/2。

我们在代码段 10-13 中给出一个跳跃表 S 的插入算法并且在图 10-12 中作了解释。算法使用 insertAfterAbove(p, q, (k, v)) 方法在位置 p 之后（在与 p 相同的层）且在位置 q 之上插入一个位置存储元组项 (k, v)，并且返回这个新位置 r（并设置内部引用，以使得 next、prev、above 和 below 方法可以直接正常地为 p、q 和 r 工作）。一个含有 n 个条目的跳跃表的插入算法的运行时间为 $O(\log n)$，这将在 10.4.2 节中进行说明。

代码段 10-13 跳跃表的插入操作。方法 coinFlip() 返回“正面”或“反面”，每一个值的出现概率都为 1/2。实例变量 *n*、*h* 和 *s* 分别表示条目的数量、高度和跳跃表的开始节点

```
Algorithm SkipInsert(k,v):
  Input: Key k and value v
  Output: Topmost position of the item inserted in the skip list
  p = SkipSearch(k)
  q = None                          {q will represent top node in new item's tower}
  i = −1
  repeat
    i = i+1
    if i ≥ h then
      h = h+1                                 {add a new level to the skip list}
      t = next(s)
      s = insertAfterAbove(None, s, (−∞, None))      {grow leftmost tower}
      insertAfterAbove(s, t, (+∞, None))             {grow rightmost tower}
    while above(p) is None do
      p = prev(p)                                    {scan backward}
    p = above(p)                                     {jump up to higher level}
    q = insertAfterAbove(p, q, (k, v))    {increase height of new item's tower}
  until coinFlip() == tails
  n = n+1
  return q
```

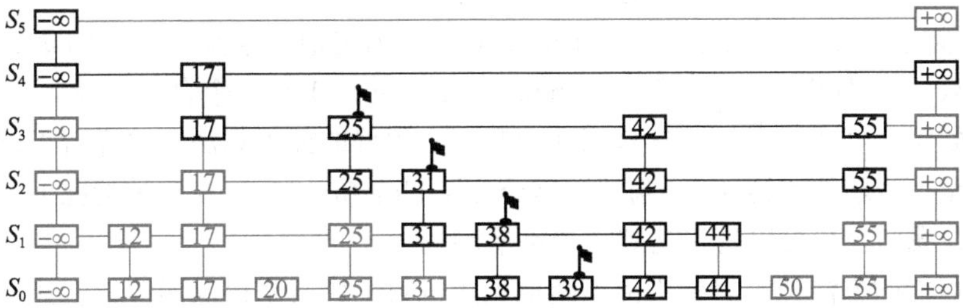

S5 -∞ +∞
S4 -∞ 17 +∞
S3 -∞ 17 25 42 55 +∞
S2 -∞ 17 25 31 42 55 +∞
S1 -∞ 12 17 25 31 38 42 44 55 +∞
S0 -∞ 12 17 20 25 31 38 39 42 44 50 55 +∞

图 10-12 在图 10-10 的跳跃表中插入一个键为 42 的条目。我们假设为新条目随机“抛硬币”出现了三次正面，紧随其后的是反面。突出显示了访问过的位置。用粗线画出了插入的用于存储新条目的位置，并且它们之前的位置已经被标记了

在跳跃表中移除

跳跃表中的移除算法和搜索、插入算法是类似的。事实上，甚至比插入算法更简单。为了执行映射操作 del *M*[*k*]，我们首先执行方法 SkipSearch(*k*)。如果位置 *p* 存储的条目与键 *k* 不同，则返回 KeyError。否则，我们将移除 *p* 和 *p* 之上所有的位置，因为用 above 方法来访问 *S* 中从位置 *p* 开始的垂直塔更容易访问到这个条目。当移除塔中的各层时，我们将重新建立每一个移除位置与水平邻居之间的链接。删除算法在图 10-13 中阐述并将它的一个细节性的描述留作练习 R-10.24。正如我们在下一个部分中展示的，含有 *n* 个条目的跳跃表中删除操作的运行时间为 $O(\log n)$。

然而，在给出这个分析之前，我们想讨论一下对于跳跃表数据结构的一些小的改进。首先，我们实际上不需要存储在跳跃表底层之上的层中各值的引用，因为这些层中需要键的引用。事实上，我们可以更有效地视垂直塔为一个单独的对象，其能够存储键值对，如果垂直塔到达了 S_j 层，则维护 *j* 的 previous 引用和 *j* 的 next 引用。其次，对于水平轴能够保持只存储 next 引用的单向链表。我们可以通过自顶向下、正向扫描的更新来执行插入和删除操作。

我们将在练习 C-10.44 中探讨这种优化的细节。这两种优化都不能提升跳跃表的超过一个常数因子的性能，但是这些进步在实践中是有意义的。事实上，实验结果表明，在实际中优化跳跃表比 AVL 树和其他的平衡搜索树都快，这将在第 11 章中讨论。

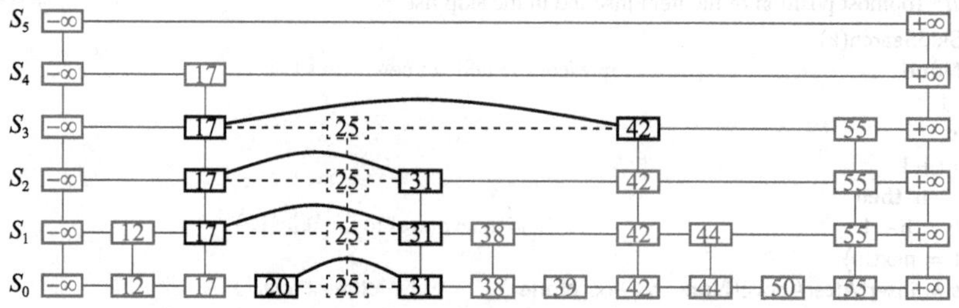

图 10-13　从图 10-12 中的跳跃表中删除键为 25 的条目。S_0 中在搜索访问过的位置上的条目被加重显示了。移除的位置用虚线画出

维护最高水平层

跳跃表 S 必须维护一个引用初始位置作为实例变量（最顶部、最左方的位置），并且必须有一个策略服务于任何期望继续越过 S 顶层的插入一个新的条目的插入操作。我们可能采取两种不同路线的方法，每一种都有其优点。

一种可能的方法是限制最高层 h 保持在某一个固定值，这是一个 n 的函数，代表当前 map 的条目数。（从分析中我们看到 $h = \max\{10, 2\lceil \log n \rceil\}$ 是一个合理选择，并且挑选 $h = 3 \lceil \text{long } n \rceil$ 更安全。）实现这个函数选择意味着我们必须修改插入算法，这样就可以在一旦到达最高层时停止一个新位置的插入（除非 $\lceil \log n \rceil < \lceil \log (n-1) \rceil$，在这种情况下，由于高度的边界在增长，我们至少可以再多达到一个水平层）。

另一种可能的方法是，只要头部不断地从随机数生成器获得返回值，就让插入操作持续插入新的位置。代码段 10-13 中的 SkipInsert 算法就是采用的这种方法。正如我们展示的跳跃表的分析那样，插入一个水平层的时间复杂度大于 $O(\log n)$ 的概率非常低，所以这种方案可以正常工作。

以上任何一种方法都需要 $O(\log n)$ 的时间复杂度来执行查找、插入和移除操作。这些我们将在下一小节进行说明。

10.4.2　跳跃表的概率分析 *

正如我们上面所讨论的，跳跃表为有序映射提供了一个简单实现方法。从最坏的情况来看，跳跃表并不是一个较好的数据结构。事实上，如果我们不能正式地阻止一个插入持续通过当前的最高水平层，则插入算法可能会进入一个接近无限的循环（实际上不是一个无限循环，因为硬币永远出现正面的概率是 0）。此外，我们不能在不耗尽内存的情况向一个列表中无限地添加新的位置。在任何情况下，如果我们在最高层 h 中停止位置插入操作，则在一个条目数为 n、高度为 h 的跳跃表 S 中运行 __getitem__、__setitem__ 和 __delitem__ 的操作时间是 $O(n + h)$。这种最坏的情况在每一个条目的垂直塔到达层 $h - 1$ 时出现，这里 h 为 S 的高度。然而，发生这种情况的概率很低。根据这个最坏情况，我们可以得出这样的结论：跳跃表结构严格差于本章前面所讨论过的其他映射实现方法。但对于这种最坏情况下的行为总体上被高估了，这样的分析并不准确。

跳过跳跃表的高度

由于插入步骤包含随机化的内容，因此更精确的跳跃表应该适当考虑概率的问题。首先，关于完备和彻底的概率分析可能需要深入的数学知识（在数据结构研究文献中有一些深入分析），这似乎是首要的任务。幸运的是，这样的分析没有必要了解跳跃表的预期渐近行为。下面我们只用概率论的基本概念给出非正式的和直观的概率分析。

首先，让我们确定含 n 个条目的跳跃表 S 的高度 h 的期望值（假设我们不会提前终止插入操作）。一个给定的条目中垂直塔的高度 $i \geqslant 1$ 的概率等于抛一枚硬币连续 i 次出现正面的概率，即概率为 $1/2^i$。因此，水平层 i 至少有一个位置的概率 P_i 至多为

$$P_i \leqslant \frac{n}{2^i}$$

因为任何 n 个不同的事件同时发生的概率最多是每一个事件发生的概率的总和。

S 的高度为 h 的概率与层 i 至少有一个位置的概率相同，也就是说，它是不超过 P_i 的。这意味着 h 大于 $3\log n$ 的可能性至多为

$$P_{3\log n} \leqslant \frac{n}{2^{3\log n}} = \frac{n}{n^3} = \frac{1}{n^2}$$

例如，如果 $n = 1000$，这个概率是一百万分之一。更一般的说法是，给出一个常量 $c > 1$，h 大于 $c\log n$ 的概率至多为 $1/n^{c-1}$。也就是说，h 小于 $c\log n$ 的概率至少为 $1 - 1/n^{c-1}$。因此，S 的高度为 h 的概率很可能为 $O(\log n)$。

分析跳跃表搜索时间

接下来，考虑一个跳跃表 S 在搜索时的运行时间，回想一下，这样一个搜索包含两层嵌套的 while 循环。只要下一个键不大于搜索键 k，内循环就一直在 S 的一个水平层上执行正向扫描，且外循环会降到下一层，重复这种扫描。由于 S 的高度 h 为 $O(\log n)$ 的概率较高，降层循环的步骤的次数为 $O(\log n)$ 的概率也较高。

我们还没有限制向前的步骤。令 n_i 为在层 i 上正向扫描时扫描过的键的数量。

可以看到，从开始位置之后，在层 i 中正向扫描扫描过的每一个额外的键都不能同时属于层 $i+1$。如果任何一个键在前一层，我们将在扫描前一层的过程中遇到这个键。因此，任何键被计数为 n_i 的概率都是 1/2。然而，n_i 的期望值与抛硬币时出现正面之前需要抛的次数是相等的。这个期望值是 2。因此，在任何层 i 正向扫描的期望时间都为 $O(1)$，因为 S 很可能有 $O(\log n)$ 层，S 中的搜索预期时间也就是 $O(\log n)$。通过类似的分析，我们可以得出插入或删除操作的预期运行时间为 $O(\log n)$。

跳跃表中的空间使用

最后，让我们看一下包含 n 个条目的跳跃表 S 的空间需求。正如我们在上面观察到的，层 i 可能含有的位置数为 $n/2^i$，这意味着 S 中准确的位置总数为

$$\sum_{i=0}^{h} \frac{n}{2^i} = n\sum_{i=0}^{h} \frac{1}{2^i}$$

用命题 3-5 几何求和。我们得到

$$\sum_{i=0}^{h} \frac{1}{2^i} = \frac{\left(\frac{1}{2}\right)^{h+1} - 1}{\frac{1}{2} - 1} = 2 \cdot \left(1 - \frac{1}{2^{h+1}}\right) < 2 \quad h \geqslant 0$$

因此，*S* 预期的空间需求为 $O(n)$。

表 10-4 总结了跳跃表实现的排序表的性能。

表 10-4 通过跳跃表实现有序映射的性能。我们使用 n 来表示执行操作时字典中条目的数量，预期的空间需求为 $O(n)$

操　作	运行时间
len(M)	$O(1)$
k in M	期望为 $O(\log n)$
M[k] = v	期望为 $O(\log n)$
del M[k]	期望为 $O(\log n)$
M.find_min(), M.find_max()	$O(1)$
M.find_lt(k), M.find_gt(k) M.find_le(k), M.find_ge(k)	期望为 $O(\log n)$
M.find_range(start, stop)	期望为 $O(s + \log n)$，报告 s
iter(M), reversed(M)	$O(n)$

10.5 集合、多集和多映射

我们通过分析几个和映射 ADT 密切相关并且用类似映射的数据结构实现的补充抽象来总结这一章。

- 集合（set）是无序元素的一个聚集，这些元素不重复并且通常支持高效的成员检测。从本质上说，集合中的元素像是映射中的键，但是它没有任何的附加值。
- 多集（multiset）(也称为包（bag））是一个允许有重复元素的类集合（set-like）容器。
- 多映射（multimap）与传统的映射类似，在映射中它将键和值联系起来。然而，在多映射中多个值可以映射到同一个键上。

10.5.1 集合的抽象数据类型

Python 通过内置类 frozenset 和 set 为表示集合中的数学概念提供支持，就像在第 1 章中讨论的，内置类 frozenset 是一个不可变的形式。这两个类都是使用 Python 中的哈希表来实现的。

Python 的 collections 模块定义了本质上反映这些内置类的抽象基类。然而对于名字的选择却是和直觉不同的，尽管抽象基类 collections.MutableSet 类似于具体的 set 类，但是抽象基类 collections.Set 匹配具体的 frozenset 类。

在讨论中，我们把“集合 ADT”等同于内置 set 类的行为（就是 collections.MutableSet 基类）。首先，我们列出了在集合 *S* 中最基本的五个行为：

- S.add(e)：向集合中添加元素 e。如果集合中已经包含了元素 e，则该行为无效。
- S.discard(e)：如果集合中包含元素 e，则从集合中删除该元素。如果集合中不包含元素 e，则该行为无效。
- e in S：如果集合中包含元素 e，则返回 True，该行为是通过特定的方法 __contains__ 来实现的。
- len(S)：返回集合 S 中的元素个数。在 Python 中，它是通过特定的方法 __len__ 来实现的。

- iter(S)：生成集合中所有元素的迭代。在 Python 中，它是通过特定的方法 __iter__ 来实现的。

在下一节中，我们将看到上述五种方法足以派生出一个集合的其他所有行为。这些剩余的行为可以自然地做如下归纳。首先，我们描述下列从一个集合中删除一个或多个元素的补充操作：

- S.remove(e)：将元素 e 从集合中删除。如果集合中不包含元素 e，将会产生一个错误 KeyError。
- S.pop()：从集合中删除并返回一个任意元素。如果集合为空，将会产生一个错误 KeyError。
- S.clear()：删除集合中的所有元素。

下一组行为将在两个集合之间进行布尔比较。

- S == T：如果集合 S 和集合 T 的内容相同，返回 True。
- S != T：如果集合 S 和集合 T 的内容不相同，返回 True。
- S <= T：如果集合 S 是集合 T 的子集，返回 True。
- S < T：如果集合 S 是集合 T 的真子集，返回 True。
- S >= T：如果集合 T 是集合 S 的子集，返回 True。
- S > T：如果集合 T 是集合 S 的真子集，返回 True。
- S.isdisjoint(T)：如果集合 S 和集合 T 没有公共元素，返回 True。

最后，还有一些基于经典集合理论操作的其他行为，它们要么是更新现有的集合，要么是计算一个新的集合实例。

- S | T：返回一个表示集合 S 和 T 的并集的新集合。
- S |= T：将 S 更新为集合 S 和 T 的并集。
- S & T：返回一个表示集合 S 和 T 的交集的新集合。
- S &= T：将 S 更新为集合 S 和 T 的交集。
- S ^ T：返回一个表示集合 S 和 T 的对称差集的新集合，也就是说，一组仅属于集合 S 或者仅属于集合 T 的元素。
- S ^= T：将集合 S 更新为它本身和集合 T 的对称差集。
- S - T：返回一个新的集合，该集合中包含集合 S 中的元素，但不包含集合 T 中的元素。
- S -= T：将 S 更新为删除集合 S 中与 T 相同的元素。

10.5.2 Python 的 MutableSet 抽象基类

为了辅助自定义 set 类的设计，Python 的 collections 模块提供了一个 MutableSet 抽象基类（就像在 10.1.3 节中讨论的，提供 MutableMapping 抽象基类）。MutableSet 抽象基类为 10.5.1 节中所描述的除了五种核心行为（add, discard，__contains__，__len__，__iter__）以外的所有方法提供了具体的实现方法，因为这五个核心行为必须通过任意具体的子类来实现。本设计是被称为*模板方法模式*的一个例子，因为 MutableSet 类的具体方法依赖于接下来的将由子类提供的假定抽象方法。

为了解释说明，我们对一些 MutableSet 基类的衍生方法的实现进行了研究。例如，为了确定一个集合是否是另一个集合的子集，我们必须验证两个条件：一个适合的子集大小必须严格地小于它的超集，并且子集的每个元素必须包含在超集中。代码段 10-14 基于这个逻辑实现了相应的方法 __lt__。

代码段 10-14　一种 MutableSet.__lt__ 方法的实现，该方法检测一个集合是否恰好是另一个集合的子集

```
def __lt__(self, other):        # supports syntax S < T
  """Return true if this set is a proper subset of other."""
  if len(self) >= len(other):
    return False                # proper subset must have strictly smaller size
  for e in self:
    if e not in other:
      return False              # not a subset since element missing from other
  return True                   # success; all conditions are met
```

在另外一个例子中，我们考虑两个集合并集的计算。集合 ADT 计算一个并集包括了两个形式。语法 $S \mid T$ 应该产生一个新的集合，该集合的内容等于现有集合 S 和 T 的并集。这个操作是通过 Python 中的特殊方法 __or__ 实现的。另一个语法 $S \mid= T$ 用来更新现有的集合 S，使之成为它本身和集合 T 的并集。因此，集合 T 之前所有不包含在集合 S 中的元素应该被添加到集合 S 中。我们注意到可以比使用语法 $S = S \mid T$ 的形式，更有效地实现这种 “in-place” 操作，其中标识符 S 被分配给表示并集的新集合实例。为方便起见，Python 内置的集合类支持这些行为的指定版本，S.union(T) 等价于 $S \mid T$，而 S.update(T) 等价于 $S \mid= T$（然而，MutableSet 抽象基类没有正式地支持这些指定版本）。

在代码段 10-15 中，以的特定方法 __or__ 的形式给出计算新集合作为另外两个集合并集的实现方法。在这个实现方法中一个重要的细节是结果集合的实例化。由于 MutableSet 类被设计成一个抽象基类，实例必须属于一个具体的子类。当计算这样两个具体实例的并集的时候，结果可能是一个和操作数相同的类的实例。函数 type(self) 返回一个指向标记为 self 的实例的实际类（actual class）的引用，并且在表达式 type(self)() 中，后面的括号里为这个类调用默认的构造函数。

代码段 10-15　MutableSet.__or__ 方法的实现，该方法计算两个集合的并集

```
def __or__(self, other):              # supports syntax S | T
  """Return a new set that is the union of two existing sets."""
  result = type(self)( )              # create new instance of concrete class
  for e in self:
    result.add(e)
  for e in other:
    result.add(e)
  return result
```

在效率方面，我们分析 $S \mid T$ 这样的集合运算，其中用 n 表示 S 的大小，用 m 表示集合 T 的大小。如果用哈希实现具体的集合，则代码段 10-15 中的实现方法预期的运行时间是 $O(m+n)$，因为它在两个集合上循环，因此在一个包含检查和一个向结果集合中的插入操作的执行时间都是常数。

在代码段 10-16 中，给出了支持语法 $S \mid= T$ 的特殊方法 __ior__ “in-place” 版本的集合并操作的实现方法。注意，在这种情况下，我们不创建新的集合实例，而是更新返回现有的集合，更改集合的内容以反映集合并操作。这个版本的并集实现预计的运行时间为 $O(m)$，这里的 m 是第二个集合的大小，因为我们只需要在第二个集合中循环。

代码段 10-16 MutableSet.__ior__ 方法的实现，它执行一个集合和另一个集合的 in-place 并集

```
def __ior__(self, other):          # supports syntax S |= T
  """Modify this set to be the union of itself an another set."""
  for e in other:
    self.add(e)
  return self                      # technical requirement of in-place operator
```

10.5.3 集合、多集和多映射的实现

集合

虽然集合和映射有完全不同的公共接口，但是它们真的很相似。一个集合是一个简单的映射，这个映射中键没有相关联的值。任何一个数据结构实现的映射都可以改造以实现集合 ADT，并能够保障具有相似的性能。我们可以通过存储集合元素作为键，并使用 None 作为一个不相关的值来随便地应用任何映射类实现集合类，但是这样的实现造成了不必要的浪费。一个有效的集合类的实现方法应该放弃在 MapBase 类中使用的 _Item 组合模式，而在数据结构中直接存储集合元素。

多集

在多集中同一个元素可能出现多次。所有我们见过的数据结构都可以重新实现，并允许重复的元素作为不同的元素分别独立存在。然而，另外一种实现多集的方法是使用映射，该映射的键是多集中的元素（不同的），而键所相关联的值是这个元素在多集中出现的次数。事实上，这本质上与我们在 10.1.2 节中所做的计算文档中单词出现次数的例子相同。

Python 的标准 collections 模块包括一个名为 Counter 类的定义，它本质上是一个多集。形式上，Counter 类是 dict 类的一个子类，它所包含的值最好都是整数，并且包含一些类似于 most common(*n*) 方法的附加函数，这里的函数 most common(*n*) 返回前 *n* 个最常见元素的列表。标准 __iter__ 方法对每个元素只报告一次（因为它们形式上是字典的键）。这里还有另外一个名为 elements() 的方法，该方法从头到尾地按元素的计数来重复遍历多集的每个元素。

多映射

虽然在 Python 的标准库中没有多映射，但是一个常见的实现方法是使用一个标准映射，该映射与值相关联的键是一个本身存储任意数量的关联值的容器类。在代码段 10-17 中，我们举这样的一个 MultiMap 类的例子。我们用标准 dict 类实现映射，并且使用值的列表作为字典的组合值。我们设计该类，以使得不同的映射可以通过简单地重写第三行的类级 MapType 属性内容的方法进行实现。

代码段 10-17 一个使用 dict 作存储的 MultiMap 的实现。返回 self._n 的 _len_ 方法已从这个列表中省略

```
1  class MultiMap:
2    """A multimap class built upon use of an underlying map for storage."""
3    _MapType = dict                    # Map type; can be redefined by subclass
4
5    def __init__(self):
6      """Create a new empty multimap instance."""
7      self._map = self._MapType( )         # create map instance for storage
8      self._n = 0
9
10   def __iter__(self):
11     """Iterate through all (k,v) pairs in multimap."""
```

```
        for k,secondary in self._map.items():
            for v in secondary:
                yield (k,v)

    def add(self, k, v):
        """Add pair (k,v) to multimap."""
        container = self._map.setdefault(k, [ ])    # create empty list, if needed
        container.append(v)
        self._n += 1

    def pop(self, k):
        """Remove and return arbitrary (k,v) with key k (or raise KeyError)."""
        secondary = self._map[k]                    # may raise KeyError
        v = secondary.pop()
        if len(secondary) == 0:
            del self._map[k]                        # no pairs left
        self._n −= 1
        return (k, v)

    def find(self, k):
        """Return arbitrary (k,v) pair with given key (or raise KeyError)."""
        secondary = self._map[k]                    # may raise KeyError
        return (k, secondary[0])

    def find_all(self, k):
        """Generate iteration of all (k,v) pairs with given key."""
        secondary = self._map.get(k, [ ])           # empty list, by default
        for v in secondary:
            yield (k,v)
```

10.6 练习

请访问 www.wiley.com/college/goodrich 以获得练习帮助。

巩固

R-10.1 只依靠类的五个主要的抽象方法，在 MutableMapping 类的背景下给出一个具体的 pop 方法的实现方法。

R-10.2 只依靠五个主要的类的抽象方法，在 MutableMapping 类的背景下给出一个具体的 items() 方法的实现方法。如果直接应用 UnsortedTableMap 子类，它的运行时间将会是多少？

R-10.3 直接在 UnsortedTableMap 类中给出一个具体的 items() 方法的实现方法，要确保整个迭代运行时间在 $O(n)$ 之内。

R-10.4 对一个用 UnsortedTableMap 类实现的初始为空的映射 M 插入 n 个键 - 值对，最坏情况下的运行时间是多少？

R-10.5 使用 7.4 节中的 PositionalList 类而不是 Python 列表，重新实现 10.1.5 节中的 UnsortedTableMap 类。

R-10.6 哪一个哈希表冲突处理方案可以允许一个负载因子在 1 以上，哪一个不能？

R-10.7 列表和树的 Position 类支持 __eq__ 方法，如果两个位置实例是指向同一个结构中的同一个基本节点，那么这两个位置实例被认为是等价的。允许位置作为哈希表中的键，必须有一个和等价的概念一致的 __hash__ 方法的定义。请给出一个这样的 __hash__ 方法。

R-10.8 对于一个车辆识别码来说什么是好的哈希码？该车辆识别码是形为“9X9XX99X9XX999999”的一串数字和字母，其中“9”代表一个数字，“X”代表一个字母。

R-10.9 使用哈希函数 $h(i) = (3i + 5) \bmod 11$ 画出一个含有 11 个条目的哈希表，用来映射键 12、44、13、88、23、94、11、39、20、16 和 5，假设链已经处理了冲突。

R-10.10 假设线性探测已经处理了冲突，那么上题的结果是什么？

R-10.11 假设二次探测已经处理了冲突，演示练习 R-10.9 的结果，直到该方法失败的位置。

R-10.12 当二次哈希已经使用二次哈希函数 $h(k) = 7 - (k \bmod 7)$ 处理了冲突时，练习 R-10.9 的结果是什么？

R-10.13 假设链表已经处理了冲突，把 n 个条目置于初始为空的哈希表中最坏情况下的时间是多少？最好情况下是多少？

R-10.14 给出使用一个新哈希函数 $h(k) = 3k \bmod 17$ 将图 10-6 中的哈希表重映射到一个新的表中的结果。

R-10.15 我们的 HashMapBase 类维护了一个负载因子 $\lambda \leqslant 0.5$。重新实现类使之允许用户指定最大负载，并相应地调整具体子类。

R-10.16 写出一个使用二次探测解决冲突的哈希表插入算法的伪代码，假设我们也使用一个特殊的“关闭条目”对象来替换删除条目的方法。

R-10.17 使用二次探测修改 ProbeHashMap 类。

R-10.18 试说明为什么哈希表不适合实现排序映射。

R-10.19 描述如何用排序表实现的双向列表来实现有序映射 ADT？

R-10.20 对一个初始包含 $2n$ 项的 SortedTableMap 实例执行 n 次删除，最坏情况下的渐近运行时间是多少？

R-10.21 在 SortedTableMap 类的背景下，考虑以下对代码段 10-8 中 _find_index 方法的变形。

```
def _find_index(self, k, low, high):
  if high < low:
    return high + 1
  else:
    mid = (low + high) // 2
    if self._table[mid]._key < k:
      return self._find_index(k, mid + 1, high)
    else:
      return self._find_index(k, low, mid − 1)
```

这是否能产生和原始版本产生相同的结果？证明你的结论。

R-10.22 如果我们做 n 项的插入操作，其中每项的性能和价格低于它的前一项，维护一个最大集的方法的预期运行时间是多少？在有序映射中一系列操作的最后包含了什么？如果每项比之前的一项有更低的成本和更高的性能呢？

R-10.23 在图 10-13 所示的跳跃表中，画一个跳跃表 S 执行操作序列 delS[38], S[48] = 'x', S[24] = 'y', del S[55] 的结果。同时记录你抛的硬币的结果。

R-10.24 给出一个使用跳跃表的映射操作 __delitem__ 的伪代码。

R-10.25 给出一个在 MutableSet 抽象基类的背景下 pop 方法的具体实现方法，只依靠 10.5.2 节中五个核心集合行为来描述。

R-10.26 在 MutableSet 抽象基类的背景下给出一个具体的 isdisjoint 方法的实现方法，只依靠该类的五个主要的抽象方法。这个算法应该在 $O(\min(n, m))$ 内运行，其中 n 和 m 表示两个集合各自的基。

R-10.27 你会用什么样的抽象来管理一个朋友生日的数据库，以支持“找到所有生日为今天的朋友”或者“找到谁将是下一个庆祝生日的朋友”这样的有效查询。

创新

C-10.28 在 10.1.3 节中，我们给出了一个应该出现在 MutableMapping 抽象基类中的 setdefault 方法的实现方法。而当该方法以一般的方式完成目标时，它的效率并不理想。特别的，若键是新的，由于 __getitem__ 的初次使用，并随后通过 __setitem__ 来执行插入，会导致搜索失败。

对于一个具体的实现，例如 UnsortedTableMap，这是两倍的工作量，因为在 __getitem__ 失败期间会发生一个完整的表的扫描，并且接下来因为 __setitem__ 的实现会生成另一个完整的表的扫描。一个更好的解决方案是为 UnsortedTableMap 类重写 setdefault 以提供一个直接的执行单个搜索的解决方案。给出这样一个 UnsortedTableMap.setdefault 的实现方法。

C-10.29 重新实现练习 C-10.28 的 ProbeHashMap 类。

C-10.30 重新实现练习 C-10.28 的 ChainHashMap 类。

C-10.31 对于一个理想的压缩函数，哈希表桶（bucket）数组的容量应该是一个素数。那么，让我们考虑在［$M, 2M$］的范围内定位一个素数的问题。试实现一个方法，通过使用筛选法找到这样的素数。在该算法中，我们分配一个含 $2M$ 个布尔型单元（cell）的数组 A，其中的单元 i 与整数 i 相关联。接下来将该数组所有的单元都初始化为“真”，并“标出”所有 2、3、5、7 等素数倍数的单元。在达到一个大于$\sqrt{2M}$的数字后，这个过程可以停止。（提示：考虑拔靴方法（bootstrapping）来寻找素数到$\sqrt{2M}$。）

C-10.32 在 ChainHashMap 和 ProbeHashMap 类上进行试验，测量二者在使用随机密钥集和改变负载因子限制时的效率（参见练习 R-10.15）。

C-10.33 我们在 ChainHashMap 中实现的分离链表，通过用 None 表示空桶而不是二级结构的空实例来节省内存。由于其中的很多桶将保持一个项目，因此更好的优化方法是使表中的这些位置直接引用 _Item 实例，并且对含有两个或更多项目的桶使用二次容器。重写这个实现以提供这种额外的优化。

C-10.34 计算一个哈希代码，尤其是当键较长时计算的代价可能是昂贵的。在我们的哈希表实现中，第一次插入项目时我们计算哈希代码，且每次重新计算条目的哈希代码时都要调整表的大小。Python 的 dict 类有一个有趣的折衷，在插入一个项目时计算一次哈希码，并存储哈希码为项目组合的一个附加的域，这样就不需要重新计算了。使用这样的方法重新实现我们的 HashMapBase 类。

C-10.35 描述怎样从哈希表中进行删除操作，在这个哈希表中我们不用特殊标记表示已删除的元素，而是用线性探测来解决冲突。也就是说，我们必须重新整理内容，以使得已经删除的条目不会再插入表中的第一个位置。

C-10.36 二次探测策略有一个与寻找开放位置方法相关的聚类问题。就是说，当在桶 $h(k)$ 中发生冲突时，会检查桶 $A[(h(k) + i^2) \bmod N]$，$i = 1, 2, \cdots, N-1$。

a）对于素数 N，i 的范围从 1 到 $N-1$，假设 $i^2 \bmod N$ 至多有（$n+1$）/ 2 个不同的值。基于这个假设，注意对于所有的 i，有 $i^2 \bmod N = (N-i)^2 \bmod N$。

b）更好的策略是选择一个素数 N，其中 $N \bmod 4 = 3$，然后检查桶 $A[(h(k) \pm i^2) \bmod N]$，$i$ 从 1 到 $(N-1)/2$，正负交替。证明这种交替版本可以保证 A 中每个桶都会检查到。

C-10.37 重构 ProbeHashMap 的设计，以使二次探测序列能更方便地定制解决冲突。通过分别为线性探测和二次探测提供具体的子类来证明这个新框架。

C-10.38 重新设计一个使用排序查找表的二分法查找，实现多集操作 find all(k)，表中包括重复项，并证明它的运行时间是 $O(s + \log n)$。其中 n 是字典中元素的个数，s 是键为 k 的项目的个数。

C-10.39 尽管映射中的键是不同的，但是二分查找算法可以应用于更一般的环境中，在这样的环境中用一个数组以非降序的方式存储可能存在重复的各个元素。考虑识别最左边键大于等于给定 k 的元素索引的目的。代码段 10-8 所给出的 _find_index 方法是否能保证这一结果？在练习

R-10.21 中给出的 _find_index 方法是否能保证这种结果？证明你的结论。

C-10.40 假设我们给出了两个排序搜索表 S 和 T，每个表中都有 n 个条目（S 和 T 都通过数组实现），描述一个运行时间为 $O(\log^2 n)$ 的算法来在 S 和 T 的并集中找到第 k 小的键（假设没有重复）。

C-10.41 给出对上一个问题运行时间为 $O(\log n)$ 的解决方案。

C-10.42 假设一个 $n \times n$ 的数组 A 每行都由 1 和 0 组成，在任何一行中，所有的 1 都在 0 之前出现。假设 A 已经载入内存，描述一个 $O(n \log n)$ 时间内运行（不是 $O(n^2)$ 时间内）的计算 A 中 1 的个数的方法。

C-10.43 给出一个含有 n 个价格 - 性能对（c, p）的集合 C，描述一个在 $O(n \log n)$ 时间内发现 C 的极大值对的算法。

C-10.44 证明使用跳跃表来实现映射实际上不需要 above(p) 和 prev(p)。也就是说，我们可以在跳跃表中，通过使用严格的自上而下、正向扫描方法实现插入和删除，而不需要使用 above 或者 prev 方法。（提示：在插入算法中，首先通过反复地掷硬币来确定应该在哪个水平层开始插入新的条目。）

C-10.45 描述如何修改一个基于索引操作的跳跃表形式，例如在索引 j 处检索条目，可以在预期时间 $O(\log n)$ 内完成。

C-10.46 对于集合 S 和 T，语法 S ^ T 返回一个称为对称差的新集合，即这个集合中的元素包含在 S 或者 T 两者之一中。__xor__ 方法支持该语法。在 MutableSet 抽象基类的背景下，给出一个该方法的实现方法，只依靠该抽象基类的五个主要的抽象方法。

C-10.47 描述一个基于 MutableSet 抽象基类的 __and__ 方法的具体实现方法，该方法支持计算两个现有集合 S 和 T 的交集。

C-10.48 倒排文件是用于实现搜索引擎或书的索引的关键数据结构。给定的文件 D 可以被视为一个单词无序的、编号的列表；倒排文件则是一个单词的排序列表，例如列表 L，对于每一个在 L 中的单词 w，我们存储 D 中出现 w 的位置的索引。设计一个在 D 中构造 L 的有效算法。

C-10.49 Python 的 collections 方法提供了一个 OrderedDict 类，它和有序映射抽象无关。OrderedDict 类是标准的基于映射的 dict 类的子类，它的主要映射操作保持预期的时间执行为 $O(1)$，但是它也保证 __iter__ 方法依先进先出（FIFO）的顺序报告映射中的条目。这就是说，最先报告字典中保存时间最长的键。（当已有键的值被重写时，顺序是不受影响的。）写一个符合这样的性能要求的算法。

项目

P-10.50 进行一项比较分析，研究各种字符串的哈希代码的冲突率，例如比较各种参数 a 值不同的多项式哈希代码。使用哈希表来检测冲突，但只计算那些不同字符串映射到相同哈希代码中的冲突（除非它们映射到该哈希表的同一位置）。用在互联网上找到的文本文件来测试这些哈希函数。

P-10.51 在 10 位数字的电话号码而不是字符串的哈希码上实施上一练习中的比较分析。

P-10.52 实现一个 OrderedDict 类，如练习 C-10.49 中描述的那样，确保主要的映射操作预期的运行时间为 $O(1)$。

P-10.53 设计一个实现跳跃表数据结构的 Python 类。使用这个类创建一个完整的有序映射 ADT 的实现。

P-10.54 通过提供跳跃表操作的图形动画扩展前一个问题。可视化展示在插入操作中，一个项是如何和跳跃表建立联系的，以及如何在删除时和跳跃表断开联系。此外，在搜索操作中，可视化正向扫描和下降动作。

P-10.55 写一个存储 Python 集合中的单词 W 的拼写检查器类，并实现 check(s) 方法，该方法在关于单词集合 W 的字符串 s 中执行拼写检查。如果 s 在 W 中，那么调用 check(s) 返回一个只包含 s 的列表，假定 s 在该情况下是拼写正确的。如果 s 不在 W 中，则调用 check(s) 返回一个 W 中每个可能是 s 的正确拼写的单词列表。程序应该能够处理所有常见的问题，s 有可能是 W 中一个拼错的词，包括：单词中相邻的字母顺序颠倒，在单词中两个相邻字母间插入一个字母，从单词中删除一个字母，单词中的一个字母被另外一个字母代替。也考虑发音相似的替换，这是一个额外的挑战。

扩展阅读

哈希是一个被深入研究的技术。感兴趣的读者可以进一步研究 Knuth[65]、Vitter 和 Chen[100] 的书。Pugh[86] 介绍了跳跃表。我们对于跳跃表的研究是 Motwani 和 Raghavan[80] 所给出的报告的一个简化。对于跳跃表更深入的分析，请参阅数据结构文献［59, 81, 84］中各种跳跃表的研究论文。练习 C-10.36 是 James Lee 的研究内容。

搜 索 树

11.1 二叉搜索树

在第 8 章中，我们介绍了树型数据结构，并且演示了多种应用程序。树型数据结构的一个重要用途是用作**搜索树**。在本章中，我们使用搜索树结构来有效地实现**有序映射**。映射 M 的三种最基本的方法（见 10.1.1 节）为：

- M [k]：在映射 M 中，如果存在与键 k 相关联的值 v，返回 v；否则，抛出 KeyError。用 __getitem__ 方法来实现。
- M [k] = v：在映射 M 中，将键 k 与值 v 相关联，如果映射中已经包含键等于 k 的项，则用 v 替换现有值。用 __setitem__ 方法来实现。
- del M [k]：从映射 M 里删除键等于 k 的项；如果 M 中没有这样的项，则引发 KeyError。用 __delitem__ 方法来实现。

有序映射 ADT 包括许多附加功能（见 10.3 节），以保证迭代器按照一定顺序输出键，并且支持额外的搜索，如 find_gt(k) 和 find range (start, stop)。

假设已经根据键得到次序关系，对于存储这些数据，二叉树是一个很好的数据结构。在本章中，*二叉搜索树*是每个节点 p 存储一个键值对（k, v）的二叉树 T，使得：

- *存储在 p 的左子树的键都小于 k。*
- *存储在 p 的右子树的键都大于 k。*

图 11-1 给出了二叉搜索树的例子。为了方便，我们在本章中不会用图解法表示与键关联的值，因为这些值不影响这些项在搜索树中的位置。

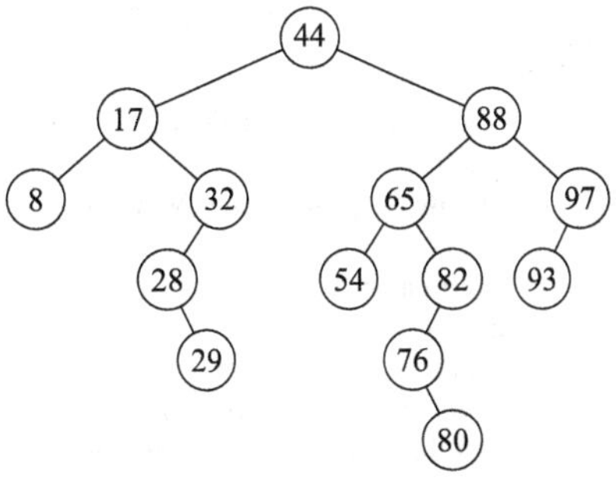
44
17
88
8
32
65
97
28
54
82
93
29
76
80

图 11-1 用整数键表示的二叉搜索树。在本章中我们省略关联的值，因为它们在一个搜索树中与项的顺序无关

11.1.1 遍历二叉搜索树

我们首先指明，二叉搜索树分层地表示了键的排列顺序。特别地，二叉搜索树中关于键的位置的结构特性使得树的遍历是*中序遍历*（见 8.4.3 节）。

命题 11-1： *二叉搜索树的中序遍历是按照键增加的顺序进行的。*

证明： 我们通过对子树的大小进行归纳来证明这一命题。如果一个子树至多有一个节点，它的键都是按照顺序访问的。一般来说，（子）树的中序遍历首先是左子树（可能为空）的递归遍历，其次是根节点访问，最后是右子树（可能为空）的递归遍历。综上所述，左子树递归地进行中序遍历会在该子树上以递增的顺序产生键的迭代。而且，根据二叉搜索树的特性，左子树上所有节点的键都比根节点的小。因此，在按值的递增顺序访问完左子树之后再访问其根节点。最后，根据搜索树的特性，右子树上所有节点的键都比根节点的大，通过

归纳可知，该子树的中序遍历将按键的递增顺序访问右子树。■

由于中序遍历可以在线性时间内被执行，当对二叉搜索树进行中序遍历时，根据以上定理我们可以在线性时间内产生一个映射中所有键的有序迭代。

虽然通常使用自顶向下的递归来表示中序遍历，我们还是可以提供一些操作的非递归说明，这些操作即允许在与键的顺序相关的二叉搜索的位置之中进行更细粒度地遍历。第 8 章的一般二叉树 ADT 被定义成一个位置结构，允许使用诸如 parent(p)、left(p) 和 right(p) 的方法直接定位。对于二叉搜索树，我们可以基于存储在树中的键的自然顺序提供额外的定位。特别地，我们可以支持下面的方法——类似于由 PositionalList（见 7.4.1 节）提供的方法。

- frist()：返回一个包含最小键的节点，如果树为空，则返回 None。
- last()：返回一个包含最大键的节点，如果树为空，则返回 None。
- before(p)：返回比节点 p 的键小的所有节点中键最大的节点（即中序遍历中在 p 之前最后一个被访问的节点），如果 p 是第一个节点，则返回 None。
- after(p)：返回比节点 *p* 的键大的所有节点中键最小的节点（即中序遍历中在 p 之后第一个被访问的节点），如果 p 是最后一个节点，则返回 None。

二叉搜索树的“第一个”位置可以从根开始，并且只要左子树存在就继续搜索左子树。左子树搜索完毕之后访问根节点，然后递归搜索右子树，直到所有节点都被访问过为止。

节点的后继 after(*p*) 由下述算法确定。

代码段 11-1　在二叉搜索树中计算某一位置的后继节点

```
Algorithm after(p):
  if right(p) is not None then {successor is leftmost position in p's right subtree}
    walk = right(p)
    while left(walk) is not None do
      walk = left(walk)
    return walk
  else {successor is nearest ancestor having p in its left subtree}
    walk = p
    ancestor = parent(walk)
    while ancestor is not None and walk == right(ancestor) do
      walk = ancestor
      ancestor = parent(walk)
    return ancestor
```

这个过程的基本原理完全是基于中序遍历的算法，与命题 11-1 相一致。如果 *p* 节点有一个右子树，*p* 节点被访问之后右子树立即被递归遍历，所以 *p* 节点之后第一个被访问到的节点是其右子树的*最左*节点。如果 *p* 节点没有*右*子树，则中序遍历的控制流返回到 *p* 节点的父节点。如果 *p* 节点是在父节点的右子树，那么父节点的子树遍历完成，控制流前进到该父节点的父节点并继续执行。一旦递归从其左子树回来到达一个祖先节点，那么这个祖先节点变成遍历的下一个节点，因而是 *p* 节点的后继。请注意，只有在 *p* 节点是整棵树的最右（最后）节点并发现没有这样的祖先的情况下，没有后继节点。

节点的前驱可以使用对称的算法来确定，即 before(*p*)。在这一点上，我们发现单独调用 after(*p*) 或者 before(*p*) 的运行时间受整棵树高度 h 的约束，因为它要么是向下走，要么是向上走。在最坏情况下运行时间为 $O(h)$，上述两种方法执行的摊销时间为 $O(1)$，从第一个节点开始 n 次调用 after(*p*) 的总时间为 $O(n)$。我们将这一证明留作练习 C-11.34，这直观地模拟了中序遍历向上和向下的操作步骤（相关参数在命题 9-3 中）。

11.1.2 搜索

二叉搜索树的结构特性产生的最重要的结果是它的同名搜索算法（二叉搜索算法）。我们可以尝试在一棵二叉搜索树中通过把它表示成决策树的形式定位一个特定的键（见图 8-7）。在这种情况下，在每个节点 p 的问题就是期望的键 k 是否小于、等于或大于存储在节点 p 的键，这表示为 p.key()。如果答案是“小于”，那么继续搜索左子树。如果答案是“等于”，那么搜索成功终止。如果答案是“大于”，那么继续搜索右子树。最后，如果得到空的子树，那么就是没有搜索到，（如图 11-2 所示）。

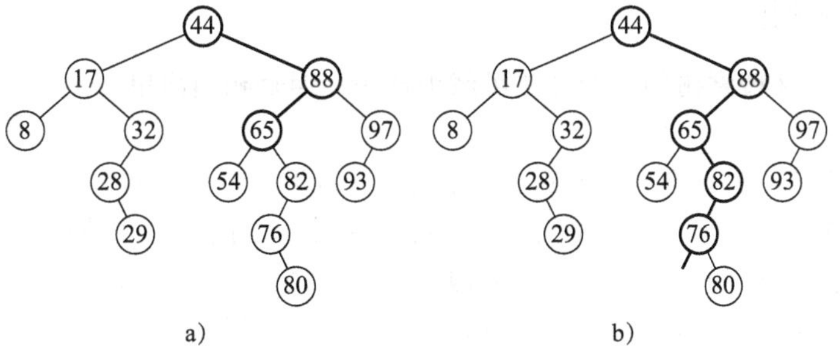
44
17
88
8
32
65
97
28
54
82
93
29
76
80
a)
b)

图 11-2 a）在二叉树上成功搜索键 65；b）在二叉树上没有搜索到键 68，因为键 76 的左边没有子树

我们将在代码段 11-2 中描述这种方法。如果要搜索的键为 k，它出现在以 p 节点为根的子树中，调用 TreeSearch(T, p, k) 可以得到键 k 的位置；在这种情况下，__getitem__ 映射操作将返回相关联的值。在寻找未果的情况下，TreeSearch 算法返回搜索路径的最终位置（我们稍后将在确定在搜索树中插入新项的位置时使用它）。

代码段 11-2 二叉树搜索的递归调用

```
Algorithm TreeSearch(T, p, k):
  if k == p.key() then
    return p                                        {successful search}
  else if k < p.key() and T.left(p) is not None then
    return TreeSearch(T, T.left(p), k)              {recur on left subtree}
  else if k > p.key() and T.right(p) is not None then
    return TreeSearch(T, T.right(p), k)             {recur on right subtree}
  return p                                          {unsuccessful search}
```

二叉树搜索的分析

二叉树 T 搜索的最坏运行时间的分析很容易。TreeSearch 算法是递归的，并且每个递归调用执行恒定数量的基本操作。TreeSearch 的每次递归调用是对前一个位置的子节点做的。也就是说，TreeSearch 在 T 的路径中的各个节点上被调用，从根节点开始每一次下降一层。因此，节点的数目被限定为 $h+1$，其中 h 是 T 的高度。换句话说，因为每一个节点的搜索时间为 $O(1)$，则总的搜索运行时间为 $O(h)$，其中 h 是二叉搜索树 T 的高度（见图 11-3）。

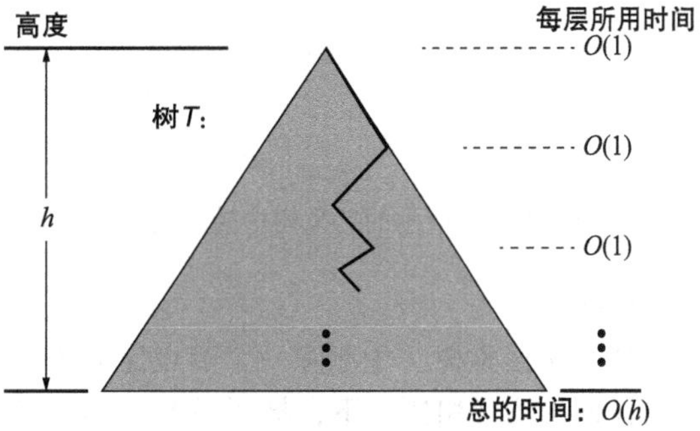
高度
每层所用时间
O(1)
树T:
O(1)
h
O(1)
总的时间：O(h)

图 11-3 说明二叉搜索树的运行时间。其中将二叉搜索树看作一个大三角形，那么从根节点开始的搜索路径就是该三角形内的锯齿形线

在有序映射 ADT 中，搜索将作为实现 __getitem__ 以及 __setitem__ 和 __delitem__ 方法的子程序，因为这些方法都需要通过一个给定的键查找一个现有节点。为了实现有序映射操作（如 find _lt 和 find _gt），我们将把搜索和遍历方法 before 和 after 结合起来使用。当树的高度为 h 时，所有这些操作在最坏情况下的时间复杂度将为 $O(h)$。我们可以使用修改后的算法在时间 $O(s+h)$ 内来实现 find_range 方法，其中 s 是节点数（见练习 C-11.34）。

当然，T 的高度 h 可以和节点的数量 n 一样大，但一般情况下小得多。在本章后面，我们将展示各种策略，使得搜索树 T 的高度的上界为 $O(\log n)$。

11.1.3　插入和删除

插入或删除二叉搜索树的项的算法虽然很常用，但是相当简单。

插入

映射命令 $M[K]=v$，在 __setitem__ 方法的支持下，首先搜索键为 k 的项（假设映射不能为空）。如果找到，该节点将会被重新赋值；否则，新的节点可以插到树 T 的下一层，代替搜索失败结束时得到的空子树。在二叉搜索树持续操作该位置（注意，恰好放置在一个搜索期望的地方）。代码段 11-3 给出了 TreeInsert 算法的伪代码。

代码段 11-3　在表示为二叉搜索树的映射中插入键 - 值对的算法

```
Algorithm TreeInsert(T, k, v):
  Input: A search key k to be associated with value v
  p = TreeSearch(T, T.root(), k)
  if k == p.key() then
    Set p's value to v
  else if k < p.key() then
    add node with item (k,v) as left child of p
  else
    add node with item (k,v) as right child of p
```

图 11-4 所示为插入二叉搜索树的一个例子。

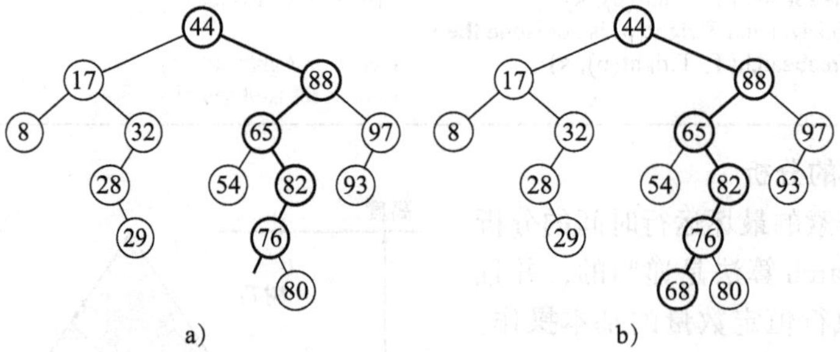
44
17
88
8
32
65
97
28
54
82
93
29
76
80
a)
44
17
88
8
32
65
97
28
54
82
93
29
76
68
80
b)

图 11-4　在图 11-2 所示的二叉树中插入键为 68 的节点。a）表示找出插入位置，b）表示最终插入后的树

删除

从二叉搜索树 T 中删除一个节点比插入一个新的节点更复杂，因为删除的位置可能在树中的任何地方（相比之下，插入总是在搜索路径的最后位置）。要删除键 k 的节点，首先通过调用 TreeSearch（T，T.root()，K）找到 T 中键等于 k 的节点的位置 p。如果搜索成功，则分成以下两种情况（难度增加）：

- 如果 p 最多有一个孩子，删除位置 p 上的节点就很容易实现。在 8.3.1 节介绍 LinkedBinary

Tree 类的更新方法时，我们就定义了一个非公开的实体 _delete(*p*)，假设 *p* 至多有一个孩子，就删除位置 *p* 的节点并用其子节点替换它（如果有子节点的话）。这正是我们所期望的行为。从映射中删除与键 k 有关联的节点，同时保持其他所有祖先 - 后继在树中的关系，从而维持了二叉搜索树的属性（见图 11-5）。

- 如果位置 *p* 有两个孩子，我们不能简单地去除 *T* 中的节点，因为这将创建一个“漏洞”并使两个子节点成为孤儿。所以，应采用如下操作步骤（见图 11-6）：
  - 通过 11.1.1 节的公式 r = before(*p*)，定位严格小于 *p* 处键的所有节点中拥有最大键的节点所在的位置 *r*。由于 *p* 有两个孩子，其前继是 *p* 的左子树中最右边的位置。
  - 使用位置 *r* 的节点作为位置 *p* 被删除的节点的替代。因为 *r* 在映射中具有紧邻的前一个键，*p* 节点右子树中所有的键都比 *r* 位置的键大，*p* 节点所有左子树的键都比 *r* 位置的键小。因此，在替换后维持了二叉树的属性。
  - 使用 *r* 节点作为 *p* 节点的替代以后，我们从树中删除原来 *r* 位置的节点。幸运的是，因为 *r* 节点被定位为在子树中最右边的位置，所以 *r* 节点没有右子树。因此，它可以使用第一种方法（更简单）来进行删除。

就像搜索和插入一样，删除算法涉及从根开始的单一路径的遍历，可能移动节点或者移除路径中的节点并提升其子节点。因此，当树的高度是 *h* 时，执行时间复杂度为 *O*(*h*)。

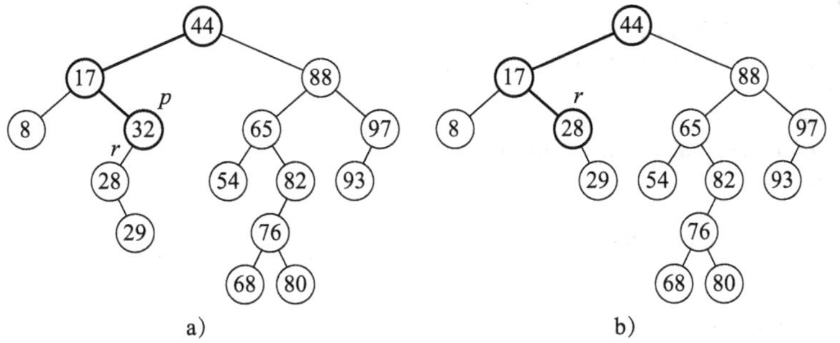
44
17
88
p
r
8
32
28
65
97
29
54
82
93
76
68
80
a)
b)

图 11-5 从图 11-4b 所示的二叉树中删除 *p* 位置的节点（键为 32），*p* 节点有一个子节点 *r*。a）是删除之前，b）是删除之后

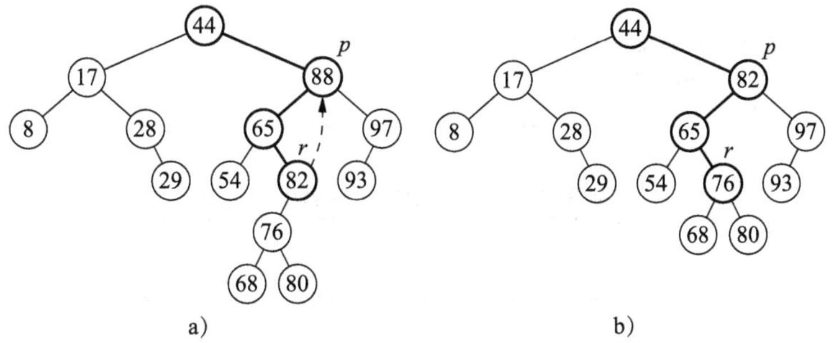
44
17
88
82
p
r
8
28
65
97
29
54
93
76
68
80
a)
b)

图 11-6 从图 11-5b 所示的二叉树中删除 *p* 节点（键为 88），*p* 节点有两个孩子，它的位置将被其前驱 *r* 代替。a）是删除之前，b）是删除之后

11.1.4 Python 实现

在代码段 11-4 ～ 11-8 中，我们定义了一个使用二叉搜索树实现有序映射 ADT 的

TreeMap 类。事实上，我们的实现更通用。我们支持所有标准映射操作（见 10.1.1 节）、所有附加有序映射操作（见 10.3 节）和对位置的操作（包括 first()、last()、find position(k)、before(p)、after(p) 以及 delete(p)）。

代码段 11-4 基于二叉搜索树的 TreeMap 类的开始

```
class TreeMap(LinkedBinaryTree, MapBase):
  """Sorted map implementation using a binary search tree."""

  #-------------------------- override Position class --------------------------
  class Position(LinkedBinaryTree.Position):
    def key(self):
      """Return key of map's key-value pair."""
      return self.element()._key

    def value(self):
      """Return value of map's key-value pair."""
      return self.element()._value

  #------------------------------- nonpublic utilities -------------------------------
  def _subtree_search(self, p, k):
    """Return Position of p's subtree having key k, or last node searched."""
    if k == p.key():                                   # found match
      return p
    elif k < p.key():                                  # search left subtree
      if self.left(p) is not None:
        return self._subtree_search(self.left(p), k)
    else:                                              # search right subtree
      if self.right(p) is not None:
        return self._subtree_search(self.right(p), k)
    return p                                           # unsucessful search

  def _subtree_first_position(self, p):
    """Return Position of first item in subtree rooted at p."""
    walk = p
    while self.left(walk) is not None:                 # keep walking left
      walk = self.left(walk)
    return walk

  def _subtree_last_position(self, p):
    """Return Position of last item in subtree rooted at p."""
    walk = p
    while self.right(walk) is not None:                # keep walking right
      walk = self.right(walk)
    return walk
```

代码段 11-5 TreeMap 类的引导方法

```
  def first(self):
    """Return the first Position in the tree (or None if empty)."""
    return self._subtree_first_position(self.root()) if len(self) > 0 else None

  def last(self):
    """Return the last Position in the tree (or None if empty)."""
    return self._subtree_last_position(self.root()) if len(self) > 0 else None

  def before(self, p):
    """Return the Position just before p in the natural order.

    Return None if p is the first position.
```

```
        """
        self._validate(p)                       # inherited from LinkedBinaryTree
        if self.left(p):
            return self._subtree_last_position(self.left(p))
        else:
            # walk upward
            walk = p
            above = self.parent(walk)
            while above is not None and walk == self.left(above):
                walk = above
                above = self.parent(walk)
            return above

    def after(self, p):
        """Return the Position just after p in the natural order.

        Return None if p is the last position.
        """
        # symmetric to before(p)

    def find_position(self, k):
        """Return position with key k, or else neighbor (or None if empty)."""
        if self.is_empty():
            return None
        else:
            p = self._subtree_search(self.root(), k)
            self._rebalance_access(p)              # hook for balanced tree subclasses
            return p
```

代码段 11-6 TreeMap 类的一些有序映射操作

```
    def find_min(self):
        """Return (key,value) pair with minimum key (or None if empty)."""
        if self.is_empty():
            return None
        else:
            p = self.first()
            return (p.key(), p.value())

    def find_ge(self, k):
        """Return (key,value) pair with least key greater than or equal to k.

        Return None if there does not exist such a key.
        """
        if self.is_empty():
            return None
        else:
            p = self.find_position(k)                # may not find exact match
            if p.key() < k:                          # p's key is too small
                p = self.after(p)
            return (p.key(), p.value()) if p is not None else None

    def find_range(self, start, stop):
        """Iterate all (key,value) pairs such that start <= key < stop.

        If start is None, iteration begins with minimum key of map.
        If stop is None, iteration continues through the maximum key of map.
        """
        if not self.is_empty():
            if start is None:
                p = self.first()
```

```
    else:
      # we initialize p with logic similar to find_ge
      p = self.find_position(start)
      if p.key( ) < start:
        p = self.after(p)
    while p is not None and (stop is None or p.key( ) < stop):
      yield (p.key( ), p.value( ))
      p = self.after(p)
```

代码段 11-7 TreeMap 类中访问和插入节点的映射操作。反向迭代可以使用与 __iter__ 对称的方法 __reverse__ 实现

```
  def __getitem__(self, k):
    """Return value associated with key k (raise KeyError if not found)."""
    if self.is_empty( ):
      raise KeyError('Key Error: ' + repr(k))
    else:
      p = self._subtree_search(self.root( ), k)
      self._rebalance_access(p)              # hook for balanced tree subclasses
      if k != p.key( ):
        raise KeyError('Key Error: ' + repr(k))
      return p.value( )

  def __setitem__(self, k, v):
    """Assign value v to key k, overwriting existing value if present."""
    if self.is_empty( ):
      leaf = self._add_root(self._Item(k,v))          # from LinkedBinaryTree
    else:
      p = self._subtree_search(self.root( ), k)
      if p.key( ) == k:
        p.element( )._value = v             # replace existing item's value
        self._rebalance_access(p)           # hook for balanced tree subclasses
        return
      else:
        item = self._Item(k,v)
        if p.key( ) < k:
          leaf = self._add_right(p, item)   # inherited from LinkedBinaryTree
        else:
          leaf = self._add_left(p, item)    # inherited from LinkedBinaryTree
    self._rebalance_insert(leaf)            # hook for balanced tree subclasses

  def __iter__(self):
    """Generate an iteration of all keys in the map in order."""
    p = self.first( )
    while p is not None:
      yield p.key( )
      p = self.after(p)
```

代码段 11-8 利用 TreeMap 类删除节点，通过位置或者键进行定位

```
  def delete(self, p):
    """Remove the item at given Position."""
    self._validate(p)                       # inherited from LinkedBinaryTree
    if self.left(p) and self.right(p):      # p has two children
      replacement = self._subtree_last_position(self.left(p))
      self._replace(p, replacement.element( ))      # from LinkedBinaryTree
      p = replacement
    # now p has at most one child
    parent = self.parent(p)
    self._delete(p)                         # inherited from LinkedBinaryTree
```

```
        self._rebalance_delete(parent)          # if root deleted, parent is None

    def __delitem__(self, k):
        """Remove item associated with key k (raise KeyError if not found)."""
        if not self.is_empty():
            p = self._subtree_search(self.root(), k)
            if k == p.key():
                self.delete(p)                  # rely on positional version
                return                          # successful deletion complete
            self._rebalance_access(p)           # hook for balanced tree subclasses
        raise KeyError('Key Error: ' + repr(k))
```

TreeMap 类利用多重继承来实现代码重用：继承 8.3.1 节的 LinkedBinaryTree 类作为二叉树的再现，并且 10.1.4 节的代码段 10-2 中的 MapBase 类提供了键 – 值的复合项以及 collections 模块中的具体行为。MutableMapping 对基类进行抽象。对于映射，继承嵌套的 Position 类以支持更具体的 p.key（ ）和 p.value（ ）访问，而不是从树 ADT 继承 p.element() 语法。

我们定义几个非公开的公用程序，最显著的是 _subtree_search(p, k) 方法，它相当于代码段 11-2 中的 TreeSearch 算法。该方法返回一个位置，理想的返回位置要么是包含键 k 的位置，要么是搜索路径上访问的最后一个位置。我们依赖这样一个事实，即搜索失败时的最终位置是小于 k 的最近键或大于 k 的最近键。该搜索方法成了公共的 find_position(k) 方法的基础，也成了在映射中搜索、插入或删除节点时的内部使用的基础，同时也成了有序映射 ADT 的强大搜索的基础。

当对树进行结构修改时，我们依靠非公开的更新方法（如 _add_right），其继承于 LinkedBinaryTree 类（见 8.3.1 节）。这些继承的方法保持非公开很重要，因为通过这种操作的误操作可能违背搜索树的属性。

最后，我们注意到，代码充斥着名为 _rebalance_insert、_rebalance_delete 和 _rebalance_access 的推测方法的调用。这些方法作为以后平衡搜索树时的钩子函数使用；（见 11.2 节）。我们将给出相关代码的概览。

- 代码段 11-4 ：以 TreeMap 类开始，该类包括重定义的 Position 类和非公共的搜索实用程序。
- 代码段 11-5：有关位置类的函数 first()、last()、before(p)、after(p) 和 find position(p) 的访问。
- 代码段 11-6：有序映射 ADT 的一些方法，即 find min()、find ge(k) 和 find range(start, stop)。为了简洁起见，省略了相关方法。
- 代码段 11-7：__getitem __(k)、__setitem__(k, v) 和 __iter __()。
- 代码段 118：通过位置删除的函数 delete(p)；通过键值删除函数 __delitem__(k)。

11.1.5 二叉搜索树的性能

表 11-1 中给出了对 TreeMap 类的操作的分析。几乎所有操作都有一个最坏的运行时间，它取决于树的高度 h。这是因为，大多数操作都依赖于沿树的特定路径中每个节点的恒定工作量，且最大路径长度与树的高度成正比。最值得注意的是，与映射相关的操作 __getitem__、__setitem__ 和 __delitem__，都是从树的根节点开始调用 _subtree_search 方

法向下搜索，在每个节点上使用 $O(1)$ 的时间来决定如何继续搜索。在删除时寻找一个替代位置，或者计算一个位置的前驱或者后继时都有类似的路径。我们注意到，虽然 after 方法的单个调用最糟糕的时间复杂度是 $O(h)$，n 次连续调用 __ iter__ 需要 $O(n)$ 的时间，因为每个边最多被追踪两次；在某种意义上，这些调用有 $O(1)$ 的摊销时间界限。类似的参数可以用来证明调用 find_range 方法找到 s 个结果的最坏的时间复杂度是 $O(s+h)$（见练习 C-11.34)。

表 11-1　TreeMap T 的操作的最坏时间复杂度。用 h 表示当前树的高度，用 s 表示 find_range 函数的节点数量。空间使用度是 $O(n)$，其中 n 是映射的节点数量

操　作	运行时间
k in T	$O(h)$
T[k], T[k] = v	$O(h)$
T.delete(p), del T[k]	$O(h)$
T.find_ position(k)	$O(h)$
T.first(), T.last(), T.find_min(), T.find_max()	$O(h)$
T.before(p), T.after(p)	$O(h)$
T.find_lt(k), T.find_le(k), T.find_gt(k), T.find_ge(k)	$O(h)$
T.find_range(start, stop)	$O(s+h)$
iter(T), reversed(T)	$O(n)$

只有在树的高度比较小的情况下，二叉搜索树 T 才是实现有 n 个实体的映射的高效算法。在最好的情况下，树 T 的高度 $h=\lceil \log(n+1)\rceil-1$，这对所有映射都能产生对数的时间性能。然而在最坏的情况下，T 的高度为 n，在这种情况下，这就类似于映射的有序列表。如果根据键值的升序或者降序插入节点，最坏的情况可能会发生（见图 11-7）。

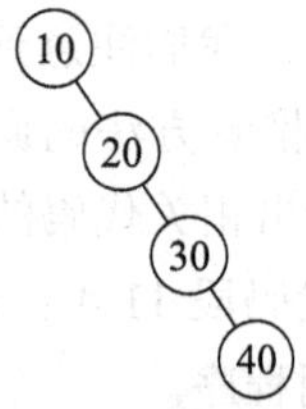

10
20
30
40

图 11-7　线性二叉搜索树的例子，根据键值的升序插入节点

不过，值得欣慰的是，通常来说，通过一系列随机的插入或删除键操作生成的有 n 个键的二叉搜索树的期望复杂度是 $O(\log n)$。这个定理的证明超出了本书的范围，需要用数学语言精确地定义一系列随机的插入和删除的过程，并且要使用复杂的概率理论知识才能得到证明。

在一个不能保证更新的随机特性的应用程序中，最好依靠本章剩余部分提到的搜索树的变体，以保证最坏情况下高度为 $O(\log n)$，从而保证最坏情况下，搜索、插入和删除操作的时间复杂度是 $O(\log n)$。

11.2　平衡搜索树

在前一节的结尾处，我们注意到，如果假设有一系列随机的插入和删除操作，标准二叉搜索树基本映射操作的运行时间是 $O(\log n)$。但是，由于某些操作序列可能会生成高度与 n 成比例的不平衡树，这种树的时间复杂度就是 $O(n)$。

在本章的其余部分，我们探讨 4 种能提供更强性能保证的搜索树算法。其中 3 种数据结构（AVL 树、伸展树和红黑树）是基于用少量操作对标准二叉搜索树进行扩展去重新调整树并降低树的高度。

平衡二叉搜索树的主要操作是*旋转*。在旋转中，我们“旋转”大于其父亲节点的孩子节点，如图 11-8 所示。

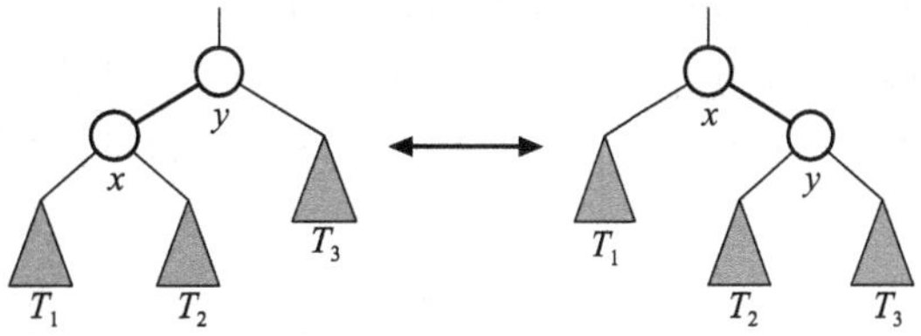

y
x
T_1
T_2
T_3
x
y
T_1
T_2
T_3

图 11-8 二叉搜索树的旋转操作。可以从左到右执行一个旋转，或者从右到左执行一个旋转。注意，在子树 T_1 中，所有键都比 x 位置的键小；在子树 T_2 中，所有键的大小都在 x 位置和 y 位置的键的大小之间；在子树 T_3 中，所有键比 y 位置的键大

通过一个旋转来保持二叉搜索树的属性，我们注意到，在旋转之前，如果位置 x 是 y 位置的左子树（因此 x 的键小于 y 的键），旋转之后，y 成为 x 的右孩子，反之亦然。此外，我们必须重新利用被旋转的两个位置之间的键连接子树节点。举个例子，在图 11-8 标记为 T_2 的子树表示具有比 x 位置的键大，比 y 位置的键小的键的节点。在图中第一次旋转时，T_2 是 x 位置的右子树；在第二次旋转时，它是位置 y 的左子树。

因为单个旋转修改了常数数量的父子关系，在一个二叉树中实现它用 $O(1)$ 时间。

在 tree-balancing 算法情况下，旋转在改变树的形状的同时维持了树的性质。如果使用得当，这样的操作可以避免非常不平衡的树结构。例如，图 11-8 中第一个向右旋转到第二个向右旋转使子树 T_1 中的每个节点的深度减少了 1，同时使子树 T_3 的每个节点的深度增加了 1（注意，T_2 子树的节点的深度没有受旋转的影响）。

在一棵树内部，可以将一个或多个旋转合并来提供更广泛的平衡。这样的复合操作，我们称之为 trinode *重组*。对于这个操作，我们考虑一个位置 x，其父亲节点为 y，其祖父节点为 z。目标是重建以 z 为根的子树，以缩短到 x 位置和其子树的总路径长度。代码段 11-9 和图 11-9 分别给出了 restructure(x) 函数的伪代码和示意图。在描述重建平衡树的过程中，我们暂时命名位置 x、y 及 z 分别为 a、b 和 c。因此在 T 的中序遍历中，a 先于 b 并且 b 先于 c。如图 11-9 所示，有 4 种可能的方向来映射 x、y、z 到 a、b、c。旋转重建用标识为 b 的节点来替换 z 节点，使得该节点的孩子是 a 和 c，并使 a 和 c 的孩子节点是 x、y 和 z（除了 x 和 y）先前的 4 个孩子节点，同时保持了 T 中所有节点的中序次序关系。

代码段 11-9 二叉搜索树的重构操作

Algorithm restructure(x):

Input: A position x of a binary search tree T that has both a parent y and a grandparent z

Output: Tree T after a trinode restructuring (which corresponds to a single or double rotation) involving positions x, y, and z

1: Let (a, b, c) be a left-to-right (inorder) listing of the positions x, y, and z, and let (T_1, T_2, T_3, T_4) be a left-to-right (inorder) listing of the four subtrees of x, y, and z not rooted at x, y, or z.

2: Replace the subtree rooted at z with a new subtree rooted at b.

3: Let a be the left child of b and let T_1 and T_2 be the left and right subtrees of a, respectively.

4: Let c be the right child of b and let T_3 and T_4 be the left and right subtrees of c, respectively.

在实践中，由旋转重建操作造成的树 T 的修改可以通过单个旋转（见图 11-9a 和图 11-9b）或者双旋转（见图 11-9c 和图 11-9d）的案例分析来实现。双旋转是指，当位置 x 在 3 个相关联的键的中间时，首先旋转一次使其旋转到父节点的上方，然后第二次旋转使其旋转到祖父节点的上方。在任何情况下，旋转重建都可以在 $O(1)$ 时间内完成。

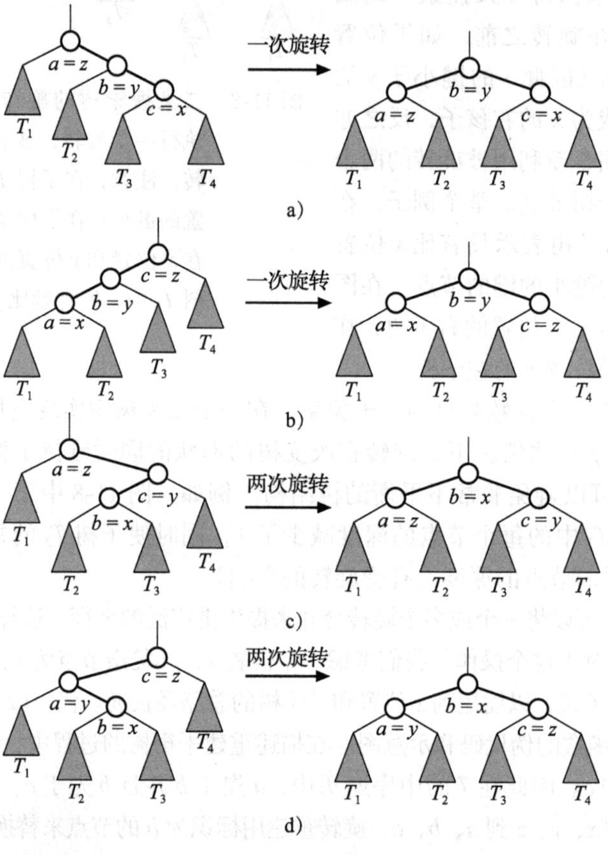
一次旋转
a = z
b = y
c = x
T1
T2
T3
T4
a)
c = z
a = x
b)
两次旋转
c = y
b = x
c)
a = y
d)

图 11-9 旋转重建操作的示意图：a）和 b）需要一次旋转，c）和 d）需要两次旋转

平衡搜索树的 Python 框架

我们在 11.1.4 节介绍了 TreeMap 类，它是一个具体的映射实现，不执行任何显式的平衡操作。但是，我们还将该类的设计用作实现更高级平衡算法的其他类的基类。继承层次结构的总结如图 11-10 所示。

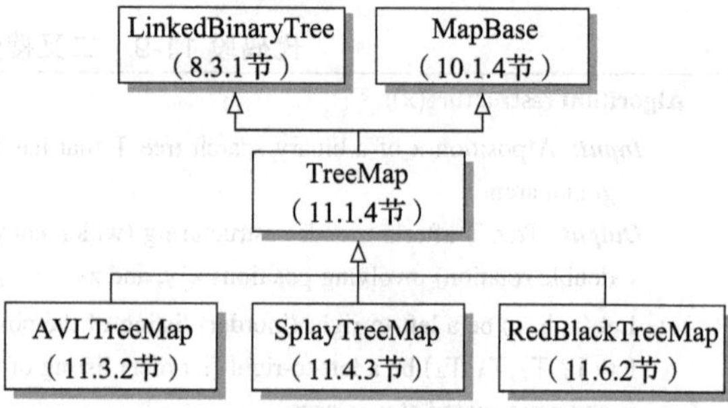
LinkedBinaryTree
（8.3.1节）
MapBase
（10.1.4节）
TreeMap
（11.1.4节）
AVLTreeMap
（11.3.2节）
SplayTreeMap
（11.4.3节）
RedBlackTreeMap
（11.6.2节）

图 11-10 平衡搜索树的层次（引用平衡搜索树的定义）。回想一下，TreeMap 继承了 LinkedBinaryTree 和 MapBase 类

平衡操作的钩子

11.1.4 节的基本映射操作实现部分主要包括调用 3 个非公开方法作为平衡

算法的钩子：

- 在位置 p 添加新节点后立即执行 __setitem__ 方法，__setitem__ 方法内部会调用 _rebalance_insert (p)。
- 每次一个节点从树中删除时调用 _rebalance_delete(p)，位置 p 的父节点已经确认被移除了。在形式上，这个钩子从内部被称为公共的 delete(p) 方法，它是间接调用公共方法 __delitem__(k) 的方法。
- 我们还提供一个钩子 _rebalance_access (p)，当使用如 __getitem__ 等公共方法访问树中位置 p 的节点时被调用。伸展树结构（见 11.4 节）使用这个钩子重建一棵树，使得接近于根的节点被更频繁地访问。

我们在代码段 11-10 中提供了这 3 种方法的简单声明——只有函数名，没有函数体（使用 pass 语句）。TreeMap 的一个子类可以通过重写这些方法来实现平衡树。这是模板方法设计模式的另一个例子，和 8.4.6 节中描述的类似。

代码段 11-10　TreeMap 类的附加代码（接代码段 11-8），提供平衡挂钩的存根

```
def _rebalance_insert(self, p): pass
def _rebalance_delete(self, p): pass
def _rebalance_access(self, p): pass
```

旋转和重组的非公开方法

第二种支持平衡搜索树的形式是非公开的 _rotate 和 _restructure 方法，它们分别实现单一旋转和 trinode 重组（在 11.2 节开头描述）。尽管这些方法并不被公开的 TreeMap 操作调用，但是我们通过在这个类中提供这些实现来让它们被所有平衡树的子类继承，从而促进代码重用。

实现在代码段 11-11 中给出。为了简化代码，我们定义一个额外的 _relink 实用方法，用以正确关联父亲和孩子节点，包括没有孩子节点的特殊情况。_rotate 方法的焦点就变成了重新定义父亲和孩子之间的联系，直接将旋转节点和原来的祖父母进行关联，然后在旋转节点中移除“中间”子树（在图 11-8 中用 T_2 表示）。对于 trinode 重组，我们决定执行是否单个旋转还是双旋转，如图 11-9 所示的那样。

代码段 11-11　TreeMap 类的附加代码（接代码段 11-10），为平衡搜索树的子类提供非公开的实用程序

```
def _relink(self, parent, child, make_left_child):
  """Relink parent node with child node (we allow child to be None)."""
  if make_left_child:                          # make it a left child
    parent._left = child
  else:                                        # make it a right child
    parent._right = child
  if child is not None:                        # make child point to parent
    child._parent = parent

def _rotate(self, p):
  """Rotate Position p above its parent."""
  x = p._node
  y = x._parent                                # we assume this exists
  z = y._parent                                # grandparent (possibly None)
  if z is None:
    self._root = x                             # x becomes root
    x._parent = None
  else:
    self._relink(z, x, y == z._left)           # x becomes a direct child of z
```

```
    # now rotate x and y, including transfer of middle subtree
    if x == y._left:
      self._relink(y, x._right, True)           # x._right becomes left child of y
      self._relink(x, y, False)                 # y becomes right child of x
    else:
      self._relink(y, x._left, False)           # x._left becomes right child of y
      self._relink(x, y, True)                  # y becomes left child of x

  def _restructure(self, x):
    """Perform trinode restructure of Position x with parent/grandparent."""
    y = self.parent(x)
    z = self.parent(y)
    if (x == self.right(y)) == (y == self.right(z)):  # matching alignments
      self._rotate(y)                                  # single rotation (of y)
      return y                                         # y is new subtree root
    else:                                              # opposite alignments
      self._rotate(x)                                  # double rotation (of x)
      self._rotate(x)
      return x                                         # x is new subtree root
```

创建树节点工厂

在设计 TreeMap 类和原始的 LinkedBinaryTree 子类时，我们注意到一个重要的微妙细节。LinkedBinaryTree 类的内嵌套类 _Node 类提供节点的底层定义。然而，我们的几个树平衡策略要求辅助信息被存储在每个节点来指导平衡过程。这些类将会重写嵌套类 _Node 类来为一个额外的字段提供存储。

每当将新节点添加到树中时，在 LinkedBinaryTree（最初在代码段 8-10 中给定）的 _add_right 方法中，我们特意使用语法 self._Node 实例化节点，而不是限定名称 LinkedBinaryTree.Node。这对框架很重要！当表达式 self._Node 是应用于一个（子）树的类的一个实例时，Python 的名称解析遵循继承结构（如 2.5.2 节中所述）。如果一个子类重写 _Node 类的定义，self._Node 实例化时将使用新定义的节点类。这种技术是*工厂方法设计模式*的一个例子，我们提供了一个子类的方法控制节点的类型，它是在父类的方法内创建的。

11.3 AVL 树

使用标准二叉搜索树作为数据结构的 TreeMap 类，应该是一种有效的映射数据结构，但对于各种操作其最糟糕的表现是线性的时间，因为有可能一系列的操作产生了具有线性高度的树。在本节中，我们描述一种简单的平衡策略，可保证对所有基本的映射操作来说最坏情况下是对数的运行时间。

AVL 树的定义

对二叉搜索树的定义简单地进行修正是添加一条规则：对树维持对数的高度。虽然我们最初定义以 p 为根的子树的高度是从 p 节点到叶子节点的最长路径上的**边**数（见 8.1.3 节），但是本节考虑在最长路径上节点的数量作为树的高度更容易理解。根据这个定义，一片叶子位置高度为 1，我们定义“null”孩子的高度是 0。

在本节中，我们考虑下面的高度平衡属性，就其节点的高度而言，这体现了二叉搜索树 T 的结构。

高度平衡属性：*对于 T 中每一个位置 p，p 的孩子的高度最多相差 1。*

任何满足高度平衡属性的二叉搜索树 T 被称为 AVL 树，以发明家的名字的首字母命名：

Adel'son-Vel'skii 和 Landis。AVL 树的一个例子如图 11-11 所示。

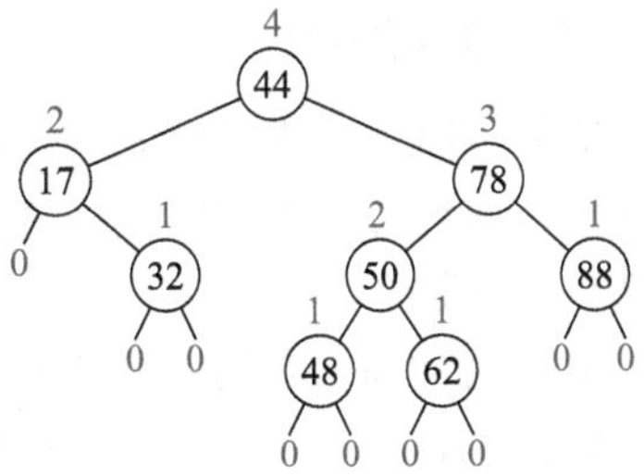
4
44
2
17
3
78
0
1
32
2
50
1
88
0 0
1 1
0 0
48
62
0 0 0 0

图 11-11　AVL 树的一个例子，项的键显示在节点里，节点的高度显示在节点上面（空子树的高度为 0）

高度平衡所带来的一个直接结果是 AVL 树子树本身就是一棵 AVL 树。高度平衡属性也带来同样一个重要的结果，即可以保持高度最小，如下面的命题。

命题 11-2： *一棵存有 n 个节点的 AVL 树的高度是 $O(\log n)$。*

证明： 我们不是试图直接找到一个 AVL 树的高度的上限，而更容易找到一个"反问题"，即找到一个高度为 h 的树的最小节点数 $n(h)$ 的下界。我们将证明 $n(h)$ 至少成指数增长。由此，很容易得到存有 n 个节点 AVL 树的高度是 $O(\log n)$。

首先指出 $n(1) = 1$ 和 $n(2) = 2$，因为一棵高度为 1 的 AVL 树必须只有一个节点且一棵高度为 2 的 AVL 树必须至少有两个节点。一个高度为 $h(h \geqslant 3)$ 的拥有最少节点的 AVL 树，必须有这样的两种子树：一棵高度 $h-1$，另一棵高度为 $h-2$。从根开始计算，我们得到以下 $n(h)$ 与 $n(h-1)$ 和 $n(h-2)$ 关系的公式，其中 $h \geqslant 3$：

$$n(h) = 1 + n(h-1) + n(h-2) \tag{11-1}$$

在这一点上，熟悉斐波那契数列的性质（1.8 节和练习 C-3.49）的读者已经知道 $n(h)$ 是一个关于 h 的指数函数。为了形式化这一观察，我们进行如下操作。

式（11-1）意味着 $n(h)$ 是关于 h 的严格递增函数。因此，我们知道 $n(h-1) > n(h-2)$。在式（11-1）中用 $n(h-2)$ 代替 $n(h-1)$ 并且舍弃 1，我们得到 $h \geqslant 3$ 时，

$$n(h) > 2n(h-2) \tag{11-2}$$

式（11-2）表明每次 h 增加 2 时，$n(h)$ 至少增加一倍，这意味着 $n(h)$ 会成指数增长。为了用一个正式的方式展示这一事实，我们重复应用式（11-2），产生以下一系列不等式：

$$n(h) > 2n(h-2) > 4n(h-4) > 8n(h-6) \cdots > 2^i n(h-2i) \tag{11-3}$$

也就是说，对于任何整数 i，有 $n(h) > 2^i n(h-2i)$，因此 $h-2i \geqslant 1$。因为已经知道 $n(1)$ 的值和 $n(2)$ 的值，所以选择使得 $h-2i$ 等于 1 或 2 的 i。也就是说，选择：

$$i = \left\lceil \frac{h}{2} \right\rceil - 1$$

将上面 i 的值代入式（11-3）中，得到，对于 $h \geqslant 3$：

$$n(h) > 2^{\left\lceil \frac{h}{2} \right\rceil - 1} \cdot n\left(h - 2\left\lceil \frac{h}{2} \right\rceil + 2\right) \geqslant 2^{\left\lceil \frac{h}{2} \right\rceil - 1} \cdot n(1) \geqslant 2^{\frac{h}{2} - 1} \tag{11-4}$$

通过对式（11-4）两边取对数，得到：

$$\log(n(h)) > \frac{h}{2} - 1$$

进而得到：

$$h < 2\log(n(h)) + 2$$

说明了存有 n 个节点的 AVL 树的高度最大为 $2\log n + 2$。■

由命题 11-2 和 11.1 节中给出的二叉搜索树的分析，针对 __ getitem __ 操作，映射用 AVL 树实现，运行时间为 $O(\log n)$，其中 n 是映射中项的数量。当然，我们仍然需要展示在

插入或者删除之后如何保持高度平衡属性。

11.3.1 更新操作

给定一棵二叉搜索树 T，如果一个位置的子树高度之差的绝对值最多为 1，我们就说这个位置是*平衡的*，否则这个位置就是*不平衡的*。因此，AVL 树的高度平衡属性相当于每个位置都是平衡的。

AVL 树的插入和删除操作开始类似于相应的（标准）二叉搜索树的操作，但是为了保持树的平衡性质，每一次插入、删除之后都要进行调整，以维持树的平衡。

插入

假设在插入一个新项目之前，树 T 满足高度平衡属性，则树 T 是一棵 AVL 树。在一棵二叉搜索树中插入新节点，如 11.1.3 节所述的，在叶子节点 p 的位置产生了一个新节点。这个操作可能违反了高度平衡属性（见图 11-12a），然而，唯一可能会变得不平衡的位置是 p 的祖先，因为那些位置是其子树唯一变化过的位置。因此，我们接下来描述如何重建 T，以解决任何可能发生的不平衡。

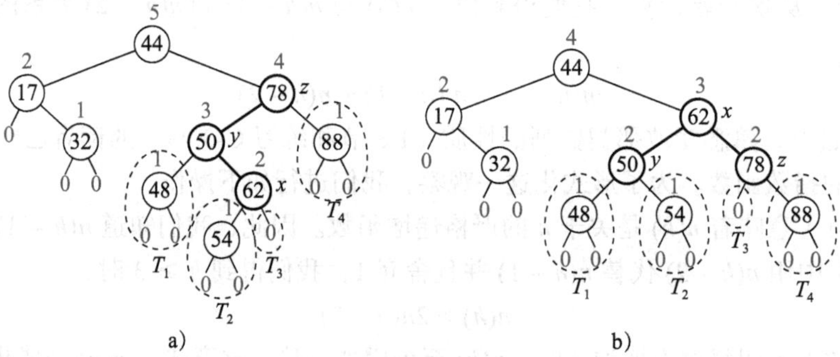

图 11-12 图 11-1 的一个例子：在 AVL 树中插入键为 54 的项：a）加入键为 54 的新节点后，键为 78 和 44 的节点变得不平衡；b）高度平衡属性的重构。把节点的高度写在了上面，在重构操作过程中定义节点 x、y、z 和子树 T_1、T_2、T_3 和 T_4

我们通过一个简单的“查找和修复”策略来恢复二叉搜索树中节点的平衡。特别是，用 z 表示从 p 到根 T 的方向中遇到的第一个不平衡位置（见图 11-12a）。同样，用 y 表示 z 的具有更高高度的孩子（注意，y 必须是 p 的一个祖先）。最后，假设 x 是 y 具有更高高度的孩子（不能有并列，并且 x 也必须是 p 的一个祖先或者 p 自身）。我们通过调用 trinode 重建方法 restructure（x）（最初在 11.2 节中描述的）对以 z 为根的子树进行再平衡。图 11-12 描述了这样一个 AVL 树插入重组的例子。

为了正式证明这个过程在重建 AVL 高度平衡属性时的正确性，我们考虑 z 是插入 p 之后变得不平衡的最近的 p 的祖先。y 的高度由于插入增加了 1，并且现在比它的兄弟节点大 2。因为 y 保持了平衡，它原来的子树必须具有相同高度，而且包含 x 的子树高度增加了 1。该子树增加要么是因为 $x = p$，所以其高度从 0 变到 1，要么是因为 x 先前具有相同高度的子树并且包含 p 的那棵子树的高度增加了 1。令 $h \geqslant 0$ 表示 x 的最高的孩子的高度，这个场景如图 11-13 所示。

trinode 重组后，我们可以看到 x、y、z 都平衡了。此外，在重组之后成为子树的根的节点的高度为 $h+2$，这正是 z 在插入新节点之前的高度。因此，任何变得暂时不平衡的 z 的祖先又恢复了平衡，这一重组恢复了*全局*的高度平衡属性。

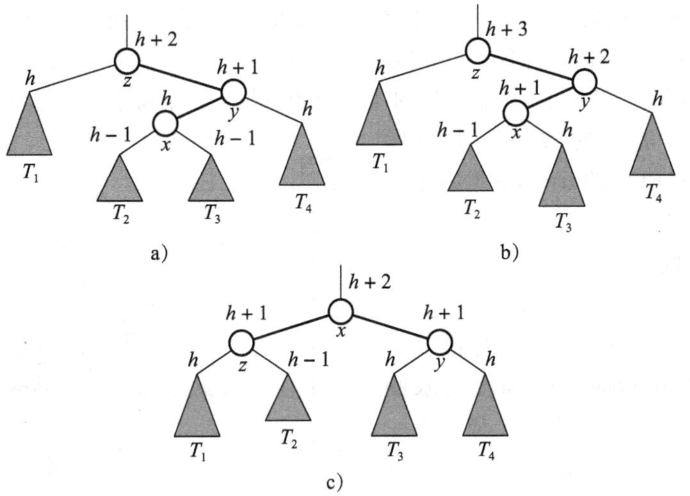
h + 2
h
z
h + 1
h
y
h − 1
x
h − 1
h
T1
T2
T3
T4
a)
h + 3
h
z
h + 2
h + 1
y
h
h − 1
x
h
T1
T2
T3
T4
b)
h + 2
h + 1
x
h + 1
h
z
h − 1
h
y
h
T1
T2
T3
T4
c)

图 11-13　在对 AVL 树进行的插入操作期间子树的再平衡过程：a）插入之前；b）在子树 T_3 进行插入操作导致了 z 的不平衡；c）用 trinode 重组进行重建平衡之后。注意，在插入操作之后，子树的总高度和插入操作之前一样

删除

回想一下，对一个普通二叉搜索树结构进行删除操作将导致一个节点拥有零或一个孩子。这样的改变可能违反 AVL 树的高度平衡属性。特别是，如果 p 代表在树 T 中删除节点的父节点，可能有一个不平衡的节点在 p 到根节点之间的路径上（见图 11-14a）。事实上，最多可以有一个这种不平衡的节点（这一事实的证明留作练习 C-11.49）。

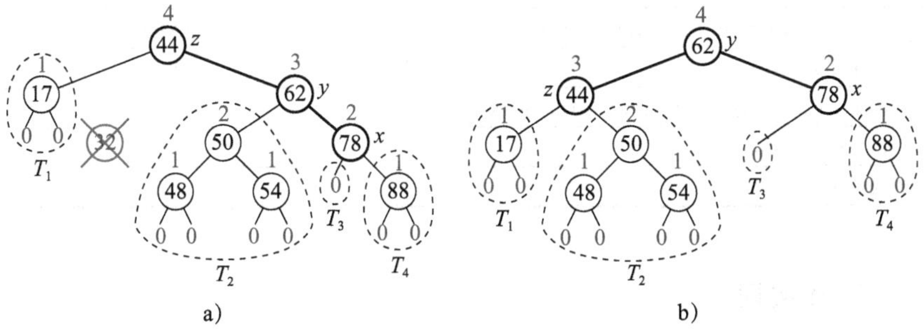
4
44 z
1
17
0 0
32
T1
3
62 y
2
50
1
48
1
54
0 0 0 0
T2
2
78 x
0
T3
1
88
0 0
T4
a)
4
62 y
3
z 44
1
17
0 0
T1
2
50
1
48
1
54
0 0 0 0
T2
2
78 x
0
T3
1
88
0 0
T4
b)

图 11-14　删除图 11-12b 中 AVL 树上键为 32 的项。a）删除存储键为 32 的节点之后，根变得不平衡；b）一次（单次）旋转会恢复高度平衡属性

与插入一样，我们使用 trinode 重组恢复树 T 的平衡。特别是，用 z 表示在 T 中从 p 向根的方向上遇到的第一个不平衡位置。同样，用 y 表示 z 的具有更高高度的孩子（注意，y 是 z 的孩子，但不是 p 的祖先），并按如下定义令 x 是 y 的孩子：如果 y 的一个孩子比另一个高，令 x 是 y 的较高的孩子；否则（y 的两个孩子有相同的高度），令 x 是与 y 在同一边的 y 的孩子（也就是说，如果 y 是 z 的左孩子，令 x 为 y 的左孩子；否则，令 x 为 y 的右孩子）。在以上任何情况下，我们进行 restructure（x）操作（见图 11-14b）。

在 trinode 重组操作过程中，重组子树是以中间位置 b 为根。在 b 的子树内局部地重建可以保证高度平衡属性（见练习 R-11.11b 和 R-11.12）。不幸的是，这种 trinode 重组可能会

使以 b 为根的子树的高度减少 1，这可能会导致 b 的祖先变得不平衡。所以，对 z 进行再平衡之后，我们继续在 T 中寻找不平衡的位置。如果找到另一个，则执行重组操作来恢复它的平衡，并且继续沿着 T 向上寻找更多的不平衡位置，一直到根节点。不过，T 的高度是 $O(\log n)$，其中 n 是项的数量，由命题 11-2 可知，$O(\log n)$ 内的 trinode 重组足以恢复高度平衡属性。

AVL 树的性能

由命题 11-2 可知，有 n 个节点的 AVL 树的高度是 $O(\log n)$。因为标准二叉搜索树的操作的运行时间受高度的限制（见表 11-1），并且维护平衡因子和重组一棵 AVL 树的额外工作中受树中路径长度的限制，对于 AVL 树，传统的映射操作的运行时间为最坏的对数时间。我们在表 11-2 中总结了这些结果，并在图 11-15 中举例说明了这种性能。

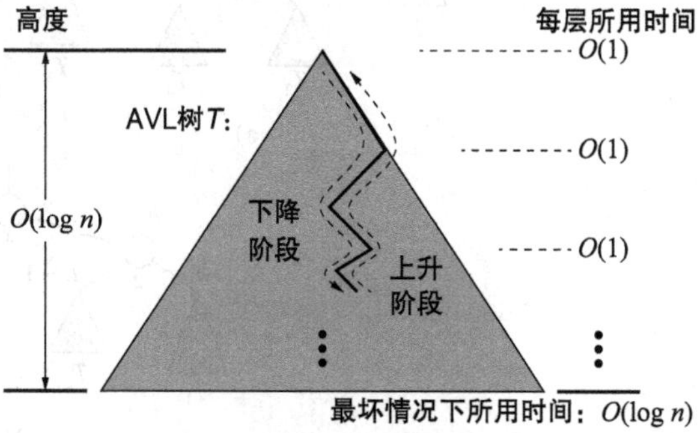
高度
每层所用时间
O(1)
AVL树T:
O(1)
O(log n)
下降
阶段
O(1)
上升
阶段
最坏情况下所用时间：O(log n)

图 11-15　说明 AVL 树进行搜索和更新的运行时间。每级性能是 $O(1)$，分为下降阶段（一般包括搜索过程）和上升阶段（一般包括更新高度值和执行局部 trinode 重组（旋转））

表 11-2　对有 n 个节点的 AVL 树进行操作的最坏运行时间，其中 s 表示由 find_range 报告的项的数目

操　作	运行时间
k in T	$O(\log n)$
T[k] = v	$O(\log n)$
T.delete(p), del T[k]	$O(\log n)$
T.find position(k)	$O(\log n)$
T.first(), T.last(), T.find min(), T.find max()	$O(\log n)$
T.before(p), T.after(p)	$O(\log n)$
T.find lt(k), T.find le(k), T.find gt(k), T.find ge(k)	$O(\log n)$
T.find range(start, stop)	$O(s + \log n)$
iter(T), reversed(T)	$O(n)$

11.3.2 Python 实现

代码段 11-12 和代码段 11-13 给出了一个 AVLTreeMap 类的完整实现。它继承了标准 TreeMap 类并且依赖 11.2 节中描述的平衡框架。我们强调两个重要方面：首先，AVLTreeMap 重写了嵌套类 _Node 的定义（如代码段 11-12 所示），目的是为了将存储在一个节点的子树的高度保存起来提供支持。我们还提供了几个包含节点高度和关联位置的实用程序。

代码段 11-12　AVLTreeMap 类（后接代码段 11-13）

```
class AVLTreeMap(TreeMap):
  """Sorted map implementation using an AVL tree."""

  #-------------------------- nested _Node class --------------------------
  class _Node(TreeMap._Node):
    """Node class for AVL maintains height value for balancing."""
    __slots__ = '_height'        # additional data member to store height

```

```
    def __init__(self, element, parent=None, left=None, right=None):
      super().__init__(element, parent, left, right)
      self._height = 0              # will be recomputed during balancing

    def left_height(self):
      return self._left._height if self._left is not None else 0

    def right_height(self):
      return self._right._height if self._right is not None else 0
```

代码段 11-13 AVLTreeMap 类（接代码段 11-12）

```
  #------------------------- positional-based utility methods -------------------------
  def _recompute_height(self, p):
    p._node._height = 1 + max(p._node.left_height(), p._node.right_height())

  def _isbalanced(self, p):
    return abs(p._node.left_height( ) - p._node.right_height()) <= 1

  def _tall_child(self, p, favorleft=False): # parameter controls tiebreaker
    if p._node.left_height( ) + (1 if favorleft else 0) > p._node.right_height():
      return self.left(p)
    else:
      return self.right(p)

  def _tall_grandchild(self, p):
    child = self._tall_child(p)
    # if child is on left, favor left grandchild; else favor right grandchild
    alignment = (child == self.left(p))
    return self._tall_child(child, alignment)

  def _rebalance(self, p):
    while p is not None:
      old_height = p._node._height          # trivially 0 if new node
      if not self._isbalanced(p):           # imbalance detected!
        # perform trinode restructuring, setting p to resulting root,
        # and recompute new local heights after the restructuring
        p = self._restructure(self._tall_grandchild(p))
        self._recompute_height(self.left(p))
        self._recompute_height(self.right(p))
      self._recompute_height(p)             # adjust for recent changes
      if p._node._height == old_height:     # has height changed?
        p = None                            # no further changes needed
      else:
        p = self.parent(p)                  # repeat with parent

  #--------------------------- override balancing hooks ---------------------------
  def _rebalance_insert(self, p):
    self._rebalance(p)

  def _rebalance_delete(self, p):
    self._rebalance(p)
```

为了实现 AVL 平衡策略的核心逻辑，我们定义了一个名为 _rebanlance 的实用程序，它可以在插入或删除之后恢复高度平衡属性时作为一个挂钩。尽管用于插入和删除操作的继承行为是完全不同的，但是对 AVL 树的必要后期处理是一致的。在这两种情况下，我们从发生变化的位置 p 向上，重新根据（更新的）孩子的高度计算每个位置的高度，如果到达一个不平衡位置，就使用 trinode 重组操作。如果到达一个通过整体映射操作高度也不变的祖先，或者执行 trinode 重组使得子树拥有和映射操作之前相同的高度，我们会停止该过程；更高层次的祖先的高度将不会改变。为了检测停止条件，我们记录每个节点的“旧”的高度，并将其和最新计算的高度进行比较。

11.4 伸展树

下一个学习的搜索树的结构，我们称之为*伸展树*。这种结构从概念上完全不同于本章中讨论的其他平衡搜索树，因为伸展树在树的高度上没有一个严格的对数上界。事实上，伸展树无须有额外的高度、平衡或与此树节点关联的其他辅助数据。

伸展树的效率取决于某一位置移动到根的操作（称为*伸展*），每次在插入、删除或者甚至搜索都要从最底层的位置 p 开始（在本质上，这是 7.6.2 节探讨的向前启发式搜索树的一个变形）。直观上讲，伸展操作会使得被频繁访问的元素更快接近于根，从而减少典型的搜索时间。关于伸展的令人惊讶的事情是，伸展树保障了插入、删除、搜索操作具有对数运行时间。

11.4.1 伸展

已知二叉搜索树 T 的一个节点 x，我们通过一系列的重组将 x 移动到 T 的根来对 x 进行**扩展**。进行特定的重组是很重要的，因为将节点 x 移动到根节点 T 仅仅通过一些序列的重组是不够的。我们将 x 向上移动执行的特定操作取决于 x、其父节点 y 和 x 的祖先节点 z（如果存在的话）的相对位置。我们考虑如下三种情况：

zig-zig 型：节点 x 和父节点 y 都在树的左边或者树的右边，如图 11-16 所示。我们在保持树的节点中序的情况下移动节点 x，使 y 节点为 x 节点的一个孩子，并且使 z 节点为 y 节点的一个孩子。

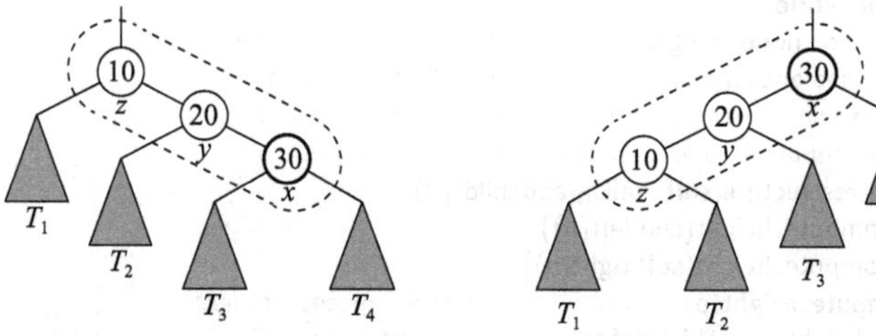
10
z
20
y
30
x
T1
T2
T3
T4
a)
30
x
20
y
10
z
T1
T2
T3
T4
b)

图 11-16 zig-zig 型：a）操作前；b）操作后。还有另一种对称的结构是节点 x 和 y 都是左孩子

zig-zag 型：节点 x 和节点 y 一个是左孩子，另一个是右孩子（见图 11-17）。在这种情况下，我们在保持树的节点中序的情况下移动节点 x，使其拥有孩子节点 y 和 z。

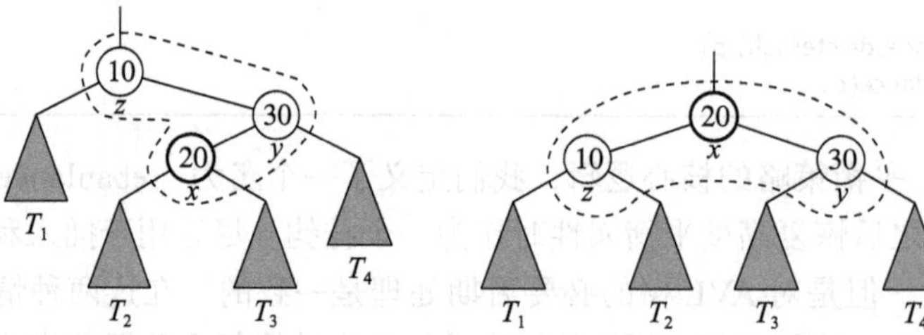
10
z
30
y
20
x
T1
T2
T3
T4
a)
20
x
10
z
30
y
T1
T2
T3
T4
b)

图 11-17 zig-zag 型：a）操作前；b）操作后。还有另一种对称的结构是节点 x 为右孩子，而 y 为左孩子

zig 型：x 没有祖父节点（见图 11-18）。在这种情况下，我们在保持树节点中序的情况下进行单次旋转，将 x 提升到 y 之上，使得节点 y 为节点 x 的孩子节点。

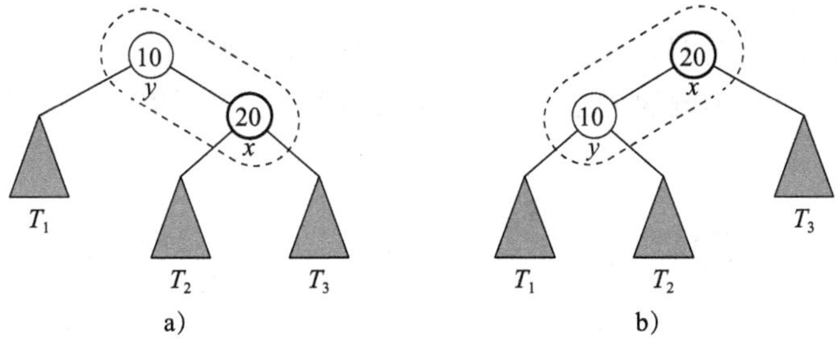
10
y
20
x
T1
T2
T3
a)
20
x
10
y
T1
T2
T3
b)

图 11-18 zig 型：a）操作前；b）操作后。还有另一种对称的结构是节点 x 为节点 y 的左孩子

可以发现，当节点 x 有一个祖父节点时，可以执行 zig-zig 型或 zig-zag 型，当节点 x 没有祖先节点时可以执行 zig 型，我们通过对节点 x 进行重复的重组进行伸展，直到节点 x 变为伸展树的根节点。伸展的一个节点例子如图 11-19 和图 11-20 所示。

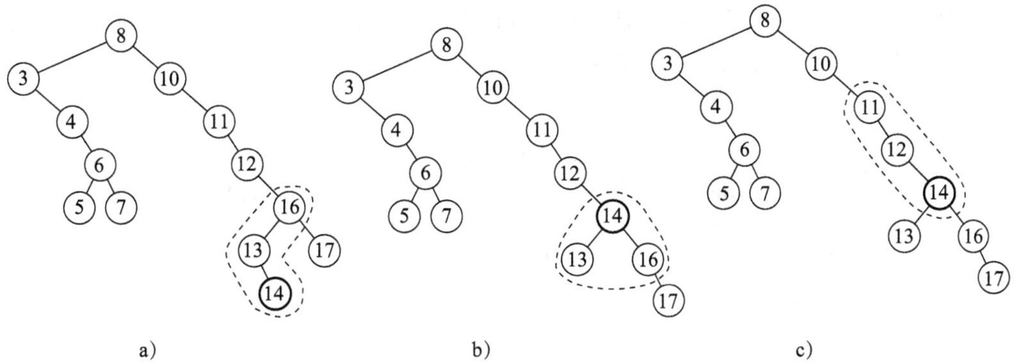
a)
b)
c)

图 11-19 伸展一个节点的例子：a）从节点 14 开始用 zig-zag 型；b）使用 zig-zag 型旋转后；c）下一步将使用 zig-zig 型（后接图 11-20）

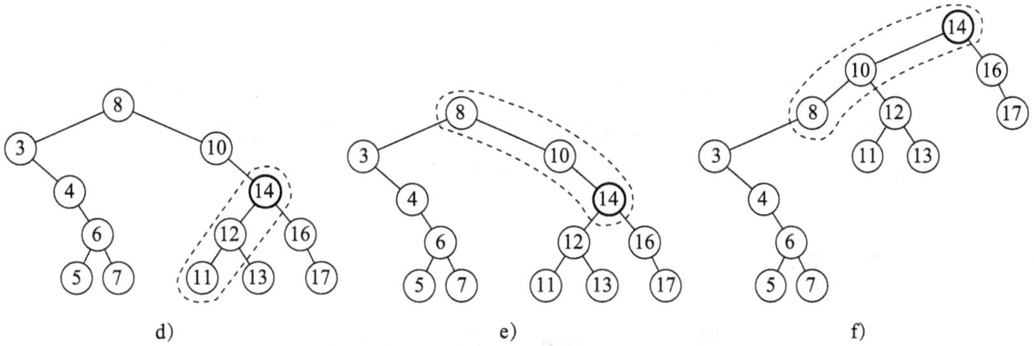
d)
e)
f)

图 11-20 伸展一个节点的例子：d）使用 zig-zig 型伸展后；e）下一步又是使用 zig-zig 型；f）使用 zig-zig 型伸展后（接图 11-19）

11.4.2 何时进行伸展

何时进行伸展的规则如下：

- 当搜索键 *k* 时，如果在位置 *p* 处找到 *k*，则伸展 *p*；否则，在搜索失败的位置伸展叶子节点。例如，图 11-19 和图 11-20 分别展示了当搜索键 14 成功或者搜索键 15 失败时的伸展情况。
- 当插入键 *k* 时，我们将伸展新插入的内部节点 *k*。例如，图 11-19 和图 11-20 展示了如果 14 是新插入的键的情况。图 11-21 展示了在伸展树中的一系列插入操作。

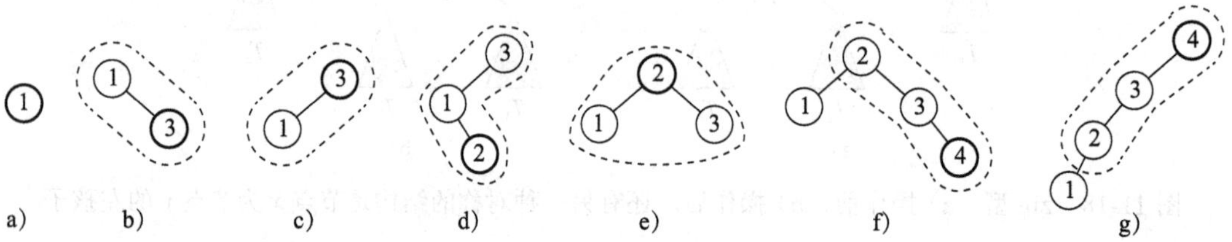
a)
b)
c)
d)
e)
f)
g)

图 11-21　在伸展树中的一系列插入：a）初始树；b）插入 3 后，但是在 zig 型变化前；c）伸展后；d）插入 2 后，但是在 zig 型变化前；e）伸展后；f）插入 4 后，但是在 zig-zig 型变化前；g）伸展后

- 当删除键 *k* 时，在位置 *p* 进行伸展，其中 *p* 是被移除节点的父节点；回想二叉搜索树的删除算法，删除节点可能是原来包含的节点 *k*，或一个有替代键的后代节点。删除节点然后进行扩展的一个例子如图 11-22 所示。

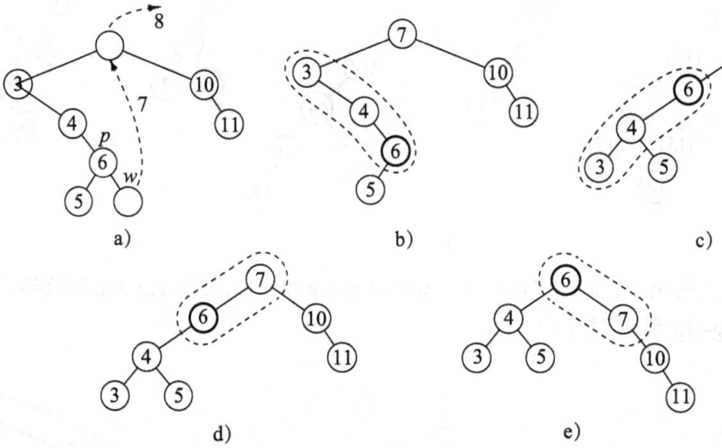
8
7
p
w
a)
b)
c)
d)
e)

图 11-22　从伸展树中删除：a）从根节点删除 8 是通过将中序次序的先驱 *w* 的键移动到根，删除 *w*，然后对 *w* 的父节点 *p* 进行伸展来实现；b）利用 zig-zig 型伸展树的节点 *p*；c）zig-zig 型伸展后；d）下一步将是 zig 型旋转；e）zig 型伸展后

11.4.3 Python 实现

代码段 11-14　Splay TreeMap 类的完整实现

```
class SplayTreeMap(TreeMap):
  """Sorted map implementation using a splay tree."""
  #-------------------------------- splay operation --------------------------------
  def _splay(self, p):
    while p != self.root():
      parent = self.parent(p)
      grand = self.parent(parent)
```

```
            if grand is None:
                # zig case
                self._rotate(p)
            elif (parent == self.left(grand)) == (p == self.left(parent)):
                # zig-zig case
                self._rotate(parent)                # move PARENT up
                self._rotate(p)                     # then move p up
            else:
                # zig-zag case
                self._rotate(p)                     # move p up
                self._rotate(p)                     # move p up again

    #---------------------------- override balancing hooks ----------------------------
    def _rebalance_insert(self, p):
        self._splay(p)

    def _rebalance_delete(self, p):
        if p is not None:
            self._splay(p)

    def _rebalance_access(self, p):
        self._splay(p)
```

虽然伸展树性能的数学分析是复杂的（见 11.4.4 节），但是伸展树的实现仅仅是对标准二叉搜索树的相当简单的改编。代码段 11-14 基于底层的 TreeMap 类并且利用 11.2 节的平衡框架描述对 SplayTreeMap 类提供了一个完整的实现。重要的是，要注意原来的 TreeMap 类调用 _rebalance_access 方法，不仅在 __getitem__ 方法内部调用 _rebalance_access 方法，还在修改与现有的键关联的值，并在任何导致搜索失败的映射操作之后使用 __setitem__ 方法时调用 _rebalance_access 方法。

11.4.4 伸展树的摊销分析 *

经过 zig-zig 型或 zig-zag 型伸展后，p 节点深度减少两层；经过 zig 型伸展后，p 节点深度减少一层。因此，如果 p 节点的深度为 d，则伸展树的 p 节点由一系列 $\lfloor d/2 \rfloor$ 的 zig-zig 型和 / 或 zig-zag 型组成，如果 d 是奇数，最后再加上一个 zig 型。因为一个简单的 zig-zig 型、zig-zag 型或 zig 型伸展影响一定常数数量的节点，它可以在 $O(1)$ 时间完成。因此，在一棵二叉搜索树中对位置 p 进行伸展需要的时间为 $O(d)$，其中 d 是 T 树中位置 p 的深度。换句话说，从位置 p 的伸展所消耗的时间等同于从根的位置到 p 位置自上而下的搜索。

最坏情况下的时间

在最坏情况下，因为搜索的位置可能是树上最深的位置，所以对一棵高度为 h 的伸展树进行搜索、插入或删除的全部运行时间是 $O(h)$。此外，如图 11-21 所示，h 最大可能接近 n。因此，从最坏情况来看，伸展树不是一个好的数据结构。

因为在一系列的混合搜索、插入、删除操作中，平均每个操作需要的时间仅仅是对数时间，所以从平摊的意义来说，它的性能是非常良好的。下面运用统计方法对伸展树进行摊销分析。

伸展树的摊销性能

对于我们的分析，可以注意到，进行搜索、插入或删除的时间与进行伸展的开销时间成正比。所以接下来我们只考虑伸展时间。

设 T 是有 n 个节点的伸展树，w 是树 T 的一个节点，定义以 w 为根的子树的节点数量

大小为 $n(w)$。我们可以注意到这个定义意味着非叶子节点的数量是超过它的孩子节点数量的。定义节点 w 的阶为 $r(w)$，$r(w)$ 是以 2 为底的对数的结果，即 $r(w) = \log(n(w))$。显然，T 的根有最大的大小 n 以及最大阶 $\log(n)$，每片叶子的大小是 1 且阶为 0。

用 cyber-dollars 来表示在树 T 中伸展一个位置 p 的花费，假设一个 zig 型伸展需要一个 cyber-dollar，zig-zig 型或 zig-zag 型则需要两个 cyber-dollar。因此，在深度为 d 的位置 p 的花费是 d cyber-dollars。我们在 T 树中每个位置保留一个虚拟的账户存储 cyber-dollar。注意，这个账户只在进行摊销分析的时候存在，而不包含在实现一个伸展树的数据结构中。

进行伸展时的统计分析

进行伸展时，我们支付一定数量的 cyber-dollars（具体的开销将在分析结束时确定）。将分为三种情况：

- 如果开销等于伸展工作，我们用全部的 cyber-dollar 来支付伸展。
- 如果开销大于伸展工作，我们把多出的 cyber-dollar 存在几个节点的账户。
- 如果开销小于伸展工作，我们从几个节点的账户取款，以补偿不足之处。

下面证明每次操作支付 $O(\log(n))$ cyber-dollars 足够保持系统的正常工作，即确保每个节点保持非负账户余额。

不变账户的伸展树

在需要向外伸展的工作时，我们使用一个计划转移账户之间的节点以确保总是会有足够的 cyber-dollars 支付伸展工作。

为了使用会计方法来执行分析，我们保持下列引理不变：

在伸展之前和之后，T 中每个节点的 w 在它的账户中有 $r(w)$cyber-dollars。

请注意，不变的是“财政稳健”，因为它不需要我们做一个初步存款来赋予一棵树。

令 $r(T)$ 是 T 中所有节点的阶的总和。为了保持在伸展之后不变，我们必须使支付等于伸展工作加上 $r(T)$ 的总和。我们将伸展中的单个的 zig、zig-zig 或者 zig-zag 操作称为伸展的一个子步骤。此外，我们用 $r(w)$ 和 $r'(w)$ 分别表示节点 w 在展开子步骤之前和之后的阶。以下命题给出了一个 $r(T)$ 由于单个伸展子步骤造成的上限。我们会反复在从一个节点到根的全伸展的分析中使用这个引理。

命题 11-3： *对于 T 中的节点 x，令 δ 是由于单个伸展子步骤（一个 zig、zig-zig 或者 zig-zag）造成的 $r(T)$ 的变化。我们有以下：*

- $\delta \leqslant 3(r'(x) - r(x)) - 2$，*如果子步骤是 zig-zig 或者 zig-zag。*
- $\delta \leqslant 3(r'(x) - r(x))$，*如果子步骤是 zig。*

证明： 使用如下事实（参见命题 B-1，附录 A），即如果 $a > 0$，$b > 0$ 并且 $c > b + a$，

$$\log a + \log b < 2\log c - 2 \tag{11-6}$$

考虑每种类型的向外伸展的子步骤造成的 $r(T)$ 的变化。

zig-zig： 如图 11-16 所示，由于每个节点的大小是比它的两个孩子大 1 或者 2，注意，在单次 zig-zig 操作中只有 x、y、z 的阶变化，y 是 x 的父节点，z 也是 y 的父节点。而且 $r'(x) = r(z)$，$r'(y) \leqslant r(x)$，并且 $r(x) \leqslant r(y)$。所以，

$$\begin{aligned}\delta &= r'(x) + r'(y) + r'(z) - r(x) - r(y) - r(z) \\ &= r'(y) + r'(z) - r(x) - r(y) \leqslant r'(x) + r'(z) - 2r(x)\end{aligned} \tag{11-7}$$

注意，$n(x) + n'(z) < n'(x)$。所以 $r'(x) + r'(z) < 2r'(x) - 2$，就像式（11-6）：

$$r'(z) < 2r'(x) - r(x) - 2$$

这个不等式和式（11-7）可以简写为：

$$\delta \leqslant r'(x) + (2r'(x) - r(x) - 2) - 2r(x) \leqslant 3(r'(x) - r(x)) - 2$$

zig-zag：如图 11-17 所示，一开始，定义大小和阶，仅仅是 x、y、z 的阶改变。y 为 x 的父节点，z 是 y 的父节点，且 $r(x) < r(y) < r(z) = r'(x)$。因此：

$$\delta = r'(x) + r'(y) + r'(z) - r(x) - r(y) - r(z) = r'(y) + r'(z) - r(x) - r(y) \leqslant r'(y) + r'(z) - 2r(x)$$

注意 $n'(y) + n'(z) < n'(x)$，因此 $r'(y) + r'(z) < 2r'(x) - 2$，例如式（11-6）。因此，

$$\delta \leqslant 2r'(x) - 2 - 2r(x) = 2(r'(x) - r(x)) - 2 \leqslant 3(r'(x) - r(x)) - 2$$

Zig：如图 11-18 所示，在这种情况下，x 和 y 的阶改变。y 是 x 的父节点。而且 $r'(y) \leqslant r(y)$，$r'(x) \geqslant r(x)$

$$\delta = r'(y) + r'(x) - r(y) - r(x) \leqslant r'(x) - r(x) \leqslant 3(r'(x) - r(x))$$ ■

命题 11-4：令 T 为根为 t 的伸展树，令 Δ 为 $r(T)$ 在一个深度为 d 的节点的全变化。我们有：

$$\Delta \leqslant 3(r(t) - r(x)) - d + 2$$

证明：伸展包含 $c = \lceil d/2 \rceil$ 伸展子步骤的节点 x，每个子步骤是 zig-zig 或 zig-zag。如果 d 是奇数，则最后一个步骤是 zig。令 $r_0(x) = r(x)$ 为 x 的最初的阶，对于 $i = 1, \cdots, c$，令 $r_i(x)$ 为第 i 个子步骤之后 x 的阶，并且令 δ_i 为由第 i 个子步骤造成的 $r(T)$ 的变化。由命题 11-3 可知，由 x 的伸展造成的 $r(T)$ 的总变化 Δ：

$$\begin{aligned}\Delta = \sum_{i=1}^{c} \delta_i &\leqslant 2 + \sum_{i=1}^{c} 3(r_i(x) - r_{i-1}(x)) - 2 \\ &= 3(r_c(x) - r_0(x)) - 2c + 2 \leqslant 3(r(t) - t(x)) - d + 2\end{aligned}$$ ■

由命题 11-4 可知，如果对节点 x 的伸展支付 $3(r(t) - r(x)) + 2$ cyber-dollars，我们有足够的 cyber-dollars 保持不变，在 T 的每个节点 w 中保持 $r(w)$，并为伸展工作支付 d cyber-dollars。由于根 t 的大小是 n，它的阶 $r(t) = \log n$。鉴于 $r(x) \geqslant 0$，伸展工作的花费是 $O(\log n)$ cyber-dollars。为了完成分析，我们要对一个节点插入或删除时保持不变计算成本。

向一个有 n 个键的伸展树中插入一个新节点 w 时，w 的所有祖先的阶都增加了。也就是，令 $w_0, w_i, \cdots, w_d$ 为 w 的祖先，其中 $w_0 = w$，w_i 是 w_{i-1} 的父节点，w_d 是根。对于 $i = 1, \cdots, d$，令 $n'(w_i)$ 和 $n(w_i)$ 分别为 w_i 插入前后的大小，并且令 $r'(w_i)$ 和 $r(w_i)$ 分别为 w_i 插入之前和之后的阶。我们有

$$n'(w_i) = n(w_i) + 1$$

而且，由于 $n(w_i) + 1 \leqslant n(w_{i+1})$，对于 $i = 0, 1, \cdots, d - 1$，每一个 i 在以下这个范围内：

$$r'(w_i) = \log(n'(w_i)) = \log(n(w_i) + 1) \leqslant \log(n(w_{i+1})) = r(w_{i+1})$$

因此，由插入引起的 $r(T)$ 的总变化为：

$$\begin{aligned}\sum_{i=1}^{d} (r'(w_i) - r(w_i)) &\leqslant r'(w_d) + \sum_{i=1}^{d-1} (r(w_{i+1}) - r(w_i)) \\ &= r'(w_d) - r(w_0) \leqslant \log n\end{aligned}$$

因此，当一个新节点插入时 $O(\log n)$，cyber-dollars 足以维持不变。

当从有 n 个键的伸展树中删除一个节点 w 时，所有 w 的祖先的阶都降低了。因此，由于删除造成的 $r(T)$ 的总变化是负的，当一个节点被删除时，我们不需要任何支付维持不变。因此，我们可以在下列命题中总结摊销分析（有时被称为伸展树的“平衡命题”）。

命题 11-5：考虑一棵伸展树中 m 个一系列的操作（每一个操作都是搜索、插入或删除），从只有零键的伸展树开始。同时，令 n_i 为操作 i 之后树中键的数量，n 是插入操作总数，则执行一系列操作的总运行时间：

$$O(m+\sum_{i=1}^{m}\log n_i)$$

即 $O(m \log n)$。

换句话说，在一棵伸展树中执行一个搜索、插入或删除的摊销运行时间复杂度是 $O(\log n)$，其中 n 是伸展树的大小。因此，伸展树可以以对数时间摊销的性能实现有序 ADT 映射。其摊销性能匹配 AVL 树、（2、4）树和红黑树在最坏情况下的性能，但它仅使用一棵不需要存储每个节点的附加平衡信息的简单二叉树就能实现这样的性能。此外，伸展树有许多和这些其他平衡搜索树不同的有趣属性。我们在以下命题中探讨一个这样的额外属性（有时被称为伸展树的“静态最优”的命题）。

命题 11-6：在伸展树上考虑一系列的 m 个操作，每一个是搜索、插入或删除，从一棵具有零键值的伸展树 T 开始。同时，用 $f(i)$ 表示在伸展树中实体 i 被访问的数量，即它的频率，用 n 表示条目的总数。假设每个条目至少被访问一次，那么执行这一系列操作的总运行时间为：

$$O(m+\sum_{i=1}^{n}f(i)\log(m/f(i)))$$

此处省略这一命题的证明，但它并不像别人说的那样难以证明和想象。值得注意的是，这个命题说明摊销访问一个节点 i 的运行时间是 $O(\log(m/f(i)))$。

11.5 （2，4）树

在本节中，我们考虑一种称为（2，4）树的数据结构。它是多路搜索树这种通用数据结构的一个特殊例子。在多路搜索树中，内部节点的孩子节点可能会超过两个。其他形式的多路搜索树将在 15.3 节中讨论。

11.5.1 多路搜索树

回想一下，通用树被定义为内部节点可能会有很多的孩子。在本节中，我们将讨论如何将通用树作为多路搜索树使用。映射项以 (k, v) 形式存储在搜索树中，k 是键，v 是和键相关联的值。

多路搜索树的定义

令 w 为有序树的一个节点。如果 w 有 d 个孩子，则称 w 是 d-node。我们将一棵多路搜索树定义为一棵有以下属性的有序树 T（其属性在图 11-23a 中阐明）：

- T 的每个内部节点至少有两个孩子。也就是说，每个内部节点是一个 d-node，其中 $d \geqslant 2$。
- T 的每个内部 d-node w，其孩子 $c_1, \cdots, c_d$ 按顺序存储 $d-1$ 个键 – 值对 $(k_1, v_1), \cdots, (k_{d-1}, v_{d-1})$, $k_i \leqslant \cdots \leqslant k_{d-1}$。
- 通常定义 $k_0=-\infty$ 和 $k_d=+\infty$。每个条目 (k, v) 储存在一个以 c_i 为根的 w 的子树的一个节点上，其中 $i=1, \cdots, d$，$k_{i-1} \leqslant k \leqslant k_i$。

也就是说，如果认为存储在 w 的键的集合包含特殊的虚拟键 $k_0=-\infty$ 和 $k_d=+\infty$，那么存储

在以孩子节点 c_i 为根的 T 的子树上的键 k 一定是存储在 w 上的两个键“之间”的一个。这个简单的观点产生了以下规则：d-node 存有 $d-1$ 个常规键，并且它也形成了在多路搜索树中搜索算法的基础。

根据上述定义，多路搜索的外部节点不存储任何数据并且仅仅作为“占位符”。这些外部节点可以有效地以 None 引用表示，就像我们在二叉搜索树中约定的那样（11.1 节）。然而，为了拓展，我们将讨论这些不存储任何东西的实际节点。基于这个定义，在一棵多路搜索树中，键－值对的数目和外部节点的数目存在有趣的关系。

命题 11-7： 一棵有 n 个节点的多路搜索树有 $n+1$ 外部节点。我们把这个命题的证明留作练习（C-11.52）。

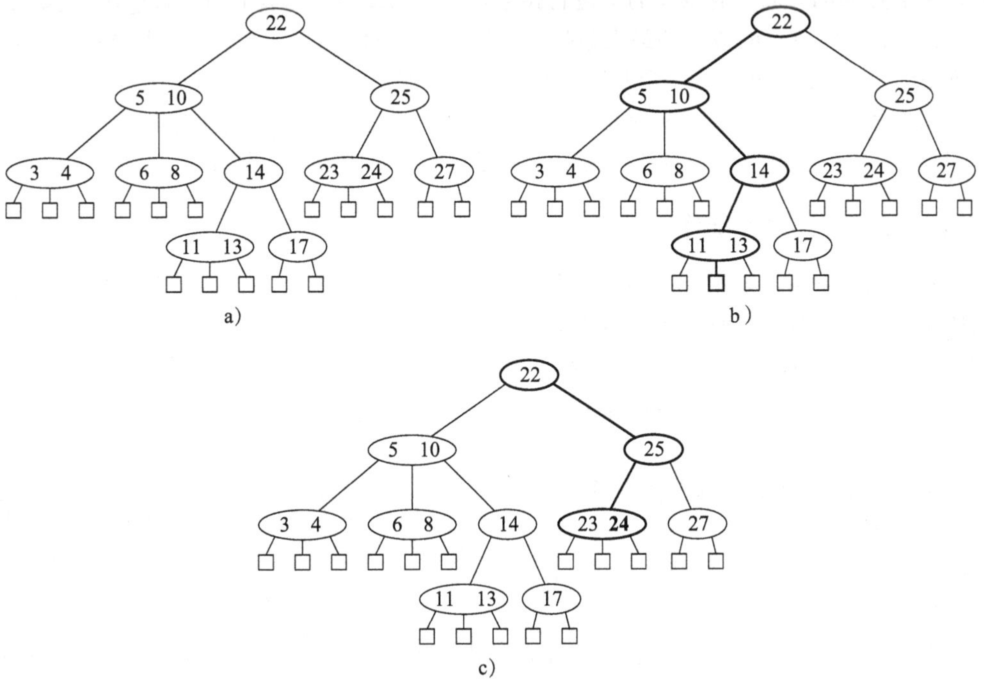
22
5 10
25
3 4
6 8
14
23 24
27
11 13
17
a)
b)
c)

图 11-23　a）多路搜索树 T；b）在 T 中搜索键为 12 的路径（不成功搜索）；c）在 T 中搜索键为 24 的路径（成功搜索）

多路树搜索

在多路搜索树 T 中搜索键为 k 的节点很简单。我们在 T 中从根节点开始跟踪路径执行搜索（见图 11-23b 和图 11-23c）。在搜索 d-node 节点 w 时，我们比较键 k 和存储在 w 上的键 k_1，…，k_{d-1}。如果 $k=k_i$，搜索就成功完成了；否则，继续搜索 w 的孩子 c_i，使得 $k_{i-1}<k<k_i$（通常定义 $k_0=-\infty$ 和 $k_d=+\infty$）。如果到达外部节点，那么可以知道树 T 中没有键为 k 的节点，搜索不成功并且终止。

主要的多路径搜索树数据结构

在 8.3.3 节中，我们讨论了表示通用树的有关数据结构。当然，这也可以用来表示一棵多路搜索树。当使用通用树来实现多路搜索树时，我们必须在每个节点存储一个或多个与该节点相关联的键－值对。也就是说，我们需要存储 w 集合的一个引用，集合中存储的是 w 的项。

在多路搜索树中搜索键 k 时，基本操作是找到键比 k 大或者相等的节点中最小的节点。出于这个原因，很自然地将节点本身的信息作为一个有序映射，同时允许使用 find_ge(k) 方法。我们说这样的映射可以作为*二级*数据结构来支持由整个多路搜索树表示的*初级*数据结构。这种推理看起来就像一个循环论证，因为需要用（二级）有序映射来表示（初级）映射。但是，我们可以使用一种简单的、更先进的解决方案，即通过使用 bootstrapping 技术来避免循环依赖。

在多路搜索树的背景下，每个节点的二级数据结构的理想选择是 10.3.1 节的 Sorted Table Map 类。因为希望确定和键 k 匹配的关联值，相应的孩子 c_i 使得 $k_{i-1} < k < k_i$，我们建议在二级数据结构上将每个键 k_i 映射到 (v_i, c_i) 对。有了多路搜索树 T 的上述实现，处理一个 d-node w 节点的同时对具有键 k 的 T 进行搜索可以通过二叉搜索操作在 $O(\log d)$ 内实现。用 d_{max} 表示 T 的任何节点的孩子的最大数目，并用 h 表示树 T 的高度。多路搜索树的搜索时间为 $O(h \log d_{max})$。如果 d_{max} 是一个常数，则执行一个搜索的运行时间为 $O(h)$。

多路搜索树的首要效率目标是保持高度尽可能小。接下来讨论的策略是：d_{max} 距离限制在 4，同时保证高度 h 是 n 的对数，其中 n 为保存在映射中节点的总数。

11.5.2 （2，4）树的操作

一棵多路搜索树需要保持存储在每个节点的二级数据结构很小，同时需要保持一级多路平衡树是（2，4）树（有时也被称为 2-4 树或 2-3-4 树）。这种数据结构通过维护如下两个简单的属性来实现上述目标（见图 11-24）：

- 大小属性：每个内部节点最多有 4 个孩子。
- 深度属性：所有外部节点具有相同的深度。

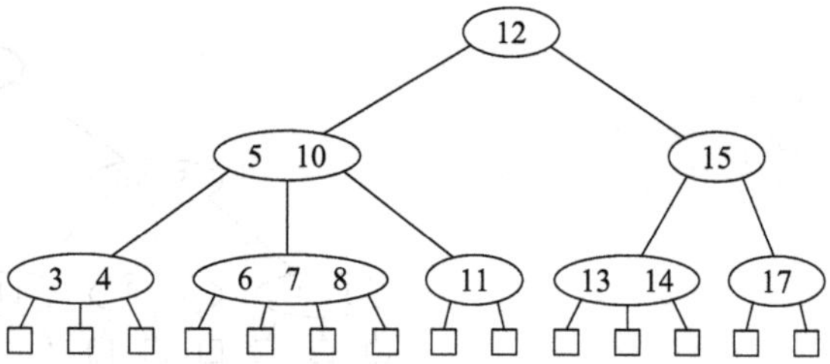
12
5 10
15
3 4
6 7 8
11
13 14
17

图 11-24 （2，4）树

再次强调，假设外部节点是空的，为了简单起见，描述搜索和更新方法时，我们把这些空的外部节点当成是真实的节点，尽管后面的要求并不严格。

维护（2，4）树的大小属性使多路搜索树中的节点非常简单。它也有一个另类的名字“2-3-4 树”，因为它意味着每个内部节点的树有 2 个、3 或 4 个孩子。这条规则的另一个含义是，我们可以使用一个无序列表或有序数组来表示存储在每个内部节点的二级映射，而且所有操作仍可以达到 $O(1)$ 的时间性能（因为 $d_{max} = 4$）。对于深度属性，需要在（2，4）树的高度上执行一个重要的约束。

命题 11-8： *存储 n 个节点的（2，4）树的高度为 $O(\log n)$。*

证明： 令 h 为存储 n 个节点的（2，4）树 T 的高度。我们通过式（11-9）证明该命题

$$\frac{1}{2}\log(n+1) \leqslant h \leqslant \log(n+1) \tag{11-9}$$

为了证明这种说法应先注意到：对于大小属性，深度为 1 时最多可以有 4 个节点，深度为 2 时最多可以有 4^2 个节点，以此类推。因此，T 树的外部节点的个数最多为 4^h。同样，由深度属性和（2，4）树的定义，我们必须至少有 2 个深度为 1 的节点，至少有 2^2 个深度为 2 的节点，以此类推。因此，在 T 树中，外部节点的数量至少为 2^h。此外，由命题 11-7 可知，

外部节点的数量为（$n+1$），因此得到

$$2^h \leqslant n+1 \leqslant 4^h$$

对以上公式以 2 为底去对数，得到

$$h \leqslant \log(n+1) \leqslant 2h$$

当项被重新排列时，这证明了式 11-9。■

命题 11-8 声明大小和深度属性足以保持多路树的平衡。此外，这一命题意味着在（2,4）树中执行搜索需要 $O(\log n)$ 的时间复杂度，且节点的二级数据结构的具体实现不是一个关键的设计选择，因为最大孩子数量 d_{max} 是一个常数。

然而对（2，4）树进行插入和删除之后，保持大小和深度属性需要一些操作。接下来我们将讨论这些操作。

插入

插入一个键为 k 的新节点 (k, v) 到（2，4）树 T 中，首先对键 k 执行搜索。假设 T 中没有键为 k 的节点，这个搜索非正常终止于外部节点 z 中。令 w 成为 z 的父节点。我们在节点 w 上插入新的项，并且在 z 的左边对 w 添加一个新的孩子节点 y（外部节点）。

上述插入方法维持了深度属性，因为我们在和现有外部节点相同的层级添加一个新的外部节点。然而，它可能违反了大小属性。事实上，如果一个节点 w 以前是 4-node，那么插入后它将成为一个 5-node，导致 T 树不再是（2，4）树。这种违反节点大小属性的情况称为在 w 节点溢出，我们必须解决这一问题以恢复（2，4）树的属性。令 $c_i, \cdots, c_5$ 是 w 的孩子，$k_i, \cdots, k_5$ 键存储在 w 中。为了修复节点 w 的溢出问题，我们对 w 执行以下分裂操作（见图 11-25）：

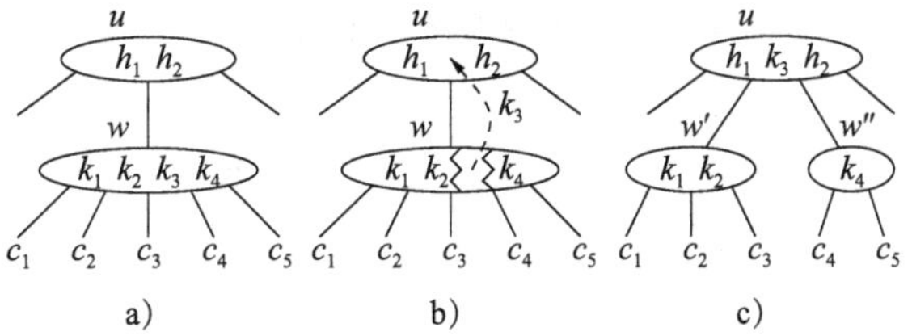
u
h_1 h_2
w
k_1 k_2 k_3 k_4
c_1 c_2 c_3 c_4 c_5
a)
u
h_1 h_2
k_3
w
k_1 k_2 k_4
c_1 c_2 c_3 c_4 c_5
b)
u
h_1 k_3 h_2
w′
w″
k_1 k_2
k_4
c_1 c_2 c_3 c_4 c_5
c)

图 11-25 节点分裂：a）5-node w 节点的溢出；b）w 的第三个键插入到 w 的父节点 u；c）用 3-node w' 和 2-node w'' 替换节点 w

- 用 w' 和 w″ 来代替 w，其中：
  - W' 是存储 k_1 和 k_2 的（其孩子节点为 $c_1, c_2\ c_3$）的 3-node。
  - W'' 是存储 k_4（其孩子节点为 c_4, c_5）的 2-node。
- 如果 w 是 T 的根节点，创建一个新的根节点 u，让 u 成为 w 的父亲节点。
- 插入键值 k_3 到 u 中，并使得 w'' 和 w' 成为 u 的孩子节点。如果 w 是 u 的第 i 个孩子，那么 w' 和 w'' 将分别为 u 的第 i 个和第 $i+1$ 个的孩子节点。

由于节点 w 的分裂操作，w 的父节点 u 可能会发生溢出。如果发生溢出，它会在节点 u 触发一个分裂（见图 11-26）。分裂操作消除了溢出或传播到当前节点的父节点。在（2，4）树中进行一系列的插入操作如图 11-27 所示。

（2，4）树中插入操作的分析

因为 d_{max} 最多为 4，对新键 k 最初的位置搜寻在每个阶段会用 $O(1)$ 时间，由命题 11-8 得到树的高度为 $O(\log n)$，因此总体时间为 $O(\log n)$。

在单个节点插入一个新键和孩子节点的修改可以在 $O(1)$ 时间内实现，一个分裂操作也是如此。级联分裂操作的数量受到树的高度限制，这一阶段插入过程运行时间也为 $O(\log n)$。因此，在（2，4）树中执行插入操作的总时间是 $O(\log n)$。

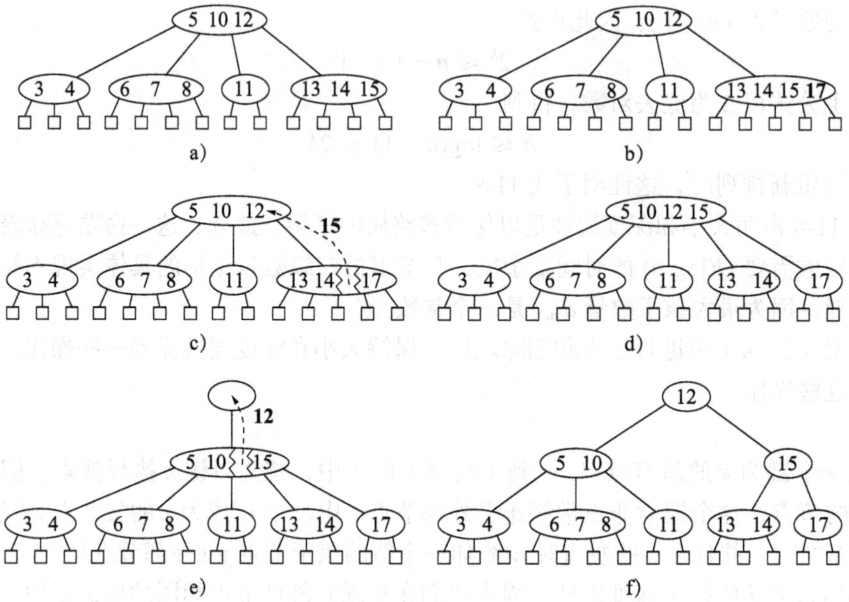
5 10 12
3 4
6 7 8
11
13 14 15
a)
5 10 12
3 4
6 7 8
11
13 14 15 17
b)
5 10 12
15
3 4
6 7 8
11
13 14
17
c)
5 10 12 15
3 4
6 7 8
11
13 14
17
d)
12
5 10
15
3 4
6 7 8
11
13 14
17
e)
12
5 10
15
3 4
6 7 8
11
13 14
17
f)

图 11-26　（2，4）树的插入操作发生了分裂：a）插入前；b）插入 17 发生了溢出；c）一个分裂；d）在分裂之后出现了一个新的溢出；e）另一个分裂，创建一个新的根节点；f）最后的树

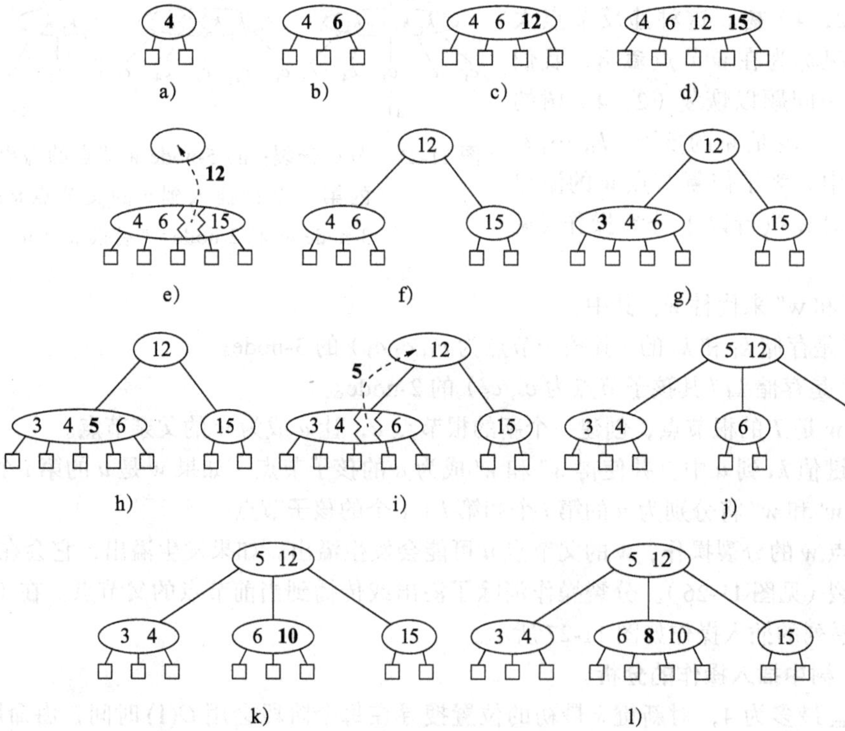
4
a)
4 6
b)
4 6 12
c)
4 6 12 15
d)
12
4 6
15
e)
12
4 6
15
f)
12
3 4 6
15
g)
12
3 4 5 6
15
h)
12
5
3 4
6
15
i)
5 12
3 4
6
15
j)
5 12
3 4
6 10
15
k)
5 12
3 4
6 8 10
15
l)

图 11-27　（2，4）树的一系列插入操作：a）一个节点的初始树；b）插入键为 6 的节点；c）插入键为 12 的节点；d）插入键为 15 的节点，将会引起溢出；e）分裂，这将会引起创建一个新的根节点；f）分裂之后；g）插入键为 3 的节点；h）插入键为 5 的节点，引发了溢出；i）分裂；j）分裂之后；k）插入键为 10 的节点；l）插入键为 8 的节点

删除

现在考虑在（2，4）树 T 中删除键为 k 的节点。我们以在 T 中搜索键为 k 的项开始。从一个（2，4）树中删除项可以简化为这样的情况：删除的节点存储在节点 w（w 的孩子节点是外部节点）。假设，实例中，所要移除的键为 k 的项存储在节点 z 的第 i 个项（k_i, v_i），节点 z 存储的（k_i, v_i）只有内部节点的孩子节点。在这种情况下，我们和一个合适的项交换了（k_i, v_i），该项存储在带有外部节点的孩子节点的如下节点 w 中（见图 11-28d）：

1）最右边的子树的内部节点 w 在以 z 的第 i 个孩子为根的子树上。注意，w 的所有孩子节点都是外部节点。

2）用 w 的最后一个节点交换节点 z 的（k_i, v_i）。

一旦确定要删除的项存储在一个只有外部孩子的节点 w(因为它已经在 w 或我们交换成 w)，我们可以轻而易举地从 w 删除节点并删除 w 的第 i 个外部节点。

如上所述，从节点 w 上删除一个项（及其孩子），应先保存深度的属性，因为我们总是删除只有外部孩子的节点 w。然而，在消除这样的外部节点时，我们可能会违反 w 节点的大小属性。的确，如果 w 以前是 2-node，那么它就变成删除之后没有项的一个 1-node（见图 11-28a 和图 11-28d），在（2，4）树中这是不允许的。这种违反大小属性的情况称为在节点 w **下溢**。为了弥补下溢，我们立即检查 w 的兄弟节点是否是一个 3-node 或 4-node。如果发现这样一个兄弟 s，就进行*转移*操作，也就是将 s 的一个孩子移到 w 上，将 s 的一个键移动到 w 和 s 的父节点 u 上，将 u 的一个键移动到 w（见图 11-28b 和图 11-28c）。如果 w 只有一个兄弟或者兄弟都是 2-node，就进行*融合*操作，合并 w 及其一个兄弟，创建一个新节点 w' 并将 w 的父亲节点 u 的键移动到 w'。

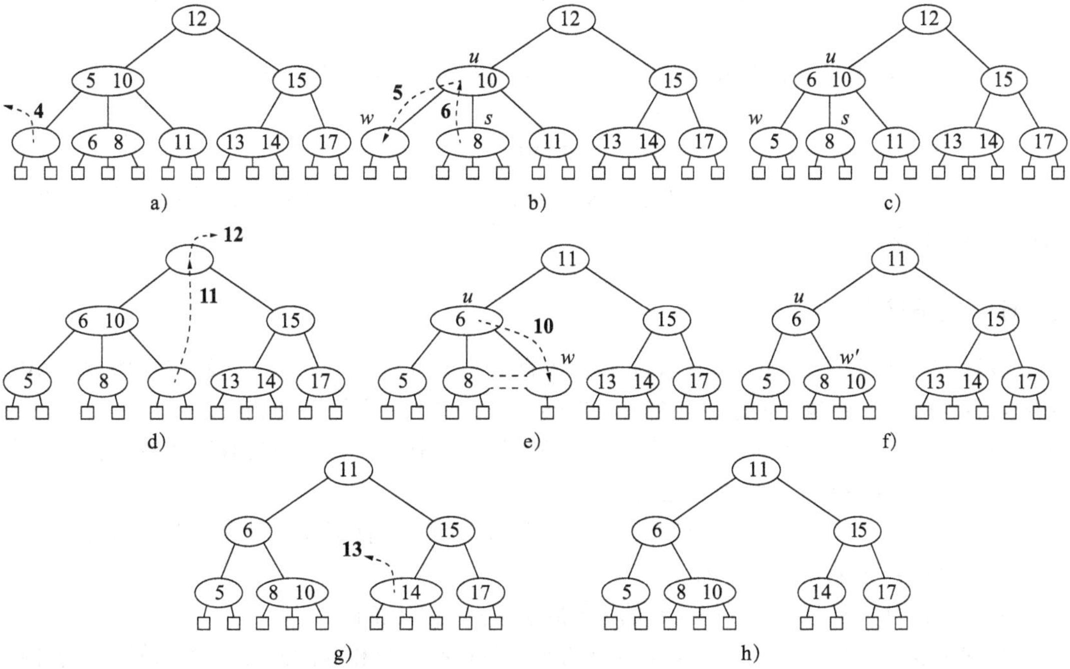

图 11-28 （2，4）树的一系列删除操作；a）删除键为 4 的节点，引起下溢。b）交换操作；c）交换操作之后；d）删除键为 12 的节点，引起下溢；e）合并操作；f）合并操作之后；g）删除键为 13 的节点；h）删除操作之后

节点 w 处的融合操作可能导致一个新的下溢发生在 w 的父亲节点 u 上，进而触发 u 交换或合并（见图 11-29）。因此，合并操作的数量是有界的，被树的高度限制，这被命题 11-8 证明是 $O(\log n)$。如果下溢一直传播到根，那么根被删除（见图 11-29c 和图 11-29d）。

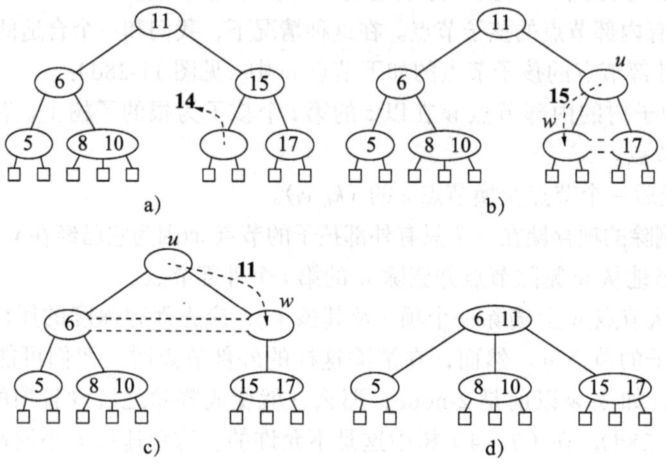

图 11-29　在（2，4）树中一个合并的传播：a）删除键为 14 的节点，引起下溢；b）合并，引起其他下溢；c）第二个合并引起根被删除；d）最后的树

（2，4）树的性能

在有序映射 ADT 方面，（2，4）树的渐近性能是和 AVL 树一样的（见表 11-2），并且对大多数操作都具有对数边界。有 n 个键 - 值对的（2，4）树的时间复杂度的分析基于以下几点：

- 由命题 11-8 可知，存储 n 节点的（2，4）树的高度是 $O(\log n)$。
- 分裂、交换或合并操作需要 $O(1)$ 时间。
- 搜索、插入或删除一个节点需要访问 $O(\log n)$ 个节点。

因此，（2，4）树提供了快速映射搜索和更新操作。（2，4）树也和接下来要讨论的数据结构有一种有趣的关系。

11.6　红黑树

虽然 AVL 树和（2，4）树具有许多很好的特性，但是它们也有一些缺点。例如，AVL 树删除后可能需要要执行的多重组操作（旋转），（2，4）树在插入和删除之后可能需要进行许多分裂或融合操作。在本章中，我们所讨论的数据结构——红黑树没有这些缺点，在一次更新之后，它使用 $O(1)$ 次结构变化来保持平衡。

从形式上讲，红黑树是一棵带有红色和黑色节点的二叉搜索树，其具有下面的属性：

- 根属性：根节点是黑色的。
- 红色属性：红色节点（如果有的话）的子节点是黑色的。
- 深度属性：具有零个或一个子节点的所有节点都具有相同的黑色深度（被定义为黑色祖先节点的数量）。（回想一下，一个节点是它自己的祖先）

红黑树的一个例子如图 11-30 所示。

可以注意到，红黑树和（2，4）树（不包括它们的琐碎外部节点）之间有一个有趣的对应使红黑树的定义更为直观，即给定一棵红黑树，我们可以构建一棵相应的（2，4）树：合并每一个红色节点 w 到它的父节点，从 w 存储条目到其父节点，并使 w 的子节点变得有序。例如，图 11-30 的红黑树对应图 11-24 的（2，4）树，如图 11-31 所示。红黑树的深度属性与（2，4）树的深度属性相对应，因为红黑树的每个黑色节点恰好对相应的（2，4）树的每个节点有贡献。

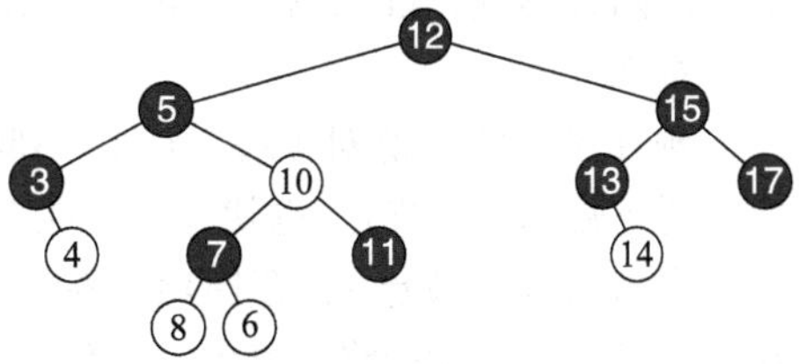

12
5
15
3
10
13
17
4
7
11
14
8
6

图 11-30　红黑树的一个例子，在白色上面绘制“红”的节点。这棵树的常见黑色深度为 3

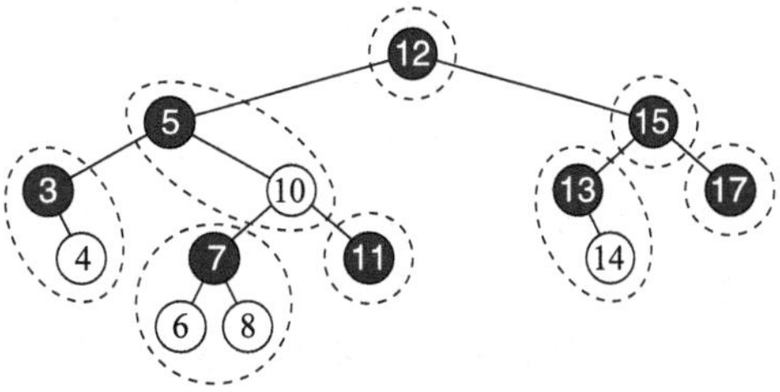

12
5
15
3
10
13
17
4
7
11
14
6
8

图 11-31　一个例子，图 11-30 的红黑树对应于图 11-24 的（2，4）树，基于红色节点及其黑色父节点的高亮分组

相反，我们可以通过给每一个 w 节点着黑色，然后执行下面的转换（见图 11-32），将任何（2，4）树改变为相应的红黑树。

- 如果 w 是 2-node，那么保持 w 的子节点（黑色）是 2-node。
- 如果 w 是 3-node，那么创建一个新的红色节点 y，把 w 最后的两个子节点（黑色）给 y，然后把 y 和 w 的第一个子节点作为 w 的两个子节点。
- 如果 w 是 4-node 点，那么创建两个新的红色节点 y 和 z，把 w 的前两个子节点（黑色）给 y，把 w 的最后两个子节点（黑色）给 z，最后使 y 和 z 成为 w 的两个子节点。

值得注意的是，在这种结构中，一个红色节点总是有一个黑色父节点。

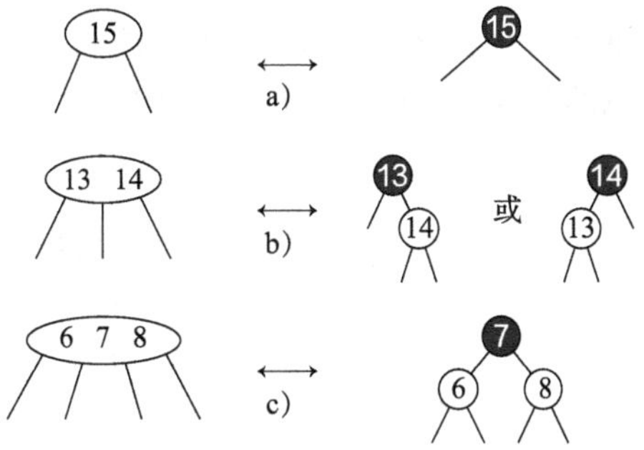

15
a)
15
13 14
b)
13
14
或
14
13
6 7 8
c)
7
6
8

图 11-32　一棵红黑树和一棵（2，4）树节点之间的对应：a）2-node；b）3-node；c）4-node

命题 11-9：有 n 个条目的红黑树的高度是 $O(\log n)$。

证明：设 T 是存储 n 个条目的红黑树，并设 h 为 T 的高度。我们通过建立以下事实证明这一命题：

$$\log(n+1)-1 \leqslant h \leqslant 2\log(n+1)-2$$

设 d 是 T 中具有零个或一个子节点的所有节点的共同黑色深度。令 T' 为 T 相关联的（2，4）的树，并且令 h' 是 T' 的高度（不包括琐碎的叶子节点）。由红黑树和（2，4）树之间的对应关系可知 $h'=d$。因此，由命题 11-8 可得，$d=h' \leqslant \log(n+1)-1$。由于红色属性得，$h \leqslant 2d$。因此得到 $h \leqslant 2\log(n+1)-2$。其他不等式 $\log(n+1)-1 \leqslant h$ 由命题 8-8 以及 T 具有 n 个节点的事实可以得出。■

11.6.1　红黑树的操作

红黑树 T 中的搜索算法与标准二叉树的搜索算法是相同的（见 11.1 节），因此，在一棵红黑树中进行搜索所花费的时间与树的高度成正比，由命题 11-9 可知是 $O(\log n)$。

（2，4）树和红黑树之间的对应关系提供了很重要的知识，我们将会在讨论如何在红黑树上执行更新时用到。事实上，如果没有这个知识，对于红黑树的更新算法就显得神秘复杂。通过重新着色相邻的红黑树节点，可以有效模拟（2，4）树的分裂和融合操作。如图 11-32b 所示的两种形式，红黑树的旋转将被用于改变 3-node 的方向。

插入

现在考虑将键值对（k，v）插入到红黑树 T 中。该算法最初进程是作为一个标准的二叉搜索树（见 11.1.3 节）。也就是说，在 T 中搜索 k，直到达到一个空子树，然后在这个位置插入一个新的叶子节点 x，存储项。在特殊情况下，x 是 T 的唯一节点，因此将根着色为黑色。在其他情况下，我们将 x 着色为红色。这个动作对应于用外部子节点将（k, v）插入到（2，4）树 T 的节点中。这种插入维持了 T 的根属性和深度属性，但它可能违反红色属性。事实上，如果 x 不是 T 的根，x 的父结点 y 是红色的，那么父结点和子结点（即 y 和 x）都是红色的。值得注意的是，由根属性可知 y 不能是 T 的根，并且由红色属性（这在以前是满足的）可知 y 的父母 z 必须是黑色的。由于 x 和其父节点是红色的，但 x 的祖先 z 是黑色的，我们将这种违反红色属性的情况称为节点 x 处的双红色。为了解决双红色问题，我们考虑以下两种情况。

*情况 1：y 的兄弟姐妹为黑色（或无）。*如图 11-33 所示，在这种情况下，双红色表示，我们已经添加了新节点到对应的（2，4）树 T' 的 3-node 处，从而有效地创建异常的 4-node。此形式有一个红色的节点（y）是另一个红色节点（x）的父节点，而我们希望它有两个红色节点作为兄弟姐妹。要解决这个问题，我们进行了 T 的 trinode 重组。该 trinode 重组由操作 restructure(x) 来实现，具体步骤如下（再次参考图 11-33，该操作也在 11.2 节进行讨论）：

- 对节点 x，其父节点 y 和祖先节点 z，按照从左到右的顺序，暂时重新标记它们为 a、b 和 c，以使 a、b 和 c 将按照顺序树被有序地遍历。
- 将祖先节点 z 用标记节点 b 取代，使 a 和 c 成为 b 的子节点，并保持次序关系不变。

在进行 restructure(x) 的操作后，我们将 b 着色为黑色，将 a 和 c 着色为红色。因此，重组消除了双红色问题。可以注意到，在树的重组部分的任何路径的一部分确实只有一个黑色的节点，在进行 trinode 重构前后都是这样的。因此，树的黑色深度不受影响。

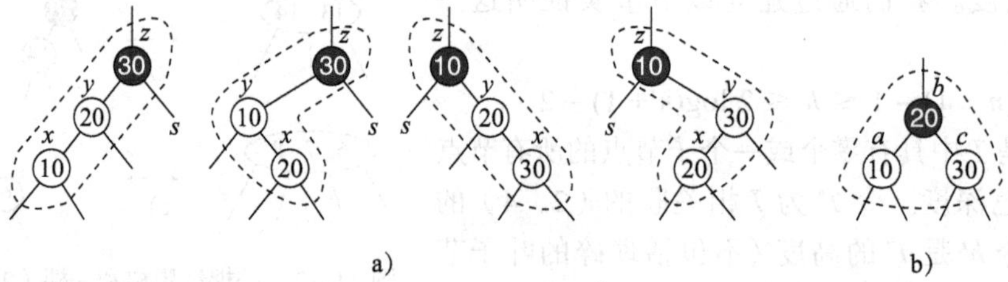
z
30
y
20
x
10
s
z
30
y
10
x
20
s
z
10
s
y
20
x
30
z
10
s
y
30
x
20
a)
b
20
a
10
c
30
b)

图 11-33　重组红黑树补救双红问题：a）对于 x、y、z 重组之前的 4 种配置；b）重组之后

*情况 2：y 的兄弟姐妹是红色的。*如图 11-34 所示，在这种情况下，双红色表示在相应的（2，4）树 T′ 中溢出。为了解决这个问题，我们进行了一个相当于分裂的操作，即*重新着色*：将 y 和 s 着色为黑色，将其父节点 z 着色为红色（除非 z 是根节点，在这种情况下，它仍然是黑色的）。在这里我们可以注意到，除非 z 是根节点，通过该树的有影响的部分的任何路径部分恰好是一个黑色节点，无论着色前和着色后。因此，树的黑色深度不被重新着色影响，除非 z 是根节点，在这种情况下，它增加 1。

然而，双红问题在这种重新着色问题之后可能再次出现，尽管在 T 树的更高位置，因为 z 可能有一个红色的父节点。如果双红问题再次出现在 z 节点，那么在 z 上重复考虑两种情况。因此，在节点 x 上重新着色消除了双红问题，或者将它传播到 x 的祖先节点 z。我们继续深度搜索 T 进行重新着色直到解决双红问题（最后重新着色或者 trinode 重组）。因此，通过插入引起重新着色的数量不超过树 T 深度的一半，即由命题 11-9 提出的 $O(\log n)$。

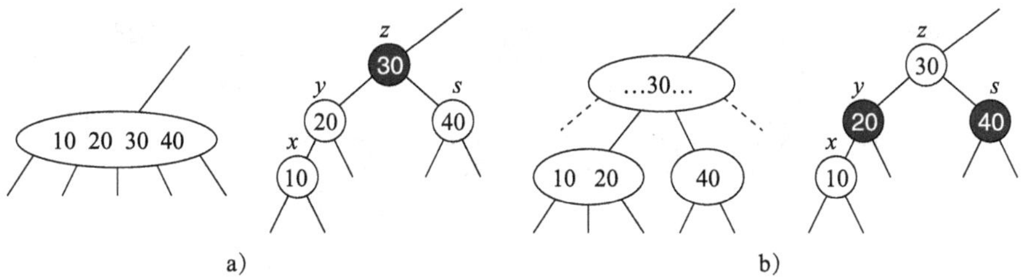
10 20 30 40
z
30
y
20
s
40
x
10
a)
...30...
10 20
40
z
30
y
20
s
40
x
10
b)

图 11-34 重新着色补救双红问题：a）分裂之前，对与相关联的（2，4）树中对应的 5-node 重新着色；b）在分裂之后，对与相关联的（2，4）的树中的相应节点重新着色

作为进一步的例子，图 11-35 和图 11-36 显示了在红黑树中的一系列插入操作。

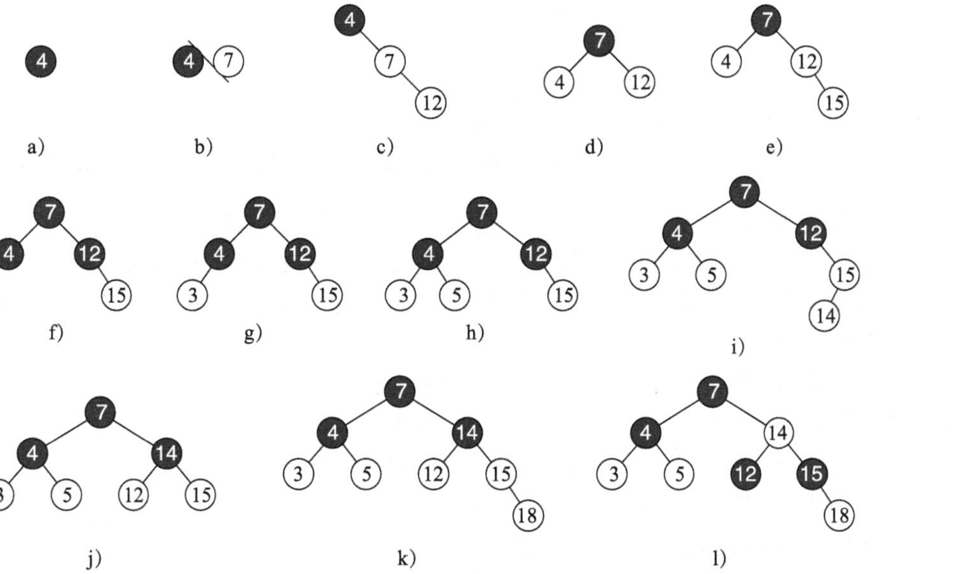

图 11-35 在红黑树中进行一系列插入操作：a）初始树；b）7 的插入；c）12 的插入，引起双红现象；d）重构之后；e）插入 15，引起双红现象；f）重新着色（根仍然是黑色）；g）插入 3；h）插入 5；i）14 的插入，引起双红现象；j）重构之后；k）插入 12，引起双红现象；l）重新着色之后。（后接图 11-36）

删除

从红黑树 T 中删除键为 k 的项和二叉搜索树的删除过程相似（见 11.1.3 节）。在结构上，这种处理结果导致删除至多有一个孩子的节点（或者是最初包含 k 的节点或者是它的前继），并提升其剩余的子节点（如果有的话）。

如果删除节点是红色的，这种结构性的变化不会影响树中任何路径的黑色深度，也没有任何违反红色属性，所以结果树仍然是有效的红黑树。在相应的（2，4）树 T' 中，这表示 3-node 或 4-node 的萎缩。如果删除的节点是黑色的，那么它要么没有孩子要么它有一个子节点，这个子节点是一个红色的叶子节点（因为删除的节点的空子树黑色高度为 0）。在后一种情况下，将除去的节点代表一个相应的 3-node 的黑色部分，我们通过重新将提升的孩子着色为黑色来恢复红黑属性。

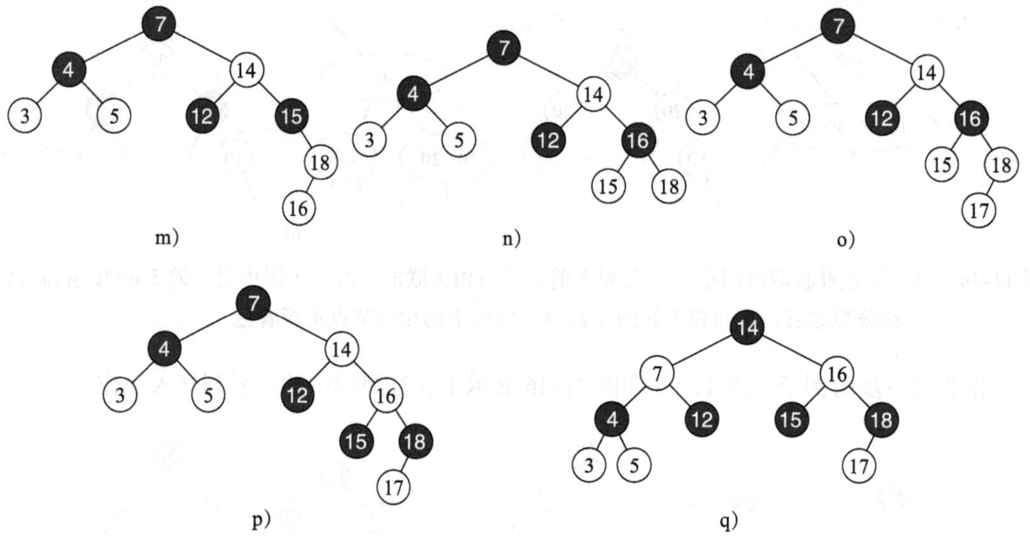
m)
n)
o)
p)
q)

图 11-36　在红黑树中插入一个序列：m）插入 16，引起双红现象；n）重构之后；o）插入 17，引起双红现象；p）重新着色后，再次出现双红现象，通过重构进行处理；）重构之后（接图 11-35）

更为复杂的情况就是一个（非根）黑色叶节点被删除。在相应的 2-4 树中，这表示从一个 2 节点中除去一个项目。如果没有重新平衡，这种变化会导致沿着通往删除项的路径的黑色深度不足。根据需要，被删除的节点必须有子树黑色高度为 1 的兄弟（假定在黑色叶节点删除之前是有效的红黑树）。

为了补救这种情况，我们考虑到一个更一般的设置，用一个已知有两个子树的 z 节点：T_{heavy} 和 T_{light}，正好 T_{light}（如果有）的根节点是黑色，同时 T_{heavy} 的黑色深度恰好比 T_{light} 高 1，如图 11-37 所示。在一个除去黑色叶子的情况下，z 是该叶子的父亲，T_{light} 是删除之后仍然存在的空子树。我们描述更一般情况下的不足，因为重新平衡树的算法在某些情况下将把树中的不足推向更高（就像（2，4）树的删除解决方案有时会级联向上）。我们用 y 表示 T_{heavy} 的根（存在这样的节点，因为 T_{heavy} 的黑色深度至少为 1）。

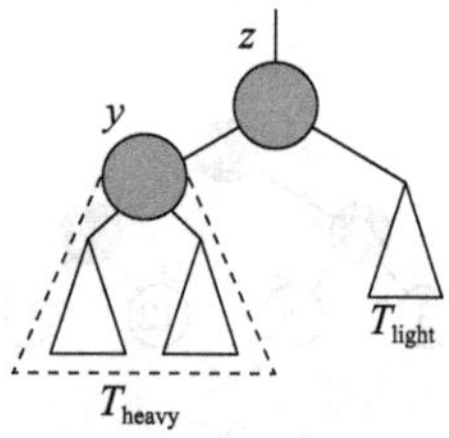
z
y
T_{light}
T_{heavy}

图 11-37　节点 z 的子树的黑色高度之间的不足。灰度颜色说明 y 和 z 表示着以下事实：这些节点可被着色为黑色或红色。

我们考虑三种可能的情况以弥补不足。

情况 1：节点 y 是黑色的，同时有一个红色的孩子节点 x（见图 11-38）。执行 trinode 重组，正如最初 11.2 节所描述的。操作 restructure(x) 需要节点 x、它的父节点 y 和祖先节点 z，从左到右暂时将它们标记为 a、b 和 c，并用标记为 b 的节点取代 z，使其成为其他两个节点的父节点。我们将 a 和 c 染色为黑色，并给 b 着上之前 z 的颜色。

注意，重组之后的结果显示 T_{light} 路径中包括了一个额外的黑色节点，从而弥补了不足。相反，图 11-38 中任何其他三个子树黑色节点的数量仍然保持不变。

解决这种情况对应于（2，4）树 T' 中在 z 的两个子节点之间的转换操作。y 有一个红色节点的事实向我们保证它代表一个 3-node 或 4-node。实际上，先前存储在 z 中的项被降级为一个新的 2-node 来解决不足，而存储在 y 中的项或者它的子节点得以提升，取代原先存储在 z 中的项。

情况 2：节点 y 是黑色，并且 y 的两个子节点是黑色（或无）。解决这种情况相当于在相当的（2，4）树 T' 中进行一个融合操作。同时 y 必须代表一个 2-node。我们做了**重新着色**：将 y 着为红色，如果 z 是红色的，则将它着为黑色（见图 11-39）。这并没有违反任何红色属性，因为 y 没有红色的子节点。

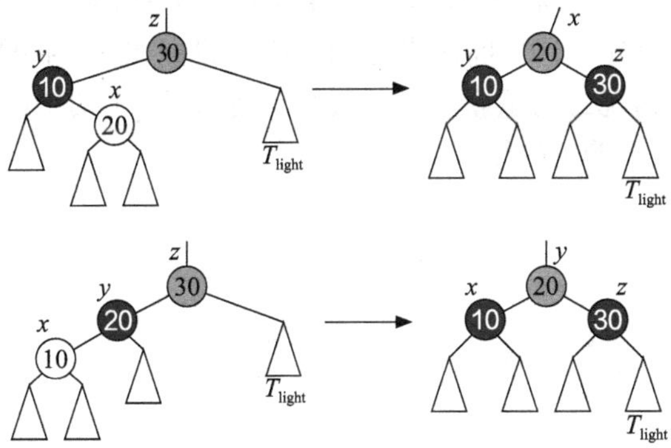
z
y
x
30
10
20
T_{light}
30
20
10
T_{light}

图 11-38 通过执行 trinode 重组 restructure(x) 解决 T_{light} 处的一个黑色不足。两种可能的配置如图所示（其他两个配置是对称的）。左侧图中 z 的灰色部分表示这个节点可能被着成黑色或者红色。重组部分的根被赋予了相同的颜色，而该节点的子节点最后都被着成黑色

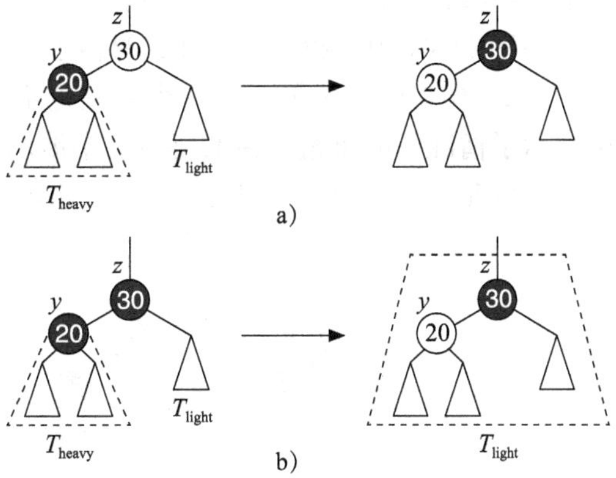
z
y
30
20
T_{light}
T_{heavy}
a)
b)

图 11-39 在 T_{light} 中通过重新着色操作来解决黑色不足。a) z 原本是红色的，颠倒 y 和 z 的颜色解决了黑色的不足，结束进程；b) z 原本是黑色的，重新着色 y 时，z 的整个子树有一个黑色的不足，需要级联的补救措施

在 z 原来为红色的情况下，相应的（2，4）树中，其父节点是 3-node 或者 4-node，这样重新着色解决了不足。（见图 11-39a）这种方法结果导致 T_{light} 增加了一个额外的黑色节点，而重新着色没有影响 T_{heavy} 的子树路径中的黑色节点的数目。

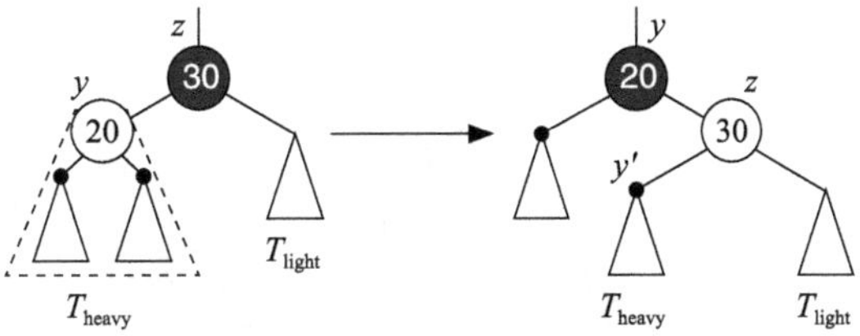
z
y
30
20
T_{heavy}
T_{light}
y
z
20
30
y'
T_{heavy}
T_{light}

图 11-40 关于红色节点 y 和黑色节点 z 的反转和重新着色，假设 z 有一个黑色的不足。这相当于在（2，4）树中相应的 3-node 的方向变化。通过树这一部分这个操作不会影响任何路径的黑色深度。此外，因为 y 为原本是红色的，z 的新子树必须有一个黑色的根 y' 和一个等同于 T_{heavy} 原先的黑色深度。因此，转变之后，节点 z 仍然存在一个黑色的不足

在 z 原来的颜色为黑色的情况下，相应的（2，4）树中，其父节点是 2-node，重新着色没有增加 T_{light} 路径中黑色节点的数目。事实上，它减少了 T_{heavy} 路径中黑色节点的数目（见图 11-39b）。此步骤完成后，z 的两个孩子将具有相同的黑色高度。然而，位于 z 的整个树根变得不足，从而传播问题显得更高了，我们必须重复考虑 z 的父亲节点的所有三种情况作为补救。

情况 3：节点 y 是红色的（见图 11-40）。因为 y 是红色的，同时 T_{heavy} 有至少为 1 的黑

色深度，z 必须是黑色的，y 的两个子树必须每一个都有一个黑色的根，并且黑色的深度等于 T_{heavy} 的深度。这种情况下，我们把 y 和 z 进行旋转，然后重新将 y 着为黑色，将 z 着为红色。这是指在一个相关的（2，4）树 T' 中一个 3-node 的重新调整。

这并不能立即解决不足，因为 z 的新子树是拥有黑色根 y' 的一个 y 的旧的子树，同时其黑色高度等于 T_{heavy} 的原有高度。我们重新采用算法来解决 z 的不足，已知新的子节点 y'（即 T_{heavy} 的根），现在是黑色的，因此这种情况适用于情况一或者情况二。此外，下一个应用将是最后一次，因为第 1 种情况始终能终止并且第 2 种情况将会终止假定 z 是红色的。

在图 11-41 中，我们在一棵红黑树上展示了一系列的删除操作。在这些图片中虚线的边缘，如 c）中 7 的右边展现了一个有黑色不足的分支，目前尚未得到解决。我们在 c）和 d）中展示了情况一的重组，在 f）和 g）中展示了情况二的重新着色。最终反转 i）和 j）两个部分展现情况三这个例子，同时 k）表示情况二重新着色的结束。

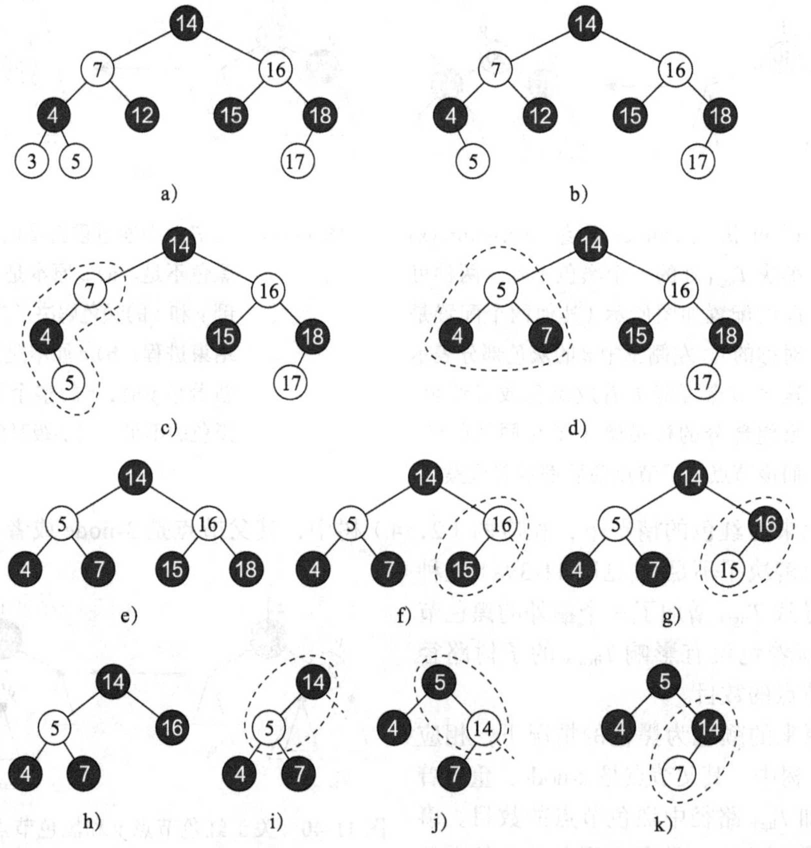

图 11-41 在红黑树中的一系列删除操作：a）初始树；b）删除 3；c）删除 12，造成 7 右边的黑色不足（通过重组处理）；d）重组之后；e）删除 17；f）删除 18，造成 16 右边的黑色不足（通过重新着色处理）；g）重新着色之后；h）删除 15；i）删除 16，造成 14 右边的黑色不足（由最初的旋转处理）；j）在旋转后的黑赤字需要由重新着色处理；k）重新着色

红黑树的性能

根据有序映像 ADT，红黑树的渐近性能与 AVL 树或（2，4）树的渐近性能相同，对于大多数操作保证了对数时间界限（AVL 性能的总结见表 11-2）。红黑树的主要优点在于插入

或删除只需要常数步的调整操作（这是相对于 AVL 树和（2，4）树，在最坏的情况下，两者的每个映射的结构调整均需要对数倍的时间操作）。也就是说，在红黑树的插入或删除操作中，搜索一次需要对数级时间，并且可能需要对数倍的级联向上重新着色操作。下面的命题显示，对于单个的映射操作有一个常数数量的旋转或者调整操作。

命题 11-10： *在一棵存储 n 个项目的红黑树中插入一个项可在 $O(\log n)$ 的时间内完成，并且需要 $O(\log n)$ 的重新着色且至多需要一次的 trinode 重组。*

证明： 回想一下，插入开始的时候会向下搜索，创建一个新的叶节点，然后一个潜在向上操作会造成双红问题。可能有很多对数运算重新着色，由于情况 2 应用的向上级联，但情况 1 行动单一的应用消除了一个 trinode 重组双红问题。因此，一个红黑树的插入至多需要一次重组操作。 ■

命题 11-11： *在一棵存储 n 个项目的红黑树中删除一个项可在 $O(\log n)$ 的时间内完成，并且需要 $O(\log n)$ 的重新着色且最多需要两次调整操作。*

证明： 删除操作始于标准二叉搜索树的删除算法，所需要的时间与树的深度成正比。对于红黑树，深度为 $O(\log n)$。随着从删除节点的父节点一直向上而重新平衡。

我们考虑三种情况以补救造成的黑色不足。情况 1 需要一次 trinode 重组操作来完成过程，所以这种情况下最多应用一次。情况 2 可能被应用对数级次数，但是它仅涉及每个应用最多两个节点的重新着色。情况 3 需要旋转，但这种情况下只应用一次，因为如果旋转不能解决问题，下一个动作将是情况 1 或情况 2 终止。

在最坏情况下，将会有情况 2 的 $O(\log n)$ 次重新着色、情况 3 的单个旋转以及情况 1 的一次 trinode 重组。 ■

11.6.2 Python 实现

代码段 11-15 ～ 11-17 是 RedBlackTreeMap 类的完整实现。它继承自标准 TreeMap 的类，并依赖于 11.2 节中描述的平衡框架。

代码段 11-15　RedBlack TreeMap 类的开始（后接代码段 11-16）

```
class RedBlackTreeMap(TreeMap):
  """Sorted map implementation using a red-black tree."""
  class _Node(TreeMap._Node):
    """Node class for red-black tree maintains bit that denotes color."""
    __slots__ = '_red'     # add additional data member to the Node class

    def __init__(self, element, parent=None, left=None, right=None):
      super().__init__(element, parent, left, right)
      self._red = True     # new node red by default
```

代码段 11-16　RedBlack TreeMap 类的继续。（接代码段 11-15，后接代码段 11-17）

```
  #------------------------- positional-based utility methods -------------------------
  # we consider a nonexistent child to be trivially black
  def _set_red(self, p): p._node._red = True
  def _set_black(self, p): p._node._red = False
  def _set_color(self, p, make_red): p._node._red = make_red
  def _is_red(self, p): return p is not None and p._node._red
  def _is_red_leaf(self, p): return self._is_red(p) and self.is_leaf(p)

  def _get_red_child(self, p):
    """Return a red child of p (or None if no such child)."""
```

```
  for child in (self.left(p), self.right(p)):
    if self._is_red(child):
      return child
  return None

#------------------------- support for insertions -------------------------
def _rebalance_insert(self, p):
  self._resolve_red(p)                        # new node is always red

def _resolve_red(self, p):
  if self.is_root(p):
    self._set_black(p)                        # make root black
  else:
    parent = self.parent(p)
    if self._is_red(parent):                  # double red problem
      uncle = self.sibling(parent)
      if not self._is_red(uncle):             # Case 1: misshapen 4-node
        middle = self._restructure(p)         # do trinode restructuring
        self._set_black(middle)               # and then fix colors
        self._set_red(self.left(middle))
        self._set_red(self.right(middle))
      else:                                   # Case 2: overfull 5-node
        grand = self.parent(parent)
        self._set_red(grand)                  # grandparent becomes red
        self._set_black(self.left(grand))     # its children become black
        self._set_black(self.right(grand))
        self._resolve_red(grand)              # recur at red grandparent
```

代码段 11-17 RedBlack TreeMap 类的总结（接代码段 11-16）

```
#------------------------- support for deletions -------------------------
def _rebalance_delete(self, p):
  if len(self) == 1:
    self._set_black(self.root())      # special case: ensure that root is black
  elif p is not None:
    n = self.num_children(p)
    if n == 1:                        # deficit exists unless child is a red leaf
      c = next(self.children(p))
      if not self._is_red_leaf(c):
        self._fix_deficit(p, c)
    elif n == 2:                      # removed black node with red child
      if self._is_red_leaf(self.left(p)):
        self._set_black(self.left(p))
      else:
        self._set_black(self.right(p))

def _fix_deficit(self, z, y):
  """Resolve black deficit at z, where y is the root of z's heavier subtree."""
  if not self._is_red(y): # y is black; will apply Case 1 or 2
    x = self._get_red_child(y)
    if x is not None: # Case 1: y is black and has red child x; do "transfer"
      old_color = self._is_red(z)
      middle = self._restructure(x)
      self._set_color(middle, old_color)      # middle gets old color of z
      self._set_black(self.left(middle))      # children become black
      self._set_black(self.right(middle))
    else: # Case 2: y is black, but no red children; recolor as "fusion"
      self._set_red(y)
      if self._is_red(z):
        self._set_black(z)                    # this resolves the problem
      elif not self.is_root(z):
```

```
        self._fix_deficit(self.parent(z), self.sibling(z)) # recur upward
    else: # Case 3: y is red; rotate misaligned 3-node and repeat
      self._rotate(y)
      self._set_black(y)
      self._set_red(z)
      if z == self.right(y):
        self._fix_deficit(z, self.left(z))
      else:
        self._fix_deficit(z, self.right(z))
```

从代码段 11-15 开始，通过重写嵌套 _Node 类的定义引入一个附加的布尔值来表示节点的当前颜色。我们的构造函数有意将新节点的颜色设置为红色，以符合插入节点的方法。在代码段 11-16 的开头定义几个附加的实用功能，帮助设置节点的颜色和查询各种条件。

当一个元素已作为一个叶子节点被插入树中，_rebalance_insert 的钩子将被调用，使我们有机会修改树的结构。新节点默认情况下是红色的，所以我们只需要寻找新节点的特殊情况，新节点是根（在这种情况下，它应该是黑色的），或者有一个双重红色问题，因为新节点的父节点可能是红色的。为了弥补这种违规行为，我们严格遵循 11.6.1 节所描述的情况分析。

删除后的再平衡也遵循 11.6.1 节描述的情况分析。一个额外的挑战是，在 _rebalance_delete 被调用的同时，旧节点已经从树中移除。在移除节点的父节点上调用钩子。某些情况下分析取决于知道关于被去除的节点的属性。幸运的是，我们可以根据红黑树的信息进行逆向处理。特别是，如果 p 表示移除节点的父节点，它必须是：

- 如果 p 没有子节点，移除的节点是红叶子节点（练习 R-11.26）。
- 如果 p 有一个子节点，已删除节点是一个黑叶，造成空缺，除非剩下的一个子节点是一个红色的叶子（练习 R-11.27）。
- 如果 p 有两个子节点，则移除的是一个被升级并且有红色子节点的黑色节点（练习 R-11.28）。

11.7 练习

请访问 www.wiley.com/college/goodrich 以获得练习帮助。

巩固

R-11.1 如果插入项（1，*A*）、（2，*B*）、（3，*C*）、（4，*D*）、（5，*E*）（按照这个顺序）到初始为空的二叉搜索树，它会是什么样子？

R-11.2 将键为 30、40、24、58、48、26、11、13（按顺序）的项插入一棵空的二叉搜索树。画出每次插入一个项之后的值。

R-11.3 有多少种可以存储键值 {1, 2, 3} 的不同的二叉搜索树？

R-11.4 Amongus 博士声称，一个固定集合的条目被插入到二叉搜索树中的顺序是不重要的——每次都会产生相同的树的结果。请给出一个小例子，证明他的观点是错的。

R-11.5 Amongus 博士声称，一个固定集合的条目被插入到 AVL 树的顺序是不重要的——每次都会产生相同的树的结果。请给出一个小例子，证明他的观点是错的。

R-11.6 从代码段 11-4 中发现，TreeMap._subtree_search 实用程序的实现依赖于递归。对于一棵大的不平衡树，Python 对于递归深度的默认限制可能会令人望而却步。给出一种非递归的实现方法。

R-11.7 图 11-12 和图 11-14 中的 trinode 重组是不是会导致单旋转或双旋转？

R-11.8 根据图 11-14b 绘制插入键为 52 的条目后的 AVL 树。

R-11.9 根据图 11-14b 绘制移除键为 62 的条目后的 AVL 树。

R-11.10 解释为什么使用 8.3.2 节的基于数组的表示对一个 n-node 二叉树执行一个旋转需要 $\Omega(n)$ 的时间。

R-11.11 按照图 11-13 的风格给出原理图，展示对 AVL 树进行删除操作过程中子树的高度变化，y 节点的两个子节点以相同高度开始的情况下引发了 trinode 重组。执行删除操作后重新平衡子树的结果是什么？

R-11.12 重复前面的问题，考虑其中 y 的子节点从不同的深度开始。

R-11.13 AVL 树的删除规则中特别要求当表示为 y 的节点的两个子树具有相同深度时，x 子节点应该和 y "对齐"（所以 x 和 y 均为左子节点或右子节点）。为了更好地理解这一要求，假设选择了错误的 x，重复练习 R11.11。说明为什么用那种选择恢复 AVL 性能可能会有问题？

R-11.14 在最初为空的伸展树中绘制执行以下操作之后的图。

a）插入键 0、2、4、6、8、10、12、14、16、18（按照这个顺序）。

b）查找键 1、3、5、7、9、11、13、15、17、19（按照这个顺序）。

c）删除键 0、2、4、6、8、10、12、14、16、18（按此顺序）。

R-11.15 如果按照键的增加来访问，伸展树会是什么样子？

R-11.16 图 11-23a 所示的搜索树是不是一棵（2，4）树？回答后请给出相应的原因。

R-11.17 对（2，4）树的节点 w 的另一种分裂是把 w 分成 w' 和 w''，w' 成了 2-node 而 w'' 成了 3-node。我们会把 k_1、k_2、k_3、k_4 中的哪一个存储在 w 的父节点中？为什么？

R-11.18 Amongus 博士声称，存储一组条目的（2，4）树总是具有相同的结构，不管在其中插入的条目的顺序如何。请证明他的观点是错的。

R-11.19 绘制对应于相同（2，4）树的两种不同的红黑树。

R-11.20 假设有一组键 $K=\{1, 2, 3, 4, 5, 6, 7, 8, 9, 10, 11, 12, 13, 14, 15\}$。

1）用最少的节点绘制（2，4）树，将 K 中的键作为（2，4）树的键。

2）用最多的节点绘制（2，4）树，将 K 中的键作为（2，4）树的键。

R-11.21 假设有一组键（5，16，22，45，2，10，18，30，50，12，1），把这些键（按给定顺序）插入下列给定的树中，绘制结果。

1）最初为空的（2，4）树。

2）最初为空的红黑树。

R-11.22 根据下面有关红黑树陈述，证明每一个为真的语句。对于为假的语句，请举出反例。

a）红黑树的子树就是一棵红黑树。

b）没有兄弟节点的节点是红色的。

c）与给定红黑树相关联的（2，4）树是唯一的。

d）与给定（2，4）树相关联的红黑树是唯一的。

R-11.23 在一棵二叉搜索树 T 中，无论 T 是 AVL 树、伸展树还是红黑树，中序遍历得到的条目都是相同的输出结果。

R-11.24 考虑一棵存储 100 000 个条目的树 T，下面列举的选项哪个有最坏情况的高度？

1）T 是二叉搜索树。

2）T 是 AVL 树。

3）T 是伸展树。

4）T 是（2，4）树。

5）T 是红黑树。

R-11.25 画一棵是红黑树但不是 AVL 树的例子。

R-11.26 假设 T 是一棵红黑树，设 p 为该树经过标准搜索树删除算法被删除节点的父节点。试证明：如果 p 没有子节点，则删除的节点为红色叶子。

R-11.27 假设 T 是一棵红黑树，设 p 为该树经过标准搜索树删除算法被删除节点的父节点。试证明：如果 p 只有一个孩子，除了一个保留的子结点是红色叶子的情况，该删除将会在 p 的位置导致黑色不足。

R-11.28 假设 T 是一棵红黑树，设 p 为该树经过标准搜索树删除算法被删除节点的父节点。试证明：如果 p 有两个子节点，则删除的节点是黑色并且有一个红色子节点。

创新

C-11.29 说明如何用 AVL 树或者红黑树对 n 个可比较的元素进行排序，并且在最坏情况下的时间复杂度为 $O(n \log n)$。

C-11.30 能用伸展树对 n 个可比较的元素进行排序，并且在最坏情况下的时间复杂度达到 $O(n \log n)$ 吗？为什么？

C-11.31 对 TreeMap 类重复练习 C-10.28。

C-11.32 说明任何 n-node 的二叉树都可以经过 $O(n)$ 次旋转被转换成其他 n-node 的二叉树。

C-11.33 对于一个在二叉搜索树 T 中没有搜索到的键 k，证明小于 k 的最大键和大于 k 的最小键都位于 k 的搜索路径上。

C-11.34 在 11.1.2 节中，我们声明了一个二叉搜索树的 find_range 方法执行的时间复杂度为 $O(s + h)$，其中 s 为搜索范围内的元素个数，h 为树的高度。实现在代码段 11-6 开始对开始节点搜索，并且重复调用 after 方法，直到搜索完整个范围。每次调用 after 方法都保证运行时间在 $O(h)$ 以内。这表明了 find_range 方法的一个更小的 $O(sh)$ 界限，因为它包括了 $O(s)$ 的 after 调用。证明该实验实现了更大的时间界限 $O(s + h)$。

C-11.35 描述如何进行 remove_range(start, stop) 操作，删除所有以二叉搜索树实现的有序映射中落在范围 (start, stop) 之间的键，并表明该方法运行的时间复杂度为 $O(s + h)$，其中 s 为删除的元素个数，h 为 T 的高度。

C-11.36 用 AVL 树重新解决上述问题，实现运行时间复杂度为 $O(s \log n)$。为什么原来问题的解决方法对 AVL 树不会直接产生一个 $O(s + \log n)$ 的算法。

C-11.37 假设希望支持一个新的能确定有多少有序映射的键落在一个特定的范围内的计数范围方法 count_range(start, stop)。我们很明确地采用我们的 find_range 方法实现该操作，其耗时 $O(s + h)$。描述如何修改该搜索树结构使得其用 count_range 方法搜索时，最坏情况下时间复杂度为 $O(h)$。

C-11.38 如果在前面的问题中描述的方法前作为 TreeMap 类的一部分来实现，那么为了支持新方法，对 AVLTreeMap 这样的子类需要进行哪些额外的修改（如果有的话）？

C-11.39 为了恢复高度平衡属性，绘制 AVL 树的原理图，说明一个单独的移除操作需要 $\Omega(\log n)$ 的从叶子节点到根的 trinode 重组（或旋转）。

C-11.40 在我们的 AVL 实现中，每个节点存储其子树的高度，它是一个任意的大整数。通过存储一个节点的**平衡因子**来减少一个 AVL 树的存储空间，其中平衡因子被定义为该节点左子树的高度减去右子树的高度。因此，一个节点的平衡因子总是取 - 1，0 或者 1。除了在插入或者删除阶段它临时等于 - 2 或者 + 2 的情况。重新实现存储平衡因子而不是子树高度的 AVLTreeMap 类。

C-11.41 如果保留一个二叉搜索树最左边节点的引用，那么 find_min 操作执行时间会是 $O(1)$。描述如何修改其他映射方法从而保留最左边位置的指针。

C-11.42 如果描述前面问题的方法作为 TreeMap 类实现的一部分，那么必须附加哪些修改（如果可以的话）给一个如 AVLTreeMap 的子类，以精确地保留最左边位置的引用？

C-11.43 对二叉搜索树进行修改，使这棵树无论是 after(p) 还是 before(p)，其最坏情况下的时间复杂度都是 $O(1)$，而不会对任何其他方法的渐近性产生不利影响。

C-11.44 如果前面问题描述的方法作为 TreeMap 类实现的一部分，为了保持效率，对子类（例如 AVLTreeMap）来说什么样的额外修改（如果有的话）是必要的？

C-11.45 对于一个标准二叉搜索树，表 11-1 表明了 delete(p) 方法需要用 $O(h)$ 的时间复杂度。证明如果对练习 C-11.43 给出一个解决方案，为什么 delete(p) 方法运行时间将会是 $O(1)$？

C-11.46 描述一个对二叉搜索树数据结构进行的修改，使其对一个有序映射支持以下两个基于索引的操作，所用时间复杂度为 $O(h)$，其中 h 是树的高度。

- at _index(i)：返回有序映射中索引为 i 的项的位置 p。
- index_of(p)：返回有序映射中位置为 p 的项的索引 i。

C-11.47 绘制一棵伸展树 T_1 以及产生它的更新的序列，同时绘制一棵红黑树 T_2，在同一组设置 10 个条目，使得 T_1 的先序遍历将和 T_2 的先序遍历相同。

C-11.48 请展示，在 AVL 树中，在插入操作期间暂时成为不平衡的节点可能在从新插入节点到根节点这条路径上不连续。

C-11.49 请展示，在 AVL 树中，经过标准 __delitem__map 操作删除一个节点后至多一个节点暂时失去平衡。

C-11.50 记 T 和 U 为（2，4）树，分别存储 n 和 m 个条目，所有 T 中的条目拥有的键少于 U 中所有条目拥有的键。描述将 T 和 U 合并成单一的树来存储 T 和 U 的所有元素的方法，使得该方法的时间复杂度为 $O(\log n + \log m)$。

C-11.51 用红黑树 T 和 U 重复上述的问题。

C-11.52 证明命题 11-7。

C-11.53 当有不同的键时，在红 - 黑树中使用布尔指示器标记节点是“红”还是“黑”并不是很严格。描述一棵现实方案，使得无须添加任何额外的空间就能将一棵准二叉搜索树变成红黑树。

C-11.54 记 T 是一个有 n 个条目的红黑树，k 为 T 中一个条目的键。展示如何根据 T 在 $O(\log n)$ 的时间里构建两个红黑树 T' 和 T''，使得 T' 包含 T 中的所有小于 k 的，T'' 包含 T 中所有大于 k 的键。这个操作会破坏 T。

C-11.55 证明任何一个 AVL 树 T 的节点通过标记成红和黑都能成为一个红黑树。

C-11.56 标准伸展步骤需要两步：首先向下延伸找到待扩展节点 x。然后向上延伸扩展 x。描述一个在向下的延伸中伸展并搜索 x 的方法。每个子步骤都需要你考虑接在下降到 x 的路径中接下来的两个节点，并且可能在最后使用 zig 子步骤。描述如何进行 zig-zig, zig-zag 和 zig 步骤。

C-11.57 考虑一个伸展树的变形，叫作半伸展树。只要到达伸展树 $d/2$ 的深度，将停止伸展深度为 d 的节点。对半伸展树进行摊销分析。

C-11.58 试述 n-node 伸展树 T 的一系列的访问，其中 n 为奇数。这将导致 T 由一个单链节点组成，使得到 T 的路径中节点交替出现在左子节点和右子节点之间。

C-11.59 作为一个位置结构，TreeMap 的实现有一点瑕疵。例如一个与位置 p 关联的键 - 值对 (k, v)，只要其条目保存在映射中，就应该保留其有效性。特别是，该位置不能受到在集合中调用插入或者删除其他项的影响。但是我们的算法在删除一个二叉搜索树时不能提供这样一个保证。因为所定的规则是在删除一个有两个子节点的键时用其前面的键代替它。给出一系列明确的 Python 命令，演示这样的瑕疵。

C-11.60 如何改变 TreeMap 从而避免上述问题中提到的缺点？

项目

P-11.61 进行实验研究：对于不同的序列，AVL 树、伸展树和红黑树的速度。

P-11.62 重复上述练习，包括跳跃表（见练习 P-10.53）的实现。

p-11.63 使用一棵（2，4）树（见 10.1.1 节）实现 ADT 映射。

P-11.64 重复上述练习，用到有序 ADT 映射的所有方法（见 10.3 节）。

P-11.65 重复练习 P-11.63 提供二叉搜索树（11.1.1 节）的位置支持，用到 first()、last()、before(p)、after(p) 和 find_position(kb) 方法。理论上每个条目都有不同的位置，即使许多条目可能存储在一棵树的同一个节点上。

P-11.66 编写一个 Python 类，实现将红黑树转变成相应的（2，4）树，同时也能将（2，4）树转变成相应的红黑树。

P-11.67 在 10.5.3 节描述多集合和多重映射时，我们描述了一个一般的方法来改变传统的映射，即通过在二级容器中存储所有的副本。给出一个可选择的使用二叉搜索树的多重映射的实施方案，使得映射中每个条目存储在树的不同节点中。由于存有副本，因此重新定义搜索树的属性，使得位置 p 的左子树所有条目的键小于等于 k，位置 p 的右子树的所有条目的键大于等于 k。使用在代码段 10-17 中给出的公共接口。

P-11.68 像练习 C-11.56 描述的一样使用从上到下扩展的方法实现伸展树。进行广泛的研究，将其性能与本章讨论的标准自下而上的伸展树进行比较。

P-11.69 可合并堆 ADT 是优先队列 ADT 的一个扩展，包括的操作有 add(k, v)、min()、remove_min() 和 merge(h) 。merge(h) 操作是对一个可合并堆 h 集合中当前元素进行的，将所有条目合并到该元素直到 h 为空。描述一个可合并堆 ADT 的具体实现，该 ADT 的所有操作时间复杂度都在 $O(\log n)$ 以内实现，n 表示合并操作生成的堆的大小。

P-11.70 编写一个执行简单 n 体模拟的程序，称为程序“跳妖精灵。”这个模拟包含了 n 个精灵，编号从 1 到 n。它为每个精灵 i 保留了一个黄金价 g_i，开始每个精灵价值一百万，即对于 $i = 1, 2, \cdots, n, g_i = 1\ 000\ 000$。另外，该模拟器为每个精灵 i 在水平方向上保留一个空间，代表了一个双精度浮点型数 x_i。模拟器的每次迭代都使精灵有序。在每次迭代过程中产生一个精灵并且通过以下公式为 i 计算一个水平的空间：

$$x_i = x_i + rg_i$$

r 为 -1 到 1 之间的随机浮点数。然后精灵 i 获取离它最近精灵的一半黄金，并且加到自己的黄金价值 g_i 中。请编写一个程序，通过给出精灵个数 n 来实现这一系列的精灵。你必须使用一个本章中的有序映射数据结构来维持水平位置的集合。

扩展阅读

本章中讨论的许多数据结构在 Knuth 的 Sorting and Searching[65] 书中广泛涉及，并且被 Mehlhorn 在文献 [76] 中用到。AVL 树是由 Adel'son-Vel'skii 和 Landis[2] 于 1962 年发明的平衡搜索树。二叉搜索树、AVL 树和哈希都在 Knuth 的 Sorting and Searching [65] 书中有讲述。二叉搜索树的平均高度分析来自 Aho、Hopcroft 和 Ullman[6]，以及 Cormen，Leiserson，Rives 和 Stein 的书 [29]。Gonnet andaeza-Yates[44] 的手稿保留了许多映射实现的理论和实验的比较。Aho、Hopcroft 和 Ullman[5] 讨论了（2,3）树，这种树类似（2，4）树。红黑树是由 Bayer[10] 定义的。Guibas 和 Sedgewick[48] 的论文展示了红黑树的各种有趣属性。有兴趣想了解更多有关不同平衡树数据结构的读者，可以阅读 Mehihorn[76] 和 Tarjan[95] 的书，本章参见 Mehlhorn 和 Tsakalidis[78]。Knuth[65] 是优秀的附加读物，包含了早期平衡树的研究方法。伸展树是由 Sleator 和 Tarjan[89]（也可参见文献［95］）发明的。

排序与选择

12.1 为什么要学习排序算法

本章的重点是针对对象集进行排序的算法。我们要对一个集合的元素进行重新排列，以使它们按照从小到大的顺序进行排列（或以此顺序生成一个新的副本）。我们假设存在一个这样的一致次序，就如同我们在学习优先级队列时所做的（参见 9.4 节）。在 Python 中，对象的自然顺序一般使用 < 操作符定义，该运算符具有以下性质：

- 非自反性：$k \nless k$。
- 可传递性：若 $k_1 < k_2$ 且 $k_2 < k_3$，则 $k_1 < k_3$。

可传递性是很重要的。它使我们在不花费时间执行比较的情况下，能够直接推断出某些比较的结果，从而得到一个更高效的算法。

排序是已被很多学者充分研究过的有关计算的最重要的问题之一。数据集合通常按照排好序的顺序存储以便进行高效搜索，举个例子，在已有序的数据集合上可以使用二分查找算法（参见 4.1.3 节）来检索。许多解决不同问题的高级算法都依赖于排序。

Python 对数据排序提供了内置支持，其中包括重新对列表内容进行排序的 list 类的 sort 方法，还有以排好的顺序生成一个包含任意元素集合的内置的 sorted 函数。这些内置函数使用了一些高级算法（其中的一些我们将在本章描述），并且是高度优化的。由于很少有需要从头开始实现排序的特殊情况出现，因此编程人员往往会调用内置排序函数。

这就表示，对排序算法有深刻的理解是十分重要的。当务之急，在调用这些内置函数的时候，最好弄清楚预期的效率是多少以及它是如何依赖于元素的初始顺序或者排序对象的类型的。一般而言，这些引领排序算法发展进步的思想和方法使得其他计算机领域的相关算法也得到了发展。

我们在本书中已经介绍了一些排序算法：

- 插入排序（参见 5.5.2 节、7.5 节和 9.4.1 节）
- 选择排序（参见 9.4.1 节）
- 冒泡排序（参见练习 C-7.38）
- 堆排序（参见 9.4.2 节）

在本章中，我们展示了四种其他的排序算法：*归并排序*、*快速排序*、*桶排序*和*基数排序*，之后我们将在 12.5 节中讨论这些排序算法的优缺点。

12.2 归并排序

12.2.1 分治法

我们在本章中先描述前两个算法——归并排序和快速排序，它们在称为*分而治之*的算法设计模式中使用了递归的方法。我们已经知道，递归可以十分简练地描述一个算法（参见第 4 章）。分治法设计模式包含以下三个步骤：

1）分解：如果输入值的规格小于确定的阈值（比如一个或者两个元素），我们就通过使用直截了当的方法来解决这些问题并返回所获得的答案。否则，我们把输入值分解为两个或者更多的互斥子集。

2）解决子问题：递归地解决这些与子集相关的子问题。

3）合并：整理这些子问题的解，然后把它们合并成一个整体用以解决最开始的问题。

使用分治法进行排序

我们首先在一个很高的层次上描述归并算法，而不是去关注数据是基于数组（Python）的表还是链表，之后，我们将给出对于每一种数据的具体实现。我们使用分治法的三个步骤来对一个有 n 个元素的序列 S 进行排序，归并排序的过程如下：

1）分解：若 S 只有 0 个或 1 个元素，直接返回 S；此时它已经完成排序了。否则（若 S 有至少 2 个元素），从 S 中移除所有的元素，然后将它们放在 S_1、S_2 两个序列中，每一个序列包含 S 中一半的元素。这就是说，S_1 包含 S 前一半的元素，S_2 包含 S 后一半的元素。

2）解决子问题：递归地对 S_1 和 S_2 进行排序。

3）合并：把这些分别在 S_1 和 S_2 中排好序的元素拿出并按照顺序合并到 S 序列中。

关于分解的步骤，我们用 $\lfloor x \rfloor$ 符号来表示取 x 的底（floor），即小于 x 的最大整数。类似地，我们用 $\lceil x \rceil$ 表示取 x 的顶（ceiling），即有最小的整数 m 使得 $x \leqslant m$。

可以用一个二叉树 T 来形象化一个归并排序算法的执行过程，称这个二叉树为*归并排序树*。T 的每一个节点表示归并排序算法的一个递归调用（或引用）。我们将 T 中的每个节点 v，通过调用和序列 S 关联起来。节点 v 的子节点通过递归调用相关联，该递归调用可以处理 S 的子序列 S_1 和 S_2。T 的外部节点是与 S 中的单个元素相关联的，与无递归调用的算法实例一致。

图 12-1 通过展示对归并排序树每个节点处理得到的输入输出序列，总结了归并排序算法的执行过程。归并排序树的逐步演变在图 12-2 ～图 12-4 中展示。

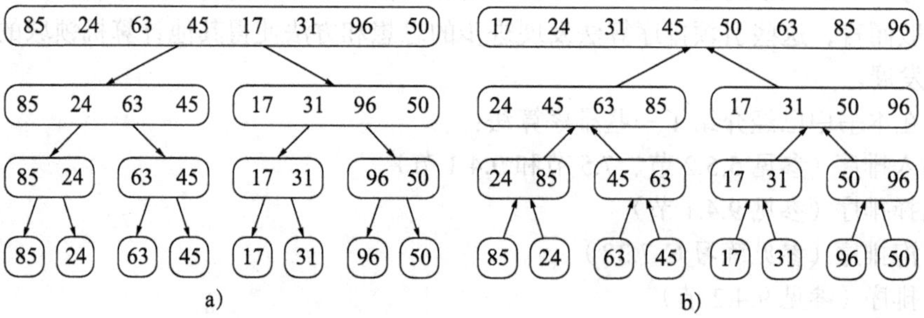
85 24 63 45 17 31 96 50
85 24 63 45
17 31 96 50
85 24
63 45
17 31
96 50
85
24
63
45
17
31
96
50
a)
17 24 31 45 50 63 85 96
24 45 63 85
17 31 50 96
24 85
45 63
17 31
50 96
85
24
63
45
17
31
96
50
b)

图 12-1　8 元素序列的归并排序算法执行过程的归并排序树 T：a）对 T 的每个节点处理得到的输入序列；b）T 的每个节点生成的输出序列

归并排序树算法的可视化，可以帮助我们分析归并排序算法的运行时间。特别地，由于输入序列的大小在每个递归调用中减半，因此归并排序树的高度大约是 $\log n$（如果 log 的底被省略，则以 2 为底）。

命题 12-1：*在大小为 n 的序列上执行归并算法，与其相关联的归并排序树的高度为* $\lceil \log n \rceil$。

我们把命题 12-1 的证明留作一个简单的练习 R-12.1。我们将使用这一命题来分析归并排序算法的运行时间。

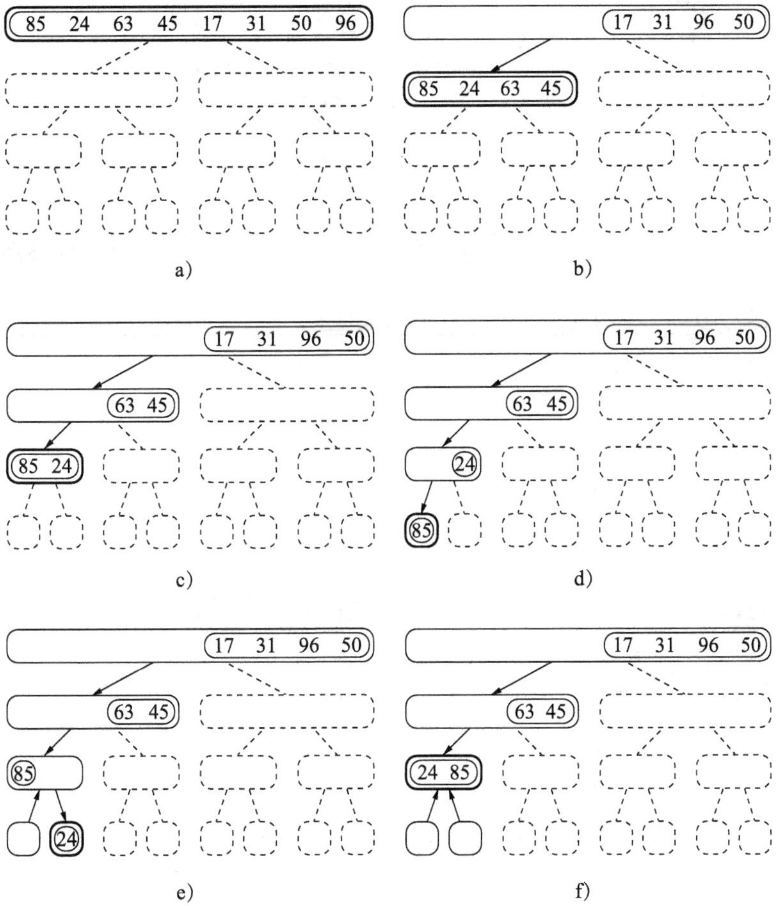
85 24 63 45 17 31 50 96
a)
17 31 96 50
85 24 63 45
b)
17 31 96 50
63 45
85 24
c)
17 31 96 50
63 45
24
85
d)
17 31 96 50
63 45
85
24
e)
17 31 96 50
63 45
24 85
f)

图 12-2 一个可视化的归并排序执行过程。树的每一个节点表示一个归并排序的递归调用。虚线所画的节点表示该节点的调用仍未形成。粗线所画的节点表示当前调用的节点。用细线画出的空节点表示该节点已经完成调用。剩下的节点（细线所画的但是非空的）表示该调用正在等待子节点调用的返回值（下接图 12-3）

结合已经给出的关于归并排序的概述，以及其工作方式的说明，让我们更详细地思考分治法中的每一个步骤。把一个长度为 n 的序列在其位置为 $\lceil n/2 \rceil$ 的元素处进行分解，然后可以通过把较小的序列作为参数开始递归调用。比较复杂的步骤则是将两个已排序的子序列合并成一个单独的序列。因此，在我们进行关于归并排序的分析之前，需要知道更多有关它是如何完成的内容。

12.2.2 基于数组的归并排序的实现

我们以一个被表示为 Python 列表（基于数组）的序列开始。merge 函数实现一个子任务（见代码段 12-1）：负责将之前提到的两个已排序的序列 S_1 和 S_2 合并，并将输出复制到序列 S 中。我们在每次进入 while 循环时复制一个元素，有条件地决定下一个元素将会取自 S_1 或 S_2 中的哪一个。分治法的归并排序算法已经给出，参见代码段 12-2。

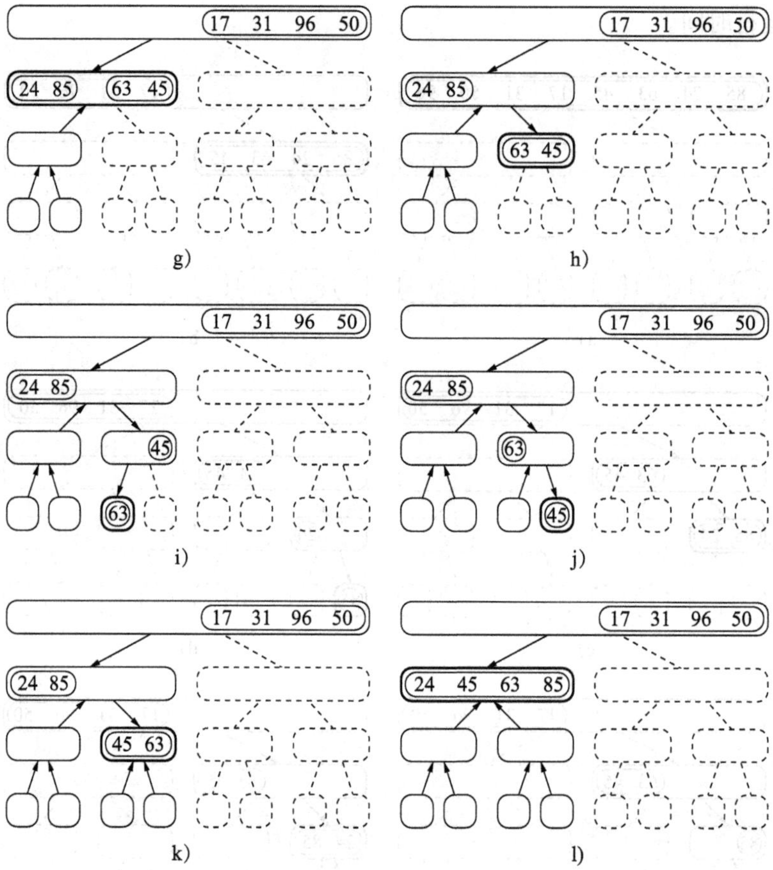
17 31 96 50
24 85
63 45
g)
17 31 96 50
24 85
63 45
h)
17 31 96 50
24 85
45
63
i)
17 31 96 50
24 85
63
45
j)
17 31 96 50
24 85
45 63
k)
17 31 96 50
24 45 63 85
l)

图 12-3　可视化的归并排序执行过程（结合图 12-2 和图 12-4）

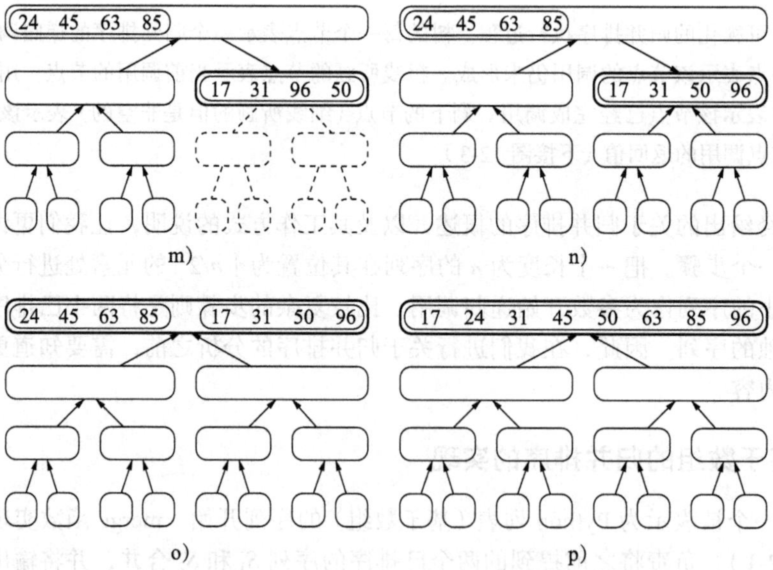
24 45 63 85
17 31 96 50
m)
24 45 63 85
17 31 50 96
n)
24 45 63 85
17 31 50 96
o)
17 24 31 45 50 63 85 96
p)

图 12-4　可视化的归并排序执行过程（上接图 12-3）。许多在图 m 和 n 之间的调用被省略了。在步骤 p 中，请注意这两个部分的合并过程

代码段 12-1 Python 中基于数组的 list 类的合并操作的执行过程

```python
def merge(S1, S2, S):
  """Merge two sorted Python lists S1 and S2 into properly sized list S."""
  i = j = 0
  while i + j < len(S):
    if j == len(S2) or (i < len(S1) and S1[i] < S2[j]):
      S[i+j] = S1[i]              # copy ith element of S1 as next item of S
      i += 1
    else:
      S[i+j] = S2[j]              # copy jth element of S2 as next item of S
      j += 1
```

代码段 12-2 Python 中基于数组的 list 类的递归归并排序算法的执行过程（使用了代码段 12-1 中定义的 merge 函数）

```python
def merge_sort(S):
  """Sort the elements of Python list S using the merge-sort algorithm."""
  n = len(S)
  if n < 2:
    return                        # list is already sorted
  # divide
  mid = n // 2
  S1 = S[0:mid]                   # copy of first half
  S2 = S[mid:n]                   # copy of second half
  # conquer (with recursion)
  merge_sort(S1)                  # sort copy of first half
  merge_sort(S2)                  # sort copy of second half
  # merge results
  merge(S1, S2, S)                # merge sorted halves back into S
```

图 12-5 说明了合并过程的一个步骤。在整个过程中，索引 i 表示 S_1 中已经被复制到 S 中的元素个数，同时，索引 j 表示 S_2 中已经被复制到 S 中的元素个数。假设 S_1 和 S_2 都至少有 1 个未复制元素，我们考虑复制两个元素中较小的那个元素。因为 $i+j$ 个对象之前已经复制过了，所以下一个元素会被放置到 $S[i+j]$（例如，当 $i+j$ 为 0，则下一元素就被复制到 $S[0]$）。如果我们达到了某一个序列的最后，就必须从另一序列开始复制下一个元素。

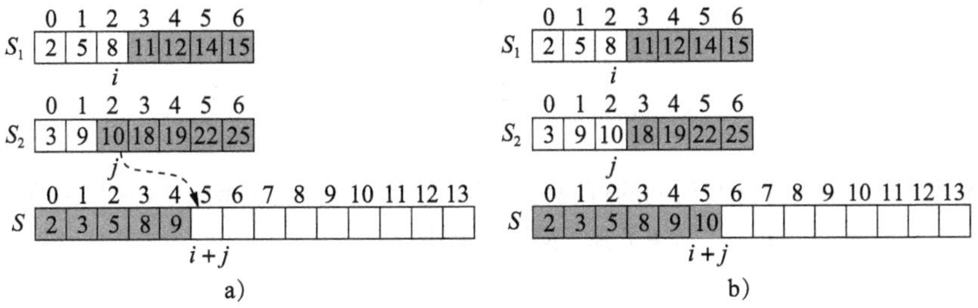
S1
2 5 8 11 12 14 15
i
S2
3 9 10 18 19 22 25
j
S
2 3 5 8 9
i+j
a)
S1
2 5 8 11 12 14 15
i
S2
3 9 10 18 19 22 25
j
S
2 3 5 8 9 10
i+j
b)

图 12-5 两个已排序数组的合并步骤（$S_2[j] < S_1[i]$）。我们展示了数组在复制前（a）与复制后（b）的情况

12.2.3 归并排序的运行时间

我们来分析 merge 算法的运行时间。令 n_1 和 n_2 分别为 S_1 和 S_2 的元素数。很明显，在每个 while 循环中执行的操作消耗 $O(1)$ 的时间。需要注意的是，在每一次迭代循环的过程

中，元素始终是从 S_1 或者 S_2 复制到 S 中的（并且认为这个元素没有做更进一步的复制）。因此，循环的迭代次数是 $n_1 + n_2$。也就是说，merge 算法的运行时间是 $O(n_1 + n_2)$。

分析了用于合并子问题的 merge 算法的运行时间，对于一个含有 n 个元素的输入序列，我们可以分析其整个归并排序算法的运行时间。为简单起见，我们只考虑 n 是 2 的幂方的情况。当 n 不是 2 的乘方时分析结果依旧成立，我们把它留作练习 R-12.3。

在评估归并排序的递归时，我们依赖于 4.2 节中介绍的分析技术。我们对每一次递归调用的时间消耗进行计算，但是排除等待成功的递归调用终止所花费的时间。至于 merge_sort 函数，我们计算把一个序列分为两个子序列，以及调用 merge 函数来合并这两个已排序的序列所耗费的时间，但排除了两个对 merge_sort 函数的递归调用。

一棵归并排序树 T，如同图 12-2 ～图 12-4 所描绘的，可以指引我们的分析。考虑一个已经关联了归并排序树 T 的节点 v 的递归调用。在节点 v 处分解的步骤是直截了当的；使用切片来产生 list 的二分副本，这一步运行的时间与 v 所在序列的大小成比例。我们已经看出，合并步骤也花费合并序列大小的时间。如果我们让 i 表示节点 v 的深度，则在节点 v 处的时间花费为 $O(n/2^i)$，原因是关联了 v 的递归调用所处理的序列的长度为 $n/2^i$。

更全局地看这棵树 T，如图 12-6，我们看到，基于"在节点处的时间花费"的定义，归并排序的运行时间等于在树 T 的节点处时间花费的总和。注意，T 在深度为 i 处，显然有个节点。这一简单的现象得出很重要的结论，它意味着在树 T 的深度为 i 处的所有节点的全部时间花费为 $O(2^i \cdot n/2^i)$，即 $O(n)$。由命题 12-1 可知，树 T 的高为 $\lceil \log n \rceil$。也就是说，因为在树 T 的每个 $\lceil \log n \rceil + 1$ 处，时间花费均为 $O(n)$，所以有如下结论。

命题 12-2： *假设一个大小为 n 的序列 S，其两个元素可以在 $O(1)$ 的时间内完成比较，那么归并排序算法对 S 进行排序消耗的时间为 $O(n \log n)$。*

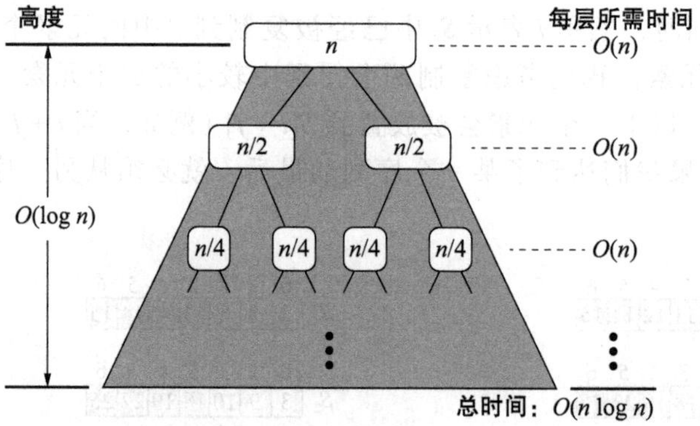
高度
每层所需时间
n
O(n)
n/2
n/2
O(n)
O(log n)
n/4
n/4
n/4
n/4
O(n)
总时间：O(n log n)

图 12-6 归并排序运行时间的可视化分析。每个节点代表在特定递归调用中所花费的时间，并标注了其子问题的大小

12.2.4 归并排序与递归方程 *

有另一种证明归并排序算法运行时间为 $O(n \log n)$（由命题 12-2 得出的）的方法。换句话说，我们可以更直接地处理归并排序算法的递归性。在本节中，我们提出一种关于归并排序运行时间的分析，介绍*递归方程*（也称为*递归关系*）的数学概念。

我们用函数 $t(n)$ 来表示一个规模为 n 的输入序列的归并排序在最坏情况下的运行时间。因为归并排序是递归的，所以我们可以用一个方程来描述函数 $t(n)$，在该方程中，函数 $t(n)$

可以根据其自身递归地表达。为了简化 $t(n)$ 的描述，我们只考虑 n 为 2 的乘方的情况（这个问题的渐近特性在一般情况下依旧成立，我们把这个留作练习）。在这种情况下，我们可以把 $t(n)$ 的定义详细化：

$$t(n)=\begin{cases} b & n\leqslant 1 \\ 2t(n/2)+cn & \text{其他} \end{cases}$$

一个如上所示的表达式被称作递归方程，是因为这个函数同时出现在等号的左右。尽管这样的描述是正确且精确的，然而我们希望得出的是一个关于 $t(n)$ 且不包含 $t(n)$ 自己的大 O 类型的描述。这就是说，我们需要一个关于 $t(n)$ 的封闭性描述。

我们在假设 n 比较大的情况下通过递归方程的定义获得了一个封闭的解决方案。例如在上式的再次应用后，我们可以写出一个新的递归式如下：

$$t(n)=2(2t(n/2^2)+(cn/2))+cn=2^2t(n/2^2)+2(cn/2)+cn=2^2t(n/2^2)+2cn$$

如果我们再次应用这个方程，会得到 $t(n)=2^3t(n/2^3)+3cn$。从这个角度，我们可以看出一个新模式，即在迭代 i 次之后可以得到：

$$t(n)=2^it(n/2^i)+icn$$

之后剩下的问题就是决定何时终止这个过程。为了知道何时停止这个过程，再次调用我们设置的开关，即当 $2^i=n$ 时将会出现的 $t(n)=b$（$n\leqslant 1$）这个情况。换句话说，这种情况将在 $i=\log n$ 时出现。使用这个代换之后，会得到：

$$t(n)=2^{\log n}t(n/2^{\log n})+(\log n)cn=nt(1)+cn\log n=nb+cn\log n$$

也就是说，我们得到了 $t(n)$ 就是 $O(n\log n)$ 这个事实的一个可供替代的证明。

12.2.5 归并排序的可选实现

排序链表

任何一种形式的基本队列都可以很容易地作为归并排序算法的容器类型。在代码段 12-3 中，我们基于 7.1.2 节提到的 Linked Queue 类的使用给出了上述内容的实现。命题 12-2 中归并排序的界 $O(n\log n)$ 同样可以应用于这种实现，因为在用一个链表实现时，每个基本操作均消耗 $O(1)$ 的时间。我们在图 12-7 中展示了这种 merge 算法的执行过程。

代码段 12-3 使用基本队列的归并排序实现

```
def merge(S1, S2, S):
  """Merge two sorted queue instances S1 and S2 into empty queue S."""
  while not S1.is_empty( ) and not S2.is_empty( ):
    if S1.first( ) < S2.first( ):
      S.enqueue(S1.dequeue( ))
    else:
      S.enqueue(S2.dequeue( ))
  while not S1.is_empty( ):                    # move remaining elements of S1 to S
    S.enqueue(S1.dequeue( ))
  while not S2.is_empty( ):                    # move remaining elements of S2 to S
    S.enqueue(S2.dequeue( ))

def merge_sort(S):
  """Sort the elements of queue S using the merge-sort algorithm."""
  n = len(S)
```

```
  if n < 2:
    return                      # list is already sorted
  # divide
  S1 = LinkedQueue( )           # or any other queue implementation
  S2 = LinkedQueue( )
  while len(S1) < n // 2:       # move the first n//2 elements to S1
    S1.enqueue(S.dequeue( ))
  while not S.is_empty( ):      # move the rest to S2
    S2.enqueue(S.dequeue( ))
  # conquer (with recursion)
  merge_sort(S1)                # sort first half
  merge_sort(S2)                # sort second half
  # merge results
  merge(S1, S2, S)              # merge sorted halves back into S
```

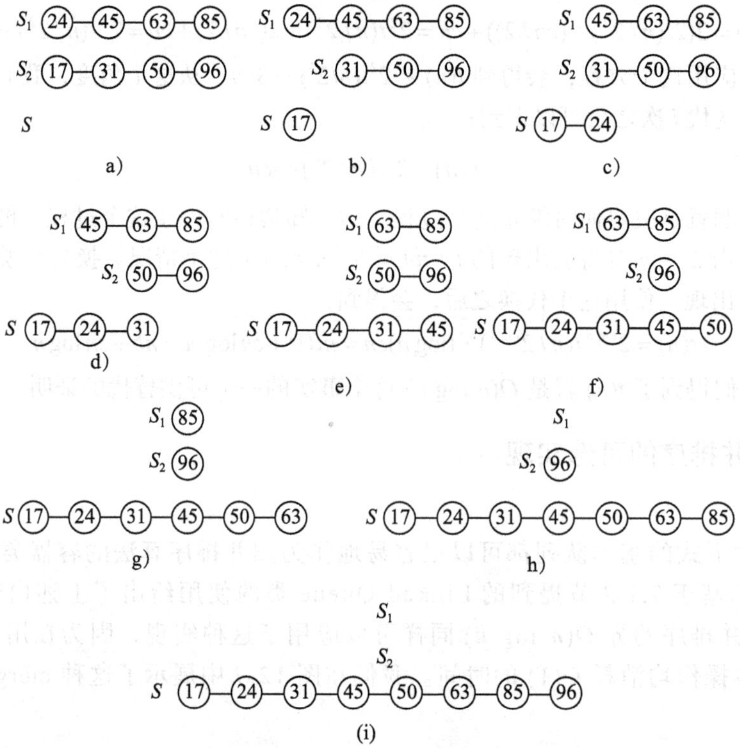
a)
S_1 24 45 63 85
S_2 17 31 50 96
S
b)
S_1 24 45 63 85
S_2 31 50 96
S 17
c)
S_1 45 63 85
S_2 31 50 96
S 17 24
d)
S_1 45 63 85
S_2 50 96
S 17 24 31
e)
S_1 63 85
S_2 50 96
S 17 24 31 45
f)
S_1 63 85
S_2 96
S 17 24 31 45 50
g)
S_1 85
S_2 96
S 17 24 31 45 50 63
h)
S_1
S_2 96
S 17 24 31 45 50 63 85
(i)
S_1
S_2
S 17 24 31 45 50 63 85 96

图 12-7 在代码段 12-3 中使用队列实现的归并排序的执行示例

自底向上的（非递归的）归并排序

这是一个基于数组的非递归版本的归并排序，运行时间为 $O(n \log n)$。在实践中，它会比递归的归并排序略快一些，因为它避免了每级的递归调用及临时内存的额外开销。这种算法的主要思想是执行自底向上的归并排序，即对整个归并排序树自底向上逐层执行合并。给出元素的一个输入数组，我们将每个连续的元素对合并成有序的，以长度为 2 开始执行。然后再合并至长度为 4、长度为 8 等，以此类推，直到整个数组已经排序完毕。为了保持合理的空间使用情况，我们使用另一个数组来存储这些合并的执行过程（在每次迭代完成后交换输入输出数组）。我们在代码段 12-4 中给出一个 Python 语言的实现。类似的自底向上方法可用于对链表进行排序（见练习 C-12.29）。

代码段 12-4　一个非递归的归并排序算法的实现

```
def merge(src, result, start, inc):
  """Merge src[start:start+inc] and src[start+inc:start+2*inc] into result."""
  end1 = start+inc                        # boundary for run 1
  end2 = min(start+2*inc, len(src))       # boundary for run 2
  x, y, z = start, start+inc, start       # index into run 1, run 2, result
  while x < end1 and y < end2:
    if src[x] < src[y]:
      result[z] = src[x]; x += 1          # copy from run 1 and increment x
    else:
      result[z] = src[y]; y += 1          # copy from run 2 and increment y
    z += 1                                # increment z to reflect new result
  if x < end1:
    result[z:end2] = src[x:end1]          # copy remainder of run 1 to output
  elif y < end2:
    result[z:end2] = src[y:end2]          # copy remainder of run 2 to output

def merge_sort(S):
  """Sort the elements of Python list S using the merge-sort algorithm."""
  n = len(S)
  logn = math.ceil(math.log(n,2))
  src, dest = S, [None] * n               # make temporary storage for dest
  for i in (2**k for k in range(logn)):   # pass i creates all runs of length 2i
    for j in range(0, n, 2*i):            # each pass merges two length i runs
      merge(src, dest, j, i)
    src, dest = dest, src                 # reverse roles of lists
  if S is not src:
    S[0:n] = src[0:n]                     # additional copy to get results to S
```

12.3 快速排序

接下来，我们将讨论快速排序。如同归并排序，这个算法同样是基于分治法的典范，但是它在使用这项技术时运用了相反的方式，即把所有的复杂操作在递归调用之前做完。

快速排序的高阶描述

快速排序算法使用一个简单的递归方法将序列 S 排序。主要思想是应用分治法把序列 S 分解为子序列，递归地排序每个子序列，然后通过简单串联的方式合并这些已排序的子序列。快速排序算法由以下 3 个步骤组成（见图 12-8）。

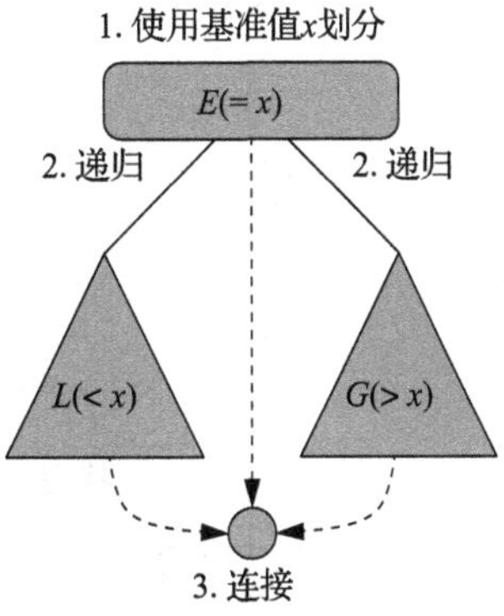

1. 使用基准值x划分
E(= x)
2. 递归
2. 递归
L(< x)
G(> x)
3. 连接

图 12-8　快速排序算法的原理图

1）分解：如果 S 有至少 2 个元素（如果 S 只有 1 个或 0 个元素，什么都不用做），从 S 中选择一个特定的元素 x，称之为基准值。一般情况下，选择 S 中最后一个元素作为基准值 x。从 S 中移除所有的元素，并把它们放在 3 个序列中：

- L 存储 S 中小于 x 的元素
- E 存储 S 中等于 x 的元素
- G 存储 S 中大于 x 的元素

当然，如果 S 中的元素是互异的，那么 E 将只含有一个元素——基准值自己。

2）解决子问题：递归地排序序列 L 和 G。

3）合并：把 S 中的元素按照先插入 L 中的元素、然后插入 E 中的元素、最后插入 G 中的元素的顺序放回。

和归并排序一样，快速排序的执行也可以用二叉递归树来模拟，称作快速排序树。图 12-9 通过展示对快速排序树的每个节点处理得到的输入输出序列，总结了快速排序算法的执行情况。快速排序树的逐步评估在图 12-10 ～图 12-12 中展示。

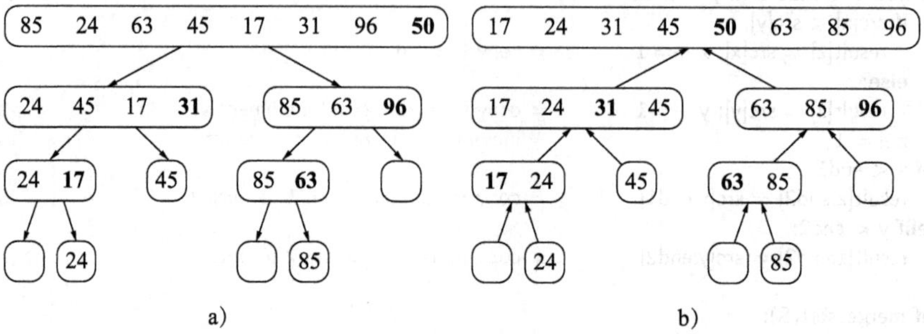
85 24 63 45 17 31 96 50
24 45 17 31
85 63 96
24 17
45
85 63
24
85
a)
17 24 31 45 50 63 85 96
17 24 31 45
63 85 96
17 24
45
63 85
24
85
b)

图 12-9 对 8 元素序列执行快速排序算法产生的快速排序树 T：a）对 T 的每个节点处理得到的输入序列；b）对 T 的每个节点生成的输出序列。每一级递归所使用的基准值用粗体标出

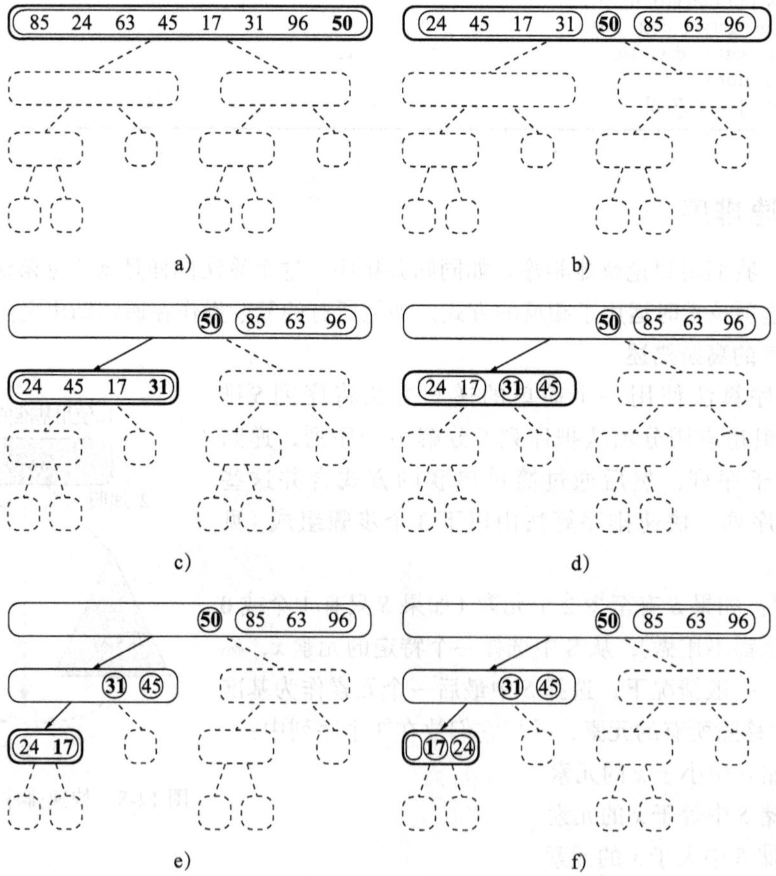
85 24 63 45 17 31 96 50
a)
24 45 17 31
50
85 63 96
b)
50
85 63 96
24 45 17 31
c)
50
85 63 96
24 17
31
45
d)
50
85 63 96
31
45
24 17
e)
50
85 63 96
31
45
17
24
f)

图 12-10 快速排序执行过程的模拟。树的每一个节点表示一个递归调用。虚线画出的节点表示还没访问，粗线画出的节点表示正在调用，细线画出的节点表示已经访问过，剩下的节点表示延迟访问。注意在 b、d 和 f 中执行的分解步骤（接图 12-11）

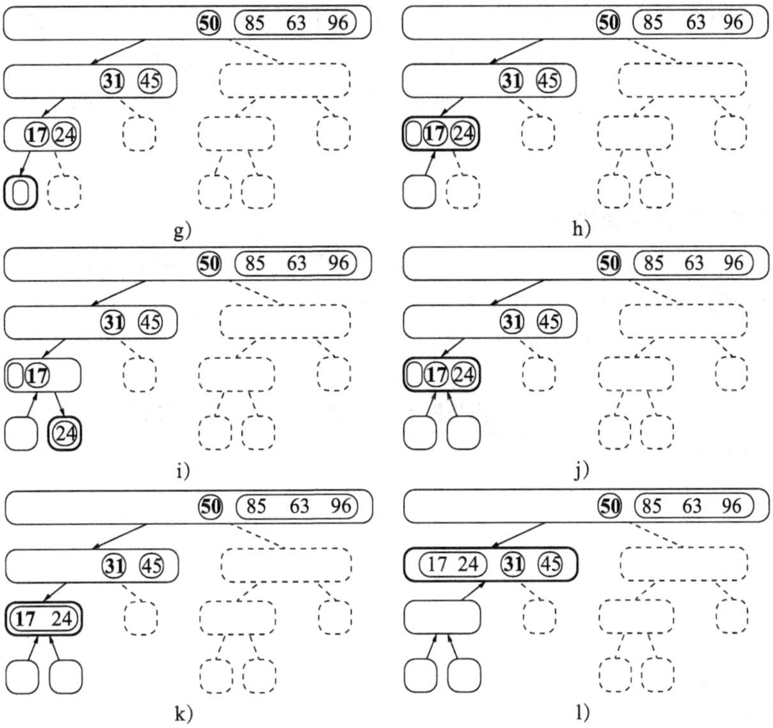
50 85 63 96
31 45
17 24
g)
50 85 63 96
31 45
17 24
h)
50 85 63 96
31 45
17
24
i)
50 85 63 96
31 45
17 24
j)
50 85 63 96
31 45
17 24
k)
50 85 63 96
17 24 31 45
l)

图 12-11 快速排序执行过程的模拟。注意在 k 上执行的串联步骤（接图 12-12）

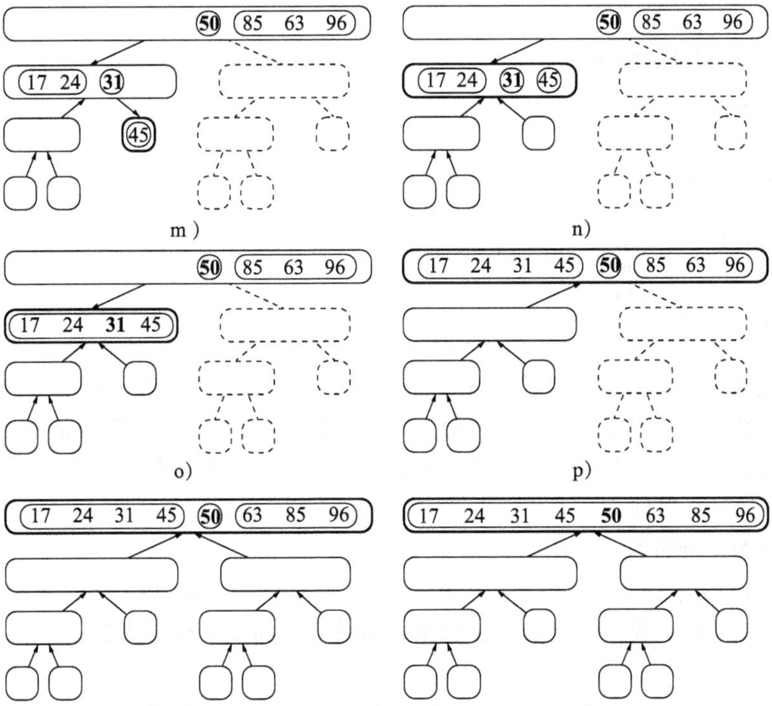
50 85 63 96
17 24 31
45
m)
50 85 63 96
17 24 31 45
n)
50 85 63 96
17 24 31 45
o)
17 24 31 45 50 85 63 96
p)
17 24 31 45 50 63 85 96
q)
17 24 31 45 50 63 85 96
r)

图 12-12 快速排序执行过程的模拟。在 p 和 q 之间的一些调用被省略了。注意在 o 和 r 上执行的串联步骤（上接图 12-11）

但是，与归并排序有所区别的是，在最坏情况下，快速排序树的高度是线性的，初始序列越接近有序，快速排序树的高度越接近序列元素的个数。在这种情况下，把最后一个元素作为基准值的标准选法会产生一个长度为 $n-1$ 的子序列 L、长度为 1 的子序列 E 和长度为 0 的子序列 G。在子序列 L 上的每次快速排序调用，L 的长度都减 1。所以这棵快速排序树的高为 $n-1$。

在一般序列上执行快速排序

在代码段 12-5 中，我们给出了可以在任意序列类型上工作的快速排序算法作为队列的实现。这个特别的版本依赖于 7.1.2 节提到的 Linked Queue 类，我们使用 12.3.2 节提到的基于数组的序列提供了一个更为精简的快速排序的实现方法。

代码段 12-5　作为队列的序列 *S* 的快速排序实现

```
def quick_sort(S):
  """Sort the elements of queue S using the quick-sort algorithm."""
  n = len(S)
  if n < 2:
    return                          # list is already sorted
  # divide
  p = S.first( )                    # using first as arbitrary pivot
  L = LinkedQueue( )
  E = LinkedQueue( )
  G = LinkedQueue( )
  while not S.is_empty( ):          # divide S into L, E, and G
    if S.first( ) < p:
      L.enqueue(S.dequeue( ))
    elif p < S.first( ):
      G.enqueue(S.dequeue( ))
    else:                           # S.first() must equal pivot
      E.enqueue(S.dequeue( ))
  # conquer (with recursion)
  quick_sort(L)                     # sort elements less than p
  quick_sort(G)                     # sort elements greater than p
  # concatenate results
  while not L.is_empty( ):
    S.enqueue(L.dequeue( ))
  while not E.is_empty( ):
    S.enqueue(E.dequeue( ))
  while not G.is_empty( ):
    S.enqueue(G.dequeue( ))
```

我们的实现方法是选择第一个元素当作基准值（因为这比较容易理解），然后用它将序列 S 分解为分别小于、等于和大于基准值元素的队列 L、E 和 G。之后我们在 L 和 G 表上递归，并把列表 L、E 和 G 上的元素转移回 S 队列。当用一个链表来实现时，所有的队列操作在最坏情况下的运行时间均为 $O(1)$。

快速排序的运行时间

我们可以使用与 12.2.3 节中用于分析归并排序运行时间相同的方法来分析快速排序的运行时间。也就是说，我们可以确认在快速排序树 T 上的每个节点的时间开销，并求出所有节点的运行时间总和。

测试代码段 12-5，可以看到分解步骤和快速排序的最终串联可以在线性时间内实现。因此，在 T 的节点 v 上，时间开销是与 v 的输入规模 $s(v)$ 成比例的，根据与节点 v 相联系的快速排序调用所处理的序列大小来定义。因为子序列 E 至少有一个元素（基准值），所以节

点 v 的子节点的总输入长度最多为 $s(v) - 1$。

用 S_i 表示一棵特定的快速排序树在深度为 i 处节点的输入长度总和。很明显，由于树 T 的根 r 与整个序列有联系，所以 $S_0 = n$。同样地，由于基准值不会传给 r 的子节点，所以 $S_1 \leqslant n - 1$。一般来说，会有 $s_i < s_{i-1}$，这是因为在深度为 i 处的子序列的所有元素均来自不同的深度为 $(i - 1)$ 的子序列，另外，至少会有一个深度为 $i - 1$ 的元素不会传递到深度 i 处，这是因为它处于集合 E 中（事实上，任何一个深度为 $i - 1$ 的节点的元素都不会传递到深度 i 上）。

我们可以由此给出一个形如 $O(n \cdot h)$ 的快速排序执行的整体运行时间范围（其中 h 为该执行的快速排序树 T 的整体高度）。不幸的是，在最坏的情况下，如同我们在 12.3 节看到的，快速排序树的高为 $\Theta(n)$。因此，快速排序在最坏情况下运行时间为 $O(n^2)$。然而自相矛盾的是，如果我们选择基准值作为序列的最后一个元素，这一最坏情况行为在排序很容易完成的时候就会发生，即在序列已经有序的时候。

正如它的名字一样，我们期望快速排序可以运行得很快，而且事实上它确实很快。快速排序的最好情况发生在序列由不同的元素组成，且子序列 L 与 G 的大小大致相等的时候。在这种情形下，如同归并排序一样，排序树的高度为 $O(\log n)$，所以快速排序运行时间为 $O(n \log n)$，我们把这个事实的证明留作练习 R-12.10。更重要的是，即使 L 和 G 的分割不是那么完美，我们也还是可以观察到形如 $O(n \log n)$ 的运行时间。例如，如果每个分解步骤都造成一个包含了 1/4 总元素的子序列，那么其他的步骤则包含了剩下 3/4 的元素，因此树的高度将保持在 $O(\log n)$，总的执行代价为 $O(n \log n)$。

我们将在下一节看到，基准值选择的随机化引入将使得快速排序通常以这种方式表现，即能达到期望的运行时间 $O(n \log n)$。

12.3.1 随机快速排序

分析快速排序的一般方法是假设基准值总是能将序列以合理的、平衡的方式分解。尽管我们预先假设了有关输入分布的知识，但这些输入分布通常是不可用的。例如，我们将不得不假设得到一个几乎排好的序列去进行排序是极少见的情况，这在许多应用中很常见。幸运的是，并不需要该假设去匹配我们对于快速排序行为的直觉。

一般来说，我们希望一些方法可以使快速排序的运行时间更接近最好情况的运行时间。当然，这种接近最优运行时间的方法，就是使得基准值近乎均分输入序列 S。如果这一结果发生，将导致运行时间趋近于最好的运行时间。这就是说，让基准值尽量接近元素集合的“中间”，会使快速排序的运行时间达到 $O(n \log n)$。

随机选择基准值

因为快速排序方法划分步骤的目的是把序列 S 分解得足够平衡，因此我们为算法引入随机化的概念并且选择输入序列的一个随机元素作为基准值。也就是说，为了代替选择 S 的第一个或最后一个元素作为基准值，我们选择 S 中的一个随机元素作为基准值，并且保持算法的其余部分不变。这种变化的快速排序称为随机快速排序。以下命题展示了一个 n 元素序列的随机化快速排序的期望运行时间是 $O(n \log n)$。这个期望涵盖了算法造成的所有可能的随机选择，并且独立于算法包含的任何关于可能的输入序列分布的假设。

命题 12-3： 一个大小为 n 的序列 S，其随机化快速排序的期望运行时间为 $O(n \log n)$。

证明： 我们假设 S 中的两个元素可以在 $O(1)$ 的时间内比较。考虑一个单独的随机化快速排序的递归调用，然后用 n 表示该调用的输入序列大小。如果基准值的选择使得每个子序

列 L 和 G 均有至少 $n/4$、至多 $3n/4$ 的长度，我们可以称之为“好”的选择，否则，我们称之为“坏”的选择。

现在，考虑用随机法均匀地选择基准值带来的影响。注意，对于任意给出的随机快速排序算法大小为 n 的调用，将有 $n/2$ 种基准值选择可能是好的选择。因此，任意的调用都是好的可能性为 1/2。更加值得注意的是，一个好的调用至少将一个大小为 n 的列表分割为两个大小为 $3n/4$ 和 $n/4$ 的列表，同时，一个不好的调用有可能和产生一个单独的大小为 $n-1$ 的调用一样不好。

现在考虑一个随机化快速排序的递归追踪。这个追踪定义了一个二叉树 T，这样 T 的每个节点相当于在排序部分原始列表的子问题上的一个不同的递归调用。

我们说如果 v 的子问题大小大于 $(3/4)^{i+1}n$ 且最大为 $(3/4)^{i}n$，T 的节点 v 就在尺寸组 i 中。我们来分析一下在尺寸组 i 内节点的所有子问题上工作花费的期望时间。根据期望的线性性质（命题 B-19），在这些子问题上工作的期望时间是所有期望时间的总和。其中的一些节点对应好的调用，而另一些则对应不好的调用。但是值得注意的是，因为一个好的调用出现的可能性为 1/2，所以在得到一个好的调用之前，那些我们不得不做的连续调用的期望数量是 2。另外值得注意的是，一旦我们对在尺寸组 i 中的一个节点产生了好的调用，那它的孩子将会出现在高于 i 的尺寸组中。因此，对于来自输入列表的任意元素 x，在其子问题中，包含 x 的尺寸组 i 中的期望节点的数量为 2。换句话说，所有尺寸组 i 的子问题的期望总规模为 $2n$。由于我们为一些子问题执行的非递归的工作是与其规模成比例的，这意味着处理尺寸组 i 中节点子问题的总体期望时间是 $O(n)$。

因为重复地乘以 3/4 与重复地除以 4/3 是等价的，所以这些尺寸组的数量为 $\log_{4/3}n$。这就是说，这些尺寸组的数量是 $O(\log n)$。因此，随机化快速排序的总的期望运行时间为 $O(n \log n)$（见图 12-13）。■

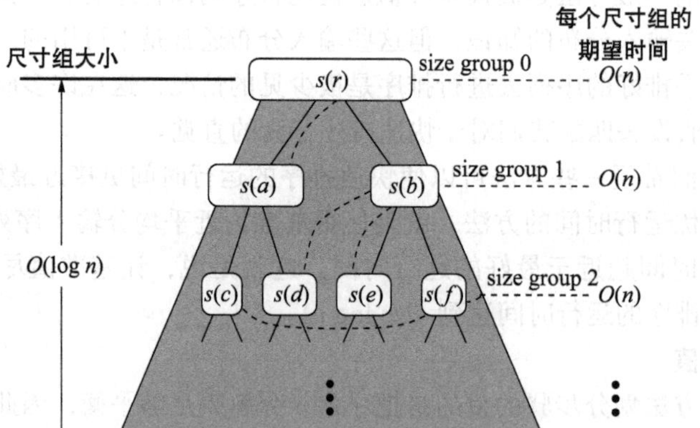

尺寸组大小
每个尺寸组的
期望时间
s(r)
size group 0
O(n)
s(a)
s(b)
size group 1
O(n)
O(log n)
s(c)
s(d)
s(e)
s(f)
size group 2
O(n)
总期望时间：O(n log n)

图 12-13　快速排序树 T 的时间分析。每个节点均用其子问题的大小标记显示

实际上存在很大的可能性，使得随机化快速排序的运行时间为 $O(n \log n)$（见练习 C-12.54）。

12.3.2　快速排序的额外优化

对一个算法来说，如果它除了原始所需的内存以外，仅仅只使用少量的内存，则该算法是就地算法。我们对于在 9.4.2 节中提到的堆排序的实现就是一个就地排序算法的例子。因为当我们在每一步递归调用中分解序列 S 时，使用了额外的容器 L、E 和 G，所以代码段 12-5 中的快速排序的实现不是就地算法。一个基于数组的序列的快速排序可以是就地的，并且这样的优化被用于大多数的部署实现。

然而，就地执行快速排序算法需要一些技巧，对于所有的递归调用，我们必须使用输入序列本身来存储其子序列。我们给出执行就地快速排序的算法 inplace_quick_sort，详见代码段 12-6。我们假设输入序列 S 的元素是以 Python list 的形式呈现的。就地快速排序通过使用元素交换的方法改变输入序列，并且隐式地创建新的子序列。相反，输入序列的子序列却隐式地通过一个被最左索引 a 和最右索引 b 所指定的位置范围表示出来。分解步骤是通过使用向前移动的本地变量 left 和向后移动的本地变量 right 同时扫描数组，并交换逆序的元素对实现的（见图 12-14）。当 left 和 right 相遇时，分解的步骤就完成了，并且该算法会在这两个子序列上递归完成。这里没有明确的“合并”步骤是因为这两个子表的串联对于原始表的就地使用来说是隐式的。

代码段 12-6　对 Python 列表 S 的就地快速排序

```
def inplace_quick_sort(S, a, b):
  """Sort the list from S[a] to S[b] inclusive using the quick-sort algorithm."""
  if a >= b: return                         # range is trivially sorted
  pivot = S[b]                              # last element of range is pivot
  left = a                                  # will scan rightward
  right = b-1                               # will scan leftward
  while left <= right:
    # scan until reaching value equal or larger than pivot (or right marker)
    while left <= right and S[left] < pivot:
      left += 1
    # scan until reaching value equal or smaller than pivot (or left marker)
    while left <= right and pivot < S[right]:
      right -= 1
    if left <= right:                       # scans did not strictly cross
      S[left], S[right] = S[right], S[left]             # swap values
      left, right = left + 1, right - 1                 # shrink range

  # put pivot into its final place (currently marked by left index)
  S[left], S[b] = S[b], S[left]
  # make recursive calls
  inplace_quick_sort(S, a, left - 1)
  inplace_quick_sort(S, left + 1, b)
```

值得注意的是，如果一个序列有重复的值，我们就不会像对原始快速排序的描述那样，明确地创建三个子序列 L、E 和 G。相反，我们会允许等于基准值的元素（除了基准值本身）分散地分布在这两个子表中。练习 R-12.11 探索了我们在重复的关键值出现时所做的处理的精妙之处，练习 C-12.33 则描述了一个严格分区为三个子表 L、E 和 G 的就地算法。

尽管我们在这章描述的将一个序列分解为两部分的实现方法是就地的，但仍要注意，完整的快速排序算法需要的栈空间与递归树的深度是成正比的，在这种情况下树的深度最大可为 $n-1$。毫无疑问，我们期望的栈的深度是比 n 要小的 $O(\log n)$。一个简单的技巧使得我们可以保证这个栈的大小是 $O(\log n)$。其主要想法是，设计一个非递归的就地快速排序版本，使用一个明确的栈来迭代地处理子问题（每一个子问题可以用标记子数组边界的索引对来表示）。每个迭代过程都包含抛出最顶端的子问题，并将其分成两半（如果足够大的话），然后将两个子问题入栈。这个技巧是，当入栈一个新的子问题时，我们应该首先入栈更大的子问题，然后才将较小的子问题入栈。用这种方法，子问题的规模将至少是栈的两倍，因此，这个栈的深度至多可以达到 $O(\log n)$。我们将这个方法的具体实现留作练习 P-12.56。

基准值的选择

在这一章，我们的实现方法在每一层快速排序的递归中，盲目地使用最后一个元素作为基准值。这使其易受到 $\Theta(n^2)$ 这种最坏情况的影响，尤其是当原始序列是一个已经有序、逆序或近乎有序的序列时。

如同在 12.3.1 节所描述的，这可以通过使用在每个分区步骤随机选择基准值的方法进行改进。在实践中，另一种选择基准值的常用技巧是取数组的头部、中部和尾部的值的中位数。这种三数取中的启发式搜索法将更多地选择到好的基准值，并且计算一棵树的中值可能相比通过生成随机数来选择基准值而言，需要更少的开销。对于更大的数据集合，可能需要计算多于三个潜在基准值的中值。

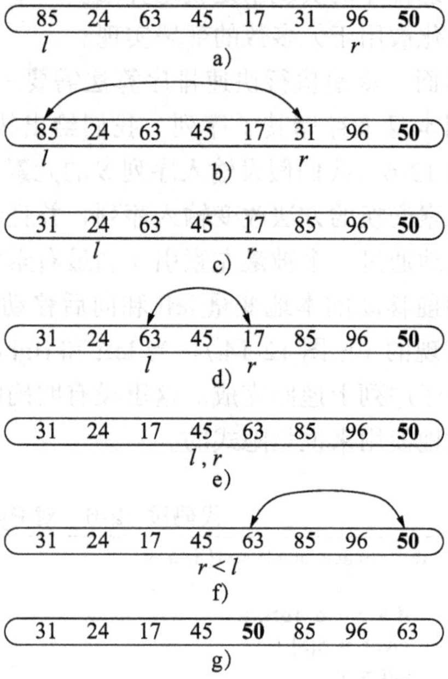
85 24 63 45 17 31 96 50
l r
a)
85 24 63 45 17 31 96 50
l r
b)
31 24 63 45 17 85 96 50
l r
c)
31 24 63 45 17 85 96 50
l r
d)
31 24 17 45 63 85 96 50
l, r
e)
31 24 17 45 63 85 96 50
r<l
f)
31 24 17 45 50 85 96 63
g)

图 12-14 使用索引 l 作为标识符 left 的简写、索引 r 作为标识符 right 的简写的就地快速排序的分解步骤。索引 l 从左到右扫描整个序列，索引 r 则从右到左扫描整个序列。当 l 所处的元素和基准值一样大，且 r 所处的元素与基准值一样小的时候发生交换。最后和基准值发生交换，然后完成分解步骤

混合方法

虽然快速排序在大量的数据集合上有着非常好的性能，但在相关的小数据集合上却有着更高的开销。例如，用快速排序的方法处理 8 个元素的序列，正如图 12-10 ～图 12-12 中阐明的一样，包含了相当大的统计记录。在实际操作中，当我们需要排序一个很短的序列时，像插入排序（7.5 节）这样的简单算法就可以更快地执行。

因此，在最优的排序实现中，使用混合方法是屡见不鲜的：利用分治算法使子序列的大小降到某个阈值（假设 50 个元素）以下；当处于这个阈值以下时，使用插入排序直接调用上面的部分。在比较多种排序算法的性能时，我们将在 12.5 节中更多地讨论这种实际性的考虑。

12.4 再论排序：算法视角

重述一下我们对于这个视角下的排序的讨论，前面已经描述了一些方法，要么是处于最坏的情况，要么是在长度为 n 的输入序列上，预期运行时间为 $O(n \log n)$。这些方法包括我们在本章描述的归并排序和快速排序，同时也包括堆排序（9.4.2 节）。在这一节，我们把排序作为算法问题来学习，处理排序算法的一般问题。

12.4.1 排序下界

首先要问的是，我们是否可以使排序所用时间比 $O(n \log n)$ 小。有趣的是，如果排序算法的基本操作是两个元素的比较，其实这是我们可以做到的最好的，基于比较的排序算法在最坏的情况下有 $\Omega(n \log n)$ 的运行时间下界（回想 3.3.1 节的 $\Omega(.)$ 符号）。出于运行时间下界的缘故，我们只考虑比较所花费的时间，从而着重考虑基于比较的排序算法的主要花费。

设想现在给你一个 $S = (x_0, x_1, \cdots, x_{n-1})$ 的序列去排序，并且假设 S 中所有元素是不同的（因为我们得到了一个下限，所以这不是一个真正的限制）。出于下界的缘故，我们不关心 S 是作为数组还是链表实现的，因为我们在这里只统计比较次数。每一次排序算法都比较两个元素 x_i 和 x_j（是否 $x_i < x_j$），有两种输出结果："是"与"否"。基于这次比较的结果，排序算法可能会执行一些内部计算（我们没有统计这些时间开销），并且最后算法会执行 S 中另外两个元素的比较，这里我们将再次得到两个输出结果。因此我们可以使用描述树 T 来代表一个基于比较的排序算法（回想例题 8-6），即在 T 中的每个内部节点 v 对应一个比较，并且从位置 v 到它孩子的边对应来自"是"或者"否"答案的计算结果。值得注意的是，问题中假设的排序算法对树 T 没有明确的概念。树仅仅代表从第一次比较开始到最后一次比较结束所有可能会被排序算法执行的序列。

对于每个可能的初始序列或者排列，S 中的元素将导致我们假设的排序算法执行一系列比较，遍历 T 中一条从根到一些外部节点的路径。我们关联树 T 中的每个外部节点 v，那么 S 的排列的集合会造成排序算法在 v 中结束。在有关下界的讨论过程中，最重要的意见是 T 中的每一个外部节点都可以表示这个排列 S 中比较次数最多的序列。这个结论的证明是非常简单的：如果 S 的两个不同的排列 P_1 和 P_2 与相同的外部节点相关联，那么至少有两个对象 x_i 和 x_j，在 P_1 中，x_i 在 x_j 的前面，在 P_2 中，x_i 在 x_j 的后面。同时，无论把 x_i 和 x_j 哪一个放在前面，与 v 相关联的输出必定是一个 S 的特定的重排序列。但是，如果 P_1 和 P_2 都导致排序算法按此顺序输出 S 中的元素，那就意味着有一个方法使得算法以错误的顺序输出 x_i 和 x_j。因为这不被正确的排序算法允许，所以 T 中每一个外部节点都必须和一个正确的 S 序列相关联。我们使用与排序算法相关联的决策树的属性来证明以下结果。

命题 12-4： 任何基于比较的排序算法对有 n 个元素的序列排序所花费时间都是 $\Omega(n \log n)$。

证明： 按照上面的描述（见图 12-15），一个基于比较的排序算法必要的运行时间大于或等于与此排列相关联的判定树 T 的高度。通过上面的分析，每一个判定树 T 中外部节点必须与 S 中的一个排列关联。更进一步来说，S 的每一个排列必须产生一个不同的 T 中的外部节点。n 个对象的排列的个数为 $n! = n(n-1)(n-2)\cdots 2 \cdot 1$。因此，$T$ 必须具有至少 $n!$ 个外部节点。由命题 8-8，T 的高度至少为 $\log(n!)$。这立刻证明了命题，因为至少有 $n/2$ 项在结果 $n!$ 中是大于或等于 $n/2$ 的。因此：

$$\log(n!) \geqslant \log\left(\left(\frac{n}{2}\right)^{\frac{n}{2}}\right) = \frac{n}{2}\log\frac{n}{2}$$

空间复杂度为 $\Omega(n \log n)$。 ■

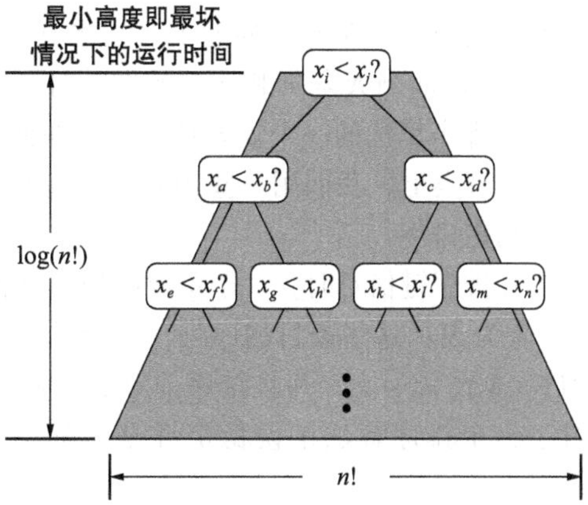
最小高度即最坏
情况下的运行时间
x_i < x_j?
x_a < x_b?
x_c < x_d?
x_e < x_f?
x_g < x_h?
x_k < x_l?
x_m < x_n?
log(n!)
n!

图 12-15 基于比较的排序算法的下界

12.4.2　线性时间排序：桶排序和基数排序

在上一节中，我们发现，在最坏的情况下基于比较排序算法去排序一个含有 n 个元素的序列必须花费 $\Omega(n \log n)$ 的时间。一个很自然想到的问题是，是否有其他类型的排序算法运行的渐近速度比 $O(n \log n)$ 快？有趣的是，这样的算法存在，但它们需要对将要排序的输入序列的特殊假设。即使如此，这样的情况下还是经常出现在实际中，例如，在已知的范围内排序整数或排序字符串的时候，这样的讨论就是值得的。在本节中，我们考虑排序条目序列的问题，每一个键值对中的键有一个限制的类型。

桶排序

对于一个由 n 个条目构成的序列 S，S 中的键值由 $[0, N-1]$ 中的整数构成，并且整数 $N \geqslant 2$，并且对于序列 S 来说我们应该根据每一项中的键值来排序。在这个例子中，在 $O(n+N)$ 时间内排完序有很大的可能性。令人惊讶的是这似乎意味着，如果 N 是 $O(n)$，那么我们就可以在 $O(n)$ 时间内排完序。当然，非常重要的一点是由于严格限制了元素的格式，使得我们在排序过程中避免了比较。

其主要思想是使用所谓的*桶排序*的算法，它不是基于比较来排序，而是使用键值作为插入桶数组 B 的索引，数组 B 具有从 0 到 $N-1$ 的索引。具有关键字 k 的项被放置在“桶” $B[k]$ 中，这个桶本身就是序列（包含键值为 k 的条目）。在将输入序列 S 的每个条目插入它的桶中之后，我们可以通过按序枚举 $B[0], B[1], \cdots, B[N-1]$ 把这些项放回 S 中。在代码段 12-7 中描述了桶排序算法。

代码段 12-7　桶排序

```
Algorithm bucketSort(S):
   Input: Sequence S of entries with integer keys in the range [0, N − 1]
   Output: Sequence S sorted in nondecreasing order of the keys
   let B be an array of N sequences, each of which is initially empty
   for each entry e in S do
     k = the key of e
     remove e from S and insert it at the end of bucket (sequence) B[k]
   for i = 0 to N−1 do
     for each entry e in sequence B[i] do
       remove e from B[i] and insert it at the end of S
```

很容易看出，桶排序运行需要 $O(n+N)$ 的时间，并且使用 $O(n+N)$ 的空间。因此，当键的值的范围 N 与序列大小 n 相比很小时，桶排序是高效的，可以说 $N=O(n)$ 和 $N=O(n \log n)$。而当 N 与 n 相比开始增长时，它的性能会降低。

桶排序算法的一个重要特性是：即使许多不同的元素有相同的键值，它也能得到正确的结果。事实上，我们用一些预测特殊情况的方法来描述它。

稳定排序

在排序键值对时，一个重要的问题是相等的键值是如何处理的。令 $S=((k_0, v_0), \cdots, (k_{n-1}, v_{n-1}))$ 为表示这些条目的序列。一个*稳定*的排序算法是指，对于 S 中任意的两个条目 (k_i, v_i) 和 (k_j, v_j)，$k_i = k_j$，并且排序前 (k_i, v_i) 在 (k_j, v_j) 的前面，排序后 (k_i, v_i) 也在 (k_j, v_j) 的前面。对于一个排序算法来说稳定性是非常重要的，因为应用程序或许想用相同的键保留原始顺序。

只要我们保证把所有的序列当作元素从序列尾插入从序列头删除的队列来看待，就能保证在代码段 12-7 中简洁描述的桶排序算法的稳定性。即当最初将 S 中的元素放置到桶的时候，我们应该从头到尾处理 S，然后把所有的元素添加到桶的尾部。随后，当从桶中传递元素回到 S 的时候，我们应该从头到尾处理每个 $B[i]$ 元素，然后把元素添加到 S 的尾部。

基数排序

排序的稳定性如此重要的一个原因是，它允许桶排序方法应用到更加普通的文字排序而不仅仅局限于整数排序。设想一下，我们的排序项由 (k, l) 构成，k 和 l 是在 $[0, N-1]$ 范围内的整数 $(N \geqslant 2)$。在这样的背景下，使用字典序来定义这些键的顺序是很常见的，如果 $k_1 < k_2$ 或者 $k_1 = k_2$ 且 $l_1 < l_2$，则 $(k_1, l_1) < (k_2, l_2)$。这是一个字典比较函数的成对的版本，可以把它应用到相同长度的字符串或者长度为 d 的元组中。

基数排序算法通过对序列应用两次稳定的桶排序算法从而对具有成对键的条目的序列 S 进行排序。首先使用成对的键中的第一项作为键来排序，然后使用第二项作为键来排序。但是这种顺序是否正确呢？我们是否应该首先对 k（键对的第一项）进行排序，然后对 l（键对的第二项）进行排序，或者反过来？

为了在回答这个问题前获得一些直观感受，我们考虑一下下面的例题。

例题 12-5：考虑下面的序列 S（我们只显示了键）：

$$S = ((3, 3), (1, 5), (2, 5), (1, 2), (2, 3), (1, 7), (3, 2), (2, 2))$$

如果我们对 S 中键对的第一项进行稳定排序，将得到序列

$$S_1 = ((1, 5), (1, 2), (1, 7), (2, 5), (2, 3), (2, 2), (3, 3), (3, 2))$$

如果我们接着对序列 S_1 中键对的第二项进行稳定排序的话，将得到序列

$$S_{1,2} = ((1, 2), (2, 2), (3, 2), (2, 3), (3, 3), (1, 5), (2, 5), (1, 7))$$

可惜它并不是一个有序序列。另一方面，如果我们首先对 S 中键对的第二项进行稳定排序，会获得序列

$$S_2 = ((1, 2), (3, 2), (2, 2), (3, 3), (2, 3), (1, 5), (2, 5), (1, 7))$$

如果我们接着对 S_2 中键对的第一项进行稳定排序，将获得序列

$$S_{2,1} = ((1, 2), (1, 5), (1, 7), (2, 2), (2, 3), (2, 5), (3, 2), (3, 3))$$

这的确是序列 S 的字典序排序结果。

所以，从这个例子中，我们相信应该按照先第二项、后第一项的顺序来排序。这种直觉是完全正确的。按照先第二项、后第一项的顺序，我们可以保证，如果两个条目在第二次排序（按第一项）中是相等的，那么它们的起始序列（按第二项排序得到的）中的相对顺序将被保留下来。因此，所产生的序列可以保证每次都是按照字典序排序。我们留一个简单的练习 R-12.18：如何将这种方法扩展到可以测定三元组和数字的其他 d 元组。我们可以将这一节内容总结如下。

命题 12-6：假设 S 是一个有 n 个键值对的序列，序列中的每个元素都有一个键值 $(k_1, k_2, \cdots, k_d)$，k_i 是 0 到 $N-1$ 的整数（其中 $N \geqslant 2$）。我们可以使用基数排序在时间复杂度 $O(d+N)$ 下得到字典序排列。

基数排序可以应用于任何键都可以被看作以字典序排序得到的小规模排序的情形。例如，我们可以将其应用于对长度适中的字符串进行排序，要求字符串中每个单独的字符可以表示为一个整数值。（一些不同长度的字符串需要进行适当处理。）

12.5 排序算法的比较

在这一节，花一点时间去思考本书中学习的所有对 n 元素序列进行排序的算法会有助于

我们更好地理解这些内容。

考虑运行时间和其他因素

我们已经学习了几种方法，如插入排序和选择排序，这两种算法在平均和最坏情况下具有 $O(n^2)$ 的时间复杂度。我们还研究了几种时间复杂度为 $O(n \log n)$ 的方法，包括堆排序、归并排序和快速排序。最后，桶排序和基数排序方法在某些类型键值下能在线性时间内运行。当然，选择排序算法在任何应用程序中都是一个糟糕的选择，因为它即使在最好的情况下运行也需要 $O(n^2)$ 的时间。但是，对于其余的排序算法，哪个是最好的呢？

很多时候，我们也无法从其余的候选中明确“最好”的排序算法。这涉及效率、内存使用和稳定性的权衡。最适合某特定应用程序的排序算法取决于该应用程序的属性。事实上，计算语言和系统使用的默认排序算法随着时间的推移已经发生了很大的变化。所以，基于一些“好”序算法的已知属性，我们可以提供一些指导和意见。

插入排序

如果情况好的话，插入排序的运行时间是 $O(n + m)$，其中 m 是*逆序*的数量（即无序元素对数目）。因此，插入排序是一种进行小序列排序的优秀算法（比如，少于 50 个元素），因为插入排序是很简单的程序，而且小序列最多只有几个逆序。此外，插入排序对“几乎”已经排序好的序列是很有效的。“几乎”是指逆序的数目很小。但是插入排序 $O(n^2)$ 的时间性能使它在这些特定情况之外成为一种糟糕的选择。

堆排序

另一方面，*堆排序*在最坏的情况下运行时间是为 $O(n \log n)$，对于基于比较的排序方法是最佳的选择。当输入的数据可以适应主存时，堆排序很容易就地执行，并且在小或中型的序列上是一个理所当然的选择。然而，堆排序在更大的序列上往往优于快速排序和归并排序。标准的堆排序由于元素的交换，并不能提供稳定排序。

快速排序

快速排序在最坏情况下的时间复杂度为 $O(n^2)$，虽然在一些必须保证按时完成排序操作的实时应用中它是可以接受的，但是我们仍然期待它的时间复杂度达到 $O(n \log n)$。并且实验研究表明，在许多测试中它优于堆排序和归并排序。由于分块步骤中存在元素交换，所以快速排序自然不能提供稳定的排序。

几十年来，快速排序是一种通用的内存排序算法的默认选择。快速排序被包含在 C 语言库中提供的 qsort 排序实用程序中，并且是多年来在 Unix 操作系统上的排序实用程序的基础。这也是 Java 中语言版本 6 以后的数组排序的标准算法。（我们下面讨论 Java7。）

归并排序

归并排序最坏情况下的运行时间为 $O(n \log n)$。做到数组的合并排序的就地操作很难，并且对于分配临时数组的额外开销无法实现最优化，而且在数组之间复制相比堆排序的就地实现和可以在计算机主存中完全适合的对序列的快速排序而言没有优势。即便如此，对于输入在计算机的各级存储器层次结构（例如，高速缓存、主存储器、外部存储器）之间被分层的情况，归并排序仍然是一个优秀的算法。在这些语境下，归并排序在很长的合并流中处理数据的方法，最好地利用了在各级存储器中以块存储的所有数据，因而减少了内存交换的总数。

GNU 排序实用程序（Linux 操作系统中的最新版本）依赖于对多路归并排序的修改。自 2003 年以来，Python 的 list 类的标准 sort 方法已经成为一种名为 Tim-sort（由 Tim Peters 设计）的混合方法。它本质上是一种自下而上的归并排序，利用一些数据的初始运行，之后进行额外的插入排序。Tim-sort 也成为 Java7 中数组排序的默认算法。

桶排序和基数排序

最后，如果一个应用程序用小的整型键、字符串或者来自离散范围的 d 元组键对条目进行排序，那么桶排序和基数排序是很好的选择，因为它的运行时间为 $O(d(n+N))$，其中，$[0, N-1\}$ 是整型键的范围（对于桶排序来说，$d=1$）。因此，如果 $d(n+N)$ 明显“低于” $n \log n$ 的函数，那么这个分类方法要比快速排序、堆排序、归并排序更快。

12.6 Python 的内置排序函数

Python 提供了两个内置的方式来给数据排序。首先是 list 类的 sort 方法。举个例子，假设我们定义以下列表：

colors = ['red', 'green', 'blue', 'cyan', 'magenta', 'yellow']

该方法给列表中的元素进行排序，这些元素按小于号 < 的自然定义确定顺序。上述例子中，元素为字符串，那么自然顺序就是按照字母表的顺序。那么调用 colors.sort()，列表顺序变为

['blue', 'cyan', 'green', 'magenta', 'red', 'yellow']

Python 还支持一个叫作 sorted 的内置函数，可用于产生一个新的包含任何现有的迭代容器中元素的有序表。回到我们最初的例子，语法 sorted（colors）将返回一个新的按字母顺序排列的 colors 列表，而留下的原始清单的内容不变。第二种更为普遍，因为它可以应用于任何可迭代对象作为参数的情况，例如，sorted('green') 返回 ['e', 'e', 'g', 'n', 'r']。

键函数排序

在有很多情况下，我们希望对元素进行不同于 < 操作符定义的自然顺序的排序。例如，我们可能希望从短到长地排序字符串列表（而不是按字母顺序排列）。两种 Python 的内置排序函数都允许调用者控制排序时使用的顺序的定义。这可以通过提供一个可选的关键字参数而实现，该参数是一个二次函数的引用，二次函数可以为原始队列的每个元素计算一个键，之后原始元素基于它们的键值的自然顺序进行排序。（详情请看 1.5.1 节关于内置的 min 和 max 函数的技术讨论。）

键函数必须是单参数函数，它接受一个元素作为参数并且返回一个键。例如，我们在按字符串长度排序时可以使用内置的函数 len，比如对字符串 s 调用 len(s) 返回其长度。为了对数组 colors 按照字符串长度进行排序，我们用句法 colors.sort(key = len) 改变列表，或者使用 sorted(colors, key = len) 来生成一个新的有序数组，舍弃原始数组。当以字符串长度作为键进行排序时，内容变成

['red', 'blue', 'cyan', 'green', 'yellow', 'magenta']

这些内置函数还支持关键字参数 reverse，它可以设置为 True，使得排序顺序是从最大到最小。

装饰 - 排序 - 取消设计模式

使用装饰 - 排序 - 取消设计模式实现排序时，Python 支持键函数。它按照下面三个步骤执行：

1）列表中的每个元素暂时地被包含应用于元素的键函数的结果的“装饰”版本所替代。

2）列表必须按照键的自然顺序进行排序（图 12-16）。

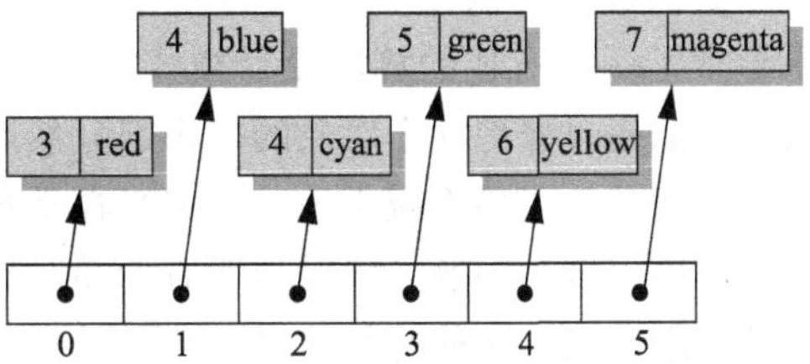
4 blue
5 green
7 magenta
3 red
4 cyan
6 yellow
0
1
2
3
4
5

图 12-16　一个使用长度作为装饰的“装饰”字符串列表。列表按照这些键进行排序

3）装饰的元素被原始的元素替换。

虽然 Python 中已经支持这种算法，但是如果我们要自己实现这种算法的话，表示"装饰"元素最自然的方法就是利用与用优先队列表示键 - 值对一样的策略。在代码段 9-1 中包含了这样一个 _Item 类，以便条目的 < 运算符依赖于给定的键。有这样一个组合，我们可以对任何排序算法使用装饰 - 排序 - 取消设计模式，如代码段 12-8 的归并排序所示。

代码段 12-8 基于数组的归并排序的装饰 - 排序 - 取消设计模式实现方法。_Item 类和 PriorityQueueBase 类中使用的相同（见代码段 9-1）

```
def decorated_merge_sort(data, key=None):
  """Demonstration of the decorate-sort-undecorate pattern."""
  if key is not None:
    for j in range(len(data)):
      data[j] = _Item(key(data[j]), data[j])      # decorate each element
  merge_sort(data)                                # sort with existing algorithm
  if key is not None:
    for j in range(len(data)):
      data[j] = data[j]._value                    # undecorate each element
```

12.7 选择

重要的是，对元素集合所要处理的各种顺序关系来说，排序不是唯一有趣的问题。对于大量的应用，相对于整个集合的排序顺序，我们对根据元素的级别来识别单个元素更感兴趣。比如确定最小和最大元素，但是我们对确定中位数更感兴趣，即除了中位数之外的一半元素比它小，剩下的一半元素比它大。一般情况下，从一个有序的列表中查找指定等级元素的查询称为*顺序统计量*。

定义选择问题

在这一部分，我们讨论一般的顺序统计量问题，即从未排序的 n 个可比较元素中选择第 k 个最小的元素。这被称为*选择问题*。当然，我们可以通过对集合进行排序然后在已排序序列的索引为 $k-1$ 的地方插入索引来解决这个问题。我们可以使用最好的比较排序算法，它的时间复杂度是 $O(n\log n)$，这显然舍弃了 $k=1$ 或 $k=n$(或者 $k=2, k=3, k=n-1, k=n-5$）的情况，因为我们可以在 $O(n)$ 内为上述索引 k 的这些值解决选择问题。因此，一个自然的问题是我们是否可以在运行时间 $O(n)$ 以内解决 k 的所有值的选择问题（包括当 $k=\lfloor n/2\rfloor$ 时寻找中位数的情况）。

12.7.1 剪枝搜索

我们确实可以在 $O(n)$ 以内为所有 k 值解决选择问题。此外，我们用来实现该结果的技术包含了一个有趣的算法设计模式。这种设计模式称为*剪枝搜索*或*减治*。应用这种设计模式，我们通过修剪 n 个对象的一小部分然后递归地解决更小的问题来解决定义在 n 个对象上的已知问题。当最终减小为一个定义在常数大小对象集合上的问题时，我们使用一些蛮力方法来解决出现的问题。然后从所有的递归调用递推回来得到结果。在一些情况下，我们可以避免使用递归，这种情况下我们只是简单地重复剪枝搜索还原步骤，直到可以使用蛮力方法，然后停止执行。顺便说一句，在 4.1.3 节描述的二分搜索方法是剪枝搜索设计模式的一个示例。

12.7.2 随机快速选择

在对 n 个元素的未排序序列应用剪枝搜索模式去寻找第 k 个最小的元素时，我们用到一种简单实用的算法，称为随机快速选择。考虑到所有由该算法生成的可能的随机选择，该算法预期的时间复杂度是 $O(n)$，这种期望不依赖于任何输入分配的随机性假设。注意到随机快速选择在最坏情况下的时间复杂度是 $O(n^2)$，其证明留作练习 R-12.24。我们还提供了练习 C-12.55，通过修改随机快速选择算法以定义确定性的选择算法，使得在最坏情况下的时间复杂度是 $O(n)$。然而，这种确定性算法只在理论上存在，因为大 O 表示法的隐藏常数因子在该情况下相对来说非常大。

假设我们已知一个有 n 个可比较元素并且整数 $k \in [1, n]$ 的序列 S。某种意义上，在 S 中搜寻第 k 小的元素的快速选择算法和 12.3.1 节中描述的随机快速选择算法类似。我们从 S 中随机地选择一个“基准值”元素，然后使用此基准值将 S 细分成三个子序列 L、E 和 G，分别存储 S 中比基准值小的元素、等于基准值的元素和大于基准值的元素。在修剪步骤中，我们基于 k 的值和那些子集的大小来确定这些子集包含的元素。我们又在合适的子集上重复上述步骤，注意子集中元素的等级可能和整个集合中该元素的等级不同。随机快速选择算法的实现如代码段 12-9 所示。

代码段 12-9 随机快速选择算法

```
def quick_select(S, k):
  """Return the kth smallest element of list S, for k from 1 to len(S)."""
  if len(S) == 1:
    return S[0]
  pivot = random.choice(S)             # pick random pivot element from S
  L = [x for x in S if x < pivot]      # elements less than pivot
  E = [x for x in S if x == pivot]     # elements equal to pivot
  G = [x for x in S if pivot < x]      # elements greater than pivot
  if k <= len(L):
    return quick_select(L, k)          # kth smallest lies in L
  elif k <= len(L) + len(E):
    return pivot                       # kth smallest equal to pivot
  else:
    j = k - len(L) - len(E)            # new selection parameter
    return quick_select(G, j)          # kth smallest is jth in G
```

12.7.3 随机快速选择分析

运行时间为 $O(n)$ 的随机快速选择需要一个简单的概率参数。该参数基于期望的线性，这里规定，如果 X 和 Y 是随机变量，c 是一个数字，那么

$$E(X+Y)=E(X)+E(Y) \quad \text{且} \quad E(cX)=cE(X)$$

这里我们用 E（Z）定义 Z 的期望。

假设 $t(n)$ 是大小为 n 的序列的随机快速选择的运行时间。由于该算法取决于随机事件，其运行时间 $t(n)$ 是一个随机变量。我们想要界定 $t(n)$ 的期望 $E(t(n))$。如果算法将 S 进行分区使得每个 L 和 G 的大小至多为 $3n/4$，则该算法的递归调用是“好”的。显然，一个好的递归调用的可能性至少是 1/2。假设 $g(n)$ 表示在我们得到一个好的递归调用之前递归调用的次数，包括前一个递归调用。那么我们可以使用下面的递推方程表示 $t(n)$：

$$t(n) \leqslant bn \cdot g(n) + t(3n/4)$$

其中 b 是一个大于等于 1 的常数。对于 $n > 1$ 应用期望的线性，我们得到：

$$E(t(n)) \leqslant E(bn \cdot g(n) + t(3n/4)) = bn \cdot E(g(n)) + E(t(3n/4))$$

由于一个递归调用是好的概率至少是 1/2，并且一个递归调用是好或者不好是独立于它的父调用的，$g(n)$ 的期望值至多是我们扔一枚硬币时在它出现正面朝上之前的次数。就是说，$E(g(n)) \leqslant 2$。因此，如果我们让 $T(n)$ 表示 $E(t(n))$ 的简写，那么对于 $n > 1$，有

$$T(n) \leqslant T(3n/4) + 2bn$$

为了将这种关系转换为一个封闭形式，假设 n 很大，我们以迭代方式应用该不等式。所以，在应用两次迭代之后，

$$T(n) \leqslant T((3/4)^2 n) + 2b(3/4)n + 2bn$$

在这一点上，我们应该看到，一般情况下是

$$T(n) \leqslant 2bn \sum_{i=0}^{\lceil \log_{4/3} n \rceil} (3/4)^i$$

换句话说，预计运行时间至多是基数小于 1 的正数的几何和的 $2bn$ 倍。因此，由命题 3-5，$T(n)$ 是 $O(n)$。

命题 12-7：大小为 n 的序列 S 的随机快速选择的预期运行时间是 $O(n)$，假设 S 的两个元素可以在 $O(1)$ 时间内进行比较。

12.8　练习

请访问 www.wiley.com/college/goodrich 以获得练习帮助。

巩固

R-12.1　给出命题 12-1 的完整证明。

R-12.2　在图 12-2 ～图 12-4 中的归并排序树中，一些边被画成了箭头。那些向下的箭头是什么意思？向上的箭头又是什么意思？

R-12.3　说明为何归并排序算法在一个 n 元素序列上的运行时间为 $O(n \log n)$，即使 n 不是 2 的幂的时候。

R-12.4　我们于 12.2.2 节中给出的基于数组的归并排序算法实现是否是稳定的？请解释为什么是或者为什么不是。

R-12.5　我们在代码段 12-3 中给出的基于链表的归并排序算法实现是否是稳定的？请解释为什么是或者为什么不是。

R-12.6　一个通过键来排序键值条目的算法被称为是*离散的*，如果任何时候，两个条目 e_i 和 e_j 均有相等的键，但在输入中，e_i 出现在 e_j 之前，然后在输出中，该算法将 e_i 放在 e_j 之后。描述一种方法使得 12.2 节提到的归并排序算法变得离散。

R-12.7　假设我们有 2 个已排序的 n 元素序列 A 和 B，并且序列中的每个元素均不相同，但其中可能有一些元素同时存在于两个序列中。描述用于计算将 A 和 B 的并集 $A \cup B$（没有重复元素）表示为一个已排序序列的运行时间为 $O(n)$ 的方法。

R-12.8　假设我们修改了已经确定的快速排序版本，以便选择处于 $\lfloor n/2 \rfloor$ 的元素（替代选择最后一个元素作为基准值的方法）。这种版本的快速排序在一个已排序序列上的运行时间是什么？

R-12.9　考虑对目前确定的选择处于 $\lfloor n/2 \rfloor$ 位置的元素作为基准值的快速排序算法的版本进行改动。描述能使这个版本的快速排序运行时间为 $\Omega(n^2)$ 的序列种类。

R-12.10　说明对于长度为 n 且元素互不相同的序列，对其快速排序的最佳运行时间在 $\Omega(n \log n)$ 之内的原因。

R-12.11 假设函数 inplace_quick_sort 在有重复元素的序列上执行。证明这个算法仍然可以正确地对输入序列进行排序。在划分阶段，当有元素和基准值相同时，会发生什么？如果全部的元素均相等，那么该算法的运行时间如何？

R-12.12 如果函数 inplace_quick_sort 的最外层 while 循环（代码段 12-6 的第 7 行）的条件变为 left < right（而非 left ≤ right），将会出现一些瑕疵。解释造成这种瑕疵的原因并给出一个会使其执行失败的特定输入序列。

R-12.13 如果代码段 12-6 中的函数 inplace_quick_sort 在其第 14 行的条件变为 left < right（而非 left ≤ right），将会出现一些瑕疵。解释造成这种瑕疵的原因并给出一个会使其执行失败的特定输入序列。

R-12.14 接着我们在 12.3.1 节中关于随机化快速排序的分析，请说明一个给定的输入元素 x 在尺寸组 i 中属于超过 $2\log n$ 子问题的可能性至多是 $1/n^2$。

R-12.15 对于有 $n!$ 种可能的基于比较的排序算法的输入来说，在只进行 n 次比较的情况下能够实现正确排序所要求的输入的绝对上限是多少？

R-12.16 Jonathan 有一个基于比较的排序算法可以在 $O(n)$ 的时间内对一个大小为 n 的序列的前 k 个元素进行排序。请给出一个当 k 达到最大时的大 O 表达。

R-12.17 桶排序是否是就地的？请给出原因。

R-12.18 描述一个基数排序，以字典序排序三元组 (k, l, m) 序列 S。其中的 k, l, m 均为整数且属于 $[0, N-1]$ $(N \geq 2)$。如何使该组合可以延伸至 d 元组 $(k_1, k_2, \cdots, k_d)$，其中 k_i 是一个在 $[0, N-1]$ 中的整数。

R-12.19 假设 S 是一个由 n 个值为 0 或 1 的元素组成的序列，使用归并排序算法对其排序将花费多少时间？快速排序呢？

R-12.20 假设 S 是一个由 n 个值为 0 或 1 的元素组成的序列，使用桶排序算法对其进行稳定排序将花费多少时间？

R-12.21 已知一个由 n 个值为 0 或 1 的元素组成的序列 S，请描述一个算法对 S 进行就地排序。

R-12.22 给出一个示例输入列表，归并排序和堆排序需要消耗 $O(n \log n)$ 的时间进行排序，但插入排序却只需要 $O(n)$ 的时间。如果将该列表翻转，情况如何？

R-12.23 对以下情况来说，最好的排序算法是什么？证明你的答案。

- 一般的可比较对象
- 长字符串
- 32 位整型
- 双精度浮点型数
- 字节型数

R-12.24 说明为何对 n 元素序列进行快速选择在最坏情况下运行时间是 $\Omega(n^2)$。

创新

C-12.25 Linda 要求有一个算法能接收一个输入序列 S 并生成一个输出序列 T，T 是 n 元素序列 S 的已排序结果。

a）给出一个算法 is_sorted，在 $O(n)$ 的时间内测试 T 是否是有序的。

b）解释为何该算法不足以证明一个特定的输出 T 在 Linda 的算法中是由 S 经排序而得出的。

c）描述 Linda 的算法可以输出何种额外信息，以使得其算法的正确性可以建立在 $O(n)$ 时间内任意给定的 S 和 T 上。

C-12.26 描述并分析一个用来移除 n 元素集合 A 中所有重复项的有效方法。

C-12.27 扩展 PersonalList 类（详见 7.4 节），使其支持包含以下行为的 merge 方法。如果 A 和 B 是 PersonalList 类的实例，且其元素已被排序，语法 A.merge(B) 会将 B 中所有元素合并至 A 中使得 A 保持有序，B 被清空。你的方法必须通过再次连接所有已存在的节点来完成归并，但不能创建新的节点。

C-12.28 扩展 PersonalList 类（详见 7.4 节），使其支持通过重连接已存在节点对列表元素进行排序的 sort 方法。你不能创建新的节点。你可以使用自己选择的排序算法。

C-12.29 通过将每个元素放在各自的队列来对该元素集实现一个自底向上的归并排序，然后重复地合并队列组直到所有元素在一个队列中被排序。

C-12.30 修改代码段 12-6 中的就地快速排序的实现方法，使其成为该算法的随机化版本，即我们在 12.3.1 节中讨论的。

C-12.31 考虑一个确定的快速排序的版本，我们把 n 元素的输入队列中最后 d 个元素的中值作为基准值，d 是固定的奇数且 $d \geqslant 3$。在这种情况下渐近的最坏情况下的运行时间是多少？

C-12.32 另一种分析随机化快速排序的方法是使用递归方程式。这种情况下，我们用 $T(n)$ 表示随机化快速排序的期望运行时间，然后观察该运行时间，因为其在最坏情况下对好的和坏的部分进行划分，我们可以写出

$$T(n) \leqslant \frac{1}{2}\left(T(3n/4)+T(n/4)\right)+\frac{1}{2}\left(T(n-1)\right)+bn$$

其中 bn 是通过给定的基准值分割列表并且在递归结束后返回的连接结果子列表所需的时间。通过归纳法说明 $T(n)$ 是 $O(n \log n)$。

C-12.33 我们关于快速排序的高阶描述将元素划分成三个集 L、E 和 G，分别存放小于、等于和大于基准值的关键值。然而，我们在代码段 12-6 中实现的就地快速排序不把所有等于基准值的元素收集在集合 E 中。对于就地三分割的这种方法，一个可供选择的策略如下。从左到右循环通过所有元素以维持其检索 i、j 和 k，同时，所有 $S[0{:}i]$ 中的元素都严格地小于基准值，所有 $S[i{:}j]$ 中的元素都等于基准值，所有 $S[j{:}k]$ 中的元素都严格地大于基准值，$S[k{:}n]$ 中的元素均尚未归类。每次通过循环，将归类一个额外的元素，执行一个常数次的交换。请使用这种策略来实现一个就地快速排序。

C-12.34 假设我们有一个 n 元素的序列 S 使得每个 S 中的元素都表示一位不同的总统候选人所获得的选票，每个选票作为一个整数，代表一个特定的候选人，但这些整数可能是任意大的（即使不是候选人的数量）。设计一个具有 $O(n \log n)$ 时间复杂度的算法来显示谁将赢得这场 S 位代表参与的选举，假定得票最多的候选人获胜。

C-12.35 考虑练习 C-12.34 中的选举问题，但现在假设我们知道候选人的数量 $k < n$，即使这些整数 ID 会尽可能大。请描述一个具有时间复杂度 $O(n \log k)$ 的算法来决定谁将赢得这次选举。

C-12.36 考虑练习 C-12.34 中的选举问题，但现在假设我们用整数 1 到 k 来标记 $k < n$ 位候选人。请设计一个具有时间复杂度 $O(n)$ 的算法来决定谁将赢得这次选举。

C-12.37 说明任意的基于比较的排序算法都可以在不影响其渐近运行时间的前提下被做成稳定的算法。

C-12.38 假设我们有两个存在全序关系定义的 n 元素序列 A 和 B，其中可能有重复的元素。描述一个有效率的算法来决定 A 和 B 是否包含相同的元素集合。这个方法的运行时间是多少？

C-12.39 一个 n 整型元素数组 A 的范围为 $[0, n^2-1]$，描述一个简单的方法使得对 A 的排序的运行时间为 $O(n)$。

C-12.40 令 $S_1, S_2, \cdots, S_k$ 为 k 个不同的序列，其元素含有整型关键值，范围是 $[0, N-1]$，参数 $N \geqslant 2$。描述一个算法使其可以在 $O(n+N)$ 的时间内生成 k 个各自已排好序的序列，n 表示这些序列的尺寸总和。

C-12.41 给定一个具有全序关系的 n 元素序列，描述一个有效率的方法来决定 S 中是否存在两个相等的元素。你的方法的运行时间是多少？

C-12.42 定义 S 为一个有全序关系的 n 元素序列。回想发生在序列 S 中的倒置是发生在一对元素 x 和 y 上的，使得在 S 中 x 先于 y 出现，但 $x > y$。描述一个运行时间在 $O(n \log n)$ 以内的算法来决定 S 中的倒置数量。

C-12.43 定义一个 n 元素整型序列 S。描述一个方法用以在 $O(n+k)$ 的时间内打印 S 中所有的倒置对，k 是这些倒置对的数量。

C-12.44 S 是 n 个互相独立的整数的随机置换。证明对 S 进行插入排序的运行时间是 $\Omega(n^2)$。(提示：注意，已按序排好的一半元素最好放在 S 的前半部分。)

C-12.45 定义 A 和 B 是两个 n 元素整型序列。给定一个整数 m，请描述一个时间复杂度为 $O(n \log n)$ 的算法来决定是否在 A 中有一个整数 a 且 B 中有一个整数 b，使得 $m = a + b$。

C-12.46 给定一个 n 整数集合，描述并分析一个最快的方法来找出最接近中值的 $\lceil \log n \rceil$ 整数。

C-12.47 Bob 有 n 个螺母，称为集合 A，还有对应的 n 个螺钉，称为集合 B，A 中的每个螺母仅能唯一对应 B 中的一个螺钉。不幸的是，A 中的螺母全部长得很像，B 中的螺钉也长得很像。Bob 唯一能进行比较的是配成 (a, b) 这样的对，使得 a 在 A 中且 b 在 B 中，并且测试 a 是大了、小了还是刚好匹配 b。描述并分析一个有效率的算法来让 Bob 匹配所有的螺母和螺钉。

C-12.48 我们关于快速选择的实现可以通过首先计算集合 L、E 和 G 的 count 数以使算法更加有空间效率，同时仅需要创建新的将用于递归的子集合。请实现这种版本的算法。

C-12.49 用伪代码描述一个就地快速选择算法，假设允许改变元素的顺序。

C-12.50 说明如何用一个确定的、时间复杂度为 $O(n)$ 的选择算法在最坏情况为 $O(n \log n)$ 的条件下对一个 n 元素序列进行排序。

C-12.51 给定一个未排序 n 个可比元素的序列 S 和一个整数 k，给出一个期望时间为 $O(n \log k)$ 的算法来寻找 $O(k)$ 元素，顺序为 $\lceil n/k \rceil$、$2\lceil n/k \rceil$、$3\lceil n/k \rceil$ 等。

C-12.52 函数 alien_split 可以取得 n 元素序列 S，并将其在的 $O(n)$ 时间内划分成每一个的最大规模为 $\lceil n/k \rceil$ 的序列 $S_1, S_2, \cdots, S_K$，使得 S_i 中的每个元素都小于或等于 S_{i+1} 中的每个元素。$i = 1, 2, \cdots, k-1$，$k < n$。说明如何使用 alien_split 在 $O(n \log n / \log k)$ 的时间内对 S 进行排序。

C-12.53 阅读关于 Python 的排序函数中 reverse 关键字的文档，描述如何使用 decorate-sort-undecorate 实现该排序函数，而不用假设任何关键字的类型。

C-12.54 通过回答以下问题来说明运行时间为 $O(n \log n)$ 的随机化快速排序有至少 $1 - 1/n$ 种可能，即有高可能性。

a) 对每一个输入元素 x，定义 $C_{i,j}(x)$ 为 0 或 1 的随机变量，当且仅当元素 x 属于尺寸组 i 中的 $j+1$ 个子问题中时为 1，给出我们不需要在 $j > n$ 上定义 $C_{i,j}$ 的理由。

b) 使 $X_{i,j}$ 作为 0 或 1 的随机变量，有 $1/2^j$ 的可能性是 1，独立于任何其他的事件，并且使得 $L = \lceil \log_{4/3} n \rceil$。给出 $\sum_{i=0}^{L-1}\sum_{j=0}^{n} C_{i,j}(x) \leqslant \sum_{i=0}^{L-1}\sum_{j=0}^{n} X_{i,j}$ 成立的原因。

c) 请说明为何 $\sum_{i=0}^{L-1}\sum_{j=0}^{n} X_{i,j}$ 的期望值是 $(2 - 1/2^n)L$。

d）说明为何$\sum_{i=0}^{L}\sum_{j=0}^{n}X_{i,j} > 4L$的可能性最多是 $1/n^2$。使用切诺夫界，其声明了如果 X 是独立的 0/1 随机变量的有限数量之和，且期望值 $\mu > 0$，那么当 e = 2.718 281 28…时，$pr(X > 2\mu) < (4/e)^{-\mu}$。

e）为何之前说的可以证明随机化快速排序运行在 $O(n \log n)$ 内的可能性至少有 $1 - 1/n$ 种？

C-12.55 通过以下方法选择 n 元素序列的基准值，我们可以使快速选择算法变得确定化。

划分集合 S 为每个大小为 5 的$\lceil n/5 \rceil$组（除了可能为 1 组的情况）。对每个小集合进行排序并标记该集合的中值元素。对于这个$\lceil n/5 \rceil$"小"中值，应用选择算法递归地找出这些小中值的中值。使用该元素作为基准值，并在快速选择算法中进行。

通过回答以下问题来说明这个确定化的快速选择算法是运行在 $O(n)$ 时间内的（请忽略向上或向下取整函数以简化数学计算）。

a）有多少小中值小于等于选择的基准值？有多少大于等于基准值？

b）对每个小于等于基准值的小中值来说，有多少其他元素小于等于基准值？对于那些大于等于基准值的元素来说是否有同样的结论？

c）说明为何寻找确定的基准值的方法和用它对 S 进行划分的操作将花费 $O(n)$ 的时间。

d）基于这些评估，为这个选择算法写一个递归等式来限定最坏情况运行时 $t(n)$。（注意，在最坏情况中将有两个递归调用——一个是寻找小中值的中值，另一个是在更大的 L 和 G 中递归寻找。）

e）使用该递归等式，通过归纳法来说明 $t(n)$ 是 $O(n)$。

项目

P-12.56 实现一个非递归的、就地的快速排序算法。该算法曾在 12.3.2 节末描述过。

P-12.57 比较就地快速排序和非就地快速排序的性能。

P-12.58 执行一系列基准测试来决定归并排序和快速排序哪个执行得更快。你的测试不但应当包含"随机"序列，还应包含"几乎"已排序的序列。

P-12.59 实现确定化的和随机化的快速排序算法并执行一系列基准测试，以显示哪个更快。你的测试应当包含非常"随机"的序列，以及基本上已经有序的序列。

P-12.60 实现一个就地插入排序算法和一个就地快速排序算法。执行基准测试来决定 n 的值的范围，其中快速排序 n 值范围平均比插入排序的 n 值范围大。

P-12.61 设计并实现一个桶排序算法，用来排序列表。该列表有 n 个条目，均为整型，且来自范围 $[0, N-1]$ $(N \geqslant 2)$。该算法必须运行于 $O(n+N)$ 的时间内。

P-12.62 为本章所提到的一种排序算法设计并实现一个动画。你的动画应当以直观的方式阐明该算法的关键性质。

扩展阅读

Knuth 的关于排序和查找 [65] 的经典文献包含了广泛的关于排序问题的历史及解决它们的算法。Huang 和 Langston[53] 说明了如何在线性时间内就地合并两个已排序列表。快速排序算法的标准应当归功于 Hoare[51]。很多快速排序的最优化均由 Bentley 和 McIlroy[16] 描述。更多的关于随机化的描述，包括 Chernoff 约束，可以在附录以及 Motwani 和 Raghavan[80] 的书中找到。本章中给出的快速排序分析是基于本书早先的 Java 版本，并结合了来自 Kleinberg 和 Tardos[60] 的分析。练习 C-12.32 归功于 Littman。Gonnet 和 Baeza-Yates[44] 分析并实验性地比较了多种排序算法。术语"剪枝搜索"源自于计算机几何学的著作（诸如 Clarkson[26] 和 Megiddo[75] 的工作）。术语"减治"来自于 Levitin[70]。

第 13 章

Data Structures and Algorithms in Python

文本处理

13.1 数字化文本的多样性

虽然多媒体信息很丰富，但文本处理依然是计算机的一个主要功能。计算机可用于编辑、存储和显示文件，并通过互联网传送文件。此外，数字系统用于归档广泛的文本信息，并且新数据正在以很快的增长速度产生。一个大型的语料库可以轻而易举地拥有超过 PB 级的数据（相当于一千万亿字节，或者一百万千兆字节）。包括文本信息集合的常见例子如下：

- 万维网的快照，以互联网文本格式 HTML 和 XML 为主要文本格式，它们用于为多媒体内容添加标签。
- 在用户计算机上本地存储的所有文件。
- 电子邮件归档。
- 顾客评论。
- 社交网站状态更新的编辑，如 Facebook。
- 微博网站的供稿，例如 Twitter 和 Tumblr。

这些集合包括数百种国际语言的书面文本。此外，还有即使不是语言，也可以从计算上视为“串”的大数据集（例如 DNA）。

在本章中，我们会探讨一些可以用来有效地分析和处理大数据文字集的基本算法。除了一些有趣的应用程序之外，文字处理算法还突出了一些重要的算法设计模式。

首先考虑在文章的较长一段文字中搜索子串时产生的问题，例如，搜寻文件中的一个字时产生的问题。解决模式匹配问题可以使用*穷举法*（brute-force method），这种方法虽然具有广泛的适用性，但往往是低效的。

接着，我们引入了*动态规划*（dynamic programming）算法，它可以用于在特定条件下解决多项式时间内的问题，而这些问题刚开始出现的时候需要指数时间去解决。我们在字符串匹配（即部分字符串相同，但不是完全相同）问题上展示了这种技术的运用。这种问题出现在对单词拼写错误提出建议或者试图匹配相关遗传样本的时候。

由于文本数据集十分庞杂，因此对其进行压缩十分重要，通过减少网络传输的字节数来降低对文档长期存储的需求。对于文本压缩，我们可以采用*贪心算法*（greedy method），这往往能就困难的问题得到近似的解决方案，并且对于一些问题（例如文本压缩）可以得到优化算法。

最后，我们梳理了一些有特殊用途的数据结构。这些数据结构用于更好地组织文本数据，从而支持更高效的查询。

字符串的表示法和 Python 的 str 类

我们在讨论文本处理的算法时使用字符串作为文本模型。字符串可能来源于科学、语言和互联网等各种应用。比如下面这些字符串：

```
S = "CGTAAACTGCTTTAATCAAACGC"
T = "http://www.wiley.com"
```

第一个字符串S来自DNA应用程序，第二个字符串T是本书出版商的URL。我们可以参阅附录A了解Python的str类支持的操作。

为了便于算法描述，假设字符串中的字符来自已知的*字母表*（alphabet），我们把字母表表示为Σ。例如，在DNA的背景下，标准字母表中有四个符号，$\Sigma = \{A, C, G, T\}$。这个字母表Σ可能是ASCII或Unicode字符集的一个子集，但也有可能是其他更一般的字符集。尽管假设一个字母表有固定的有限尺寸（表示为$|\Sigma|$），但尺寸也可以是不确定的（非平凡的），就像Python对Unicode字母表的处理，它允许多于一百万个不同的字符。因此，我们在文本处理算法的渐近分析中要考虑$|\Sigma|$的影响。

一些字符串处理操作涉及把大字符串分成一些小字符串。为了能够讨论从这些操作中产生的结果，我们需要依赖于Python的*索引*（indexing）和*切片*（slicing）符号。为了标记方便，用S表示一个长度为n的字符串。在这种情况下，用S[j]表示索引为j的符号，其中$0 \leqslant j \leqslant n-1$。用S[j:k]表示由S[j]到S[k − 1]构成的子串（注意，不是S[k]），构成S的一部分（或者*子串*（substring））。按照这个定义，应注意子串S[j:j + m]的长度为m，子串S[j:j]一般为长度为0的*空串*（null string）。按照Python的约定，当$k<j$时，子串S[j:k]也是空子串。

为了区分一些特殊类型的子串，我们需要把S[0:k]（$0 \leqslant k \leqslant n$）这种形式的任意子串作为S的*前缀*（prefix），当Python的切片符号中省略第一个索引时也会产生这样的前缀，如S[:k]。同样，S[j:n]（$0 \leqslant j \leqslant n$,）这种形式的任意子串是S的*后缀*（suffix），当Python的切片符号中省略第二个索引时会产生这样的后缀，如S[j:]。举个例子，如果再次把S作为上面给出的DNA的字符串，“CGTAA”就是S的一个前缀，“CGC”是S的一个后缀，“C”既是S的前缀也是后缀。注意，空串是任何字符串的前缀和后缀。

13.2 模式匹配算法

在经典的*模式匹配*问题中，我们给出了长度为n的*文本*字符串T和长度为m的*模式*字符串P，并希望明确是否P是T的一个子串。如果是，则希望找到P在T中开始位置的最低索引j，比如T[j:j + m]和P匹配，或者从T中找到所有P的开始位置索引。

模式匹配问题在Python的str类中有许多内在的行为，例如P in T、T.find(P)、T.index(P)及T.count(P)，这些行为是更复杂的行为中的子任务，例如T.partition(P)、T.split(P)和T.replace(P, Q)。

在本节中，我们将提出三种模式匹配算法，这三种算法的困难程度逐渐增加。为简单起见，我们在字符串类的find方法上对函数的外部语义进行建模，在该模式开始的时候返回最低的索引，如果模式没有找到，则返回 − 1。

13.2.1 穷举

如要搜索或者优化某些功能，*穷举*算法设计模式是一种强大的技术。在一般情况下运用这种技术时，我们通常会列举输入相关的所有可能情况，并挑出列举的所有情况的最优情况。

在运用这种技术来设计一个穷举模式匹配算法时，我们推导出了可能是所要解决的第一个算法——我们简单地测试了P相对于T产生的所有可能性。该算法实现如代码段13-1所示。

代码段 13-1 穷举模式匹配算法的实现

```
def find_brute(T, P):
  """Return the lowest index of T at which substring P begins (or else -1)."""
  n, m = len(T), len(P)              # introduce convenient notations
  for i in range(n−m+1):             # try every potential starting index within T
    k = 0                            # an index into pattern P
    while k < m and T[i + k] == P[k]:      # kth character of P matches
      k += 1
    if k == m:                       # if we reached the end of pattern,
      return i                       # substring T[i:i+m] matches P
  return −1                          # failed to find a match starting with any i
```

性能

对穷举模式匹配算法的分析很简单。它由两个嵌套的循环组成：一个是在文本模式所有可能的开始索引进行外部循环索引；另一个是在模式的每个字符之间进行内部循环索引，并将它和文章中潜在对应的字符进行比较。因此，通过穷举搜索方法，穷举模式匹配算法的正确性立刻就能得到保证。

在最坏的情况下，穷举模式匹配的运行时间很长，因为对于 T 中的每个索引，无论如何都要对 m 个字符进行比较，最后却可能发现在当前的索引下 P 和 T 并不匹配。参考代码段 13-1，我们看到外部 for 循环至多被执行了 $n - m + 1$ 次，内部 while 循环至多执行了 m 次。因此，穷举方法最坏情况下的运行时间是 $O(nm)$。

例题 13-1： 假设给出如下的文本字符串

T = "abacaabaccabacabaabb"

模式字符串为

P = "abacab"

图 13-1 说明了穷举模式匹配算法在 T 和 P 上的执行过程。

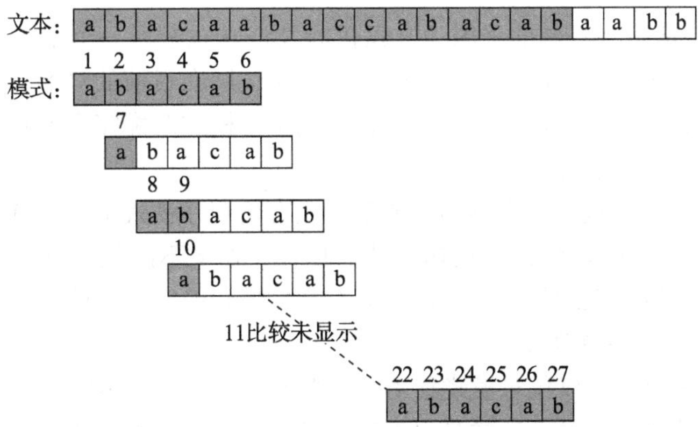
文本: a b a c a a b a c c a b a c a b a a b b
1 2 3 4 5 6
模式: a b a c a b
7
8 9
10
11比较未显示
22 23 24 25 26 27

图 13-1 穷举模式匹配算法的运行示例。该算法对 27 个字符进行比较，字符上方用数字标签表示

13.2.2 Boyer-Moore 算法

起初，为了找出作为子串的模式 P 或者排除它存在的可能性，检查 T 中的每个字符似乎是非常必要的。但并不总是如此。我们在本节中研究的 Boyer-Moore 模式匹配算法有时可以避免对 P 和 T 中占很大比例的字符进行比较。在本节中，我们会描述 Boyer 和 Moore 提出的简化版原始算法。

Boyer-Moore 算法的主要思想是通过增加两个可能省时的启发式算法来提升穷举算法的运行时间。这些启发式算法大致如下：

- 镜像启发式（looking-glass heuristic）：当测试 P 相对于 T 可能的位置时，可以从 P 的尾部开始比较，然后从后向前移动直到 P 的头部。
- 字幕跳跃启发式（character-jump heuristic）：在测试 P 在 T 中可能的位置时，有着相应模式字符 P[k] 的文本字符 T[i] = c 的不匹配情况按如下方法处理。如果 P 中任何位置都不包含 c，则将 P 完全移动到 T[i] 之后（因为它不能匹配 P 中任何一个字符）；否则，直到 P 中出现字符 c 并与 T[i] 一致才移动 P。

我们将会尽快形式化这些启发式算法，但直观上来讲，它们作为一个完整的团体进行工作。镜像启发式通过设置其他启发式来避免 P 和 T 整个群组之间的所有字符进行比较。至少在这种情况下，通过倒着匹配可以更快地到达目的，因为如果在考虑 P 在 T 中的确定位置时遇到了不匹配，我们可以利用字符跳跃启发式算法相对于 T 大幅度移动 P 来避免大量无用的比较。如果及早运用字符跳跃启发式算法测试 P 相对于 T 的位置，它将起到很大的作用。图 13-2 展示了这些启发式的一些简单应用。

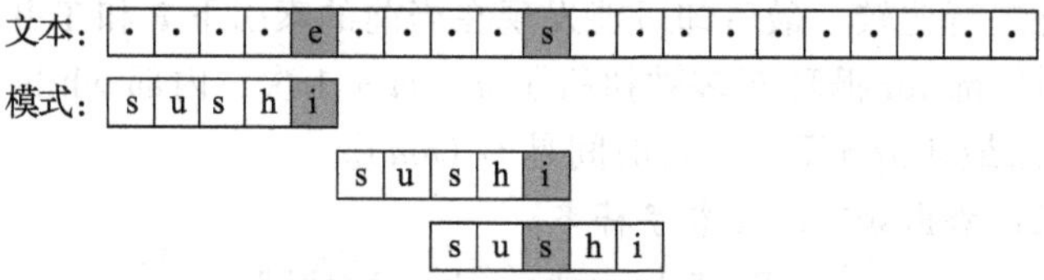
文本：
· · · · e · · · · s · · · · · · · · · ·
模式：
s u s h i
s u s h i
s u s h i

图 13-2　直观展示 Boyer-Moore 模式匹配算法的一个简单示例。原来的比较结果导致了文本字符 e 的不匹配。因为那个字符不在模式中，整个模式从当前的位置跳了过去。第二个比较同样是不匹配的，但是不匹配字符 s 在模式的其他地方出现了。模式向下移动，因此 s 的最后一次出现与文本中相应的 s 对齐。该方法的其余部分并没有在该图中显示

图 13-2 的例子是相当基础的，因为它仅仅涉及该模式最后一个字符的不匹配情况。一般情况下，当最后一个字符的匹配被找到时，该算法试图在目前的对齐情况下对该模式的倒数第二个字符扩展匹配。这个进程持续进行，直到整个模式匹配完全或者在模式的某些内部位置发现不匹配时才停止进行。

如果发现不匹配，并且文章中不匹配的字符没有出现在模式中，则直接将整个模式字符串从当前位置跳过去，就像图 13-2 最初陈述的那样。如果不匹配字符发生在模式的其他位置，则必须根据它最后出现的位置是在不匹配对齐的模式的字符之前还是之后来考虑两种子情况。这两种情况如图 13-3 所示。

在图 13-3b 的情况下，仅仅对模式移动一个单元。直到找到不匹配字符 T[i] 在模式中的另一个出现的位置才向右移动，这样是更加有效的，但是我们不希望花费时间去寻找另一个出现的位置。Boyer-Moore 算法的高效依赖于创建一个查阅的表，使其能够更快地定位模式中不匹配的字符发生在其他哪个地方。特别地，我们定义一个函数 last(c) 如下：

- 如果 c 在 P 中，last(c) 是 c 在 P 中最后一次出现的索引；否则，默认定义 last(c) = – 1。

如果假设字母表是固定的、有限大小的，并且那些字符可以转变成一个数组的索引（例如，通过使用它们的字符代码），可以简单地将最后一个功能实现为一个查找表，该表在查找 last(c) 函数值的时候，最坏情况下的时间复杂度是 $O(1)$。然而，这个表的长度和字母表的大小相等（而不是模式的大小），并且还需要初始化整个表的时间。

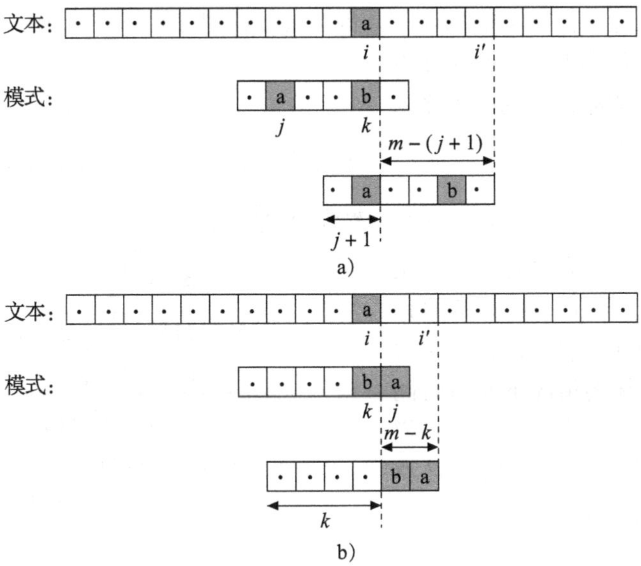
文本：
a
i
i'
模式：
a
b
j
k
m − (j + 1)
a
b
j + 1
a)
文本：
a
i
i'
模式：
b
a
k
j
m − k
b
a
k
b)

图 13-3 Boyer-Moore 算法的字符跳跃启发式的附加规则。令 i 代表文章中不匹配字符的索引，k 代表模式中出现的索引，j 代表 T[i] 在模式中最后一次出现位置的索引。我们区分两种情况：① $j < k$，这种情况下对模式移动 $k - j$ 个单元，因此索引 i 会前进 $m - (j + 1)$ 个单元；② $j > k$，这种情况下对模式移动 1 个单元，索引 i 会前进 $m - k$ 个单元

我们用哈希表来实现，仅仅包含在结构中出现的来自模式的那些字符。这种方法使用的空间与模式中不同字符的数量成正比，因此空间复杂度为 $O(m)$。期望的查询时间与问题的规模无关（尽管最坏情况的界限是 $O(m)$）。我们在代码段 13-2 中给出了 Boyer-Moore 模式匹配算法的完整实现。

代码段 13-2 Boyer-Moore 算法的实现

```
def find_boyer_moore(T, P):
  """Return the lowest index of T at which substring P begins (or else -1)."""
  n, m = len(T), len(P)                  # introduce convenient notations
  if m == 0: return 0                    # trivial search for empty string
  last = { }                             # build 'last' dictionary
  for k in range(m):
    last[ P[k] ] = k                     # later occurrence overwrites
  # align end of pattern at index m-1 of text
  i = m-1                                # an index into T
  k = m-1                                # an index into P
  while i < n:
    if T[i] == P[k]:                     # a matching character
      if k == 0:
        return i                         # pattern begins at index i of text
      else:
        i -= 1                           # examine previous character
        k -= 1                           # of both T and P
    else:
      j = last.get(T[i], -1)             # last(T[i]) is -1 if not found
      i += m - min(k, j + 1)             # case analysis for jump step
      k = m - 1                          # restart at end of pattern
  return -1
```

Boyer-Moore 模式匹配算法的正确性是通过这样的方式来保证的，即该方法的每一次移

位都保证不会“跳过”任何可能的匹配。因为 last(c) 是 c 在 P 中最后一次出现的位置。在图 13-4 中，我们将说明 Boyer-Moore 模式匹配算法在类似例题 13-1 的一个输入字符串的情况下的执行过程。

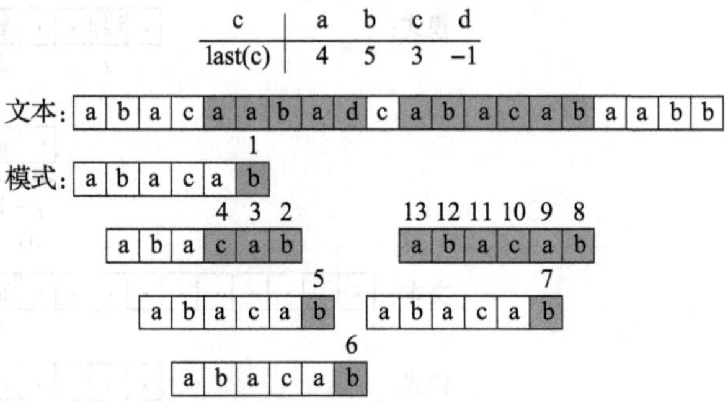
c a b c d
last(c) 4 5 3 −1
文本: a b a c a a b a d c a b a c a b a a b b
模式: a b a c a b
1
4 3 2
13 12 11 10 9 8
5
7
6

图 13-4　Boyer-Moore 模式匹配算法的说明，包括 last(c) 函数的概述。该算法执行了 13 个字符的比较，字符上方用数字标签表示

性能

如果使用传统的查找表，在最坏的情况下 Boyer-Moore 算法的运行时间是 $O(nm + |\Sigma|)$。即，最后一个功能的计算需要花费时间 $O(m + |\Sigma|)$，并且该模式的实际搜寻在最坏的情况下花费时间为 $O(nm)$，和穷举算法的花费时间一样（$|\Sigma|$ 的依赖在有哈希表的情况下被移除。）一个文本模式达到最坏的情况的一个例子是

$$T = \underbrace{\text{aaaaaa}\cdots\text{a}}_{n}$$

$$P = \text{b}\underbrace{\text{aa}\cdots\text{a}}_{m-1}$$

然而，英文文本不太可能有最坏的情况，因为在这种情况下，Boyer-Moore 算法往往能够跳过文本的大部分。英文文本的实验证据表明，每个字符作比较的平均数量是每 5 个字符模式字符串中有 0.24 次比较。

我们实际上提出了 Boyer-Moore 算法的简化版本。每当原始算法改变模式超过字符跳跃启发式时，原始算法通过对部分匹配的文本字符串使用替代转变启发式达到的运行时间为 $O(n + m + |\Sigma|)$。这个替代转变启发式是基于借鉴 Knuth-Morris-Pratt 模式匹配算法的主要思想。

13.2.3　Knuth-Morris-Pratt 算法

如例题 13-1 所示，在特定实例情况下，测试穷举算法和 Boyer-Moore 匹配算法的最差性能。对于模式的一个确定的调整，如果发现一些匹配的字符但后来又发现不匹配，在模式下一次重新匹配时，我们忽略所有由成功的比较获得的信息。

在本节讨论的 Knuth-Morris-Pratt（或者“KMP”）算法，避免了信息的浪费，并且它能达到的运行时间为 $O(n + m)$，这是渐近最优运行时间。即在最坏的情况下，任何模式匹配算法将会对文本的所有字符和模式的所有字符检查至少一次。KMP 算法的主要思想是预先计算模式部分之间的自重叠，从而当不匹配发生在一个位置时，我们在继续搜寻之前就能立刻知道移动模式的最大数目。一个很好的例子如图 13-5 所示。

失败函数

为了实现 KMP 算法，我们会预先计算*失败函数* f，该函数用于表示匹配失败时 P 对应的位移。具体地，失败函数 $f(k)$ 定义为 P 的最长前缀的长度，它是 P[1:k + 1] 的后缀（注意，我们这里*没有*包含 P[0]，因为至少会移动一个单元）。直观地说，如果在字符 P[k + 1] 中找到不匹配，函数 $f(k)$ 会告诉我们多少紧接着的字符可以用来重启模式。例题 13-2 描述了图 13-5 例子中模式的失败函数的值。

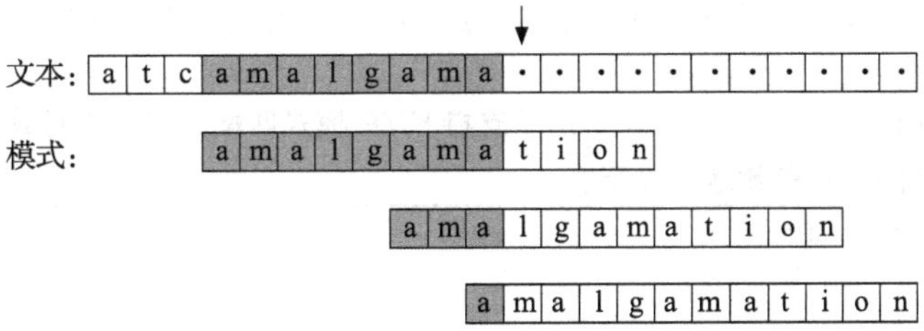

文本: a t c a m a l g a m a · · · · · · · · · · ·
模式: a m a l g a m a t i o n
a m a l g a m a t i o n
a m a l g a m a t i o n

图 13-5 Knuth-Morris-Pratt 算法的一个示例。如果一个不匹配发生在指定的位置，模式应该被移动到第二个对齐的位置，并不特别需要用 AMA 前缀去重新检查部分匹配。如果不匹配的字符不是 l，下一次匹配将充分利用已经匹配的公共字母 a

例题 13-2： 考虑从图 13-5 得到的模式 P = "amalgamation"。对于在下面展示的字符串 P，Knuth-Morris-Pratt(KMP) 失败函数为 $f(k)$。

k	0	1	2	3	4	5	6	7	8	9	10	11
$P[k]$	a	m	a	l	g	a	m	a	t	i	o	n
$f(k)$	0	0	1	0	0	1	2	3	0	0	0	0

实现

KMP 模式匹配算法的实现如代码段 13-3 所示。它依赖于一个有效的函数 compute_kmp_fail 计算 KMP 的失败，该函数可以有效计算失败函数。

代码段 13-3 KMP 模式匹配算法的实现。compute_kmp_fail 效用函数在代码段 13-4 中给出

```
def find_kmp(T, P):
  """Return the lowest index of T at which substring P begins (or else -1)."""
  n, m = len(T), len(P)                # introduce convenient notations
  if m == 0: return 0                  # trivial search for empty string
  fail = compute_kmp_fail(P)           # rely on utility to precompute
  j = 0                                # index into text
  k = 0                                # index into pattern
  while j < n:
    if T[j] == P[k]:                   # P[0:1+k] matched thus far
      if k == m − 1:                   # match is complete
        return j − m + 1
      j += 1                           # try to extend match
      k += 1
    elif k > 0:
      k = fail[k−1]                    # reuse suffix of P[0:k]
    else:
      j += 1
  return −1                            # reached end without match
```

KMP 算法的主要部分是它的 while 循环，每一次迭代会对 T 中索引 j 的字符和 P 中索引 k 的字符进行比较。如果这次比较的结果是匹配，算法在 T 和 P 中会移动到下一个字符（或者，如果到达模式的最后，将报告一个匹配的结果）。如果比较失败了，算法会对 P 中的新候选字符导出失败函数；否则，就从 T 中的下一个索引开始（因为没有东西可以被重复使用）。

KMP 失败函数的构建

为了构建失败函数，我们使用代码段 13-4 中的方法，这是一个“引导过程”，它将模式与 KMP 中的模式进行比较。每次有两个匹配的字符，我们设置 $f(j) = k + 1$。注意，因为在

整个算法中已经有 $j > k$，当使用它的时候，$f(k-1)$ 总是被定义得很好。

代码段 13-4　compute_kmp_fail 的实现，用于支持 KMP 模式匹配算法。注意算法是如何使用失败函数之前的值去有效地计算新值

```
def compute_kmp_fail(P):
  """Utility that computes and returns KMP 'fail' list."""
  m = len(P)
  fail = [0] * m                    # by default, presume overlap of 0 everywhere
  j = 1
  k = 0
  while j < m:                      # compute f(j) during this pass, if nonzero
    if P[j] == P[k]:                # k + 1 characters match thus far
      fail[j] = k + 1
      j += 1
      k += 1
    elif k > 0:                     # k follows a matching prefix
      k = fail[k−1]
    else:                           # no match found starting at j
      j += 1
  return fail
```

性能

除去失败函数的计算外，KMP 算法的运行时间明显正比于 while 循环的迭代次数。为了方便分析，令 $s = j - k$。直观地说，s 是模式 P 关于文本 T 移动的总数。需要注意的是，在整个算法执行过程中，$s \leq n$。以下三种情况中的某一种发生在循环的每次迭代时。

- 如果 $T[j] = P[k]$，j 和 k 每次增加 1，因此，s 不发生改变。
- 如果 $T[j] \neq P[k]$ 且 $k > 0$，j 不改变并且 s 至少增加 1，因为在这种情况下，s 在 $j-k$ 到 $j-f(k-1)$ 之间发生改变，这是 $k-f(k-1)$ 的附加，因为 $f(k-1) < k$ 是确定的。
- 如果 $T[j] \neq P[k]$ 且 $k = 0$，因为 k 不会改变，所以 j 和 s 每次增加 1。

因此，在循环的每次迭代中，j 或者 s 每次至少增加 1（也可能两个都会增加）。因此，在 KMP 模式匹配算法中，while 循环的迭代总次数至多为 $2n$。当然，为了实现这一约束，应假设已经计算出了 P 的失败函数。

计算失败函数的算法的运行时间为 $O(m)$。它的分析方法类似于主要的 KMP 算法，有一个长度为 m 的模式和它自己进行比较。因此，我们得出：

命题 13-3：*Knuth-Morris-Pratt 算法执行长度为 n 的文本字符串和长度为 m 的模式字符串的匹配，所需的运行时间为 $O(n+m)$。*

该算法的正确性是根据失败函数的定义而来的。任何跳过的比较其实都是没有必要的，因为失败函数保证了所有忽略的比较都是多余的——会多次涉及比较相同的匹配字符。

在图 13-6 中，我们说明了 KMP 模式匹配算法对例 13-1 中输入字符串的执行。

失败函数

k	0	1	2	3	4	5
$P[k]$	a	b	a	c	a	b
$f(k)$	0	0	1	0	1	2

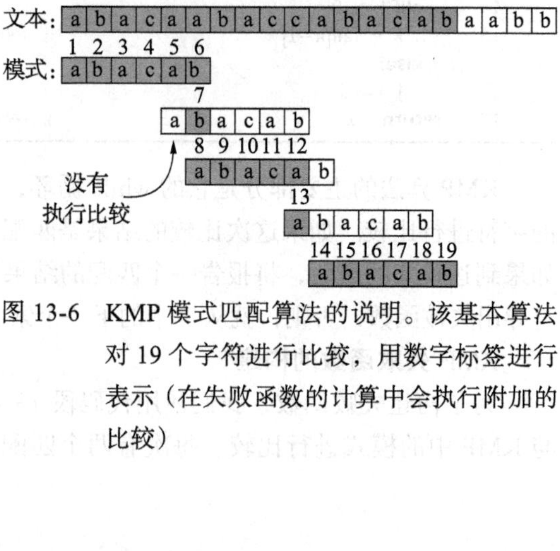
文本: a b a c a a b a c c a b a c a b a a b b
1 2 3 4 5 6
模式: a b a c a b
7
a b a c a b
8 9 10 11 12
a b a c a b
13
a b a c a b
14 15 16 17 18 19
a b a c a b
没有
执行比较

图 13-6　KMP 模式匹配算法的说明。该基本算法对 19 个字符进行比较，用数字标签进行表示（在失败函数的计算中会执行附加的比较）

注意，之所以使用失败函数，是为了避免对模式中的字符和文本中的字符进行重复比较。同样需要注意的是，在对相同的字符串进行所有比较时，该算法比贪心算法运行的次数更少（见图 13-1）。

13.3 动态规划

在本节中，我们将讨论动态规划算法设计技术。该技术和分而治之算法（12.2.1 节）类似，可应用于各种不同的问题。动态规划经常用于解决一些问题，这些问题可能需要用指数时间和多项式时间算法去解决。另外，由动态规划技术的应用所产生的算法通常是相当简单的，只需要比几行代码多一点的代码去描述填写在表中的一些嵌套循环。

13.3.1 矩阵链乘积

我们首先给出一个经典、具体的例子，而不是先对动态规划技术的通用部分进行说明。假设给定 n 个二维矩阵的集合，用来计算这 n 个矩阵的数学乘积。

$$\boldsymbol{A} = \boldsymbol{A}_0 \cdot \boldsymbol{A}_1 \cdot \boldsymbol{A}_2 \cdot \cdots \cdot \boldsymbol{A}_{n-1}$$

其中，$\boldsymbol{A}_i$ 是一个 $d_i \times d_{i+1}$ 矩阵，其中 $i = 0, 1, 2, \cdots, n-1$。在标准矩阵乘法算法中（将会使用的一个算法），乘以一个 $d \times e$ 的矩阵 $\boldsymbol{B}$ 再乘以 $e \times f$ 的矩阵 $\boldsymbol{C}$，计算结果 $\boldsymbol{A}$ 为

$$\boldsymbol{A}[i][j] = \sum_{k=0}^{e-1} \boldsymbol{B}[i][k] \cdot \boldsymbol{C}[k][j]$$

这个定义意味着矩阵乘法具有结合律，也就是说，$\boldsymbol{B} \cdot (\boldsymbol{C} \cdot \boldsymbol{D}) = (\boldsymbol{B} \cdot \boldsymbol{C}) \cdot \boldsymbol{D}$。因此，可以对 A 的表达式以任何方式加圆括号，并且得到相同的答案。然而，没有必要对每一个圆括号表达式执行相同数量的原始（即标量）增加，如以下示例所示。

例题 13-4：令 $\boldsymbol{B}$ 是一个 2×10 的矩阵，$\boldsymbol{C}$ 是一个 10×50 的矩阵，$\boldsymbol{D}$ 是一个 50×20 的矩阵。计算 $\boldsymbol{B} \cdot (\boldsymbol{C} \cdot \boldsymbol{D})$ 需要 $2 \cdot 10 \cdot 20 + 10 \cdot 50 \cdot 20 = 10\,400$ 次乘法，而计算 $(\boldsymbol{B} \cdot \boldsymbol{C}) \cdot \boldsymbol{D}$ 需要 $2 \cdot 10 \cdot 50 + 2 \cdot 50 \cdot 20 = 3000$ 次乘法。

矩阵链乘积问题是决定定义乘积 $\boldsymbol{A}$ 的表达式的圆括号表达式，用以减少执行乘法标量的总数量。正如上面的例子所示，圆括号表达式之间的差异可能很大，因此找到一个好的解决方案可能会明显提高速度。

定义子问题

解决矩阵链乘法的一个方式是简单地列举 $\boldsymbol{A}$ 的圆括号表达式的所有可能，并且确定每一个执行的乘法的数量。不幸的是，$\boldsymbol{A}$ 的所有不同的圆括号表达式的设置和所有不同的具有 n 个叶子二进制树的设置相同。这个数是 n 的指数。因此，这个简单（“贪心”）算法运行时间为指数时间，因为有指数数量种为组合算术表达式加圆括号的方法。

可以通过贪心算法显著改善实现的性能，不过，也可以通过对矩阵乘积链问题的性质进行一些观测来改善实现的性能。首先，这个问题可以被分成子问题。在这种情况下，可以定义多个不同的子问题，每一个都是为了计算子表达式 $\boldsymbol{A}_i \cdot \boldsymbol{A}_{i+1} \cdot \cdots \cdot \boldsymbol{A}_j$ 最好的圆括号表达式。作为一个简要的表示法，使用 $N_{i,j}$ 来表示计算这个子表达式需要的乘法的最小数量。因此，原始矩阵链乘法问题可以被定性为计算 $N_{0,n-1}$ 的值。这个观察是重要的，但是为了应用动态规划技术，我们需要进行更多观察。

表征最优解

另外一个可以对矩阵链乘法问题做的重要的观察是：就一个特别的子问题的最佳解决方案

而言，对它的子问题表征一个最佳解决方案是可能的。我们把这个属性叫作*子问题最优条件*。

在矩阵链乘法问题的情况下，我们观察到，无论怎样对一个子表达式加圆括号，最终必然会执行一些矩阵乘法运算。也就是说，子表达式 $\boldsymbol{A}_i \cdot \boldsymbol{A}_{i+1} \cdot \cdots \cdot \boldsymbol{A}_j$ 完整的圆括号表达式必须是 $(\boldsymbol{A}_i \cdots \boldsymbol{A}_k) \cdot (\boldsymbol{A}_{k+1} \cdots \boldsymbol{A}_j)$，其中，$k \in \{i, i+1, \cdots, j-1\}$。此外，对于任意确切的 k，乘积 $(\boldsymbol{A}_i \cdots \boldsymbol{A}_k)$ 和 $(\boldsymbol{A}_{k+1} \cdots \boldsymbol{A}_j)$ 都必须被最优解决。如果不是这样，那将是全局最优，即每个子问题都被有效解决。但这是不可能的，因为接下来可能通过一个子问题的最优解决方案重置当前子问题的解决方案来减少乘法的总数量。就其他子问题优化解决方案而言，这个发现提出了一种对于 $N_{i,j}$ 明确定义最优问题的方式。也就是说，我们可以通过考虑每个 k 的位置来计算 $N_{i,j}$，在 k 的位置可以放置最后的乘法并从中取最小值。

设计动态规划算法

我们可以表征子问题最优解决方案 $N_{i,j}$ 为

$$N_{i,j} = \min_{i \leqslant k < j} \{N_{i,k} + N_{k+1,j} + d_i d_{k+1} d_{j+1}\}$$

其中，$N_{i,j} = 0$，因为对单个矩阵不需要进行任何操作。也就是说，$N_{i,j}$ 是最小值，它占据所有可能的位置去执行最终的乘法，即计算每个子表达式需要的乘法的数目加上执行最后的乘法需要的数目。

注意，有一类问题会禁止我们把其分解成独立的子问题（这是为了应用分而治之技术）。不过，可以通过计算自底向上的方式产生的 $N_{i,j}$ 值和在 $N_{i,j}$ 值的表中存储中间解决方案的方式，使用 $N_{i,j}$ 的方程得到一个高效的算法。我们可以通过指定 $N_{i,i} = 0 (i = 0, 1, \cdots, n-1)$ 简单地开始。我们可以应用 $N_{i,j}$ 的一般方程去计算 $N_{i+1,i+1}$ 的值，因为它们仅仅需要可用的 $N_{i,i}$ 和 $N_{i,j}$ 的值。$N_{i,i+1}$ 的值已经给出，我们接下来可以计算 $N_{i,i+2}$ 的值，并以此类推。因此，直到最终计算出了一直在寻找的 $N_{0,n-1}$ 的值，才可以从以前计算得到的值中推导出 $N_{i,j}$ 的值。这种*动态规划*解决方案的 Python 实现在代码段 13-5 中给出。

代码段 13-5 矩阵链乘积的动态规划算法

```
def matrix_chain(d):
  """d is a list of n+1 numbers such that size of kth matrix is d[k]-by-d[k+1].

  Return an n-by-n table such that N[i][j] represents the minimum number of
  multiplications needed to compute the product of Ai through Aj inclusive.
  """
  n = len(d) − 1                          # number of matrices
  N = [[0] * n for i in range(n)]         # initialize n-by-n result to zero
  for b in range(1, n):                   # number of products in subchain
    for i in range(n−b):                  # start of subchain
      j = i + b                           # end of subchain
      N[i][j] = min(N[i][k]+N[k+1][j]+d[i]*d[k+1]*d[j+1] for k in range(i,j))
  return N
```

因此，可以用主要包含了三个嵌套循环（第三个嵌套循环计算最小项）的算法来计算 $N_{0,n-1}$。每个这样的循环每次执行时最多迭代 n 次，它的内部具有恒定数量的附加工作。因此，这个算法的总运行时间为 $O(n^3)$。

13.3.2 DNA 和文本序列比对

一个常见的出现在遗传学和软件工程中的文本处理问题是测试两个文本字符串的相似性。在遗传学中，两个字符串对应于 DNA 的两条链。同样，在软件工程中，两个字符串可

能是来自相同程序的两个不同版本的代码源，为此，我们需要确定一个版本和下一版本之间所做的改变。事实上，确定两个字符串之间的相似性如此普遍，以至于 UNIX 和 Linux 操作系统各有一个用来比较文本文件但名称不同的内置程序。

给定一个字符串 $X = x_0\,x_1\,x_2 \cdots x_{n-1}$，$X$ 的一个子序列是任何具有 $x_{i1}\,x_{i2} \cdots x_{ik}$ 形式的字符串，其中 $i_j < i_{j+1}$；也就是说，这是一个字符序列，不必连续，但却是从 X 中按顺序取得的。例如，字符串 AAAG 是字符串 CGATAATTGAGA 的子序列。

这里讨论的 DNA 和文本相似性的问题是*最长公共子序列*（LCS）问题。在这个问题中，通过一些字母表（例如在计算遗传学中常见的字母表 {A, C, G, T}）给出两个字符串，$X = x_0\,x_1\,x_2 \cdots x_{n-1}$ 和 $Y = y_0\,y_1\,y_2\,y_{m-1}$，然后要求找出最长的字符串 S，S 是 X 和 Y 共同的子序列。一种解决最长公共子序列问题的方法是列举 X 的所有子序列，并找出同样是 Y 的子序列中最大的一个。由于每个 X 中的字符无论在不在子序列中，都有可能有 2^n 个不同的 X 的子序列，每个子序列确定其是否是 Y 的子序列需要的时间是 $O(m)$。因此，这种蛮力方法产生了一个非常低效的具有指数时间的算法，其运行时间为 $O(2^{nm})$。幸运的是，用动态规划可以有效地解决 LCS 问题。

动态规划解决方案的组件

如上所述，动态规划技术主要应用在希望找到做某事的最优解的优化问题中。如果问题具有一定的属性，我们可以在这样的情况下运用动态规划技术：

- 简单子问题：必须有一些方式将全局优化问题重复地划分为子问题。而且，应该有只用一些索引来参数化子问题的方式。
- 子问题优化：全局问题的优化解决方案必须是由子问题优化解决方案组成的。
- 子问题重复：无关子问题的优化解决方案可以包含共同的子问题。

对 LCS 问题应用动态规划

回想一下，在 LCS 问题中所得到的两个字符串，即长度为 n 的 X 和长度为 m 的 Y，并且要求找到一个最长的字符串 S，S 是 X 和 Y 的子序列。因为 X 和 Y 都是字符串，我们有一个定义子问题的固有索引设置——字符串 X 和 Y 的索引。定义一个子问题，因此，作为计算值 $L_{j,k}$，我们将用它来表示最长字符串的长度，最长字符串是前缀 $X[0:j]$ 和 $Y[0:k]$ 的一个子序列。这个定义允许我们针对子问题优化解决方案重写 $L_{j,k}$。其定义取决于图 13-7 所示的两种情况。

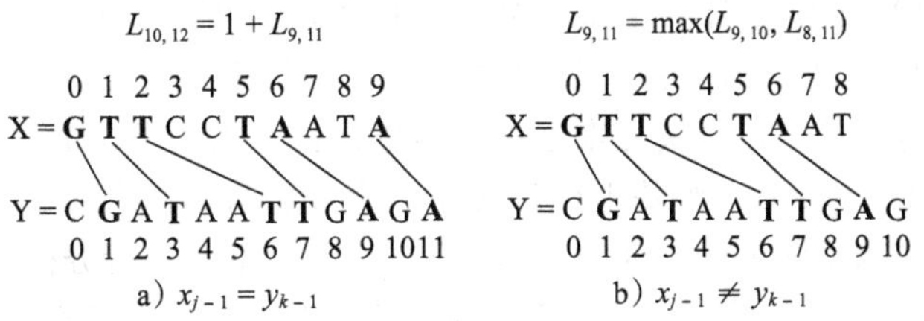

$L_{10,12} = 1 + L_{9,11}$
0 1 2 3 4 5 6 7 8 9
X = G T T C C T A A T A
Y = C G A T A A T T G A G A
0 1 2 3 4 5 6 7 8 9 10 11
a) $x_{j-1} = y_{k-1}$
$L_{9,11} = \max(L_{9,10}, L_{8,11})$
0 1 2 3 4 5 6 7 8
X = G T T C C T A A T
Y = C G A T A A T T G A G
0 1 2 3 4 5 6 7 8 9 10
b) $x_{j-1} \neq y_{k-1}$

图 13-7　最长公共子序列算法在计算 $L_{j,k}$ 时的两种情况

- $x_{j-1} = y_{k-1}$。在这种情况下，我们对 $X[0:j]$ 的最后一个字符和 $Y[0:k]$ 的最后一个字符进行匹配。声明这个字符属于 $X[0:j]$ 和 $Y[0:k]$ 的最长共同子序列。为了证明这个声明，先假设它是不正确的，则必有最长共同子序列 $x_{a1}\,x_{a2} \cdots x_{a_c} = y_{b1}\,y_{b2} \cdots y_{b_c}$。如果 $x_{a_c} = x_{j-1}$ 或者 $y_{b_c} = y_{k-1}$，则通过设置 $\alpha_c = j-1, b_c = k-1$ 得到相同的子序列。接下来，如果 $x_{a_c} \neq x_{j-1}$ 并且 $y_{b_c} \neq y_{k-1}$，则通过增加 $x_{j-1} = y_{k-1}$ 到最后甚至可以得到更长的公共子序列。这样的

话，$X[0:j]$ 和 $Y[0:k]$ 的最长公共子序列以x_{j-1}结束。因此，可以设定

$$L_{j,k}=1+L_{j-1,k-1},\ 如果\ x_{j-1}=y_{k-1}$$

- $x_{j-1}\neq y_{k-1}$。在这种情况下，不能得到同时包含 x_{j-1} 和 y_{k-1} 的共同子序列。也就是说，可以得到一个以 x_{j-1} 结束的或者以 y_{k-1} 结束的共同子序列（或者可能都不会得到），但是这两者不可能同时得到。因此，设定

$$L_{j,k}=\max\{L_{j-1,k},L_{j,k-1}\},\ 如果\ x_{j-1}\neq y_{k-1}$$

我们注意到：因为切片 $Y[0:0]$ 是空字符串，$L_{j,0}=0$，$j=0, 1, \cdots, n$；类似地，因为切片 $X[0:0]$ 是空字符串，$L_{0,k}=0$，其中 $k=0, 1, \cdots, m$。

LCS 算法

$L_{j,k}$ 满足子问题优化的定义，因为既没有最长公共子序列，也没有子问题的最长公共子序列。此外，它使用子问题重复，因为子问题解决方案 $L_{j,k}$ 可以在一些其他的问题中使用（即问题 $L_{j+1,k}$、$L_{j,k+1}$ 和 $L_{j+1,k+1}$）。将 $L_{j,k}$ 的定义转变为一个算法实际上非常简单。我们创建一个 $(n+1)\times(m+1)$ 维数组 L，定义 $0\leqslant j\leqslant n$ 并且 $0\leqslant k\leqslant m$。初始化所有项为 0，特意使形式 $L_{j,0}$ 和 $L_{0,k}$ 的所有项为 0，然后反复地建立 L 的值直至得到 X 和 Y 的最长共同子序列的长度 $L_{n,m}$。这个算法的 Python 实现在代码段 13-6 中给出。

代码段 13-6　LCS 问题的动态规划算法

```python
def LCS(X, Y):
  """Return table such that L[j][k] is length of LCS for X[0:j] and Y[0:k]."""
  n, m = len(X), len(Y)                      # introduce convenient notations
  L = [[0] * (m+1) for k in range(n+1)]      # (n+1) x (m+1) table
  for j in range(n):
    for k in range(m):
      if X[j] == Y[k]:                       # align this match
        L[j+1][k+1] = L[j][k] + 1
      else:                                  # choose to ignore one character
        L[j+1][k+1] = max(L[j][k+1], L[j+1][k])
  return L
```

LCS 算法的运行时间非常容易分析，因为它由两个嵌套循环控制，外部循环迭代 n 次，内部循环迭代 m 次。因为每个循环内的 if 语句和分配需要 $O(1)$ 的基本操作，所以这个算法的运行时间为 $O(nm)$。因此，动态规划技术可运用于最长共同子序列问题，并通过 LCS 问题的指数时间的蛮力解决方案得到显著改善。

代码段 13-6 的 LCS 函数计算了最长公共子序列的长度（记为 $L_{n,m}$），但不是子序列自己。幸运的是，如果通过 LCS 函数计算出来的 $L_{j,k}$ 的值完全列在一张表中，则提取实际最长公共子序列是很容易的。该解决方案通过逆向进行长度 $L_{n,m}$ 的估算可以从后往前地重建。在任何位置 $L_{j,k}$，如果 $x_j=y_k$，则基于在公共的字符 x_j 之前的长度 $L_{j-1,k-1}$ 的公共子序列的长度。可以将 x_j 记作为子序列的一部分，然后从 $L_{j-1,k-1}$ 继续进行分析。如果 $x_j\neq y_k$，则可以移动到 $L_{j,k-1}$ 和 $L_{j-1,k}$ 中较大的一个。我们继续上述过程，直到某个 $L_{j,k}=0$（例如，j 或者 k 是 0 作为边界的情况）。这一策略的 Python 实现在代码段 13-7 中给出。这个函数构造了在 $O(n+m)$ 的附加时间里构建了一个最长的公共子序列，因为无论 j 或者 k（或者两个都），while 循环的每次执行都会递减。计算最长公共子序列算法的说明如图 13-8 所示。

代码段 13-7　最长公共子序列的重建

```python
def LCS_solution(X, Y, L):
  """Return the longest common substring of X and Y, given LCS table L."""
```

```
solution = [ ]
j,k = len(X), len(Y)
while L[j][k] > 0:                          # common characters remain
  if X[j−1] == Y[k−1]:
    solution.append(X[j−1])
    j −= 1
    k −= 1
  elif L[j−1][k] >= L[j][k−1]:
    j −=1
  else:
    k −= 1
return ''.join(reversed(solution))          # return left-to-right version
```

	0	1	2	3	4	5	6	7	8	9	10	11	12
0	0	0	0	0	0	0	0	0	0	0	0	0	0
1	0	0	1	1	1	1	1	1	1	1	1	1	1
2	0	0	1	1	2	2	2	2	2	2	2	2	2
3	0	0	1	1	2	2	2	3	3	3	3	3	3
4	0	1	1	1	2	2	2	3	3	3	3	3	3
5	0	1	1	1	2	2	2	3	3	3	3	3	3
6	0	1	1	1	2	2	2	3	4	4	4	4	4
7	0	1	1	2	2	3	3	3	4	4	5	5	5
8	0	1	1	2	2	3	4	4	4	4	5	5	6
9	0	1	1	2	3	3	4	5	5	5	5	5	6
10	0	1	1	2	3	4	4	5	5	5	6	6	6

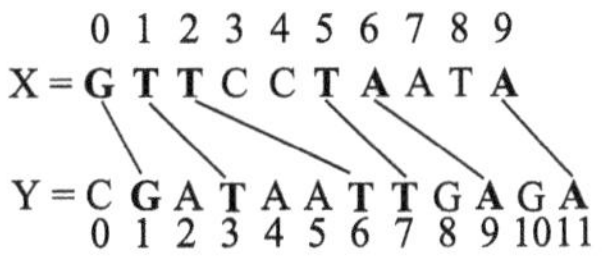
0 1 2 3 4 5 6 7 8 9
X = G T T C C T A A T A
Y = C G A T A A T T G A G A
0 1 2 3 4 5 6 7 8 9 10 11

图 13-8 从数组 L 中重建最长公共子序列算法的说明。在着重显示路径上的对角线步骤代表公共字符的使用（在序列中字符的各指标在边缘着重显示）

13.4 文本压缩和贪心算法

本节讨论一个重要的文本处理任务——*文本压缩*。在这个问题中，我们给定一个由一些字母组成的字符串，例如选用 ASCII 或者 Unicode 字符集，此外，我们想高效地将 X 编码成一个很小的二进制字符串 Y（仅使用字符 0 和 1）。当希望降低数字通信的带宽时，文本压缩是非常有用的，这样做可以减少传输文本所需的时间。同样，文本压缩可以更有效地存储大文档，这样做可以允许一个固定容量的存储装置尽可能地包含更多的文件。

本节探讨的文本压缩方法是霍夫曼编码。标准的编码方案（例如 ASCII）是使用固定长度的二进制字符串去编码字符（在传统的或者扩展的 ASCII 系统中分别用 7 位或者 8 位来编码）。Unicode 系统最初由 16 位固定长度来表示，然而常见的编码通过允许公共组字符（例如那些来自 ASCII 系统，由更少位编码的字符）来减少空间的使用。霍夫曼编码在有固定长度的编码情况下，使用短码字符串对高频字符进行编码，并用长码字符串对低频字符进行编码，以节省空间。另外，霍夫曼编码充分使用一个可变长度的编码对任何字母表上给出的字符串 X 进行编码。基于对字符频率的使用进行优化，其中，对于每个字符 c，计数 $f(c)$ 是 c 出现在字符串 X 中的次数。

为了对字符串 X 进行编码，我们将 X 中的每一个字符转换为一个可变长度编码文字，并且为了减少 Y 对 X 的编码，我们联结所有编码文字。为了避免产生歧义，应确保在编码中没有任何编码文字是另一个编码文字的前缀。这样的代码被称为前缀码，并且为了检索 X

而简化了 Y 的解码（见图 13-9）。即使有这样的限制，由可变长度的前缀码产生的节省也是十分显著的，尤其是在的字符频率差异较大的情况下（如自然语言文本在所有书面语言中的情况）。

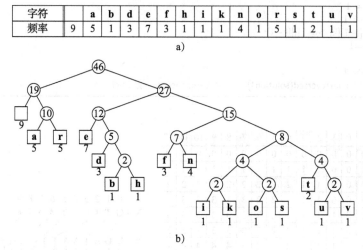

字符		a	b	d	e	f	h	i	k	n	o	r	s	t	u	v
频率	9	5	1	3	7	3	1	1	1	4	1	5	1	2	1	1

a)

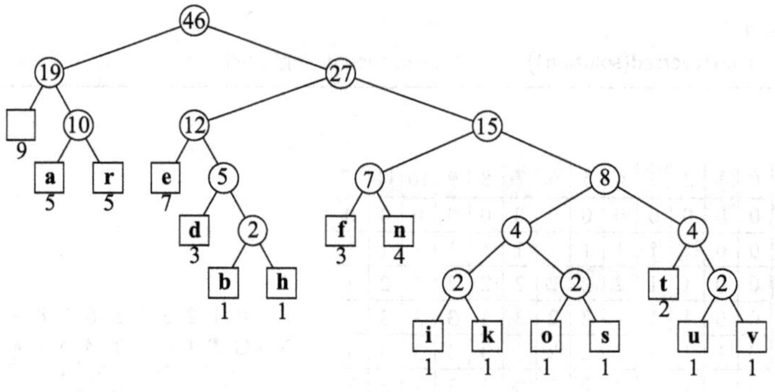
46
19
27
9
10
12
15
a
5
r
5
e
7
5
7
8
d
3
2
f
3
n
4
4
4
b
1
h
1
2
2
t
2
2
i
1
k
1
o
1
s
1
u
1
v
1

b)

图 13-9　字符串 X = "a fast runner need never be afraid of the dark" 的霍夫曼编码。a）X 中每个字符的频率；b）字符串 X 的霍夫曼树 T。字符 c 的编码是由根节点 T 和存储 c 的叶子节点之间的跟踪路径得到的，并且用 0 关联左孩子节点，用 1 关联右孩子节点。例如，“r”的编码是 011，“h”的编码是 10111

霍夫曼算法对 X 产生的最优可变长度前缀码，是基于代表该代码的二进制树 T 的建立。T 的每一条边代表代码字的一位，到左孩子节点的那条边代表“0”，到右孩子节点的那条边代表“1”。每一个叶子 v 和一个特殊的字符相关联，并且该字符的代码字由与从 T 的根到 v 之间的边相关联的位的子序列定义（见图 13-9）。每个叶子 v 有一个**频率** $f(v)$，它仅仅是 X 中与 v 相关联字符的频率。另外，我们给 T 中的每一个内部节点 v 一个频率 $f(v)$，它是以 v 为根的子树中所有叶子的频率的总和。

13.4.1　霍夫曼编码算法

霍夫曼编码算法将字符串 X 的每个不同字符 d 解码成一个单节点的二进制树的根节点。该算法会执行很多轮。在每一轮，该算法取两个具有最小频率的二进制树，然后把它们合并为一棵二进制树。重复这一过程，直到只有一棵树（见代码段 13-8）。

代码段 13-8　霍夫曼编码算法

```
Algorithm Huffman(X):
    Input: String X of length n with d distinct characters
    Output: Coding tree for X
  Compute the frequency f(c) of each character c of X.
  Initialize a priority queue Q.
  for each character c in X do
    Create a single-node binary tree T storing c.
    Insert T into Q with key f(c).
  while len(Q) > 1 do
    (f1, T1) = Q.remove_min()
    (f2, T2) = Q.remove_min()
```

```
    Create a new binary tree T with left subtree T1 and right subtree T2.
    Insert T into Q with key f1 + f2.
  (f,T) = Q.remove_min()
  return tree T
```

霍夫曼算法的每一个 while 循环的迭代通过使用由堆表示的优先队列在 $O(\log d)$ 时间内实现。另外，每个迭代从 Q 中取出两个节点并且向 Q 中添加一个节点，在正好一个节点被留在 Q 之前，程序将会重复 $d-1$ 次。因此，这个算法运行时间为 $O(n+d\log d)$。尽管关于这个算法的正确性的全部验证不在本书所述范围之内，但是需要注意，它的灵感来自一个简单的想法——任何一个最佳的节点可以被转换为对两个最不频繁的字母 a 和 b 的 code-words，仅仅在它们的最后一个比特不同的最理想的节点。对一个有 a 并且 b 被替换为 c 的字符串进行重复的讨论，得到以下观点。

命题 13-5：霍夫曼算法为一个长度为 n 并且有 d 个不同字符的字符串构造一个最优的前缀代码的时间复杂度为 $O(n+d\log d)$。

13.4.2 贪心算法

用于构建最优编码的霍夫曼算法是贪心算法的设计模式示例之一。这个设计模式应用于优化问题，我们试图在最小化或者最大化该结构的一些特性的时候构造一些结构。

贪心算法模式的一般公式和蛮力方法的几乎一样简单。为了使用贪心算法解决给出的优化问题，我们选择一个序列进行。序列从一些很好理解的开始条件开始，然后计算那些初始条件的花费。这个模式要求通过识别从所有当前可能的选择中实现最优成本改善的决定来迭代地做出附加的选择。这个方法并不总能产生最优的解决方案。

但是有几个问题是可以解决的，并且这些问题可以说都具有贪心选择的特性，即全局最优的性质可以通过一系列局部最优选择来实现（即选择是当时可用的可能性之中每一个当前最优的选择）。计算最优可变长度的前缀代码的问题只是具有贪心选择特性的问题的示例之一。

13.5 字典树

13.2 节的模式匹配算法通过对模式进行预处理来加速在文本中的搜索（在 KnuthMorris-Pratt 算法中计算失败函数或者在 Boyer-Moore 算法中计算最后函数）。本节采取了一个互补的方法，即呈现了预处理文本的字符串搜寻算法。这个方法非常适合对一个固定文本执行一系列请求的应用，因此预处理文本的原始花费通过在每个随后的查询中加速来获得补偿（例如，对莎士比亚的《哈姆雷特》提供模式匹配的网站或者提供关于“哈姆雷特”主题的搜索引擎）。

字典树是为了支持最快模式匹配的存储字符串的基于树的数据结构。字典树主要应用于信息检索中。事实上，名字“tries”来自于单词“retrieval”。在信息检索应用中，例如在一个染色体组的数据库中搜索一个确定的 DNA 序列，我们已经得到了字符串的集合 S，所有定义使用了相同的字母表。字典树支持的主要查询操作是模式匹配和前缀匹配。接下来的操作为：给定一个字符串 X，查找以 X 作为前缀的所有在 S 中的字符串。

13.5.1 标准字典树

令 S 为一个来自字母表 Σ 的 s 个字符串的集合，而且 S 中的字符串不是其他字符串的前缀。S 的标准字典树是一棵具有下列特性的有序树 T（见图 13-10）：

- 除了根之外的 T 的每个节点，都用 Σ 中的字符作标签。
- T 的内部节点的孩子节点有不同的标签。
- T 有 s 个叶子节点，每个叶子节点和 S 中的一个字符串相关联，从根到 T 的一个叶子节点 f 的路径的标签的串联产生了和 v 相关联的 S 的字符串。

因此，一棵字典树表示拥有从根到 T 的叶子路径的 S 的字符串。需要注意的是，S 中没有一个字符串是另一个字符串的前缀，这一点非常重要。它确保了 S 的每个字符串和 T 中的一个叶子是唯一相关联的（这和 13.4 节描述的霍夫曼编码的前缀代码的限制是类似的）。我们总是可以通过在每个字符串的末尾添加一个不在原始的字母表 Σ 中的特殊字符来满足这个假设。

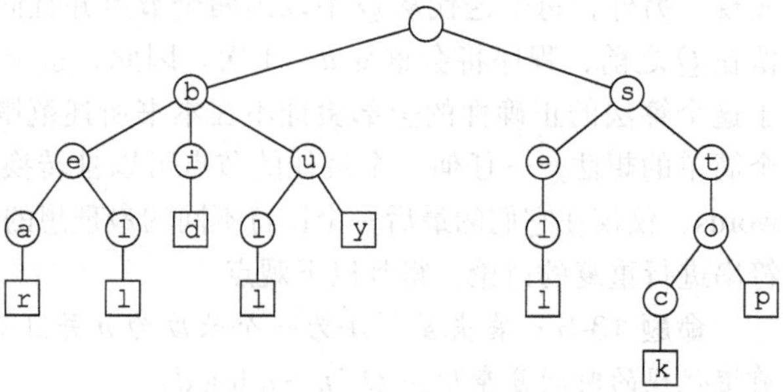
b
s
e
i
u
e
t
a
l
d
l
y
l
o
r
l
l
l
c
p
k

图 13-10 字符串 {bear, bell, bid, bull, buy, sell, stock, stop} 的标准字典树

一棵标准字典树的内部节点可以在任何地方有 1 ～ $|\Sigma|$ 个孩子节点。对每个在集合 S 中的字符串的第一个字符来说，都有一条从根节点 r 到它的其中一个孩子节点的边。此外，从 T 的根节点到深度为 k 的内部节点 v 之间的路径相当于 S 的一个字符串 X 的 k 字符前缀 $X[0:k]$。

事实上，对每个可以跟随 S 集合的字符串中的前缀 $X[0:k]$ 的字符 c，有一个用字符 c 作标签的 v 的孩子节点。这样，字典树就简明地存储了存在于一系列的字符串之间的共同前缀。

作为一种特殊情况，如果在字母表中仅有两个字符，那么字典树本质上是一棵二进制树，它可能仅包含一个孩子节点的一些内部节点（即它可能是一棵不标准的二进制树）。一般来说，尽管一个内部节点可能最多能有 $|\Sigma|$ 个孩子，但实际上这样的节点的平均度数可能会更小。例如，图 13-10 中的字典树有一些仅包含一个孩子节点的内部节点。在更大的数据集合中，节点的平均度数可能在更大深度的树中会更小，因为可能会有更少的分享共同前缀的字符串，所以该模式会有更少的延续。此外，在更多的语言中，将会有不可能自然发生的字符组合。

接下来的命题提供了一些关于标准字典树的重要的结构特性。

命题 13-6：*一个存储来自字母表 Σ 的总长度为 n 的 s 个字符串的集合 S 的标准字典树有以下的特性：*

- *T 的高度和 S 中最长的字符串的长度相等。*
- *T 的每个内部节点至多有 $|\Sigma|$ 个孩子。*
- *T 有 s 个叶子节点。*
- *T 的节点的数目至多是 $n+1$。*

对于字典树节点的数目而言，最坏的情况发生在没有两个字符串分享一个共同的非空前缀时，即除了根节点，所有内部节点都只有一个孩子节点。

字符串的集合 S 的一棵字典树 T 可以用来实现主键是 S 的字符串的集合或者图。也就是说，我们通过追踪由 X 中的字符指示的从根开始的路径，在 T 中对字符串 X 执行搜索。如果该路径可以被追踪并且在一个叶子节点结束，那么 X 是图的主键。例如，在

图 13-10 的字典树中，追踪“bull”的路径在一个叶子节点结束。如果路径不能被追踪或者路径能被追踪但是在一个内部节点结束，那么 X 不是图的主键。在图 13-10 所示的例子中，对“bet”的路径不能被追踪并且对“be”的路径在一个内部节点结束。在图中没有这样的单词。

可以很容易地知道搜索长度为 m 的字符串所需的运行时间为 $O(m\cdot|\Sigma|)$，因为我们访问了至多 $m+1$ 个 T 的节点，并且在每个节点上确定孩子节点有后续字符作为标签所花费的时间是 $O(|\Sigma|)$。在 $O(|\Sigma|)$ 的上限时间内去定位一个具有给定标签的孩子节点是可以实现的，即使一个节点的孩子节点是无序的，因为至多有 $|\Sigma|$ 个孩子节点。可以将花费在一个节点上的时间提高到 $O(\log|\Sigma|)$ 或者期望的 $O(1)$(如果 $|\Sigma|$ 非常小（就像 DNA 字符串的情况一样)），方法是对每一个节点使用一个次级搜索表或者哈希表，或者对每一个节点使用一个大小是 $|\Sigma|$ 的有向查阅表将字符映射到孩子节点。因为这些原因，通常预计搜索一个长度为 m 的字符串的运行时间是 $O(m)$。

综上所述，我们可以使用一棵字典树去执行模式匹配的特殊类型，这称为**词汇匹配**，即判定一个给定的模式是否能正确地匹配文本中的一个单词。词汇匹配和标准模式匹配有所不同，因为模式不能匹配文本的任意一个子串——仅匹配单词的其中一个。为了实现词汇匹配，原始文献的每个单词必须都加到字典树中（见图 13-11）。这个方案的简单扩展支持前缀匹配的查询。然而，文本中模式的随机发生（例如，模式是单词的正确的前缀或者跨越两个单词）不能高效执行。

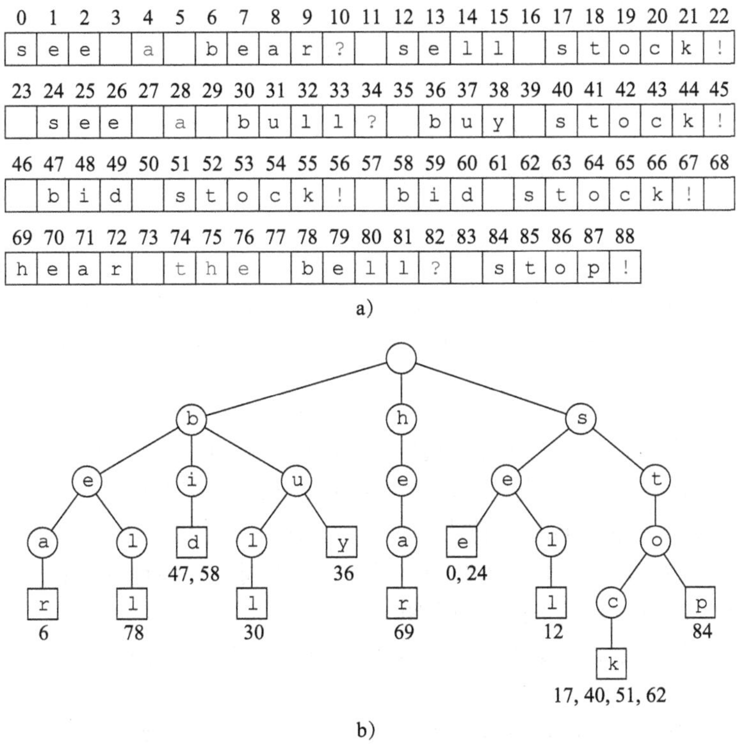

0 1 2 3 4 5 6 7 8 9 10 11 12 13 14 15 16 17 18 19 20 21 22
s e e a b e a r ? s e l l s t o c k !
23 24 25 26 27 28 29 30 31 32 33 34 35 36 37 38 39 40 41 42 43 44 45
s e e a b u l l ? b u y s t o c k !
46 47 48 49 50 51 52 53 54 55 56 57 58 59 60 61 62 63 64 65 66 67 68
b i d s t o c k ! b i d s t o c k !
69 70 71 72 73 74 75 76 77 78 79 80 81 82 83 84 85 86 87 88
h e a r t h e b e l l ? s t o p !
a)
b
h
s
e
i
u
e
e
t
a
l
d
l
y
a
e
l
o
r
l
47, 58
l
36
r
0, 24
l
c
p
6
78
30
69
12
84
k
17, 40, 51, 62
b)

图 13-11　标准字典树的词汇匹配：a）被搜索的文本（文章和介词，也称为禁用词）；b）在文本中单词的标准字典树，给定的单词在开始工作的索引中突出显示了叶子节点。例如单词 stock 节点的叶子，单词在文本的索引 17、40、51 和 62 处开始

为了构建一个字符串集合 S 的标准字典树，可以使用一次插入一个字符串的增量算法。回想 S 中的字符串没有一个是另一个字符串的前缀的假设，为了在当前字典树 T 中插入一个字符串 X，追踪在 T 中和 X 相关联的路径，当陷入僵局的时候创建一个新的节点链去存储 X 的剩余字符。插入长度为 m 的 X 的运行时间和搜索时间类似，最坏情况下时间复杂度为 $O(m \cdot |\Sigma|)$，或者如果对每个节点使用次级哈希表，则期望时间为 $O(m)$。因此，对 S 集合构建完整的字典树花费了期望的 $O(n)$ 时间，其中 n 是 S 的字符串的总长度。

标准字典树潜在的空间效率低下促进了压缩字典树的发展。*压缩字典树*（因为历史的原因）也称为*基数树*，即在只有一个孩子节点的标准字典树中可能有许多节点，并且这种节点的存在是浪费的。接下来讨论压缩字典树。

13.5.2 压缩字典树

压缩字典树和标准字典树类似，但是它确保字典树中的每个内部节点至少有两个孩子节点。它通过压缩单个孩子节点的链为单条边执行规则（见图 13-12）。定义 T 是一个标准字典树。如果 T 的一个内部节点 v 有一个孩子节点并且不是根节点，则说 v 是多余的。例如，图 13-10 的字典树有 8 个多余的节点。同样，对于 $k \geqslant 2$ 条边的链，

$$(v_0, v_1)(v_1, v_2)\cdots(v_{k-1}, v_k)$$

是多余的，如果：

- 对于 $i = 1, \cdots, k-1$，v_i 是多余的。
- v_0 和 v_k 不是多余的。

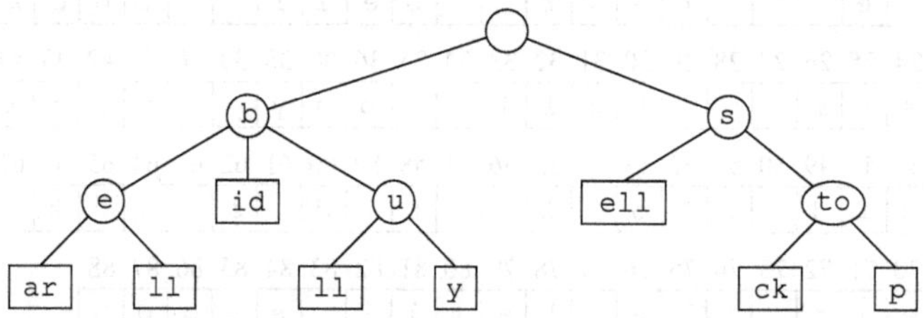
b
s
e
id
u
ell
to
ar
ll
ll
y
ck
p

图 13-12　字符串 {bear, bell, bid, bull, buy, sell, stock, stop} 的压缩字典树（将该表和图 13-10 所示的标准字典树进行比较）。除了在叶子节点的压缩，请注意有标签的内部节点被 stock 和 stop 这两个单词分享

可以通过将每个多余的有 $k \geqslant 2$ 条边的链 $(v_0, v_1)(v_1, v_2)\cdots(v_{k-1}, v_k)$ 替换为一条单独的边 (v_0, v_k)，并用节点 $v_1, \cdots, v_k$ 的标签的串联来重新标记 v_k，来将 T 转变为一个压缩字典树。

因此，压缩字典树的节点用字符串作标签，这些字符串是集合中的子字符串或者字符串，而不是用单独的字符。压缩字典树相对于标准字典树的优势是节点的数目和字符串的数目成正比，而不是和总长度成正比，如命题 13-7 所述。

命题 13-7：*存储大小为 d 的取自字母表的 s 个字符串的集合 S 的压缩字典树有以下特性*：

- *T 的每个内部节点至少有两个孩子节点，至多有 d 个孩子节点。*
- *T 有 s 个叶子节点。*
- *T 的节点的数目是 $O(s)$。*

细心的读者可能想知道路径的压缩是否有某种显著优势，因为它被相应节点标签的扩充

所抵消了。事实上，压缩字典树仅当在已经存储在基本结构中的字符串集合之上作为辅助索引结构，以及不需要实际存储在集合中的字符串的所有字符时才有优势。

假设字符串的集合 S 是字符串 $S[0], S[1], \cdots, S[s-1]$ 的数组。不是显式地存储节点的标签 X，而是用三个数字（$i, j{:}k$）的组合隐式地表示它，就像 $X = S[i][j{:}k]$，即 X 是包含第 j 个以后但不包含第 k 个字符的 $S[i]$ 的切片（见图 13-13 的例子。同样和图 13-11 的标准字典树进行比较）。

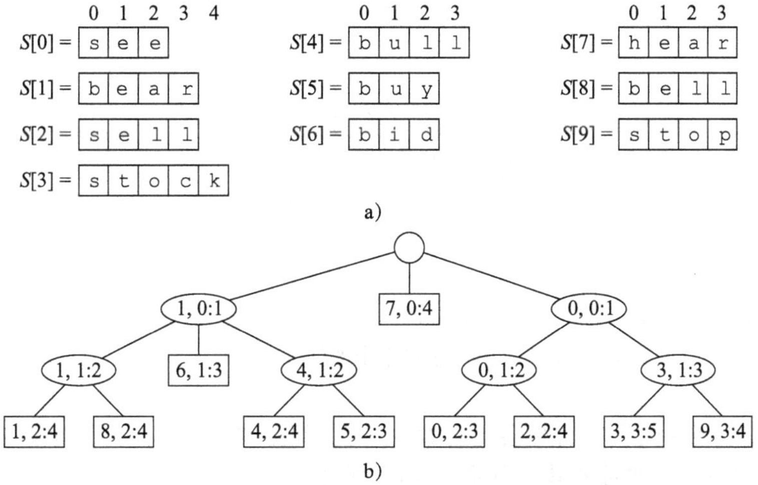
0 1 2 3 4
S[0] = s e e
S[1] = b e a r
S[2] = s e l l
S[3] = s t o c k
0 1 2 3
S[4] = b u l l
S[5] = b u y
S[6] = b i d
0 1 2 3
S[7] = h e a r
S[8] = b e l l
S[9] = s t o p
a)
1, 0:1
7, 0:4
0, 0:1
1, 1:2
6, 1:3
4, 1:2
0, 1:2
3, 1:3
1, 2:4
8, 2:4
4, 2:4
5, 2:3
0, 2:3
2, 2:4
3, 3:5
9, 3:4
b)

图 13-13　a）存储在一个数组中的字符串的集合 S；b）S 的压缩字典树的简单表示

这个附加的压缩方案将空间复杂度从 $O(n)$ 降低到了 $O(s)$，其中 n 是 S 中字符串的总长度，并且 s 是 S 中字符串的总数目。我们必须仍旧存储 S 中的不同字符串，当然这并没有降低字典树的空间复杂度。

在压缩字典树中搜索不一定比在标准字典树中更快，因为在字典树中遍历路径时，仍旧需要比较期望模式的每个字符和潜在的多字符标签。

13.5.3 后缀字典树

字典树主要应用于集合 S 中的字符串都是字符串 X 的后缀的情况。这样的字典树称为字符串 X 的*后缀字典树*（又称为*后缀树*或者*位置树*）。例如，图 13-14a 展示了字符串 “minimize” 8 个后缀的后缀字典树。对于一棵后缀字典树，上一节提出的结构进一步简化。也就是说，每个顶点的标签是一对指示字符串 $X[j{:}k]$ 的（j, k）（见图 13-14b）。为了满足 X 的后缀都不是另一个后缀的前缀这一规则，可以增加一个用 \$ 表示的特殊字符，它在 X 的最后但不在原始的字母表 Σ 中（同时对每个后缀来说）。也就是说，如果字符串 X 的长度为 n，则为 n 个字符串 $X[j{:}n]$ 的集合建立一个字典树，其中 $j = 0, \cdots, n-1$。

节省空间

后缀字典树允许我们通过使用一些空间压缩技巧（包括为压缩字典树使用的技巧），在一个标准字典树上节省空间。

现在，字典树的简明表示的优势对后缀字典树变得明显。因为长度为 n 的字符串 X 的后缀的总长度为

$$1 + 2 + \cdots + n = n(n+1)/2$$

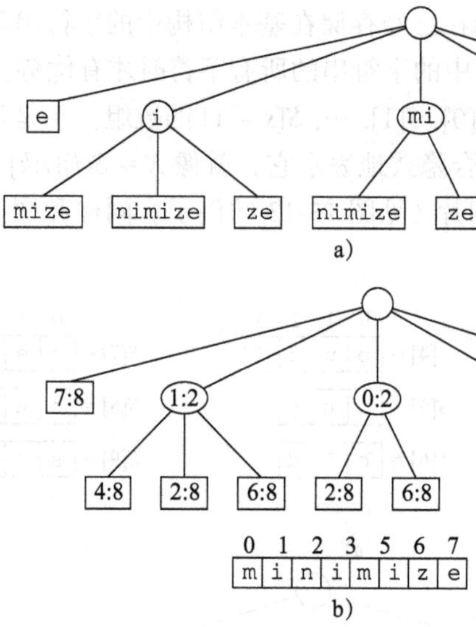
e
i
mi
nimize
ze
mize
nimize
ze
nimize
ze
a）
7:8
1:2
0:2
2:8
6:8
4:8
2:8
6:8
2:8
6:8
0 1 2 3 5 6 7
m i n i m i z e
b）

图 13-14　a）字符串 $X=$“minimize”的后缀字典树 T；b）T 的简单表示，其中 $j{:}k$ 对表示引用字符串中的切片 $X[j{:}k]$

所以显式存储 X 的所有后缀会花费 $O(n^2)$ 的空间。即便如此，后缀字典树也在 $O(n)$ 的空间内隐式地表示了这些字符串，如命题 13-8 所述。

命题 13-8： 长度为 n 的字符串 X 的后缀字典树的简明表示使用了 $O(n)$ 的空间。

构造

可以像 13.5.1 节给出的那样使用递增算法为长度为 n 的字符串建立后缀字典树。这个构造花费了 $O(|\Sigma|n^2)$ 的时间，因为后缀的总长度是 n 的平方。然而，长度为 n 的字符串的后缀字典树可以用不同于一般字典树的递增算法在 $O(n)$ 时间内创建。这个线性时间构造算法非常复杂，这里不做讨论。但是在使用一个后缀字典树去解决其他问题时，仍然可以利用这个快速构造算法的优点去实现。

使用后缀字典树

字符串 X 的后缀字典树 T 可用于在文本 X 上高效地执行模式匹配查询。也就是说，可以通过追踪在 T 中与 P 相关联的路径来确定模式 P 是否是 X 的子串。P 是 X 的一个子串——当且仅当追踪到这样的路径时。在字典树 T 上执行的搜索假设 T 中的节点存储了一些附加的信息，关于后缀字典树的简明表示有：

如果节点 v 有标签 (j,k)，并且 Y 是与从根到 v（包括）的路径相关联的长度为 y 的字符串，那么 $X[k-y{:}k]=Y$。

这个特性确保匹配发生时容易计算文本中该模式的开始索引。

13.5.4　搜索引擎索引

万维网是包含了文本文献（网页）的巨大集合。关于这些网页的信息由称为*网络爬虫*的程序汇聚起来，可以将这些信息存储在一个特别的字典数据库里。*网络搜索引擎*允许用户从这个数据库里检索相关信息，从而在包含给定关键词的网络中识别相关页面。本节将呈现一个搜索引擎的简易模型。

反序文件

存储核心信息的搜索引擎是字典，叫作*反序索引*或者*反序文件*，存储主键 - 值的对（w, L），其中 w 是一个单词，L 是包含单词 w 的页面的集合。这个字典中的主键（单词）称为*索引词*，并且应该成为一个尽可能大的词汇条目和专有名词的集合。这个字典中的元素称为*出现列表*，并且应该覆盖尽可能多的网页。

可以用包含以下特点的数据结构高效地实现一个反向索引：

- 一个存储元素出现列表的数组（无先后顺序）。
- 索引词集合的压缩字典树的每个叶子节点存储着相关词的发生列表的索引。

之所以在字典树之外存储出现列表，是为了使字典树数据结构的大小保持足够小以适应内存。相反，因为它们总的大小过大，所以出现列表必须存储在硬盘上。

根据这种数据结构，对单个关键词的查询和单词匹配查询类似（13.5.1 节）。也就是说，在字典树中找到了关键词并且返回了关联发生列表。

当多个关键词给出并且期望的输出是包含所有给定关键词的页面时，使用字典树检索每个关键词的出现列表并且返回它们的交集。为了使交集的计算变得容易，允许高效地设置操作，每个发生列表应该用被地址或者地图分类过的序列来实现。

除了返回包含给定关键词的页面列表这一基本任务之外，搜索引擎还有一项重要的附加服务，即通过对按照相关性返回的页面进行*排名*。对计算机研究者和电子商务公司来说为搜索引擎设计快速而准确的排名算法是一个主要挑战。

13.6 练习

请访问 www.wiley.com/college/goodrich 以获得练习帮助。

巩固

R-13.1 列出字符串 P = "aaabbaaa" 的前缀和后缀。

R-13.2 字符串 "cgtacgttcgtacg" 的最长的（适当的）前缀同时也是该字符串的后缀是什么？

R-13.3 请画图说明对文本 "aaabaadaabaaa" 和模式 "aabaa" 使用蛮力模式匹配所进行的比较。

R-13.4 用 Boyer-Moore 算法重复先前的问题，不计算 last(c) 函数进行的比较计数。

R-13.5 用 Knuth-Morris-Pratt 算法重复练习 R-13.3，不计算失败函数进行的比较计数。

R-13.6 在模式字符串中对字符计算代表使用在 Boyer-Moore 算法中的 last 函数的映射：
"the quick brown fox jumped over a lazy cat"。

R-13.7 对模式字符串 "cgtacgttcgtac" 计算代表 Knuth-Morris-Pratt 失败函数的表。

R-13.8 对 10×5、5×2、2×20、20×12、12×4 和 4×60 的矩阵链进行乘法的最好的方式是什么？请阐述具体过程。

R-13.9 在图 13-8 中，GTTAA 是给定字符串 X 和 Y 的最长的公共子序列。然而，这个答案不是唯一的。给出其他关于 X 和 Y 的长度为 6 的公共子序列。

R-13.10 给出下面两个字符串的最长公共子序列数组 L：

$$X = \text{"skullandbones"}$$
$$Y = \text{"lullabybabies"}$$

这两个字符串的最长公共子序列是什么？

R-13.11 画出下列字符串的频率数组和霍夫曼编码：
"dogs do not spot hot pots or cats".

R-13.12　画出下面字符串集合的标准字典树：

{abab, baba, ccccc, bbaaa, caa, bbaacc, cbcc, cbca}.

R-13.13　画出先前问题中给出的字符串的压缩字典树。

R-13.14　画出下列字符串的前缀字典树的简明表示：

"minimize minime"

创新

C-13.15　描述一个例子：长度为 n 的文本 T 和长度为 m 的模式，并且使蛮力模式匹配算法的运行时间达到 $\Omega(nm)$。

C-13.16　为了实现一个函数 rfind_brute(T, P)，改编蛮力模式匹配算法，该函数返回了一个索引，该索引表示文本 T 中模式 P 最右边的出现（如果有的话）。

C-13.17　重做上面的练习，改编 Boyer-Moore 模式匹配算法，以正确地实现函数 rfind_boyer_moore(T, P)。

C-13.18　重做 C-13.16，改编 Knuth-Morris-Pratt 模式匹配算法，以正确地实现函数 rfind_kmp(T, P)。

C-13.19　Python 的 str 类的计数方法报告了一个字符串中一个模式不重叠出现的最大次数。例如，调用 'abababa'.count('aba') 返回 2（不是 3）。改编蛮力模式匹配算法以实现函数 count_brute(T, P)，它和示例有一样的结果。

C-13.20　重做上面的练习，改编 Boyer-Moore 模式匹配算法以实现函数 count_boyer_moore(T, P)。

C-13.21　重做 C-13.19，改编 Knuth-Morris-Pratt 模式匹配算法以正确地实现函数 count_kmp(T, P)。

C-13.22　给出 compute_kmp_fail 函数（见代码段 13.4）对长度为 m 的模式的运行时间为 $O(m)$ 的理由。

C-13.23　设 T 是一个长度为 n 的文本，设 P 是一个长度为 m 的模式。描述一个寻找 T 的子串 P 的最长前缀并且时间为 $O(n + m)$ 的方法。

C-13.24　如果 P 是 T 的（正常的）子串，或者 P 和 T 的一个后缀和 T 的一个前缀的串联相等，即有一个索引 $0 \leqslant k < m$，使得 $P = T[n - m + k{:}n] + T[0{:}k]$，则长度为 m 的模式 P 是长度 $n > m$ 的文本 T 的**循环**子串，给出 $O(n + m)$ 时间的判定 P 是否是 T 的一个循环子串的算法。

C-13.25　Knuth-Morris-Pratt 模式匹配算法可以通过重定义失败函数使得改良后在二进制字符串上运行得更快，重定义的失败函数为：

$$f(k) = \text{最大的 } j < k\text{，使得 } P[0{:}j]\hat{p}_j \text{是 } P[1{:}k + 1] \text{ 的后缀}$$

其中$\hat{p}_j$表示 P 的第 j 个比特的补集。试描述如何修改 KMP 算法以利用这个新函数，并且同样给出计算这个失败函数的方法。证明这个方法在文本和模式之间至多进行了 n 次比较（与在 13.2.3 节给出的需要标准 KMP 算法进行 $2n$ 次比较截然相反）。

C-13.26　修改呈现在本章的使用 KMP 算法思想的简化版 Boyer-Moore 算法，使得其运行时间为 $O(n + m)$。

C-13.27　为矩阵链乘法问题设计一个高效的算法，目标是使用最少的操作，要求输出一个完整的加上括号的表达式。

C-13.28　澳大利亚人 Anatjari 希望穿越沙漠，他只拿着一个水壶，并有一张沿路标记了所有水洞的地图。假设有一壶水的情况下他能走 k 英里，试设计一个高效的算法，判定在尽可能少停顿的情况下，Anatjari 应该在哪里重新装满水壶。

C-13.29　为了使用最少的硬币来完成找零，试描述一个高效的贪心算法。假设有四种硬币的面额（quarters、dimes、nickels 和 pennies），它们各自的价值为 25、10、5 和 1。试说明你的算法正确的理由。

C-13.30 给出一个硬币面额集合的例子，使得贪心找零算法将无法使用硬币的最小数目。

C-13.31 在艺术画廊守卫问题中，已经得到在艺术画廊中代表一条长走廊的线 L，还得到一个在这条长廊进行喷绘的指定位置的真实数字的集合 $X = \{x_0, x_1, \cdots, x_{n-1}\}$，假设一个守卫可以保护距离他至多为 1 的距离中（两边都可以）的所有喷绘。试设计一个确定守卫位置的算法，其中使用守卫的最小数目去防卫在 X 位置中的所有喷绘。

C-13.32 设 P 是一个凸多边形，P 的三角剖分是指连接 P 的顶点的对角线的增加，每个内部的面是一个三角形。三角剖分的权重是对角线长度的总和。假设可以计算长度并且在固定的时间内添加和比较它们，给出一个计算 P 的三角剖分的最小权重的高效算法。

C-13.33 设 T 是一个长度为 n 的文本字符串。试描述一个寻找 T 的最长前缀的方法，T 的最长前缀也是 T 的遍历的子串。

C-13.34 描述一个找到最长回文结构的高效的算法，最长回文结构是长度为 n 的字符串 T 的后缀。回文结构是一个和它的遍历相等的字符串。这个方法的运行时间是多少？

C-13.35 已知一个数字序列 $S = (x_0, x_1, \cdots, x_{n-1})$，描述一个寻找数字的最长序列 $T = (x_{i0}, x_{i1}, \cdots, x_{ik-1})$ 的时间为 $O(n^2)$ 的算法，其中 $i_j < i_{j+1}$ 且 $x_{ij} > x_{j+1}$，即 T 是 S 的最长递减子序列。

C-13.36 试给出一个高效算法，判定模式 P 是否是文本 T 的子序列（不是子串）。该算法的运行时间是多少？

C-13.37 在长度为 n 的字符串 X 和长度为 m 的字符串 Y 之间定义编辑距离，该距离是使 X 变成 Y 的编辑操作的数目。编辑操作包括字符插入、字符删除和字符置换。例如，字符串 "algorithm" 和 "rhythm" 的编辑距离是 6。为计算 X 和 Y 之间的编辑距离，请设计一个时间为 $O(nm)$ 的算法。

C-13.38 设 X 是长度为 n 的字符串，Y 是长度为 m 的字符串。设 $B(j, k)$ 是后缀 $X[n-j{:}n]$ 和后缀 $Y[m-k{:}m]$ 的最长公共子串的长度。为计算所有 $B(j, k)$ 的值，试设计一个时间为 $O(nm)$ 的算法，其中 $j = 1, \cdots, n$，$k = 1, \cdots, m$。

C-13.39 Anna 赢得了竞赛，她可以在免费糖果之外多拿 n 块糖果。Anna 已经知道一些糖果较贵，而其他糖果相对便宜。装糖果的瓶子分别被标号为 0, 1, …, $m-1$，瓶子 j 有 n_j 块糖果，每一块的价格是 c_j。设计一个时间为 $O(n+m)$ 的算法，该算法允许 Anna 最大化因赢得奖励所拿走糖果的价值。试为 Anna 提供最大化价值的算法。

C-13.40 定义三个数组 A、B 和 C，每个数组的大小为 n。已知一个任意的数字 k，设计一个时间为 $O(n^2 \log n)$ 的算法，判定是否存在这样的数字，即对于 A 中的 a、B 中的 b 和 C 中的 c，有 $k = a + b + c$。

C-13.41 为上面的练习给出一个时间为 $O(n^2)$ 的算法。

C-13.42 已知长度为 n 的字符串 X 和长度为 m 的字符串 Y，试描述一个为寻找 X 的最长前缀同时是 Y 的后缀的时间为 $O(n+m)$ 的算法。

C-13.43 为从一棵标准字典树中删除一个字符串，试给出一个高效的算法并分析它的运行时间。

C-13.44 为从一棵压缩字典树中删除一个字符串，试给出一个高效的算法并分析它的运行时间。

C-13.45 为构建一棵后缀字典树的简明表示描述一个算法，已知它的非简明表示，并且分析该算法的运行时间。

项目

P-13.46 使用 LCS 算法在 DNA 字符串之间计算最好的序列队列，DNA 字符串可以从基因库中在线查找。

P-13.47 写一个工程，有两个字符串（例如DNA双旋链的表示）并且计算它们的编辑距离，同时显示相应的内容。

P-13.48 为可变长度的模式执行关于蛮力算法和KMP模式匹配算法的效率（执行的字符比较的数目）的实验性分析。

P-13.49 为可变长度的模式执行关于蛮力算法和Boyer-Moore模式匹配算法的效率（执行的字符比较的数目）的实验性分析。

P-13.50 对蛮力算法、KMP和Boyer-Moore模式匹配算法的相对速度进行实验性分析。在使用可变长度模式搜索的巨大文本文档上记录相对的运行时间。

P-13.51 针对Python的str类的find方法的效率进行实验，并且构建一个关于它使用的模式匹配算法的假设。试图使用可能对不同的算法同时造成最好情况和最坏情况的输入。

P-13.52 实现一个基于霍夫曼编码的压缩和解压的方案。

P-13.53 创建一棵对ASCII字符串的集合实现标准字典树的类。这个类应该有将一系列字符串作为一个参数的构造函数，并且这个类应该有测试给定过的字符串是否存储在字典树中的方法。

P-13.54 创建一个对ASCII字符串的集合实现压缩字典树的类。这个类应该有将一系列的字符串作为一个参数的构造函数，并且这个类应该有测试给定的字符串是否存储在字典树中的方法。

P-13.55 创建一个对ASCII字符串实现一个前缀字典树的类。这个类应该有将字符串作为一个参数的构造函数，并且这个类应该有在字符串上进行模式匹配的方法。

P-13.56 为一个小网站的网页实现在13.5.4节中描述的简化的搜索引擎。使用在网站页面中的所有单词作为索引词，除了一些诸如文章、介词、名词这样的停词。

P-13.57 通过对在13.5.4节描述的简化的搜索引擎添加一个页面排序特征，对一个小网站的页面实现搜索引擎。页面排序特征应该首先返回最相关的页面。使用网站页面的所有单词作为索引词，除了诸如冠词、介词和代词这样的停顿词。

拓展阅读

KMP算法是由Knuth、Morris和Pratt在期刊文章[66]中描述的，并且Boyer和Moore在同年出版的期刊文章中也描述了他们的算法[18]。在文章中，Knuth等人[66]还证明了Boyer-Moore算法以线性时间运行。最近Cole[27]展示了Boyer-Moore算法在最坏情况下至多进行$3n$次字符比较，并且这个界限很窄。上述所有讨论的算法同样被Aho[4]讨论了，虽然在更多的理论框架中包括普通表达式的模式匹配方法。对字符串模式匹配的深层学习感兴趣的读者可阅读Stephen[90]的书，还有Aho[4]、Crochemore和Lecroq[30]的书。

动态规划在运筹学的团体中不断发展，并且被Bellman[13]正式化。

字典树由Morrison[79]发明并且在Knuth[65]的《经典排序和搜索》一书中被广泛讨论。“Patricia”是“Practical Algorithm to Retrieve Information Coded in Alphanumeric”[79]的简称。McCreight[73]展示了如何在线性时间内构建后缀字典树。信息检索领域的介绍，包括对网络的搜索引擎的介绍，在Baeza-Yates和Ribeiro-Neto[8]的书刊中有所提及。

图 算 法

14.1 图

图是表示对象之间的存在关系的一种方式。即图是对象的一个集合，称为顶点，顶点之间的成对连接称为边。图在许多领域中都有应用，包括绘图、运输、计算机网络和电气工程。顺便说一下，这里的“图”的概念不应该与条形图和函数图混淆，因为这些形形色色的“图”和本章的话题无关。

抽象地看，图 G 仅仅是顶点的集合 V 和 V 中的成对的顶点（称为边）的集合 E。因此，图是表示一些集合 V 中的成对对象的连接或关系的一种方式。此外，一些书籍中对图形使用不同的术语，如将顶点称为节点，并且将边称为圆弧。我们使用术语“顶点”和“边”。

在图中边被定义为有向或者无向的。如果顶点对（u, v）是有序的，u 在 v 之前，可以说边（u, v）从顶点 u 到顶点 v 是有向的。如果顶点对（u, v）是无序的，可以说边（u, v）是无向的。无向边有时候用数学符号表示为 $\{u, v\}$，但是为简单起见，我们使用顶点对符号 (u, v)，注意无向情况下（u, v）和（v, u）是一样的。通常通过将顶点绘制为椭圆形或矩形，并将边作为连接椭圆形和矩形对的线段或曲线来显示图形。下面是有向或者无向图的一些例子。

例题 14-1：我们可以通过构造一个图来可视化某一学科研究者之间的协作，这些图的顶点与研究者本身相关联，边用于连接与共同研究论文或书的研究人员相关联的顶点对（见图 14-1）。这样的边是无向的，因为合著是一种对称关系；也就是说，如果 A 与 B 合著了某些文献，那么 B 必然与 A 合著了同样的文献。

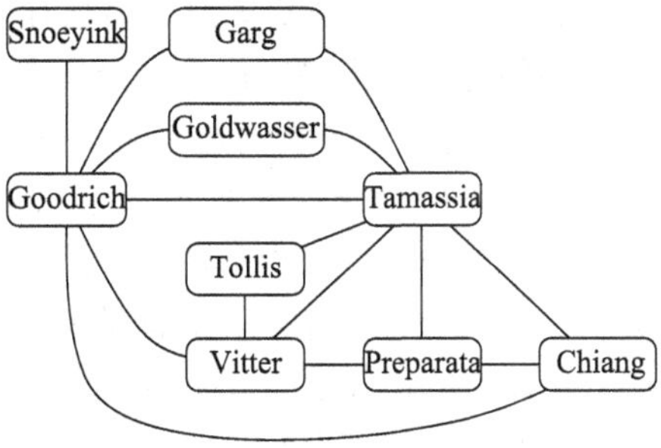
Snoeyink
Garg
Goldwasser
Goodrich
Tamassia
Tollis
Vitter
Preparata
Chiang

图 14-1　一些作者之间的合著关系图

例题 14-2：我们将面向对象的程序想象为顶点代表定义在程序中的类，边表示类之间的继承关系的图。如果 v 的类继承 u 的类，就有从顶点 v 到顶点 u 的边。这样的边是有向的，因为继承关系仅仅只有一个方向（即它是不对称的）。

如果图形中的所有边都是无向的，那么我们说这个图是无向图。同样，一个有方向的图也称为有向图，其所有边都是有向的。一个图若同时有有方向的边和无方向的边，则通常称为混合图。注意，无向图或者混合图可以通过将每一个无向边（u, v）重置为成对的有向边（u, v）和（v, u）而转换成有向图。这通常是有用的，但是，为了保持所表示的无向图和混合图，对于这类图有多种应用，如下面的例子。

例题 14-3：城市地图可以模拟成一个顶点是十字路口或者死角，边是没有交点的街道延伸的曲线图。该图既有无向边对应双行道，也有有向边对应单行道。因此，在这种方式下，城市地图的构造图是混合图。

例题 14-4：图的物理实例的代表是建筑物的电气布线和管道网络。这种网络可以被建模成图，其中每一个连接器、钢筋或者出口被看作为顶点，并且每个电线或管道的不间断延伸被看作边。这些图实际上是更大的图形，即当地的电力和供水网络的组成部分。根据在这些图中感兴趣的具体方面，可以考虑它们的边是无向或者有向的，因为，在原则上，水在管道中或电流在导线中可以沿任一方向流动。

由边缘连接的两个顶点被称为边的端部顶点（或端点）。如果边是有向的，它的第一个端点是起点，并且另一个端点是边的终点。两个端点 u 和 v 之间如果有一条边，则称它们是相邻的。如果顶点是边的端点之一，则这条边被称为入射到这个顶点。一个顶点的输出边是起点为该顶点的有向边。输入边是其终点为该顶点的有向边。顶点 v 的度表示为 deg(v)，是 v 的入射边的数目。顶点 v 的入度和出度是 v 的输入边和输出边的数目，分别表示为 indeg(v) 和 outdeg(v)。

例题 14-5：我们可以通过构造一个图 G 来研究航空运输，图 G 称为飞行网络，其顶点和机场相关联，边和航班相关联（见图 14-2）。在图 G 中，边是有向的，因为给出的航班有具体的行驶方向。G 中每个边 e 的端点分别与 e 对应的航班的出发地和目的地对应。两个机场在 G 中相邻的条件是，有航班在它们之中飞行，并且边 e 入射到图 G 中的顶点 v 的条件是，对应 e 的航班飞向 v 或者是从对应 v 的机场飞来。顶点 v 的输出边对应 v 机场的出站航班。最后，G 的顶点 v 的入度对应 v 机场的进站航班的数目，G 的顶点 v 的出度对应出站航班的数目。

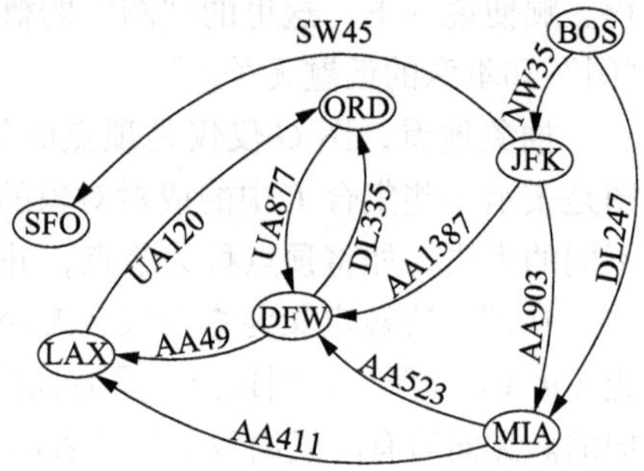
SW45
BOS
ORD
NW35
JFK
SFO
UA877
DL335
UA120
AA1387
DL247
DFW
AA903
LAX
AA49
AA523
AA411
MIA

图 14-2　飞行网络的有向图。边 UA 120 的端点是 LAX 和 ORD，因此，LAX 和 ORD 是相邻的。DFW 的入度是 3，DFW 的出度是 2

图的定义是指将边作为一个集合（collection 而非 set），从而允许两个无向边具有相同的端点，对于两个有向边可以有相同的起点和终点。这种边称为平行边或者多重边。飞行网络中可以包含平行边（见例题 14-5），这样，同一对顶点之间的多条边可以指示在一天的不同时间的同一路线上运行的不同航班。另一种边的特殊类型是顶点和自己连接。也就是说，如果两个顶点重合，我们称这样的边（无向的或者有向的）为自循环。自循环可能出现在城市地图（见例题 14-3），它可能对应“圆”（一个返回其出发点的环形的街道）。

除了少数例外，图没有平行边和自循环。这类图被认为是简单的。因此，我们通常说简单图的边是一组顶点对（set 而不仅仅是 collection）。在本章中，我们假设图是简单的，除非另有规定。

路径是交替的顶点和边的序列，其开始于一个顶点，结束于一个顶点，使得每条边入射到它的前继顶点和后继顶点。循环是指开始和结束在同一个顶点，并且至少包含一条边的路径。如果路径中的每个顶点都是不同的，我们称这条路径是简单的。如果循环中的每个顶点都是不同的（除去第一个和最后一个顶点），则称这个循环是简单的。有向路径是指所有的边都是有向的并且沿其方向运行的路径。有向循环也是类似的定义。例如，在图 14-2 中，（BOS，NW 35，JFK，AA 1387，DFW）是有向简单路径，而（LAX，UA 120，ORD，UA 877，DFW，AA 49，LAX）是有向简单循环。注意到，有向图可以包含同一对顶点之间两条方向相反的边，例如在图 14-2 中的（ORD，UA 877，DFW，DL 355，ORD）。如果有向图中没有有向循环，则它是非循环的。例如，如果我们在图 14-2 中移除边 UA 877，则剩下的图是一个循环。如果图是简单的，在描述路径 P 或者循环 C 时，在 P 是相邻顶点的列表和 C 是相邻顶点的循环的情况下，我们需要省略边，因为这些已定义得很好。

例题 14-6：代表城市地图的图 G 已经给出了（见例题 14-3），我们可以模拟一对夫妇驾车按照 G 中的路径行驶到推荐的餐厅去吃晚饭。如果他们知道路，并且不走入相同的路口两次，那么他们在 G 中行驶了简单路径。因此，我们可以模拟出这对夫妇所需要的全部旅程，从他们的家到餐厅再返回家，作一个循环。如果他们从餐厅回家的路和去餐厅的路完全不同，甚至没有经过相同的路口两次，那么他们的整个行程就是一个简单循环。最后，如果他们在整个行程中沿着单行道进行，我们可以模拟他们的夜晚出行作为一个有向循环。

（有向）图 G 中已经给出了顶点 u 和 v，如果 G 中从 u 到 v 有一条（有向）路径，我们称 u 到达 v，并且 v 是从 u 可达的。在无向图中，可达性的概念是对称的，也就是说，假设 v 可达 u，则 u 可达 v。然而，在有向图中，可能 u 可达 v，但是 v 不可达 u，因为有向路径必须根据边各自的方向进行遍历。如果一个图是连通的，则意味着对于任何两个顶点，它们中间都是有路径的。如果对于 G 的任何两个顶点 u 和 v，都有 u 可达 v 并且 v 可达 u，则有向图 G 是强连通的（见图 14-3 的一些例子。）

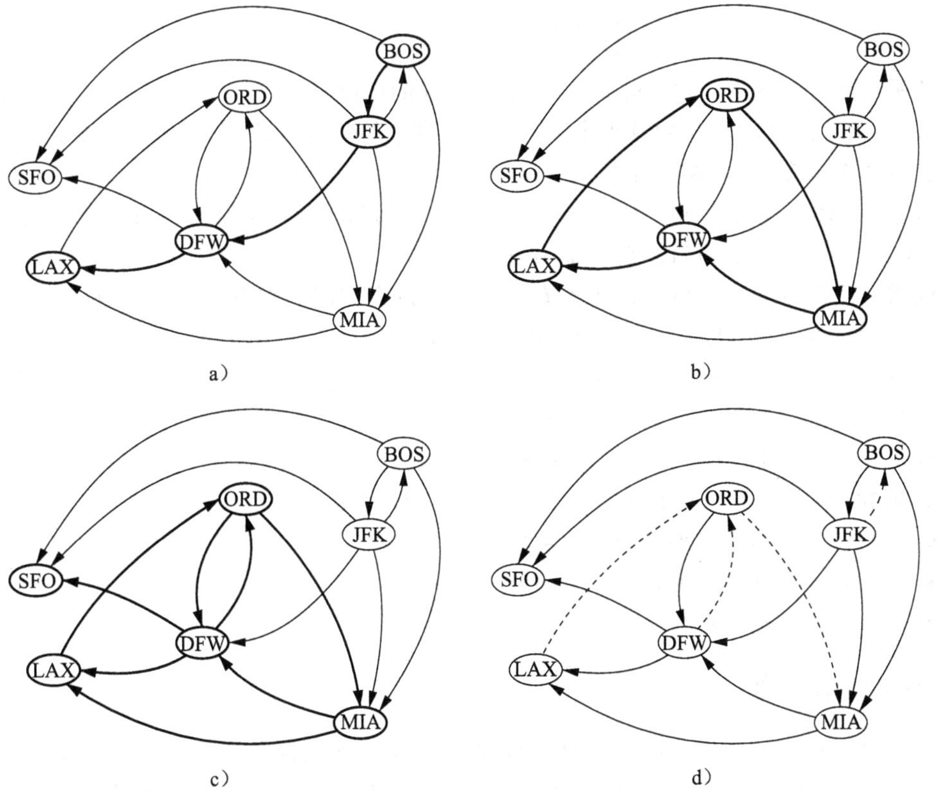
BOS
ORD
JFK
SFO
DFW
LAX
MIA
a)
BOS
ORD
JFK
SFO
DFW
LAX
MIA
b)
BOS
ORD
JFK
SFO
DFW
LAX
MIA
c)
BOS
ORD
JFK
SFO
DFW
LAX
MIA
d)

图 14-3　有向图可达的例子：a）从 BOS 到 LAX 突出显示有向路径；b）突出显示的有向循环（ORD，MIA，DFW，LAX，ORD），它的顶点可产生强连通子图；c）突出显示来自 ORD 的顶点和边的子图；d）虚线边的移除产生了一个循环有向图

图 G 的子图是顶点和边是 G 的顶点和边的各自的子集的图 H。G 的生成子图是包含图 G 的所有顶点的图。如果图 G 是不连通的，它的最大连通子图称为 G 的连通分支。森林是

没有循环的图。树是连通的森林，即没有循环的连通图。图的生成树是树的生成子图。（请注意，树的定义和第 8 章给出的树的定义有略微不同，因为不一定是特定的根。）

例题 14-7：也许现在最受关注的图是因特网，它可以被看作顶点是计算机，（无向）边是互联网上一对计算机之中的通信连接的图。计算机及其在域上的联系，就像 wiley.com，形成了因特网的子图。如果这个子图是连通的，那么当两个用户在这个域上使用计算机发送电子邮件给对方时，不需要信息报离开这个域。假设这个子图的边形成了一个生成树。这意味着即使只要一个连接断开（例如，因为有人在该域中将计算机的通信电缆断开了），那么这个子图将不再连通。

在后续的命题中，我们探索图的几个重要特性。

命题 14-8：如果 G 是有 m 条边和顶点集 V 的图，那么

$$\sum_{v \text{ in } V} \deg(v) = 2m$$

证明：一旦通过其端点 u 和通过其端点 v 一次，在上述求和计算中边（u, v）就计算了两次。因此，边对顶点度数的总贡献数是边数目的两倍。■

命题 14-9：如果 G 是有 m 条边和顶点集 V 的有向图，那么

$$\sum_{v \text{ in } V} \text{in}\deg(v) = \sum_{v \text{ in } V} \text{out}\deg(v) = m$$

证明：在有向图中，边（u, v）对它的起点 u 的出度贡献了一个单元，对终点 v 的入度贡献了一个单元。因此，边对顶点出度的总贡献和边的数目相等，入度也是一样的。■

我们接下来展示一个有 n 个顶点，O（n^2）条边的简单图。

命题 14-10：给定 G 为具有 n 个顶点和 m 条边的简单图。如果 G 是无向的，那么 $m \leqslant n(n-1)/2$，如果 G 是有向的，那么 $m \leqslant n(n-1)$。

证明：假设 G 是无向的。因为没有两条边可以有相同的端点并且没有自循环，在这种情况下 G 的顶点的最大度是 $n-1$。因此，通过命题 14-8，$2m \leqslant n(n-1)$。现在假设 G 是有向的。因为没有两条边具有相同的起点和终点，并且没有自循环，在这种情况下 G 的顶点的最大入度是 $n-1$。因此，通过命题 14-9，$m \leqslant n(n-1)$。■

有许多树、森林和连通图的简单属性。

命题 14-11：给定 G 是有 n 个顶点和 m 条边的无向图。

- 如果 G 是连通的，那么 $m \geqslant n-1$。
- 如果 G 是一棵树，那么 $m = n-1$。
- 如果 G 是森林，那么 $m \leqslant n-1$。

图的抽象数据结构

图是顶点和边的集合。我们将抽象模型定义为三种数据类型的组合：Vertex、Edge 和 Graph。Vertex 是存储由使用者提供的任意元素的轻量级的对象（例如，机场节点），我们假设它提供一个用来检索所存储元素的方法 element()。Edge 同样存储相关联的对象（例如，航班号、行程距离、费用），用 element() 方法进行检索。此外，我们假设 Edge 提供以下方法：

- endpoint()：返回元组（u, v），顶点 u 是边的起点，顶点 v 是终点；对于一个无向图，方向是任意的。
- opposite()：假设顶点 v 是边的一个端点（起点或者终点），返回另一个端点。

图的基本抽象表示为 Graph ADT。我们假设一个图是有向或者无向的，定义在构造时指定；回想混合图可以代表一个有向图，构造边 $\{u, v\}$ 作为一对有向边（u, v）和（v, u）。Graph ADT 包含以下几种方法：

- vertex_count()：返回图的顶点的数目。
- vertices()：迭代返回图中所有顶点。
- edge_count()：返回图的边的数目。
- edges()：迭代返回图的所有边。
- get_edge(u, v)：返回从顶点 u 到顶点 v 的边，如果其中一个存在；否则返回 None。对于无向图，get_edge(u, v) 和 get_edge(v, u) 之间没有区别。
- degree(v, out = True)：对于一个无向图，返回边入射到顶点 v 的数目。对于一个有向图，返回入射到顶点 v 的输出（或输入）边的数目，由可选参数指定。
- incident_edges(v, out = True)：返回所有边入射到顶点 v 的迭代循环。在有向图的情况下，通过默认报告输出边；如果可选参数设置为 False，则报告输入边。
- insert_vertex(x = None)：创建和返回一个新的存储元素 x 的 Vertex。
- insert_edge(u, v, x = None)：创建和返回一个新的从顶点 u 到顶点 v 的存储元素 x 的 Edge（默认 None）。
- remove_vertex(v)：移除顶点 v 和图中它的所有入射边。
- remove_edge(e)：移除图中的边 e。

14.2 图的数据结构

在本节中，我们介绍四种表示图的数据类型。对于每一种表示，我们维护一个集合去存储图的顶点。然而，这四种表示在它们组织边的方式上有显著不同。

- 在*边列表*中，我们对所有边采用无序的列表。这个最低限度就足够了，但是还没有有效的方法来找到特定的边（u, v），或者将所有的边入射到顶点 v。
- 在*邻接列表*中，我们为每个顶点维护一个单独的列表，包括入射到顶点的那些边。可以通过取较小集合的并集来确定完整的边集合，然而我们可以更高效地找到所有入射到给出顶点的边。
- *邻接图*和邻接列表非常相似，但是所有入射到顶点的边的次级容器被组织成一个图，而不是一个列表，用相邻的顶点作为键。这允许在 $O(1)$ 的预期时间内访问特定边（u, v）。
- *邻接矩阵*通过对于有 n 个顶点的图维持一个 $n \times n$ 矩阵来提供最坏的情况下访问特定边（u, v）的时间 $O(1)$。每一项专用于为顶点 u 和 v 的特定对存储一个参考边（u, v）；如果没有这样的边存在，该表项即为空。

这些结构的性能的总结在表 14-1 中给出。我们在本节的剩余部分给出结构的进一步说明。

表 14-1 在本节讨论的图的表示中对 Graph ADT 方法运行时间的总结。令 n 表示顶点的数目，m 表示边的数目，d_v 表示顶点 v 的度。注意邻接矩阵使用 $O(n^2)$ 的空间，而所有其他的结构使用 $O(n + m)$ 的空间

操 作	边列表	邻接列表	邻接图	邻接矩阵
vertex count()	$O(1)$	$O(1)$	$O(1)$	$O(1)$
edge_count()	$O(1)$	$O(1)$	$O(1)$	$O(1)$

（续）

操　作	边列表	邻接列表	邻接图	邻接矩阵
vertices()	$O(n)$	$O(n)$	$O(n)$	$O(n)$
edges()	$O(m)$	$O(m)$	$O(m)$	$O(m)$
get_edge(u, v)	$O(m)$	$O(\min(d_u, d_v))$	$O(1)$exp.	$O(1)$
degree(v)	$O(m)$	$O(1)$	$O(1)$	$O(n)$
incident_edges(v)	$O(m)$	$O(d_v)$	$O(d_v)$	$O(n)$
insert_vertex(x)	$O(1)$	$O(1)$	$O(1)$	$O(n^2)$
remove_vertex(v)	$O(m)$	$O(d_v)$	$O(d_v)$	$O(n^2)$
insert_edge(u, v, x)	$O(1)$	$O(1)$	$O(1)$exp.	$O(1)$
remove_edge(e)	$O(1)$	$O(1)$	$O(1)$exp.	$O(1)$

14.2.1　边列表结构

边列表结构作为图 G 的表示方式可能是最简单的，但是却不是最有效的。所有顶点存储在一个无序的列表 V 中，并且所有边对象存储在一个无序的列表 E 中。我们在图 14-4 中举例说明图 G 的边列表结构。

为了支持 Graph ADT（14.1 节）的许多方法，我们假设边列表代表以下附加特征。集合 V 和 E 用双向链表表示，该双向链表使用第 7 章的 PositonalList 类。

- 顶点对象。存储元素 x 的顶点 v 的顶点对象有以下实例变量：
- 对元素 x 的引用，为了支持 element() 方法。
- 对列表 V 中顶点实例位置的引用，如果 v 从图中移除了，由此允许 v 有效地从 V 中移除。
- 边对象。存储元素 x 的边 e 的边对象有以下实例变量：
- 对元素 x 的引用，为了支持 element() 方法。
- 和 e 的端点相关联的顶点对象的引用，从而允许边实例为方法 endpoints() 和 opposite(v) 提供固定时间支持。
- 列表 E 中边实例的位置的引用，如果 e 在图中被移除了，由此允许 e 更高效地从 E 中移除。

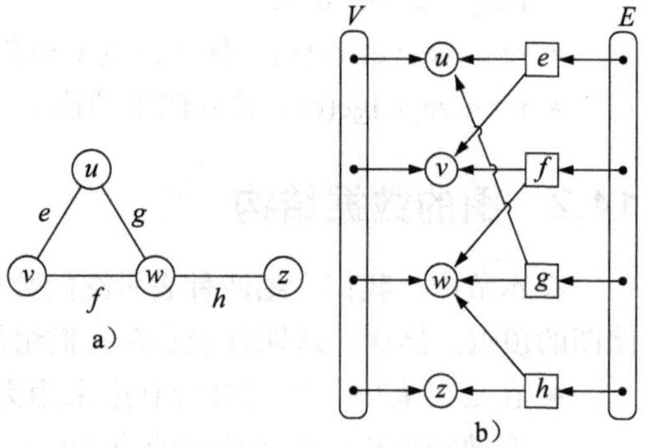
u
v
w
z
e
f
g
h
a）
V
E
b）

图 14-4　a）图 G；b）G 的边列表结构的概要表示。注意到边对象指的是对应于它的端点的两个顶点的对象，但是该顶点不指事件边

边列表结构的性能

在实现 Graph ADT 过程中边列表结构的性能总结在表 14-2 中。我们首先讨论空间的使用，表示一个有 n 个顶点和 m 条边的图的使用

表 14-2　用边列表结构实现图的表示的运行时间。空间使用是 $O(n + m)$，其中 n 是顶点的数目，m 是边的数目

操　作	运行时间
vertex_count(), edge_count()	$O(1)$
vertices()	$O(n)$
edges()	$O(m)$
get_edge(u, v), degree(v), incident_edges(v)	$O(m)$
insert_vertex(x), insert_edge(u, v, x), remove_edge(e)	$O(1)$
remove_vertex(v)	$O(m)$

空间是 $O(n+m)$。每一个单独的顶点或者边实例使用 $O(1)$ 的空间，附加列表 V 和 E 使用的空间与它们的条目数成比例。

就运行时间而言，边列表结构在报告顶点和边的数目，或者在产生那些顶点或者边的循环中，并不如人们希望的一样好。通过查询相应的列表 V 或者 E，顶点和边的计算方法的运行时间是 $O(1)$，并且在正确的列表中循环，该方法对顶点和边的运行时间分别是 $O(n)$ 和 $O(m)$。

边列表结构最显著的局限性，尤其是和其他图形表示方法相比较而言，是 get_edge(u, v)、degree(v) 和 incident_edges(v) 方法的运行时间 $O(m)$。问题是，图的所有边在无序列表 E 中，能响应那些查询的唯一方法是通过对所有边进行详尽的排查。在本节中介绍的其他数据结构将会更有效地实现这些方法。

最后，我们考虑了一种更新图的方法。在 $O(1)$ 时间内很容易添加一个新的顶点或者一条新的边到图中。例如，通过一个存储给定元素作为数据的 Edge 实例将新边添加到图中，在位置列表 E 中添加那个实例，在 E 中记录它的结果 Position 作为边的属性。之后，存放的位置在 $O(1)$ 时间内可以被用来定位和删除这条边，从而实现方法 remove_edge(e)。

讨论为什么 remove_vertex(v) 方法的运行时间是 $O(m)$ 是值得的。如在 Graph ADT 中所示，当顶点 v 在图中被移除的时候，所有入射到 v 的边同样也必须移除（否则，我们可能会有不是该图的一部分但是指向该顶点的边的矛盾）。为了找到该顶点的入射边，我们必须研究 E 中的所有边。

14.2.2 邻接列表结构

与图的边列表表示方法相比，邻接列表结构将通过将图形的边存储在较小的位置来对其进行分组，从而和每个单独的顶点相关联的次级容器集合起来。具体地，对每个顶点 v 维持一个集合 $I(v)$，该集合被称为 v 的入射集合，其中全部都是入射到 v 的边。（在有向图的情况下，输出边和输入边分别存储在两个单独的集合 Iout(v) 和 Iin(v) 中。）传统意义上，顶点 v 的入射集合 $I(v)$ 是一个列表，这就是为什么我们称这种图的表示方法为邻接列表结构。

我们要求邻接列表的基本结构在某种程度上保持顶点集合 V，因此我们可以在 $O(1)$ 的时间内为给出的顶点 v 找出次级结构 $I(v)$。这可以通过使用位置列表来表示 V，同时每个顶点实例对它的入射集合 $I(v)$ 维持一个有向的引用来实现，在图 14-5 中我们说明了这样的一个图的邻接列表结构。如果顶点可以从 0 到 $n-1$ 进行唯一编号，我们可以代替使用基本的基于数组的结构去访问适当的次级列表。

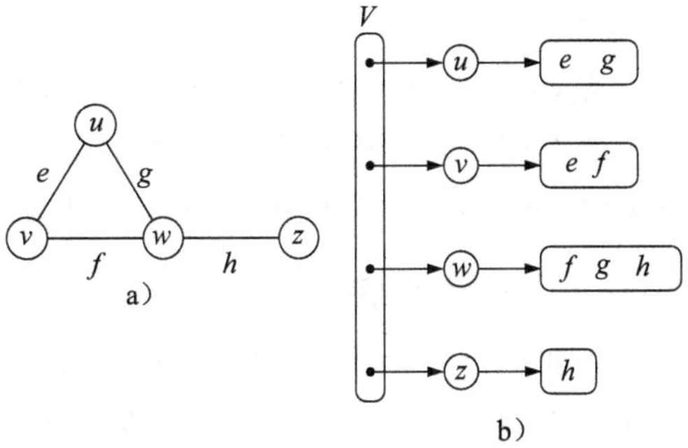
u
e
g
v
w
z
f
h
a)
V
u
e g
v
e f
w
f g h
z
h
b)

图 14-5 a）一个无向图 G；b）G 的邻接列表结构的概要表示。集合 V 是顶点的基本列表，并且每个顶点有一个入射边的相关联的列表。尽管没有图解，我们推测图的每个边用一个维持其端点的引用的唯一 Edge 实例表示

邻接列表主要的好处是集合 $I(v)$ 正好包含那些应该用 incident_edges(v) 方法报告的边。因此，我们可以通过在 $O(\deg(v))$ 时间内对 $I(v)$ 的边进行迭代来实现这种方法，其中 deg(v) 是顶点 v 的度。对于任何图的表示方式这是最好的可能的输出，因为有 deg(v) 的边进行报告。

邻接列表结构的性能

表 14-3 总结了图的邻接列表结构的性能，假设主要集合 V 和所有的次级集合 $I(v)$ 都由双向链表实现。

表 14-3 用邻接列表结构实现图的表示方法的运行时间。空间使用为 $O(n + m)$，其中 n 是顶点的数目，m 是边的数目

操 作	运行时间
Vertex_count(), edge_count()	$O(1)$
vertices()	$O(n)$
edges()	$O(m)$
get_edge(u, v)	$O(\min(\deg(u), \deg(v)))$
degree(v)	$O(1)$
incident_edges(v)	$O(\deg(v))$
insert_vertex(x), insert_edge(u, v, x)	$O(1)$
remove_edge(e)	$O(1)$
remove_vertex(v)	$O(\deg(v))$

渐近地，邻接列表的所需空间和边列表结构一样，对有 n 个顶点和 m 条边的图需要使用 $O(n + m)$ 的空间。主要的顶点列表使用 $O(n)$ 的空间。所有次级列表长度的总和是 O（m），原因在命题 14-8 和命题 14-9 中已经给出了形式化的描述。简而言之，无向边（u, v）引用在 $l(u)$ 和 $l(v)$ 中，但是在图中它的存在仅使用了定量的附加空间。

我们已经注意到，incident_edges(v) 方法根据 $l(v)$ 的使用可以实现 $O(\deg(v))$ 的时间。我们可以使用 $O(1)$ 的时间去实现 Graph ADT 的 degree(v) 方法，假设 $l(v)$ 集合可以在类似的时间内报告它的大小。在实现 get_edge(u, v) 中为了找到特定的边，我们可以通过 $l(u)$ 或者 $l(v)$ 搜索。通过选择两个中较小的一个，我们得到 $O(\min(\deg(u), \deg(v)))$ 的运行时间。

表 14-3 中的其余部分可以额外地实现。为了有效地支持边的缺失，edge(u, v) 需要在 $l(u)$ 和 $l(v)$ 之中的位置维持一个引用，因此在 $O(1)$ 时间内，它可以从那些集合中被删除。为了移除一个顶点 v，我们必须同样移除任何一个入射边，但是至少可以在 $O(\deg(v))$ 时间内找到那些边。

在 $O(m)$ 时间内支持 edges() 和在 $O(1)$ 时间内计算 edges() 最简单的方法是维护边的辅助列表 E 作为边列表的表示。否则，我们可以通过访问每个辅助列表并报告它们的边，从而在 $O(n + m)$ 时间内实现 edges 方法，注意不要报告无向边（u，v）两次。

14.2.3 邻接图结构

在邻接列表结构中，我们假设次级入射集合作为无序链表被实现。这样集合 $l(v)$ 的用空间正比于 $O(\deg(v))$，允许一条边在 $O(1)$ 时间内被添加或者被移除，并且在 $O(\deg(v))$ 的时间内允许所有入射到顶点 v 的边的迭代。然而，get_edge(u, v) 最好的实现需要 $O(\min(\deg(u), \deg(v)))$ 的时间，因为我们必须在 $l(u)$ 或者 $l(v)$ 中搜寻。

我们可以使用基于哈希的映射为每个顶点 v 实现 $l(v)$ 来提高性能。具体而言，我们让每个入射边的相反的端点作为图的主键，用边结构作为值。我们称这种图的表示方法为**邻接图**（见图 14-6）。邻接图的空间使用保持为 $O(n + m)$，因为 $l(v)$ 对每个顶点 v 使用 $O(\deg(v))$ 的空间，和邻接列表一样。

相对于邻接列表，邻接图的优势是方法 get_edge(u, v) 可以通过将顶点 u 作为关键字在 $l(v)$ 中搜索以达到在预期时间 $O(1)$ 内实现。这为邻接列表提供了可能的改善，同时保持在 $O(\min(\deg(u), \deg(v)))$ 的最坏情况的范围内。

在比较邻接图的性能和其他表达方式的性能的过程中（见表 14-1），我们发现它本质上对所有方法实现了最佳的运行时间，成为图表示中一种优秀的通用选择。

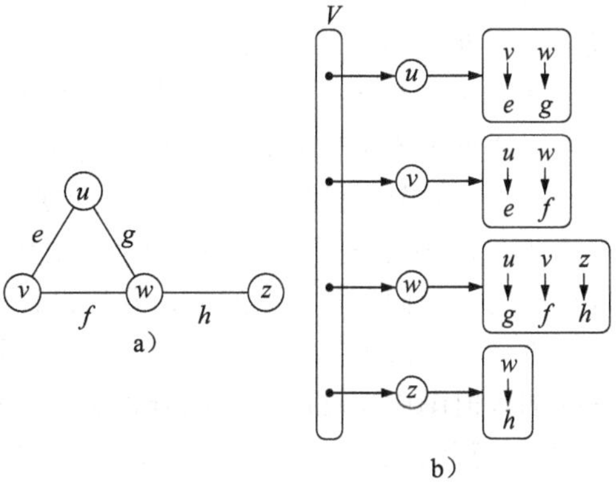
a)
b)
V

图 14-6　a）一个无向图 G；b）G 的邻接图结构的概要表示。每个顶点保持为一个次级图，其中邻接的点作为主键，连接的边作为相关联的值。尽管没有用图表示出来，但我们假设图的每一条边都有一个唯一的 Edge 实例，并且对它的端点维持引用

14.2.4　邻接矩阵结构

图 G 的邻接矩阵结构对边列表结构增加了一个矩阵 A（即一个二维数组，节 5.6 节），这允许我们在最坏情况的固定时间内找出一对给定顶点之间的边。在邻接矩阵表示方式中，我们考虑顶点以集合 $\{0, 1, \cdots, n-1\}$ 中的数字来表示，边以这些数字中的其中一对来表示。这允许在二维数组 A 的单元格内存储边的引用。特别地，单元格 $A[i, j]$ 存储边 (u, v) 的引用（如果它存在的话），其中 u 是索引为 i 的顶点，v 是索引为 j 的顶点。如果没有这样的边，那么 $A[i, j]$ = None。我们需要注意到，如果图 G 是无向的，则数组 A 是对称的，例如对所有的一对 i 和 j 来说，$A[i, j] = A[j, i]$（见图 14-7）。

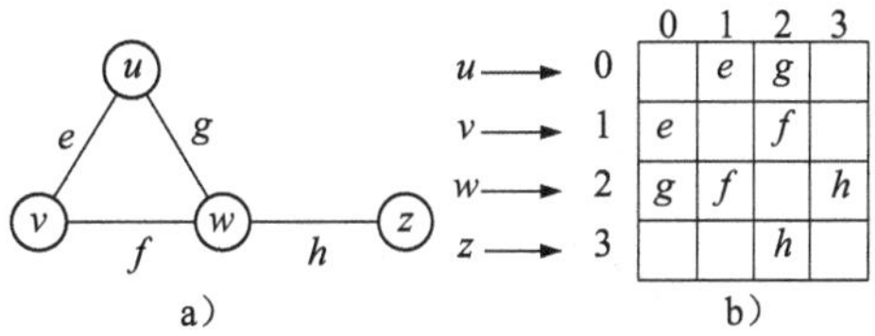
a)
b)

图 14-7　a）一个无向图 G；b）G 的邻接辅助矩阵结构的概要表示，其中 n 个顶点映射到索引 0 到 $n-1$。尽管没有用图表示，我们假设对每一条边有一个唯一的 Edge 实例，并且它对每个端点维持一个引用。我们同样假设有一个次级边列表（没有画出来），对有 m 条边的图，允许 edges() 方法在 $O(m)$ 时间内运行

邻接矩阵最显著的优点是任何边 (u, v) 可以在最坏情况下 $O(1)$ 时间内被访问到，而邻接图支持在 $O(1)$ 的预期时间内操作。然而，用邻接矩阵进行的一些操作效率很低。例如，为了找到入射到顶点 v 的边，我们必须大概检测与 v 相关联的行的所有 n 个条目，而邻接列表或者邻接图可以在最佳的 $O(\deg(v))$ 时间内找到这些边。从一个图中添加或者移除顶点是不确定的，因为矩阵必须调整大小。

此外，邻接矩阵 $O(n^2)$ 的使用空间通常远远差于其他表示方法所需的 $O(n+m)$ 空间。虽然，在最坏的情况下，密集图的边的数目将正比于 n^2，然而大多数现实世界的图是稀疏的。在这样的情况下，邻接矩阵的使用是低效的。不过，如果图是密集的，邻接矩阵的比例常数将比邻接列表和邻接图的要更小。事实上，如果边没有辅助数据，布尔邻接矩阵可以在每个边的位置使用一个位，则 $A[i, j]$ = True 当且仅当相关的 (u, v) 是一条边。

14.2.5　Python 实现

在本节中，我们提供了 Graph ADT 的实现方法。我们的实现过程将会支持有向或者无

向的图，但是对于解释说明的情况，我们首先在一个无向图的前提下进行描述。

我们使用了邻接图表示方法的变化情况。对于每个顶点 v，我们用 Python 字典表示次级入射图 $I(v)$。然而，我们不能明确地维持列表 V 和 E，就像在边列表表示方法中的原始描述一样。列表 V 被顶级字典代替，顶级字典 D 将每个顶点 v 映射到其入射图 $I(v)$。注意，我们可以通过生成字典 D 的主键的集合来迭代所有的顶点。通过使用这样的字典 D 将顶点映射到次级入射图，我们不需要对作为顶点结构的一部分的入射图维持引用。同样，一个顶点不需要在 D 中对它的位置明确地维持引用，因为它可以在 $O(1)$ 的预期时间内被决定。这很好地简化了我们的实现。然而，我们设计的结果是图 ADT 操作在最坏情况下运行时间的一些界限，并在表 14-1 中给出，这变成了预期的界限。除了维持列表 E，我们对得到在各种各样的入射图中发现的边的联合很满意。在理论上，它的运行时间为 $O(n + m)$ 而不是严格的 $O(m)$ 时间，因为字典 D 有 n 个主键，即使一些入射图是空的。

Graph ADT 的实现在代码段 14-1 ～代码段 14-3 中给出。Vertex 类和 Edge 类在代码段 14-1 中给出，非常简单，并且可以嵌入更多复杂的图类里面。注意我们对 Vertex 和 Edge 都定义了哈希的方法，这样那些实例可以被当作主键用于 Python 的基于哈希的集合和字典里。剩余的 Graph 类在代码段 14-2 和代码段 14-3 中给出。图默认情况下是无向的，但是可以用构造函数里可选择的参数声明为有向的。

代码段 14-1 Vertex 和 Edge 类（嵌套在 Graph 类中）

```
#------------------------- nested Vertex class -------------------------
class Vertex:
  """Lightweight vertex structure for a graph."""
  __slots__ = '_element'

  def __init__(self, x):
    """Do not call constructor directly. Use Graph's insert_vertex(x)."""
    self._element = x

  def element(self):
    """Return element associated with this vertex."""
    return self._element

  def __hash__(self):         # will allow vertex to be a map/set key
    return hash(id(self))

#------------------------- nested Edge class -------------------------
class Edge:
  """Lightweight edge structure for a graph."""
  __slots__ = '_origin', '_destination', '_element'

  def __init__(self, u, v, x):
    """Do not call constructor directly. Use Graph's insert_edge(u,v,x)."""
    self._origin = u
    self._destination = v
    self._element = x

  def endpoints(self):
    """Return (u,v) tuple for vertices u and v."""
    return (self._origin, self._destination)

  def opposite(self, v):
    """Return the vertex that is opposite v on this edge."""
    return self._destination if v is self._origin else self._origin
```

```
  def element(self):
    """Return element associated with this edge."""
    return self._element

  def __hash__(self):           # will allow edge to be a map/set key
    return hash( (self._origin, self._destination) )
```

代码段 14-2 Graph 类的定义（在代码段 14-3 中继续）

```
class Graph:
  """Representation of a simple graph using an adjacency map."""

  def __init__(self, directed=False):
    """Create an empty graph (undirected, by default).

    Graph is directed if optional paramter is set to True.
    """
    self._outgoing = { }
    # only create second map for directed graph; use alias for undirected
    self._incoming = { } if directed else self._outgoing

  def is_directed(self):
    """Return True if this is a directed graph; False if undirected.

    Property is based on the original declaration of the graph, not its contents.
    """
    return self._incoming is not self._outgoing # directed if maps are distinct

  def vertex_count(self):
    """Return the number of vertices in the graph."""
    return len(self._outgoing)

  def vertices(self):
    """Return an iteration of all vertices of the graph."""
    return self._outgoing.keys( )

  def edge_count(self):
    """Return the number of edges in the graph."""
    total = sum(len(self._outgoing[v]) for v in self._outgoing)
    # for undirected graphs, make sure not to double-count edges
    return total if self.is_directed( ) else total // 2

  def edges(self):
    """Return a set of all edges of the graph."""
    result = set( )        # avoid double-reporting edges of undirected graph
    for secondary_map in self._outgoing.values( ):
      result.update(secondary_map.values( ))     # add edges to resulting set
    return result
```

代码段 14-3 Graph 类的定义（上接代码段 14-2）。我们为了简便起见省略了参数的错误检查

```
  def get_edge(self, u, v):
    """Return the edge from u to v, or None if not adjacent."""
    return self._outgoing[u].get(v)             # returns None if v not adjacent

  def degree(self, v, outgoing=True):
    """Return number of (outgoing) edges incident to vertex v in the graph.

    If graph is directed, optional parameter used to count incoming edges.
    """
    adj = self._outgoing if outgoing else self._incoming
```

```
    return len(adj[v])

  def incident_edges(self, v, outgoing=True):
    """Return all (outgoing) edges incident to vertex v in the graph.

    If graph is directed, optional parameter used to request incoming edges.
    """
    adj = self._outgoing if outgoing else self._incoming
    for edge in adj[v].values():
      yield edge

  def insert_vertex(self, x=None):
    """Insert and return a new Vertex with element x."""
    v = self.Vertex(x)
    self._outgoing[v] = { }
    if self.is_directed():
      self._incoming[v] = { }        # need distinct map for incoming edges
    return v

  def insert_edge(self, u, v, x=None):
    """Insert and return a new Edge from u to v with auxiliary element x."""
    e = self.Edge(u, v, x)
    self._outgoing[u][v] = e
    self._incoming[v][u] = e
```

在内部，我们通过有两个最高层级的字典实例 _outgoing 和 _incoming 来管理有向的情况，以便 _outgoing[v] 映射到代表 $I_{out}(v)$ 的另一个字典，_incoming[v] 映射到 $I_{in}(v)$ 的表示。为了统一对有向图和无向图进行处理，我们继续在无向的情况下使用 _outgoing 和 _incoming 标识，作为同一字典的别名。为了方便，我们定义一个通用名 is_directed，允许我们在这两种情况下进行分辨。

对于方法 degree 和 incident_edges，每个都接收一个可选参数在输出和传入方向进行区分，我们在进程开始前选择适当的图。对于方法 insert_vertex，我们对每个新的顶点 v 的空字典的 _outgoing[v] 进行初始化。对于无向的情况，这个步骤并不是必要的，因为 _outgoing 和 _incoming 是别名。我们将方法 remove_vertex 和 remove_edge 的实现过程作为练习 C-14.37 和 C-14.38。

14.3 图遍历

希腊神话讲述了一个为了安置一部分是牛一部分是人的巨大的人身牛头怪物而精心制作迷宫的故事。这个迷宫非常复杂，以至于没有野兽或者人能逃离它。希腊英雄提修斯在国王女儿阿丽雅德妮的帮助下，决定去实现图的*遍历*算法。提修斯将捏成团的线固定在迷宫的门上，然后当他为了寻找怪兽而穿过扭曲的通道时解开它。提修斯明确地知道什么是好算法，因为，当他寻找到并战胜野兽之后，提修斯可以轻松地跟随这条线走出迷宫并返回阿丽雅德妮身边。

形式上，*遍历*是通过检查所有的边和顶点来探索图的系统化的步骤。如果遍历访问的所有顶点和边与它们的数目成正比，即在线性的时间内，则遍历是高效的。

图的遍历算法是回答许多涉及可达性概念的有关于图的问题的关键，即跟随图的路径时，决定如何从一个顶点到达另一个顶点。在无向图中处理可达性的有趣问题包括以下几个方面：

- 计算从顶点 u 到顶点 v 的路径，或者报告这样的路径存在。
- 已知 G 的开始顶点 s，对每个 G 的顶点 v 计算在 s 和 v 之间的边的最小数目的路径，或者报告没有这样的路径存在。
- 测试是否 G 是连通的。
- 如果 G 是连通的，计算 G 的生成树。
- 计算 G 的连通分支。
- 计算 G 中的循环，或者报告 G 没有循环。

解决有向图 G 的可达性的有趣问题主要包括以下几个方面：

- 计算从顶点 u 到顶点 v 的有向路径，或者报告没有这样的路径存在。
- 找出 G 中从已知顶点 s 可达的顶点。
- 判定 G 是否是非循环的。
- 判定 G 是否是强连通的。

本节剩余的部分，我们展示了两种图的遍历算法，分别叫作*深度优先搜索*和*广度优先搜索*。

14.3.1 深度优先搜索

在本节我们考虑第一个遍历算法*深度优先搜索*（DFS）。深度优先搜索对测试图的性能，包括是否从一个顶点到另一个顶点有路径和是否该图是一个连通图是非常有用的。

图 G 的深度优先搜索和拿着一条绳子和一罐涂料在不迷路的情况下在迷宫中漫步很类似。我们以 G 中的特殊的开始顶点 s 开始，通过将绳子的一端固定到 s 并且喷涂 s 作为“访问”来初始化。顶点 s 是我们现在的“当前”顶点——称为当前顶点 u。那么我们通过考虑一条入射到当前顶点 u 的（任意的）边（u, v）来遍历 G。如果边（u, v）指引我们到已经访问过（即被喷绘过）的顶点 v，则忽略这条边。相反，如果（u, v）指向一个没有被访问过的顶点 v，那么我们展开绳子并走向 v。然后将 v 喷涂成“被访问过”，并将它变成当前顶点，重复上面的计算。最终，我们将会到达“尽头”，即对于当前顶点 v，所有入射到 v 的边指向的顶点都已经访问过了。为了摆脱这种僵局，我们将绳子卷起来，沿着带我们去 v 的边原路返回，直到先前访问过的顶点 u。然后我们将 u 作为当前顶点，并且对还没有考虑过的所有入射到 u 的边重复上述计算。如果 u 的所有入射边都指向已经被访问过的顶点，那么我们再次卷起绳子，然后返回到从那个顶点来且去向 u 的顶点，并对那个顶点进行重复的步骤。因此，我们沿着迄今为止追踪到的路径返回，直到找到还没有被探索到的边的顶点，找到一条这样的边后将继续遍历。当回溯过程指引我们返回到开始顶点 s，并且没有未被探索的入射到 s 的边的时候，这个过程就结束了。

以顶点 u 开始的深度优先搜索遍历的伪代码（见代码段 14-4）遵循绳子和涂料的类比。我们用递归来实现字符串的类比，并且假设有原理（的类比）来判定是否一个顶点或者一条边是先前探索过的。

代码段 14-4 DFS 算法

```
Algorithm DFS(G,u):          {We assume u has already been marked as visited}
  Input: A graph G and a vertex u of G
  Output: A collection of vertices reachable from u, with their discovery edges
  for each outgoing edge e = (u,v) of u do
    if vertex v has not been visited then
      Mark vertex v as visited (via edge e).
      Recursively call DFS(G,v).
```

用 DFS 对图的边进行分类

深度优先搜索的执行可以用来分析图的结构，这依赖于在遍历的过程中被探索的边的路径。DFS 进程很自然地识别出以开始顶点 s 作为根的深度优先搜索树。无论任何时候，边 $e = (u, v)$ 用于发现代码段 14-4 中的新顶点 v，那条边叫作发现边或者树的边，以从 u 到 v 为方向。所有 DFS 实现的过程中被考虑的其他边则称为非树的边，可以带我们到先前访问过的点。在无向图的情况下，我们会发现所有被探索的非树的边连通了当前顶点和 DFS 树中它的祖先。我们将这样的边称为 back 边。当对一个有向图执行 DFS 时，会有三种可能的非树边：

- back 边，连通了顶点和 DFS 树的祖先。
- forward 边，连通了顶点和 DFS 树的孩子。
- cross 边，连通了顶点和另一个既不是其祖先也不是其孩子的顶点。

有向图的 DFS 算法的例子说明展示在图 14-8 中，演示了非树边的每一种类型。无向图的 DFS 算法的例子说明展示在图 14-9 中。

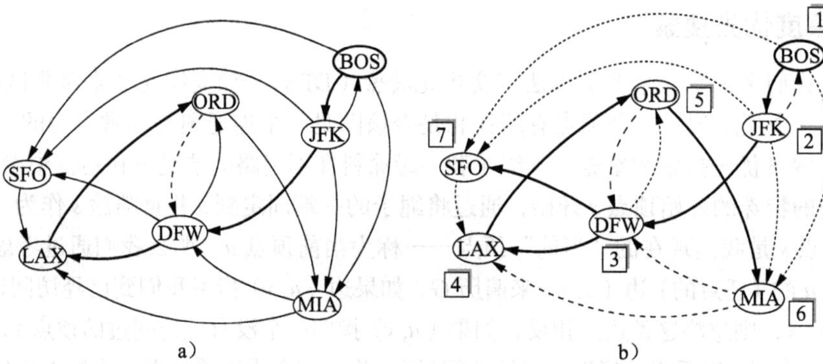

BOS
ORD
JFK
SFO
DFW
LAX
MIA
a)
1
BOS
ORD
5
JFK
2
7
SFO
DFW
3
LAX
4
MIA
6
b)

图 14-8　有向图的 DFS 的例子，以顶点（BOS）开始：a）中间步骤，首先，考虑一条边指向一个已经访问过的顶点（DFW）；b）完全的 DFS。树的边用粗线表示，back 边用虚线表示，forward 边和 cross 边用带点的线表示。每个顶点的访问顺序由每个顶点旁边的标签指示。边（ORD, DFW）是 back 边，但是（DFW, ORD）是 forward 边。边（BOS, SFO）是 forward 边，（SFO, LAX）是 cross 边

深度优先搜索的特性

我们对深度优先搜索算法做了大量的研究，许多研究都是通过将图 G 的边划分为组的方式来获得的。我们从最重要的特性开始。

命题 14-12： *定义 G 为以顶点 s 为开始的 DFS 遍历已经执行过的无向图。那么这个遍历在 s 的连通分支中访问了所有的顶点，并且发现边生成了一个 s 的连通分支的生成树。*

证明： 假设 s 的连通分支中至少有一个顶点 w 没有被访问，v 是从 s 到 w 的一些路径中第一个没有被访问的顶点（有 $v = w$）。因为 v 是这条路径的第一个未被访问的顶点，它有一个没有被访问的邻居 u。但是当我们访问 u 时，必须考虑边（u, v）；因此，v 是未被访问的可能是不正确的。因此，在 s 的连通分支中没有未被访问的顶点。

因为仅仅当我们走向一个未被访问的顶点的时候才能跟随发现边，所以永远不会形成这样的边的循环。因此，发现边形成了一个没有循环的连通子图，是一棵树。此外，这是一个生成树，因为我们已经知道，深度优先搜索在 s 的连通分支中访问了每个顶点。■

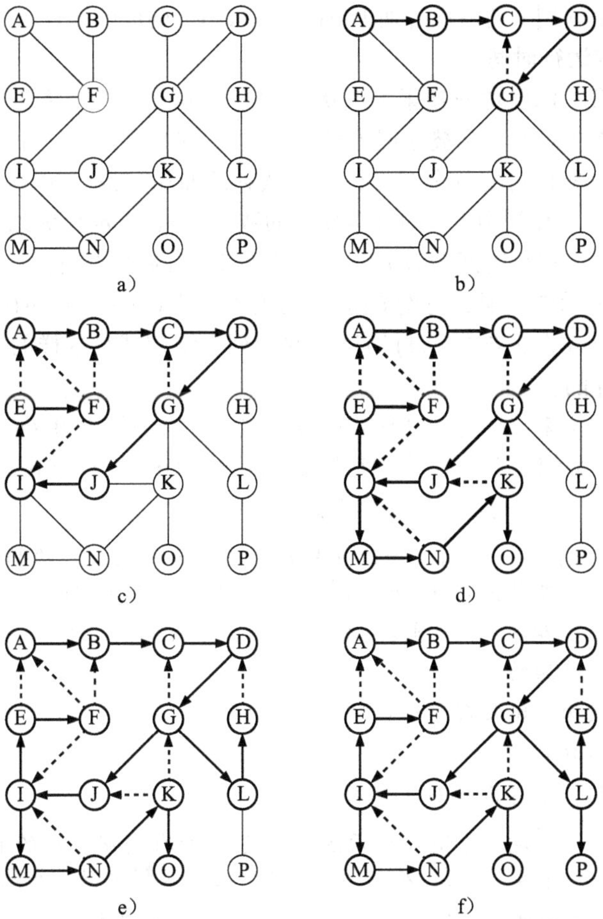
A
B
C
D
E
F
G
H
I
J
K
L
M
N
O
P
a)
b)
c)
d)
e)
f)

图 14-9 以顶点 A 开始的无向图的深度优先搜索的例子。我们假设顶点的邻接以字母的顺序考虑。被访问过的顶点和探索过的边突出显示，发现边用实线表示，非树（back）边用虚线表示：a）输入图；b）从 A 开始追踪直到 back 边（G, C）被检查到的树的边的路径；c）到达尽头 F；d）返回到 I 之后，重新恢复边 (I, M)，在 O 碰上另一个尽头；e）返回到 G 之后，以边（G, L）继续，然后在 H 碰上另一个尽头；f）最后的结果

命题 14-13： $\vec{G}$是一个有向图。以顶点 s 开始的在$\vec{G}$上的深度优先搜索访问了所有的从 s 可达的$\vec{G}$的顶点。同样，DFS 树包含了从 s 到每个可达 s 的顶点的有向路径。

证明： V_s 是以顶点 s 开始的 DFS 中被访问的 G 的顶点的子集。我们想展示 V_s 包含了 s 和每个属于 V_s 的从 s 可达的顶点。现在假设（为了反驳），有一个从 s 可达的顶点 w 不在 V_s 中。考虑从 s 到 w 的一条有向路径，并且令（u, v）是带我们从 V_s 中出来的路径的第一条边，即 u 是 V_s 中的，但是 v 不在 V_s 中。当 DFS 到达 u 时，它探索了 u 的所有输出边，因此必须通过边（u, v）到达顶点 v。因此，v 应该在 V_s 中，所以我们得到了矛盾。因此，V_s 必须包含每一个从 s 可达的顶点。

我们通过算法步骤的归纳证明了第二个事实。我们声明发现边（u, v）都是可识别的，在 DFS 树中从 s 到 v 存在有向路径。因为 u 必须在先前被发现，从 s 到 u 存在一条路径，因此通过将边（u，v）附加到该路径，我们有从 s 到 v 的有向路径。 ■

需要注意的是，因为 back 边总是连通顶点 v 和先前访问的顶点的 u，所以每个 back 边

暗示了 G 中的一个由 u 到 v 的发现边加上 back 边（u, v）构成的循环。

深度优先搜索的运行时间

就运行时间而言，深度优先搜索是遍历图的高效方法。需要注意的是，对每一个顶点 DFS 至多被调用一次（因为它会被标记为被访问过），并且因此对一个无向图来说每条边至多被检查两次，一次来自它的每个端点，并且从它的原始顶点开始，一个有向图至多有一次。如果我们让 $n_s \leqslant n$ 作为顶点 s 的可达顶点的数目，$m_s \leqslant m$ 作为这些顶点的入射边的数目，从 s 开始的 DFS 的运行时间为 $O(n_s + m_s)$，给出以下满足的条件：

- 用数据结构表示图，通过花费 $O(\deg(v))$ 时间的 incident_edges(v) 来创建和迭代，并且 e.opposive(v) 方法花费 $O(1)$ 时间。邻接列表结构就是这样的结构，但是邻接矩阵结构不是这样的。
- 我们有一种方法来“标记”被探查的顶点或边，并且测试在 $O(1)$ 时间是否已经探索了顶点的边。我们在下一节讨论实现这个目标的 DFS 实现方式。

已知上面的假设，我们可以解决很多有意思的问题。

命题 14-14：定义 $\overrightarrow{G}$ 是一个有 n 个顶点和 m 条边的无向图。$\overrightarrow{G}$ 的 DFS 遍历可以在 $O(n + m)$ 时间内执行完，并且可以在 $O(n + m)$ 时间内被用来解决下面的问题：

- 计算 G 的两个已知顶点之间的路径（如果有一条存在的话）。
- 测试 G 是否是连通的。
- 计算 G 的生成树（如果 G 是连通的）。
- 计算 G 的连通分支。
- 计算 G 的循环，或者报告 G 没有循环。

命题 14-15：定义 $\overrightarrow{G}$ 是一个有 n 个顶点和 m 条边的有向图。$\overrightarrow{G}$ 的 DFS 遍历可以在 $O(n + m)$ 的时间内执行完，并且可以在 $O(n + m)$ 的时间内用来解决以下问题：

- 计算 $\overrightarrow{G}$ 的两个已知顶点之间的有向路径（如果有一个存在的话）。
- 计算从已知的顶点 s 可达的 $\overrightarrow{G}$ 的顶点的集合。
- 测试 $\overrightarrow{G}$ 是否是强连通的。
- 计算 $\overrightarrow{G}$ 的有向循环，或者报告 $\overrightarrow{G}$ 是非循环的。
- 计算 $\overrightarrow{G}$ 的传递闭包（见 14.4 节）。

命题 14-14 和命题 14-15 的证明依赖于将 DFS 算法稍微修改的版本作为子程序的算法。我们将会在本节的剩余部分探索一些扩展。

14.3.2　深度优先搜索的实现和扩展

我们从提供基本深度优先探索算法的 Python 实现开始，伪代码的原始描述在代码段 14-4 中。DFS 功能呈现在代码段 14-5 中。

代码段 14-5　以指定的顶点 v 开始的图的深度优先搜索的递归实现

```
def DFS(g, u, discovered):
  """Perform DFS of the undiscovered portion of Graph g starting at Vertex u.

  discovered is a dictionary mapping each vertex to the edge that was used to
  discover it during the DFS. (u should be "discovered" prior to the call.)
  Newly discovered vertices will be added to the dictionary as a result.
  """
  for e in g.incident_edges(u):          # for every outgoing edge from u
```

```
        v = e.opposite(u)
        if v not in discovered:          # v is an unvisited vertex
            discovered[v] = e            # e is the tree edge that discovered v
            DFS(g, v, discovered)        # recursively explore from v
```

为了追踪哪个顶点被访问过并建立生成DFS树的表示，我们的实现引入了叫作discovered的第三个参数。这个参数应该是Python字典，可以将图的顶点映射到用于发现那个顶点的树的边。在此，我们假设源顶点 u 作为字典的主键产生，None作为它的值。因此，调用可以像下面这样开始遍历：

```
result = {u : None}        # a new dictionary, with u trivially discovered
DFS(g, u, result)
```

字典为两个目的服务。内在地，该字典提供了用于识别访问的顶点的机制，因为顶点将会作为主键出现在字典中。外部地，DFS函数在其继续进行时添加这个字典，因此字典里的值是进程结论中的DFS树的边。

因为字典是基于哈希的，测试if v not in discovered和记录步骤discovered[v] = e在 $O(1)$ 期望时间内运行，而不是最坏情况下的时间。实际上，这是一个我们愿意接受的妥协，但是它违反了算法的形式分析。如果我们假设顶点可以用0到 $n-1$ 进行编号，那么这些数字可以用来作为基于数组的查找表的索引而不是基于哈希的映射。或者，我们可以存储每一个顶点的发现状态并且将树的边直接关联成顶点距离的一部分。

从 u 到 v 的路径重建

我们可以使用基本DFS函数作为一个工具来鉴定从顶点 u 通往 v 的（有向）路径（如果 v 是从 u 可达的）。这个路径可以很容易地通过遍历期间记录在发现字典里的信息而重建。代码段14-6提供了在 u 到 v 的路径中产生的顶点的顺序列表的二级函数的实现。

代码段 14-6　重建 u 到 v 的有向路径的函数，给出了从 u 开始的DFS的发现的踪迹。这个函数返回了路径中顶点的顺序列表

```
def construct_path(u, v, discovered):
    path = [ ]                           # empty path by default
    if v in discovered:
        # we build list from v to u and then reverse it at the end
        path.append(v)
        walk = v
        while walk is not u:
            e = discovered[walk]         # find edge leading to walk
            parent = e.opposite(walk)
            path.append(parent)
            walk = parent
        path.reverse( )                  # reorient path from u to v
    return path
```

为了重建这条路径，我们从这条路径的最后开始，检查发现字典以决定哪条边被用来到达顶点 v，以及那条边的另一个顶点是什么。我们将那个顶点加入一个列表，然后重复这个进程以决定哪条边被用来发现。一旦我们追踪到了返回开始顶点 u 的所有的路，就可以颠倒列表使得它从 u 到 v 被正确地调整，然后将它返回给调用者。这个进程的花费时间和路径的长度成正比，因此它在 $O(n)$ 的时间内运行（最初还有调用DFS花费的时间）。

连通性的测试

我们可以用基本DFS函数去判定图是否是连通的。在无向图的情况下，我们在任意的顶点简单地开始深度优先搜索，然后测试是否 len(discovered) 和结论中的 n 相等。如果图是连通的，那么根据命题 14-12，所有的顶点都能被发现；相反，如果图是不连通的，那么必须至少有一个顶点 v 不可达 u，而且将不会被发现。

对于有向图$\vec{G}$，我们可能希望测试它是否是*强连通的*，即是否对每一对顶点 u 和 v，u 能到达 v 并且 v 能到达 u。如果我们从每个顶点对 DFS 开始一个独立的调用，便可以判定是否是这种情况，但是 n 个调用组合运行的时间为 $O(n(n+m))$。然而，我们可以比这更快地判定$\vec{G}$是否是强连通的，仅仅需要两次深度优先搜索。

我们通过对以任意顶点 s 开始的有向图$\vec{G}$执行深度优先搜索开始。如果根据这次遍历$\vec{G}$中的任何一个顶点都没有被访问，并且不可达 s，那么图不是强连通的。如果第一次深度优先搜索访问了$\vec{G}$的每个顶点，然后我们需要检查是否 s 从其他所有顶点都可达。在概念上，我们可以通过复制图$\vec{G}$来完成，但是要在所有边相反的方向上。在反向图中以 s 开始的深度优先搜索将会到达原始图中可能到达 s 的每个顶点。实际上，比制作一个新的图更好的方法是重新实现一个版本的 DFS 方法，该方法将所有输入边循环到当前顶点，而不是所有的输出边。因为该算法仅仅做了两次$\vec{G}$的 DFS 遍历，所以它的运行时间是 $O(n+m)$。

计算所有的连通分支

当图是不连通的时候，我们的下一个目标是识别出无向图的所有*连通分支*，或者有向图的*强连通分支*。我们首先讨论无向的情况。

如果 DFS 的初始调用不能到达图的所有顶点，我们可以在那些未被访问的顶点重新开始一个新的 DFS 调用。这种综合 DFS_complete 方法的实现在代码段 14-7 中给出。

代码段 14-7　返回全部图的 DFS 森林的高级函数

```
def DFS_complete(g):
  """Perform DFS for entire graph and return forest as a dictionary.

  Result maps each vertex v to the edge that was used to discover it.
  (Vertices that are roots of a DFS tree are mapped to None.)
  """
  forest = { }
  for u in g.vertices( ):
    if u not in forest:
      forest[u] = None                # u will be the root of a tree
      DFS(g, u, forest)
  return forest
```

尽管 DFS_complete 函数对原始 DFS 函数进行了多次调用，但调用 DFS_complete 花费的总时间为 $O(n+m)$。对于一个无向图，回想我们最初的分析，对以顶点 s 开始的 DFS 的单独调用的运行时间为 $O(n_s+m_s)$，其中 n_s 是从 s 可达的顶点的数目，m_s 是这些顶点的入射边的数目。因为每一次 DFS 的调用探索了不同的分支，n_s+m_s 的总和是 $n+m$。$O(n+m)$ 的总界限也可以应用于有向的情况，即使可达顶点的集合不一定是不相交的。然而，因为相同的发现字典对所有的 DFS 调用作为一个参数传递，我们知道 DFS 子程序对每个顶点只调用一次，那么在这个过程中每个输出边仅仅只被探索一次。

DFS_complete 函数可以被用来分析无向图的连通分支。发现字典的返回代表整个图的 DFS 森林。我们称之为森林而不是树，因为图可能是不连通的。连通分支的数目可以通过用 None 作为发现边（这些是 DFS 树的根）的发现字典中顶点的数目来判定。核心 DFS 方法的微小的修正被用来在发现顶点时标记该顶点的分支数目（见练习 C-14.44）。

找到一个有向图的强连通分支的情况更复杂。存在在 $O(n + m)$ 时间内计算这些连通分支的方法，使用两次单独的深度优先搜索遍历，但是细节不在本书的范围内。

用 DFS 发现循环

对于无向和有向图来说，循环的存在当且仅当和图的 DFS 遍历相关的 back 边存在。很容易发现，如果 back 边存在，通过从祖先的孩子得到 back 边并且跟随树的边返回到祖先，这样便可以说明循环存在。相反，如果图中存在循环，那么必须有和 DFS 相关的 back 边（尽管这里没有证明这个事实）。

在算法上，在无向的情况下探索 back 边是容易的，因为所有的边不是树的边就是 back 边。在有向图的情况下，核心 DFS 实现的额外修改需要正确地将非树的边分类为 back 边。若被探索的有向边指向先前访问过的顶点，我们必须认识到该顶点是否是当前顶点的祖先。这需要额外的记录，例如，依据 DFS 的递归调用是否依旧活跃来标记顶点。我们把细节留作练习 C-14.43。

14.3.3 广度优先搜索

如先前部分中所描述的，深度优先搜索的前进和回溯定义了通过物理上的跟踪来探索图的遍历。在本节，我们考虑另一种遍历图的连通分支的算法，叫作*广度优先搜索*（BFS）。BFS 算法更类似于在所有的方向上发送以协调方式共同遍历图的许多探索者。

BFS 以回合的方式进行并且将顶点分成不同*级别*。BFS 以顶点 s 开始，它的级别是 0。在第一轮标记“被访问过”，对于所有和开始顶点 s 邻近的顶点——这些顶点和开始有一步之远，我们将其置为级别 1。在第二轮，我们允许所有的探索者从开始顶点走两步（也就是边）远。这些新的顶点和级别 1 的顶点邻近但以前没有被设置过级别，现在将其置为级别 2 并且标记为“被访问过”。这个过程以类似的方式继续进行，当在级别中没有新的顶点被找到时进程结束。

BFS 的 Python 实现在代码段 14-8 中给出。我们遵守和 DFS（代码段 14-5）类似的约定，使用发现字典去识别被访问过的顶点和记录 BFS 树的发现边。我们在图 14-10 中举例说明了 BFS 遍历。

代码段 14-8　以任意顶点 s 开始的图的广度优先搜索的实现

```
def BFS(g, s, discovered):
  """Perform BFS of the undiscovered portion of Graph g starting at Vertex s.

  discovered is a dictionary mapping each vertex to the edge that was used to
  discover it during the BFS (s should be mapped to None prior to the call).
  Newly discovered vertices will be added to the dictionary as a result.
  """
  level = [s]                        # first level includes only s
  while len(level) > 0:
    next_level = [ ]                 # prepare to gather newly found vertices
    for u in level:
      for e in g.incident_edges(u):  # for every outgoing edge from u
        v = e.opposite(u)
        if v not in discovered:      # v is an unvisited vertex
          discovered[v] = e          # e is the tree edge that discovered v
          next_level.append(v)       # v will be further considered in next pass
    level = next_level               # relabel 'next' level to become current
```

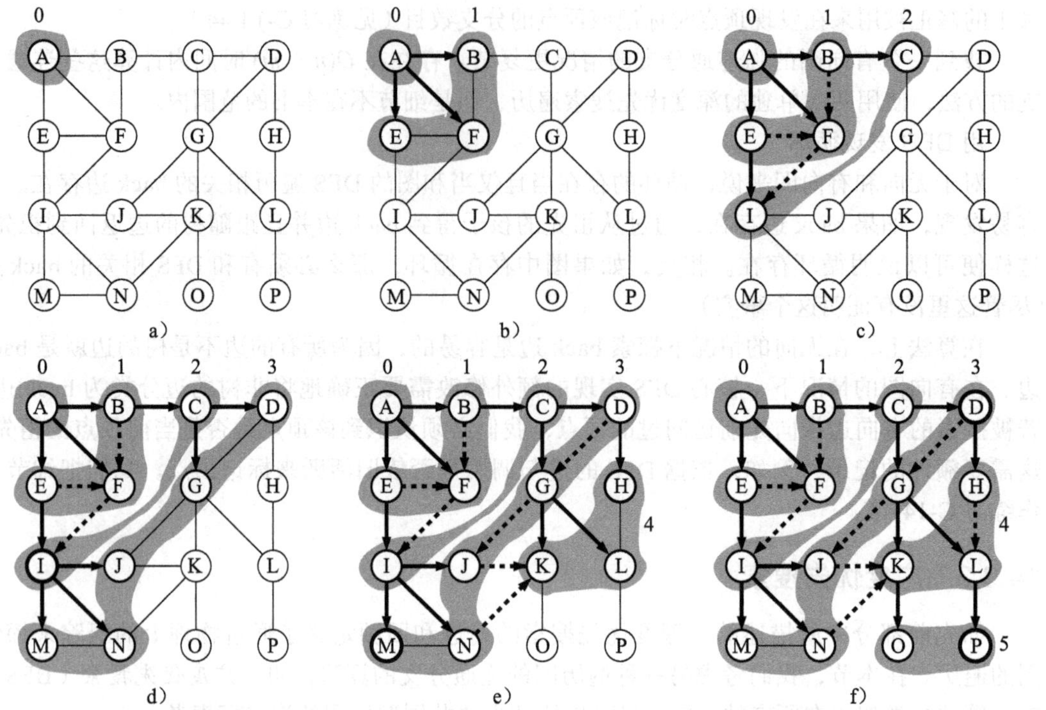
0
1
2
3
4
5
A
B
C
D
E
F
G
H
I
J
K
L
M
N
O
P
a)
b)
c)
d)
e)
f)

图 14-10 广度优先搜索遍历的例子，其中以相邻顶点的字母顺序考虑入射到顶点的边。发现边用实线表示，非树的（cross）边用虚线表示：a）从 A 开始搜索；b）发现级别 1；c）发现级别 2；d）发现级别 3；e）发现级别 4；f）发现级别 5

讨论 DFS 的时候，我们将非树的边的分类描述为 back 边、（连通一个顶点和它的一个祖先）、forword 边（连通另一个顶点和它的一个祖先）或者 cross 边（连通一个顶点到另一个顶点或它的祖先或它的孩子）。对于无向图的 BFS，所有非树的边都是 cross 边（见练习 C-14.47）。对于有向图的 BFS，所有非树的边都是 back 边或者 cross 边（见练习 C-14.48）。

BFS 遍历算法有大量有趣的特性，我们在接下来的命题中会进一步探索。最显而易见的是，以顶点 s 为根的到其他任何顶点 v 的广度优先搜索树的路径就边的数目而言保证是从 s 到 v 的最短路径。

命题 14-16：*定义 G 是一个无向或者有向图，在 G 上执行了以顶点 s 为开始的 BFS 遍历。那么*

- *遍历访问了所有从 s 可达的 G 的顶点。*
- *对每个在 i 阶层的顶点 v，在 s 和 v 之间 BFS 树 T 的路径有 i 条边，并且任何其他的从 s 到 v 的 G 的路径至少有 i 条边。*
- *如果 (u, v) 是不在 BFS 树的边，那么 v 的级别数字至多为 1 并且比 u 的级别数字大。*

我们把这个命题的证明留作练习 C-14.50。

BFS 运行时间的分析和 DFS 的很类似，BFS 运行时间为 $O(n + m)$，或者更特别地，如果 n_s 是从顶点 s 可达的顶点的数目，$m_s \leqslant m$ 是入射到这些顶点的边的数目，则运行时间为 $O(n_s + m_s)$。为了探索整个图，这个进程可以在另一个顶点重新开始，和代码段 14-7 的 DFS_complete 函数类似。同样，从顶点 s 到顶点 v 的实际路径可以使用代码段 14-6 的 construct_path 函数重建。

命题 14-17：*定义 G 是一个有 n 个顶点和 m 条边，用邻接列表结构表示的图。G 的*

BFS 遍历需要 $O(n+m)$ 时间。

尽管代码段 14-8 中 BFS 的实现一层一层地进行，但 BFS 算法同样可以使用单个的 FIFO 队列去代表搜索的当前边来实现。在队列中以源顶点开始，我们重复地从队列的前面移出顶点并在队列的后端插入任何它的未被访问的邻近点（见练习 C-14.51）。

在比较 DFS 和 BFS 的性能的过程中，两个都能很高效地找到从给定源可达的顶点的集合，然后判定到这些顶点的路径。然而，BFS 可保证这些路径尽可能少地使用边。对于无向图，两个算法都能用来测试连通性，识别连通分支或者找出循环。对于有向图来说，DFS 算法更适合一些任务，例如在图中寻找有向循环，或者识别强连通分支。

14.4 传递闭包

我们已经看到图的遍历可以用来回答有向图可达性的基本问题。特别的，如果你对在图中顶点 u 和顶点 v 之间是否有路径很感兴趣，我们可以从 u 开始执行 DFS 或者 BFS 遍历并且观察是否 v 会被发现。如果用一个邻接列表或者邻接图来表示一个图，我们可以在 $O(n+m)$ 的时间内回答 u 和 v 的可达性（见命题 14-15 和命题 14-17）。

在某些应用中，我们可能希望更高效地回答许多可达性的需求，在这种情况下对图预计算一个更高效的表示方式是非常值得的。例如，这个服务的第一步就是计算起点到终点的行驶方向，从而评定终点是否可达。类似的，在网络通信中，我们可能希望能够快速决定从一个特别的点到另一个点之间是否能流通。受此类应用的启发，我们介绍了下面的定义。有向图 $\vec{G}$ 的传递闭包是有向图 $\vec{G}^*$，使得 $\vec{G}^*$ 的顶点和 $\vec{G}$ 的顶点一样，$\vec{G}^*$ 有一条边 (u, v) 并且无论是否从 u 到 v 有一条有向路径（包括 (u, v) 是原始 $\vec{G}$ 的一条边的情况）。

如果一个图用邻接列表或者邻接图表示，我们在 $O(n(n+m))$ 时间内可以通过从每一个开始顶点进行 n 次图的遍历来计算它的传递闭包。例如，从顶点 u 开始的 DFS 可以被用来决定从 u 到所有顶点的可达性，因此在传递闭包中构成了以 u 开始的边的集合。

本节剩余的部分，我们将为计算有向图的传递闭包探索一种替代技术，尤其是当有向图使用支持在 $O(1)$ 时间内的 get_edge(u) 方法查找的数据结构时（例如，邻接矩阵结构），这种技术特别适合。定义一个有 n 个顶点和 m 条边的有向图 $\vec{G}$。在一系列的界限内计算 $\vec{G}$ 的传递闭包。初始化 $\vec{G}_0=\vec{G}$。任意地将 $\vec{G}$ 的顶点编号为 v_1，v_2，$\cdots$，v_n。然后开始循环计算，从 1 开始循环。在一般的循环 k，我们用 $\vec{G}_k=\vec{G}_{k-1}$ 开始构建有向图 $\vec{G}_k$，并且如果有向图 $\vec{G}_{k-1}$ 同时包含 (v_i, v_k) 和 (v_k, v_j) 时，向 $\vec{G}_k$ 添加边 (v_i, v_j)。以这种方式，我们实施的简单规则会呈现在接下来的命题中。

命题 14-18：对于 $i=1, \cdots, n$，当且仅当有向图 $\vec{G}$ 从 v_i 到 v_j 有一条有向路径时，有向图 $\vec{G}_k$ 有边 (v_i, v_j)，其中中间的顶点（如果存在）在集合 $\{v_1, \cdots, v_k\}$ 中。特别的，$\vec{G}_n$ 和 $\vec{G}^*$ 相等，$\vec{G}^*$ 是 $\vec{G}$ 的传递闭包。

命题 14-18 为计算 $\vec{G}$ 的依赖于一系列界限的每个 $\vec{G}_k$ 传递闭包提出了一个简单算法。这个算法被称为 Floyd_Warshall 算法，它的伪代码在代码段 14-9 中给出。我们在图 14-11 中说明了 Floyd_Warshall 算法的例子。

代码段 14-9　Floyd_Warshall 算法的伪代码。这个算法通过递增地计算一系列有向图 $\vec{G}_0$，$\vec{G}_1 \cdots$，$\vec{G}_n$，$k=1, \cdots, n$。来计算 $\vec{G}$ 的传递闭包 $\vec{G}^*$

Algorithm FloydWarshall($\vec{G}$):
  Input: A directed graph $\vec{G}$ with n vertices
  Output: The transitive closure $\vec{G}^*$ of $\vec{G}$

let $v_1, v_2, \ldots, v_n$ be an arbitrary numbering of the vertices of $\vec{G}$
$\vec{G}_0 = \vec{G}$
for $k = 1$ to n **do**
　$\vec{G}_k = \vec{G}_{k-1}$
　for all i, j in $\{1, \ldots, n\}$ with $i \neq j$ and $i, j \neq k$ **do**
　　if both edges (v_i, v_k) and (v_k, v_j) are in $\vec{G}_{k-1}$ **then**
　　　add edge (v_i, v_j) to $\vec{G}_k$ (if it is not already present)
return $\vec{G}_n$

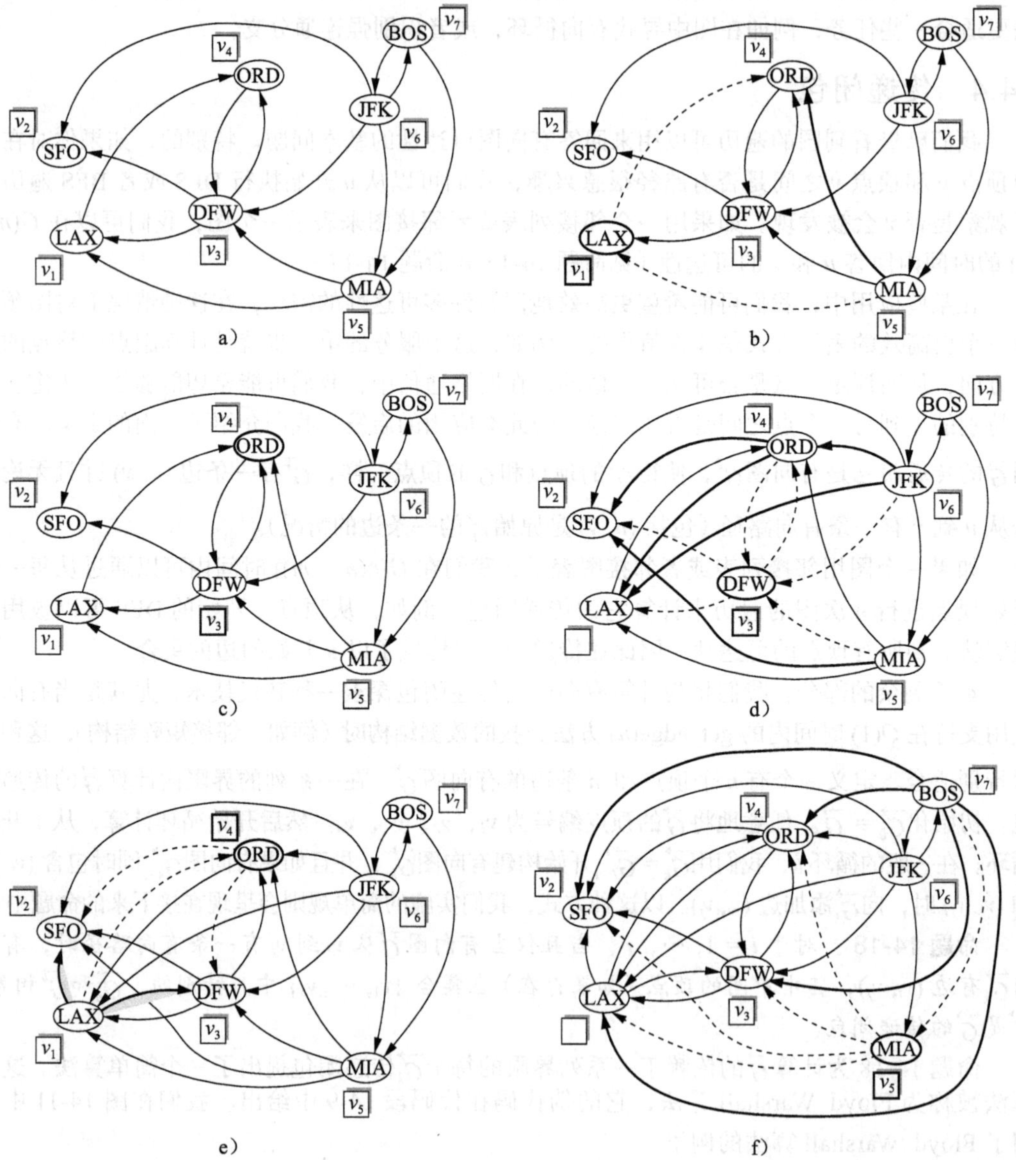
BOS
ORD
JFK
SFO
DFW
LAX
MIA
v_1
v_2
v_3
v_4
v_5
v_6
v_7
a)
b)
c)
d)
e)
f)

图 14-11　由 Floyd_Warshall 算法计算的有向图的序列：a）初始化有向图 $\vec{G} = \vec{G}_0$ 和顶点的编号；b）有向图 $\vec{G}_0$；c）$\vec{G}_2$；d）$\vec{G}_3$；e）$\vec{G}_4$；f）$\vec{G}_5$。注意 $\vec{G}_5 = \vec{G}_6 = \vec{G}_7$。如果有向图 $\vec{G}_{k-1}$ 有边 (v_i, v_k) 和 (v_k, v_j)，但是不是边 (v_i, v_j)，在有向图 $\vec{G}_k$ 的绘制中，我们用虚线展示边 (v_i, v_k) 和 (v_k, v_j)，而边 (v_i, v_j) 用粗线表示。例如，在 b 中，边 (MIA，LAX) 和 (LAX，ORD) 产生了新的边 (MIA，ORD)

从这个伪代码中，假设表示 G 的数据结构在 $O(1)$ 的时间内完成 get_edge 和 insert_edge 方法，那么我们可以轻松地分析 Floyd_Warshall 算法的运行时间。主循环执行了 n 次，内部循环考虑每 $O(n^2)$ 对顶点，对每对执行一个固定的计算时间。因此，Floyd_Warshall 算法的总运行时间为 $O(n^3)$。从上述描述和分析中我们可以立刻得出下列命题。

命题 14-19： *定义 $\vec{G}$ 为有 n 个顶点的有向图，并用支持在 $O(1)$ 时间内查找和更新邻接信息的数据结构来表示 $\vec{G}$。那么 Floyd_Warshall 算法可以在 $O(n^3)$ 时间内计算 $\vec{G}$ 的传递闭包 $\vec{G}^*$。*

Floyd_Warshall 算法的性能

渐近地，一旦从每个顶点去计算可达性，Floyd_Warshall 算法 $O(n^3)$ 的运行时间并不比重复地运行 DFS 所实现的好。然而，当图是密集的，或者当图是稀疏的但是用一个邻接矩阵表示的时候，Floyd_Warshall 算法可以匹配重复的 DFS 的渐近边界（见练习 R-14.12）。

Floyd_Warshall 算法的重要性是它比 DFS 更容易实现，并且在实践中非常快，因为它在渐近表示法中隐藏了相对较少的低级操作。这个算法尤其适合邻接矩阵的使用，因为单独的位可以用于指定在传递闭包中可达性模型为方法 edge(u, v)。

然而，需要注意的是，当图是稀疏的并且使用邻接列表或者邻接图表示的时候，DFS 的重复响应产生了更好的渐近性能。在这种情况下，一个单独的 DFS 运行时间为 $O(n + m)$，因此传递闭包的计算时间为 $O(n^2 + nm)$，更好的情况可以达到 $O(n^3)$。

Python 实现

我们总结了 Floyd_Warshall 算法的 Python 实现，如代码段 14-10 所示。尽管原始算法用一系列的有向图 $\vec{G}_1$，$\vec{G}_2$，…，$\vec{G}_n$，进行描述，我们对原始图创建了一个单独的副本（使用 Python 副本模块的 deepcopy 方法），然后在进行 Floyd_Warshall 算法循环的时候重复地向闭包添加新的边。

代码段 14-10　Floyd_Warshall 算法的 Python 实现

```
def floyd_warshall(g):
  """Return a new graph that is the transitive closure of g."""
  closure = deepcopy(g)                    # imported from copy module
  verts = list(closure.vertices())         # make indexable list
  n = len(verts)
  for k in range(n):
    for i in range(n):
      # verify that edge (i,k) exists in the partial closure
      if i != k and closure.get_edge(verts[i],verts[k]) is not None:
        for j in range(n):
          # verify that edge (k,j) exists in the partial closure
          if i != j != k and closure.get_edge(verts[k],verts[j]) is not None:
            # if (i,j) not yet included, add it to the closure
            if closure.get_edge(verts[i],verts[j]) is None:
              closure.insert_edge(verts[i],verts[j])
  return closure
```

这个算法需要对图的顶点进行规范的编号，因此，我们在闭包图中创建了一系列的顶点，然后按照命令对列表添加索引。在最外层的循环中，我们必须考虑所有的 i 和 j 的对。最后，我们仅仅在查实 i 被选择以使得 (v_i, v_k) 存在于闭包的当前的版本之后，通过对所有的 j 的值进行迭代来进行完善和优化。

14.5 有向非循环图

没有有向循环的有向图在许多应用中都能遇到。这样的有向图经常被叫作有向非循环图，或者简称为 DAG。这样的图的应用主要包括以下几个方面：

- 学士学位课程之间的先修课程。
- 面向对象程序的类之间的继承。
- 项目任务之间的调度约束。

我们在下面的例子中对最后一个应用进行了更深的探讨。

例题 14-20：为了管理一个巨大的工程，将它分解为更小的任务的集合是非常方便的。然而，任务之间很少是独立的，因为任务之间存在行程安排的约束条件。（例如，在房屋建筑的工程中，订购钉子的任务明显在订购露天平台屋顶的瓦片之前。）明显地，行程计划的约束条件没有循环，因为那将会使得工程变得不可能。（例如，为了获得工作你需要去获得工作经验，但是为了获得工作经验你又必须去找到工作。）行程安排的限制条件在任务能够被履行的命令下强加了限制条件。也就是说，如果限制规定任务 a 必须在任务 b 开始之前完成，那么在任务执行的顺序中，a 必须在 b 之前。因此，如果我们将任务的可行的集合建模为一个有向图的顶点，那么无论是否对 u 的任务必须在对 v 的任务之前执行，我们都要放置一个有向边，然后定义一个有向非循环图。

拓扑排序

上述例子产生了下面的定义。定义 $\vec{G}$ 是有 n 个顶点的有向图。$\vec{G}$ 的拓扑排序是对 $\vec{G}$ 的每条边 (v_i, v_j) 来说 $\vec{G}$ 的顶点的顺序 $v_1, \cdots, v_n$，这种情况下 $i<j$。也就是说，拓扑排序是一种排序，使得 $\vec{G}$ 的任何有向路径以增加的顺序遍历顶点。需要注意的是一个有向图可能不止有一个拓扑排序（见图 14-12）。

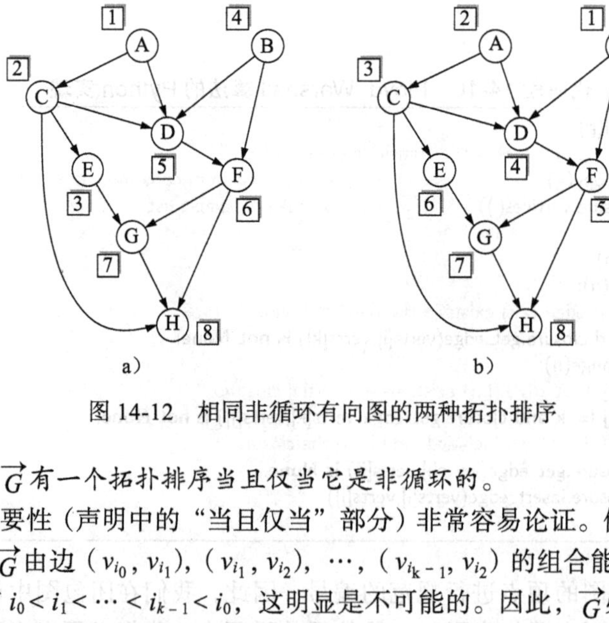

a）　　b）

图 14-12　相同非循环有向图的两种拓扑排序

命题 14-21：$\vec{G}$ 有一个拓扑排序当且仅当它是非循环的。

证明：这个必要性（声明中的“当且仅当”部分）非常容易论证。假设 $\vec{G}$ 具有拓扑排序。假设（为了反驳）$\vec{G}$ 由边（v_{i_0}, v_{i_1}），（v_{i_1}, v_{i_2}），…，（$v_{i_{k-1}}, v_{i_2}$）的组合能构成循环。因为拓扑排序，我们必须有 $i_0 < i_1 < \cdots < i_{k-1} < i_0$，这明显是不可能的。因此，$\vec{G}$ 必须是非循环的。

我们现在考虑条件的充分性（“如果”部分）。假设 $\vec{G}$ 是非循环的。我们将会为如何为 $\vec{G}$ 建立拓扑排序给出算法说明。因为 $\vec{G}$ 是非循环的，$\vec{G}$ 必须有一个没有输入边的顶点（即入度为 0）。定义 v_1 为这样的一个顶点。事实上，如果 v_1 不存在，那么从任意的开始顶点追踪一个有向路径，我们最终会遇到先前经过的顶点，因此否定了$\vec{G}$的无循环性。如果我们从$\vec{G}$中移除 v_1 和它的传出边，产生的有向图依旧是无循环的。因此，产生的有向图同样有没有传入边的顶点，然后我们让 v_2 成为这样的顶点。通过重复这个进程直到有向图变成空的，我们获得了$\vec{G}$的顶点的顺序 v_1，…，v_n。因为上述解释，如果 (v_i, v_j) 是$\vec{G}$的一条边，那么在 v_j 可以被删除之前，v_i 必须被删除，因此，$i<j$。所以，$v_1, \cdots, v_n$ 是一个拓扑排序。■

命题 14-21 的证明为有向图计算拓扑顺序提供了一种算法，我们称为*拓扑排序*。在代码段 14-11 中展示了这项技术的 Python 实现，图 14-13 展示了该算法执行的例子。我们使用名为 incount 的字典来实现，将每一个顶点 v 映射到展示了 v 的输入边的当前数目的计数器上，不包括那些先前被加到拓扑顺序的顶点。专门地，一个 Python 字典提供 $O(1)$ 的预期时间去使用每一项，而不是最坏情况下的时间。这和图的遍历一样，如果顶点从 0 到 $n-1$ 被索引，或者如果我们存储计数器作为顶点的一个元素，这将会转换成最坏情况下的时间。

代码段 14-11　拓扑排序算法的 Python 实现（我们在图 14-13 中展示了该算法的例子）

```
def topological_sort(g):
  """Return a list of verticies of directed acyclic graph g in topological order.

  If graph g has a cycle, the result will be incomplete.
  """
  topo = [ ]              # a list of vertices placed in topological order
  ready = [ ]             # list of vertices that have no remaining constraints
  incount = { }           # keep track of in-degree for each vertex
  for u in g.vertices( ):
    incount[u] = g.degree(u, False)    # parameter requests incoming degree
    if incount[u] == 0:                # if u has no incoming edges,
      ready.append(u)                  # it is free of constraints
  while len(ready) > 0:
    u = ready.pop( )                   # u is free of constraints
    topo.append(u)                     # add u to the topological order
    for e in g.incident_edges(u):      # consider all outgoing neighbors of u
      v = e.opposite(u)
      incount[v] −= 1                  # v has one less constraint without u
      if incount[v] == 0:
        ready.append(v)
  return topo
```

作为一种副作用，代码段 14-11 的拓扑排序算法同样测试是否已知的有向图$\vec{G}$是非循环的。事实上，如果算法没有对所有顶点进行排序就结束了，那么没有被排序的顶点的子图必须包含一个有向循环。

拓扑排序的性能

命题 14-22： *定义$\vec{G}$是一个有 n 个顶点和 m 条边的使用邻接列表结构表示的有向图。拓扑排序算法使用了 $O(n)$ 的辅助空间，运行时间是 $O(n+m)$，并且计算$\vec{G}$的拓扑顺序或者加入一些顶点失败，表明$\vec{G}$中存在有向循环。*

证明： 入度为 n 的原始记录基于 degree 算法使用了 $O(n)$ 的时间。也就是说当 u 从 ready 列表中移除的时候，顶点 u 被拓扑排序访问了。顶点 u 仅仅当 incount(u) 为 0 时被访问，并且任何其他的顶点恰好被访问一次。该算法遍历了每次访问的每个顶点的所有传出边，因此它的运行时间和被访问的顶点的传出边的数目成正比。和命题 14-9 一致，运行时间是 $(n+m)$。至于空间的使用，观察到容器 topo、ready 和 incount 的每个顶点至多有一项，因此使用了 $O(n)$ 的空间。■

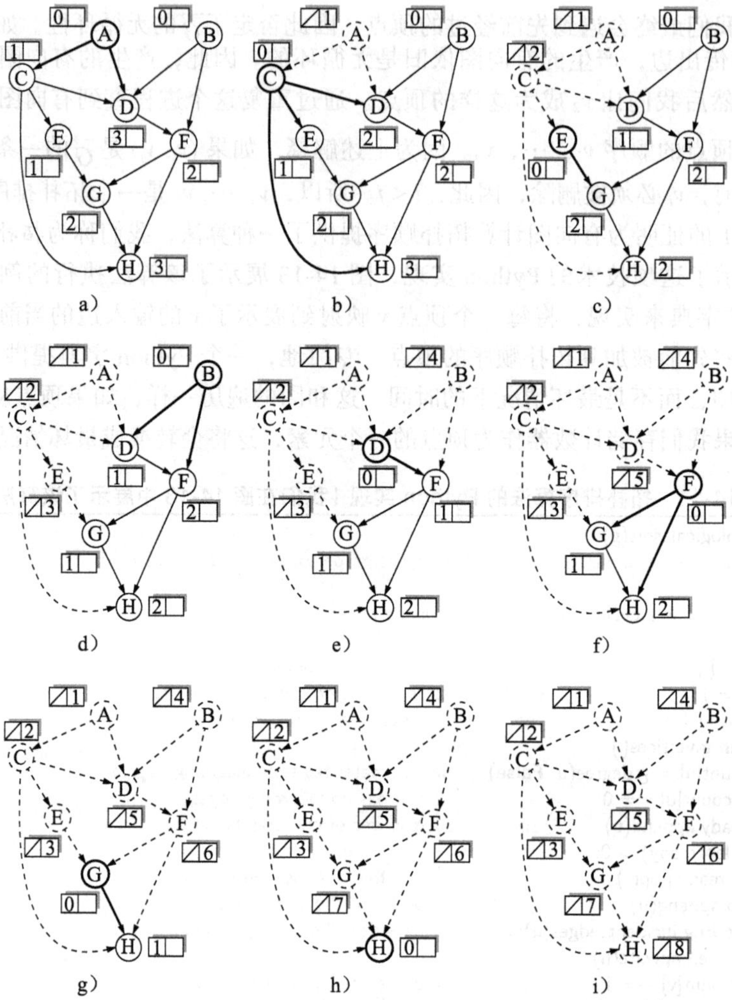
a)
b)
c)
d)
e)
f)
g)
h)
i)

图 14-13　topological_sort（代码段 14-11）运行的例子。顶点附近的标签展示了它当前的 incount 值，以及在产生的拓扑顺序中的最终排名。突出的顶点是将会变成拓扑顺序中的下一个顶点的 incout 等于 0 的顶点。虚线表示已经被检查过并且不再反映在 incount 值中的边

14.6　最短路径

正如我们在 14.3.3 节看到的，广度优先搜索策略可以用来在连通图中从一些开始顶点到每一个其他顶点寻找最短路径。这个途径在每条边和其他任何一条边一样好的情况下有意义，但是也有许多这个途径并不恰当的情况。

例如，我们可能想使用图去表示城市间的路，我们可能对找到旅行穿越城市的最快路径很感兴趣。在这种情况下，所有的边彼此相等可能并不合适，因为一些城际的距离可能比其他的大许多。同样，我们可以使用图来表示网络通信（例如互联网），我们可能对在两台计算机之间找到最快的路径并按该路线发送数据包很感兴趣。在这种情况下，所有的边彼此相等可能就不是很适合了，因为计算机网络中的一些连接通常比其他（例如，一些边可能代表低带宽的连接，而其他可能代表高速、光纤的连接）连接快很多。因此，考虑那些边的权重并不相等的图是很自然的。

14.6.1 加权图

加权图是一种有和每条边 e 相关联的数值的（例如，数字）标签的图，这个数字标签称为边 e 的权重。对于 $e=(u,v)$，记 $w(u,v)=w(e)$。我们在图 14-14 中展示了一个加权图的例子。

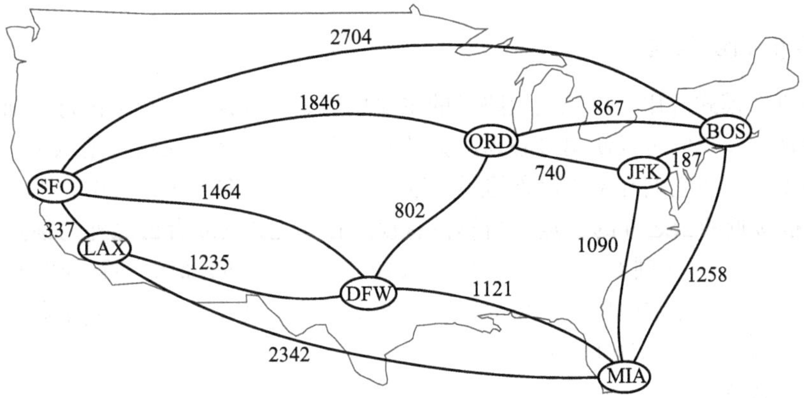
2704
1846
867
BOS
ORD
187
740
JFK
SFO
1464
802
337
LAX
1090
1235
1258
DFW
1121
2342
MIA

图 14-14 加权图示例，其中，顶点代表主要美国机场，边权重代表以英里为单位的距离。这个图在 JFK 到 LAX 之间有一条总权重为 2777 英里（经过 ORD 和 DFW）的路径。这是 JFK 到 LAX 在图中最小权重的路径

在加权图中定义最短路径

定义 G 为加权图。路径的长度（或者权重）是 P 的边的权重的总和。即如果 $P=((v_0,v_1),(v_1,v_2),\cdots,(v_{k-1},v_k))$，那么 P 的长度（表示为 $w(P)$）被定义为

$$w(P)=\sum_{i=0}^{k-1} w(v_i,v_{i+1})$$

在图中顶点 u 到顶点 v 之间的距离表示为 $d(u,v)$，是从 u 到 v 之间长度最短的路径（也称为最短路径），如果这样的路径存在的话。

人们经常使用约定：如果在 G 中从 u 到 v 之间没有任何路径，则 $d(u,v)=\infty$。即使在 G 中从 u 到 v 有路径，然而，如果在 G 中有总权重为负的循环，则 u 到 v 的距离可能没有定义。例如，假设顶点在 G 中表示城市，G 中边的权重表示从一个城市去另一个城市需要花费多少钱。如果有人愿意实际支付从 JFK 到 ORD 的费用，那么边（JFK，ORD）的“费用”是负的。如果另外一些人愿意支付从 ORD 去 JFK 的费用，那么在 G 中会有一个负权重的循环并且距离不会再被定义。即任何人现在都可在图中从任何城市 A 到另一个城市 B 之间建一条路径（有循环）：首先去 JFK，并且在去 B 之前，循环和他想从 JFK 到 ORD 然后回来的次数一样多。这样的路径允许我们建立任意低的负成本的路径（并且在过程中获得收益）。但是距离不可以是任意低的负的数字。因此，我们随时可以使用边的权重去表示距离，必须小心不要引入任何负权重的循环。

假设给定了一个加权图 G，我们要求寻找从一些顶点 s 到 G 中的其他顶点的最短路径，将边的权重看作距离。在本节，我们探索寻找所有这样的最短路径的高效方式（如果它们存在的话）。我们讨论的第一个算法非常简单，并且很常见，假设当 G 中所有的边的权重是非负的（即对每一个 G 中的边 e 都有 $w(e)\geqslant 0$），因此，我们可以提前知道在 G 中没有负权重的循环。当所有的权重和呈现在 14.3.3 节的 BFS 遍历算法解决的一样的时候，即得计算最短路径的特殊情况。

这对解决依赖于贪心算法设计模式（13.4.2 节）的唯一来源问题是一个有趣的进展。记得在这个模式中我们通过重复地在每个可用的迭代中做出最好的选择来解决该问题。这个范例经常用于当我们试图在一些对象的集合中优化代价函数的情况。我们可以在集合中添加目标，一次添加一个，并且总是选择下一个优化那些尚未被选择的目标。

14.6.2 Dijkstra 算法

将贪心算法模式应用于单源最短路径的主要思想是从源顶点 s 开始执行“加权”广度优先算法。特别地，我们可以使用贪心算法去开发一个算法，该算法迭代地从 s 中增加顶点的“云”，其中顶点按照它们与 s 的距离的顺序进入云。因此，在每次迭代中，下一个被选择的顶点是和 s 很接近的云之外的顶点。当不再有顶点在云之外（或者云之外的顶点不再和云之内的有连接），并且从 s 到 G 的每一个从 s 开始可达的顶点都有最短的路径的时候，该算法就结束了。这个方法非常简单，但是很强大，是贪心设计模式的例子。对单源应用贪心算法时，最短路径问题产生了 Dijkstra *算法*。

边的逐次近似

我们对 V 中的每个顶点 v 定义一个标签 $D[v]$，用来在 G 中对从 s 到 v 的距离做近似估算。这些标签的意思是 $D[v]$ 将会存储我们到目前为止从 s 到 v 找到的最好的路径的长度。首先，对每个 $v \neq s$，$D[s]=0$ 并且 $D[v]=\infty$，然后我们定义 C 集合，它是顶点的“云”，初始状态下是空集合。在算法的每次迭代中，我们选择了不在 C 中有最短的 $D[u]$ 标签的顶点 u，然后将 u 放进 C。（一般来说，我们将使用优先级队列来选择云外的顶点。）在第一次迭代中，将 s 放进 C 中。一旦新顶点 u 被放进 C 中，接下来更新每个邻近 u 并且在 C 之外的顶点 v 的标签 $D[v]$，以反映这样的事实——有新的更好的方式通过 u 到 v。这个更新操作被称为*松弛*过程，因为它需要一个旧的估计并检查是否可以改进以接近其真实值。特定的边松弛操作如下：

边的逐次近似：　if $D[u]+w(u,v)<D[v]$ then

$$D[v]=D[u]+w(u,v)$$

算法的说明和例子

我们在代码段 14-12 中给出了 Dijkstra 算法的伪代码，并且在图 14-15 ～图 14-17 中说明了 Dijkstra 算法的一些迭代。

代码段 14-12　Dijkstra 算法的伪代码，解决了单源最短路径问题

```
Algorithm ShortestPath(G,s):
  Input: A weighted graph G with nonnegative edge weights, and a distinguished
     vertex s of G.
  Output: The length of a shortest path from s to v for each vertex v of G.
  Initialize D[s] = 0 and D[v] = ∞ for each vertex v ≠ s.
  Let a priority queue Q contain all the vertices of G using the D labels as keys.
  while Q is not empty do
    {pull a new vertex u into the cloud}
    u = value returned by Q.remove_min()
    for each vertex v adjacent to u such that v is in Q do
      {perform the relaxation procedure on edge (u,v)}
      if D[u]+w(u,v) < D[v] then
        D[v] = D[u]+w(u,v)
        Change to D[v] the key of vertex v in Q.
  return the label D[v] of each vertex v
```

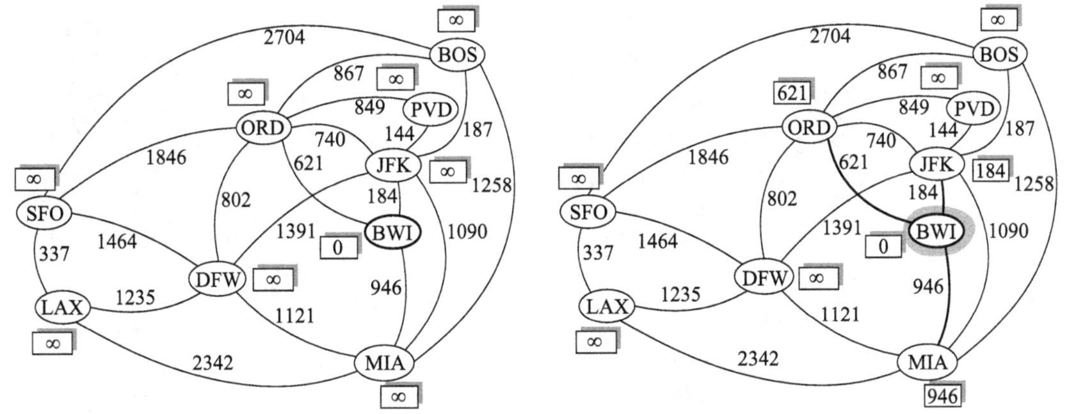

BOS
PVD
ORD
JFK
SFO
BWI
DFW
LAX
MIA
2704
867
849
144
187
740
1846
621
1258
184
802
1391
1090
1464
337
1235
946
1121
2342
∞
0
621
184
946

a） b）

图 14-15 加权图的 Dijkstra 算法的执行。开始顶点是 BWI。每个顶点 v 旁边的框存储标签 $D[v]$。最短路径树的边被画成了粗箭头，对每个“云”之外的顶点 u，我们用粗线表示将 u 拉进其中的当前最好的边（下接图 14-16）

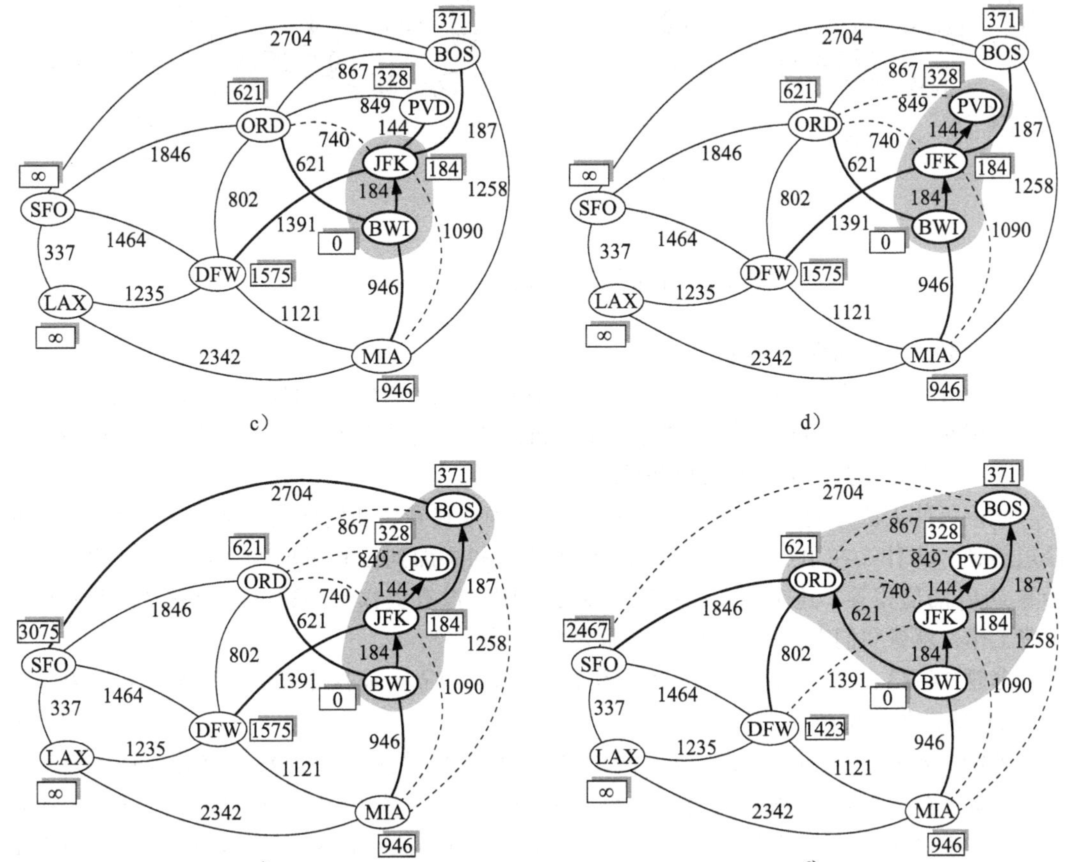

BOS
PVD
ORD
JFK
SFO
BWI
DFW
LAX
MIA
371
328
621
184
0
1575
946
∞
3075
2467
1423
c）
d）

e） f）

图 14-16 Dijkstra 算法的例子（上接图 14-15，下接图 14-17）

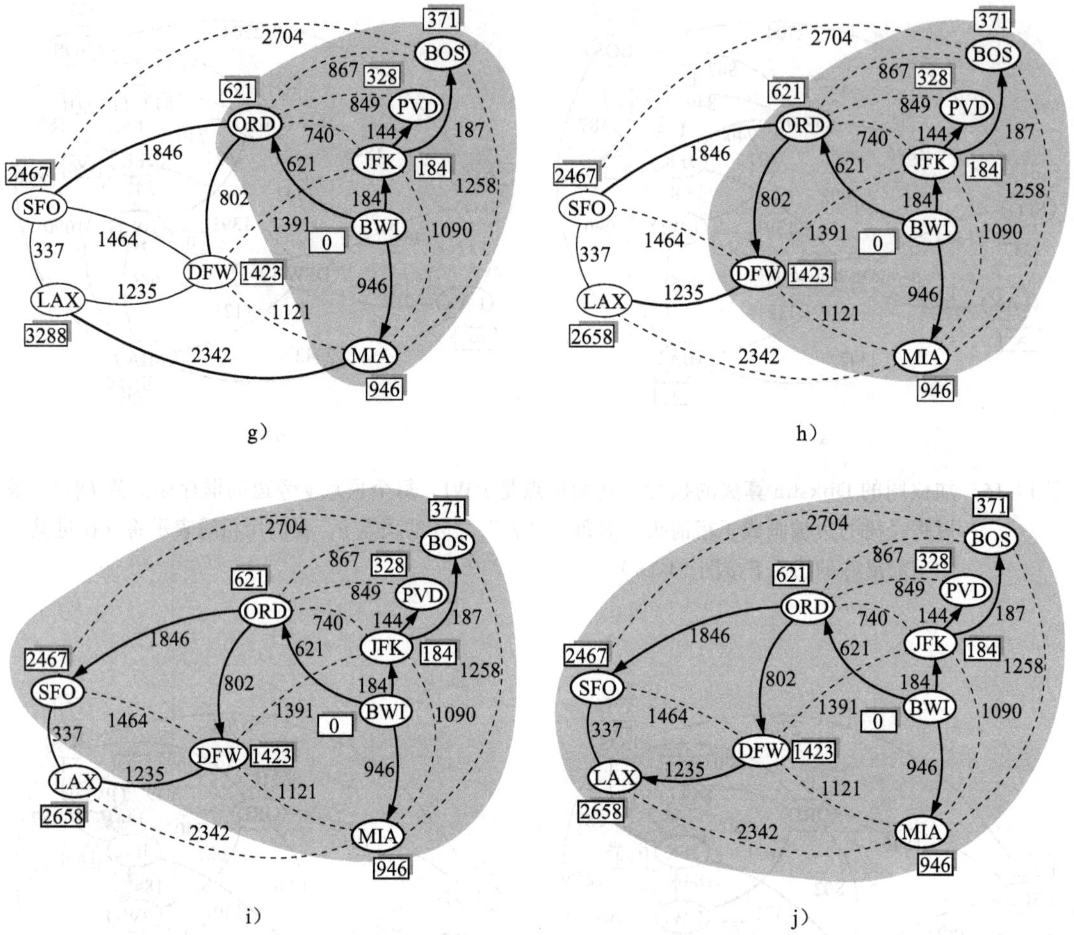
g)
h)
i)
j)
BOS ORD PVD JFK SFO BWI DFW LAX MIA
371 328 621 184 0 2467 1423 3288 2658 946
2704 867 849 740 144 187 1846 621 184 1258 802 1391 1090 337 1464 946 1235 1121 2342

图 14-17 Dijkstra 算法的例子（上接图 14-16）

为什么这种算法会起作用

Dijkstra 算法有意思的方面是，此刻一个顶点 u 被拉进 C，它的标签 $D[u]$ 存储了从 u 到 v 的最短路径的正确长度。因此，当算法结束的时候，它计算了从 s 到 G 的每个顶点最短路径的距离。即它将会解决单源最短路径的问题。

我们可能无法立刻明白为什么这种算法能正确地找到从开始顶点 s 到其他每个顶点 u 的最短路径。为什么在顶点 u 从优先队列 Q 中移除和添加到云 C 的时候，从 s 到 u 的距离和标签 $D[u]$ 的值相等？这个问题的答案取决于在图中没有负权重的边，因为它允许贪心算法正确工作，就像我们在接下来的命题中展示的一样。

命题 14-23： *在 Dijkstra 算法中，无论任何时候顶点 v 被拉进云中，标签 $D[v]$ 和从 s 到 v 的最短路径的长度 $d(s, v)$ 相等。*

证明： 对在 V 中的一些顶点 v，假设 $D[v]>d(s, v)$，然后令 z 为算法拉进云 C 的第一个顶点（即从 Q 中移除），例如 $D[z]>d(s, z)$。从 s 到 z 有最短路径 P（否则 $d(s, z) = \infty = D[z]$）。因此我们要考虑当 z 被拉进 C 的时刻，并且在这个时刻让 y 成为 P（从 s 到 z 时）中而不是 C 中的第一个顶点。令 x 为路径 P 中 y 的前驱（注意 $x = s$）（见图 14-18）。我们知道，对于我们选择的 y，x 此时已经在 C 中了。

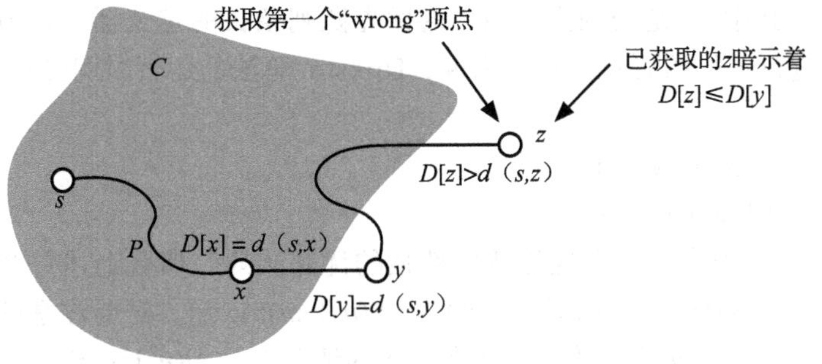
获取第一个"wrong"顶点
已获取的z暗示着
D[z]≤D[y]
C
z
D[z]>d（s,z）
s
P
D[x] = d（s,x）
x
y
D[y]=d（s,y）

图 14-18 命题 14-23 的证明的原理图

此外，$D[x] = d(s, x)$，因为 z 是第一个不正确的顶点。当 x 被拉进 C 时，我们测试了 $D[y]$，因此目前可以得到

$$D[y] \leqslant D[x] + w(x, y) = d(s, x) + w(x, y)$$

但是因为 y 是从 s 到 z 的最短路径中的下一个顶点，这意味着

$$D[y] = d(s, y)$$

但是我们现在处于正在获取 z（不是 y）并将其加入 C 的时刻，因此

$$D[z] \leqslant D[y]$$

最短路径的子路径是它自己的最短路径是非常明确的。因此，因为 y 在从 s 到 z 的最短路径上，

$$d(s, y) + d(y, z) = d(s, z)$$

此外，因为没有负权重的边，$d(y, z) \geqslant 0$。所以，

$$D[z] \leqslant D[y] = d(s, y) \leqslant d(s, y) + d(y, z) = d(s, z)$$

但是这个与 z 的定义相矛盾，因此，不可能有这样的顶点 z。 ■

Dijkstra 算法的运行时间

在本节，我们分析 Dijkstra 算法的时间复杂度。分别用 n 和 m 表示输出图 G 的顶点和边的数目。假设边的权重可以在恒定的时间内相加和比较。我们在代码段 14-12 中给出了 Dijkstra 算法的概要描述，而分析它的运行时间需要给出更多实现细节。特别地，我们应该指出使用的数据结构和它们是如何实现的。

我们首先假设用邻接列表或者邻接图结构表示图 G。这个数据结构允许我们在松弛步骤和它们的数量成正比期间单步调试邻近 u 的顶点。因此，时间花费在嵌入的 for 循环的管理上，该循环的迭代的次数是

$$\sum_{u \text{ in } V_G} \text{outdeg}(u)$$

命题 14-9 的时间是 $O(m)$。外部 while 循环执行了 $O(n)$ 次，因为在每次迭代的过程中一个新的顶点被加到云里。这仍然不能解决算法分析的所有细节，然而，我们必须更多地说明如何实现算法中的其他主要数据结构——优先队列 Q。

回顾代码段 14-12 中搜寻优先队列的操作，我们发现 n 个顶点最初就被插入优先队列里。因为这些是唯一的插入元素，所以队列的最大长度为 n。在 while 循环的 n 次迭代的每次迭代中，对 remove_min 的使用是为了提取具有 Q 中最小标签 D 的顶点 u。然后，对 u 的每个邻居 v，我们执行边的逐次近似，然后可以潜在地在队列中更新 v 的值。因此，我们实际上需要一个适应性优先级队列的实现（见 9.5 节），在这种情况下，使用方法 update(l, k)

改变顶点 v 的值，其中，l 是与顶点 v 相关的优先队列条目的定位器。在最坏的情况下，需要对图的每条边进行这样的更新。总的来说，Dijkstra 算法的运行时间受到下面几项的限制：

- n 插入 Q。
- n 在 Q 上调用 remove_min 方法。
- m 在 Q 上调用 update 方法。

如果 Q 是一个被当作堆来实现的适应性强的优先队列，那么上述每个操作的运行时间为 $O(\log n)$，所以 Dijkstra 的全部运行时间为 $O((n+m)\log n)$。需要注意的是，如果我们希望将运行时间仅仅表达为 n 的函数，那么在最坏的情况下是 $O(n^2 \log n)$。

现在我们对使用未排好顺序的适应性强的优先队列考虑一个可替代的实现（见练习 P-9.58）。这当然需要我们花费 $O(n)$ 的时间去提取最小元素，但是它提供了非常快速的主键更新，提供的 Q 支持位置感知的项（9.5.1 节）。特别地，我们可以在 $O(1)$ 时间内在松弛步骤实现每个主键值的更新——一旦在 Q 中定位的条目更新了，就可以很容易地改变主键值。因此，这个实现产生了 $O(n^2+m)$ 的运行时间，因为 G 很是简单的，所以可以简化到 $O(n^2)$。

两种实现方式的比较

在 Dijkstra 算法中，我们有两种选择去实现有位置感知项的适应性强的优先队列：堆实现，它的运行时间是 $O((n+m)\log n)$；未排序的序列的实现，产生了 $O(n^2)$ 的运行时间。这两种实现的编码相对简单，在编程复杂度方面的需求而言是相等的。这两种实现就最坏情况下的运行时间的常数因子而言同样是相等的。仅仅看这些最坏情况下的时间，当图中边的数量很小的时候（当 $m < n^2/\log n$ 的时候），我们更喜欢堆实现，而当边的数量非常大的时候（$m > n^2/\log n$）我们更喜欢序列实现。

命题 14-24：*已知有 n 个顶点和 m 条边的有权图，每条边的权重是非负的，还有 G 的顶点 s，Dijkstra 算法计算从 s 到所有其他顶点的距离时最好的情况是 $O(n^2)$ 或者 $O((n+m)\log n)$。*

我们注意到一个高级优先级队列实现，称为*斐波那契堆*，它可以用于在 $O(m+n\log n)$ 时间内实现 Dijkstra 算法。

用 Python 对 Dijkstra 算法进行编程

Dijkstra 算法的伪代码描述已经给出，现在我们展示执行 Dijkstra 算法的 Python 代码，假设我们给出一个边元素是非负数字权重的图。算法的实现是以函数 shortest_path_lengths 的形式，它把图和指定的源顶点作为参数（见代码段 14-13）。它返回一个名为 cloud 的字典，映射每一个从源可达的顶点 v 到它的最短路径距离 $d(s, v)$。我们依赖在 9.5.2 节开发的 AdaptableHeapPriorityQueue 作为一个适用性强的优先队列。

代码段 14-13　Dijkstra 算法对从单源计算最短路径距离的 Python 实现。我们假设边 *e* 的 e.element() 代表那条边的权重

```
def shortest_path_lengths(g, src):
  """Compute shortest-path distances from src to reachable vertices of g.

  Graph g can be undirected or directed, but must be weighted such that
  e.element() returns a numeric weight for each edge e.

  Return dictionary mapping each reachable vertex to its distance from src.
  """
  d = { }                                  # d[v] is upper bound from s to v
  cloud = { }                              # map reachable v to its d[v] value
  pq = AdaptableHeapPriorityQueue( )       # vertex v will have key d[v]
  pqlocator = { }                          # map from vertex to its pq locator
```

```

  # for each vertex v of the graph, add an entry to the priority queue, with
  # the source having distance 0 and all others having infinite distance
  for v in g.vertices():
    if v is src:
      d[v] = 0
    else:
      d[v] = float('inf')              # syntax for positive infinity
    pqlocator[v] = pq.add(d[v], v)     # save locator for future updates

  while not pq.is_empty():
    key, u = pq.remove_min()
    cloud[u] = key                     # its correct d[u] value
    del pqlocator[u]                   # u is no longer in pq
    for e in g.incident_edges(u):      # outgoing edges (u,v)
      v = e.opposite(u)
      if v not in cloud:
        # perform relaxation step on edge (u,v)
        wgt = e.element()
        if d[u] + wgt < d[v]:                  # better path to v?
          d[v] = d[u] + wgt                    # update the distance
          pq.update(pqlocator[v], d[v], v)     # update the pq entry

  return cloud                         # only includes reachable vertices
```

就像我们在本章用其他算法完成时一样，用字典去映射顶点到相关的数据（在这种情况下，映射 v 到它的距离界限 $D[v]$ 和它的适应性强的优先队列定位器）。这些字典的元素期望的存取时间 $O(1)$ 可以被转换成最坏情况的界限，或者通过对顶点从 0 到 $n-1$ 进行编号作为列表的索引来实现，或者通过在每个顶点元素中存储信息来实现。

Dijkstra 算法的伪代码通过对除了源之外的每个 v 设定 $d[v]=\infty$ 开始。我们用 Python 中的特殊值 float('inf ') 来提供表示正无穷大的数值。然而，我们在通过函数返回的结果云中避免包括这个“无穷”距离的顶点。可以通过等待向优先级队列添加顶点直到到达其的边缘被放宽之后，再完全避免使用该数字限制（见练习 C-14.64）。

重建最短路径树

代码段 14-12 是 Dijkstra 算法的伪代码描述，代码段 14-13 是我们的实现，对每个顶点 v 计算值 $d[v]$，那是从源顶点 s 到 v 的最短路径的长度。然而，这些算法的形式不能明确地计算获得的那些距离的实际路径。从源顶点 s 产生的所有最短路径的集合可以被简洁地表示为*最短路径树*。这个路径形成了一个有根的树，因为如果从 s 到 v 的最短路径经过中间顶点 u，它必须以从 s 到 u 的最短路径开始。

在本节，我们描述了以源 s 为根的最短路径树可以在 $O(n+m)$ 的时间内被重建，给出的 $d[v]$ 值的集合由使用 s 作为源的 Dijkstra 引入。当我们表示 DFS 和 BFS 树的时候，将会映射每个顶点 $v \neq s$ 到根 u（可能 $u=s$），这样 v 在从 s 到 v 的最短路径上之前，u 立刻变成顶点。如果 u 是在从 s 到 v 的最短路径上在 v 之前的顶点，则必须

$$d[u] + w(u, v) = d[v]$$

相反，如果满足上述公式，那么从 s 到 u 的最短路径——跟随在边 (u, v) 之后的——是到 v 的最短路径。

在代码段 14-14 中对重建树的实现便依赖于这个逻辑，对每一个顶点 v 检测输入边，寻找一个 (u, v) 满足关键方程。运行时间是 $O(n+m)$，此时我们考虑每个顶点和这些边的所有输入边（见命题 14-9）。

代码段 14-14　重建最短路径的 Python 函数，依赖于单源距离的知识

```
def shortest_path_tree(g, s, d):
  """Reconstruct shortest-path tree rooted at vertex s, given distance map d.

  Return tree as a map from each reachable vertex v (other than s) to the
  edge e=(u,v) that is used to reach v from its parent u in the tree.
  """
  tree = { }
  for v in d:
    if v is not s:
      for e in g.incident_edges(v, False):          # consider INCOMING edges
        u = e.opposite(v)
        wgt = e.element()
        if d[v] == d[u] + wgt:
          tree[v] = e                              # edge e is used to reach v
  return tree
```

14.7　最小生成树

假设我们希望在一个新的建筑物中使用最少数量的电缆来连通所有的计算机。我们可以使用无向的加权图 G 来建模这个问题，其顶点表示计算机，边（u, v）的权重 $w(u, v)$ 与需要连接计算机 u 和计算机 v 的电缆的数量相等。除了计算从一些特别的顶点 v 的最短路径，我们还对寻找包含 G 的所有顶点的树 T 和在所有这样的树中的最小总权重感兴趣。找到这样的树的算法是本节的焦点。

问题定义

已知一个无向的、有权重的图 G，我们有兴趣找到一棵树 T，它包含 G 中的所有顶点，并最小化总和

$$w(T) = \sum_{(u,v)\text{in } T} w(u,v)$$

这样的包括连通图 G 的每个顶点的树被称为生成树，并且计算一棵有最小总权重的生成树 T 的问题称为*最小生成树*（MST）问题。最小生成树问题的高效算法的发展在时间上早于现代计算机科学本身的概念。在本节，我们讨论了两种解决 MST 问题的经典算法。这些算法都是*贪心算法*的应用，在前面的章节简短地讨论过，依赖于通过迭代地获得最小化一些代价函数的对象去选择目标，从而加入一个不断增长的集合。我们讨论的第一个算法是 Prim-Jarník 法，从单个根节点生成 MST，它和 Dijkstra 算法的最短路径算法有很多相似的地方。我们讨论的第二个算法是 Kruskal 算法，通过按照边的权重的非递减顺序去考虑边来成群地“生成”MST。

为了简化算法的描述，我们假设输入图 G 是无向（即它的所有边都是无向的）的且简单的（即它没有自循环和平行边）。因此，我们将 G 的边表示为无序的顶点对（u, v）。

在我们讨论这些算法的细节之前，先得出一个关于形成算法的基础的最小生成树的重要事实。

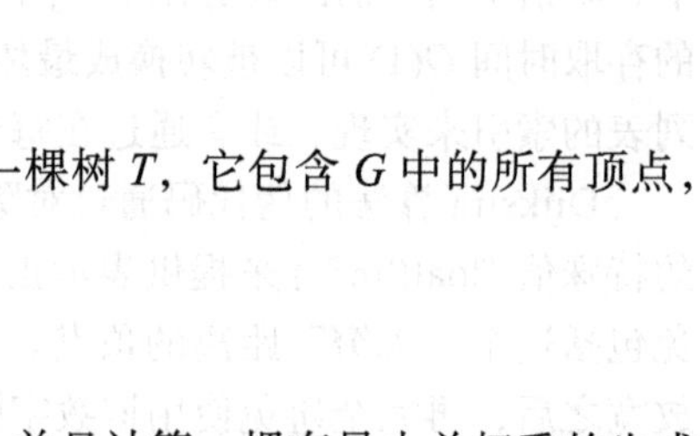
e属于一棵最小生成树
V1
e
V2
最小权重的边

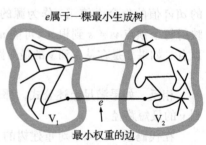

图 14-19　关于最小生成树的重要事实的说明

最小生成树的重要的事实

我们讨论的两个 MST 算法都基于贪心算法，在这种情况下依赖于下面的至关重要的事实（见图 14-19）。

命题 14-25：定义 G 是一个有权重的连通图，令 V_1 和 V_2 是两个不相交的非空集合的 G 的顶点的一部分。此外，令 e 是那些一个端点在 V_1、另一个端点在 V_2 的有最小权重的 G 的边。这就是一棵最小生成树，e 是它的一条边。

证明：令 T 是 G 的最小生成树。如果 T 不包含边 e，则将 e 添加到 T 必须创建一个循环。因此，循环中的一些边 $f \neq e$ 有一个端点在 V_1，另一个端点在 V_2。此外，通过 e 的选择，$w(e) \leqslant w(f)$。如果我们从 $T \cup \{e\}$ 中移除 f，便获得了一棵总权重不比以前多的生成树。因为 T 是最小生成树，所以新的树同样必须是最小生成树。■

事实上，如果 G 的权重是不同的，那么最小生成树是唯一的，我们将这个不是特别重要事实的证明留作练习 C-14.65。另外，注意即使图 G 包含负权重的边或者负权重的循环，命题 14-25 都是有效的，不像我们提出的最短路径算法。

14.7.1 Prim-Jarník 算法

在 Prim-Jarník 算法中，我们从一些“根”顶点 s 开始的单个集群生成一棵最小生成树。其主要思想和 Dijkstra 算法类似。我们以一些顶点 s 开始，定义顶点 C 的初始“云”。然后，在每次迭代中，我们选择一个最小权重的边 $e = (u, v)$，将云 C 中的顶点 u 连接到 C 之外的顶点 v。之后将顶点 v 放到云 C 中，并且这个进程一直重复直到生成树形成。再一次，最小生成树的重要事实发挥作用，因为一直选择最小权重的边，一个顶点在 C 内，另一个在 C 外，所以我们可以确保一直在添加有效的边到 MST。

为了高效地实现这个方法，我们可以从 Dijkstra 算法中得到另一个线索。我们为云 C 之外的每个顶点 v 维持标签 $D[v]$，因此将 v 加入云 C，$D[v]$ 存储了被观察到的最小边的权重。（在 Dijkstra 算法中，这个标签测量了从开始顶点 s 到 v 的全部路径长度，包括边 (u, v)。）这些标签用作优先级队列中的键，用于决定哪个顶点在下一行中加入云。我们在代码段 14-15 中给出了伪代码。

代码段 14-15 MST 问题的 PrimJarník 算法

```
Algorithm PrimJarnik(G):
  Input: An undirected, weighted, connected graph G with n vertices and m edges
  Output: A minimum spanning tree T for G
 Pick any vertex s of G
 D[s] = 0
 for each vertex v ≠ s do
   D[v] = ∞
 Initialize T = ∅.
 Initialize a priority queue Q with an entry (D[v], (v, None)) for each vertex v,
 where D[v] is the key in the priority queue, and (v, None) is the associated value.
 while Q is not empty do
   (u, e) = value returned by Q.remove_min()
   Connect vertex u to T using edge e.
   for each edge e′ = (u, v) such that v is in Q do
     {check if edge (u, v) better connects v to T}
     if w(u, v) < D[v] then
       D[v] = w(u, v)
       Change the key of vertex v in Q to D[v].
       Change the value of vertex v in Q to (v, e′).
 return the tree T
```

PrimJarník 算法的分析

PrimJarník 算法实现中的问题和 Dijkstra 算法类似，它们均依赖于一个适应性强的优先队

列 Q（见 9.5.1 节）。我们最初将 n 插入 Q 中，后来执行 n 的取出操作，并且可能更新全部 m 的优先权作为算法的一部分。这些步骤是全部运行时间中主要的花费。有一个基于堆的优先队列，每个操作运行时间为 $O(\log n)$，算法全部运行时间是 $O((n+m)\log n)$，对于一个连通图来说是 $O(m\log n)$。或者，我们可以通过使用未排序的列表作为优先队列来达到 $O(n^2)$ 的运行时间。

PrimJarník 算法的图解

我们在图 14-20 和图 14-21 中对 PrimJarník 算法进行了图解说明。

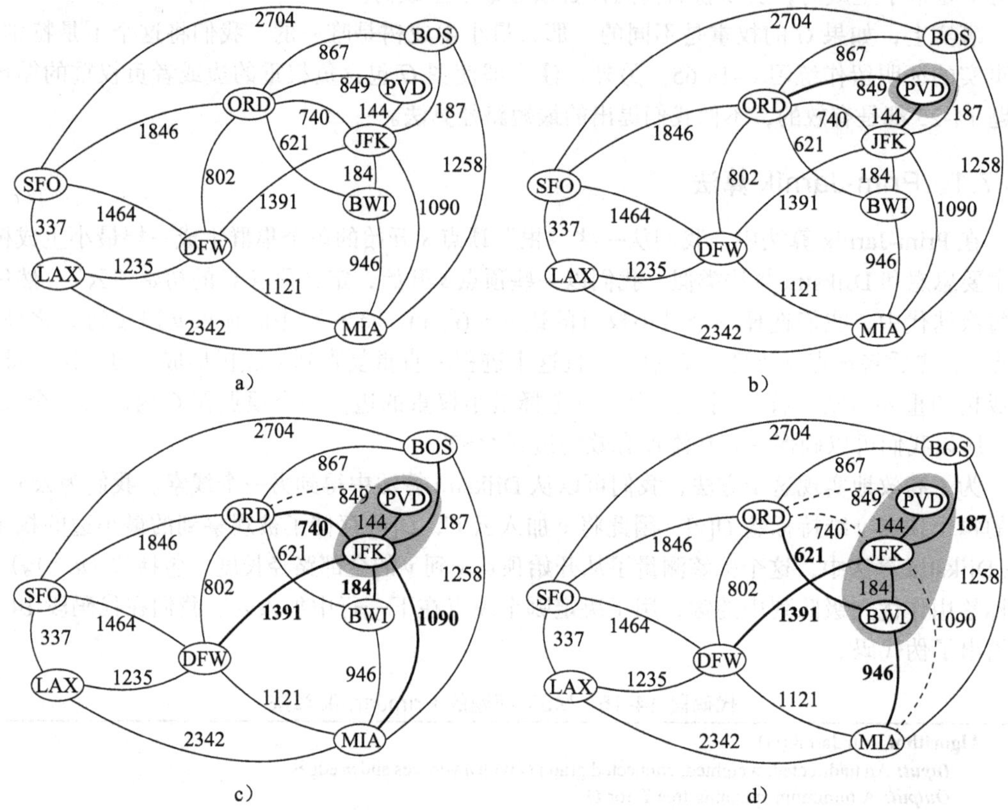
BOS
PVD
ORD
JFK
SFO
BWI
DFW
LAX
MIA
2704
867
849
144
187
740
621
1846
802
184
1258
1391
1090
1464
337
946
1235
1121
2342
a)
b)
c)
d)

图 14-20 PrimJarník MST 算法的图解说明，以顶点 PVD 开始（下接图 14-21）

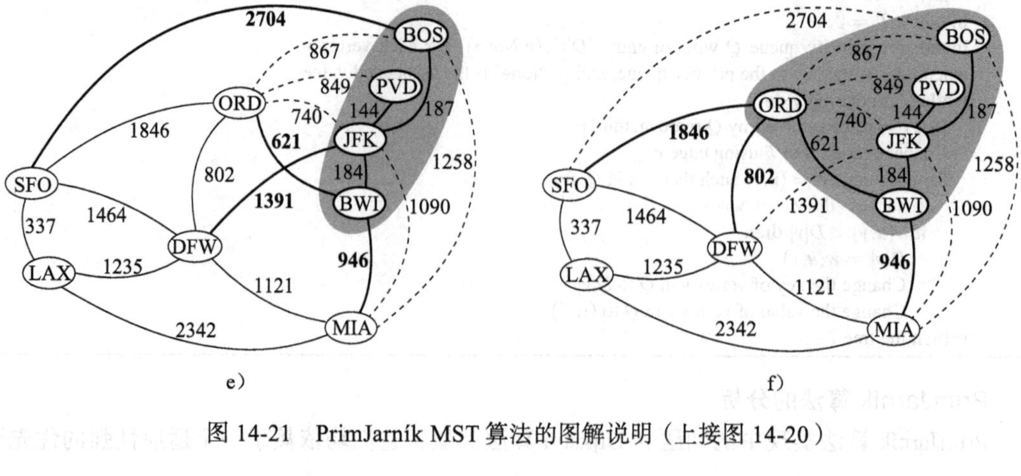
BOS
PVD
ORD
JFK
SFO
BWI
DFW
LAX
MIA
2704
867
849
144
187
740
621
1846
802
184
1258
1391
1090
1464
337
946
1235
1121
2342
e)
f)

图 14-21 PrimJarník MST 算法的图解说明（上接图 14-20）

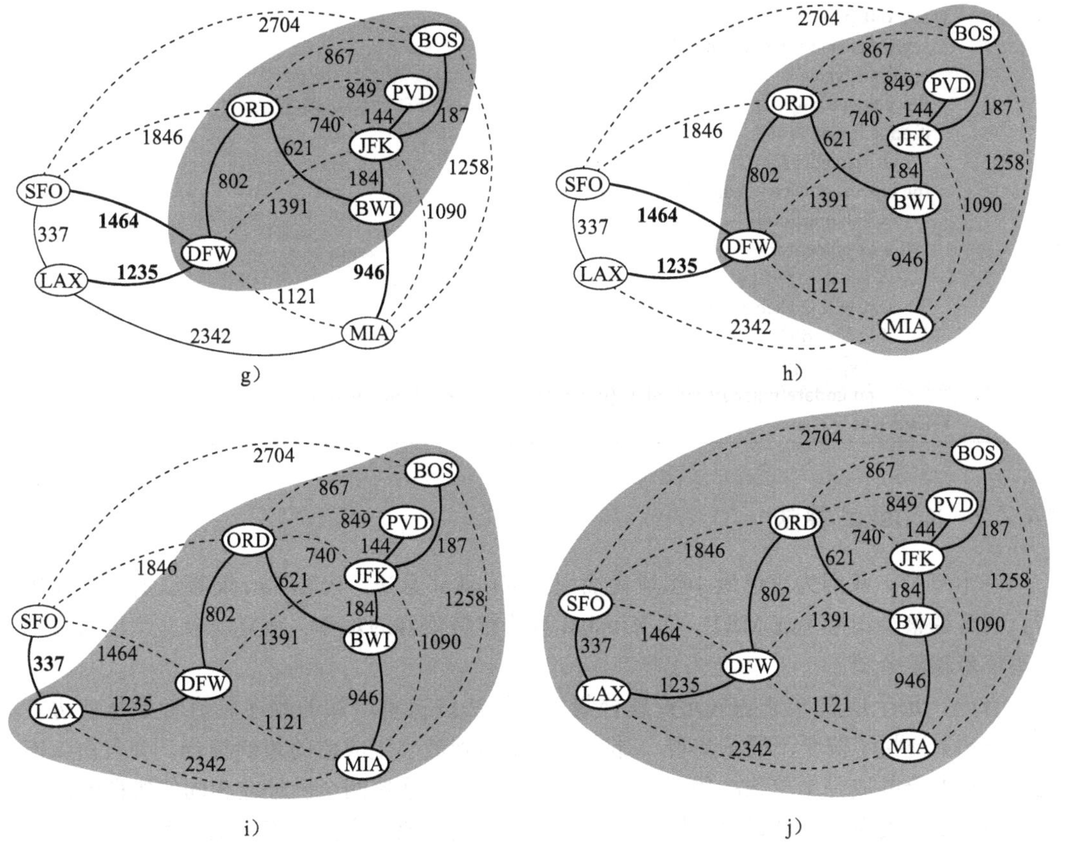
2704
BOS
867
849
PVD
ORD
740
144
187
1846
621
JFK
1258
802
184
SFO
1391
BWI
1090
337
1464
DFW
LAX
1235
946
1121
2342
MIA
g)
h)
i)
j)

图 14-21 （续）

Python 实现

代码段 14-16 展示了 PrimJarník 算法的 Python 实现。MST 被作为一个边的无序列表返回。

代码段 14-16　最小生成树问题的 PrimJarník 算法的 Python 实现

```
def MST_PrimJarnik(g):
  """Compute a minimum spanning tree of weighted graph g.

  Return a list of edges that comprise the MST (in arbitrary order).
  """
  d = { }                                # d[v] is bound on distance to tree
  tree = [ ]                             # list of edges in spanning tree
  pq = AdaptableHeapPriorityQueue( )     # d[v] maps to value (v, e=(u,v))
  pqlocator = { }                        # map from vertex to its pq locator

  # for each vertex v of the graph, add an entry to the priority queue, with
  # the source having distance 0 and all others having infinite distance
  for v in g.vertices( ):
    if len(d) == 0:                      # this is the first node
      d[v] = 0                           # make it the root
    else:
      d[v] = float('inf')                # positive infinity
    pqlocator[v] = pq.add(d[v], (v,None))

```

```
    while not pq.is_empty():
      key,value = pq.remove_min()
      u,edge = value                          # unpack tuple from pq
      del pqlocator[u]                        # u is no longer in pq
      if edge is not None:
        tree.append(edge)                     # add edge to tree
      for link in g.incident_edges(u):
        v = link.opposite(u)
        if v in pqlocator:                    # thus v not yet in tree
          # see if edge (u,v) better connects v to the growing tree
          wgt = link.element()
          if wgt < d[v]:                      # better edge to v?
            d[v] = wgt                        # update the distance
            pq.update(pqlocator[v], d[v], (v, link))   # update the pq entry
    return tree
```

14.7.2 Kruskal 算法

在本节中，我们为重建最小生成树而引入 Kruskal *算法*。Prim-Jarník 算法通过生成单个树直到跨越整个图来生成 MST，而 Kruskal 算法维持集群的*森林*，重复地合并集群对直到单个集群跨越整个图。

首先，每个顶点本身是单元素集合集群。算法按权重增加的顺序轮流考虑每条边。如果一条边 e 连接了两个不同的集群，那么 e 被添加到最小生成树的边的集合，并且由 e 连接的两个集群合并成一个单独的集群。另一方面，如果 e 连接两个已经在相同的集群的两个顶点，那么 e 被丢弃。一旦算法添加了足够的边去形成一棵生成树，算法就结束了，并且这棵树作为最小生成树输出。

我们在代码段 14-17 中给出了 Kruskal 的 MST 算法的伪代码，并且在图 14-22 ~ 图 14-24 中展示了这个算法的例子。

代码段 14-17　MST 问题的 Kruskal 算法

Algorithm Kruskal(G):
　Input: A simple connected weighted graph G with n vertices and m edges
　Output: A minimum spanning tree T for G
　for each vertex v in G **do**
　　Define an elementary cluster $C(v) = \{v\}$.
　Initialize a priority queue Q to contain all edges in G, using the weights as keys.
　$T = \emptyset$　　　　{T will ultimately contain the edges of the MST}
　while T has fewer than $n-1$ edges **do**
　　(u,v) = value returned by Q.remove_min()
　　Let $C(u)$ be the cluster containing u, and let $C(v)$ be the cluster containing v.
　　if $C(u) \neq C(v)$ **then**
　　　Add edge (u,v) to T.
　　　Merge $C(u)$ and $C(v)$ into one cluster.
　return tree T

就像 Prim-Jarník 算法的情况，Kruskal 算法的正确性基于命题 14-25 中最小生成树的重要事实。每次 Kruskal 算法添加一条边（u, v）到最小生成树 T 中，我们可以通过让 V_1 成为包含 v 的集群，并让 V_2 包含 V 中的剩余顶点来定义顶点 V 的集合的一个分区。这可以明确

地定义一个 V 的顶点不相交的分区，并且更重要的是，因为我们按权重的顺序来从 Q 中提取边，e 必须是一个顶点在 V_1、另一个顶点在 V_2 的最小权重的边。因此，Kruskal 算法总是能添加有效的最小的生成树边。

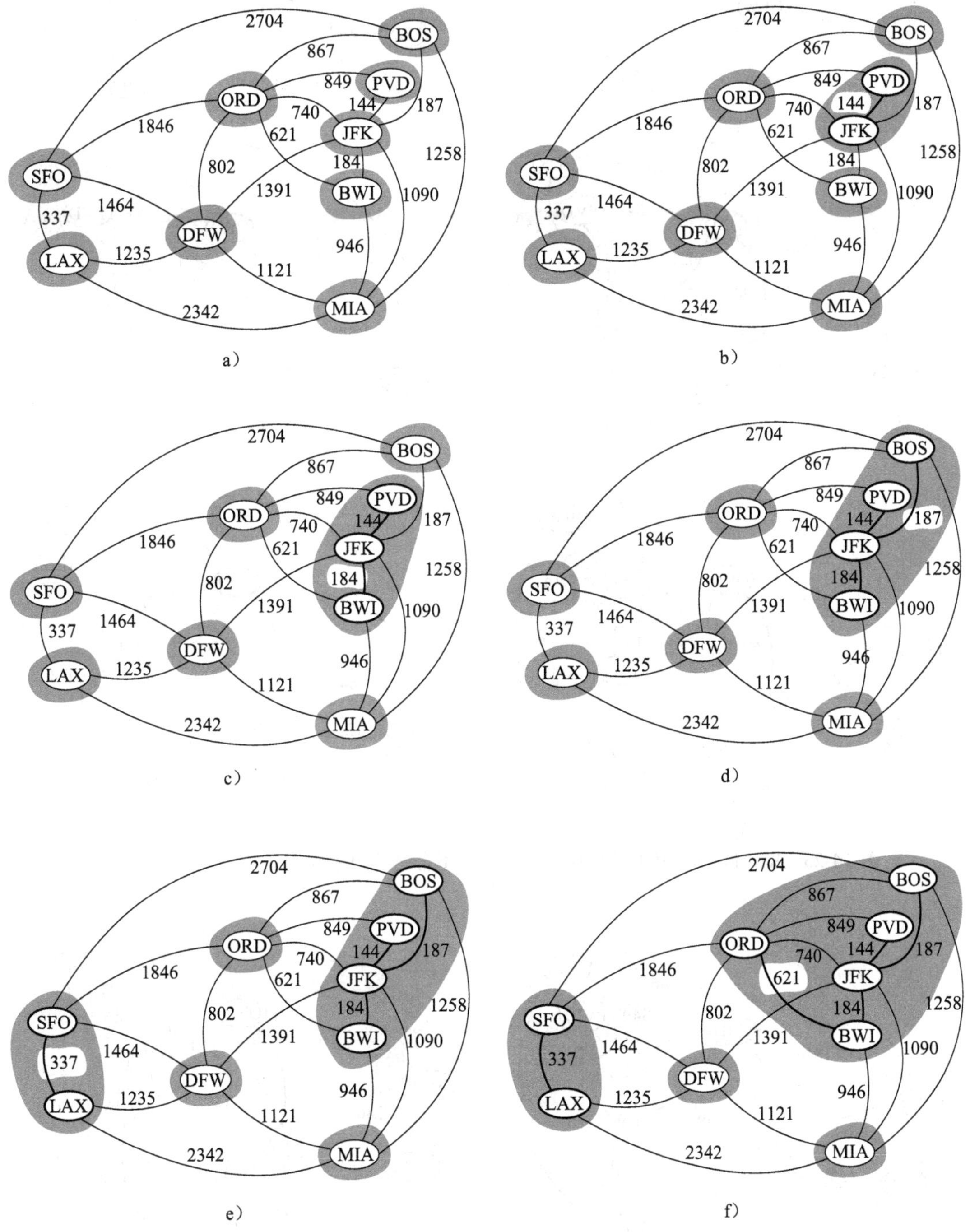
BOS
PVD
ORD
JFK
SFO
BWI
DFW
LAX
MIA
2704
867
849
144
187
740
1846
621
1258
802
184
1391
1090
1464
337
1235
946
1121
2342
a)
b)
c)
d)
e)
f)

图 14-22　有数字权重的图的 Kruskal 算法执行的例子。我们将集群作为阴影区域展示，并且突出显示在每个迭代中考虑的边（下接图 14-23）

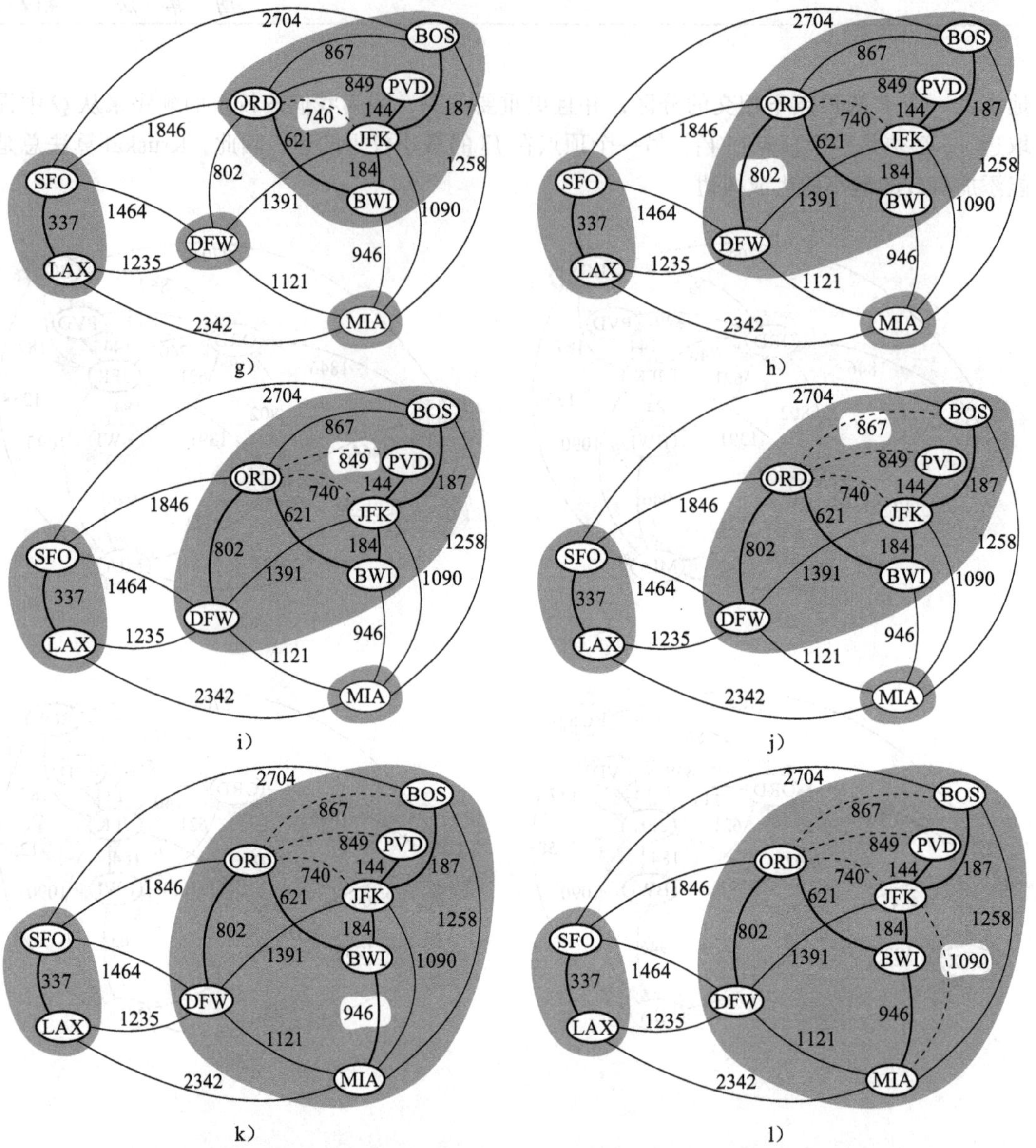
g)
h)
i)
j)
k)
l)
BOS PVD ORD JFK SFO BWI DFW LAX MIA
2704 867 849 144 740 187 1846 621 802 184 1258 1391 1090 1464 337 946 1235 1121 2342

图 14-23　Kruskal 的 MST 算法执行的例子。不合格的边用虚线显示（上接图 14-24）

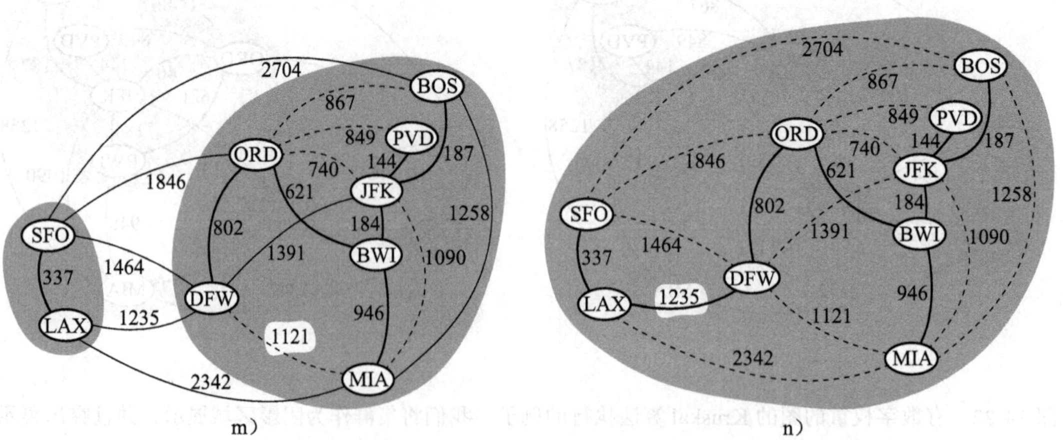
m)
n)
BOS PVD ORD JFK SFO BWI DFW LAX MIA
2704 867 849 144 740 187 1846 621 802 184 1258 1391 1090 1464 337 946 1235 1121 2342

图 14-24　Kruskal 的 MST 算法执行的例子。我们所考虑的边合并了最后两个集群，总结了 Kruskal 算法的执行（上接图 14-23）

Kruskal 算法的运行时间

Kruskal 算法的运行时间主要花费在两个方面。第一个是需要考虑权重的非递减顺序的边，第二个是集群分区的管理。分析运行时间时，我们需要在实现中给出更多的细节。

按权重的边的顺序可以在 $O(m \log m)$ 的时间内实现，或者通过排序算法，或者通过使用优先队列 Q。如果那个队列是用堆实现的，我们可以通过进行重复的插入操作在 $O(m \log m)$ 的时间内初始化 Q，或者在 $O(m)$ 时间内使用自下而上的堆来建造（见 9.3.6 节），后来每次 remove_min 调用的运行时间为 $O(\log m)$，因为队列的大小是 $O(m)$。我们注意到因为对一个简单图来说 m 是 $O(n^2)$，所以 $O(\log m)$ 和 $O(\log n)$ 是一样的。因此，由于边的顺序导致运行时间为 $O(m \log n)$。

剩下的任务是集群的管理，为了实现 Kruskal 算法，我们必须能够找到边 e 的顶点 u 和 v 的集群，并测试这些集群是否是不同的，如果不同，就将这两个集群合并成一个。我们迄今为止学习的数据结构没有能很好地适合这个任务的。然而，我们通过形式化管理不相交分区的问题来总结本章，并且引入了高效的联合查找数据结构。在 Kruskal 算法中，我们执行了至多 $2m$ 个查找操作和 $n-1$ 个并集操作。可以看到，一个简单的联合查找结构可以在 $O(m + n \log n)$ 的时间内执行组合操作（见命题 14-26），而且更先进的结构可以支持更快的时间。

对于一个连通图，$m \geqslant n-1$，并且对边排序 $O(m \log n)$ 的时间的界限限制了管理集群的时间。综上所述，Kruskal 算法的运行时间为 $O(m \log n)$。

Python 实现

代码段 14-18 展示了 Kruskal 算法的 Python 实现。随着 Prim-Jarník 算法的实现，最小生成树以边的列表的形式返回。在 Kruskal 算法中，这些边将会以它们的权重非递减的顺序被报告。

我们的实现过程假设为了管理集群分区而使用 Partition 类。Partition 类的实现见 14.7.3 节。

代码段 14-18　最小生成树问题的 Kruskal 算法的 Python 实现

```python
def MST_Kruskal(g):
  """Compute a minimum spanning tree of a graph using Kruskal's algorithm.

  Return a list of edges that comprise the MST.

  The elements of the graph's edges are assumed to be weights.
  """
  tree = [ ]                      # list of edges in spanning tree
  pq = HeapPriorityQueue( )       # entries are edges in G, with weights as key
  forest = Partition( )           # keeps track of forest clusters
  position = { }                  # map each node to its Partition entry

  for v in g.vertices( ):
    position[v] = forest.make_group(v)

  for e in g.edges( ):
    pq.add(e.element( ), e)       # edge's element is assumed to be its weight

  size = g.vertex_count( )
  while len(tree) != size - 1 and not pq.is_empty( ):
    # tree not spanning and unprocessed edges remain
    weight,edge = pq.remove_min( )
    u,v = edge.endpoints( )
```

```
    a = forest.find(position[u])
    b = forest.find(position[v])
    if a != b:
      tree.append(edge)
      forest.union(a,b)

  return tree
```

14.7.3 不相交分区和联合查找结构

在本节中，我们考虑用于管理的分区为不相交集合的元素集合的数据结构。我们的原始动机是以 Kruskal 的最小生成树算法为支持，保持了不相交的树的森林，偶尔有邻近树的合并。更一般地说，不相交分区问题可以被应用于各种模型的离散增长。

我们用下面的模型来形式化问题。分区数据结构管理了被组织在不相交集合中元素的全集（即元素属于这些集合中的一个且仅一个集合）。和 Set ADT 或者 Python 的 set 集合不同，我们不期望能够遍历集合的内容，也不能有效地测试给定集合是否包括给定的元素。为了避免这样的观念混淆，我们称分区的集群为组。然而，对每一组将不需要一个明确的结构，取而代之的是允许组的组织变得含蓄。为了区别一个组和另一个组，我们假设在任何时候，每个组都有指定的条目，我们称之为组的领导。

我们使用位置目标来定义分区 ADT 的方法，每个位置目标存储了一个元素 x。分区 ADT 支持以下方法。

- make_group(x)：创建一个包含新元素 x 的不相交的组并且返回存储 x 的位置。
- union(p, q)：合并包含位置 p 和 q 的组。
- find(p)：返回包含位置 p 的组的领导的位置。

序列的实现

总共有 n 个元素的分区的简单实现使用了序列的集合，对每个组都有一个序列，其中组 A 的序列存储了元素位置。每个位置对象存储了一个变量 element，它引用其相关联的元素 x 并且允许 element() 方法在 $O(1)$ 的时间内执行。此外，每个位置存储了一个变量 group，引用存储 p 的序列，因为这个序列代表包含 p 元素的组（见图 14-25）。

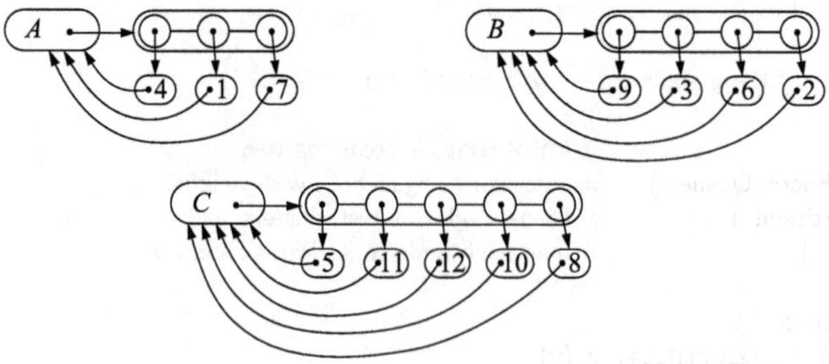

A
4
1
7
B
9
3
6
2
C
5
11
12
10
8

图 14-25 由三个组组成的分区基于序列的实现，三个组是：$A = \{1, 4, 7\}$，$B = \{2, 3, 6, 9\}$，$C = \{5, 8, 10, 11, 12\}$

使用此方法，我们可以很容易在 $O(1)$ 时间内执行 make_group(x) 和 find(p) 操作，允许序列的第一个位置作为“领导”。union（p, q）操作需要将两个序列联合成一个并且更新其中一个的位置的组引用。我们通过移除有更小尺寸的序列的所有位置来选择实现这种操作，并且在有更大尺寸的序列中插入它们。

每次我们从较小的组 a 得到位置并且将它插入更大的组 b 时，都要更新组的引用，因为位置现在指向 b。因此，操作 union(p, q) 花费了 $O(\min(n_p, n_q))$，其中 n_p(resp.n_p) 是包含位置 p(resp.q) 的组的基数。显然，如果在分区全集中有 n 个元素，则时间是 $O(n)$。然而，我们接下来进行摊销分析，它展示了这个实现比最坏情况下的分析好很多。

命题 14-26：使用上述基于序列的分区实现时，对涉及最多 n 个元素的最初空分区执行一系列关于 k 的 make_group、union 和 find 操作需要 $O(k + n \log n)$ 的时间。

证明：我们使用统计的方法并且假设一美元可以支付执行一个 find 操作、一个 make_group 操作或者在一个 union 操作中从一个序列到另一个序列的位置目标的移动时间。在 find 操作或者 make_group 操作的情况下，我们为操作本身花费 1 美元。在 union 操作的情况下，我们假设 1 美元可以为比较两个序列大小的固定时间的工作支付，并且我们为从较小的组移动到较大的组的每一个位置花费 1 美元。显然，为每一个 find 和 make_group 操作支付的 1 美元，和为每一个 union 操作收集的第一个美元，合计是全部的 k 美元。

那么，为位置而支出的花费是为了 union 操作。重要的是，每次我们从一个组到另一个组移动一个位置，位置组的大小至少是两倍。因此，每个位置至多在 $\log n$ 的时间内从一个组移动到另一个组；因此，每个位置至多被支付 $O(\log n)$ 次。因为我们假设原始分区是空的，在给定的操作序列中有 $O(n)$ 个不同的被引用的元素，这暗示着在 union 操作期间，移动元素的总时间是 $O(n \log n)$。 ■

基于树的分区实现 *

表示分区的其他数据结构使用了树的集合去存储 n 个元素，其中每棵树和不同的组相关联（见图 14-26）。特别地，我们用链接的数据结构实现每棵树，其本身也是组位置对象。我们视每个位置 p 是一个有实例变量的节点 element，指向它的元素 x，以及一个实例变量 parent，指向它的父节点。按照惯例，如果 p 是树的根，我们设置 p 的父节点指向它自己。

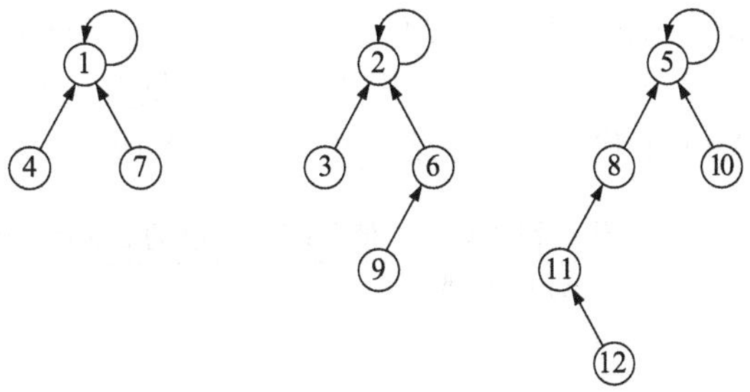

1
4
7
2
3
6
9
5
8
10
11
12

图 14-26 包含三组的分区基于树的实现，三组为：A={1, 4, 7}，B={2, 3, 6, 9}，C={5, 8, 10, 11, 12}

使用这种分区数据结构，操作 find(p) 通过从位置 p 向上走到树的根来执行，在最坏的情况下它花费了 $O(n)$ 的时间。操作 union(p, q) 可以通过使一棵树变成另一棵树的子树来实现。这个可以通过定位两个树根，然后在 $O(1)$ 的附加时间内通过设置一个树根的父节点的引用指向另一个树根来实现。这两种操作的例子在图 14-27 中给出。

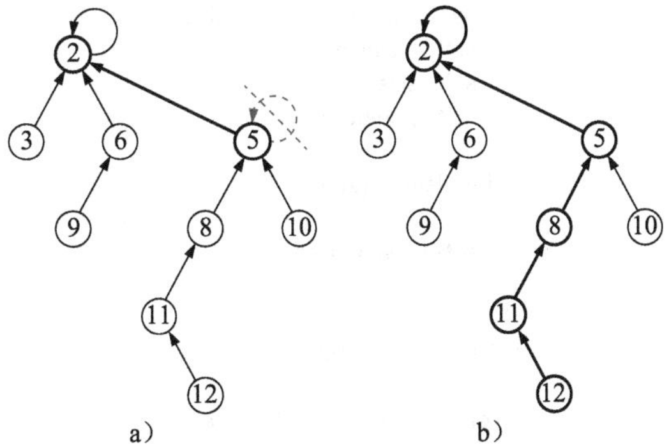

2
3
6
9
5
8
10
11
12
a）
2
3
6
9
5
8
10
11
12
b）

图 14-27 一个分区基于树的实现：a）操作 union (p, q)；b）操作 find(p)，其中 p 指示了元素 12 的位置对象

首先，这个实现可能不比基于序列的数据结构好，但是我们可以添加以下两个简单的启发式方法让它运行得更快。

- 基于大小的 union 操作：对每一个位置 p，在 p 位置的子树根存储元素的数目。在 union 操作中，让较小的组的树根作为一个孩子或者另一个树根，然后更新较大树根的大小区域。

- 路径压缩：在 find 操作中，对于每个 find 函数访问过的位置 q，对根重置 q 的父节点（见图 14-28）。

这个数据结构令人惊奇的特性是，当使用上述两种启发式方法时，执行了一系列包含花费 $O(k \log^* n)$ 时间的 n 个元素的 k 操作，其中 $\log^* n$ 是 log-star 操作，即 tower-of-twos 函数的倒数。直觉上，$\log^* n$ 是在获得比 2 更小的数字之前可以迭代地得到一个数字的对数的次数。表 14-4 展示了一些样本值。

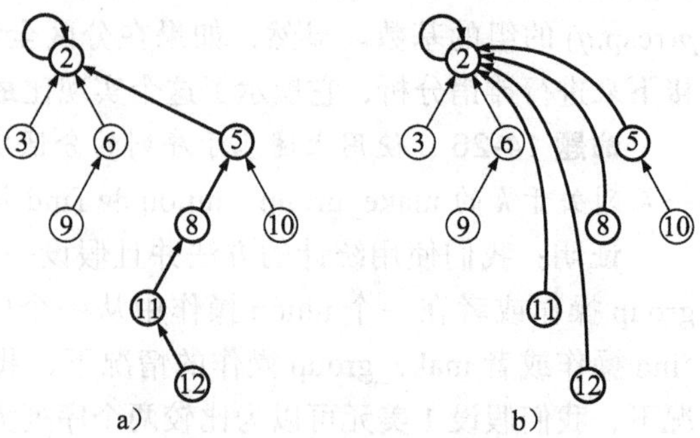

2
3
6
5
9
8
10
11
12
a）
b）

图 14-28　启发式的路径压缩：a）对元素 12 通过 find 操作的路径遍历；b）重建树

表 14-4　一些 $\log^* n$ 的值和它的倒数的临界值

最小值 n	2	$2^2=4$	$2^{2^2}=16$	$2^{2^{2^2}}=65\,536$	$2^{2^{2^{2^2}}}=2^{65,536}$
$\log^* n$	1	2	3	4	5

命题 14-27：*在使用基于树的分区表示的同时按大小和路径压缩的情况下，对最多包含 n 个元素的初始空分区执行一系列 k 个 make、union 和 find 操作需要 $O(k \log^* n)$ 时间。*

尽管这个数据结构的分析相当复杂，但是它的实现却非常直白。我们用这个结构的完整 Python 代码来作总结，见代码段 14-19。

代码段 14-19　使用基于大小的 union 操作和路径压缩的 Partition 类的 Python 实现

```python
class Partition:
  """Union-find structure for maintaining disjoint sets."""

  #------------------------- nested Position class -------------------------
  class Position:
    __slots__ = '_container', '_element', '_size', '_parent'

    def __init__(self, container, e):
      """Create a new position that is the leader of its own group."""
      self._container = container          # reference to Partition instance
      self._element = e
      self._size = 1
      self._parent = self                  # convention for a group leader

    def element(self):
      """Return element stored at this position."""
      return self._element

  #------------------------- public Partition methods -------------------------
  def make_group(self, e):
    """Makes a new group containing element e, and returns its Position."""
    return self.Position(self, e)

  def find(self, p):
    """Finds the group containing p and return the position of its leader."""
    if p._parent != p:
      p._parent = self.find(p._parent)     # overwrite p._parent after recursion
```

```
        return p._parent

    def union(self, p, q):
        """Merges the groups containing elements p and q (if distinct)."""
        a = self.find(p)
        b = self.find(q)
        if a is not b:                         # only merge if different groups
            if a._size > b._size:
                b._parent = a
                a._size += b._size
            else:
                a._parent = b
                b._size += a._size
```

14.8 练习

请访问 www.wiley.com/college/goodrich 以获得练习帮助。

巩固

R-14.1 画出一个有 12 个顶点、18 条边和 3 条连通分支的简单无向图。

R-14.2 如果 G 是有 12 个顶点和 3 条连通分支的简单无向图，它的边可能的最大数目是多少？

R-14.3 画出在图 14-1 中的无向图的邻接矩阵表示。

R-14.4 画出在图 14-1 中的无向图的邻接列表表示。

R-14.5 画出一个有 8 个顶点和 16 条边的简单连通的有向图，并且每个顶点的入度和出度为 2。说明有一个单独（不简单）的循环包含图的所有边，即你可以在不拿开铅笔的情况下在边的各自方向上追踪所有的边。（这样的循环被称为*欧拉路径*。）

R-14.6 假设我们表示了一个有 n 个顶点和 m 条边的用边列表结构表示的图 G。为什么在这种情况下 insert_vertex 方法运行时间为 $O(1)$，而 remove_vertex 方法运行时间为 $O(n)$？

R-14.7 给出使用邻接矩阵表示的在 $O(1)$ 时间内执行 insert_edge(u, v, x) 操作的伪代码。

R-14.8 就像在本章中描述的一样，用邻接列表的表示方式重做练习 R-14.7。

R-14.9 边的列表 E 从邻接矩阵的表示中省略后还能达到在表 14-1 中给出的时间界限吗？为什么或者为什么不能？

R-14.10 边的列表 E 从邻接列表的表示中省略后还能达到在表 14-3 中给出的时间界限吗？为什么或者为什么不能？

R-14.11 在下列每个情况中你会使用邻接矩阵结构还是邻接列表结构？证明你的选择是合理的。

a）有 10 000 个顶点和 20 000 条边的图，并且尽可能少使用空间很重要。

b）有 10 000 个顶点和 20 000 000 条边的图，并且尽可能少使用空间很重要。

c）你需要尽可能快地回答 get_edge(u, v) 查询，无论你使用了多少空间。

R-14.12 解释为什么在用邻接矩阵结构表示的有 n 个顶点的简单图上进行 DFS 遍历的运行时间为 $O(n^2)$。

R-14.13 为了证实非树的边都是 back 边，重新画图 14-8b，DFS 树的边用实线并且面向下，就像树的标准描述一样，并且所有的非树的边用虚线画。

R-14.14 如果一个简单无向图包含每一对不同顶点之间的边，那么这个简单无向图是完全的。一个完全图的深度优先搜索树形状如何？

R-14.15 从练习 R-14.14 中回想一个完全图的定义，一个完全图的广度优先搜索树形状如何？

R-14.16 定义 G 是顶点从数字 1 到 8 之间的无向图，并且每个顶点的邻接顶点由下表给出：

顶点	邻接顶点
1	(2, 3, 4)
2	(1, 3, 4)
3	(1, 2, 4)
4	(1, 2, 3, 6)
5	(6, 7, 8)
6	(4, 5, 7)
7	(5, 6, 8)
8	(5, 7)

假设在 G 的遍历中，一个已知顶点的邻接顶点以和它们在上表列出的一样的顺序被返回。

a）画出 G。

b）给出使用以顶点 1 开始的 DFS 遍历被访问的 G 的顶点的序列。

c）给出使用以顶点 1 开始的 BFS 遍历被访问的顶点的序列。

R-14.17 画出图 14-2 中的有向图的传递闭包。

R-14.18 如果图 14-11 中图的顶点被编号为（v_1 = JFK，v_2 = LAX，v_3 = MIA，v_4 = BOS，v_5 = ORD，v_6 = SFO，v_7 = DFW），在 Floyd-Warshall 算法中边会以什么顺序加入传递闭包？

R-14.19 包含 n 个顶点的简单有向路径组成的图的传递闭包中有多少边？

R-14.20 已知一个有 n 个顶点的完全二叉树 T，以给定的位置为根，考虑一个以 T 中的节点作为它的顶点的有向图 $\vec{G}$。对 T 中的每一对父子节点，创建一条在 $\vec{G}$ 中的从父亲到孩子的有向路径。展示有 $O(n \log n)$ 条边的 $\vec{G}$ 的传递闭包。

R-14.21 为在图 14-3d 中用实边画的有向图计算一个拓扑排序。

R-14.22 Bob 喜欢外语并且想在接下来的几年计划他的课程安排。他对下面九种语言课程感兴趣：LA15，LA16，LA22，LA31，LA32，LA126，LA127，LA141，LA169。课程的先决条件是：

- LA15：(none)
- LA16：LA15
- LA22：(none)
- LA31：LA15
- LA32：LA16，LA31
- LA126：LA22，LA32
- LA127：LA16
- LA141：LA22，LA16
- LA169：LA32

在尊重先决条件的情况下，按照什么顺序 Bob 可以修习这些课程？

R-14.23 画一个有 8 个顶点和 16 条边的简单的连通的加权图，每条边的权重都唯一。确定一个顶点作为“开始”顶点并且说明 Dijkstra 算法在这个图上的运行时间。

R-14.24 若图是有向的，并且我们想计算从一个源顶点到所有其他顶点的最短有向路径，展示如何为 Dijkstra 算法修改伪代码。

R-14.25 画出一个有 8 个顶点和 16 条边的简单的连通的无向加权图，且每条边的权重都唯一。说明 Prim-Jarník 算法为这个图计算最小生成树的执行过程。

R-14.26 问题同上，重复表述 Kruskal 算法。

R-14.27 在一个湖中有 8 个小岛，有一个国家想建造 7 座桥去连通它们，使得每个岛通过一座桥或者更多的桥能够到达任何其他的岛。建造一座桥的花费和它的长度成正比。各个岛之间的距离在下面的表中给出。

1	2	3	4	5	6	7	8
1	- 240	210	340	280	200	345	120
2	—	265	175	215	180	185	155
3	—	—	260	115	350	435	195
4	—	—	—	160	330	295	230
5	—	—	—	—	360	400	170
6	—	—	—	—	—	175	205
7	—	—	—	—	—	—	305
8	—	—	—	—	—	—	—

如何建桥可以得到最小的总建造花费？

R-14.28 描述在说明了 DFS 遍历的图 14-9 中的图形化约定的含义。线粗细的含义是什么？箭头的含义是什么？虚线的含义是什么？

R-14.29 对说明有向 DFS 遍历的图 14-8 重复练习 R-14.28。

R-14.30 对说明 BFS 遍历的图 14-10 重复练习 R-14.28.

R-14.31 对说明 Floyd-Warshall 算法的图 14-11 重复练习 R-14.28。

R-14.32 对说明拓扑排序算法的图 14-13 重复练习 R-14.28。

R-14.33 对说明 Dijkstra 算法的图 14-15 和图 14-16 重复练习 R-14.28。

R-14.34 对说明 Prim-Jarník 算法的图 14-20 和图 14-21 重复练习 R-14.28。

R-14.35 对说明 Kruskal 算法的图 14-22 ～图 14-2 重复练习 R-14.28。

R-14.36 Goerge 声明他在从位置 p 开始的分区结构中有一个路径压缩的最快方式。就把 p 放进列表 L 中，然后开始接下来的父类指针。每次他遇见一个新的位置 q，就把 q 加到 L 中并且更新每个 L 中的节点的父类指针以指向 q 的父类。展示 Goerge 在长度为 n 的路径上运行时间为 $\Omega(h^2)$ 的算法。

创新

C-14.37 给出 14.2.5 节的邻接图实现的 remove_vertex(v) 方法的 Python 实现，确保你的实现工作对有向图和无向图都能进行。你的方法的运行时间应该为 $O(\deg(v))$。

C-14.38 给出 14.2.5 节的邻接图实现的 remove_edge(e) 方法的 Python 实现，确保你的实现工作对有向图和无向图都能进行。你的方法的运行时间应该为 $O(1)$。

C-14.39 假设我们希望用边列表结构表示一个有 n 个顶点的图 G，假设我们用集合 $\{0, 1, \cdots, n-1\}$ 中的数字标识顶点。描述如何实现集合 E，使得 get_edge(u, v) 方法支持 $O(\log n)$ 的性能。在这种情况下你怎么实现这个方法？

C-14.40 令 T 是以由一个连通的无向图 G 的深度优先搜索产生的开始顶点为根的生成树。讨论为什么 G 中不在 T 中的每一条边可从 T 中的一个顶点走向它的一个祖先，即它是一条 back 边。

C-14.41 假设一旦 v 被发现时 DFS 进程就结束了，那么在代码段 14-6 中报告从 u 到 v 的路径的解决方案应该在实际中变得更高效。修改代码以实现这个优化。

C-14.42 定义 G 是一个有 n 个顶点和 m 条边的无向图 G。为每次迭代正确地遍历每个 G 的边描述一个时间为 $O(n+m)$ 的算法。

C-14.43 实现一个返回有向图 G 中的一个循环的算法（如果有这样的循环存在）。

C-14.44 为无向图 g 写一个函数 components(g)，该函数能返回一个字典，将每个顶点映射到一个整数，该整数作为其连通分支的标识符。即两个顶点应该被映射到相同的标识符，当且仅当它们在相同的连通分支中。

C-14.45 如果从开始到结束有一条路径，则称迷宫是正确的，整个迷宫是从开始可达的，并且在迷宫周围的任何一部分没有循环。已知一个 $n \times n$ 网格画的迷宫，如何判定它是否是正确建造的？该算法的运行时间是多少？

C-14.46 计算机网络应该避免单个点的失败，即如果网络节点失败的话可以断开网络。我们称一个无向的连通的图 G 是*双连通的*，如果它不包含删除这个顶点会将 G 分成两个或者更多的连通分支的顶点。给出一个为添加至多 n 条边到有 $n \geqslant 3$ 个顶点和 $m \geqslant n-1$ 条边的连通图 G 中的算法，以保证 G 是双连通的。你的算法的运行时间应该是 $O(n+m)$。

C-14.47 解释对于一个用无向图建造的 BFS 树来说，为什么所有的非树边是 cross 边。

C-14.48 解释对于一个有向图建造的 BFS 树来说，为什么没有非树的 forward 边。

C-14.49 说明如果 T 是一个由连通图 G 建造的 BFS 树，那么，对于每个在 i 阶层的顶点 v，在 s 和 v 之间的路径有 i 条边，并且 G 的在 s 和 v 之间的其他路径至少有 i 条边。

C-14.50 证明命题 14-16。

C-14.51 提供一个使用 FIFO 队列而不是分级规划的 BFS 算法的实现，用于管理已经被发现的顶点，直到考虑它们的邻居的时候。

C-14.52 如果一个图 G 的顶点可以被分为两个集合 X 和 Y，使得在 G 中的每条边在 X 中有一个结束顶点并且另一个在 Y 中，则该图是*双向的*。为判定无向图 G 是否是双向的设计和分析一个高效的算法（在提前不知道集合 X 和 Y 的情况下）。

C-14.53 一个有 n 个顶点和 m 条边的有向图 $\vec{G}$ 的*欧拉路径*是一个根据它的方向每次正确遍历 $\vec{G}$ 的每条边的循环。如果 $\vec{G}$ 是连通的并且 $\vec{G}$ 中的每个顶点的入度等于出度，则这样的循环总是存在的。为找到这样一个有向图 $\vec{G}$ 的欧拉路径描述一个时间为 $O(n+m)$ 的算法。

C-14.54 名为 RT&T 的公司有 n 个被高速通信线路连接的开关站的网络。每个顾客的手机直接连接到在其领域内的一个站。RT&T 的工程师开发了一个电视电话原型系统，该系统允许两个客户在电话通信期间看见彼此。为了具有可接受的图像质量，被用来在两个客户之间传送视频信号的链接的数量不能超过 4 个。假设 RT&T 的网络是用图来表示的。设计一个算法，在每个站，计算使用不超过 4 个链接可以实现的站的集合。

C-14.55 长距离电话的时间延迟可以通过用呼叫者和被呼叫者之间的电话网络通信线路的数目乘以一个很小固定常量来决定。假设名为 RT&T 的公司的电话网络是一棵树。RT&T 的工程师想计算在长途电话中可能的最大时间延迟。已知一棵树 T，T 的*直径*是 T 的两个节点的最长路径的长度。给出一个计算 T 的直径的高效算法。

C-14.56 亚塔马林多大学和许多世界各地的其他学校一样在开展多媒体工程。计算机网络的建造是用来连接那些使用通信线路的学校，这形成了一棵树。学校决定在其中一个学校安装一个文件服务器以在所有学校之间分享数据。因为一个线路的传输时间由链路的设置和同步控制，数据传输的花费和使用链路的数目成正比。因此，需要为文件服务器选择一个“中心”位置。已知一棵树 T 和 T 的一个节点 v，v 的*离心率*是从 v 到 T 的任何其他节点的最长路径的长度。有最小离心率的 T 的节点被称为 T 的中心。

a）设计一个计算 T 的中心的高效算法，其中，已知一棵 n 个节点的树 T。

b）这个中心是唯一的吗？如果不是，一棵树可以有多少个不同的中心？

C-14.57 用从 0 到 $n-1$ 的数字对 $\vec{G}$ 的顶点进行编号，若有一些方式使得 $\vec{G}$ 包含边 (i, j) 当且仅当对所有在 $[0, n-1]$ 中的 i 有 $i<j$，则称一个有 n 个顶点的有向非循环图 $\vec{G}$ 是*压缩的*。给出一个

探索$\overrightarrow{G}$是否是压缩的时间为 $O(n^2)$ 的算法。

C-14.58 定义$\overrightarrow{G}$是一个有 n 个顶点的加权有向图。为计算从每个顶点到每个其他顶点的最短路径的长度设计一个在 $O(n^3)$ 时间内的 Floyd-Warshall 算法的变形。

C-14.59 为寻找从一个非循环加权有向图$\overrightarrow{G}$的一个顶点 s 到一个顶点 t 的最长有向路径设计一个高效的算法。详细说明使用的表示方式和使用的辅助数据结构。同样，分析该算法的时间复杂度。

C-14.60 无向图 $G = (V, E)$ 的独立集合是 V 的子集 I，使得 I 中的两个顶点都不是相邻的。即如果 u 和 v 在 I 中，那么（u, v）不在 E 中。**极大无关组** M 是一个独立的集合，使得如果我们添加任何额外的顶点到 M 中，那么它将不再独立。每个图都有一个极大无关组。(你知道为什么吗？这个问题不是练习的一部分，但是一个值得思考的问题。）给出一个计算图 G 的极大无关组的高效算法。这个方法的运行时间是多少？

C-14.61 给出当一个有 n 个顶点的简单图 G 用堆实现的时候使得 Dijkstra 算法的运行时间为 $\Omega(n^2 \log n)$ 的例子。

C-14.62 给出这样的例子：具有负权重的加权有向图$\overrightarrow{G}$，但是没有负权重循环，使得 Dijkstra 算法错误地计算从一些开始顶点 s 开始的最短路径。

C-14.63 为在已知的连通图中从 start 顶点到 goal 顶点找到一条最短路径。考虑下面的贪心策略：

1）初始化到 start 的路径。

2）将 visited 集合初始化为 {start}。

3）如果 start = goal，返回路径并且退出，否则继续。

4）找到最小权重的边（start, v)，使得 v 和 start 相邻但是 v 没有被访问。

5）添加 v 到路径中。

6）添加 v 到被访问中。

7）设置 start 和 v 相等并且进行第 3 步。

这个贪心策略总是能找到从 start 到 goal 的最短路径吗？或者直观地解释为什么它会工作，或者举出一个反例。

C-14.64 在代码段 14-13 中的 shortest_path_lengths 的实现依赖于使用“无穷大”作为一个数值，以表示从源（未知）可达的顶点的距离界限。在没有这样的标记的情况下重新实现，此时顶点（除了源顶点）不会添加到优先队列中，直到它们显然是可到达的。

C-14.65 说明如果在连通的加权图 G 中的所有权重都是不同的，那么 G 会有一棵正确的最小生成树。

C-14.66 一种旧的 MST 方法称为 Barůvka 算法，在有 n 个顶点和 m 条不同权重的边的图 G 上按照下面这样工作：

```
Let T be a subgraph of G initially containing just the vertices in V.
while T has fewer than n − 1 edges do
  for each connected component C_i of T do
    Find the lowest-weight edge (u,v) in E with u in C_i and v not in
    C_i.
    Add (u,v) to T (unless it is already in T).
return T
```

证明这个算法是正确的并且它的运行时间为 $O(m \log n)$。

C-14.67 定义 G 是一个有 n 个顶点和 m 条边的图，G 的所有的边的权重是在 $[1, n]$ 范围内的数字。为寻找 G 的最小生成树给出一个运行时间为 $O(m \log^* n)$ 的算法。

C-14.68 考虑一个电话网络的图解，这个电话网络的顶点代表转换中心，并且它的边代表连接一对中心的通信线路。边用它们的带宽标出，并且一条路径的带宽和路径的边之间的最低带宽相等。给出一个算法，已知一个网络和两个转换中心 a 和 b，输出 a 和 b 之间的路径的最大带宽。

C-14.69 NASA 想使用传播渠道链接遍布城市的 n 个站。每一对站有不同的可用带宽，称为 priori。NASA 想以所有的站被渠道链接并且总带宽（定义为渠道的单个带宽的总和）是最大的方式去选择 $n-1$ 个渠道。对这个问题给出一个高效的算法并且判定它在最坏情况下的时间复杂度。考虑加权图 $G=(V, E)$，其中 V 是站的集合并且 E 是站之间的渠道的集合。定义 E 的每条边 e 的权重 $w(e)$ 为通信渠道的带宽。

C-14.70 Asymptopia 的城堡里有一个迷宫，沿着迷宫的每个走廊有一包金币。每包的金币数量都是不同的。贵族骑士 Paul 得到了一个穿越迷宫并捡拾金币包的机会。他只能从被标记为“ENTER”的门进入迷宫并且从标记为“EXIT”的门出去。然而在迷宫中他可能不会重走路径。迷宫的每个走廊有一个在墙上喷绘的箭头。在迷宫中没有办法去遍历“循环”。已知迷宫的地图，包括每条走廊金币的数量，描述一个算法去帮助 Paul 捡到最多的金币。

C-14.71 假设你已经得到一个时间表，它包括：

- n 个机场的集合 A，并且对 A 中的每个机场 a，有最小的连接时间 $c(a)$。
- m 个航班的集合 F，对每个 F 中的航班，有下面的说明：
  - ◦ A 的起始机场 $a_1(f)$
  - ◦ A 的目的机场 $a_2(f)$
  - ◦ 出发时间 $t_1(f)$
  - ◦ 到达时间 $t_2(f)$

为航班的行程安排问题描述一个高效的算法。在这个问题中，我们已知机场 a 和 b 以及时间 t，并且希望计算航班的序列，该航班允许在时间 t 或者在时间 t 之后离开 a 时，能在最早的可能时间到达 b。在中间的机场的最小连通时间必须被考虑在内。该算法作为一个参数为 n 或者 m 的函数的运行时间是多少？

C-14.72 假设我们已知一个有 n 个顶点的有向图 G，并且令 M 是与 G 相一致的 $n \times n$ 的邻接矩阵。

a）定义 M 和它本身的乘积（M^2），对于 $1 \leqslant i, j \leqslant n$，有：

$$M^2(i, j) = M(i, 1) \odot M(1, j) \oplus \cdots \oplus M(i, n) \odot M(n, j)$$

其中$\oplus$是布尔型 or 运算符，$\odot$是布尔型 and 运算符。已知这个定义，关于顶点 i 和 j，$M^2(i, j)=1$ 暗示了什么？如果是 $M^2(i, j)=0$ 呢？

b）假设 M^4 是 M^2 和它本身的乘积。M^4 中的项意味着什么？$M^5=(M^4)M$ 呢？一般来说，包含在矩阵 M^p 中的信息是什么？

c）现在假设 G 是有权重的并且假设有下面的说明：

1）$1 \leqslant i \leqslant n, M(i, i)=0$。

2）$1 \leqslant i, j \leqslant n, M(i, j)=\text{weight}(i, j)$，如果 (i, j) 在 E 中。

3）$1 \leqslant i, j \leqslant n, M(i, j)=\infty\ i$，如果 (i, j) 不在 E 中。

同样，定义 M^2，对于 $1 \leqslant i, j \leqslant n$，有：

$$M^2(i, j) = \min\{M(i,1)+M(1, j), \cdots, M(i, n)+M(n, j)\}$$

如果 $M^2(i, j)=k$，我们从顶点 i 和 j 的关系中能总结出什么？

C-14.73 Karen 有新的方式在从位置 p 开始的基于树的并集 / 查找分区数据结构上进行路径压缩。她把从 p 到根的路径上的所有位置放进集合 S。然后扫描 S，并且将 S 中的每一个位置的父指针指向它的父类的父节点（记得根指向它自己的父节点）。如果这个过程改变了任何位置父节点的值，那么就重复这个过程，并且继续重复这个过程直到扫描完 S 且没有改变任何位置的父节点。说明 Karen 的算法是正确的并且分析长度为 h 的路径的运行时间。

项目

P-14.74 使用邻接矩阵去实现支持简化的不包含 update 方法的 Graph ADT。该类应该包括有两个集合的构造函数方法，两个集合分别为顶点元素的集合 V 和顶点元素对的集合 E，并且产生了用这两个集合代表的图 G。

P-14.75 使用边列表结构实现在 P-14.74 中描述的简化的 Graph ADT。

P-14.76 使用邻接列表结构实现在 P-14.74 中描述的简化的 Graph ADT。

P-14.77 继承 P-14.74 的类以支持 Graph ADT 的更新方法。

P-14.78 设计重复的 DFS 遍历的实验，与用于计算有向图的传递闭包的 Floyd-Warshal 算法比较。

P-14.79 对在本章讨论的两个最小生成树算法（Kruskal 和 Prim-Jarník）执行实验性的比较。设计一个实验的大量的集合去测试这些使用随机生成的图表的算法的运行时间。

P-14.80 建造迷宫的一种方式是以 $n \times n$ 网格开始的，其中每个网格单元以四个单位长度的墙壁为界限。然后移除两个界限单位长度的墙，表示开始和结束。对每一个剩余的单位长度的墙来说，若不在边界上，我们就指定一个随机数并且创建一个名为 dual 的图 G，因此每个网格单元都是 G 的一个顶点并且有一条连接两个单元顶点的边当且仅当单元分享共同的墙。每条边的权重是相应墙的权重。我们通过找到 G 的一棵最小生成树 T 和移除 T 中所有与边对应的墙来建造这个迷宫。使用这个算法写一个程序，生成迷宫然后解决它们。最低要求是，你的程序应该画出迷宫，并且在理想的情况下，它同样应该设想解决方案。

P-14.81 写一个程序，基于最短路径路由为计算机网络中的节点建立一个路由表，其中路径距离用跳跃总数来测量，即路径中边的数量。这个问题的输入对所有在网络中的节点来说是连接信息，就像下面的例子一样：

241.12.31.14:　241.12.31.15　241.12.31.18　241.12.31.19

这暗示三个连接到 241.12.31.14 的网络节点，即三个节点是一跳。在地址 A 的节点的路由表是（B, C）对的集合，这暗示着，按从 A 到 B 的路线发送信息，下一个被送到（按照从 A 到 B 的最短路径）的节点是 C。你的程序应该对网络中的每个节点输出路由表，已知节点连通性列表的输入列表，每个输入列表像上述语法一样输入，一行一个。

扩展阅读

深度优先搜索方法是计算机科学发展中的一部分，但是 Hopcroft 和 Tarjan[52, 94] 展示了该算法对解决一些不同图的问题是多么有用。Knuth[64] 讨论了拓扑排序问题。我们描述的简单线性时间算法是为了判定一个有向图是否是强连通的，这归功于 Kosaraju。Floyd-Warshall 算法被 Floyd[38] 呈现在书中并且基于 Warshall[102] 的原理。

第一个著名的最小生成树算法归功于 Barůvka[9] 并于 1926 年发布。Prim-Jarník 算法首先在 1930 年由 Jarník[55] 在捷克发布，并且英文版在 1957 年由 Prim[85] 发布。Kruskal 在 1956[67] 年发布了他的最小生成树算法。对最小生成树问题的更多历史感兴趣的读者可以看 Graham 和 Hell 的书 [47]。目前渐近的最快最小生成树算法是 Karger、Klein 和 Tarjan[57] 在预期 $O(m)$ 时间内运行的随机算法。Dijkstra[35] 在 1959 年发布了他的单源最短路径算法。Prim-Jarník 算法的运行时间，还有 Dijkstra 的运行时间，事实上可以通过用更精细的数据结构“斐波那契堆”[40] 或者“松弛的堆”[37]，通过实现队列 Q 以改良到 $O(n \log n + m)$。

为了学习不同的画图算法，请看 Tamassia 和 Liotta 的书 [92]，以及 Di Battista、Eades、Tamassia 和 Tollis 的书 [34]。对图的算法的深层学习感兴趣的读者可以看 Ahuja、Magnanti 和 Orlin 的书 [7]，Cormen、Leiserson、Rivest 和 Stein 的书 [29]，Mehlhorn 和 Tarjan 的书 [77][95]，还有 van Leeuwen 的书 [98]。

第 15 章

Data Structures and Algorithms in Python

内存管理和 B 树

迄今为止，我们对数据结构的研究主要关注计算效率——通过 CPU 执行基本操作的数量来衡量。实际上，计算机系统的性能也会受计算机内存系统的管理所影响。在对数据结构的分析中，我们根据数据结构所使用的内存总量给出渐近边界。在本章中，我们考虑更多的是关于计算机内存系统的使用。

首先讨论计算机程序在执行期间内存的分配和释放，以及这对程序性能的影响。其次讨论目前计算机系统中多级存储结构的复杂性。虽然我们经常将计算机的内存抽象为自由互换位置的池，实际上，运行程序所使用的数据是在物理内存的组合中进行存储和传输的（如 CPU 的寄存器、高速缓存、内部存储器和外部存储器）。我们考虑使用经典的管理内存的数据结构算法，以及存储器层次结构是如何影响数据结构和算法的选择的，如查找和排序等经典问题。

15.1 内存管理

为了在实际计算机中实现任何数据结构，我们需要使用计算机的内存。计算机内存被组织成字序列，其中每一个序列通常包含 4、8 或 16 个字节（取决于计算机）。这些内存字编号从 0 到 $N-1$，其中 N 是计算机可获得的内存字节的数量。与每个内存字节相关联的数字称为*内存地址*。因此，计算机的内存基本上可被视为一个巨大的内存字的数组。如 5.2 节的图 5-1 所示，我们所描绘的计算机的部分内存如下图所示。

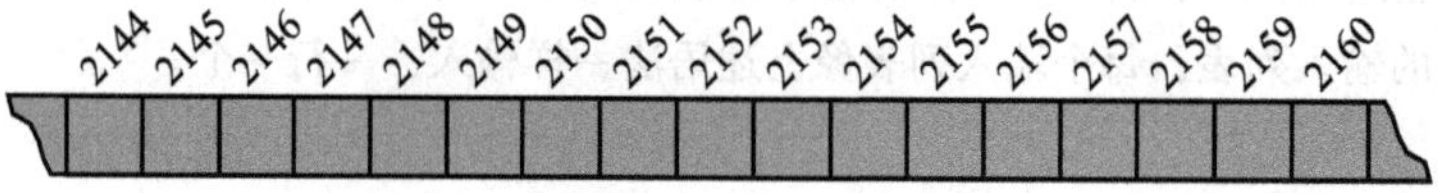
2144
2145
2146
2147
2148
2149
2150
2151
2152
2153
2154
2155
2156
2157
2158
2159
2160

为了运行程序和存储信息，必须对计算机的内存进行管理，以便确定什么样的数据被存储在哪个内存单元。在这一节中，我们将讨论内存管理的基本知识，特别描述存储新对象时怎样分配内存，当对象不再需要时怎样将分配的内存进行释放和回收，以及 Python 解释器怎样使用内存来完成任务。

15.1.1 内存分配

在 Python 中，所有对象都存储在内存池中，该内存池称为*内存堆*或 *Python 堆*（不要与第 9 章中提出的“堆”数据结构相混淆）。当执行如下的命令时，

w = Widget()

假定 Widget 是一个类名，该类的一个新实例被创建并存储在内存堆中的某个地方。当执行 Python 程序时，Python 解释器负责协调操作系统空间的使用和管理内存堆的使用。

内存堆存储空间被分成连续的块，类似于数组，块的大小可以是变量或常量。系统必须实现该功能，才可以迅速为新对象分配内存。一种常用的方法是将连续空间的可用内存连

接到链表上，称为*空闲链表*。只要它们的内存未被使用，这些空间就会被连接到链表中。随着内存的分配和释放，空闲链表中的空间集就会发生变化，那些未使用的内存空间被已用的内存块分离成不相连的空间。未使用的内存分离成单独的空间，也被称为*碎片*。现在的问题是找到大的连续内存块将会变得越来越难，即使等量的内存并未被使用（但碎片化）。因此，我们希望尽可能地使碎片最小化。

可能产生两种类型的碎片。当所分配的内存块的一部分未使用时，可能产生*内部碎片*，例如，程序可以请求大小 1000 的数组，但仅使用该数组的前 100 个内存单元。没有太多的运行时环境可以做到减少内部碎片。此外，当几个已分配内存的连续块之间有未使用的内存空间时，可能会产生*外部碎片*。由于运行时环境可以控制当请求发生时在哪里分配内存，故运行时环境应该以尽量减少外部碎片的方式来分配内存。

为了最小化外部碎片，建议用几种启发式方法来从堆中分配内存。*最佳适应算法*是搜索整个空闲列表以查找其大小最接近所请求内存的空间。*首次适应算法*是从空闲列表的首部开始搜索，直至搜索到第一个足够大的空间。循环首次适应算法与首次适应算法类似，它也是搜索空闲列表中第一个足够大的空间，但它每次搜索都从以前中断的地方开始，将空闲列表视为循环链表并开始搜索（7.2 节）。*最差适应算法*搜索空闲列表以找到最大的可用内存空间，如果该列表保存为一个优先级队列（第 9 章），会比搜索整个空闲列表的速度更快。在每一个算法中，从所选的内存空间减去所请求的内存量后，剩余的内存空间会返回到空闲列表中。

尽管最佳适应算法听起来可能不错，但由于所选择空间的剩余部分偏小，故最易产生外部碎片。首次适应算法快，但它往往在空闲列表前面产生很多的外部碎片，这将降低之后的搜索速度。循环首次适应算法使碎片更均匀地分布在整个内存堆，从而降低了搜索时间，但很难分配大的内存块。最差适应算法试图通过保留尽可能大的连续内存空间来避免这种问题。

15.1.2 垃圾回收

有些语言（如 C 和 C ++），明确规定对象的存储空间由程序员显式地释放，而这是初级程序员经常忽略的任务，甚至对有经验的程序员来说也是令人头疼的编程错误的根源。与此相反，Python 的设计者将内存管理的负担完全交给解释器。解释器负责检测“陈旧”对象的进程，释放用于这些对象的空间，并返回回收空间到空闲列表，这一过程称为*垃圾回收*。

要执行自动垃圾回收，首先必须有方法来检测到那些不再需要的对象。由于解释器不能有效分析任意 Python 程序的语义，它依赖于以下用于回收对象的保守规则。要访问程序中的一个对象，它必须有该对象的直接或间接引用。我们将这种对象定义为*活动对象*。在定义活动对象时，对象的*直接引用*是以标识符的形式存在于活跃的命名空间（即全局命名空间，或任何函数的本地命名空间）。例如，执行命令 w = Widget() 后，标识符 w 将作为新的 widget 对象的引用在当前的命名空间定义。我们将所有这些具有直接引用的对象称为*根对象*。对象的*间接引用*是发生在一些其他活动对象的状态中的引用。例如，如果前面例子中的 Widget 实例包含一个列表属性，该列表也是一个活动对象（因为它可以通过使用标识符 w 来间接达到）。这组活动对象是递归定义的，因此由 Widget 引用的列表中的任何对象也归为活动对象。

Python 解释器假设活动对象是正在运行的程序中使用的活跃对象，这些对象不应该被释放。其他的对象可以被垃圾回收。Python 通过以下两个策略来确定哪些是活动对象。

引用计数

每个Python对象的状态都是一个整数，称为*引用计数*，即计算机系统中任何地方的对象有多少次引用。每一次引用赋给这个对象时，该对象的引用计数递增，每一次的引用被重新分配给其他对象时，原对象的引用计数递减。每个对象的引用计数的维护增加了 $O(1)$ 空间，并且每次引用计数的递增和递减操作都会给 $O(1)$ 空间增加额外的计算时间。

Python解释器允许运行程序来检测一个对象的引用计数。系统模块中有一个getrefcount函数，返回一个等于对象的引用计数的整数并作为一个参数传递。值得注意的是，因为该函数的形参要赋给调用方的实参，所以当报告计数时，在函数的本地命名空间中有该对象的附加引用。

引用计数的优点是，如果一个对象的计数减到零，那么该对象不可能是活动对象，因此该系统能够立即释放该对象（或将其放置在准备释放的对象的队列中）。

周期检测

若对象的引用计数为零，显然意味着它不可能是活动对象，但重要的是要辨别一个有非零引用计数的对象是否仍没资格作为活动对象。有可能存在一组对象，这些对象互相引用，即使这些对象到根对象都是不可达的。

例如，正在运行的Python程序有一个标识符data，它是使用双链表实现序列的一个引用。在这种情况下，由data引用的列表是一个根对象，作为列表的属性存储的首部和尾部节点是活动对象，因为列表的所有中间节点都是间接引用，并且所有元素作为这些节点的元素引用。如果标识符data离开了该范围或将被重新分配给其他对象，对于列表实例的引用计数可能变为零，成为垃圾回收，但所有节点的引用计数仍为非零，由上面的简单规则将阻止其进行垃圾回收。

几乎每隔一段时间，特别是当内存堆中的可用空间变得越来越稀缺时，Python解释器就会使用垃圾回收的更高级形式来收回不可达的对象，尽管它们的引用计数非零。有不同的用于实现周期检测的算法（Python中的GC模块的垃圾回收机制是抽象的，并依赖于解释器的实现方式）。接下来讨论垃圾回收的经典算法：*标记－清除算法*。

标记－清除算法

在标记－清除垃圾回收算法中，我们设置一个"标记"位来标识每个对象是否是活动对象。当确定在某些时候需要垃圾回收，我们暂停所有其他活动，并清除当前在内存堆中分配的所有对象的标志位，然后通过跟踪活跃的命名空间来标记所有根对象为活动对象。我们必须确定所有其他活动对象——从根对象可达的对象。为了有效地做到这一点，我们就可以（见14.3.1节）由对象引用其他对象所定义的有向图进行深度优先搜索。在这种情况下，内存堆中的每个对象是一个有向图顶点，并且从一个对象到另一个对象的引用是一条有向边。通过从每个根对象进行深度优先搜索，我们可以正确识别并标记每个活动对象，这一过程被称为"标记"阶段。一旦这个过程完成，再通过内存堆扫描并回收未被标记的对象正在使用的任何空间。这时，还可以有选择地将内存堆中的分配空间合并成一个单独的块，从而暂时消除外部碎片。该扫描和回收过程被称为"清除"阶段。当清除完成时，恢复运行暂停的程序。因此，标记－清除垃圾回收算法会按照活动对象的数量和其引用的数量加上内存堆的大小的比例，及时回收未使用的空间。

就地执行DFS

标记－清除算法能正确回收内存堆中未使用的空间，但在"标记"阶段面临一个重要问题。由于我们是在可用内存不足时回收内存空间，因此必须注意在垃圾回收期间不要使用额外的空间。麻烦的是，14.3.1 节中是以递归形式描述 DFS 算法，可以使用的空间正比于图的顶点数。在垃圾回收的情况下，图中的顶点是在内存堆中的对象，因此可能没有这么多内存可以使用。所以，唯一的选择就是找到一种方法来就地执行 DFS 而不是递归执行，也就是说，必须用固定的额外空间来执行 DFS。

就地执行 DFS 的主要思想是，模拟递归堆栈使用图的边（在垃圾回收的情况下相当于对象引用）。从访问过的顶点 v 到一个新的顶点 w 进行遍历时，修改边（v, w）存储在 v 的邻接表来指向在 DFS 树中 v 的双亲节点。返回到 v 时（模拟从 w 上的"递归"调用返回），假设有方法来确定哪些边需要改变，我们可以切换到指向修改的边 w。

15.1.3 Python 解释器使用的额外内存

15.1.1 节已经讨论过 Python 解释器如何在内存堆中为对象分配内存，然而并非只有在运行 Python 程序时需要使用内存。我们将在本节讨论内存的其他一些重要用途。

运行时调用栈

栈在 Python 程序的运行时环境中有很重要的应用。运行中的 Python 程序有一个私有栈，称为*调用栈*或 *Python 解释器栈*，该栈用于跟踪函数调用的当前活跃（即未结束的）的嵌套序列。堆栈的每个条目都是一个被称为活动记录或框架的结构，存储了函数调用的重要信息。

在调用栈的顶部是*正在调用*的活动记录，也就是当前控制执行的函数活动。栈的其余元素是挂起等待调用的活动记录，也就是函数已经调用另一个函数，目前等待另一个函数结束时返回控制给前函数。堆栈中元素的顺序对应于当前函数调用的链。当一个新函数被调用时，调用该函数的活动记录被压入栈。调用结束后，它的活动记录从栈中弹出并且 Python 解释器恢复先前暂停的调用过程。

每个活动记录包含代表着函数调用的本地命名空间的字典（参考 1.10 节和 2.5 节对命名空间的进一步讨论）。命名空间将作为参数和局部变量的标识符映射到对象的值，但被引用的对象仍然驻留在内存堆。函数调用的活动记录还包括函数定义本身的引用以及一个特殊变量（称为程序计数器），包含当前正在执行的函数语句的地址。当一个函数返回控制到另一个函数时，该挂起函数存储的程序计数器使得解释器正确继续该函数的运行。

递归实现

使用堆栈实现函数嵌套调用的好处是允许程序使用递归。如第 4 章中讨论的，函数可以调用其本身。本章隐式地描述了调用栈的概念和用递归跟踪地叙述活动记录的使用。有趣的是，早期的编程语言（比如 COBOL 和 Fortran）最初没有使用调用栈来实现函数调用。但由于递归的优雅和效率，几乎所有现代编程语言都使用调用栈来实现函数调用，包括 COBOL 和 Fortran 等经典语言的当前版本。

递归跟踪的每一层对应于在递归函数的执行过程中放置在调用堆栈上的活动记录。在任何时间点，调用栈的内容对应地从初始函数调用到当前函数的所有层。为了更好地说明调用栈如何使用递归函数，我们回顾 Python 阶乘

$$n! = n(n-1)(n-2)\cdots 1$$

函数的经典递归定义的实现，代码段 4-1 给出了原始代码，图 4-1 给出了递归跟踪。第一次调用 factorial 函数，它的活动记录包括存储参数值 n 的命名空间。该函数递归调用函数本身用来计算 $(n-1)!$，产生了新的活动记录，有自己的命名空间和参数，然后压入调用栈。接

下来，再调用自身来计算 $(n-2)$，等等。递归调用链和调用堆栈的大小长为 $n+1$，最深层的嵌套调用是 factorial(0)，只是返回 1，不再进一步递归。运行时堆栈允许阶乘函数的几个调用同时存在。每个活动记录存储着其参数的值和最终被返回的值。当第一递归调用最终终止时将返回 $(n-1)!$ 的值，然后在 factorial 函数的初始调用中将返回结果乘以 n 从而计算出 $n!$。

操作数栈

有趣的是，Python 解释器在另一个地方也使用栈。例如，算术表达式 $((a+b)*(c+d))/e$ 就是解释器通过使用操作数栈进行计算。8.5 节介绍了如何使用表达式树的后序遍历来计算算术表达式。我们是以递归方式描述该算法，然而这种递归描述可以通过非递归的过程来实现，只需包含一个操作数堆栈。一个简单的二进制操作，如 a + b，通过将 a 压栈、b 压栈，然后调用指令从堆栈中弹出顶部的两个数，执行相应的二进制操作，并且将计算结果返回到堆栈。同样，从内存中写元素或读元素的指令涉及操作多个栈的进栈和出栈方法的使用。

15.2 存储器层次结构和缓存

随着社会上计算使用量的与日俱增，应用软件必须管理非常大的数据集。这样的应用包括在线金融交易、数据库的组织和维护以及客户的购买记录和偏好分析。数据的数量可以如此之大，算法和数据结构的整体性能有时更多地取决于访问数据的时间而不是处理器的速度。

15.2.1 存储器系统

为了容纳大数据集，计算机有不同类型的存储器层次结构，它们的大小和到 CPU 的距离有所不同。最接近 CPU 的是在 CPU 本身使用的内部寄存器。访问这些位置非常快，但这样的空间也相对较少。层次结构中的第二层是一个或多个高速缓冲存储器。这种存储空间比 CPU 的寄存器集大得多，但是访问它需要更长的时间。层次结构中的第三层是内部存储器，也称为主存储器或核心存储器。内部存储器比高速缓冲存储器大得多，但也需要更多的访问时间。层次结构中的外一层是外部存储器，它通常由磁盘、CD 驱动器、DVD 驱动器或磁带组成。这个存储器是非常大的，但也很慢。通过外部网络存储数据可以被看作该层次结构的又一级别，它有更大的存储容量，但访问速度更慢。因此，可以将计算机存储器层次结构看作包含五层或更多的层，其中每一层比前一层的存储容量更大，但访问速度更慢（见图 15-1）。在程序的执行过程中，数据定期从一层复制给相邻层，这些传输也成为计算的瓶颈。

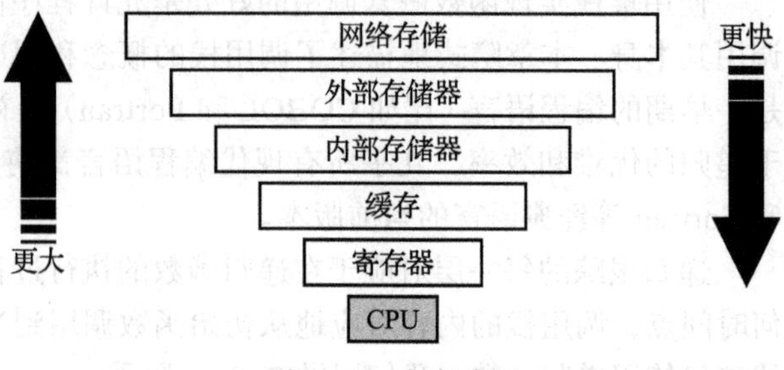
网络存储
外部存储器
内部存储器
缓存
寄存器
CPU
更大
更快
图 15-1 内存分层

15.2.2 高速缓存策略

存储器层次结构对程序性能的影响很大程度上取决于所要解决的问题的大小和计算机系统的物理特性。通常情况下，瓶颈发生在两个层次的存储器层次结构中，可以容纳所有的数据项层次和一个低于该层的一层。对于在主存储器中完全匹配的问题，最重要的两个层次是高速缓冲存储器和内部存储器。访问内部内存的时间可能是高速缓冲存储器的 10 到 100 倍。因此，能够在高速缓冲存储器中执行大多数的存储器访问。此外，对于在主存储器中不完全匹配的问题，两个最重要的层次是内部存储器和外部存储器。这里的差异更大，通常对于外部存储设备如磁盘的访问时间是内部存储器的 100 000 ～ 1 000 000 倍。

换个角度看这个数字，想象有位在巴尔的摩的学生想发送一条要钱的消息给他在芝加哥的父母。如果学生给他的父母发送电子邮件，大约 5 秒消息可以到达他们的家用电脑。将这种模式下的通信对应于访问 CPU 的内部存储器。另一种通信方式对应于访问外部存储器，慢 500 000 倍，就是该学生亲自步行到芝加哥传递消息，如果他可以平均每天走 20 英里，这将需要一个月的时间，因此我们应该要尽可能少地访问外部存储器。

尽管在不同层的访问存在巨大差异，但大多数算法设计时并没有考虑到存储层次。事实上到目前为止，在这本书中描述的所有算法假定所有的存储访问都是平等的。这种假设似乎起初是一个巨大的疏忽，而且我们只是在最后一章提出，但有很好的理由进行这个合理的假设。

假定所有存储器的访问需要相同时间的理由之一是，因为有些特定设备的内存的大小信息往往很难得到。事实上，关于存储器大小的信息可能很难得到。例如，很难在某一个特定的计算机体系结构配置中定义一个在许多不同的计算机平台上运行的 Python 程序。当然，可以使用特定的架构信息，如果我们使用它的话（我们将在本章后面说明如何开发这些信息）。但是，一旦在一定的架构配置中优化了软件，软件将不再是设备无关的。幸运的是，这样的优化不总是必要的，第二个理由是假设所有存储器的访问需要相同时间。

缓存与分块

内存访问平等假设的另一个理由是，操作系统的设计人员已经开发了通用的机制，允许更快访问内存。这些机制是基于大多数软件所具备的两个重要的局部参考特性：

- 时间局部性。如果程序访问一个特定的内存位置，那么在不久的将来它再次访问相同位置的可能性会增加。例如，在几个不同的表达式使用计数器变量的值是很常见的，包括递增计数器的值。事实上，计算机架构师共同的格言是，在一个程序所花费的 90% 的时间在其 10% 的代码上。
- 空间局部性。如果程序访问某个内存位置，它不久之后访问附近的其他位置的可能性会增加。例如，程序使用数组时，可能会以连续或近乎连续的方式访问数组的位置。

计算机科学家和工程师们进行了大量的软件分析实验证明，大多数软件都具备这类局部参考特性。例如，嵌套 for 循环重复扫描矩阵将显示出这两种局部性。

反过来，时间局部性和空间局部性为多层计算机存储器系统提供了两个基本设计选择（其实存在于高速缓冲存储器和内部存储器之间的接口，以及在内部存储器和外部存储器之间的接口）。

第一种设计选择称为*虚拟内存*。这个概念包括提供和二级存储器容量一样大的地址空间，只有当被寻址时，才将位于第二层的数据传送到第一层。虚拟存储器不限制程序员对内部存储器容量的约束。将数据存到主存储器的概念称为*高速缓存*，它是由时间局部性的特性促使的。通过将数据存入主存储器中，我们希望它会很快再次访问，并且在不久的将来将能够快速响应所有这些数据的请求。

第二种设计选择是由空间局部性促使的。具体来讲，如果要访问存储在第二级存储器的数据，那么将一个大的连续空间包括要访问的位置的块存入第一级存储器（见图15-2）。这个概念称为分块，并且它是由很快会访问第二级存储器相邻位置的期望所促使的。在高速缓冲存储器和内部存储器间的接口中，这种块通常称为高速缓存行，并且在内部存储器和外部存储器间的接口中，这种块通常称为页。

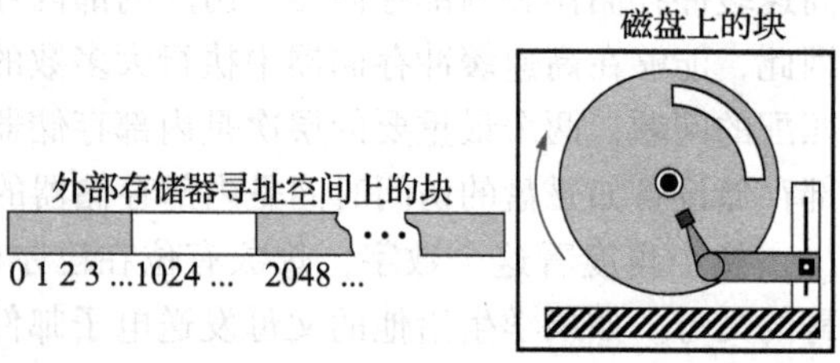
磁盘上的块
外部存储器寻址空间上的块
0 1 2 3 ...1024 ...　2048 ...

图15-2　外部存储器中的块

缓存和分块实现的虚拟内存往往让我们察觉到两级存储器的速度比实际上的快得多。但是，还有一个问题，一级存储器比二级存储器内存小得多。此外，由于存储系统使用分块，当一些程序可能达到它从二级存储器请求数据的点时，但一级存储器中的块有可能满了。为了满足该请求，并保持使用缓存和分块，在这种情况下我们必须从一级存储器取出一些块，以腾出空间给从二级存储器取出的新的块。

浏览器中的缓存

决定依次取出哪些块给数据结构和算法设计带来了一些有趣的问题。为此，我们考虑当再次访问网页时出现的相关问题。根据时间局部性来看，在缓存中存储网页副本是有好处的，当请求再次发生时，它能够快速检索到这些页面。这有效地创建了一个以缓存作为更小、更快的内部存储器和网络作为外部存储器的两级存储器层次结构。特别是，假设有一个 m 个"插槽"的缓冲存储器，可以包含Web页面，假设一个网页可放置在高速缓存中的任何一个插槽中。这称为全相联高速缓冲存储器。

在运行过程中，浏览器会请求不同的网页。每次浏览器请求这样一个网页p，浏览器确定（使用快速测试）网页p是否改变且当前是否在高速缓存中。如果网页p在高速缓存中，则该浏览器使用缓存副本就能满足请求。如果网页p不在高速缓存中，对于网页p的页面请求将要搜索整个因特网，并传输到缓存中。如果高速缓存中的 m 个插槽中的一个是可用的，则浏览器将网页p分配到任一个空槽中。但是，如果高速缓冲存储器的 m 个单元都被占用时，计算机必须确定取出哪些先前浏览过的网页然后驱逐，并由网页p代替。当然，有很多不同的策略用来确定网页的移出。

页面置换策略

一些较知名的页面替换策略（见图15-3）如下：

- 先进先出策略（FIFO）。置换在主存中停留时间最长的页面，也就是在最远的过去传输到缓存中的页面。
- 最近最久未使用策略（LRU）。置换在过去最远一次请求的页面。

此外，我们可以考虑一个简单的、纯随机的策略。

- 随机策略。在缓存中随机置换一个页面。

随机策略是最容易实施的策略之一，因为它仅需要一个随机或伪随机数生成器。参与实施这一策略的开销是每一个页面置换所需的额外空间 $O(1)$。此外，对于每个页面请求都没有额外的开销，除了确定该页是否是在缓存中。不过，这一策略并没有试图采取根据用户的浏览表现出任何时间局部性的优势。

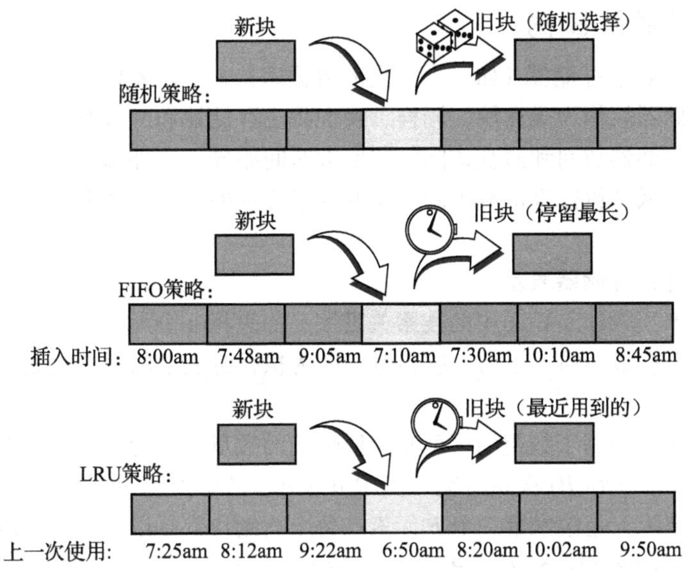
新块
旧块（随机选择）
随机策略：
新块
旧块（停留最长）
FIFO策略：
插入时间：8:00am 7:48am 9:05am 7:10am 7:30am 10:10am 8:45am
新块
旧块（最近用到的）
LRU策略：
上一次使用：7:25am 8:12am 9:22am 6:50am 8:20am 10:02am 9:50am

图 15-3 随机策略、FIFO 策略和 LRU 页面置换策略

先进先出策略的实现相当简单，因为它仅需要一个队列 Q 来存储缓存中引用的页面。当被浏览器引用时，页面会进入队列 Q，并且会存入到高速缓存。当页面需要被取出时，计算机简单地执行队列 Q 的出队操作来确定置换哪个页面。因此，这一策略还需提供每个页面替换所需的 $O(1)$ 空间。同时，FIFO 策略对页面请求没有额外的开销，而且它试图发挥一些时间局部性的优势。

LRU 策略比 FIFO 策略更深一步，总是通过取出最近最少使用的页面来尽可能多地发挥时间局部性的优势。从策略的角度来看，这是一个很好的方法，但从实现成本的角度看花费很大。也就是说，它优化时间和空间局部性的方式是相当昂贵的。实施 LRU 策略需要使用支持更新现有网页的优先级的可适应优先级队列 Q。如果 Q 是基于链表来实现排序序列，则每个页面请求和页面置换的开销需要 $O(1)$ 空间。当 Q 中插入一个页面或更新其优先级时，该页面在 Q 中被赋予最高级，并且放置在链表的末尾，这可以在 $O(1)$ 时间内完成。虽然 LRU 策略具有固定的时间开销，但使用上述的实施方式所涉及的常量条件包含额外时间的开销和用于优先队列 Q 上的额外的空间，从实用角度来看这个策略缺少吸引力。

由于这些不同的页面替换策略有不同的实施难度和展示局部性优势的程度，自然，应对比分析这些方法，来看看哪一种方法是最好的。

从最坏情况的角度看，FIFO 和 LRU 策略都不具优势。例如，假设在高速缓存有 m 个页面，对于一个循环请求 $m+1$ 个页面的程序考虑用 FIFO 和 LRU 策略进行页面置换。无论是 FIFO 还是 LRU 策略，对这样序列的页面请求实现效果都很差，因为它们对于每一个页面请求都要进行页面替换。因此，从最坏的情况来看，我们可以想象这些策略几乎是最糟糕的——对于每一个页面请求，它们都需要页面替换。

这种最坏情况的分析是有点过于悲观，但是它集中于每个协议的页面请求的一个坏序列的行为。理想的分析是在所有可能的页面请求序列比较这些方法。当然，不可能做到详尽，但已经有大量的实验模拟来自真实程序的页面请求序列。基于这些实验的比较，LRU 策略已被证明是优于 FIFO 策略，当然通常比随机策略更好。

15.3 外部搜索和B树

考虑到不适合在主存储器（如一个典型的数据库）中维护大集合信息。在这方面，我们指的是将二级存储器块作为**磁盘块**。同样，我们将主存储器和二级存储器间块的传输作为*磁盘传输*。回顾主存储器访问和磁盘访问间的巨大时间差异，在外部存储器中维护大集合信息的主要目标是尽量减少执行查询或更新所需的磁盘传输的数量。我们指的是该算法所涉及的*I/O复杂性*。

一些低效的外部存储器表示

我们支持的典型操作是在图中的搜索关键字。如果将 n 个无序项存储在双向链表中，在链表中搜索特定键在最坏情况下需 n 次传输，因为执行链表上的每个链表节点可能会访问存储器中的不同块。

我们可以通过使用基于数组的序列减少块传输的数量。因为空间局部性原理，执行一个数组的有序搜索只需 $O(n/B)$ 次块传输，其中 B 表示一个块中元素的数目。这是因为访问数组的第一个元素实际上是检索第一个 B 元素，每个连续块都是以此类推。值得一提的是，仅使用紧凑数组表示时才能达到 $O(n/B)$ 的块传输（参见5.2.2节）。标准的Python列表类是一个引用容器，所以即使按引用序列存储在数组中，在搜索期间被检查的实际元素一般不按顺序存储在存储器中，从而导致在最坏的情况下需要 n 次块传输。

我们可以用一个有序数组存储序列。在这种情况下，通过二分搜索，只需执行 O（log2 n）次传输，这是一个很好的改进。但是，不能从块传输得到显著的好处，因为二分搜索过程中每个查询可能会在不同的块中进行。通常，更新操作对有序数组来说成本很高。

由于这些简单的实现I / O效率低下，我们应该考虑对数时间内部存储策略，即使用平衡二叉树（如AVL树或红黑树）或对数平均情况下查询和更新的其他搜索结构（如跳转表或伸展树）。通常，在这些结构中查询或更新所访问的每个节点将是在不同的块中进行。因此，这些方法在最坏的情况下执行查询或更新操作都需要 O（log2）次传输。但是，我们可以做得更好！——可以执行映射查询和更新只用 $O(\log_B n) = O(\log n/\log B)$ 次传输。

15.3.1 (a, b) 树

为了减少搜索时外部存储器访问的次数，可以使用多路搜索树（见11.5.1节）来表示映射。这种方法产生了（2，4）树数据结构，也称为(a，b) 树。

(a，b) 树是一棵多路搜索树，它的每个节点具有 a～b 个孩子节点，存储着（$a-1$）～（$b-1$）个记录。在 (a，b) 树中搜索、插入和删除记录的算法是（2，4）树的直接概括。(2，4) 树推广到（a，b) 树的优点在于，一棵广义类树提供了一个灵活的搜索结构，其中节点的多少和各种映射操作的运行时间取决于参数 a 和参数 b。通过设置参数 a 和 b 来处理磁盘块的大小，我们可以根据该数据结构取得良好的外部存储性能。

(a，b) 树的定义

(a，b) 树的参数 a 和 b 是整数且，满足 $2 \leqslant a \leqslant (b+1)/2$。(a，b) 树是一棵多路搜索树，具有以下附加限制：

- 大小属性：每个内部节点至少有 a 个孩子节点，至多有 b 个孩子节点，根节点除外。
- 深度属性：所有外部节点具有相同的深度。

命题15-1：*存储 n 个记录的（a，b）树的高度是 $\Omega(\log n/\log b)$ 到 $O(\log n/\log a)$ 之间。*

证明：设 T 是存储 n 个记录的（a，b）树，h 是 T 的高度。我们通过建立如下等式来证明这个命题。

$$\frac{1}{\log b}\log(n+1)\leqslant h\leqslant\frac{1}{\log a}\log\frac{n+1}{2}+1$$

根据大小属性和深度属性，T 的外部节点的数量n''在$2a^{h-1}$到b^h之间。

根据命题 11-7 可知，$n''=n+1$ 因此，

$$2a^{h-1}\leqslant \mathrm{n}+1\leqslant b^h$$

再同时取从 2 为底的对数，得到：

$$(h-1)\log a+1\leqslant\log(n+1)\leqslant h\log b$$

通过不等式运算完成以上证明。■

搜索和更新操作

回顾在多路搜索树 T 中，T 的各节点 v 持有二级结构 $M(v)$，这本身就是一个映射（见 11.5.1 节）。如果 T 是（a，b）树，那么 $M(v)$ 最多存储 b 条记录。令 $f(b)$ 表示在图 $M(v)$ 中执行搜索中的时间。这与在 11.5.1 节给出的多路搜索树（a，b）搜索算法是完全一样。因此，一棵有 n 条记录的（a，b）树 T 需要 $O((f(b)/\log a)\times\log n)$ 的时间。注意，如果 b 为常数（并且 a 也是），那么搜索时间为 $O(\log n)$。

（a，b）树主要用于存储在外部存储器的映射。也就是说，要尽量减少磁盘访问，我们选择参数 a 和 b，使每个树节点占用一个磁盘块（如果我们想简单地计算块传输，则令 $f(b)=1$）。在这种情况下提供合适的 a 和 b 值会产生一个数据结构，我们简称为 B 树。在我们描述这种结构前，但是，让我们来讨论如何在（a，b）树中进行插入和删除。

（a，b）树的插入算法类似于（2，4）树。当在 b 节点 w 中插入记录时，就会成为非法的 $(b+1)$ 节点，此时发生上溢。（一个多路树中的一个节点如果它有 d 个孩子，就是 d – 节点。）为了补救上溢，我们移动 w 的一半记录给其双亲节点，并将 w 替换为 $\lceil(b+1)/2\rceil$ 节点 w' 和 $\lfloor(b+1)/2\rfloor$ 节点 w''。现在我们明白了在（a，b）树的定义中为什么需要 $a\leqslant(b+1)/2$。注意到分散的结果，我们需要构建两个二级结构 $M(w')$ 和 $M(w'')$。

从（a，b）树中删除记录的算法也类似于（2，4）树。当在 a – 节点 w 中删除一条记录时，就会成为非法的 $(a-1)$ – 节点，此时发生下溢，根节点除外。为了补救下溢，我们通过将 w 的兄弟节点转换成非 a 节点，或将 w 与其兄弟节点融合成 a 节点，合成的新节点是（$2a-1$）节点。这是需要 $a\leqslant(b+1)/2$ 的另一个理由。表 15-1 显示了（a，b）树的性能。

表 15-1 由（a，b）树 T 实现的 n – 节点的时间界限。假定 T 节点的二级结构对 $f(b)$ 函数和 $g(b)$ 函数支持在 $f(b)$ 时间内搜索，在 $g(b)$ 时间内分开和合成。当只计算磁盘传输时，时间复杂度能达到 $O(1)$

操　作	运行时间
M[k]	$O\left(\frac{f(b)}{\log a}\log n\right)$
M[k] = v	$O\left(\frac{g(b)}{\log a}\log n\right)$
del M[k]	$O\left(\frac{g(b)}{\log a}\log n\right)$

15.3.2　B 树

（a，b）树数据结构中的一个版本，也是外部存储器维护映射信息常用的方法，称为 B 树（见图 15-4）。一个 d 阶 B 树，满足 $a=\lceil d/2\rceil$和 $b=d$。既然已经讨论了（a，b）树的标准映射查询和更新方法，这里只讨论 B 树的 I / O 复杂性。

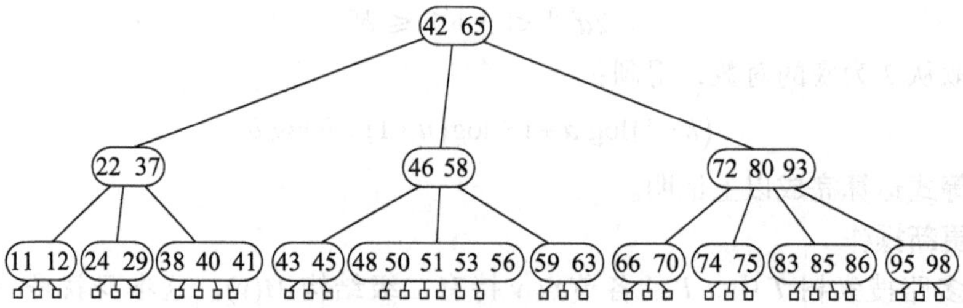
42 65
22 37
46 58
72 80 93
11 12
24 29
38 40 41
43 45
48 50 51 53 56
59 63
66 70
74 75
83 85 86
95 98

图 15-4　一个 6 阶的 B 树

B 树的一个重要属性是可以选择 d，使得一个节点中存储的 $d-1$ 个键和 d 个孩子的引用可以紧凑地装入一个磁盘块，这意味着 d 与 B 成正比。这种选择允许我们在（a，b）树中的搜索和更新操作的分析中假设 a 和 b 正比于 B。因此，每次访问一个节点来执行搜索或更新操作时，$f(b)$ 和 $g(b)$ 的时间复杂度都是 $O(1)$，只需要执行一个块传输。

通过上述观察，检测到树的每一次执行搜索或更新操作最多需要 $O(1)$ 节点，因此对 B 树的任意搜索或更新仅需要 $O(\log_{\lceil d/2\rceil} n)$，也就是 $O(\log n/\log B)$ 次块传输。例如，对 B 树完成一次操作就是在节点中插入新记录，如果由于此操作，节点上溢（有 $d+1$ 个孩子节点），那么该节点会分成两个节点，分别有$\lfloor (d+1)/2\rfloor$ 和$\lceil (d+1)/2\rceil$个孩子节点。该过程在接下来的每一层都重复此操作，直至到达 $O(\log_B n)$ 层。

同样，如果删除操作导致一个节点下溢（有$\lceil d/2\rceil-1$ 个孩子节点），那么使用至少有$\lceil d/2\rceil+1$ 个孩子节点的兄弟节点或将这个节点与其兄弟节点融合（父母节点重复此操作）。同插入操作一样，这将向上继续执行至多 $O(\log_B n)$ 层。每个内部节点至少具有$\lceil d/2\rceil$个孩子节点意味着用于支持 B 树的每个磁盘块至少有一半空间是满的。因此，有以下结论：

命题 15-2：*n 个记录的 B 树的搜索和更新操作的 I / O 复杂度为 $O(\log_B n)$，并且使用 $O(n/B)$ 个块，其中 B 是块的大小。*

15.4　外部存储器中的排序

除了数据结构（例如映射）需要在外部存储器实现，还有许多算法也必须在输入集合上操作，它们太大了，以至于不能完全适用于内存。在这种情况下，对象尽可能少使用块传输来解决算法问题。这种使用外部存储器的最典型的算法是排序问题。

多路归并排序

在外部存储器上对有 N 个对象的集合 S 进行排序是一个有效的方法，相当于我们熟悉的归并分类算法上一个简单的外部存储变量。这种变量背后的主要思想是同时递归地合并排序列表，从而减少递归的次数。具体来说，这种**多路归并排序**（multiway merge-sort）方法的一个高层次的描述是把 S 分为规模大致相当的 d 个子集 $S_1, S_2, \cdots, S_d$，递归地排序每一个子集 S_i，然后同时将所有 d 个已经排好序的列表合并为一个 S 的排过序的形式。如果我们可以只使用 $O(n/B)$ 次磁盘传输执行合并过程，那么对于足够大的 n，由算法执行的传输总量满足如下递归：

$$t(n) = d \cdot t(n/d) + cn / B$$

对于一些常数 $c \geqslant 1$，当 $n \leqslant B$ 时可以停止递归，因为在这一节点上我们可以执行单个块传输，使所有的对象到内存中，然后用一个高效的内部存储算法对这些集合排序。因此，$t(n)$ 的停止准则是：

$$t(n) = 1，\text{如果 } n / B \leqslant 1$$

这意味着一个闭合解，其中 $t(n)$ 是 $O((n/B)\log_d(n/B))$，这是

$$O((n / B) \log(n / B) / \log d)$$

因此，如果我们可以选择 d 作为 $\Theta(M/B)$，其中 M 是内存的大小，然后最坏情况下这种多路归并算法执行块传输的数量将会变得非常少。基于在下一节中将给出的原因，我们选择

$$d = (M/B) - 1$$

该算法留给我们的唯一选择是如何只使用 $O(n/B)$ 次块传输来执行 d 路合并。

多路合并

在一个标准的合并排序中（见 12.2 节），合并过程通过在两个序列各自开头反复提取最小项来将两个已经排过序的序列合并为一个序列。在 d 路合并中，在 d 个序列开头我们反复寻找最小项，并将其作为合并序列的下一个元素，直到所有的元素都包括在内才停止。

在外部存储排序算法的背景下，如果内存的大小是 M，并且每一块的大小为 B，在任意的给定时间，我们在主存中可以存储多达 M/B 的块。我们专门选择 $d = (M / B) - 1$，使得在任意的给定时间内主存中的每个输入序列能保留一块，并有一个额外的块用作合并序列的缓冲，如图 15-5 所示。

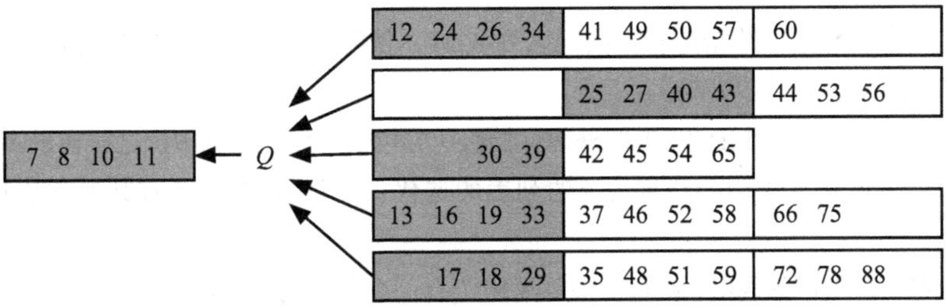
12 24 26 34
41 49 50 57
60
25 27 40 43
44 53 56
7 8 10 11
Q
30 39
42 45 54 65
13 16 19 33
37 46 52 58
66 75
17 18 29
35 48 51 59
72 78 88

图 15-5　$d = 5, B = 4$ 的 d 路合并。块在主存中用灰色表示

我们保持内存中每个输入序列中最小的未处理的元素，当前一块用完时，从一个序列中请求下一块。同样，我们使用内存的一块来缓冲合并序列，当缓冲满了的时候刷新外存的块。通过这种方式，单一 d 路合并中执行的传输总数是 $O(n/B)$，因为我们每扫描列表 S_i 一次，就写合并列表 S′ 一次。根据计算时间，选择可以使用 $O(d)$ 次操作执行的最小 d 值。如果愿意使用 $O(d)$ 的内存，可以在每个队列中保持一个优先队列以识别最小的元素，从而在 $O(\log d)$ 时间内通过删除最小的元素并用同一序列的下一个元素取代它来进一步合并。因此，d 路合并的内部时间是 $O(n \log d)$。

命题 15-3：给定一个紧密地存储在外存中 n 个元素的基础数组序列 S，我们可以用 $O((n/B)\log(n/B) /\log(M/B))$ 块传输和 $O(n \log n)$ 的内部计算对 S 排序，其中 M 是内存的大小，B 是一个块的大小。

15.5 练习

请访问 www.wiley.com/college/goodrich 以获得练习帮助。

巩固

R-15.1 Julia 刚买了一台新的计算机，使用 64 位整数来处理内存单元。解释为什么 Julia 在她的生活中将永远不会更新她的电脑的内存，这可能将会是她的电脑内存的最大尺寸。假设你需要有不同的公式来代表不同的比特。

R-15.2 详细地描述从一个（a，b）树上添加或删除一项的算法。

R-15.3 假设 T 是一棵多叉树，其中每个内部节点至少有 5 个、最多有 8 个孩子。当 a 和 b 的值为多少的时候 T 是一棵有效的（a，b）树？

R-15.4 当 d 的值为多少时，上一题中的树 T 是一个 d 阶的 B 树。

R-15.5 考虑一个由四页组成的初始为空的内存缓存。LRU 算法会导致页面请求序列（2,3,4,1,2,5,1,3,5,4,1,2,3）有多少缺页？

R-15.6 考虑一个由四页组成的初始为空的内存缓存。FIFO 算法会导致页面请求序列（2,3,4,1,2,5,1,3,5,4,1,2,3）有多少缺页？

R-15.7 考虑一个由四页组成的初始为空的内存缓存。随机算法会导致页面请求序列（2,3,4,1,2,5,1,3,5,4,1,2,3）的最大缺页数是多少？演示在这种情况下所有算法产生的随机选择。

R-15.8 画出插入到初始为空的 7 阶 B 树的结果，条目的键为 (4,40,23,50,11,34,62,78,66,22,90,59,25,72,64,77,39,12)。

创新

C-15.9 描述一个有效的外部存储算法，用于删除大小为 n 的数组列表中的所有副本项目。

C-15.10 描述一个外部存储数据结构来实现堆栈 ADT，使需要处理一个 k 队列的 push 和 pop 操作的磁盘总数是 $O(k/B)$。

C-15.11 描述一个外部存储数据结构来实现队列 ADT，使需要处理一个 k 队列的 enqueue 和 dequeue 操作的磁盘总数是 $O(k/B)$。

C-15.12 描述一个 PositionalList ADT 的外部存储版（7.4 节），块大小为 B，这样在最坏的情况下使用 $O(n/B)$ 传输来完成一个长度为 n 的列表的迭代，并且 ADT 的所有其他方法只需要 $O(1)$ 传输。

C-15.13 改变定义红黑树的规则，使每一棵红黑树 T 有一个相应的（4,8）树，反之亦然。

C-15.14 描述一个 B 树插入算法的改进版本，使我们每次因为节点 w 的分裂创建溢出时，对所有 w 的兄弟再分配键，让每个兄弟拥有大致相同的键值（可能是 w 父亲的级联分裂）。使用这种方案填充每块的最小部分是多少？

C-15.15 另一个可能的外部存储映射的实现是使用跳跃表，但是在跳跃表的任意层级上，要在单个块中收集 $O(B)$ 节点的连续的组。特别地，我们定义一个 d 阶的 B 跳跃表来表示表结构，其中每块包含至少 $d/2$ 个列表节点和最多 d 个列表节点。在这种情况下，也选择 d 作为一个可以容纳块的跳跃表级别中列表节点的最大数。描述对于一个 B 跳跃表，我们如何修改插入和删除算法以使结构的预期高度为 $O(\log n/\log B)$。

C-15.16 描述如何使用 B 树实现分区（合并 – 查找）ADT（见 14.7.3 节），使合并和查找操作每次最多使用 $O(\log n/\log B)$ 的磁盘传输。

C-15.17 假设我们给定一个有 n 个整数键元素的队列 S，使在 S 中的一些元素是“蓝色”，一些是“红色”。此外，如果键值相同，则一个红色元素 e 匹配一个蓝色元素 f。为寻找 S 中所有的红 - 蓝对，请描述一个有效的外部存储算法。你的算法有多少磁盘传输需要执行？

C-15.18 考虑页面缓存问题，内存缓存可以容纳 m 页，并且我们给定一个有 n 个请求的序列 p 取自 $m+1$ 个可能的页面池。为脱机算法描述最佳策略，并显示它一共能导致最多 $m+n/m$ 的缺页，从一个空的缓存开始。

C-15.19 描述一个有效的外部存储算法，该算法可以确定是否一个大小为 n 的整型数组包含一个出现次数大于 $n/2$ 的值。

C-15.20 考虑到页面缓存策略，基于*最不经常使用*（LFU）规则，当请求新的页面时淘汰最不经常进入缓存中的页面。如果有相同使用频率的页面，LFU 淘汰最不常使用的且缓存时间最长的页面。现有一个 n 个请求的序列 P，证明对于 m 页的缓存 LFU 可引起 $\Omega(n)$ 次缺页，然而最优算法将只引起 $O(m)$ 次缺页。

C-15.21 假设在 d 阶 B 树 T 中有节点搜索函数 $f(d)=1$，$f(d)=\log d$。在 T 中执行搜索的渐近运行时间现在变成了多少？

项目

P-15.22 写一个 Python 类，该类模拟内存管理的最佳适应、最坏适应、首次适应和循环首次适应算法。用实验的方法确定在请求各种内存序列的情况下哪种方法是最好的。

P-15.23 写一个 Python 类，借助（a, b）树实现所有有序映射 ADT 方法，其中 a 和 b 是作为参数传递给构造函数的整型常量。

P-15.24 实现 B 树数据结构，假设一个块的大小为 1024 个整型键。测试“磁盘传输”所需的数量来处理一个映射操作序列。

拓展阅读

对层次存储器体系结构系统研究感兴趣的读者可以参考 Burger[21] 等人的书或者 Hennessy 和 Patterson[50] 的书。我们描述的标记 - 清除算法这种垃圾收集方法是执行垃圾收集的许多不同算法之一。我们鼓励对进一步研究垃圾收集感兴趣的读者研究 Jones 和 Lins[62] 的书。Knuth[62] 对于外部存储器分类和搜索有非常好的论述。Ullman[97] 讨论了数据库系统的外存结构。Gonnet 和 Baeza Yates[44] 的手册比较了多个不同的排序算法的性能，其中有许多是外部存储器算法。B 树是由 Bayer 和 McCreight[11] 和 Comer[28] 发明的，并对该数据结构提供了非常好的概述。Mehlhorn[76] 和 Samet[87] 的书对于 B 树和它们的变形也有很好的论述。Aggarwal 和 Vitter[3] 研究分类的 I/O 复杂性及相关问题，建立了上界和下界。Goodrich 等人 [46] 研究几种计算几何问题的 I/O 复杂性。鼓励有兴趣进一步研究 I/O 算法的读者研究 Vitter[99] 的调查论文。

Python 中的字符串

字符串是来自字母表的一些字符序列。在 Python 中，内置的 str 类表示基于 Unicode 国际字符集的字符串、一个 16 位的字符编码，涵盖了大多数书面的语言。Unicode 是包括基本拉丁文字母、数字和常见符号的 7 位 ASCII 字符集的扩展。字符串在多数编程应用中特别重要，因为文本通常用于输入和输出。

1.2.3 节提供了关于 str 类的基本介绍，包括使用的字符串，如 'hello' 和用于构造一个典型的对象的字符串表示形式的语法 str(obj) 等。1.3 节进一步讨论了常用的运算符支持的字符串，例如使用“+”进行连接。本附录作为更详细的参考，描述字符串支持文本处理的快捷操作。为了描述 str 类的行为，我们将它分为以下几大类的功能。

搜索子串

操作符语法 s 中的方法，可以确定给定的模式是否是字符串 s 的子串。表 A-1 描述了几种相关的方法，确定搜索的数量和索引是从最左边或最右边开始。表中的每个函数接收两个可选的参数，分别为 start 和 end，可以有效地将搜索限制到 start 和 end 之间，即 s[start:end]。例如，调用 s.find（pattern，5）可以将搜索限制到 s[5:]。

表 A-1　搜索子串的方法

调用语法	描　述
s.count(pattern)	返回与 pattern 不重叠的匹配项数目
s.find(pattern)	返回索引最左边以 pattern 开始；否则返回 –1
s.index(pattern)	和 find 方法类似，但是如果没有找到，会提高 ValueError
s.rfind(pattern)	返回索引最右边以 pattern 开始；否则返回 –1
s.rindex(pattern)	和 rfind 方法类似，但是如果没有找到，会提高 ValueError

构建相关的字符串

在 Python 中，字符串是不可变的，所以它们的方法都不修改现有的字符串实例。然而，许多方法返回一个新建的字符串，它与一个现有的字符串密切相关。表 A-2 总结了这类方法，其中包括用新的字符串替换当前字符串，更改字母的大小写，根据需要产生一个宽度固定字符串，产生从任一端剥离无关字符字符串的备份。

表 A-2　相关字符串的方法

调用语法	描　述
s.replace(old, new)	返回一用新匹配项替代所有旧匹配项的 s 的备份
s.capitalize()	返回其拥有的第一个字符大写的 s 一个备份
s.upper()	返回所有字符都大写的 s 的一个备份
s.lower()	返回所有字符都小写的 s 的一个备份
s.center(width)	返回 s 的一个拷贝，中间用空格填充相应的宽度
s.ljust(width)	返回 s 的一个拷贝，结尾用空格填充相应的宽度

（续）

调用语法	描述
s.rjust(width)	返回 s 的一个拷贝，开头用空格填充相应的宽度
s.zfill(width)	返回 s 的一个拷贝，开头用 0 填充相应的宽度
s.strip()	返回 s 的一个拷贝，删除开头和结尾无用的空白
s.lstrip()	返回 s 的一个拷贝，删除开头无用的空白
s.rstrip()	返回 s 的一个拷贝，删除结尾无用的空白

表中几个函数接收的可选参数没有详细的说明。例如，replace() 方法默认情况下替换所有不重叠的旧有模式，但可选参数可以限制进行替换的数量。居中或两端对齐处理文本的方法使用空格作为默认填充字符进行填充，但是可选填充字符可以被指定为一个可选参数。

同样，所有删除字符的变形默认情况下都是删除开头和结尾的空格，但是一个可选的参数可以选定应从两端开始删除的字符。

测试布尔条件

表 A-3 包括测试一个字符串的布尔属性，例如是否它某一种方式开始或结束，或其字符是否由字母、数字、空白等的组成的方法。标准 ASCII 字符集是由字母字符即大写 A ～ Z 和小写 a ～ z，数字即 0 ～ 9，空白（包括空格、制表符、换行符和回车）组成的，被视为字母和数字的字符代码推广到更一般的 Unicode 字符集合。

表 A-3 测试布尔条件的方法

调用语法	描述
s.startswith(pattern)	如果 pattern 是字符串 s 的前缀，返回 True
s.endswith(pattern)	如果 pattern 是字符串 s 的后缀，返回 True
s.isspace()	如果非空字符串的所有字符是空白，返回 True
s.isalpha()	如果非空字符串的所有字符是字母，返回 True
s.islower()	如果所有字母都是小写的，返回 True
s.isupper()	如果所有字母都是大写的，返回 True
s.isdigit()	如果非空字符串的所有字符都是在 0 和 9 之间，返回 True
s.isdecimal()	如果非空字符串的所有字符代表是数字 0 ～ 9 包括 Unicode 等价物，返回 True
s.isnumeric()	如果非空字符串的所有字符都是数字包括 Unicode 字符（例如，0 ～ 9、等价物、分数字符），则返回 True
s.isalnum()	如果非空字符串的所有字符都是字母或数字（根据上述定义），返回 True

拆分和连接字符串

表 A-4 介绍了 Python 中 string 类的几种重要方法，用来将一系列字符串序列连接起来——通过使用分隔符来分隔每对序列或采取现有的字符串，并根据给定的分解模式确定该字符串分解。

表 A-4 拆分和连接字符串的方法

调用方法	描述
sep.join(strings)	返回给定字符串组成的序列，将 sep 作为分隔符插入每对序列之间
s.splitlines()	返回字符串 s 的子串列表，以换行符分隔
s.split(sep, count)	返回字符串 s 的子串列表，以 sep 作为分隔符分隔 count 次。如果不指定 count，则分隔所有；如果不指定 sep, 则使用空格作为分隔符

（续）

调用方法	描述
s.rsplit(sep, count)	类似 split() 方法，但是使用最右边出现的 sep
s.partition(sep)	使用最左边出现的 sep 让 s = head + sep + tail, 返回 (head, sep, tail)，否则返回 (s, '', '')
s.rpartition(sep)	使用最右边出现的 sep 让 s = head + sep + tail, 返回 (head, sep, tail)，否则返回 (s, '', '')

join() 方法用于把一系列的字符组合成字符串。例如，'and '.join(['red', 'green', 'blue'])，结果是 'red and green and blue'。注意，分隔符字符串中包含空格。相反，命令 'and'.join(['red', 'green', 'blue']) 会产生 'redandgreenandblue' 的结果。

表 A-4 讨论的其他方法提供了和 join() 方法相反的功能，它们利用给定的分隔符把一个字符串分隔成一个子串的序列。例如，命令 'red and green and blue'.split('and ') 会产生结果 [''red, 'green', 'blue']。如果不指定分隔符或者分隔符是空，就利用空格作为分隔符。因此，'red and green and blue'.split() 的结果是 ['red', 'and', 'green', 'and', 'blue']。

字符串格式

str 类的格式方法组成了包含一个或多个格式化的参数的一个字符串。语法 s.format(arg0, arg1, …) 调用的方法，会生成一个或多个参数被替换的格式化的字符串的预期结果。举一个简单的例子，表达式 '{} had a little {}'.format('Mary', 'lamb') 会产生结果 'Mary had a little lamb'。表达式中成对的花括号是在结果中被替代的字段的占位符。默认情况下，传递到该函数的参数替换按照先后顺序，因此 Mary 替换第一个花括号，lamb 替换第二个花括号。然而，替代模式可以被显式的编号改变顺序，或者可以在多个位置使用同一个参数。比如，表达式 '{0}, {0}, {0} your {1}'.format('row', 'boat') 会产生结果 'row, row, row your boat'。

所有替代模式允许使用填充字符和对齐模式来填充参数到一个特定的宽度。比如，'{:–^20}'.format('hello')。在这个例子中，连字符 (–) 作为填充字符插入字符 (^) 选定所需的字符串居中，20 是参数所需的宽度。本示例的结果是字符串 '-------hello--------'。默认情况下，空格作为填充字符并且默认从右边开始填充。

对于数值类型，有额外的格式选项。如果其宽度说明开头是 0，很多会用 0 填充而不是空格填充。比如，日期可以由 '{}/{:02}/{:02}'.format(year, month, day) 转化为传统格式 "YYYY/MM/DD"。整数可以转化二进制、八进制或十六进制分别通过添加字符 b、o 或 x 作为数值的后缀。一个浮点数的精度被小数点和小数点后所需的位数指定。比如，表达式 '{:.3}.format(2/3)' 产生的结果是字符串 '0.667'，精确到小数点后三位。一个程序员可以显示指定使用定点表示法（例如 0.667）通过添加字符 f 作为后缀，或者科学计数法（例如，6.667e – 01）通过添加字符 e 作为后缀来表示小数。

有用的数学定理

在这个附录中，我们会给出一些有用的数学定理。先从一些组合的定义和定理开始。

对数和指数

对数函数定义为

$$\log_b a = \mathrm{c}，\ a = b^c$$

下面是对数和指数的运算法则：

1）$\log_b ac = \log_b a + \log_b c$

2）$\log_b a/c = \log_b a - \log_b c$

3）$\log_b a^c = c \log_b a$

4）$\log_b a = (\log_c a) / \log_c b$

5）$b^{\log_c a} = a^{\log_c b}$

6）$(b^a)^c = b^{ac}$

7）$b^a b^c = b^{a+c}$

8）$b^a/b^c = b^{a-c}$

另外，还有下列规则。

命题 B-1：如果 $a > 0$，$b > 0$，并且 $c > a + b$，有

$$\log a + \log b < 2\log c - 2$$

证明：这足以显示 $ab < c^2/4$，可以证明：

$$ab = \frac{a^2 + 2ab + b^2 - a^2 + 2ab - b^2}{4}$$

$$= \frac{(a+b)^2 - (a-b)^2}{4} \leqslant \frac{(a+b)^2}{4} < \frac{c^2}{4}$$

■

自然对数函数 $\ln x = \log_{\mathrm{e}} x$，其中 $\mathrm{e} = 2.71828\cdots$，可以使用下面的表达式来表示：

$$\mathrm{e} = 1 + \frac{1}{1!} + \frac{1}{2!} + \frac{1}{3!} + \cdots$$

另外，

$$\mathrm{e}^x = 1 + \frac{x}{1!} + \frac{x^2}{2!} + \frac{x^3}{3!} + \cdots$$

$$\ln(1+x) = x - \frac{x^2}{2!} + \frac{x^3}{3!} - \frac{x^4}{4!} + \cdots$$

有很多有用的不等式和这些函数有关（源于这些函数的定义）。

命题 B-2：如果 $x > -1$，

$$\frac{x}{1+x} \leqslant \ln(1+x) \leqslant x$$

命题 B-3：当 $0 \leqslant x < 1$ 时，

$$1+x\leqslant e^x\leqslant\frac{1}{1-x}$$

命题 B-4：对于任何两个正实数 x 和 n，

$$\left(1+\frac{x}{n}\right)^n\leqslant e^x\leqslant\left(1+\frac{x}{n}\right)^{n+x/2}$$

取整函数和联系

floor 和 ceiling 函数分别定义如下：

1）$\lfloor x\rfloor$ 小于等于 x 的最大整数。

2）$\lceil x\rceil$ 大于等于 x 的最小整数。

当整数 $a\geqslant 0$，$b>0$ 时，取模运算定义为

$$a\bmod b=a-\left\lfloor\frac{a}{b}\right\rfloor b$$

阶乘函数定义为

$$n!=1\cdot 2\cdot 3\cdot\cdots\cdot(n-1)n$$

二项式系数为

$$\binom{n}{k}=\frac{n!}{k!(n-k)!}$$

这是相当于一个定义为从 n 项的集合中选择 k 个不同项目的不同组合的数目（和顺序无关）。“二项式系数”一名源于二项式展开：

$$(\alpha+b)^n=\sum_{k=0}^{n}\binom{n}{k}\alpha^k-b^{n-k}$$

也有以下的关系。

命题 B-5：如果 $0\leqslant k\leqslant n$，那么

$$\left(\frac{n}{k}\right)^k\leqslant\binom{n}{k}\leqslant\frac{n^k}{k!}$$

命题 B-6（斯特林公式）：

$$n!=\sqrt{2\pi n}\left(\frac{n}{e}\right)^n\left(1+\frac{1}{12n}+\varepsilon(n)\right)$$

其中 $\varepsilon(n)$ 是 $1/n^2$ 的高阶无穷小。

斐波纳契级数是一些数值的迭代，比如当 $n\geqslant 2$ 时，$F_0=0, F_1=1,$ 有 $F_n=F_{n-1}+F_{n-2}$。

命题 B-7：如果 F_n 由斐波纳契级数定义，则 $F_n\Theta(g^n)$，其中$g=\left(1+\sqrt{5}\right)/2$，也被称作黄金分割率。

求和

这里有很多有用的求和公式。

命题 B-8：因数求和

$$\sum_{i=1}^{n}af(i)=a\sum_{i=1}^{n}f(i)$$

提供了一个不取决于 i 的变形。

命题 B-9：变换顺序：

$$\sum_{i=1}^{n}\sum_{j=1}^{m} f(i,j) = \sum_{j=1}^{m}\sum_{i=1}^{n} f(i,j)$$

其中有一个特殊的伸缩和公式

$$\sum_{i=1}^{n} (f(i) - f(i-1)) = f(n) - f(0)$$

经常出现在数据结构或算法的分部分析中。

以下是其他一些经常出现在数据结构和算法分析中的求和公式。

命题 B-10：$\sum_{i=1}^{n} i = n(n+1)/2$。

命题 B-11：$\sum_{i=1}^{n} i^2 = n(n+1)(2n+1)/6$。

命题 B-12：如果 $k \geqslant 1$ 且是一个整数常量，那么

$$\sum_{i=1}^{n} i^k = \Theta(n^{k+1})$$

另一个常见的求和公式是几何求和，$\sum_{i=0}^{n} a^i$，对于任意的实数 $0 < a \neq 1$。

命题 B-13：对于任意实数 $0 < a \neq 1$, 有

$$\sum_{i=0}^{n} a^i = \frac{a^{n+1} - 1}{a - 1}$$

命题 B-14：对于任意实数 $0 < a < 1$，有

$$\sum_{i=0}^{\infty} a^i = \frac{1}{1-a}$$

此外，还有两个常见公式的组合，被称为线性指数总和，它有以下扩展。

命题 B-15：对于 $0 < a \neq 1$ 且 $n \geqslant 2$，有

$$\sum_{i=1}^{n} ia^i = \frac{a-(n+1)a^{(n+1)} + na^{(n+2)}}{(1-a)^2}$$

第 n 个的谐波数 H_n 被定义为

$$H_n = \sum_{i=1}^{n} \frac{1}{i}$$

命题 B-16：如果 H_n 是第 n 个谐波数，则 H_n 等于 $\ln n + \Theta(1)$。

基本概率

回顾概率论中的一些基本公式。最基本的是关于概率的任何语句都是定义在样本空间 S 上的。样本空间是指从一些实验中可能出现的所有结果组。我们没有从正式意义上定义术语“outcomes”和“experiment”。

例题 B-17：考虑一个实验，包括五次投掷硬币的结果。这个样本空间有 2^5 的结果，对于每种不同的结果都有可能出现。

样本空间也可以是无限的，如例 B-2 所示。

例题 B-18：考虑这样一个实验，投掷一枚硬币，直到出现正面朝上为止。这个实验中样本空间是无限的，每个结果都是 i 次反面朝上后接着出现一次正面朝上，$i=1, 2, 3, \cdots$。

概率空间是一个样本空间 S 和概率函数 Pr，把 S 的子集映射到实数区间 $[0,1]$ 之间的结果。在数学上概率的概念是一些“事件”发生的可能性。实际上，S 的每个子集 A 称作一个事件，概率函数 Pr 被认为有以下基本属性，当事件从 S 定义时：

1）$\Pr(\varnothing)=0$。

2）$\Pr(S)=1$。

3）$0 \leqslant \Pr(A) \leqslant 1$，对于任意 $A \subseteq S$。

4）如果 $A, B \subseteq S$ 且 $A \cap B=\varnothing$，则 $\Pr(A \cup B)=\Pr(A)+\Pr(B)$。

如果存在下式的关系，则两个事件 A 和 B 相互独立：

$$\Pr(A \cap B)=\Pr(A) \cdot \Pr(B)$$

如果存在下式的关系，则一个事件的集合 $\{A_1, A_2, \cdots, A_n\}$ 相互独立：

$$\Pr(A_{i_1} \cap A_{i_2} \cap \cdots \cap A_{i_k})=\Pr(A_{i_1})\Pr(A_{i_2}) \cdots \Pr(A_{i_k})$$

对于任意子集 $\{A_{i_1}, A_{i_2}, \cdots, A_{i_k}\}$。

条件概率表示为 $\Pr(A|B)$ 是指在事件 B 发生的前提下事件 A 发生的概率，被定义为一个比率

$$\frac{\Pr(A \cap B)}{\Pr(B)}$$

假定 $\Pr(B)>0$。

使用随机变量来处理事件是一种比较好的方法。直观地说，随机变量是取决于一些实验结果的变量的值。实际上，随机变量是函数 X 把一些样本空间 S 映射到实数上的结果。随机指示变量是随机变量把结果映射到集合 $\{0, 1\}$ 上。在数据结构和算法分析中，经常使用随机变量 X 以描述随机算法的运行时间。在这种情况下，样本空间 S 被定义为在算法中使用的随机源可能出现的所有结果。

我们对一个随机变量的典型值、平均值或者“期望值”最感兴趣。随机变量 X 的期望值定义为

$$E(X)=\sum_{X} x\Pr(X=x)$$

其中求和函数定义在 X 的定义域上（在这种情况下假定为离散的）。

命题 B-19（期望的线性运算）：假设 X 和 Y 是随机变量，c 是一个数字，那么

$$E(X+Y)=E(X)+E(Y) \quad 且 \quad E(cX)=cE(X)$$

例题 B-20：假设 X 是随机变量，表示两个骰子投掷出的点数的总和，那么 $E(X)=7$。

证明：要证明这个结论，假设 X_1 和 X_2 是随机变量分别对应于每个骰子的点数。因此，$X_1=X_2$（即它们是两个功能相同的实例）并且 $E(X)=E(X_1+X_2)=E(X_1)+E(X_2)$。每个结果中每个点数出现的概率都是 1/6。因此，

$$E(X_i)=\frac{1}{6}+\frac{2}{6}+\frac{3}{6}+\frac{4}{6}+\frac{5}{6}+\frac{6}{6}=\frac{7}{2}$$

其中 $i=1, 2$。因此，$E(X)=7$。■

两个随机变量 X 和 Y 是独立的，如果对任意实数 x 和 y 有

$$\Pr(X = x|Y = y) = \Pr(X = x)$$

命题 B-21：如果两个随机变量 X 和 Y 是独立的，那么

$$E(XY) = E(X)E(Y).$$

例题 B-22：假设 X 是一个随机变量，表示随机投掷两枚骰子出现的点数的积，那么 $E(X) = 49/4$。

证明：假设 X_1 和 X_2 分别表示两个骰子投掷出的点数。变量 X_1 和 X_2 明显是独立的，因此

$$E(X) = E(X_1X_2) = E(X_1)\,E(X_2) = (7/2)^2 = 49/4$$

下面的定理和从它推导出的推论被称为切诺夫界限。■

命题 B-23：假设 X 是在独立 0/1 有限数字的随机变量的和，并且 X 的期望 $\mu>0$，那么，对于 $\delta > 0$，

$$\Pr(X > (1+\delta)\,\mu) < \left[\frac{e^{\delta}}{(1+\delta)^{(1+\delta)}}\right]^{\mu}$$

有用的数学技术

为了比较不同函数的增长率，有时候可以运用以下规则。

命题 B-24（洛必达法则）：如果有 $\lim_{n\to\infty} f(n) = +\infty$ 并且 $\lim_{n\to\infty} g(n) = +\infty$，那么 $\lim_{n\to\infty} f(n)/g(n) = \lim_{n\to\infty} f'(n)/g'(n)$，其中 $f'(n)$ 和 $g'(n)$ 分别是 $f(n)$ 和 $g(n)$ 的导数。

在给定上限和下限进行求和时，会经常用到拆分求和，如下所示：

$$\sum_{i=1}^{n} f(i) = \sum_{i=1}^{i} f(i) + \sum_{i=j+1}^{n} f(i)$$

另一个有用的技术是由积分约束的求和。如果 f 是一个非减的函数，那么，假定以下术语有定义：

$$\int_{a-1}^{b} f(x)\mathrm{d}x \leqslant \sum_{i=a}^{b} f(i) \leqslant \int_{a}^{b+1} f(x)\mathrm{d}x$$

以下是出现在分而治之算法分析中的递推关系的一般形式：

$$T(n) = aT(n/b) + f(n)$$

其中常数 $a \geqslant 1$ 并且 $b > 1$。

命题 B-25：假设 $T(n)$ 由上述定义，那么

1）如果对某些常数 $\varepsilon > 0$，$f(n)$ 是 $O(n^{\log_b a-\varepsilon})$，那么 $T(n)$ 是 $\Theta(n^{\log_b a})$。

2）如果对固定的非负常数 $k \geqslant 0$，$f(n)$ 是 $\Theta(n^{\log_b a}\log^k n)$，那么 $T(n)$ 是 $\Theta(n^{\log_b a}\log^{k+1} n)$。

3）如果对某些常数 $\varepsilon > 0$，$f(n)$ 是 $\Omega(n^{\log_b a+\varepsilon})$，并且如果 $af(n/b) \leqslant cf(n)$，那么 $T(n)$ 是 $\Theta(f(n))$。

这一命题是渐近地表征分而治之算法递推关系的主方法。

参考文献

[1] H. Abelson, G. J. Sussman, and J. Sussman, *Structure and Interpretation of Computer Programs*. Cambridge, MA: MIT Press, 2nd ed., 1996.

[2] G. M. Adel'son-Vel'skii and Y. M. Landis, "An algorithm for the organization of information," *Doklady Akademii Nauk SSSR*, vol. 146, pp. 263–266, 1962. English translation in *Soviet Math. Dokl.*, **3**, 1259–1262.

[3] A. Aggarwal and J. S. Vitter, "The input/output complexity of sorting and related problems," *Commun. ACM*, vol. 31, pp. 1116–1127, 1988.

[4] A. V. Aho, "Algorithms for finding patterns in strings," in *Handbook of Theoretical Computer Science* (J. van Leeuwen, ed.), vol. A. Algorithms and Complexity, pp. 255–300, Amsterdam: Elsevier, 1990.

[5] A. V. Aho, J. E. Hopcroft, and J. D. Ullman, *The Design and Analysis of Computer Algorithms*. Reading, MA: Addison-Wesley, 1974.

[6] A. V. Aho, J. E. Hopcroft, and J. D. Ullman, *Data Structures and Algorithms*. Reading, MA: Addison-Wesley, 1983.

[7] R. K. Ahuja, T. L. Magnanti, and J. B. Orlin, *Network Flows: Theory, Algorithms, and Applications*. Englewood Cliffs, NJ: Prentice Hall, 1993.

[8] R. Baeza-Yates and B. Ribeiro-Neto, *Modern Information Retrieval*. Reading, MA: Addison-Wesley, 1999.

[9] O. Barůvka, "O jistem problemu minimalnim," *Praca Moravske Prirodovedecke Spolecnosti*, vol. 3, pp. 37–58, 1926. (in Czech).

[10] R. Bayer, "Symmetric binary B-trees: Data structure and maintenance," *Acta Informatica*, vol. 1, no. 4, pp. 290–306, 1972.

[11] R. Bayer and McCreight, "Organization of large ordered indexes," *Acta Inform.*, vol. 1, pp. 173–189, 1972.

[12] D. M. Beazley, *Python Essential Reference*. Addison-Wesley Professional, 4th ed., 2009.

[13] R. E. Bellman, *Dynamic Programming*. Princeton, NJ: Princeton University Press, 1957.

[14] J. L. Bentley, "Programming pearls: Writing correct programs," *Communications of the ACM*, vol. 26, pp. 1040–1045, 1983.

[15] J. L. Bentley, "Programming pearls: Thanks, heaps," *Communications of the ACM*, vol. 28, pp. 245–250, 1985.

[16] J. L. Bentley and M. D. McIlroy, "Engineering a sort function," *Software—Practice and Experience*, vol. 23, no. 11, pp. 1249–1265, 1993.

[17] G. Booch, *Object-Oriented Analysis and Design with Applications*. Redwood City, CA: Benjamin/Cummings, 1994.

[18] R. S. Boyer and J. S. Moore, "A fast string searching algorithm," *Communications of the ACM*, vol. 20, no. 10, pp. 762–772, 1977.

[19] G. Brassard, "Crusade for a better notation," *SIGACT News*, vol. 17, no. 1, pp. 60–64, 1985.

[20] T. Budd, *An Introduction to Object-Oriented Programming*. Reading, MA: Addison-Wesley, 1991.

[21] D. Burger, J. R. Goodman, and G. S. Sohi, "Memory systems," in *The Computer Science and Engineering Handbook* (A. B. Tucker, Jr., ed.), ch. 18, pp. 447–461, CRC Press, 1997.

[22] J. Campbell, P. Gries, J. Montojo, and G. Wilson, *Practical Programming: An Introduction to Computer Science*. Pragmatic Bookshelf, 2009.

[23] L. Cardelli and P. Wegner, "On understanding types, data abstraction and polymorphism," *ACM Computing Surveys*, vol. 17, no. 4, pp. 471–522, 1985.

[24] S. Carlsson, "Average case results on heapsort," *BIT*, vol. 27, pp. 2–17, 1987.

[25] V. Cedar, *The Quick Python Book.* Manning Publications, 2nd ed., 2010.
[26] K. L. Clarkson, "Linear programming in $O(n3^{d^2})$ time," *Inform. Process. Lett.*, vol. 22, pp. 21–24, 1986.
[27] R. Cole, "Tight bounds on the complexity of the Boyer-Moore pattern matching algorithm," *SIAM J. Comput.*, vol. 23, no. 5, pp. 1075–1091, 1994.
[28] D. Comer, "The ubiquitous B-tree," *ACM Comput. Surv.*, vol. 11, pp. 121–137, 1979.
[29] T. H. Cormen, C. E. Leiserson, R. L. Rivest, and C. Stein, *Introduction to Algorithms.* Cambridge, MA: MIT Press, 3rd ed., 2009.
[30] M. Crochemore and T. Lecroq, "Pattern matching and text compression algorithms," in *The Computer Science and Engineering Handbook* (A. B. Tucker, Jr., ed.), ch. 8, pp. 162–202, CRC Press, 1997.
[31] S. Crosby and D. Wallach, "Denial of service via algorithmic complexity attacks," in *Proc. 12th Usenix Security Symp.*, pp. 29–44, 2003.
[32] M. Dawson, *Python Programming for the Absolute Beginner.* Course Technology PTR, 3rd ed., 2010.
[33] S. A. Demurjian, Sr., "Software design," in *The Computer Science and Engineering Handbook* (A. B. Tucker, Jr., ed.), ch. 108, pp. 2323–2351, CRC Press, 1997.
[34] G. Di Battista, P. Eades, R. Tamassia, and I. G. Tollis, *Graph Drawing.* Upper Saddle River, NJ: Prentice Hall, 1999.
[35] E. W. Dijkstra, "A note on two problems in connexion with graphs," *Numerische Mathematik*, vol. 1, pp. 269–271, 1959.
[36] E. W. Dijkstra, "Recursive programming," *Numerische Mathematik*, vol. 2, no. 1, pp. 312–318, 1960.
[37] J. R. Driscoll, H. N. Gabow, R. Shrairaman, and R. E. Tarjan, "Relaxed heaps: An alternative to Fibonacci heaps with applications to parallel computation," *Commun. ACM*, vol. 31, pp. 1343–1354, 1988.
[38] R. W. Floyd, "Algorithm 97: Shortest path," *Communications of the ACM*, vol. 5, no. 6, p. 345, 1962.
[39] R. W. Floyd, "Algorithm 245: Treesort 3," *Communications of the ACM*, vol. 7, no. 12, p. 701, 1964.
[40] M. L. Fredman and R. E. Tarjan, "Fibonacci heaps and their uses in improved network optimization algorithms," *J. ACM*, vol. 34, pp. 596–615, 1987.
[41] E. Gamma, R. Helm, R. Johnson, and J. Vlissides, *Design Patterns: Elements of Reusable Object-Oriented Software.* Reading, MA: Addison-Wesley, 1995.
[42] A. Goldberg and D. Robson, *Smalltalk-80: The Language.* Reading, MA: Addison-Wesley, 1989.
[43] M. H. Goldwasser and D. Letscher, *Object-Oriented Programming in Python.* Upper Saddle River, NJ: Prentice Hall, 2008.
[44] G. H. Gonnet and R. Baeza-Yates, *Handbook of Algorithms and Data Structures in Pascal and C.* Reading, MA: Addison-Wesley, 1991.
[45] G. H. Gonnet and J. I. Munro, "Heaps on heaps," *SIAM J. Comput.*, vol. 15, no. 4, pp. 964–971, 1986.
[46] M. T. Goodrich, J.-J. Tsay, D. E. Vengroff, and J. S. Vitter, "External-memory computational geometry," in *Proc. 34th Annu. IEEE Sympos. Found. Comput. Sci.*, pp. 714–723, 1993.
[47] R. L. Graham and P. Hell, "On the history of the minimum spanning tree problem," *Annals of the History of Computing*, vol. 7, no. 1, pp. 43–57, 1985.
[48] L. J. Guibas and R. Sedgewick, "A dichromatic framework for balanced trees," in *Proc. 19th Annu. IEEE Sympos. Found. Comput. Sci.*, Lecture Notes Comput. Sci., pp. 8–21, Springer-Verlag, 1978.
[49] Y. Gurevich, "What does $O(n)$ mean?," *SIGACT News*, vol. 17, no. 4, pp. 61–63, 1986.
[50] J. Hennessy and D. Patterson, *Computer Architecture: A Quantitative Approach.* San Francisco: Morgan Kaufmann, 2nd ed., 1996.
[51] C. A. R. Hoare, "Quicksort," *The Computer Journal*, vol. 5, pp. 10–15, 1962.
[52] J. E. Hopcroft and R. E. Tarjan, "Efficient algorithms for graph manipulation," *Com-*

munications of the ACM, vol. 16, no. 6, pp. 372–378, 1973.

[53] B.-C. Huang and M. Langston, "Practical in-place merging," *Communications of the ACM*, vol. 31, no. 3, pp. 348–352, 1988.

[54] J. JáJá, *An Introduction to Parallel Algorithms*. Reading, MA: Addison-Wesley, 1992.

[55] V. Jarník, "O jistem problemu minimalnim," *Praca Moravske Prirodovedecke Spolecnosti*, vol. 6, pp. 57–63, 1930. (in Czech).

[56] R. Jones and R. Lins, *Garbage Collection: Algorithms for Automatic Dynamic Memory Management*. John Wiley and Sons, 1996.

[57] D. R. Karger, P. Klein, and R. E. Tarjan, "A randomized linear-time algorithm to find minimum spanning trees," *Journal of the ACM*, vol. 42, pp. 321–328, 1995.

[58] R. M. Karp and V. Ramachandran, "Parallel algorithms for shared memory machines," in *Handbook of Theoretical Computer Science* (J. van Leeuwen, ed.), pp. 869–941, Amsterdam: Elsevier/The MIT Press, 1990.

[59] P. Kirschenhofer and H. Prodinger, "The path length of random skip lists," *Acta Informatica*, vol. 31, pp. 775–792, 1994.

[60] J. Kleinberg and É. Tardos, *Algorithm Design*. Reading, MA: Addison-Wesley, 2006.

[61] A. Klink and J. Wälde, "Efficient denial of service attacks on web application platforms." 2011.

[62] D. E. Knuth, *Sorting and Searching*, vol. 3 of *The Art of Computer Programming*. Reading, MA: Addison-Wesley, 1973.

[63] D. E. Knuth, "Big omicron and big omega and big theta," in *SIGACT News*, vol. 8, pp. 18–24, 1976.

[64] D. E. Knuth, *Fundamental Algorithms*, vol. 1 of *The Art of Computer Programming*. Reading, MA: Addison-Wesley, 3rd ed., 1997.

[65] D. E. Knuth, *Sorting and Searching*, vol. 3 of *The Art of Computer Programming*. Reading, MA: Addison-Wesley, 2nd ed., 1998.

[66] D. E. Knuth, J. H. Morris, Jr., and V. R. Pratt, "Fast pattern matching in strings," *SIAM J. Comput.*, vol. 6, no. 1, pp. 323–350, 1977.

[67] J. B. Kruskal, Jr., "On the shortest spanning subtree of a graph and the traveling salesman problem," *Proc. Amer. Math. Soc.*, vol. 7, pp. 48–50, 1956.

[68] R. Lesuisse, "Some lessons drawn from the history of the binary search algorithm," *The Computer Journal*, vol. 26, pp. 154–163, 1983.

[69] N. G. Leveson and C. S. Turner, "An investigation of the Therac-25 accidents," *IEEE Computer*, vol. 26, no. 7, pp. 18–41, 1993.

[70] A. Levitin, "Do we teach the right algorithm design techniques?," in *30th ACM SIGCSE Symp. on Computer Science Education*, pp. 179–183, 1999.

[71] B. Liskov and J. Guttag, *Abstraction and Specification in Program Development*. Cambridge, MA/New York: The MIT Press/McGraw-Hill, 1986.

[72] M. Lutz, *Programming Python*. O'Reilly Media, 4th ed., 2011.

[73] E. M. McCreight, "A space-economical suffix tree construction algorithm," *Journal of Algorithms*, vol. 23, no. 2, pp. 262–272, 1976.

[74] C. J. H. McDiarmid and B. A. Reed, "Building heaps fast," *Journal of Algorithms*, vol. 10, no. 3, pp. 352–365, 1989.

[75] N. Megiddo, "Linear programming in linear time when the dimension is fixed," *J. ACM*, vol. 31, pp. 114–127, 1984.

[76] K. Mehlhorn, *Data Structures and Algorithms 1: Sorting and Searching*, vol. 1 of *EATCS Monographs on Theoretical Computer Science*. Heidelberg, Germany: Springer-Verlag, 1984.

[77] K. Mehlhorn, *Data Structures and Algorithms 2: Graph Algorithms and NP-Completeness*, vol. 2 of *EATCS Monographs on Theoretical Computer Science*. Heidelberg, Germany: Springer-Verlag, 1984.

[78] K. Mehlhorn and A. Tsakalidis, "Data structures," in *Handbook of Theoretical Computer Science* (J. van Leeuwen, ed.), vol. A. Algorithms and Complexity, pp. 301–341, Amsterdam: Elsevier, 1990.

[79] D. R. Morrison, "PATRICIA—practical algorithm to retrieve information coded in alphanumeric," *Journal of the ACM*, vol. 15, no. 4, pp. 514–534, 1968.
[80] R. Motwani and P. Raghavan, *Randomized Algorithms*. New York, NY: Cambridge University Press, 1995.
[81] T. Papadakis, J. I. Munro, and P. V. Poblete, "Average search and update costs in skip lists," *BIT*, vol. 32, pp. 316–332, 1992.
[82] L. Perkovic, *Introduction to Computing Using Python: An Application Development Focus*. Wiley, 2011.
[83] D. Phillips, *Python 3: Object Oriented Programming*. Packt Publishing, 2010.
[84] P. V. Poblete, J. I. Munro, and T. Papadakis, "The binomial transform and its application to the analysis of skip lists," in *Proceedings of the European Symposium on Algorithms (ESA)*, pp. 554–569, 1995.
[85] R. C. Prim, "Shortest connection networks and some generalizations," *Bell Syst. Tech. J.*, vol. 36, pp. 1389–1401, 1957.
[86] W. Pugh, "Skip lists: a probabilistic alternative to balanced trees," *Commun. ACM*, vol. 33, no. 6, pp. 668–676, 1990.
[87] H. Samet, *The Design and Analysis of Spatial Data Structures*. Reading, MA: Addison-Wesley, 1990.
[88] R. Schaffer and R. Sedgewick, "The analysis of heapsort," *Journal of Algorithms*, vol. 15, no. 1, pp. 76–100, 1993.
[89] D. D. Sleator and R. E. Tarjan, "Self-adjusting binary search trees," *J. ACM*, vol. 32, no. 3, pp. 652–686, 1985.
[90] G. A. Stephen, *String Searching Algorithms*. World Scientific Press, 1994.
[91] M. Summerfield, *Programming in Python 3: A Complete Introduction to the Python Language*. Addison-Wesley Professional, 2nd ed., 2009.
[92] R. Tamassia and G. Liotta, "Graph drawing," in *Handbook of Discrete and Computational Geometry* (J. E. Goodman and J. O'Rourke, eds.), ch. 52, pp. 1163–1186, CRC Press LLC, 2nd ed., 2004.
[93] R. Tarjan and U. Vishkin, "An efficient parallel biconnectivity algorithm," *SIAM J. Comput.*, vol. 14, pp. 862–874, 1985.
[94] R. E. Tarjan, "Depth first search and linear graph algorithms," *SIAM J. Comput.*, vol. 1, no. 2, pp. 146–160, 1972.
[95] R. E. Tarjan, *Data Structures and Network Algorithms*, vol. 44 of *CBMS-NSF Regional Conference Series in Applied Mathematics*. Philadelphia, PA: Society for Industrial and Applied Mathematics, 1983.
[96] A. B. Tucker, Jr., *The Computer Science and Engineering Handbook*. CRC Press, 1997.
[97] J. D. Ullman, *Principles of Database Systems*. Potomac, MD: Computer Science Press, 1983.
[98] J. van Leeuwen, "Graph algorithms," in *Handbook of Theoretical Computer Science* (J. van Leeuwen, ed.), vol. A. Algorithms and Complexity, pp. 525–632, Amsterdam: Elsevier, 1990.
[99] J. S. Vitter, "Efficient memory access in large-scale computation," in *Proc. 8th Sympos. Theoret. Aspects Comput. Sci.*, Lecture Notes Comput. Sci., Springer-Verlag, 1991.
[100] J. S. Vitter and W. C. Chen, *Design and Analysis of Coalesced Hashing*. New York: Oxford University Press, 1987.
[101] J. S. Vitter and P. Flajolet, "Average-case analysis of algorithms and data structures," in *Algorithms and Complexity* (J. van Leeuwen, ed.), vol. A of *Handbook of Theoretical Computer Science*, pp. 431–524, Amsterdam: Elsevier, 1990.
[102] S. Warshall, "A theorem on boolean matrices," *Journal of the ACM*, vol. 9, no. 1, pp. 11–12, 1962.
[103] J. W. J. Williams, "Algorithm 232: Heapsort," *Communications of the ACM*, vol. 7, no. 6, pp. 347–348, 1964.
[104] D. Wood, *Data Structures, Algorithms, and Performance*. Reading, MA: Addison-Wesley, 1993.
[105] J. Zelle, *Python Programming: An Introduciton to Computer Science*. Franklin, Beedle & Associates Inc., 2nd ed., 2010.